智能系统与技术丛书

基于TensorFlow的深度学习

神经网络、计算机视觉和NLP的理论与实践

Learning Deep Learning

Theory and Practice of Neural Networks, Computer Vision, Natural Language Processing, and Transformers Using TensorFlow

[美] 马格努斯·埃克曼（Magnus Ekman）著
周翊民 译

机械工业出版社
CHINA MACHINE PRESS

Authorized translation from the English language edition, entitled Learning Deep Learning: Theory and Practice of Neural Networks, Computer Vision, Natural Language Processing, and Transformers using TensorFlow, ISBN:978-0-13-747035-8, by MAGNUS EKMAN, published by Pearson Education, Inc., Copyright © 2022 NVIDIA Corporation.

All rights reserved. No part of this book may be reproduced or transmitted in any form or by any means, electronic or mechanical, including photocopying, recording or by any information storage retrieval system, without permission from Pearson Education, Inc.

Chinese simplified language edition published by China Machine Press, Copyright © 2023.

本书中文简体字版由 Pearson Education（培生教育出版集团）授权机械工业出版社在中国大陆地区（不包括香港、澳门特别行政区及台湾地区）独家出版发行。未经出版者书面许可，不得以任何方式抄袭、复制或节录本书中的任何部分。

本书封底贴有 Pearson Education（培生教育出版集团）激光防伪标签，无标签者不得销售。

北京市版权局著作权合同登记　图字：01-2022-2398 号。

图书在版编目（CIP）数据

基于 TensorFlow 的深度学习：神经网络、计算机视觉和 NLP 的理论与实践 /（美）马格努斯・埃克曼（Magnus Ekman）著；周翊民译 . —北京：机械工业出版社，2023.11

（智能系统与技术丛书）

书名原文：Learning Deep Learning: Theory and Practice of Neural Networks, Computer Vision, Natural Language Processing, and Transformers Using TensorFlow

ISBN 978-7-111-74172-5

I. ①基…　II. ①马…　②周…　III. ①人工智能 – 算法 – 研究　IV. ① TP18

中国国家版本馆 CIP 数据核字（2023）第 208812 号

机械工业出版社（北京市百万庄大街 22 号　邮政编码 100037）

策划编辑：王　颖　　　　责任编辑：王　颖

责任校对：贾海霞　王　延　　责任印制：张　博

北京联兴盛业印刷股份有限公司印刷

2024 年 1 月第 1 版第 1 次印刷

186mm × 240mm・26.75 印张・8 插页・595 千字

标准书号：ISBN 978-7-111-74172-5

定价：149.00 元

电话服务　　　　　　　　网络服务

客服电话：010-88361066　机　工　官　网：www.cmpbook.com

　　　　　010-88379833　机　工　官　博：weibo.com/cmp1952

　　　　　010-68326294　金　　书　　网：www.golden-book.com

封底无防伪标均为盗版　机工教育服务网：www.cmpedu.com

THE TRANSLATOR'S WORDS

推荐序一

近十年，人工智能（AI）取得了令人瞩目的进展。人类的梦想是建造智能机器，使它能够像人类一样，甚至可以更好、更快地思考和行动。要让每个人都参与到这场历史性革命中来，就需要让每个人都了解人工智能的相关知识和资源，而此书恰恰提供了这些知识和资源。

此书为有抱负和经验丰富的人工智能工程师提供了全面指导。作者在书中分享了他在英伟达（NVIDIA）积累的丰富实践经验。此书重点介绍深度学习在过去几年的重大突破，不仅涵盖了如反向传播等重要的基础知识，还涉及了不同领域的最新模型（如 GPT 语言理解、Mask R-CNN 图像理解）。

人工智能是数据、算法和计算基础设施的结合。ImageNet 挑战赛的启动提供了一个训练大型神经网络所需的大规模基准数据集，而 NVIDIA GPU 的并行性使得训练大型神经网络成为可能。我们正处在一个有十亿乃至万亿参数模型的时代，构建和维护这些大型模型将很快成为 AI 工程师的必备技能。此书详细讲述了这些技能，并深入覆盖了多个领域的大规模模型。

此书还涵盖了如神经架构搜索等新兴领域，这些新兴领域可提高 AI 模型的准确性和硬件效率。深度学习革命几乎完全发生在开源领域，此书提供了对开源代码和数据集的便捷访问路径，并完整地运行了代码示例。在 TensorFlow 和 PyTorch 这两个最流行的深度学习框架中，都有大量可用的程序代码。

我认为任何关于 AI 的书籍如果不讨论伦理问题都是不完整的。每一个 AI 工程师都有责任批判性地思考与 AI 部署相关的社会影响。我很高兴看到此书涵盖了 AI 的重要发展，如模型卡，它们改进了 AI 模型训练和维护过程中的问责制和透明度。我希望 AI 社区能有一个光明、包容的未来。

Anima Anandkumar 博士，加州理工学院 Bren 教授，英伟达机器学习研究部主任

THE TRANSLATOR'S WORDS

推荐序二

我是一名经济学家。在从事技术教育工作之前，我花了多年时间给学生和专业人士，讲授在充满不确定性的世界中进行预测并做出决策的成熟框架，此书作者使用了类似的方法和技能诠释深度学习技术，从而使我们能依据周围世界的数据做出更好的预测和推断，这是惊人的进步。

深度学习（DL）及其相关领域的机器学习（ML）和人工智能（AI）已经极大地影响了世界和工业领域，这些技术的应用持久且意义深远。它们无处不在——家中、工作中、汽车里、手机上，等等，并影响着人们的旅行方式、交流方式、购物方式、银行业务办理方式以及获取信息的方式，很难想象有哪个行业没有或不会受到这些技术的影响。

这些技术的爆炸式增长揭示了两个重要的知识空白和机会领域。一是开发应用程序的技术技能；二是了解这些应用程序如何解决目前人们所面临的问题。此书恰逢其时地聚焦于这些技术。

作为英伟达的教育和培训部门，深度学习研究所的存在是为了帮助个人和机构提高他们对深度学习和其他计算技术的理解，从而找到挑战性问题的创造性解决方案。此书是对英伟达深度学习研究所培训库的完美补充，只要有统计学和微积分基本知识，就可无障碍地阅读此书。此书在全面介绍感知器、其他人工神经元、深度神经网络（DNN）和DL框架的基础上，层层深入直至包括Transformer、BERT和GPT等现代自然语言处理（NLP）模型。

全书提供了简单而强大的代码示例和练习，以便读者将所学知识应用于实践。与此同时，此书对基本理论进行了解释，那些有兴趣深入了解相关概念和工具而又不想涉及编程代码的读者将从中受益，书中的大量参考文献供读者进一步研究使用。

强烈推荐阅读此书，它是读者很好地了解DL领域的良好开端。此书阐述了DL是什么，它是如何发展的，以及如何在不断变化的世界中应用。作者在书中不仅对DL进行了全面而清晰的讨论，还对其能力和局限性进行了正确评估。这无疑是令人感到兴奋的。

Craig Clawson 博士，英伟达深度学习研究所主任

PREFACE

前　　言

深度学习（DL）是一个快速发展的领域，它在图像分类、生成图像的自然语言描述、自然语言翻译、语音到文本和文本到语音的转换等方面取得了惊人的成果。本书详细阐述了深度学习这个主题，并提供了实践经验，为进一步学习打下坚实基础。

> 在本书中，使用绿色文本框来突出特别重要和关键的概念。首先指出的是，深度学习这个概念很重要。

我们首先学习感知器和其他人工神经元（深度神经网络的基本构件），以及全连接的前馈网络和卷积网络，并应用这些网络来解决实际问题，例如基于大量数据预测房价或识别图像属于哪个类别，图 P-1 是 CIFAR-10 图像数据集的分类和示例，我们将在第 7 章中对该数据集进行详细研究。

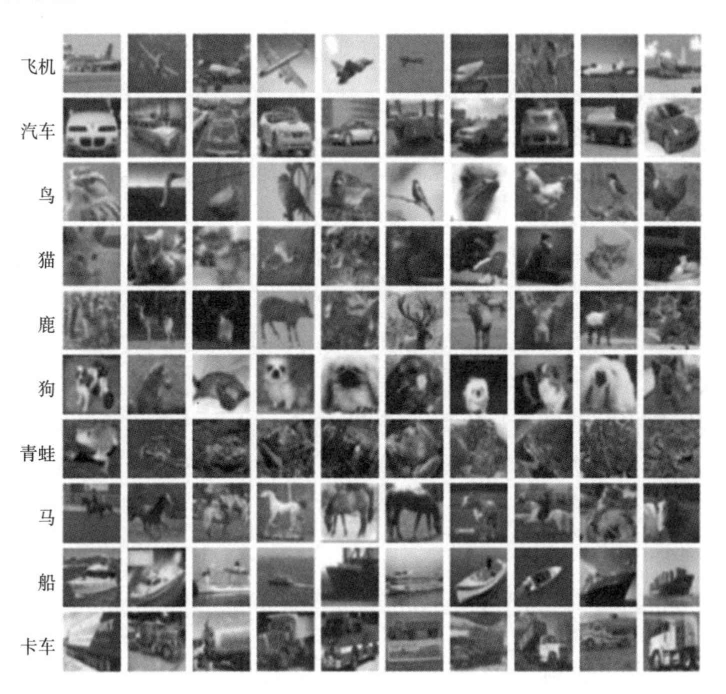

图 P-1　CIFAR-10 图像数据集的分类和示例（Krizhevsky，2009）（见彩插）

（图片来源：https://www.cs.toronto.edu/ kriz/cifar.html）

我们接着学习如何使用编码来表示自然语言中的单词，这种编码技术可以捕捉被编码的单词的语义词。然后，使用这些编码与循环神经网络一起创建自然语言翻译器，如图 P-2 所示。这个翻译器可以自动将简单句子从英语翻译为法语或其他类似语言。

最后，我们将学习如何构建一个结合图像和语言处理的图像字幕网络。该网络以图像为输入，可自动生成图像的自然语言描述。

在本书的学习进程中，还将讨论许多其他细节。此外，本书将一些其他重要主题作为附录，供读者深入学习。

图 P-2　输入为英语而输出为对应法语的神经网络翻译器

认识深度学习

DL 可解释为一类机器学习算法，使用多层计算单元，其中每一层学习自身的输入数据表示，这些表示由后面的层以分层方式组合。这个定义有些抽象，特别是考虑到还没有描述层和计算单元的概念，但在前几章将提供更多具体实例来阐明这个定义。

深度神经网络（DNN）是 DL 的基本组成部分，它是受生物神经元启发而产生的。关于 DL 技术究竟能在多大程度上模拟大脑活动一直存在争论，其中有人认为使用神经网络这个术语会让人觉得它比实际情况更先进。因此，他们建议使用“单元”而不是“人工神经元”，使用“网络”而不是“神经网络”。毫无疑问，DL 和更广泛的 AI 领域已经被主流媒体大肆炒作。在写作本书时，很容易产生这样的感觉，即我们将创造出像人类一样思考的机器，尽管最近表达怀疑的文章更为常见。读了本书后，你会对 DL 可以解决哪些问题有更准确的了解。在本书中，我们会自由选择使用“神经网络”和“神经元”这些词，不过读者也应当注意到，本书所介绍的算法更多地与机器能力，而不是人类大脑的实际工作方式有关。图 P-3 所示为人工智能、机器学习、深度学习和深度神经网络之间的关系。不同椭圆的面积大小并不代表该类相对于另一类的类别范畴。

在本书中，斜体部分的内容是陈述一些题外话或主观观点。如果你认为它们对你的阅读没有价值，可以完全忽略。

DNN 是 DL 的子集。
DL 是 ML 的子集，而 ML 是 AI 的子集。

本书不重点讨论 DL 的确切定义及其边界，也不深入讨论 ML 或 AI 其他领域的细节，而是重点阐述 DNN 及其应用。

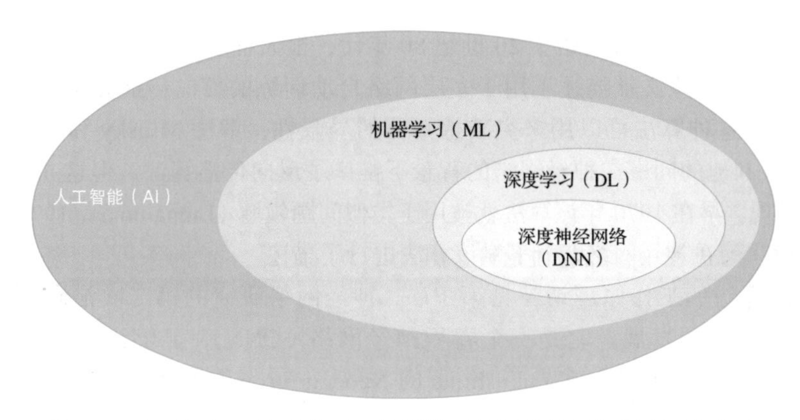

图 P-3　人工智能、机器学习、深度学习和深度神经网络之间的关系

深度神经网络简史

上述内容只是粗略地提到网络但没有描述什么是网络。本书前几章详细讨论了网络架构，这里只把网络视为一个有输入和输出的不透明系统就足够了。使用模型可将信息（图像或文本序列）作为网络输入，然后网络会输出相应信息，比如对图像的解释（见图 P-4），或不同语言的自然语言翻译（见图 P-2）。

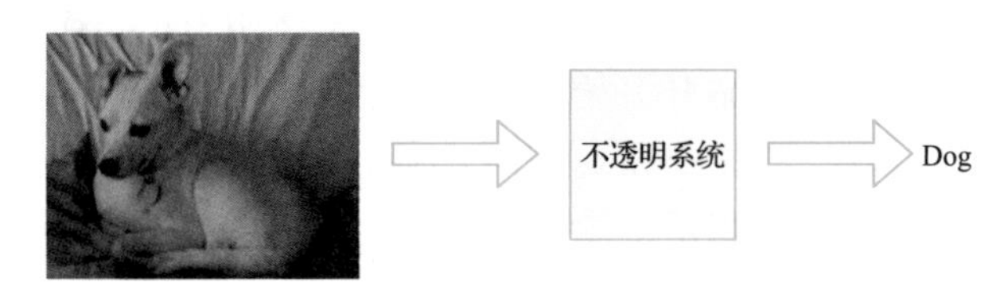

图 P-4　深度神经网络作为一种不透明系统，将图像作为输入，然后输出图像中的对象类型

如前所述，神经网络的核心部分是人工神经元。第一个人工神经元模型在 1943 年问世（McCulloch and Pitts，1943），掀启了第一次神经网络研究的浪潮。随后，在 1957 年 Rosenblatt 感知器出现（Rosenblatt，1958）。感知器的重要贡献是自动学习算法，即系统自动学习所期望的行为。本书第 1 章详细介绍了感知器。感知器有其局限性，尽管通过将多个感知器组合成多层网络可以打破这些局限性，但最初的学习算法并没有扩展到多层网络。根据普遍说法，这是导致神经网络研究开始衰落的原因。人工智能进入了第一个寒冬，据说是因 Minsky 和 Papert 在他们于 1969 年所著一书中提出缺失多层网络学习算法是一个严重问题引起的。但这个话题和说法颇具争议性。Olazaran 研究了 Minsky 和 Papert 的陈述是否被歪曲（Olazaran，1996）。此外，Schmidhuber（2015）指出，早在 Minsky 和 Papert 的书出版 4 年之前，文献（Ivakhnenko 和 Lapa，1965）中就提出了一种用于多层网络的学习算法。

第二次神经网络研究浪潮始于20世纪80年代，很大程度上受到了（Rumelhart et al.，1986）文献的影响（该文献描述了用于多层网络自动训练的反向传播算法）。Rumelhart和他的同事证明，这种算法可以用来突破感知器的局限性，解决Minsky和Papert提出的问题。Rumelhart和他的同事在神经网络的背景下推广了反向传播算法，但这并不是该算法在文献中首次出现。早在1970年该算法就被用于类似问题领域（Linnainmaa，1970）。1981年，Werbos（1981）又在神经网络背景下对该算法进行了描述。

反向传播算法的工作原理请参见第3章。神经网络研究的第二次浪潮的一个重要成果是1989年LeNet的发展。它是一个卷积神经网络（CNN)，能够识别手写的邮政编码（LeCun et al.，1990）。它建立在Fukushima的Neocognitron文章（Fukushima，1980）基础之上，本书认为这是CNN首次出现。

增强版LeNet后来被美国各大银行用来读取手写支票，从而成为神经网络的首批大型商业应用之一。第7章详细描述了卷积神经网络。尽管卷积神经网络取得了一定进步，神经网络研究还是再次陷入了低潮，部分原因是当时有限的计算能力阻止了网络扩展，还有部分原因是其他传统的ML方法被认为是更好的选择。

神经网络研究的第三次浪潮始于2012年，源于算法的进展、大规模数据集的可用性和将图形处理单元（GPU）用于通用计算。当时，这个领域被重新命名为深度学习，并在很大程度上因为AlexNet（Krizhevsky et al.，2012）而流行起来。AlexNet是一种卷积神经网络，它在ImageNet挑战赛中的得分明显高于其他任何网络。

实际上，第三次浪潮是由20世纪90年代和21世纪的头十年持续开展神经网络研究的小组推动的。这些业内人士从2006年开始使用“深度网络”一词。此外，ImageNet的挑战赛并不是神经网络（其中一些是GPU加速网络）击败传统技术的第一次比赛。例如，2009年Graves和同事采用神经网络赢得了手写识别比赛。2011年Ciresan和同事使用GPU加速网络进行图像分类。

这项工作很快在其他领域取得了类似的突破，使得深度学习快速发展起来，并且本书写作时仍在继续。本书的其余部分将描述这些重大发现以及它们的应用。对于DL更详细的历史描述，参见（Schmidhuber，2015）文献。

本书主旨及体例

本书开门见山地直接切入深度学习这个主题，同时还提供了丰富的背景知识。

在本书中，使用灰色方框来突出那些不会详细讨论或探索，但在某种程度上来说对下一步的学习很重要的内容。

这里说明一下，了解传统ML也很重要，但可以在对DL有了一定了解后再去了解传统的ML。

一个对 DL 感兴趣的初学者，往往期望一开始就学习图像分类技术。当从学习用数学方法对一组随机数据点进行直线拟合开始时，会认为这些数学方法与 DL 完全无关而感到失望。因此，本书并没有从介绍传统 ML 作为开篇，而是以最快的速度，同时也是最符合逻辑的方式来介绍图像分类技术，以引起初学者的兴趣，当然后续也会适当引用一些线性回归内容并与之进行比较。

因为深度学习是一个应用领域，所以本书将理论和实践很好地结合起来，并给出了代码示例。本书结合图、自然语言描述、程序代码段从不同的角度阐述深度学习的相关内容。

本书未涵盖 DL 领域的所有最新和先进的技术，而是聚焦于更好地理解该领域最新发展的基础概念和技术，并在附录介绍建立在这些概念上的主要体系结构。本书的目标是为读者提供足够的知识，以便在此基础上通过本书提供的参考文献，进一步进行深入学习和研究。

深度学习是以人创造的数据为基础进行自主学习，有放大其中存在的人的偏见的风险，因此要对 DL 和 AI 采取负责任的方法。这个话题在很大程度上一直被忽视，但最近开始得到了更多的关注。随着算法审计的出现，相关研究人员利用它指出人的偏见和商业系统中存在的其他问题（Raji 和 Buolamwini，2019）。研究人员建议记录所有已发布系统的已知偏差和预期用例，以减少这些问题。这既适用于 Gebru 等人创建此类系统的数据（Gebru et al.，2018），也适用于 Mitchell 等人发布的 DL 模型（Mitchell et al.，2018）。Thomas 提出了问题清单的方法，可指导 DL 从业人员避免道德问题（Thomas，2019）。我们在本书中也涉及这些话题，并且在第 18 章提供了进一步阅读的资源。

选择 DL 框架

在学习和使用 DL 时，需要确定使用哪类 DL 框架，以便在应用 DL 模型时能够处理大量底层细节。正如 DL 领域正在迅速发展一样，其他框架也在迅速发展，如 Caffe、Theano、MXNet、Torch、TensorFlow 和 PyTorch 都在当前 DL 热潮中颇具影响力。除了这些成熟的框架之外，还有一些专门框架，如 Keras 和 TensorRT。Keras 是一种高级 API，使得为上述框架编写程序更加容易。TensorRT 是一种推理优化器和运行引擎，可运行由上述框架构建和训练的模型。

在写本书时，两个最流行的成熟框架是 TensorFlow 和 PyTorch。TensorFlow 包含了对 Keras API 的本地支持。还有一个重要的框架是 MXNet，TensorFlow 和 MXNet 这两个框架都可在 TensorRT 推理引擎进行部署。

本书中的编程示例是在 Keras API 的 TensorFlow 环境以及 PyTorch 环境下运行的。附录 I 提供了 TensorFlow 和 PyTorch 的安装信息，并描述了这两个框架之间的关键区别。

学习 DL 的先决条件

DL 结合了来自不同领域的技术。接下来的部分列出了本书涉及的重要领域及必备的基础知识。

阅读本书不需要统计学和概率论方面的深厚知识，但应该具有计算算术平均数的能力，而且能够理解概率的基本概念。尽管并不做严格要求，但如果你知道方差和如何标准化一个随机变量，这将有助于阅读本书。

约束和无约束数值优化方法

在学习 DL 中，使用最小化损失函数时，通常需要通过数值优化方法找到解析解。如果你已掌握一些迭代方法和知道在连续函数中寻找极值点，这对学习 DL 是有帮助的。本书将在第 3 章中介绍当前最流行的梯度下降的迭代方法及其工作原理。

Python 编程

当前最流行的 DL 框架都是基于 Python 开发的，能掌握基本的 Python 基础知识是最好的。

当然，如果没有接触过 Python 也可以开始学习 DL，因为本书中大部分 DL 应用程序只使用 Python 语言的一小部分，大多数是使用特定领域的 DL 框架和库进行扩展。特别是许多介绍性示例，很少或根本没有使用面向对象的编程。经常使用的模块是 NumPy（数值 Python），该模块可提供向量和矩阵的各种数据类型。通常使用 pandas（Python 数据操作库）来处理多维数据，但本书没有使用 pandas。

本书常用的 Python 结构如下：

- 整数和浮点数据类型；
- 列表和字典；
- 导入和使用外部包；
- NumPy 数组；
- NumPy 函数；
- if 语句，for 循环，while 循环；
- 定义和调用函数；
- 打印字符串和数值数据类型；
- 用 matplotlib 绘图；
- 对文件进行读写。

在本书中，代码示例的难度是逐步递增的，所以如果你是一个编程初学者，则需要在阅读本书的同时花费一些时间提高编程水平。

数据表示

许多 DL 机制都是由高度优化的 ML 框架来处理的，但是，首先需要将输入数据转换为这些框架可以使用的恰当格式。因此，需要了解所用数据的格式，以及在应用时如何将其转换为更合适的格式。例如，对于图像，了解关于 RGB（红、绿、蓝）表示的基本知识是很有帮助的。类似地，对于使用文本作为输入数据的情况，了解计算机如何表示字符也是很有帮助的。一般来说，要知道原始输入数据的质量通常很低，而且需要进行清理。你经常会发现数据丢失或数据重复、来自不同时区的时间戳，以及手工处理造成的打印错误。此类问题对于本书中的示例通常不会造成问题，但在生产环境中需要注意。

关于代码示例

本书并不是从零开始编写代码示例，而是受到之前所发表作品的极大启发，如文献（Chollet，2018）和（Glassner，2018）。但是，本书已经对这些示例进行了实际应用，并且按照自己的方式来组织。

较长代码示例被分解成较小片段，并逐步呈现在书中。你可以将每段代码复制 / 粘贴或输入到 Python 解释器中，但可能更好的做法是将特定代码示例的所有代码段放在一个文件中，并以非交互方式执行。这些代码示例可以作为常规 Python 文件和 Jupyter 文本下载，也可以从 https://github .com/nvdli/ldl/ 下载。详见附录 I。

在大多数章节中，本书首先给出代码示例的基本版本，然后给出程序变化的结果。本书不提供所有变体的完整列表，但提供所有必要的结构，以实现这些程序的转换。

修改代码留给读者作为练习。修改现有代码是一种很好的动手方法。如果是编程新手，可以从调整现有参数值开始，而不是添加新代码。如果读者具有更高级的编码技能，可以考虑根据兴趣定义自己的实验。

DL 算法基于随机优化技术，因此，实验的结果可能会随时间而变化。也就是说，当运行代码示例时，可能过程会与本书中显示的不完全相同。然而，总体结果应该是相同的。

另外，最好使用图形处理单元（GPU）来运行本书代码。但是，如果暂时无法使用 GPU，由于前几章中的代码示例占用内存较少，也可以在中央处理单元（CPU）上运行。也就是说，在前几章可以使用 CPU 进行普通设置，第 7 章需要使用 GPU 加速平台。

> 在阅读到本书中间部分时，需要使用 GPU 加速平台，但在本书前半部分，可以使用标准的 CPU。

如何阅读本书

本书可按照章节顺序从头读到尾阅读。

在神经网络和深度学习领域完全是新手的读者，可能会发现前 4 章比后续章节更具挑战性。这是因为前四章引入了较多新概念，并用 Python 从头开始建立了一个神经网络。

具有深度学习基础的读者，如果希望有选择地阅读本书，可根据图 P-5 的阅读思路进行阅读。比如，如果重点关注语言处理，可泛读第 8 章，但要注意跳连接的描述，因为后面的章节会引用，接着阅读第 9 章到第 13 章，然后是附录 C、第 14 章和第 15 章，最后是附录 D。这些附录包含关于词嵌入的额外内容，并描述了 GPT 和 BERT，它们是语言处理任务的重要网络体系结构。

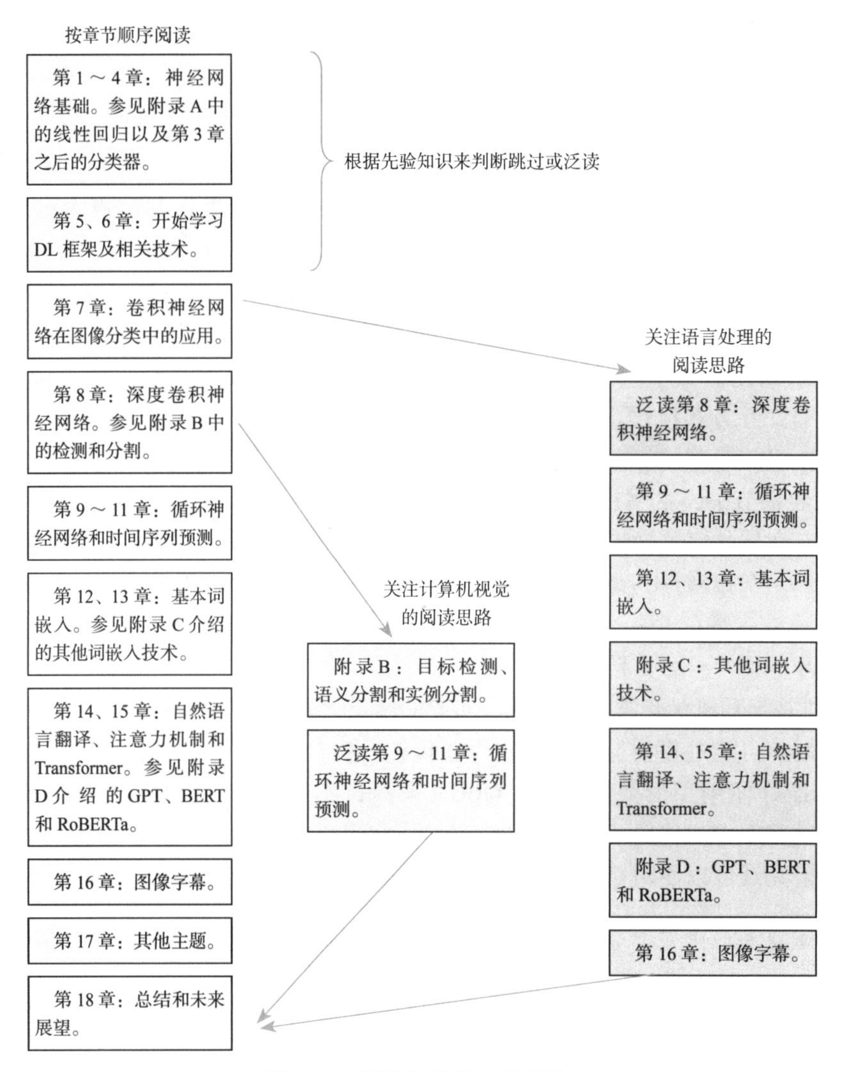

图 P-5　阅读本书的三种思路

如果对计算机视觉感兴趣，建议阅读附录 B 中有关对象检测、语义分割和实例分割的内容。此外，本书的最后几章重点介绍了自然语言处理，如果对此不感兴趣，可跳过第 12 章到第 17 章，也可以泛读第 9 章到第 11 章关于循环神经网络的内容。

附录

如果读者是 ML 和 DL 的初学者，建议最后阅读本书附录。

如果读者具备 ML 或 DL 的基础知识，则可穿插阅读附录 A ～附录 D。附录 A 可在第 3 章之后阅读，附录 B 可在第 8 章后阅读，附录 C 可在第 13 章后阅读，而附录 D 对第 15 章内容进行了扩展。

附录 E ～附录 H 比较短，重点是提供主题背景或额外细节。附录 I 描述了如何搭建开发环境以及如何访问编程示例。附录 J 包含了一个备忘清单，总结了本书中描述的概念。

CONTENTS

目　　录

CHAPTER 1

第 1 章

Rosenblatt 感知器

本章描述 Rosenblatt 感知器以及如何使用它。第 3 章和第 5 章描述了随着时间推移如何修改感知器以实现更高级的网络。感知器是一种人工神经元，即生物神经元模型。下面先简要描述生物神经元，它的组成如图 1-1 所示。

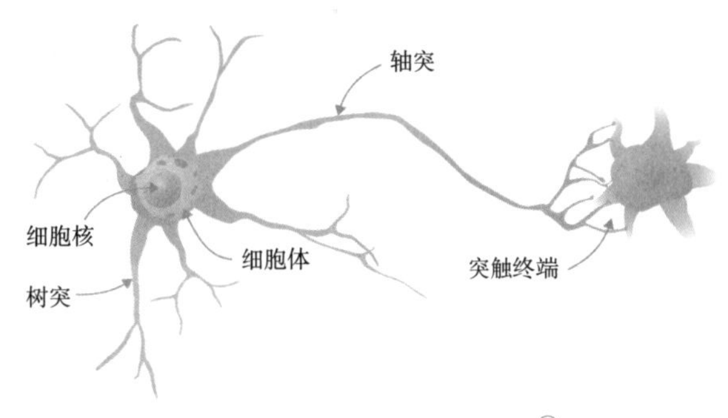

图 1-1　生物神经元的组成[1]

单个生物神经元由一个细胞体、一个细胞核、多个树突、一个轴突和突触终端组成。生物神经元之间的连接称为突触。生物神经元接收来自树突的刺激，并且在足够刺激的情况下被激发（也称为被激活或兴奋），在轴突上输出刺激，并将刺激传递到与由突触与其连接的其他生物神经元。突触信号可以是兴奋的或抑制的；也就是说，一些信号可以抑制生物神经元兴奋，而不是引起它兴奋。

感知器包含一个计算单元和多个输入（其中一个是特殊的偏差输入，本章后面会详细介绍），每个输入都有一个相关的输入权重和一个输出。

n 个输入通常被表示为 x_0，x_1，…，x_n（x_0 是偏差输入），y 表示输出，其中输入和输出一般对应于树突和轴突。每个输入都赋予一个相关权重（w_i，$i = 0$，…，n），之前被称为突触权重，代表了从一个神经元到另一神经元的连接强度，现在通常被称为权重或输入权重。对于感知器，输出只能取 −1 和 1 中的一个，但对于后面章节中讨论的其他类型人工神经元，这一约束将放宽到一系列实际值范围。偏差输入始终为 1，其他每个输入值在传递给计算单元之前都要乘以其相应权重（见图 1-2 中带圆角的虚线矩形），这可以近似视为生物神经元的细胞体[2]。计算单元计算加权输入的和，然后应用激活函数 $y = f(z)$，其中 z 是加权输

[1] Glassner A., Deep Learning: From Basics to Practice, The Imaginary Instituce, 2018.

[2] 此后书中不再讨论生物神经元，后续提到的神经元都指人工神经元。此外，后续提到的感知器是一种特殊的人工神经元。

入和。感知器的激活函数是符号（Sign）函数，也称为正负号（Signum）函数[⊖]，如果输入为 0 或更高，则其值为 1，否则为 −1。符号函数如图 1-3 所示，图中采用了通用函数的变量名（y 是 x 的函数）。在感知器用例中，Signum 函数的输入不是 x，而是加权和 z。

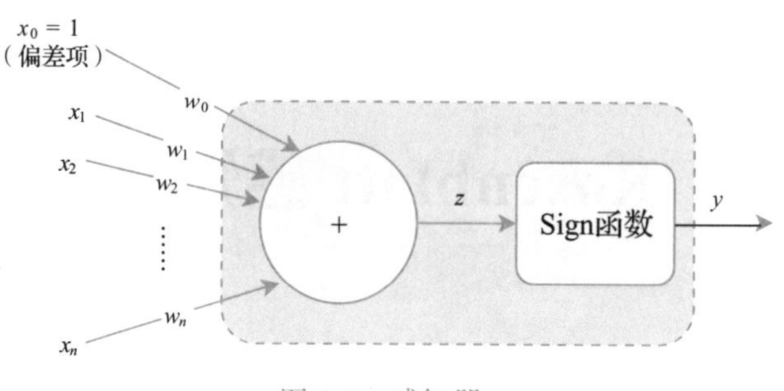

图 1-2　感知器

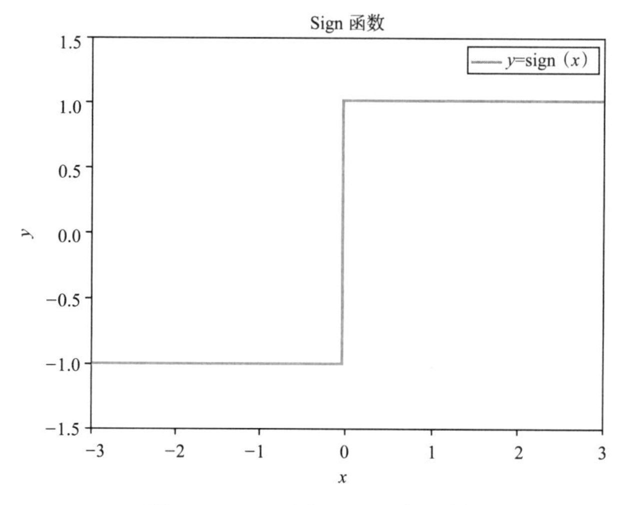

图 1-3　Sign（或 Signum）函数

感知器是一种人工神经元，对输入进行求和来计算中间值 z，然后将该中间值 z 输入到激活函数。感知器使用 Sign 函数作为激活函数，但其他人工神经元使用其他激活函数。

综上所述，如果加权和小于 0，感知器输出 −1，否则输出 1，整个过程表示为如下方程：

$$y = f(z)$$

式中

$$z = \sum_{i=0}^{n} w_i x_i ,$$

⊖ 不要混淆 Signum 函数和 Sigmoid 函数，Sigmoid 函数主要用于除感知器外的其他神经元，这在后面章节中会描述。

$$f(z)=\begin{cases}-1, & z<0 \\ 1, & z\geqslant 0\end{cases},$$

$$x_0=1\ （偏差项）。$$

注意到，偏差项 x_0 的特殊之处在于，它总是被赋值为 1，而其相应权重 w_0 的处理方式则与任何其他权重一样。代码段 1-1 为实现此函数的 Python 编程，x 的第一个分量表示偏差项，因此在函数调用时必须设置为 1。

代码段 1-1 感知器函数的 Python 实现

```
# 向量 x 的第一个分量必须是 1。
# 有 n 个输入的神经元的 w 和 x 的长度必须是 n+1。
def compute_output(w, x):
    z = 0.0
    for i in range(len(w)):
        z += x[i] * w[i] # 计算输入权重的和
    if z < 0: # 应用 Sign 函数
        return -1
    else:
        return 1
```

在序言中提到，有必要学习 Python，所以如果读者没有学习过 Python，那么现在是开始学习 Python 的好时机。

此刻，特殊的偏差输入看起来可能很奇怪，但我们将在本章后面说明如何改变偏差权重并使之等效于调整阈值，从而改变感知器的输出值。

1.1 双输入感知器示例

下面介绍一个简单的例子来说明如何将感知器应用于实践。让我们研究一个除了偏差输入外，还有两个输入的感知器。在没有任何调整情况下（此时），权重设置为 w_0=+0.9、w_1=−0.6 和 w_2= −0.5， 如图 1-4 所示。

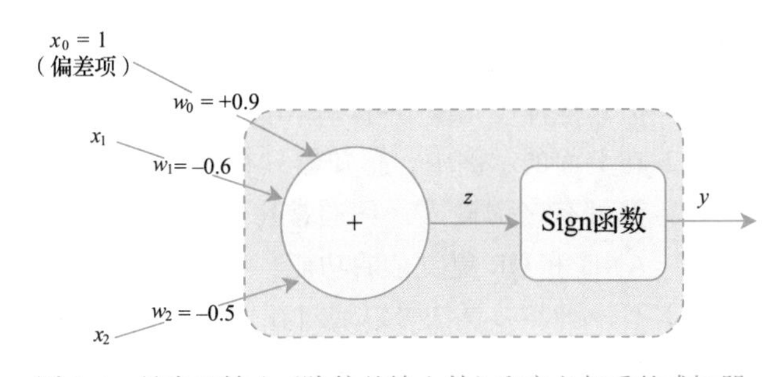

图 1-4 具有双输入（除偏差输入外）和定义权重的感知器

现在让我们看看这个感知器如何将所有输入进行组合，假设两个输入只能取 −1.0 和 1.0，并将代码段 1-1 粘贴到 Python 解释器窗口中（参阅附录 I），然后使用所选的权重和不同的 x 输入组合调用该函数。记住，第一个输入 x 应始终为 1.0，因为它表示偏差项。如果使用所有不同的 x 输入组合调用该函数四次，则应得到以下结果：

```
>>> compute_output([0.9, -0.6, -0.5], [1.0, -1.0, -1.0])
1
>>> compute_output([0.9, -0.6, -0.5], [1.0, -1.0, 1.0])
1
>>> compute_output([0.9, -0.6, -0.5], [1.0, 1.0, -1.0])
1
>>> compute_output([0.9, -0.6, -0.5], [1.0, 1.0, 1.0])
-1
```

为更详尽地说明整个过程，表 1-1 中列出了四种不同的组合。

表 1-1　具有两输入感知器的行为

x_0	x_1	x_2	$w_0 * x_0$	$w_1 * x_1$	$w_2 * x_2$	z	y
1	−1（错误）	−1（错误）	0.9	0.6	0.5	2.0	1（正确）
1	1（正确）	−1（错误）	0.9	−0.6	0.5	0.8	1（正确）
1	−1（错误）	1（正确）	0.9	0.6	−0.5	1.0	1（正确）
1	1（正确）	1（正确）	0.9	−0.6	−0.5	−0.2	−1（错误）

注：输入值和输出值也可以解释为布尔值。

表 1-1 列出了输入、输出、赋予权重后的中间值以及应用激活函数前的总和。请注意，如果我们将输入和输出解释为布尔值（其中 −1 表示错误，1 表示正确），那么，具有这种特定权重的感知器就实现了与非门。用尼尔森（Nielsen）的话来说，这令人感到欣慰，通过组合多个与非门可以构建任何逻辑函数，但这也有点令人失望，因为感知器具有比布尔逻辑更令人兴奋的功能（Nielsen，2015）。

感知器不限于布尔逻辑，具体差异如下：

- 感知器的输入并不仅限于布尔值。此外，虽然感知器仅限于输出两个值中的一个，但其他神经元模型可以输出一系列实数。
- 在上面的示例中，感知器只有两个输入，实现了一个基本的逻辑功能。每个神经元都可有多个输入，且通常比典型的逻辑门输入还要多。每个神经元还可以实现比 AND 和 OR 更复杂的功能。
- 有一种学习算法可以通过在例子中学习来自动设计神经网络，但由此产生的网络往往会泛化，下一节将介绍感知器学习算法，第 4 章将讨论泛化。

1.2　感知器学习算法

在上面的例子中，有三个权重（参见图 1-4），如果将输入视为布尔值，得到的感知器是一个与非门。通过表 1-1 可以看出，所选择的权重并不是导致这种结果的唯一因素。例如，z 值在所有情况下都离零足够远，因此能够在任一方向上将其权重调整至 0.1，但仍然可得到相同行为的结果。这就提出了一个问题，是否有确定权重的通用方法，这就是感知器学习算法要解决的。

我们首先描述算法本身，并将其应用于几个问题，以便于理解算法的工作原理，同时也揭示了感知器的局限性。然后，讨论如何克服这些局限性并从其他视角审视感知器。在第2章中，我们描述了该算法背后的一种更正式的推理。

感知器学习算法即监督学习算法。监督的概念意味着正在训练的模型（此刻指的是感知器）是通过输入数据和所期望输出数据（也称为真实数据）来呈现的。可以将其视为向模型给出问题和答案，并期望模型了解某个输入与对应输出之间的关系。与监督学习相对的是无监督学习，如一种可以在自然语言文本中找到结构的算法就是无监督学习，我们将在第11章中更详细地介绍。

> 当我们谈论训练模型时，意味着为由一个或多个神经元组成的网络赋予权重。

有四组输入/输出数据，每组对应于表1-1中的一行，该算法的工作原理如下：

1. 随机初始化权重。

2. 随机选择一个输入/输出对。

3. 将值 $x_1, \cdots, x_n$ 输入到感知器以计算输出 y。

4. 如果输出 y 与该输入/输出对的真实值不同，则按以下方式调整权重：

a）如果 $y < 0$，每个权重 w_i 增加 ηx_i；

b）如果 $y > 0$，每个权重 w_i 减少 ηx_i。

5. 重复步骤2、3和4，直到感知器能够正确地预测所有示例。

感知器对其能够预测的内容有一定的局限性，因此对于某些输入/输出对，算法不会收敛。然而，如果有一组权重使感知器能够表示输入/输出对的集合，则通过找到这些权重就可以保证算法的收敛。任意常数 η 被称为学习率[㊀]，可以设为1.0，但是将其设置为不同值可以使算法更快收敛。学习率是超参数的一个示例，该参数值的调整不是通过学习算法实现的。对于感知器，权重可以初始化为0，但对于更复杂的神经网络，效果并不好。因此，我们习惯于随机初始化这些权重。最后，在步骤4中，似乎所有的权重都将被调整为相同值，但请记住，输入 x_i 并不仅限于 -1 和 1。对于某个输入，权重可能是0.4，而对于另一个输入，它可能是0.9，因此实际的权重调整并不相同。

下面介绍该算法的Python实现，并将其应用于**NAND**函数示例。代码段1-2给出了初始化代码，首先导入一个用于随机化的库，然后初始化用于训练示例和感知器权重的变量。

代码段1-2　感知器学习示例的初始化代码

```
import random

def show_learning(w):
```

㊀ 一些感知器学习算法中没有包括学习率参数，但是学习率在更复杂的网络中是非常重要的参数，因此我们在这里将其引入。

```
    print('w0 =', '%5.2f' % w[0], ', w1 =', '%5.2f' % w[1],
          ', w2 =', '%5.2f' % w[2])
# 定义控制训练过程的变量

random.seed(7) # 重复
LEARNING_RATE = 0.1
index_list = [0, 1, 2, 3] # 随机顺序
# 定义训练例子

x_train = [(1.0, -1.0, -1.0), (1.0, -1.0, 1.0),
    (1.0, 1.0, -1.0), (1.0, 1.0, 1.0)] # 输入
y_train = [1.0, 1.0, 1.0, -1.0] # 输出（真实数据）
# 定义感知器权重

w = [0.2, -0.6, 0.25] # 初始化部分权重值
# 打印输出初始权重

show_learning(w)
```

请注意，每个输入示例由三个值组成，但第一个值始终为 1.0，因为它是偏差项。代码段 1-3 为代码段 1-1 中所示的感知器输出计算即感知器功能。

代码段 1-3　代码段 1-1 中所示的感知器功能

```
# 向量 x 的第一个分量必须是 1
# 对于有 n 个输入的神经元，w 和 x 的长度必须是 n+1
def compute_output(w, x):
    z = 0.0
    for i in range(len(w)):
        z += x[i] * w[i] # 计算加权输入和
    if z < 0: # 应用 sign 函数
        return -1
    else:
        return 1
```

代码段 1-4 包含了感知器训练循环。它是一个嵌套循环，其中内部循环以随机顺序运行所有四个训练示例。对于每个示例，都会计算输出，并在输出错误时调整和打印输出权重。权重调整包含一个微妙的细节，使它看起来与所描述的算法略有不同。不是使用 `if` 语句来确定是使用加法还是减法来调整权重，而是将调整值乘以 y。y 的值是 1 或 −1，因此用于更新。外部循环测试感知器是否为所有四个示例提供了正确输出，如果是，则程序终止。

代码段 1-4　感知器训练循环

```
# 感知器训练循环
all_correct = False
while not all_correct:
    all_correct = True
```

```
        random.shuffle(index_list) # 随机顺序
        for i in index_list:
            x = x_train[i]
            y = y_train[i]
            p_out = compute_output(w, x) # 感知器函数

            if y != p_out: # 当错误时更新权重
                for j in range(0, len(w)):
                    w[j] += (y * LEARNING_RATE * x[j])
                all_correct = False
                show_learning(w) # 显示更新的权重
```

如果我们将这三个代码段粘贴到一个文件中，然后在 Python 解释器中运行，输出结果如下：

```
w0 = 0.20, w1 = -0.60, w2 = 0.25
w0 = 0.30, w1 = -0.50, w2 = 0.15
w0 = 0.40, w1 = -0.40, w2 = 0.05
w0 = 0.30, w1 = -0.50, w2 = -0.05
w0 = 0.40, w1 = -0.40, w2 = -0.15
```

注意如何从初始值逐步调整，以获得输出正确结果的权重。本书的大部分代码示例都是使用随机值，因此你的测试结果可能与书中结果并不完全一致。

除了所描述的 Python 实现之外，我们还提供了一个执行相同计算的电子表格。我们发现，直接修改电子表格中的权重和输入值通常是一种直观的好方法。在附录 I 的编程示例部分可以下载电子表格。

这个算法可以学习 NAND 函数。到目前为止，我们一直限制每个输入只采用 −1 或 1。然而，事实上可以选择任意实数作为两个输入值。也就是说，可选择任意两个实数的组合输入到感知器，它仍输出 1 或 −1。这可以通过制作一个 2D 坐标系图表来说明，其中一个轴表示第一个输入（x_1），另一个轴表示第二个输入（x_2）。对于该坐标系中的每个点，感知器输出如图 1-5 所示。

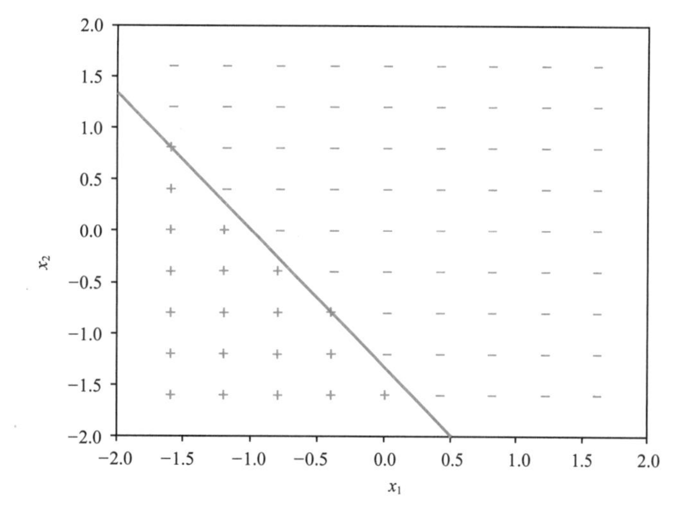

图 1-5 具有两个输入 x_1 和 x_2 函数的感知器输出

该图不同于以传统方式所绘制的函数 $y = f(x_1, x_2)$。传统绘制函数图是将两个值作为输入并输出一个值，可以生成 3D 图，某些表面可以绘制为两个输入的函数（在后面的“感知器的几何

解释”部分将给出图示）。

从图 1-5 中可以看出，感知器将 2D 空间分为两个区域，由一条直线隔开，这条线表示感知器的负输出值和正输出值之间的边界。直线一侧的所有输入值产生输出 −1，直线另一侧的所有输入值产生输出 1。产生这个结果的一种蛮力方法是测试（x_1，x_2）对的所有组合，并记录感知器的输出。该边界正好是输入的加权和为零之处，因为符号函数在其输入为零时将改变其值，即

$$w_0x_0+w_1x_1+w_2x_2=0$$

改写该方程使 x_2 是 x_1 的函数，因为 x_2 绘制在 y 轴，通常在绘制直线时，认为 $y=f(x)$。给定 x_0 值为 1，通过方程求解 x_2，并得出

$$x_2=-\frac{w_1}{w_2}x_1-\frac{w_0}{w_2}$$

换句话说，它是一条斜率为 $-w_1/w_2$ 且 y 轴截距为 $-w_0/w_2$ 的直线。

将程序中的初始化代码替换为代码段 1-5 的扩展版本。此代码段扩展了 `show_learning()` 函数，并在程序末尾添加了以下代码行：

```
plt.show()
```

代码段 1-5　绘制输出函数初始化代码的扩展版本

```
import matplotlib.pyplot as plt
import random

# 定义所需绘制的变量

color_list = ['r-', 'm-', 'y-', 'c-', 'b-', 'g-']
color_index = 0


def show_learning(w):
    global color_index
    print('w0 =', '%5.2f' % w[0], ', w1 =', '%5.2f' % w[1],
          ', w2 =', '%5.2f' % w[2])
    if color_index == 0:
        plt.plot([1.0], [1.0], 'b_', markersize=12)
        plt.plot([-1.0, 1.0, -1.0], [1.0, -1.0, -1.0],
                 'r+', markersize=12)
        plt.axis([-2, 2, -2, 2])
        plt.xlabel('x1')
        plt.ylabel('x2')
    x = [-2.0, 2.0]
    if abs(w[2]) < 1e-5:
        y = [-w[1]/(1e-5)*(-2.0)+(-w[0]/(1e-5)),
             -w[1]/(1e-5)*(2.0)+(-w[0]/(1e-5))]
    else:
```

```
        y = [-w[1]/w[2]*(-2.0)+(-w[0]/w[2]),
            -w[1]/w[2]*(2.0)+(-w[0]/w[2])]
    plt.plot(x, y, color_list[color_index])
    if color_index < (len(color_list) - 1):
        color_index += 1

# 定义所需控制训练过程的变量
random.seed(7) # 重复
LEARNING_RATE = 0.1
index_list = [0, 1, 2, 3] # 随机顺序
# 定义训练示例
x_train = [(1.0, -1.0, -1.0), (1.0, -1.0, 1.0),
    (1.0, 1.0, -1.0), (1.0, 1.0, 1.0)] # 输入
y_train = [1.0, 1.0, 1.0, -1.0] # 输出(真实值)

# 定义感知器权重

w = [0.2, -0.6, 0.25] # 初始化部分随机值

# 打印输出初始权重

show_learning(w)
```

输出结果如图 1-6 所示，其中四个输入点标注为三个正号和一个负号。红线对应于初始权重无法在正号和负号之间进行正确划分的情况。对于每次权重更新，按照以下颜色顺序绘制更新线：洋红、黄色、青色和蓝色。蓝线进行了正确的划分，所有正号在一边，负号在另一边，此刻学习算法终止。

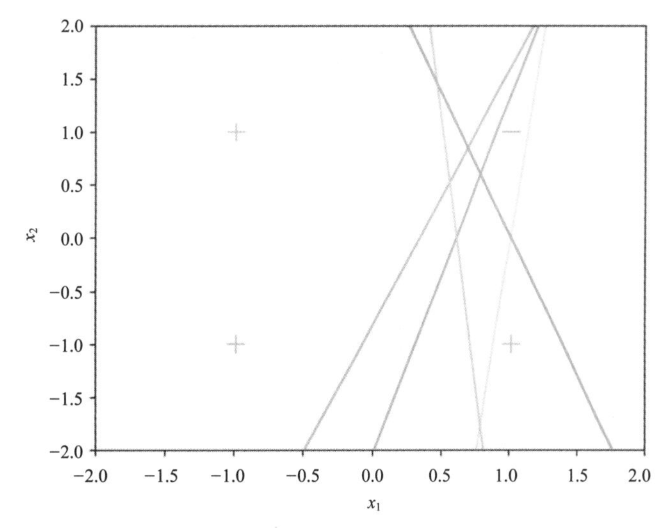

图 1-6 学习过程更新线的顺序：红色、洋红、黄色、青色、蓝色（见彩插）

现在已经证明，感知器可以学习完成一个简单的分类任务，即，确定一个双输入属于哪个类别。

1.3 感知器的局限性

双输入感知器学习如何在两组数据点之间绘制一条直线。这是令人兴奋的，但如果这条直线不能分开数据点，会发生什么呢？我们使用异或（XOR）的布尔函数来深入了解一下，其真值表如表 1-2 所示。

表 1-2 双输入 XOR 门的真值表

x_0	x_1	y
错误	错误	错误
正确	错误	正确
错误	正确	正确
正确	正确	错误

图 1-7 中上图显示了更新 6 次权重后的情况，下图是权重更新 30 次后的情况，用尽了所有颜色，但是算法始终没有收敛。

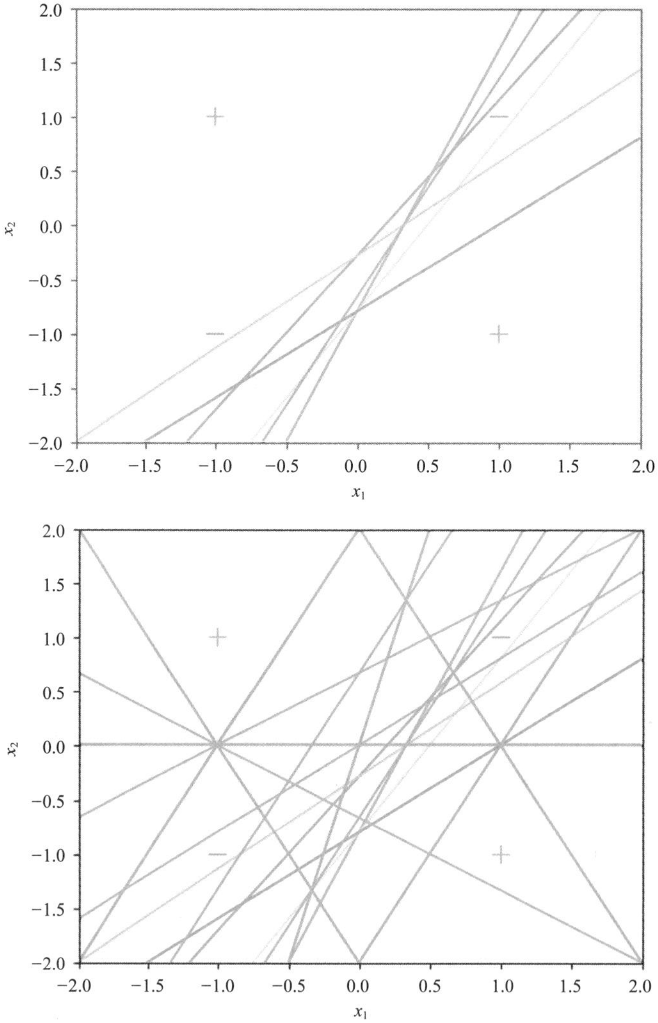

图 1-7 感知器利用 XOR 学习（见彩插）

这个问题用曲线很容易解决，但使用直线却无法解决，这就是感知器的关键限制之一。

分类问题仅在类是线性可分的情况下才能求解，这在二维（两个输入）中意味着数据点可以由一条直线分开。因此，我们似乎需要提出一个不同的神经元模型，或者结合多个神经元来解决这个问题。这将在下一节探讨。

1.4 组合多个感知器

单个感知器可以将图表分为两个区域，通过在图表上绘制直线来说明。这意味着如果添加另一个感知器，就可以绘制另一条直线。图 1-8 显示了这样的尝试：一条线将其中一个负号与所有其他数据点分开。类似地，另一条线将另一个负号与所有其他数据点分开。如果我们能以某种方式使得两条线之间的数据点输出 1，那么就可以解决这个问题。

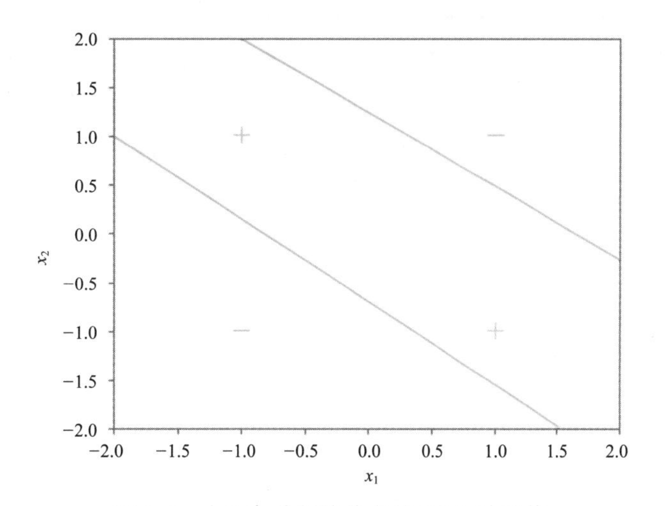

图 1-8 由两条分割线分离的 XOR 输出值

从另一个角度来看，两个感知器都会对四个数据点中的三个点正确触发；也就是说，这两个感知器的行为几乎都是正确的。然而，它们都对其中一个数据点分类错误，但不是同一数据点。如果可以结合两者的输出，并且只有当它们都将输出计算为 1 时才输出 1，那么我们就可以得到正确的结果。所以，我们可对其输出进行 AND 运算。使用前两个感知器的输出作为另一感知器输入。这个两级神经网络的体系结构和权重如图 1-9 所示。

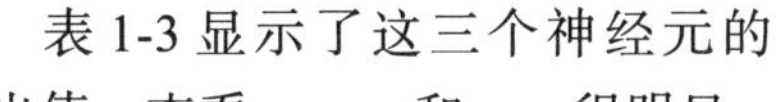

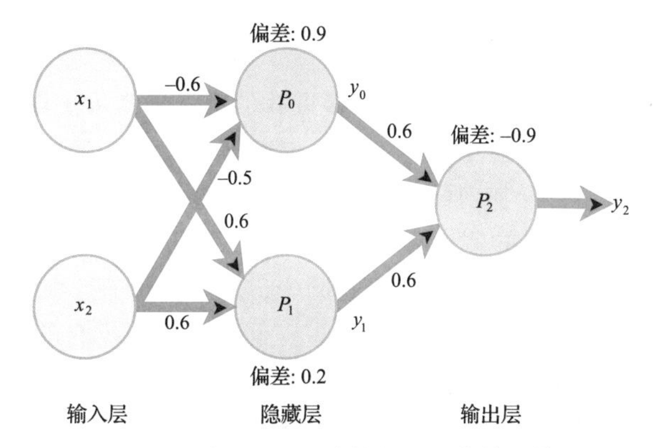

图 1-9 实现 XOR 功能的两级前馈网络

表 1-3 显示了这三个神经元的输出值。查看 x_1、x_2 和 y_2，很明显，神经网络实现了 XOR 功能。

表 1-3 实现 XOR 功能的网络输入和输出值

x_0	x_1	x_2	y_0	y_1	y_2
1	−1 （错误）	−1 （错误）	1.0	−1.0	−1.0 （错误）
1	1 （正确）	−1 （错误）	1.0	1.0	1.0 （正确）

（续）

x_0	x_1	x_2	y_0	y_1	y_2
1	−1 （错误）	1 （正确）	1.0	1.0	1.0 （正确）
1	1 （正确）	1 （正确）	−1.0	1.0	−1.0 （错误）

该神经网络是全连接前馈网络的最简单示例之一。全连接是指每一层的每个神经元的输出都连接到下一层的所有神经元。前馈意味着没有反向连接，或者使用图形术语，它是有向无环图（DAG）。该图还强调了层的概念，多级神经网络具有一个输入层、一个或多个隐藏层和输出层。输入层不包含神经元，而仅包含输入本身，即不存在与输入层相关联的权重。请注意，单个感知器也有输入层，只是没有明确绘制。在图 1-9 中，输出层只有一个神经元，但一般情况下，输出层可以由多个神经元组成。类似地，图 1-9 中的网络仅具有单个隐藏层（包含两个神经元），但是深度神经网络（DNN）具有多个隐藏层，并且通常在每层中包含更多神经元。图 1-9 中的权重（包括偏差）已详细说明，但在大多数情况下，只是认为存在权重，但没有显示出来。前馈网络也被称为多级感知器，即使它不是由感知器的神经元模型构建的。

在全连接网络中，一层的神经元接收来自前一层的所有神经元的输入。前馈网络或多级感知器没有循环，输入层没有神经元。隐藏层中的神经元输出在外部是不可见的（它们是隐藏网络的）。DNN 有多个隐藏层，输出层可以有多个神经元。

这个 XOR 示例开始接近我们对深度学习（DL）的定义：DL 是一类使用多层计算单元的机器学习算法，其中每一层都学习自己的输入数据表示，这些表示由后面的层以分层的方式组合。在前面的示例中，确实有多层（两个），第一层的神经元对输入数据有自己的表示（隐藏层的输出），这些表示通过输出神经元以分层方式进行组合。缺失的部分是每一层都学习自己的表示。在本例中，网络并没有学习权重，而是由我们给出的。一个需要确认的问题就是，如何获得这些权重，答案是我们进行精心挑选。第一个感知器的权重已经实现了 NAND 函数功能，然后，我们为第一层中的第二个感知器选择权重以实现 OR 函数功能，最后，为第二层中的感知器选择权重以实现 AND 函数功能。通过这样做，可以实现 XOR 的布尔函数功能：

$$\overline{(A \cdot B)} \cdot (A + B)$$

虽然在讨论中我们只是假设 −1 和 +1 作为输入值，但所建立的神经网络可以将任意实数作为输入，并且它将为图 1-8 中两条线之间的所有点输出 1。通过慎重选择权重，以使神经网络按照我们想要的方式运行，这对于这个特定例子是可行的，但对于一般情况来说却不是一件简单的事情。对于多层神经网络有这样的算法？正如前言中所述，并不这么认为明斯基和帕佩特（Minsky and Papert，1969）。然而，事实证明，这些怀疑者是错的。反向传播算法至少从 1970 年开始应用于各种类型的问题（Linnainmaa，1970），并在 1986 年推广到神经网络（Rumelhart，Hinton，and Williams，1986）。我们将在第 3 章中详细介绍该算法，但首先需要进一步探讨感知器。

> 将数学问题描述为向量或矩阵形式，可以充分利用数学库，特别是可以减少 GPU 计算量。

1.5 感知器的几何解释

在前文中，我们对双输入感知器创建的决策边界进行了可视化。在这类图表中，确定了感知器输出 1 和 −1 的所有坐标。另一种可视化感知器的方法是将 z 绘制为 x_1 和 x_2 的函数。这采用了 3D 图表的形式，如图 1-10 所示。

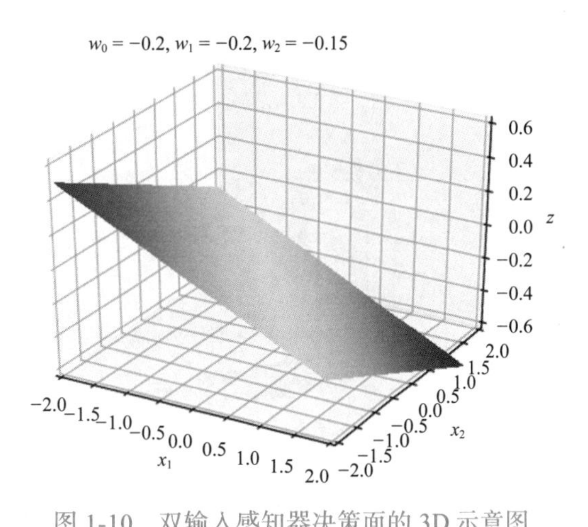

图 1-10 双输入感知器决策面的 3D 示意图

可以看到，感知器中的 z 值形成了一个平面。对于平面上任何小于 0 的点，感知器的实际输出 y 为 −1，而对于任何大于或等于 0 的点，感知器的实际输出 y 为 1。如果从上面看这张图，并在平面的 z 值为 0 的地方画一条线，可以得到与图 1-5 相同类型的图。

平面的定位和方向由三个权重决定。偏移权重（w_0）决定了在 x_1 和 x_2 都等于 0 时，平面与 z 轴相交的位置；也就是说，更改 w_0 会导致平面在 z 轴上向上或向下移动。如图 1-11 中的最上面两个图，图 1-11 的左侧图与图 1-10 相同，但在图 1-11 的右图中，w_0 从 −0.2 改为了 0.0。另外两个权重（w_1 和 w_2）决定了平面在两个不同维度上的斜率。平面方向会随权重的变化而变化。如果权重为 0，则平面与 x_1 和 x_2 轴平行，而正负值将导致平面倾斜，如图 1-11 下面的两图所示，除了将 w_0 设置为 0，还将图 1-11 的左下图中的 w_1 设为 0，右下图中的所有权重设为 0，最后得到了一个水平平面。

整个讨论都集中在具有两个输入（除了偏差输入）的感知器上，因为在此情况下函数是可视化的。虽然添加更多输入很简单，但将其可视化则要困难得多。

如前所述，感知器有这样的限制，即只有当两个类是线性可分时，它才能区分这两个类。对于双输入感知器（二维）来说，这意味着它们可以由一条直线分开。对于三输入神经元（三维），这意味着它们可以被一个平面分开。在这里不深入研究细节，但对于已经熟悉线性代数的读者，可以指出的是，一般来讲，对于具有 n 个输入（n 维）的感知器，如果它们可以被一个 n−1 维超平面分开，则这两类是线性可分的。这是一个相对抽象的讨论，如果你很难理解，也不必担心。了解超平面并不是理解本书其余部分的必要条件。

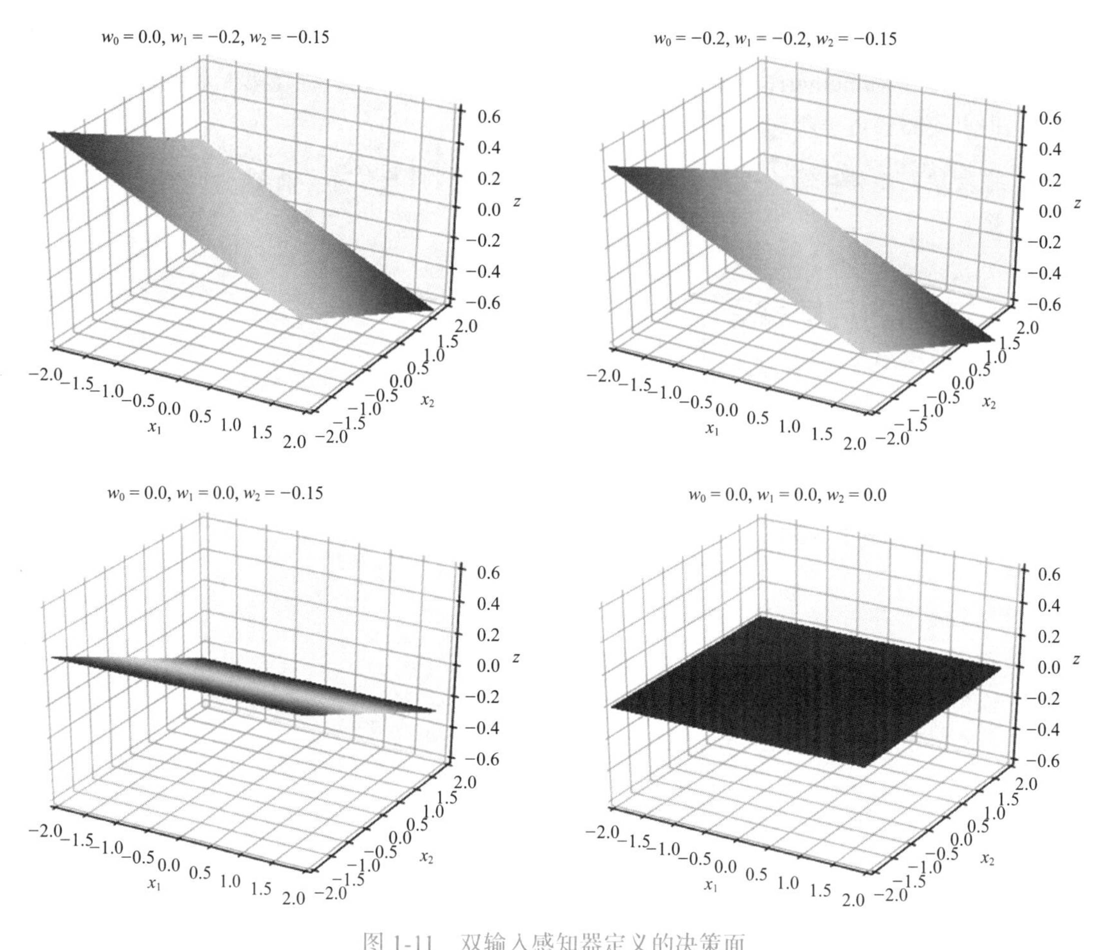

图 1-11　双输入感知器定义的决策面

最后，感知器的计算也有一种几何解释。感知器计算两个向量 $\boldsymbol{w}$ 和 $\boldsymbol{x}$ 之间的点积，然后将符号函数应用于点积结果。不是对点积进行加权和，而是进行如下计算：

$$\boldsymbol{w} \cdot \boldsymbol{x} = |\boldsymbol{w}||\boldsymbol{x}|\cos(\theta)$$

式中，θ 是向量 $\boldsymbol{w}$ 和 $\boldsymbol{x}$ 之间的夹角。因为它们的绝对值 $|\boldsymbol{w}|$ 和 $|\boldsymbol{x}|$ 是正数，则两个向量之间的夹角将决定感知器的输出（大于 90° 则输出 −1，小于 90° 则输出 +1）。

> 事实证明，可以使用点积的几何定义来推理什么权重可以最大化给定输入的加权和，但如果这是你第一次接触点积的这种定义，则现在可以完全忽略这一点。

1.6　理解偏差项

我们对感知器的描述包括使用了一个我们没有进一步证明的偏差项。对感知器方程 $y = f(z)$，说明如下：

$$y=f(z)$$

式中

$$z=\sum_{i=0}^{n} w_i x_i,$$

$$f(z)=\begin{cases}-1, & z<0\\ 1, & z\geqslant 0\end{cases},$$

$$x_0=1 \text{（偏差项）。}$$

特别是，输出值 −1 和 1 以及阈值 0 似乎是任意选择的。第 3 章我们将再次讨论这个问题，但现在，我们关注的是阈值，通常用 θ 表示。可以通过将激活函数替换为下面的函数来使感知器更为通用，其中阈值仅是参数 θ 的函数：

$$f(z)=\begin{cases}-1, & z<\theta\\ 1, & z\geqslant \theta\end{cases}$$

更仔细地观察使输出值为 1 所需要满足的条件，即

$$z\geqslant\theta$$

这也可以改写为

$$z-\theta\geqslant 0$$

也就是说，只要从 z 中减去阈值，就可以用 0 作为其阈值。仔细观察对感知器的原始描述，发现其实感知器一直在偷偷地这么做，通过在计算 z 的总和中包含偏差项 x_0 来实现。也就是说，偏差项的基本原则首先是使感知器应用有一个可调的阈值。看起来应该减去偏差，但这并不重要，因为有相关权重 w_0，可以是正值也可以是负值。也就是说，通过调整 w_0，可以使感知器使用任意阈值 θ。更明确地，如果希望感知器使用阈值 θ，则 w_0 设置为 $-\theta$。

最后，如果暂时忽略激活函数，可以考虑偏差项如何影响加权和 z。在上一节中看到，改变 w_0 使得平面沿 z 轴上下滑动。更简单地，考虑一条直线而不是平面的低维情况，偏差项只是直线方程中的截距项 b：

$$y=mx+b$$

上述内容不会改变使用感知器的方式，这只是说明最初为什么要采取这种应用方式。在阅读其他文献时，有助于明确所使用的是阈值而不是偏差项。

CHAPTER 2

第2章 基于梯度的学习

在本章中，我们将描述感知器学习算法的工作原理，然后在第3章中构建该算法并将其扩展到多层网络。

2.1 感知器学习算法的直观解释

回忆感知器学习算法中的权重调整步骤，如代码段2-1所示。

代码段2-1 感知器学习算法的权重调整步骤

```
for i in range(len(w)):
    w[i] += (y * LEARNING_RATE * x[i])
```

其中，$\boldsymbol{w}$ 是权重向量，$\boldsymbol{x}$ 是输入向量，$\boldsymbol{y}$ 是期望输出。

如果感知器正确地预测了样本的输出结果，则不会调整任何权重（代码段2-1没有包含这个功能的代码实现）。因为如果当前权重已经可以产生正确输出，则没有必要调整它们。

在感知器预测输出不正确的情况下，需要调整如代码段2-1所示的权重，权重调整量是通过结合期望的 y 值、输入值和一个称为 LEARNING RATE（学习率）的参数来计算的。现在通过三个不同的训练样本说明为什么权重以这种方式进行调整，其中 x_0 表示偏差项，取值为1。

训练样本1：$x_0=1$，$x_1=0$，$x_2=0$，$y=1$

训练样本2：$x_0=1$，$x_1=0$，$x_2=1.5$，$y=-1$

训练样本3：$x_0=1$，$x_1=-1.5$，$x_2=0$，$y=1$

感知器的 z 值（Signum 函数的输入）计算如下：

$$z=\omega_0x_0+\omega_1x_1+\omega_2x_2$$

对于训练样本1，结果为：

$$z=\omega_0 1+\omega_1 0+\omega_2 0=\omega_0$$

显然，ω_1 和 ω_2 不影响结果，所以唯一有意义的调整是权重 ω_0。此外，如果期望输出为正值（y=1），那么希望增大 ω_0；如果期望输出是负值（y=−1），那么希望减小 ω_0。假设参数 `LEARNING RATE` 是正值，代码段 2-1 调整 ω_i 是通过加上 `y* LEARNING_RATE * x[i]` 来实现的，其中对于训练样本 1，x_1 和 x_2 为 0，因此只有 ω_0 被调整。

对训练样本 2 进行相同的分析，可以看到只有 ω_0 和 ω_2 会被调整，且调整为负的，因为 y=−1，而 x_0 和 x_2 是正值。此外，ω_2 的调整量（幅度）大于 ω_0，因为 x_2 大于 x_0。

类似地，对于训练样本 3，只调整 ω_0 和 ω_1，其中 ω_0 调整为正，ω_1 调整为负，因为 y 是正值，而 x_1 是负值。

更具体地说，假设学习率为 0.1，计算三个训练样本的权重调整值，如表 2-1 所示。

从表 2-1 可以得到：

- 偏差权重的调整仅取决于期望输出值，即由大多数训练样本的期望输出是正或负来决定[⊖]；
- 对于给定的训练样本，只有对输出影响较大的权重才进行调整，因为调整幅度与输入值成正比。在极端情况下，当一个训练样本的输入值为 0 时，其对应权重调整为 0。

表 2-1　针对三个训练样本的每个权重调整值

	ω_0 调整值	ω_1 调整值	ω_2 调整值
训练样本 1	1*1*0.1 = 0.1	1*0*0.1 = 0	1*0*0.1 = 0
训练样本 2	(−1)*1*0.1 = −0.1	(−1)*0*0.1 = 0	(−1)*1.5*0.1 = −0.15
训练样本 3	1*1*0.1 = 0.1	1*(−1.5)*0.1 = −0.15	1*0*0.1 = 0

这样做是合理的，当超过 50% 的训练样本具有相同输出值的情况下，如果所有其他权重都为 0，那么将偏差权重调整到该输出值，将使感知器在 50% 以上的时间里是正确的。对给定训练样本没有很大影响的权重采取不调整的策略也是合理的，因为这些权重可能会对其他训练样本产生很大影响，这可能弊大于利。

在第 1 章中，我们描述了具有双输入（加偏差项）感知器的 z 值是如何在三维空间中创建一个平面的（其中 x_1 为第一个维度，x_2 为第二个维度，结果 z 值作为第三个维度）。感知器学习算法的一种可视化方法是考虑如何调整这个平面的方向。每次更新都会调整偏差权重，这将使得整个平面向上（正训练样本）或向下（负训练样本）。

例如，靠近 z 轴（x_1 和 x_2 值都很小），偏差权重就是最重要的，而远离 z 轴的情况下，平面角度变得更重要。因此，对于 x_1 值很大的错误学习样本，我们对决定 x_1 方向上倾斜角度的权重进行了很大调整，这同样适用于在正交方向上 x_2 值很大的情况。当我们围绕 x_2 轴旋转平面时，直接位于 x_2 轴上的平面点不会移动，这是调整与 x_1 值对应权重的方式。

如图 2-1 所示，$\omega_0 = 1.0$，$\omega_1 = -1.0$，$\omega_2 = -1.0$，这可以通过重复应用表 2-1 中的权重调整得到。

观察平面，我们可以推断它是如何满足这三个样本的。因为 $\omega_0 = 1.0$，当 x_1 和 x_2 接近

⊖ 只有训练那些没有被正确预测的样本才会引起权重调整，因此，当在有很多输出为正的训练样本情况下，仍然会导致负的偏差权重，这是因为很多正训练样本已经被正确预测，不会进行权重调整。

于 0 时，输出为正（当 x_1 和 x_2 为 0 时，$z=1.0$），这将确保训练样本 1 得到正确处理；进一步，选择 ω_1 使平面沿 z 随 x_1 减小而增大的方向上倾斜，这确保了训练样本 3 的正确处理（负 x_1 输入，正期望输出）；最后，选择 ω_2 使平面沿 z 随 x_2 减小而增大的方向倾斜，这满足了训练样本 2（正 x_2 输入，负期望输出）。

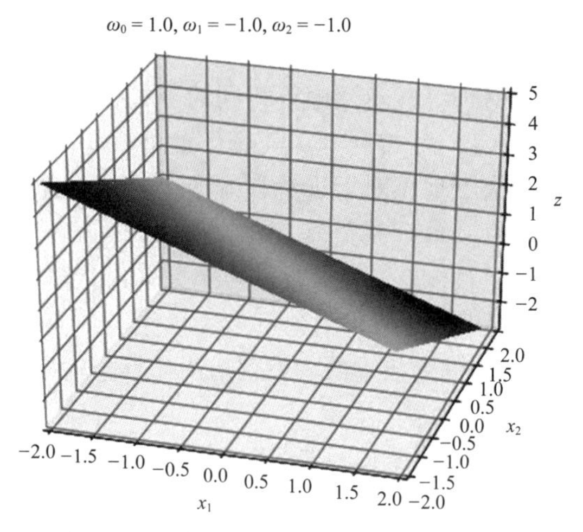

图 2-1　正确预测三个训练样本的权重示例

上述推理足以让大多数人对学习算法的工作方式有了一个直观认识。对于线性可分的情况（即感知器有能力区分的情况），无论学习率参数的大小如何，该学习算法都可以收敛到一个解，学习率只会影响算法收敛的速度。

为多层网络的学习算法做好准备，我们现在给出分析解释为什么要像在感知器学习算法中那样调整权重。

2.2　用梯度下降法解决学习问题

学习问题可以看成是权重的确定，即给定训练样本的输入值，调整权重以实现网络输出与该训练样本的期望输出相匹配，可表示为求解如下等式：

$$y-\hat{y}=0$$

式中，y 为期望输出，$\hat{y}$ 为网络预测输出。实际上，我们不只是有一个训练样例（数据点），而是有一组希望函数满足的训练样例。我们可以通过计算均方误差（MSE）[1]来将多个训练样本组合成一个单一的误差度量：

$$\frac{1}{m}\sum_{i=1}^{m}\left(y^{(i)}-\hat{y}^{(i)}\right)^2$$

式中，(i) 用于区分不同的训练样本。对于大多数问题，MSE 严格大于 0，所以试图在其等于 0 时求解是不可能的。相反，可以将其视为一个优化问题，在这个问题中，试图找到使误差函数值最小化的权重。

在大多数深度学习（DL）问题中，要找到这个最小化问题的封闭解[2]是不可行的，取而代之的是一种称为梯度下降的数值方法。这是一种迭代方法，我们从解的一个初始猜测值开始逐步迭代完善。如图 2-2 所示，初始猜测值为 x_0，将这个值代入 $f(x)$ 并计算对应 y 值

[1] 对于某些神经网络，MSE 并不是一个很好的误差函数，但出于许多读者都对 MSE 比较熟悉，现在先使用它。

[2] 封闭解是一个等式的精确解析解；使用数值方法通常可以得到近似解。

及其导数。假设此时没有达到 y 的最小值，则通过导数的符号判断稍微增大或减小 x_0 来得到一个改进的猜测值 x_1，正斜率表示，若减小 x，y 将减小。通过反复对 x 进行微调来迭代地改进问题的解。

梯度下降法是 DL 中常用的一种学习算法。

除了调整 x 的方向外，导数还提示了 x 的当前值是否接近或远离将使 y 最小化的值。梯度下降法就是利用这种方式，通过导数值来决定如何调整 x 的大小。其更新公式如下：

$$x_{n+1} = x_n - \eta f'(x_n)$$

式中，η 为学习率参数。可以看到，更新步长依赖学习率和导数，所以步长会随着导数的减小而减小。图 2-2 为学习率为 0.3 时的梯度下降情况，当算法收敛域在最小值点时，导数趋于 0，则步长也趋于 0。

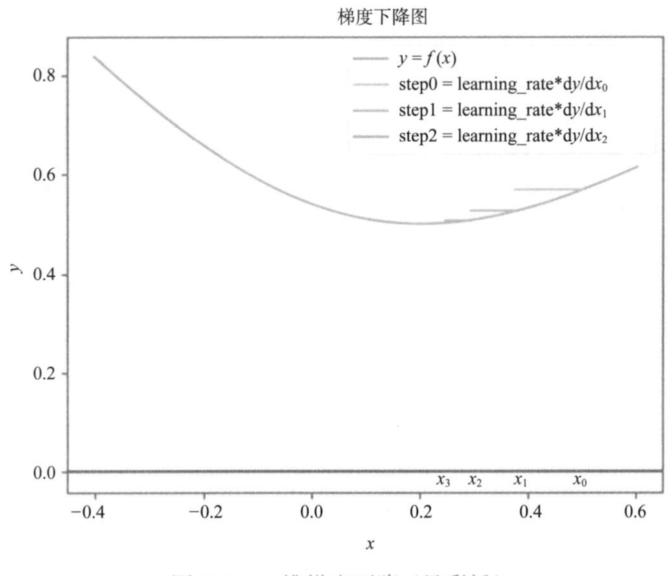

图 2-2 一维梯度下降（见彩插）

若学习率太大，梯度下降会出现越过最小值而不能收敛的情况；若步长太小，算法可能会陷入局部最小值，不能保证找到全局最小值。但是在实践中，已经证明梯度下降对神经网络很有效。

如果读者在之前遇到过数值优化问题，很可能使用过 Newton-Raphson 或 Newton's method 迭代算法。读者可以在附录 E 中找到它与梯度下降之间的关系描述。

前面的例子使用的是单变量函数，但神经网络是多变量函数，因此需要最小化多变量函数。梯度是一个由偏导数组成的向量，它表示在输入空间中使函数值上升最快的方向。相反，负梯度是下降最快的方向，也可以说是减小函数值的最快路径方向。因此，若目前在点 $x = (x_0, x_1)$ 处，且想要最小化 y，则下一个点更新为：

$$\begin{pmatrix} x_0 \\ x_1 \end{pmatrix} - \eta \nabla y$$

式中，∇y 为梯度。推广到任意维度，n 个变量的函数的梯度由 n 个偏导数组成，则下一个点更新为：

$$\boldsymbol{x} - \eta \nabla y$$

式中，$\boldsymbol{x}$ 和 ∇y 为 n 维向量。图 2-3 显示了两个变量函数的梯度下降情况，从点 1 移动到点 2 和点 3 时，函数值 y 逐步减小。

值得注意的是，多维情况下，梯度下降算法依然可能会陷入局部最小值。有很多方法可用来避免这种情况，其中一些在后面的章节中会提到，但在本书中不进行深入讨论。

现在差不多已经准备好将梯度下降应用到神经网络中了。首先，我们需要指出应用于神经网络的一些关于多维函数的缺陷。

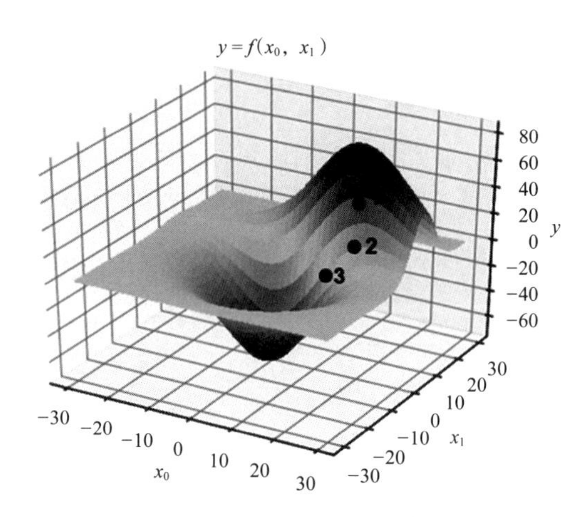

图 2-3　两个变量函数的梯度下降

2.3　网络中的常量与变量

当在神经网络中应用梯度下降算法时，输入值（$\boldsymbol{x}$）是常数，目标是调整权重（$\boldsymbol{w}$），包括偏差输入权重（ω_0）。对于双输入感知器，初看 x_1 和 x_2 是输入值，权重固定，目标是在给定的权重下找到 $\boldsymbol{x}$ 值以得到期望输出值。然而，我们学习算法的目的是，给定一个固定的输入（x_1，x_2），调整权重（ω_0，ω_1，ω_2），以达到期望输出，即将 x_1 和 x_2 当作常数（x_0 总是常数 1，如前所述），将 ω_0、ω_1、ω_2 视为可调整的变量。

在学习过程中，权重（$\boldsymbol{w}$）被认为是函数中的变量，而不是输入（$\boldsymbol{x}$）。

更具体地，如果正在训练一个网络来区分狗和猫，像素值是网络的输入（$\boldsymbol{x}$），若网络结果是错误地将狗的图片归类为猫，则不会把图片调整得更像一只猫，而是调整网络权重，使它正确地将狗的图片分类为狗。

2.4　感知器学习算法的解析

从双输入感知器开始解析感知器学习算法，有如下变量：

$$\boldsymbol{\omega} = \begin{pmatrix} \omega_0 \\ \omega_1 \\ \omega_2 \end{pmatrix},\ \boldsymbol{x} = \begin{pmatrix} x_0 \\ x_1 \\ x_2 \end{pmatrix},\ y$$

其中，权重向量 $\boldsymbol{\omega}$ 初始化为任意值，$\boldsymbol{x}$ 为给定的输入组合（x_0=1），y 为期望输出。首先考虑这样一种情况，使用当前权重得到的实际输出为 +1，但期望输出是 −1，这意味着 z 值（Signum 函数的输入）是正的，而我们希望它小于或等于 0。我们可以通过应用梯度下降来实现[1]：

$$z = x_0\omega_0 + x_1\omega_1 + x_2\omega_2$$

式中，x_0、x_1、x_2 是常量，权重是变量。首先，计算梯度，由于 ω_0、ω_1、ω_2 的三个偏导数组成：

$$\nabla z = \begin{pmatrix} \frac{\partial z}{\partial \omega_0} \\ \frac{\partial z}{\partial \omega_1} \\ \frac{\partial z}{\partial \omega_2} \end{pmatrix} = \begin{pmatrix} x_0 \\ x_1 \\ x_2 \end{pmatrix}$$

给定当前的权重向量 $\boldsymbol{\omega}$ 和梯度 ∇z，通过使用梯度下降来更新权重，以获得更小的 z 值，更新后的权重表示为：

$$\boldsymbol{\omega} - \eta \nabla z$$

则每个分量表示为：

$$\begin{pmatrix} \omega_0 - \eta x_0 \\ \omega_1 - \eta x_1 \\ \omega_2 - \eta x_2 \end{pmatrix}$$

这正是感知器学习算法的权重更新规则，即感知器学习算法等价于对感知器函数应用梯度下降[2]。

如果学习情况是期望输出为 +1，当前权重得到的预测结果为 −1，则可以把等式所有项乘以 −1 使其成为一个最小化问题，唯一的区别是梯度符号取反，梯度下降依然相当于感知器学习算法。

值得指出的是，目前为止我们描述的是一种称为随机梯度下降（SGD）的算法。随机梯度下降和真正的梯度下降的区别在于：真正的梯度下降通过计算所有训练样本梯度的平均值作为更新权重用梯度，而 SGD 是将单个训练样本的梯度近似作为更新权重用梯度。还有一种混合方法，通过计算一部分（但不是全部）训练样本梯度的平均值近似作为梯度，这种方法将在后面的章节中进一步研究，但现在我们将继续使用 SGD。

梯度下降需要在更新权重之前计算所有训练样本的梯度，但随机梯度下降只需要计算单个训练样本的梯度。

[1] 在这个单感知器例子中，没有正式定义一个用于最小化的误差函数，而是简单地确定通过减小 z 值来得到期望输出，然后利用梯度下降来实现这一点。下一章我们将使用误差函数进行运算。

[2] 这个说法并不是严格正确的：感知器函数在所有点上都不可微，出于讨论目的，我们可以忽略它。

我们以向量形式说明了该问题的梯度下降算法，该形式适用于任意维度（即它可用于具有任意维度输入的感知器）。

2.5 感知器学习算法的几何描述

最后，我们通过可视化给出感知器学习算法如何工作的几何解释。考虑到绘图仅限于三维，这里只能可视化一个具有两个可调整参数的函数，即一个单输入感知器，其可调参数为 ω_0、ω_1。给定一个特定的样本输入（x_0, x_1），其中 x_0 始终为 1.0，加权和 z 是权重 ω_0、ω_1 的函数，则自变量 ω_0、ω_1 及因变量 z 可形成三维空间中的平面。对于给定的输入值（x_0, x_1），该平面上正 z 值点对应的输出值为 +1，而负 z 值点对应的输出值为 −1。

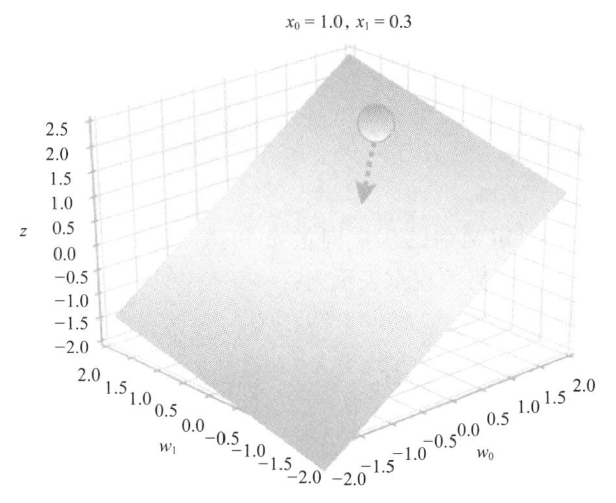

图 2-4 期望输出为 −1 时的感知器权重调整可视化

假设对于当前的输入值和权重，z 值为正，但期望输出为负。感知器学习算法将简单调整权重 ω_0、ω_1，使得 z 值移动到该平面的不同点，且该点位于平面的倾斜方向上。如图 2-4 所示，若将一个球放在点（ω_0, ω_1）上并让其滚动，它将直接滚动到感知器学习算法下一次迭代中最终得到的点。

2.6 重新审视不同类型的感知器

此前已经介绍了一些二维和三维情况下的不同感知器函数。在某些情况下，我们将感知器输入（$\boldsymbol{x}$）视为自变量，而在某些情况下，将感知器权重（$\boldsymbol{w}$）视为自变量。为避免混淆，我们重新审视图 2-5 中的四张图，并解释每个感知器之间的关系。感知器具有一个输入向量 $\boldsymbol{x}$，利用权重向量 $\boldsymbol{w}$ 计算 $\boldsymbol{x}$ 和 $\boldsymbol{w}$ 的加权和 z，将 z 输入符号函数产生输出 y。

在图 2-5a 中，加权和 z 是权重 ω_0、ω_1 的函数，表示感知器如何随内部权重（$\boldsymbol{w}$）改变而改变。在这种情况下，假设特定的一个输入向量 $\boldsymbol{x}$（$x_0 = 1.0$，$x_1 = 0.3$）。权重 ω_0 为偏差权重，x_0 并不是真实输入且始终为 1.0，即图 2-5a 表示的是一个单输入感知器。我们无法为具有两个或更多输入的感知器绘制类似 2-5a 的图。

在图 2-5b 中，加权和 z 是输入（x_1, x_2）的函数，表示感知器如何随不同输入值而变化。在这种情况下，假设一组特定的权重（$\omega_0 = -0.2$，$\omega_1 = -0.2$，$\omega_2 = -0.15$），x_1, x_2 是实际输入，偏差输入 x_0 始终为 1.0，偏差权重 ω_0 是可调整的变量，即图 2-5b 表示的是一个双输入感知器，并可以轻松扩展为多输入感知器。

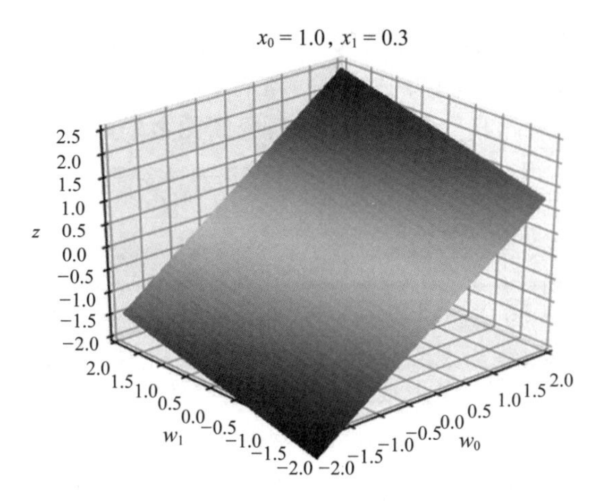

a）单输入感知器：加权和 z 作为权重 ω_0、ω_1 的函数

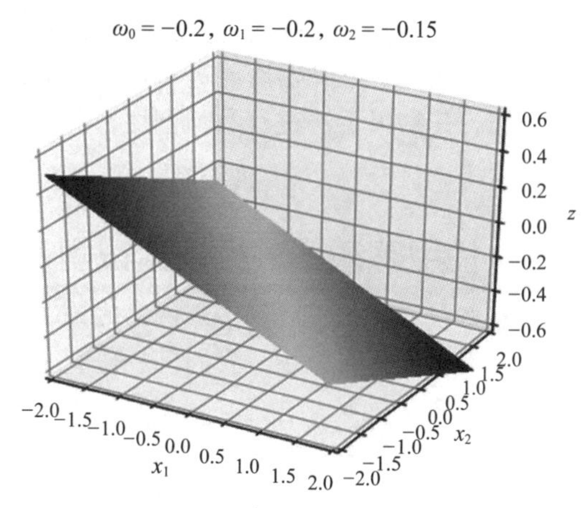

b）双输入感知器：加权和 z 作为输入（x_1，x_2）的函数

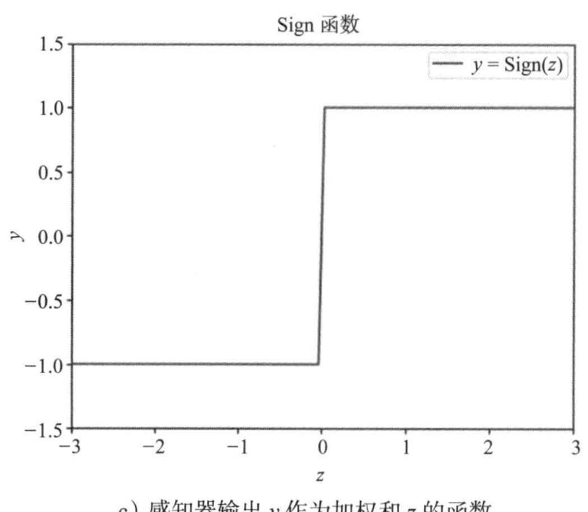

c）感知器输出 y 作为加权和 z 的函数

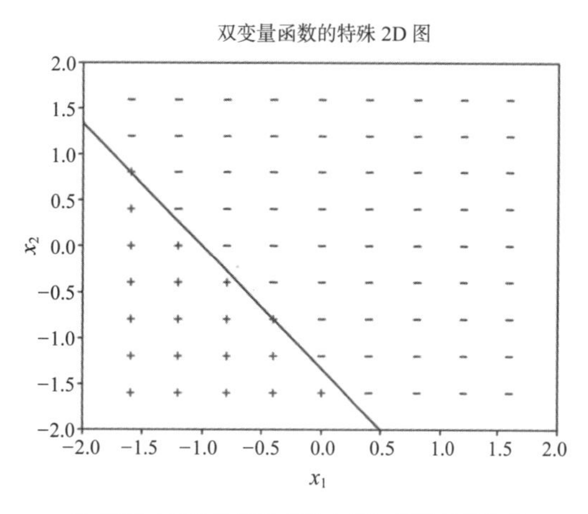

d）用作二元分类器的双输入感知器的决策边界

图　2-5

在图 2-5a 和 2-5b 中，加权和 z 为因变量，而其余两个图中将输出 y 作为因变量。在图 2-5c 中，输出 y 是加权和 z 的函数，该图适用于任意权重或输入维度的感知器。在第 3 章我们会介绍如何用不同函数替代符号函数来创建不同类型的人工神经元。

在图 2-5d 中，输出 y 是输入（x_1，x_2）的函数。读者初看可能会感到困惑，图 2-5b 也表示双输入感知器，是三维的，而图 2-5d 为什么是二维的？原因是图 2-5d 利用了输出只有 +1 和 −1 两种取值，且两种取值的区域具有明显界限。在图 2-5d 中，使用正号和负号表示每个点的输出，而不是在其自身的维度上表示。在此基础上，利用一条直线表示两种取值区域的界限。这条直线方程可由感知器函数推导得到。在研究任何二元分类问题时，这种类型的图是非常常见的。感知器只是众多二元分类技术中的一种，它属于一类称为线性分类器的技术。附录 A 描述了一些其他线性分类器，并使用了相同的可视化描述。

这是我们对感知器所能进行可视化的最大程度。在现实中，我们经常使用更多维度的感知器，其结果无法进行类似图 2-5 的可视化，因此我们需要借助于所介绍的数学和公式进行描述。

2.7　使用感知器进行模式识别

在将学习算法扩展到多层网络之前，我们稍微偏离一下主题，看看感知器的一个不同应用示例。到目前为止，我们已经研究了基于感知器实现的双输入逻辑函数的示例，即感知器被用来对数据点进行二分类。另一个重要的例子是使用感知器识别特定模式。在这种情况下，我们使用感知器基于输入进行分类，某一输入要么属于某个特定感兴趣类别，要么不属于该类别，即这里仍然在进行二元分类，区别在于另一个类是“一切”。按照这种思路，我们可以设计一个用于识别猫的感知器。感知器在输入猫的图像时被激活，对其他图像则不会被激活。若感知器没有被激活，我们唯一知道的是该图像不是猫，但并不意味着我们知道它是什么，它可以是一条狗、一条船、一座山，或者其他任何东西。现在在你对创建猫检测感知器过于兴奋之前，我们要指出，考虑到单个感知器的局限性，我们需要结合多个感知器，就像我们在后续章节中讲到解决异或问题时一样。现在，只考虑单个感知器，并使用它来识别一些更简单的图像模式。

在本节给出的例子中，我们分析了一个较大图像的一小部分，即任意选择图像中 9 个像素，并将其排列为 3×3 的网格。为简单起见，假设像素只能呈现三种强度中的一种：白色（1.0）、灰色（0.0）、黑色（−1.0）。这样做目的是限制训练样本的数量。此外，训练样本仅有黑白像素或黑灰像素的组合，而没有灰白像素、黑白灰像素组合，即训练集中包括 2^9 个黑白像素组合的训练样本，2^9 个黑灰像素组合的训练样本，去掉 1 个像素均为黑色的重复训练样本，总计 1023 个训练样本。

感知器的任务是为希望识别的特定样本输出 +1，而为其他样本输出 −1。如图 2-6 所示，训练了 5 个感知器，每个感知器均经过训练以识别特定模式。训练过程为重复地将随机次序的所有样本输入到感知器中，设置希望识别样本的期望输出为 +1，其他样本的期望输出设置为 −1。

在图 2-6 中，每列对应不同的感知器，第一行表示我们希望每个感知器能够识别的目标模式。每个模式下的得分（即输入的加权和）作为训练后感知器符号函数的输入，如第二行为得分最高的模式及其得分（将所有训练样本输入给训练后的神经元，并记录每个模式的得分）。若得分最高的模式与目标模式相同，则意味着该分类器能够成功识别目标模式。但这并不意味着它不会犯任何错误，即感知器输出会出现假阳性情况。第三行为得分最低的模式及其得分。第四行为训练后的权重，包括偏差权重。

> 附录 A 提供了关于假阳性的规范化讨论，并引入了准确率和召回率两个概念。

通过图 2-6，可以得到以下结论：

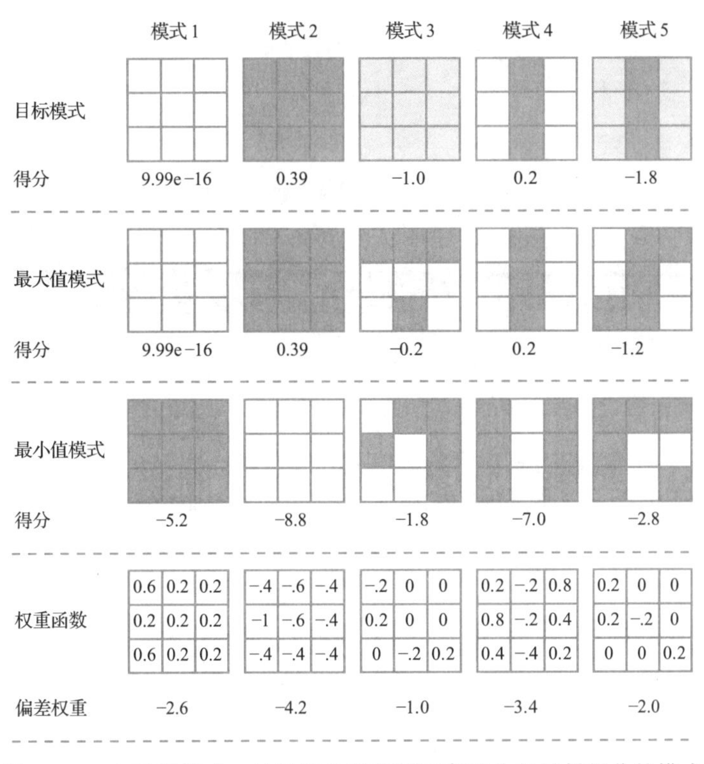

图 2-6　5 个示例模式、最终权重及获得最高得分和最低得分的模式

- 感知器成功识别了黑白模式（1、2 和 4），且权重形式与目标模式类似。从直觉上来看，若一个像素是白色（1.0），则希望将它乘以一个正值以获到高分；若一个像素是黑色（−1.0），则希望将其乘以负值以获得高分。
- 对于全白像素的情况，目标样本的得分几乎没超过 0。这意味着其他具有许多（但不是全部）白色像素的样本得分仍然不能超过 0，即假阳性的数量是有限的。
- 即使输入模式是完全对称的（例如，全白或全黑），得到的权重也不一定是对称的。这是因为权重随机初始化和算法存在多种解决方案。
- 感知器并不能完美识别某些像素为灰色的情况。在这些情况下，算法永远不会收敛，会在达到固定迭代次数后停止。显然这些情况与其他样本不是线性可分的[⊖]。为了识别这种模式，需要像处理 XOR 问题一样将多个神经元组合起来。
- 感知器比简单的与非门功能更强大。尤其是，感知器可以处理实数输入，可以通过训练算法来改变其行为。

我们将感知器作为模式（也称为特征）标识符的实验到此结束，但在后续章节中我们会使用这些模式标识符作为构建模块，以便在多层网络中进行更高级的图像分析。

⊖ 我们已经多次提到线性可分性，这可能会让读者觉得这是一个非常重要的概念。然而，本书还有很多内容侧重于多层网络，不受线性可分性的限制。因此，对于本书的很多内容，读者无须过多担心没有理解这个概念。

CHAPTER 3

第3章 Sigmoid 神经元与反向传播

本章将描述一种基本学习算法，绝大部分的神经网络学习算法都是该基本算法的变体。该算法基于反向传播技术，并在20世纪80年代中期引入神经网络中，这是深度学习（DL）发展道路上的重要一步。即使对许多DL实践者来说，该算法也有点神秘，因为它大部分都隐藏在现代DL框架中。尽管如此，了解该算法的基本工作原理仍然是至关重要的。

在最高层，该算法包括三个简单步骤。首先，向神经网络提供一个或多个训练样本；其次，将神经网络的输出与期望输出进行比较；最后，调整权重使输出接近期望值。这正是我们在感知器学习算法中所做的，我们使用梯度下降来确定如何调整权重。对于单个感知器来说，计算偏导数非常简单，而对于每层具有多个神经元的多层网络来说，它可能会很复杂。这正是反向传播出现的原因，它是一种简单而有效的神经网络中计算权重偏导数的方法。

在描述反向传播的工作原理之前，有必要指出一个容易混淆的术语区别。我们描述为使用反向传播计算梯度下降训练网络所需的偏导数，另一种命名约定是将整个训练算法称为反向传播算法。无论我们使用哪种术语描述，整个训练过程都包括以下步骤：

- 在前向传播过程中，向网络输入一个训练样本，并将网络输出与期望输出（真实输出）进行比较。
- 在后向传播过程中，计算关于权重的偏导数，并使用这些导数值调整权重，使网络输出更接近真实值。

反向传播算法由前向传播和后向传播组成，其中前向传播用于训练网络的输入样本，后向传播用于根据反向传播算法所计算的梯度下降调整权重。

在本章中，我们将描述多层网络学习算法的工作原理，最后一节给出了利用该算法解决XOR问题的代码示例。

3.1 改进的神经元实现多层网络的梯度下降

在我们将梯度下降应用于感知器时，忽略了激活函数，也就是通过 z 值来获得 y 值的符号函数。我们使用梯度下降来使得 z 向期望方向移动，这会间接地影响 y。而这种情况无法在多层网络中使用，因为此时上一层激活函数的输出被用作下一层的输入。这就是将感知器学习算法扩展到多层网络的一个重要原因。

由于要计算梯度，因此应用梯度下降的一个关键要求是函数具有可微性，而符号函数因为在零处不连续，所以不具备可微性。Rumelhart、Hinton 和 Williams（1986）等在提出多层网络的反向传播算法时解决了这个问题。他们用 S 形函数替代了符号函数。图 3-1 所示是这种函数的一个示例，显示了一个双曲正切（tanh）函数，该函数在（0，0）点关于 x 轴和 y 轴对称。

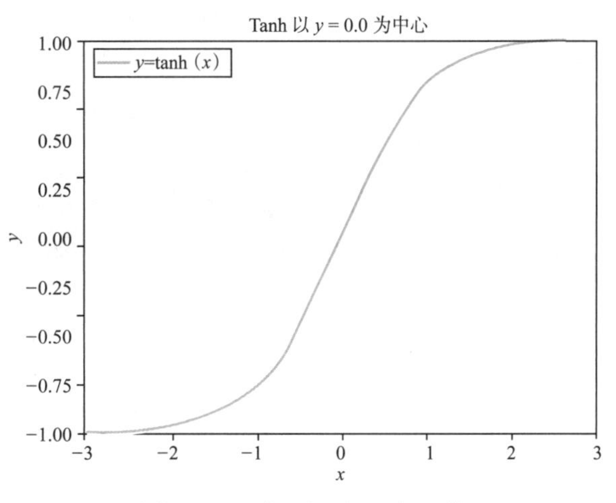

图 3-1　双曲正切（tanh）函数

与符号函数的形状相比，选择该函数的原因显而易见。首先该函数的形状类似符号函数，但它是一个连续函数，因此处处可微。该函数看起来是一个两全其美的选择，因为符号函数在感知器中很有效，但学习需要可微性。

另一个在 DL 中很重要的 S 形函数是 logistic 函数，如图 3-2 所示，该函数在（0，0.5）处关于 x 轴和 y 轴对称，其 x 轴和 y 轴的比例与图 3-1 不同。为避免混淆，我们首先定义一些术语。严格来说，tanh 函数和 logistic 函数都属于 Sigmoid 函数。在有关神经网络的较早文献中，Sigmoid 函数通常用于指代 tanh 函数或 logistic 函数。然而，在现有 DL 领域中，Sigmoid 函数仅指 logistic 函数。在本书中，我们认为 logistic 函数、Sigmoid 函数和 logistic sigmoid 函数为同一函数。在图 3-1 和图 3-2 中，坐标轴的比例不同，因此两种函数曲线看起来相似，实际是不同的。

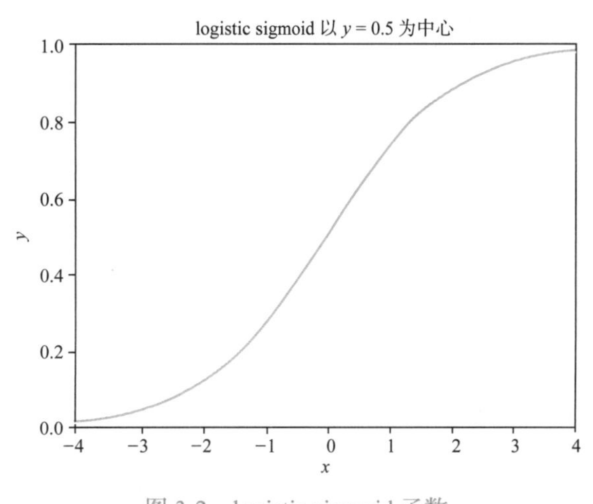

图 3-2　logistic sigmoid 函数

在详细讨论这两个函数之前，首先介绍它们的数学定义：

$$\tanh(x) = \frac{e^x - e^{-x}}{e^x + e^{-x}} = \frac{e^{2x} - 1}{e^{2x} + 1}$$

$$S(x) = \frac{1}{1 + e^{-x}} = \frac{e^x}{e^x + 1}$$

每个函数都有几种不同的表达形式，读者可能在其他文献中看过。这些定义可能初看起来很复杂，而且使用这些函数模拟神经元的想法好像很神奇。然而，数学定义并没有那么重要，函数形状才是使用它们的原因。如果研究渐近线（当 x 接近无穷大时的输出值），就很容易被说服[⊖]，就像符号函数一样，当 x 趋于无穷大时，tanh 函数趋近 +1，当 x 趋于负无穷时，tanh 函数趋近 −1。如果对 logistic sigmoid 函数做同样操作，可以看到当 x 接近无穷大时，它也接近 +1，而当 x 接近负无穷大时，它趋于 0。

注意到 tanh 和 logistic 函数都是指数函数的组合。如图 3-3 所示，指数函数形状类似于半个 S。进一步考虑，从直观上将指数函数相结合创建 S 型函数是可行的。尤其是，以 x 为参数的指数函数在 x 为正时为正相关，在 x 为负时接近于 0，而以 $-x$ 为参数的指数函数则表现相反。

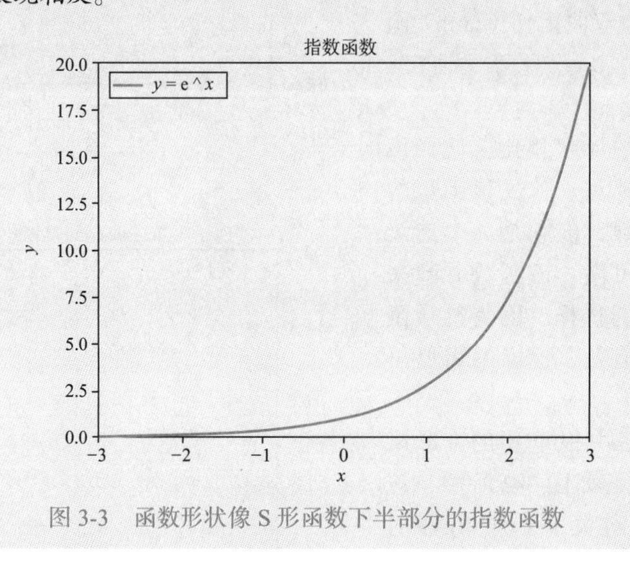

图 3-3　函数形状像 S 形函数下半部分的指数函数

前面提到的这两个 S 形函数是可微的。在深入了解函数本身更多细节之前，先介绍它们的导数：

$$\tanh'(x) = 1 - \tanh^2(x)$$

$$S'(x) = S(x)(1 - S(x))$$

这两个函数的一个关键性质是，即使 x 值不可用，也可以从函数值计算得到它们的导数，即 $\tanh'(x)$ 是 $\tanh(x)$ 的函数，类似地，$S'(x)$ 是 $S(x)$ 的函数。更具体来讲，对于 tanh 函数，如果给定 x 计算 y−tanh(x)，则对于同 · x 的 tanh 函数的导数可以很容易计算为 $1-y^2$。在本章后面会使用该性质。

让我们更仔细地看看 tanh 函数和 logistic sigmoid 函数之间的差异。如图 3-4 所示，

⊖ 其中一种做法是使用电子表格，在不同的 x 值处查看各种指数函数值如何变化，以及组合它们的结果。

tanh 函数更像符号函数，在 x 接近负无穷大时，函数值接近 −1，而 logistic 函数值接近 0。我们已经在第 1 章中指出，如果读者了解数字电路，使用输出范围为（0，1）的函数可能会比（−1，1）范围更合适。此外，若我们想将输出解释为概率，那么（0，1）范围就会更有意义，例如判断输入网络的图片是猫的概率。

除了输出范围不同，两个函数的阈值也不同（即函数在 x 方向上的中点）。表 3-1 给出了阈值和输出范围的三种不同组合。

由图 3-4 和表 3-1 可以看出，tanh 函数和 logistic 函数都关于 x=0 对称，因此它们的阈值都为 0。对于输出范围为（0，1）的情况，读者可能认为阈值为 0.5（我们称为 symmetric digital）更直观。为了解释原因，考虑若将多个神经元连接起来会发生什么。进一步假设第一个神经元的输入接近其阈值，则该神经元的输出将在输出范围的中间。对于 tanh 或 symmetric digital 神经元，这意味着后续神经元将获得接近其阈值的输入，其输出将再次位于输出范围的中间。另一方面，对于 logistic sigmoid 函数，后续神经元将获得远高于阈值的输入。因此，基于 logistic sigmoid 函数神经元的神经网络似乎偏向于输出 +1。

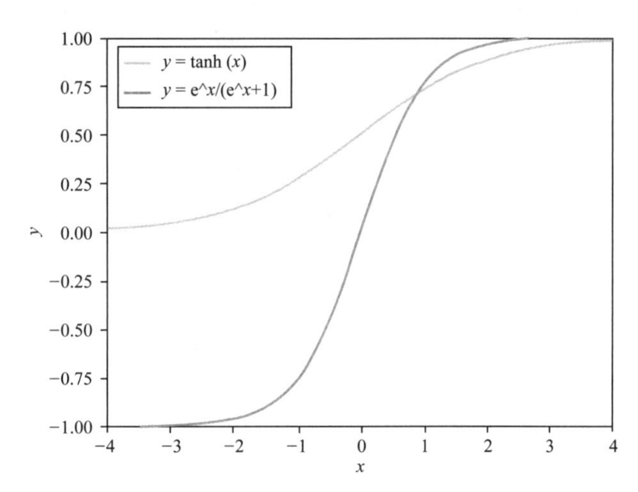

图 3-4 tanh 函数与 logistic sigmoid 函数对比图

表 3-1 可选的三种激活函数

	符号函数 /tanh 函数	logistic sigmoid 函数	symmetric digital 函数
最大输出	1	1	1
最小输出	−1	0	0
阈值	0	0	0.5

上述推理忽略了两个重要细节。首先，权重可以是正的，也可以是负的。因此，若随机初始化权重以及每个神经元输入由多个神经元的输出提供，则即使后一层中一个神经元的所有输入都接近 0.5，它们的加权和（激活函数的输入）将趋于 0，因为大约一半的输入将乘以负权重，一半将乘以正权重。即在实践中，symmetric digital 函数的将偏向于输出 −1，而 logistic sigmoid 函数的输出接近其输出范围的中点。注意，tanh 函数的工作原理是相同的。第二个要考虑的细节是偏差输入。假设所有权重都为正，在这种情况下，通过设置偏差权重值，前一层的输出与偏差相结合，将导致激活函数的输入接近阈值。如第 1 章所述，更改偏差项相当于选择阈值。这意味着，只要偏差权重被正确初始化（或学习），阈值讨论就没有意义，即这两种神经元都没有固定的阈值，可以通过改变偏差权重来调整阈值。

3.2　激活函数的选择

mcCulloch-Pitts（1943）和 rosenblatt（1958）指出激活是全部或全无的（即所有神经元要么都会激发，要么都不激发），结合上一节讨论，会让我们理所当然地认为激活函数应该与符号函数非常相似，而且是可微的。Rosenblatt 发现有的激活函数与符号函数存在着很大不同，甚至一些激活函数在所有点上都是不可微的，而这在 1986 年将学习算法引入多层网络中时是一个严格要求。在第 5 章和第 6 章中介绍了这种激活函数的各种示例，但目前仅限于 logistic sigmoid 函数和 tanh 函数，即选择哪一个。正如读者将在本书后面看到的那样，这只是许多类似问题之一，并且有多种可供选择的替代实现方法。一般来说，没有正确或错误的答案，解决方案是根据特定问题，尝试并选择最为合适的方法。通常一些启发式的方法可以为读者指明正确的起始方向。

当使用 S 形函数作为激活函数时，建议使用 tanh 函数用于隐藏层，因为它的输出以 0 为中心，这与下一层的阈值一致[⊖]。对于输出层，建议使用 logistic sigmoid 函数，以便将其结果解释为概率，且该函数与第 5 章中介绍的不同类型的损失函数配合使用效果良好。

目前存在大量的激活函数，其中部分（但不是全部）是 S 形函数，两种常用的选择是 tanh 函数和 logistic sigmoid 函数。在两者之间进行选择时，选择 tanh 函数作为隐藏层激活函数，选择 logistic sigmoid 函数作为输出层激活函数。

关于输入和输出范围及其与阈值关系的讨论集中在前向传播过程，而这些选择也会影响反向传播算法调整权重到期望值的难易程度。本书没有对此进行详细介绍，有关 logistic sigmoid 函数和 tanh 函数之间的差异以及它们如何影响网络训练过程可以参考 LeCun、Bottou、Orr 和 müller（1998）等人发表的论文。

3.3　复合函数和链式法则

反向传播算法的主旨是使用链式法则计算复合函数的导数。在本节中，将简单介绍复合函数和链式法则。

复合函数是将一个函数的输出值作为另一个函数的输入值，并以此将两个或多个函数复合成一个新的函数。假设有两个函数：

$$f(x),\ g(x)$$

再假设函数 $g(x)$ 的输出作为函数 $f(x)$ 的输入，则复合函数为：

$$h(x) = f(g(x))$$

在复合多个函数时，通常使用带有复合运算符的表示法，以避免括号的嵌套：

$$h(x) = f \circ g(x)\text{，或 } h = f \circ g$$

我们提出了复合函数的概念，是因为多层神经网络可以写成复合函数，这将在下一节

⊖ 假设偏差权重初始化为 0 或随机平均值为 0。

中详细描述。但在此之前，还需要描述如何利用链式法则来计算复合函数的导数，因为将梯度下降应用于多层网络时需要用到导数。若有复合函数：

$$h = f \circ g$$

则导数为：

$$h' = \left(f' \circ g\right) g'$$

换一种写法，若有：

$$z = f\left(y\right) \text{和} y = g\left(x\right)，\text{因此} z = f \circ g\left(x\right)$$

则

$$\frac{\partial z}{\partial x} = \frac{\partial z}{\partial y} \cdot \frac{\partial y}{\partial x}$$

这就是莱布尼茨法则（Leibniz’s notation），将在应用链式法则时使用。

在上述例子中，仅使用了单变量函数。当将这些概念推广到神经网络时，通常会处理多变量函数。例如，假设两个输入变量函数 $g(x_1, x_2)$ 和 $f(x_3, x_4)$，进一步假设函数 g 的输出作为函数 f 的第二个参数，则复合函数为：

$$h\left(x_1, x_2, x_3\right) = f \circ g = f\left(x_3, g\left(x_1, x_2\right)\right)$$

如第 2 章所述，想要计算多元函数的偏导数，需要将其他变量视为常量来处理。对于函数 h，使用链式法则来计算其关于变量 x_1 和 x_2 的偏导数；当计算关于 x_3 的偏导数时，函数 g 被视为常数，则只需要考虑函数 f 关于变量 x_3 的导数。在下一节中，我们将给出神经网络中偏导数计算的详细例子。

3.4 利用反向传播计算梯度

现在可以讨论如何将梯度下降应用于多层网络了。为方便理解，从一个最简单的多层网络入手，假设每层只有一个神经元，第一个神经元有两个输入，如图 3-5 所示，图中 E 不是网络的一部分，其表示将网络输出与期望输出进行比较的误差函数。

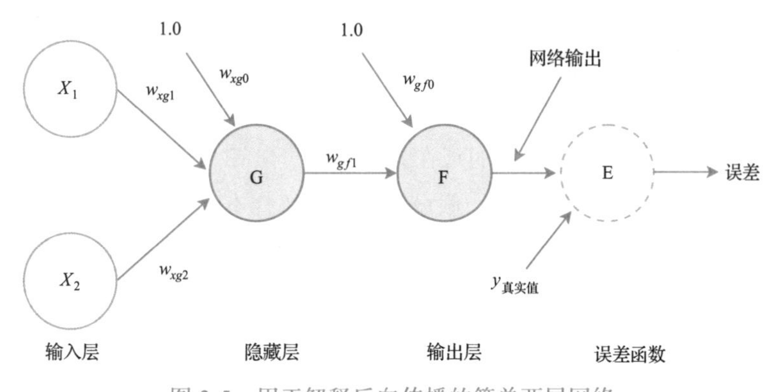

图 3-5 用于解释反向传播的简单两层网络

我们将两个神经元命名为 G 和 F，其中 G 有三个可调权重，F 有两个可调权重，即具有总共五个可调权重的网络。我们需要学习算法能够自动找到这些权重值，从而使网络实现所需功能。图中还包含一些类似神经元的东西，但这不是网络的一部分。相反，它表示一种确定网络对错程度的函数，这也是必须学习的（稍后将对此进行更详细描述）。

本书对权重做如下命名规则：下标中的第一个字母表示输入源层，第二个字母表示目标层（权重所属层），数字表示输入编号，其中 0 为偏差输入，即 w_{xg2} 表示神经元 g 接收来自 x 层编号为 2 的输入。为保证一致性，对偏差项使用相同的命名规则，尽管实际上它并没有输入源层。

在第 2 章中研究的感知器使用符号函数作为其激活函数。正如已经指出的，符号函数并非在所有点上都是可微的，本章使用在所有点上都可微的激活函数，即神经元 G 使用 tanh 函数作为激活函数，神经元 F 使用 logistic sigmoid 函数作为激活函数，这意味着五个权重中的任何一个的微小变化只会导致输出的微小变化。而当使用符号函数时，权重的微小变化不会改变输出，直到变化大到足以让一个感知器输出反转，此时所有的结论都不再成立，因为它也可以很容易地使得所依赖的神经元反转。

退一步说，神经网络应用如下函数：

$$\hat{y} = S\left(w_{gf0} + w_{gf1}\tanh\left(w_{xg0} + w_{xg1}x_1 + w_{xg2}x_2\right)\right)$$

我们知道梯度下降法可以用来最小化函数，使用时需要定义一个误差函数，也称为损失函数，损失函数最小化即可使网络得到期望输出。定义和最小化误差函数并不是神经网络所独有的，也可应用于其他领域。一种常用的误差函数是均方误差（MSE），已经在第 2 章中介绍过并应用于线性回归，通过计算每个学习样本期望输出与预测值差值的平方得到：

$$\text{MSE} = \frac{1}{m}\sum_{i=1}^{m}\left(y^{(i)} - \hat{y}^{(i)}\right)^2$$

对线性回归感兴趣读者可参考附录 A。

误差函数和损失函数是同一概念的两个名称。

有很多可供选择的损失函数，出于历史原因在本节中使用 MSE，实际上 MSE 结合 Sigmoid 激活函数并不是一个好的选择。

在第 5 章中，读者将了解到，使用 MSE 作为这类神经网络的误差函数并不是最优的，但出于读者熟悉且本身简单的原因我们现在先使用它。MSE 是所有 m 个训练样本的平方误差 $\left(y^{(i)} - \hat{y}^{(i)}\right)^2$ 的平均值（总和除以 m）。假设有一个训练样本，$\hat{y}$ 为网络输出，y 是样本的期望输出，则 MSE 与网络函数相结合的单个学习样本最小化的误差函数可表示为：

$$\text{Error} = \left(y - S\left(w_{gf0} + w_{gf1}\tanh\left(w_{xg0} + w_{xg1}x_1 + w_{xg2}x_2\right)\right)\right)^2$$

我们可以使用梯度下降来最小化损失函数，即计算损失函数关于权重 $\boldsymbol{w}$ 的梯度（∇Error），然后将梯度乘以学习率（η）得到权重调整值，然后用权重的初始值减去这个权重调整值。这个思路看起来很简单，只是损失函数梯度的计算量有点庞大。

这里需要记住的一点是，因为要调整权重，则将权重 w 视为变量，将输入 x 视为常数，即梯度是相对于 $\boldsymbol{w}$ 而不是相对于 $\boldsymbol{x}$ 计算的。

解决此问题的一种直接的方法是数值计算梯度。通过向网络输入训练样本，并计算和记录网络输出。然后将其中一个权重加上Δw并计算新的网络输出，则此时可得到Δy，从而计算近似偏导数为$\Delta y / \Delta w$。对所有权重重复上述过程，就得到了梯度。但这是一种计算量极大的梯度计算方法，需要让网络运行 n+1 次，其中 n 是网络中权重的数量（+1 次是得到没有调整任何权重的基准输出）。

反向传播算法通过一种高效的方式解析计算梯度，以一种优异的方式解决了这个问题。首先将原有的方程分解成更小的表达式。我们从计算神经元 G 的激活函数输入开始分析：

$$z_g\left(w_{xg0}, w_{xg1}, w_{xg2}\right) = w_{xg0} + w_{xg1}x_1 + w_{xg2}x_2$$

然后是神经元 G 的激活函数：

$$g\left(z_g\right) = \tanh\left(z_g\right)$$

接着是神经元 F 激活函数的输入：

$$z_f\left(w_{gf0}，\ w_{gf1}，\ g\right) = w_{gf0} + w_{gf1}g$$

接着是神经元 F 的激活函数：

$$f\left(z_f\right) = S\left(z_f\right)$$

最后得到误差函数：

$$e(f) = \frac{(y-f)^2}{2}$$

仔细观察误差公式，读者可能想知道误差函数分母中的 2 是从哪里来的。我们将其添加到公式中的原因是它可以进一步简化解决方案，且最小化损失函数的变量值不会因为其除以一个常数而改变。

综上，误差函数可以写成如下的复合函数形式：

$$\text{Error}\left(w_{gf0}, w_{gf1}, w_{xg0}, w_{xg1}, w_{xg2}\right) = e \circ f \circ z_f \circ g \circ z_g$$

即 e 是 f 的函数，f 是的 z_f 函数，z_f 是 g 的函数，g 是 z_g 的函数。此外，z_f 不仅是 g 的函数，还是两个变量 w_{gf0} 和 w_{gf1} 的函数。这在 z_f 的定义中可以看到。类似地，z_g 是三个变量 w_{xg0}、w_{xg1}、w_{xg2} 的函数。

再次注意，误差公式中既不包含 x 也不包含 y，因为它们不被视为变量，而是作为给定训练样本的常量。

现在我们已经得到了误差函数的复合函数表达式，则可以利用链式法则计算误差函数 e 关于变量 w_{gf0}、w_{gf1}、w_{xg0}、w_{xg1}、w_{xg2} 的偏导数。首先通过简单地将其他变量视为常数（这意味函数 g 是一个常数），计算 e 关于变量 w_{gf0} 的偏导数，则误差函数写为：

$$\text{Error} = e \circ f \circ z_f\left(w_{gf0}\right)$$

应用链式法则，得到：

$$\frac{\partial e}{\partial w_{gf0}} = \frac{\partial e}{\partial f} \cdot \frac{\partial f}{\partial z_f} \cdot \frac{\partial z_f}{\partial w_{gf0}} \tag{1}$$

对 w_{gf1} 进行相同的计算，得到：

$$\frac{\partial e}{\partial w_{gf1}} = \frac{\partial e}{\partial f} \cdot \frac{\partial f}{\partial z_f} \cdot \frac{\partial z_f}{\partial w_{gf1}} \tag{2}$$

对于 w_{xg0}、w_{xg1}、w_{xg2}，函数 g 和 z_g 不再被视为常量，则误差函数写为：

$$\text{Error} = e \circ f \circ z_f \circ g \circ z_g$$

则 w_{xg0}、w_{xg1}、w_{xg2} 的偏导数为：

$$\frac{\partial e}{\partial w_{xg0}} = \frac{\partial e}{\partial f} \cdot \frac{\partial f}{\partial z_f} \cdot \frac{\partial z_f}{\partial g} \cdot \frac{\partial g}{\partial z_g} \cdot \frac{\partial z_g}{\partial w_{xg0}} \tag{3}$$

$$\frac{\partial e}{\partial w_{xg1}} = \frac{\partial e}{\partial f} \cdot \frac{\partial f}{\partial z_f} \cdot \frac{\partial z_f}{\partial g} \cdot \frac{\partial g}{\partial z_g} \cdot \frac{\partial z_g}{\partial w_{xg1}} \tag{4}$$

$$\frac{\partial e}{\partial w_{xg2}} = \frac{\partial e}{\partial f} \cdot \frac{\partial f}{\partial z_f} \cdot \frac{\partial z_f}{\partial g} \cdot \frac{\partial g}{\partial z_g} \cdot \frac{\partial z_g}{\partial w_{xg2}} \tag{5}$$

这 5 个偏导数均由多个子表达式（因子）组成，5 个偏导数中的前两个因子都相同，（3）、（4）、（5）共享另外两个因子 $\frac{\partial z_f}{\partial g}$ 和 $\frac{\partial g}{\partial z_g}$。由此可以看出，因子不需要一直重复计算，这就是为什么反向传播算法是计算梯度的一种有效方法。

现在尝试实际计算一个偏导数，以（1）为例：

$$\frac{\partial e}{\partial f} = \frac{\partial \frac{\left(y-f\right)^2}{2}}{\partial f} = \frac{2\left(y-f\right)}{2} \cdot \left(-1\right) = -\left(y-f\right)$$

$$\frac{\partial f}{\partial z_f} = \frac{\partial\left(S\left(z_f\right)\right)}{\partial z_f} = S'\left(z_f\right)$$

$$\frac{\partial z_f}{\partial w_{gf0}} = \frac{\partial\left(w_{gf0} + w_{gf1} g\right)}{\partial w_{gf0}} = 1$$

注意表达式 $-(y-f)$ 的负号，有些时候会颠倒变量的位置而省去负号。此外，很多算法的代码也会使用正号代替负号来调整权重。

结合上述计算结果，得到：

$$\frac{\partial e}{\partial w_{gf0}}=-(y-f)\cdot S'(z_f)$$

通过该结果可以得到：(a) 所需值 y、f、z_f 都为已知，y 来自训练样本，其他值通过网络前向传播计算获得；(b) 可以计算 S 的导数，因为 S 是激活函数；(c) S 的导数不仅是可计算的，且如本章之前提到的，S 的导数为其本身的函数。因此，根据网络前向传播过程计算 f 即可得到偏导数。在本章后面的一个数值计算例子中，我们将重新讨论这三项观察结果。

现在计算（2）中关于 w_{gf1} 的偏导数，与（1）的计算过程相比，区别为第三项：

$$\frac{\partial z_f}{\partial w_{gf1}}=\frac{\partial\left(w_{gf0}+w_{gf1}g\right)}{\partial w_{gf1}}=g$$

将其与前两项相结合，得到 e 关于 w_{gf1} 的偏导数：

$$\frac{\partial e}{\partial w_{gf1}}=-(y-f)\cdot S'(z_f)\cdot g$$

该结果与 e 关于 w_{gf0} 的偏导数形式相同，只是多了 g，这是在前向传播过程中已经计算得到的神经元 G 的输出。

对（3）、（4）、（5）进行类似计算，可得到梯度包含的所有五个偏导数，如式（3-1）所示。

$$\begin{aligned}
&\frac{\partial e}{\partial w_{gf0}}=-(y-f)\cdot S'(z_f) && (1)\\
&\frac{\partial e}{\partial w_{gf1}}=-(y-f)\cdot S'(z_f)\cdot g && (2)\\
&\frac{\partial e}{\partial w_{xg0}}=-(y-f)\cdot S'(z_f)\cdot w_{gf1}\cdot\tanh'(z_g) && (3)\\
&\frac{\partial e}{\partial w_{xg1}}=-(y-f)\cdot S'(z_f)\cdot w_{gf1}\cdot\tanh'(z_g)\cdot x_1 && (4)\\
&\frac{\partial e}{\partial w_{xg2}}=-(y-f)\cdot S'(z_f)\cdot w_{gf1}\cdot\tanh'(z_g)\cdot x_2 && (5)
\end{aligned}\qquad(3\text{-}1)$$

与 S 函数的导数相同，tanh 函数的导数计算也很简单。从上述公式可以看出，将误差函数的导数乘以输出神经元激活函数的导数便得到了输出神经元（神经元 F）的误差。接着，将该神经元误差乘以该神经元对应的输入值便获得该神经元对输入权重的偏导数。对于偏差权重，输入值为 1，即其偏导数就是神经元误差；而对于其他权重，前一个神经元的输出乘以当前神经元的误差，便得到了输入权重。

移到下一层（或上一层），将输出神经元误差乘以连接前一个神经元的权重，然后将结果乘以前一个神经元的激活函数的导数，从而得出前一个神经元（神经元 G）的误差。上述计算将误差从网络输出向后传播到网络起点，因此称为反向传播算法，完整的学习算法如图 3-6 所示。

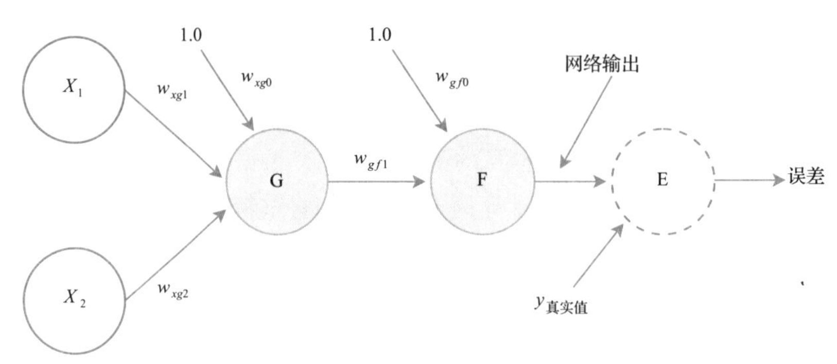

1. 前向传播：对于每个神经元，计算并存储激活函数输出，最终得到误差

y_g　　y_f　　误差

生成的存储变量：

2. 后向传播：计算误差函数的导数 $e'(y_f)$。对每个神经元计算误差（反向传播），通过神经元权重乘以接下来输入的神经元误差，然后乘以自身激活函数的导数（如：神经元G 的误差是 $error_g = error_f * w_{gf1} * g'(z_g)$，其中 $g'(z_g)$ 是神经元 G 的激活函数的导数）。该导数可以通过存储的激活函数的输出来计算。

生成的存储变量：

3. 更新权重：对于每个权重，减去（学习率 * 输入* 误差该权重的输入值（来自前一个神经元的输入或输出）以及误差进行更新，其中误差是指权重所属的神经元的误差项（如：w_{gf1} 的权重调整为–（学习率 * y_g * $error_f$），其中 y_g 是神经元G 的输出））。

图 3-6　基于反向传播算法计算梯度下降的网络学习算法

因此，如前所述，首先将输入样本应用于网络以计算当前误差，这被称为前向传播。在该过程中，因为将在后向传播过程中用到这些值，所以存储了所有神经元的输出。然后开始后向传播，在这个过程中，后向传播误差，并计算和存储每个神经元的误差项。计算误差项需要每个神经元的导数，这可通过前向传播过程中存储的神经元输出计算得到。最后，结合误差项与对应层的输入值来计算用于调整权重的偏导数。隐藏层的输入为前一层的输出值，第一层的输入值则来自训练样本中的 x 值。

反向传播包括以下步骤：

计算误差函数对网络输出的导数，得到输出误差。将输出误差乘以输出神经元的激活函数的导数，得到该神经元的误差项。该神经元任一权重的偏导数由误差项乘以对应该权重的输入值得到。前一个神经元的误差项由当前神经元的误差项乘以两个神经元之间的权重及前一个神经元的激活函数的导数得到。

观察梯度单个分量的公式，可以发现，在进行梯度下降时，有许多因素决定了权重调整的程度：

- 整体误差，大的整体误差应该导致大的权重调整。
- 从当前要调整的权重到网络输出误差路径上的所有权重和导数，若该路径上的权重或导数对当前权重调整呈现抑制作用，则调整当前权重是没有用的。
- 当前要调整的权重对应的输入值，若对应的输入过小，则调整当前权重不会对网络产生太大影响。

当前要调整的权重并不在对应的梯度分量中。总的来说，上述发现可以直观地确定哪些权重应该进行重大调整。

进一步，现在通过一个实际的数值例子来说明单个训练样本的前向传播、后向传播和权重调整过程：

初始权重：$w_{xg0}=0.3$，$w_{xg1}=0.6$，$w_{xg2}=-0.1$，$w_{gf0}=-0.2$，$w_{gf1}=0.5$

训练样本：$x_1=-0.9$，$x_2=0.1$，$y_{\text{真实值}}=1.0$

学习率：$lr=0.1$

3.4.1　前向传播阶段

首先，通过使用 tanh 激活函数计算偏差项和两个 $\boldsymbol{x}$ 的加权和，作为神经元 G 的输出：

$$
\begin{aligned}
y_g &= \tanh\left(w_{xg0}+w_{xg1}x_1+w_{xg2}x_2\right) \\
&= \tanh\left(0.3+0.6\times(-0.9)+(-0.1)\times 0.1\right) \\
&= -0.25
\end{aligned}
$$

然后，通过使用 logistic 激活函数计算偏差项和神经元 G 输出的加权和，作为神经元 F 的输出：

$$
y_f = S\left(w_{gf0}+w_{gf1}y_g\right) = S\left(-0.2+0.5\times(-0.25)\right) = 0.42
$$

最后，计算期望输出和实际输出之间的 MSE，至此结束前向传播：

$$
\text{MSE} = \frac{\left(y-y_f\right)^2}{2} = \frac{(1.0-0.42)^2}{2} = 0.17
$$

3.4.2　后向传播阶段

从计算误差函数的导数开始后向传播：

$$
\text{MSE}' = -\left(y-y_f\right) = -(1.0-0.42) = -0.58
$$

然后计算神经元 F 的误差项。通常将当前神经元后一层的误差项乘以该误差与当前神经元的连接权重，再乘以当前神经元激活函数的导数。但最后一层比较特殊，因为没有神经元 F 与误差函数的连接权重（即权重为 1）。因此，神经元 F 的误差项为：

$$f = \text{MSE}' \cdot y_f{}' = -0.58 \times 0.42 \times (1 - 0.42) = -0.14$$

式中，logistic sigmoid 函数的导数为 $S(1-S)$。

继续对神经元 G 进行相同计算，将神经元 F 的误差项乘以神经元 F 与神经元 G 的连接权重，再乘以神经元 G 激活函数的导数，得到神经元 G 的误差项为：

$$g = f \cdot w_{gf1} \cdot y_g{}' = -0.14 \times 0.5 \times \left(1 - (-0.24)^2\right) = -0.066$$

式中，tanh 函数的导数为 $(1-\tanh^2)$。

3.4.3　权重调整

现在准备权重调整，通过将学习率乘以该权重对应的输入值，然后乘以该权重对应后一层神经元的误差项来计算权重的调整值，偏差权重为 1。例如，对于神经元 G 到神经元 F 的连接权重，输入值为神经元 G 的输出（−0.25），则权重调整值为：

$$\Delta w_{xg0} = -lr \cdot 1 \cdot g = -0.1 \times 1 \times (-0.066) = 0.0066$$

$$\Delta w_{xg1} = -lr \cdot x_1 \cdot g = -0.1 \times (-0.9) \times (-0.066) = 0.0060$$

$$\Delta w_{xg2} = -lr \cdot x_2 \cdot g = -0.1 \times 0.1 \times (-0.066) = 0.00066$$

$$\Delta w_{gf0} = -lr \cdot 1 \cdot f = -0.1 \times 1 \times (-0.14) = 0.014$$

$$\Delta w_{gf1} = -lr \cdot y_g \cdot f = -0.1 \times (-0.25) \times (-0.14) = -0.0035$$

我们在上述调整值计算中引入了负号，因此权重更新可以通过当前权重与权重调整值直接相加得到：

$$w_{xg0} = 0.3 + 0.0066 = 0.3066$$

$$w_{xg1} = 0.6 - 0.0060 = 0.5940$$

$$w_{xg2} = -0.1 + 0.00066 = -0.0993$$

$$w_{gf0} = -0.2 + 0.014 = -0.1859$$

$$w_{gf1} = 0.5 - 0.0035 = 0.4965$$

整个前向传播、后向传播及网络的权重调整过程如图 3-7 所示，图中对计算的关键值进行了标注。绿色和红色箭头表示权重调整方向（绿色为正、红色为负），箭头宽度表示权重调整幅度，图中并未标注当前的权重值，仅标注了权重调整值。

通过图 3-7 中权重调整的幅度和方向可以得到一些直观发现：对于神经元 G，偏差权重和输入 x_1 对应权重的调整幅度远大于 x_2，因为偏差输入和输入 x_1 远大于 x_2，因此这两个权重比 x_2 对应权重更重要；当网络输出小于期望输出时，权重调整是为了增大网络输出，其表现为网络中所有权重共同作用来确定权重调整的方向。例如，偏差权重增加，而输入 x_1 对应的权重减小，因为输入 x_1 为负值。

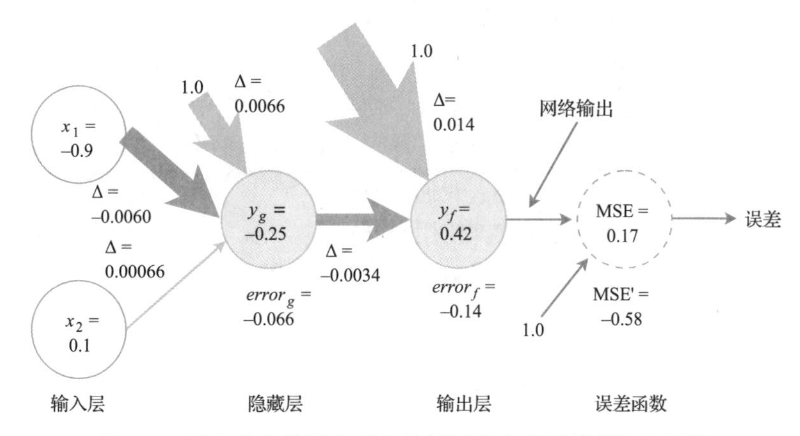

图 3-7　具有前向传播和后向传播过程中关键值标注的网络

与感知器学习算法一样，我们提供了一个电子表格复现了上述计算。该表格中还包含了该算法的多次迭代。因此，建议使用该电子表格来更好地理解反向传播算法。电子表格见附录 I 中的编程示例。

计算整个梯度所需的计算次数与一次前向传播所需的运算次数大致相同。网络中每个神经元有一个导数，每个权重有一个乘法。这可以与直接数值法计算梯度所需的 $N+1$ 倍的前向传播进行比较。这清楚地表明，反向传播算法是计算梯度的有效方法。

3.5　每层具有多个神经元的反向传播

上述样本中的网络结构很简单，每个权重到网络输出只有一条路径。现在考虑更复杂的网络，具有更多层数，每层有更多神经元，甚至有多个输出，如图 3-8 所示，输入位于底部，层与层之间在竖直方向上连接，这是绘制神经网络结构的一种常用方式。

在这种复杂网络中，唯一区别是需要将所有后一层神经元的加权误差相加来计算当前神经元的误差项。例如，对于图 3-8 中最左边的网络，在计算神经元 M 的误差项时，需要求神经元 O 和神经元 P 的误差加权和。类似地，对于图 3-8 中间的网络，计算神经元 O、神经元 P 和神经元 Q 的误差加权和。在图 3-8 右边的网络有两个输出神经元（R 和 S），误差函数必须是这两个输出的函数，才能计算神经元 R 和神经元 S 的误差项。在计算神经元 O、神经元 P 和神经元 Q 的误差项时，需使用神经元 R 和神经元 S 的误差加权和，在第 4 章中将提供多输出网络的示例。这里我们先看一个将反向传播

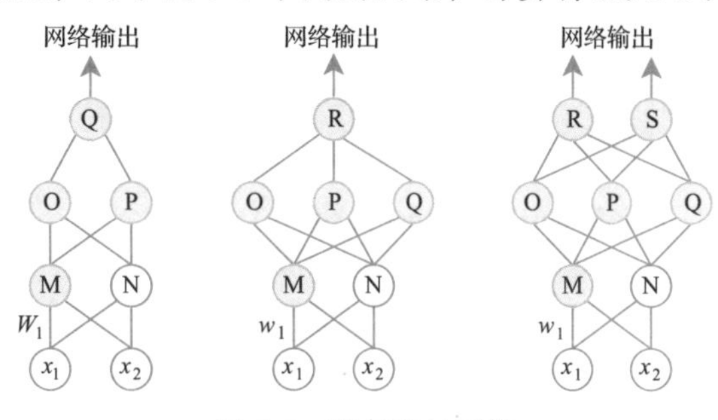

图 3-8　更复杂的网络

应用于单输出网络的编程示例。

3.6 编程示例：学习 XOR 函数

现在，利用多层前馈网络来解决第 1 章中提到的异或问题，从而验证学习算法是否有效，这里使用的三层神经网络结构与第 1 章中使用的相同。如图 3-9 所示，该网络包含 3 个神经元：神经元 N_0、神经元 N_1、神经元 N_2。我们忽略了偏差输入，也没有在图中给出权重。使用 tanh 函数作为神经元 N_0、神经元 N_1 的激活函数，使用 logistic sigmoid 函数作为输出神经元 N_2 的激活函数，MSE 作为损失函数。

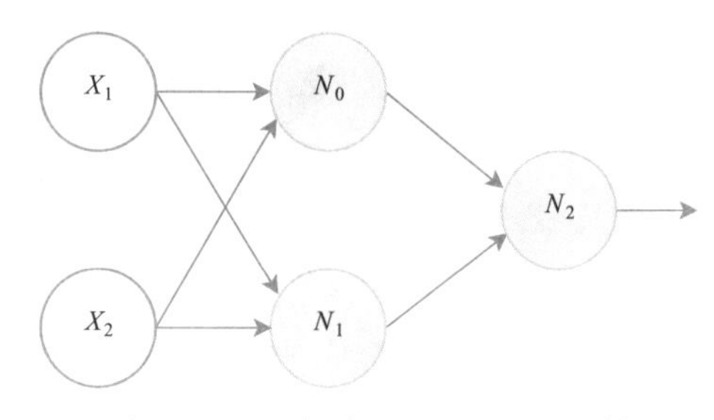

图 3-9　用于解决 XOR 问题的网络

代码段 3-1 中的初始化代码与代码段 1-2 感知器示例类似，注意这里我们使用了 Numpy 数组，以便可以使用了 Numpy 的函数功能。同样地，我们调用 `np.random.seed` 而不仅仅是 `random.seed` 作为随机数生成器。

代码段 3-1　XOR 学习示例的初始化代码

```
import numpy as np

np.random.seed(3) # 设置重复次数
LEARNING_RATE = 0.1
index_list = [0, 1, 2, 3] # 随机顺序
# 定义训练示例

x_train = [np.array([1.0, -1.0, -1.0]),
           np.array([1.0, -1.0, 1.0]),
           np.array([1.0, 1.0, -1.0]),
           np.array([1.0, 1.0, 1.0])]
y_train = [0.0, 1.0, 1.0, 0.0]  # 输出（真实值）
```

对于训练样本，由于这里使用 Sigmoid 函数作为输出神经元的激活函数，则期望输出范围为（0.0，1.0），而不会像感知器一样可以达到 −1.0。

接下来，在代码段 3-2 中声明了保存三个神经元状态的变量。在实际应用中，输入的数量、网络层数、每层神经元数量通常是参数化的，以便能够选择，但在这里为方便读者理解，这些参数都是直接赋值。

代码段 3-2　神经元状态变量定义

```
def neuron_w(input_count):
    weights = np.zeros(input_count+1)
    for i in range(1, (input_count+1)):
        weights[i] = np.random.uniform(-1.0, 1.0)
    return weights
```

```
n_w = [neuron_w(2), neuron_w(2), neuron_w(2)]
n_y = [0, 0, 0]
n_error = [0, 0, 0]
```

权重（n_w）、输出（n_y）[⊖]和误差项（n_error）都是神经元在前向传播和后向传播过程中所需的状态变量。权重初始化为（−1.0，1.0）之间的随机数，从而打破对称性。若所有权重的初始值相同，则同一层中的所有神经元的输出都相同，这会导致该层中所有神经元在后向传播过程中获得相同的权重调整，即失去了一层中有多神经元的意义。偏差权重不需要随机初始化，设置为 0。

将偏差权重初始化为 0.0 是一种常见的策略。

在代码段 3-3 中，首先是 show_learning 函数输出网络的 9 个权重（每个输出语句输出一个含有 3 个元素的权重向量）。forward_pass 函数计算具有相同输入的神经元 N_0、神经元 N_1 的输出，然后将该输出与偏差存储在数组中作为神经元 N_2 的输入，即该函数定义了网络的拓扑结构。第一层神经元使用 tanh 函数作为激活函数，输出神经元使用 logistic sigmoid 函数作为激活函数。

读代码可能有点枯燥，只要关注以下事情就可以快速浏览。我们不需要太多代码行就可以建立一个简单的神经网络。当我们后面使用 DL 架构时，所需的代码会更少。

backward_pass 函数首先计算误差函数的导数，然后计算输出神经元激活函数的导数，将二者相乘将得到输出神经元的误差项；在此基础上，继续将误差反向传播到隐藏层中的所有神经元，通过计算隐藏层神经元激活函数的导数，并将该导数乘以输出神经元的误差项和其与输出神经元的连接权重来得到隐藏层神经元的误差项。

最后，adjust_weights 函数通过计算神经元输入值、学习率和对应误差项的乘积得到三个神经元的权重调整值，在此基础上得到调整后的权重。

代码段 3-3　反向传播的辅助函数

```
def show_learning():
    print('Current weights:')
    for i, w in enumerate(n_w):
        print('neuron ', i, ': w0 =', '%5.2f' % w[0],
              ', w1 =', '%5.2f' % w[1], ', w2 =',
              '%5.2f' % w[2])
    print('----------------')

def forward_pass(x):
    global n_y
    n_y[0] = np.tanh(np.dot(n_w[0], x)) # 神经元 0
```

⊖ 在数学公式中，y 为期望输出，而$\hat{y}$为网络输出；在给出的代码示例中，y（及其变体，如本例中的 n_y）通常指的是网络输出。期望输出表示为 y_train 或 train_label。

```
    n_y[1] = np.tanh(np.dot(n_w[1], x)) # 神经元 1
    n2_inputs = np.array([1.0, n_y[0], n_y[1]]) # 偏差 1.0
    z2 = np.dot(n_w[2], n2_inputs)
    n_y[2] = 1.0 / (1.0 + np.exp(-z2))
def backward_pass(y_truth):
    global n_error
    error_prime = -(y_truth - n_y[2]) # 损失函数求导
    derivative = n_y[2] * (1.0 - n_y[2]) # Logistic 函数求导
    n_error[2] = error_prime * derivative
    derivative = 1.0 - n_y[0]**2 # tanh 求导
    n_error[0] = n_w[2][1] * n_error[2] * derivative
    derivative = 1.0 - n_y[1]**2 # tanh 求导
    n_error[1] = n_w[2][2] * n_error[2] * derivative
def adjust_weights(x):
    global n_w
    n_w[0] -= (x * LEARNING_RATE * n_error[0])
    n_w[1] -= (x * LEARNING_RATE * n_error[1])
    n2_inputs = np.array([1.0, n_y[0], n_y[1]]) # 偏差 1.0
    n_w[2] -= (n2_inputs * LEARNING_RATE * n_error[2])
```

阐述了所有功能，最后剩下的是代码段3-4对训练循环方式的定义，这与代码段1-4中感知器示例的训练循环方式有点类似。

代码段3-4　使用反向传播学习XOR函数的训练循环

```
# 网络训练循环 .
all_correct = False
while not all_correct: # 训练直到收敛
    all_correct = True
    np.random.shuffle(index_list) # 随机顺序
    for i in index_list: # 对所有样本进行训练
        forward_pass(x_train[i])
        backward_pass(y_train[i])
        adjust_weights(x_train[i])
        show_learning() # 显示更新的权重
    for i in range(len(x_train)): # 检查是否收敛
        forward_pass(x_train[i])
        print('x1 =', '%4.1f' % x_train[i][1], ', x2 =',
              '%4.1f' % x_train[i][2], ', y =',
              '%.4f' % n_y[2])
        if(((y_train[i] < 0.5) and (n_y[2] >= 0.5))
                or ((y_train[i] >= 0.5) and (n_y[2] < 0.5))):
            all_correct = False
```

随机选取训练样本，分别调用 forward_pass、backward_pass、adjust_weights、show_learning 函数，无论网络预测是否正确，权重都会进行调整。当四个训练样本均被训练后，检查网络是否可以正确预测，若不能，则再次以随机顺序选取样本训练。

在运行程序之前，指出两个问题：（1）由于权重随机初始化的原因，读者可能会得到与示例不同的结果；（2）由于网络本身可能根本无法学习该函数，或因为学习算法的参数和初始值的初始化方式，从而使网络无法学习，因此不能保证多层网络的学习算法会收敛，即读者可能需要调整学习率和初始权重。

现在运行程序，实验输出结果如下所示：

```
Current weights:
neuron  0 : w0 =  0.70 , w1 =  0.77 , w2 =  0.76
neuron  1 : w0 =  0.40 , w1 = -0.58 , w2 = -0.56
neuron  2 : w0 = -0.43 , w1 =  1.01 , w2 =  0.89
----------------
x1 = -1.0 , x2 = -1.0 , y = 0.425 5
x1 = -1.0 , x2 =  1.0 , y = 0.629 1
x1 =  1.0 , x2 = -1.0 , y = 0.625 8
x1 =  1.0 , x2 =  1.0 , y = 0.499 0
```

实验输出结果后四行表示输入 x_1、x_2 的预测结果 y，可以看到网络实现了 XOR 函数，即当只有一个输入为正时，输出大于 0.5，这正是 XOR 函数。

和描述反向传播示例一样，我们提供了一个电子表格，包含了用于解决该 XOR 问题的反向传播算法，以便读者通过自己动手实验获得一些直观感受。

我们成功了！现在已经达到了 1986 年最先进神经网络的研究水平！

3.7 网络结构

在第 4 章解决更复杂的分类问题之前，我们先介绍网络结构的概念。网络结构表示构建更复杂网络时多个单元 / 神经元的连接方式。

现代神经网络的三种关键网络结构如图 3-10 所示，分别为：

- 全连接前馈网络。在解决 XOR 问题时引入了这种类型的网络。在接下来的几章中，我们将了解更多关于全连接前馈网络的细节。如前所述，前馈网络中没有反向连接（也称为回路或循环）。
- 卷积神经网络（CNN）。CNN 的关键特性是权重共享，即单个神经元没有属于自己的权重，而是同一层神经元共享相同权重。从连接性的角度来看，CNN 类似于全连接前馈网络，但其连接比全连接网络少得多，是稀疏连接。CNN 在图像分类问题上表现出色，因此代表了一类重要的神经网络。第 2 章中用于识别 3×3 图像块模式的特征标识符在 CNN 中起核心作用。

- 循环神经网络（RNN）。与前馈网络相反，RNN 具有反向连接，即它不是有向无环图（DAG），因为它包含循环。截至目前，我们还没有给出过任何循环连接的例子，在第 9 章中将会对它们进行详细研究。

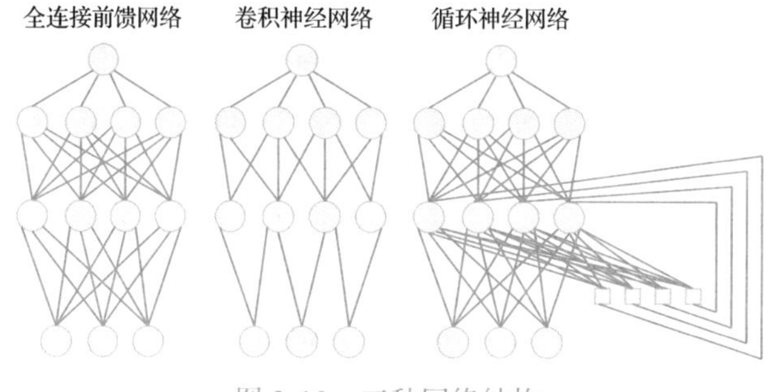

图 3-10　三种网络结构

我们将在后续章节中更详细地讨论这些网络结构。就目前而言，了解 CNN 的连接数比全连接网络要少，而 RNN 的连接数更多，并且需要额外单元（如图 3-10 中方块所示）将输出反馈到输入，这对后续的理解是有帮助的。

全连接、卷积和循环网络是三种关键的网络结构，更复杂的网络通常由这三种结构的组合构成。

通常情况下，网络是这三种基本结构的结合体。例如，CNN 的某些层通常是全连接的，但该网络仍然被认为是 CNN。类似地，RNN 的某些层可能没有任何循环结构，如图 3-10 所示。读者可以通过组合全连接层、卷积层和循环层构建一个网络，从而利用每种结构的特性。

CHAPTER 4

第 4 章

用于多分类的全连接网络

在前三章中，我们使用神经网络解决了一些简单的问题，为学习深度学习（DL）奠定了基础。结合神经元的基本工作原理、多个神经元的连接方式以及如何设计一个合适的学习算法，我们构建了一个可以作为 XOR 门的网络，这可以以一种更简单的方式来完成。

在本章中，我们将展示如何构建一个更复杂的网络，该网络可以将手写数字图像作为输入，识别并输出图像中的数字。

在展示如何构建这样的网络之前，首先介绍一些传统机器学习（ML）和深度学习（DL）中的重要概念——数据集和泛化。

编程示例提供了如何修改网络和学习算法以处理多分类情况的详细信息。这种修改是必要的，因为识别手写数字意味着每个输入样本将被分类为十种分类中的一个。

4.1 训练网络时所用数据集简介

前面章节介绍了通过向网络提供输入样本来训练神经网络，然后比较网络输出与期望输出，并使用梯度下降来调整权重，以使得网络为给定输入提供正确的输出。这就会引出一个问题：从哪里获得训练网络所需的训练样本。在之前的示例中，一个双输入异或门只有四个输入组合，因此我们可以轻松地创建所有组合的训练样本，这是基于输入、输出值均为二进制变量的假设，而通常情况并非如此。

在 DL 的实际应用中，获取训练样本是一个具有很大挑战性的问题。DL 近年来获得极大关注的一个关键原因是，图像、视频和自然语言文本的大型在线数据库的发展，使得获得大量的训练数据成为可能。若使用监督学习技术，仅获得网络的输入是不够的，还需要知道每个样本的期望输出。将每个输入与期望输出相关联的过程称为标签，这通常是手动完成的，即必须人为地为每个样本添加一个标签，说明输入是狗、猫还是汽车。这个过程可能很乏味，因为我们通常需要数千个样本才能获得良好的结果。

若读者第一步就要获得大量带有标签的训练样本，那么开始尝试 DL 可能会很困难。幸运的是，已经有人这么做了，并公开了这些样本，称之为数据集。带标签的数据集是可用于训练 ML 模型的有标签训练样本的集合。在本书中，我们会逐步熟悉不同的数据集，如图像、历史房价和自然语言领域的数据。说到数据集，就不得不提到经典的 Iris 数据集（Fisher, 1936），这可能是第一个广泛可用的数据集。它包含 150 个鸢尾花样本，每个样本属于三种鸢尾花中的一种，每个样本输入由四个测量值（萼片长度和宽度、花瓣长度和宽度）组成。Iris 数据集非常小，在这里我们从一个更复杂但仍然简单的数据集开始：由国家标准与技术研究所（MNIST）修改后的手写数字数据库（MNIST），简称为 MNIST 数据集。

MNIST 数据集包含 60 000 个训练图像和 10 000 个测试图像（我们将在本章后面详细介绍训练图像和测试图像之间的差异）。除图像之外，数据集还包括描述每个图像所代表数字的标签。原始图像为 32 × 32 像素，每个图像周围最外面的两个像素为空白，因此实际图像内容位于中心的 28 × 28 像素处。在所使用的数据集版本中，已经去掉了空白像素，因此每个图像包含 28 × 28 像素，每个像素由 0 ～ 255 的灰度值表示。这些手写数字的来源是美国人口普查局的雇员和美国高中生，制于 1998 年（LeCun、Bottou, Bengio 等，1998 年），其中一些训练样本如图 4-1 所示。

图 4-1 MNIST 数据集的部分训练样本[1]

4.1.1 探索数据集

首先浏览一下数据集内容，根据附录 I“MNIST”中的说明下载数据集。文件格式不是标准的图像格式，但使用 idx2numpy 库可以很容易读取文件[2]。代码段 4-1 显示了如何将文件加载到 NumPy 数组中，并输出其维度。

---

[1] 来源：LeCun, Y., L. Bottou, Y. Bengio, and P. haffner. “gradient-Based Learning applied to Document recognition” in Proceedings of the IEEE vol. 86, no. 11 (Nov. 1998), pp. 2278–2324.

[2] 这个库并非在所有平台上都适用，许多网上的编程示例使用 CSV（comma-separated value）版本的 MNIST 数据集，更多信息可参考该书网站 http://www.ldlbook.com。

代码段 4-1　加载 MNIST 数据集并输出其维度

```
import idx2numpy
TRAIN_IMAGE_FILENAME = '../data/mnist/train-images-idx3-ubyte'
TRAIN_LABEL_FILENAME = '../data/mnist/train-labels-idx1-ubyte'
TEST_IMAGE_FILENAME = '../data/mnist/t10k-images-idx3-ubyte'
TEST_LABEL_FILENAME = '../data/mnist/t10k-labels-idx1-ubyte'

# 读取文件
train_images = idx2numpy.convert_from_file(
    TRAIN_IMAGE_FILENAME)
train_labels = idx2numpy.convert_from_file(
    TRAIN_LABEL_FILENAME)
test_images = idx2numpy.convert_from_file(TEST_IMAGE_FILENAME)
test_labels = idx2numpy.convert_from_file(TEST_LABEL_FILENAME)

# 输出维度
print('dimensions of train_images: ', train_images.shape)
print('dimensions of train_labels: ', train_labels.shape)
print('dimensions of test_images: ', test_images.shape)
print('dimensions of test_images: ', test_labels.shape)
```

输出如下所示：

```
dimensions of train_images:  (60000, 28, 28)
dimensions of train_labels:  (60000,)
dimensions of test_images:  (10000, 28, 28)
dimensions of test_images:  (10000,)
```

图像数组是三维数组，第一个维度从 60 000 张训练图像或 10 000 张测试图像中选取，其他两个维度表示图像包括的 28 × 28 个像素值（0 ～ 255 的整数）。标签数组是一维数组，每个元素对应 60 000 张训练图像或 10 000 张测试图像中的一张图像的标签。代码段 4-2 输出第一个训练样本的标签和图像模式。

代码段 4-2　输出第一个训练样本的标签和图像模式

```
# 输出第一个训练样本
print('label for first training example: ', train_labels[0])
print('---beginning of pattern for first training example---')
for line in train_images[0]:
    for num in line:
        if num > 0:
            print('*', end = ' ')
        else:
            print(' ', end = ' ')
```

```
    print('')
print('---end of pattern for first training example---')
```

输出结果如下：

`label for first training example: 5`（第一个训练样本的标签）

`---beginning of pattern for first training example---`（开始第一个训练样本的模式）

```
               * * * * * * * * * * * *
        * * * * * * * * * * * * * * * *
      * * * * * * * * * * * * * * * *
      * * * * * * * * * * *
        * * * * * * *  * *
          * * * * *
              * * * *
              * * * *
                * * * * * *
                  * * * * * *
                    * * * * * *
                      * * * * *
                          * * * *
                    * * * * * * *
                * * * * * * * *
            * * * * * * * * *
        * * * * * * * * * *
    * * * * * * * * * *
* * * * * * * * * *
* * * * * * * *
```

`---end of pattern for first training example---`（结束第一个训练样本的模式）

如上述示例所示，加载和使用 MNIST 数据集非常简单。

4.1.2　数据集中的人为偏见

因为 ML 模型从输入数据中学习，所以它们容易受到垃圾输入 / 垃圾输出 (GIGO) 的影响，因此需要确保所使用的数据集都是高质量的。需要注意的一个问题是数据集是否存在人为偏见（或任何其他类型的偏见）。如在线可用的 CelebFaces 属性（CelebA）数据集（Liu et al., 2015），源自 CelebFaces 数据集（Sun, Wang, and Tang, 2013），由大量名人脸部图像组成。然而该数据集存在偏见，因为它包含了相较于社会中更大比例的年轻白人个体。这种偏见可能会导致在此数据集上训练的模型不适用于老年人或深色皮肤的人。受社会结构性种族主义影响的数据集可能会产生歧视少数群体的模型。

值得注意的是，即使像 MNIST 这样的简单数据集也容易受到偏见的影响。MNIST 中的手写数字来自美国人口普查局的雇员和美国高中生，这意味着数字将偏向美国人手写数字的方式。实际上，世界上不同地理区域人的手写风格略有不同，特别在一些欧洲和拉丁美洲国家，在写数字 7 时，通常会添加第二条水平线。若读者遍历 MNIST 数据集，会发现虽然包含了这样的样本，但它们所占比例远远不够（图 4-1 中的 16 个数字 7 的样本中只有两个具有第二条水平线）。正如预期的那样，该数据集确实偏向美国人手写数字的方式。因此，在 MNIST 上训练的模型很可能对于识别美国人手写数字的效果要好于其他国家。

这种情况在多数情况是无害的，主要是让我们明白，我们可能会很容易忽略输入数据中的问题。考虑自动驾驶汽车，模型需要区分人和其他不那么脆弱的物体。若模型没有在具有足够代表少数群体的多样化数据集上进行训练，那么这可能会产生致命的后果。

需要注意的是，好的数据集不一定反映真实的世界，如自动驾驶汽车需要能够处理罕见但危险的事件是非常重要的，类似飞机紧急迫降在路上。因此，与现实世界中存在的事件相比，一个好的数据集可能包含此类在现实中很少发生的事件。这与人为偏见不同，这是另一个示例，说明在选择数据集时很容易产生错误，以及这种错误可能会导致严重后果。Gebru 及其同事（2018）提出了使用数据集的数据表来解决这个问题，每个发布的数据集都应附上描述其推荐用途和其他详细信息的数据表。

4.1.3　训练集、测试集和泛化

为什么要通过构建神经网络这一复杂过程，来创建一个可正确预测一组带标签样本的输出的函数？毕竟，仅基于所有训练样本所创建的查找表会简单得多。这就要提到泛化的概念了，ML 模型不仅仅是为其训练过的数据提供正确预测，更重要的是，为不包含在训练集中的数据提供正确预测。因此，通常将数据集分为训练数据集和测试数据集，训练数据集用于训练模型，测试数据集用于评估模型对之前未见过数据的泛化能力。若结果表明模型在训练数据集上表现良好，但在测试数据集上表现不佳，则说明该模型未能学习到解决相似但不相同样本所需的通用解决方案。例如，模型可能只记住了特定的训练样本。更具体地说，考虑教孩子加法的例子，你可以告诉他们 1 + 1 = 2、2 + 2 = 4 和 3 + 2 = 5，然后当被问及 3 + 2 等于什么时，他们可能会成功地重复答案，但他们却无法回答 1 + 3 等于什么，甚至无法回答 2 + 3 等于什么（与训练样本相比，颠倒了 3 和 2 的顺序）。这表明孩子已经记住了给出的三个例子，但仍然不理解加法的概念。

我们认为，即使是懂得加法和乘法的人，通常也会对数值较小的数字计算使用记忆的答案，而对数值较大的数字则使用通用知识。另一方面，可以说这是一个深度学习的例子，通过这种学习，可以分层地将更简单的表示组合成最终答案。

我们可以在训练过程中监控训练误差和测试误差，以确定模型在学习过程中是否获得

了泛化能力，如图 4-2 所示。

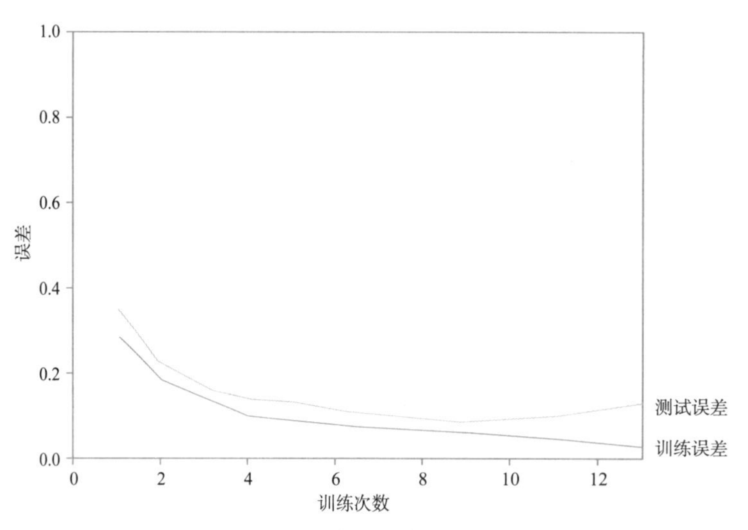

图 4-2　学习过程中的训练误差和测试误差

一般来说，训练误差呈下降趋势直到最终趋于 0。测试误差通常会呈现出一个 U 形曲线，即在开始时会变小，随后在某个点开始增加。若训练误差开始减小的过程中测试误差在增加，则表示模型对训练数据过拟合，即模型学习了一个在训练数据上表现得非常好的函数，但该函数对尚未见过的数据却不起作用。从训练集中记住单个训练样本是一种强过拟合现象，同时也存在其他形式的过拟合。过拟合并不是泛化性能不好的唯一原因，也可能是由于训练样本不能代表测试样本或实际应用的情况。

避免过拟合的一种有效方法是增加训练数据集的大小，但还有其他方法，统称为正则化技术，旨在减少或避免过拟合。一种直观的正则化方法为提前终止法，即在训练过程中监测测试误差，并在测试误差开始增加时停止训练。而通常情况是训练过程中误差在不同方向波动，无法明显看出什么时候可以停止训练。另一种确定停止训练的方法是在训练期间以固定间隔保存模型权重（即创建模型检查点），在模型训练结束后，从如图 4-2 所示的图中找到测试误差最小的点，重新加载相应的模型。

网络学习的目标是使其获得泛化能力。若网络在训练集上表现良好，但在测试集上表现不佳，则表明对训练集过拟合。可以通过增加训练数据集大小或采用正则化技术来避免过拟合。其中一种正则化技术是提前终止法。

4.1.4　超参数调优和测试集信息泄漏

在训练过程中，不可以泄露测试集中的信息，否则会导致模型记住测试集，最终会导致过度乐观地评估训练得到的模型。信息泄漏可能会以一种微妙的方式发生。在训练模型时，有时需要调整学习算法本身未调整的各种参数，这些参数被称为超参数，此前遇到的学习率、网络拓扑（每层的神经元数量、层数以及它们的连接方式）和激活函数的类型都是超参数。超参数调整可以是手动或自动的。如果根据模型在测试集上的表现来改变超参数，那么测试集就有影响训练过程的风险，即将测试集信息泄漏引入到了训练过程中。

避免这类泄漏的一种方法是引入中间验证数据集，用于对测试集进行模型最终评估之前评估超参数的设置。在本书的示例中，出于简单的目的，我们只对超参数进行手动调优，并且不使用单独的验证集，这在某种程度上可以得到比较优化的结果。我们将在第 5 章中更详细地讨论超参数调整和验证数据集的概念。

使用**验证集调优超参数**是一个重要的概念，请参阅 5.8.1 节中的内容。

4.2　训练与推理

截至目前，我们的实验和讨论都集中在网络训练的过程上。我们在训练过程中对网络进行了交叉测试，以评估网络的学习效果。在不调整网络权重的情况下使用网络的过程称为推理，即网络用于推断一个结果。

训练是指确定网络权重，通常在将其部署到实际应用之前完成。在实际应用中，网络通常仅用于推理。

通常情况下，训练过程在网络部署到实际应用之前就需要完成，而一旦网络部署完毕，它仅用于推理。在这种情况下，我们可以在不同的硬件平台上完成训练和推理，如在云服务器上进行训练，而在手机或平板电脑等计算功能较弱的设备上进行推理。

4.3　扩展网络和学习算法以进行多分类

在第 3 章的编程示例中，我们看到神经网络只有一个输出，并了解了如何使用其来识别某种模式。现在对网络进行扩展，以便能够判断属于十个可能类别中的哪一类。一种方法是简单地创建十个不同的网络，每个网络负责识别一种特定的数字类型。事实证明，这是一种效率较低的方法。无论要分类什么数字，不同数字之间都有一些共性，因此如果每个“数字标识符”能够共享多个神经元，效率会更高。同时，这种策略还会迫使共享神经元更好地泛化，并降低过拟合风险。

网络进行多分类的一种方法是为每个类创建一个输出神经元，且网络输出为 one-hot 编码，即在任何一个时间点只有一个输出被触发（hot）。one-hot 编码是一种稀疏编码，即大多数输出神经元信号都是 0。熟悉二进制数的读者可能会觉得这种方法效率低下，使用二进制编码以减少输出神经元的数量也许更高效，但这并不一定是对神经网络最合适的编码。

二进制编码是一种密集编码，即有多个 1 和 0，我们将在第 12 章中进一步讨论稀疏编码和密集编码。在第 6 章中，我们描述了如何使用 one-hot 编码的变体，使网络在不确定训练样本所属类别时，表达不同程度的分类确定性。目前，我们感兴趣的是 one-hot 编码。

4.4 用于数字分类的网络

本节介绍了在手写数字分类实验中所使用的网络，但这并不是完成这项任务的最佳方案，我们的目标是快速完成任务，并展示一些令人印象深刻的结果，同时仍然只依赖迄今为止所学到的概念。后面的章节将讨论更高级的图像分类网络。

正如前面所描述的，每张图像包含 784（28 × 28）个像素，因此网络需要有 784 个输入节点。这些输入连接到一个具有 25 个任意选择的神经元的隐藏层；隐藏层连接到由十个神经元组成的输出层，每个输出神经元对应一个我们想要识别的数字。我们使用 tanh 函数作为隐藏层神经元的激活函数，使用 logistic sigmoid 函数作为输出层神经元的激活函数。网络是全连接的，即上一层中的每个神经元都连接到下一层中的所有神经元。由于该网络只有一个隐藏层，即该网络不符合深度网络的条件（至少需要两个隐藏层才能将其称为 DL，尽管这种区别在实践中无关紧要）。该网络如图 4-3 所示，为避免混乱，图中省略了大量神经元和神经元之间的连接。事实上，上一层中的每个神经元都与下一层中的所有神经元相连。

在图 4-3 中，有一点很奇怪，该网络看上去并没有明确利用像素之间的空间关联信息。一个神经元观察多个相邻像素是否有益呢？图中的像素在输入层的组织方式为一维向量而不是二维网格，看起来好像丢失了相邻像素之间的相关信息。在 y 方向上的两个相邻像素是通过 28 个输入神经元分离的，这并不完全正确。在全连接网络中，不存在像素“分离”的概念。隐藏层的 25 个神经元均连接到 784 个像素输入，因此从单个神经元的角度来看，所有像素都是同等彼此接近的。

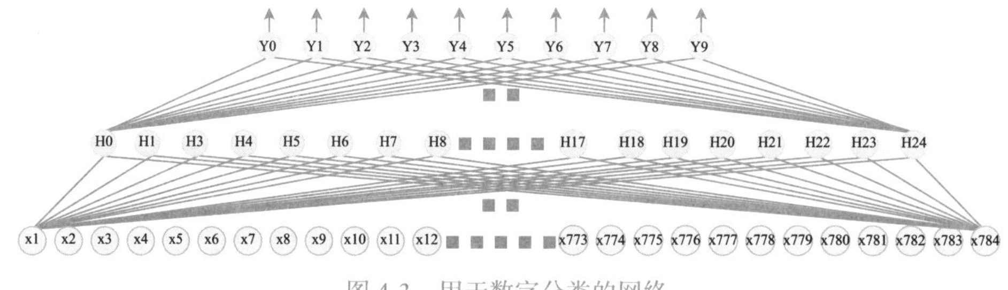

图 4-3　用于数字分类的网络

我们也可以将像素和神经元组织为二维网格形式，但这并不会改变实际的连接。在这里，我们确实没有给出关于哪些像素彼此相连的先验知识，因此如果考虑像素之间的空间关系是有益的，则网络不得不自己学习这一点。在第 7 章中，我们将学习如何以一种考虑到像素位置的方式来设计网络。

4.5 多分类的损失函数

在解决 XOR 问题时，我们使用均方误差（MSE）作为损失函数。在图像分类问题中，必须稍微修改损失函数的定义以适应网络有多个输出。可以将损失函数定义为每个单独输出的误差平方之和：

$$\text{Error} = \frac{1}{m}\sum_{i=0}^{m-1}\sum_{j=0}^{n-1}(y_j^{(i)} - \hat{y}_j^{(i)})^2$$

式中，m 是训练样本的数量，n 是输出的数量。也就是说，除了外部求和计算平均值，现在还在公式中引入了一个内部求和，用于每个输出的均方误差。为简化说明，当训练样本只有一个时，上式简化为：

$$\text{Error} = \sum_{j=0}^{n-1}(y_j - \hat{y}_j)^2$$

式中，n 是输出的数量，$\hat{y}_j$ 表示输出神经元 Y_j 的输出值。为简化导数计算，使用与之前相同的技巧，即将损失函数除以 2，缩放不会影响最小化损失函数的优化过程：

$$e(\hat{y}) = \sum_{j=0}^{n-1}\frac{(y_j - \hat{y}_j)^2}{2}$$

可以看到，这里将误差函数写为网络输出 $\hat{\boldsymbol{y}}$ 的函数。由于网络有多个输出神经元，因此 $\hat{\boldsymbol{y}}$ 是一个向量。给定损失函数，只需要计算得到每个输出神经元的误差项，那么这里反向传播算法的剩余部分就和第 3 章的内容没有区别了。输出值为 $\hat{y}_1$ 的神经元 Y_1 的误差项如下所示：

$$\frac{\partial e}{\partial \hat{y}_1} = \sum_{j=0}^{n-1}\frac{\partial\dfrac{(y_j - \hat{y}_j)^2}{2}}{\partial \hat{y}_1} = \frac{2(y_1 - \hat{y}_1)}{2}\times(-1) = -(y_1 - \hat{y}_1)$$

在计算损失函数相对特定输出的导数时，求和公式里的其他项均视为常数（导数为 0），这样可以去除求和项。并且一个特定输出神经元的误差项与单输出情况下的误差项相同，也就是说，神经元 Y_2 的误差项为 $-(y_2-\hat{y}_2)$，神经元 Y_j 的误差项为 $-(y_j-\hat{y}_j)$。

现在这些公式可能难以理解，没关系，当我们深入研究编程示例，了解这些公式是如何在实践中实现时，一切都会变得清晰。

4.6 编程示例：手写数字分类

在前言中已经提到，该编程示例来自 Nielsen's（2019）在线图书，鉴于本书的组织结构，我们对其进行了一些调整。图像分类实验的实现是第 3 章学习 XOR 函数示例实现的一个改进版本，因此读者对大多数代码应该是熟悉的。一个不同之处在于，代码段 4-3 提供了训练和测试数据集的路径来初始化数据，而不是将训练值定义为硬编码变量。此外，这里将学习率调整为 0.01，并引入了一个参数 EPOCHS。我们将描述什么是 epoch，并在本章后面讨论为什么要调整学习率。假设数据集位于目录 ../data/mnist/ 中，如附录 I.4 节中所述。

代码段 4-3 MNIST 学习的初始化过程

```
import numpy as np
import matplotlib.pyplot as plt
import idx2numpy
np.random.seed(7) #设置可重复
```

```
LEARNING_RATE = 0.01
EPOCHS = 20
TRAIN_IMAGE_FILENAME = '../data/mnist/train-images-idx3-ubyte'
TRAIN_LABEL_FILENAME = '../data/mnist/train-labels-idx1-ubyte'
TEST_IMAGE_FILENAME = '../data/mnist/t10k-images-idx3-ubyte'
TEST_LABEL_FILENAME = '../data/mnist/t10k-labels-idx1-ubyte'
```

此外，我们定义了一个从文件中读取数据集的函数，如代码段 4-4 所示。在该函数中还包括一些数据预处理操作，虽然可能有点乏味，但这是必要的操作。

代码段 4-4　从文件中读取训练和测试数据集

```
# 读取数据集的函数
def read_mnist():
    train_images = idx2numpy.convert_from_file(TRAIN_IMAGE_FILENAME)
    train_labels = idx2numpy.convert_from_file(TRAIN_LABEL_FILENAME)
    test_images = idx2numpy.convert_from_file(TEST_IMAGE_FILENAME)
    test_labels = idx2numpy.convert_from_file(TEST_LABEL_FILENAME)

    # 重新排列并标准化
    x_train = train_images.reshape(60000, 784)
    mean = np.mean(x_train)
    stddev = np.std(x_train)
    x_train = (x_train - mean) / stddev
    x_test = test_images.reshape(10000, 784)
    x_test = (x_test - mean) / stddev

    # one-hot 编码的输出
    y_train = np.zeros((60000, 10))
    y_test = np.zeros((10000, 10))
    for i, y in enumerate(train_labels):
        y_train[i][y] = 1
    for i, y in enumerate(test_labels):
        y_test[i][y] = 1
    return x_train, y_train, x_test, y_test

# 读取训练和测试样本
x_train, y_train, x_test, y_test = read_mnist()
index_list = list(range(len(x_train))) # 用于随机顺序
```

在 4.1 节中，我们已经知道了 MNIST 文件的数据格式。为简化网络的输入，这里将图像从二维形式转化为一维形式，即图像数组现在是二维的而不是三维的。然后，以 0 为中心对像素值进行缩放处理，这被称为数据标准化。理论上来说，数据标准化并不是必要操作，因为神经元可以将任何数值作为输入，但实践中发现这种缩放是有用的（具体原因将在

第 5 章中说明）。数据标准化过程如下，首先计算所有训练输入值的均值和标准差，通过从每个像素值中减去均值并除以标准差来标准化数据。对于学习过统计学的读者来说，该过程应该很熟悉。通过从每个像素值中减去平均值，所有像素的新平均值将为 0。标准差用于衡量数据分散程度，除以标准差会改变数据值的范围。这意味着，若原来数据值是分散的，除以标准差之后，数据将更接近于 0。在该示例中，范围为（0, 255）的像素值经过标准化后将得到一组以 0 为中心且接近 0 的浮点数。

> 了解数据分布以及如何进行标准化是非常重要的问题，但即使没有详细了解此类知识，也可以继续学习。

> 标准差是数据分布的一种度量。一个数据点的标准化方法是通过减去平均值并除以标准差来实现的。

注意，测试数据集的标准化也是使用训练数据集的均值和标准差，这看起来是错误的，不过我们是故意这么做的，即希望对训练和测试数据集做相同的转换。读者可能会问，使用训练和测试数据集的整体均值是否更好？答案是否定的，这种操作会导致将测试数据集引入训练过程中的信息泄漏风险。

> 对测试数据集使用与对训练数据集完全相同的转换，不要使用测试数据集得到的均值和标准差进行转换，因为这可能会将测试数据集中的信息泄漏到训练过程中。

在读取数据并标准化后，下一步是对数字进行 one-hot 编码，并作为具有十个输出网络的真实值。通过 one-hot 编码，创建一个 10 个元素全为 0 的数组（使用 NumPy 赋零函数），并将其中一个元素赋值为 1。

类似 XOR 示例，在代码段 4-5 中实现了权重和网络的实例化。其中，隐藏层中每个神经元有 784 个输入 + 偏差，输出层中每个神经元有 25 个输入 + 偏差。初始化权重的 for 循环从 i=1 开始，因此不会初始化偏差权重，即将偏差权重初始化为 0。权重的初始化范围与 XOR 示例不同，我们将在第 5 章中进一步讨论。

代码段 4-5　网络中所有神经元的实例化和初始化

```
def layer_w(neuron_count, input_count):
    weights = np.zeros((neuron_count, input_count+1))
    for i in range(neuron_count):
        for j in range(1, (input_count+1)):
            weights[i][j] = np.random.uniform(-0.1, 0.1)
    return weights

# 声明表示神经元的矩阵和向量
hidden_layer_w = layer_w(25, 784)
hidden_layer_y = np.zeros(25)
hidden_layer_error = np.zeros(25)
```

```
output_layer_w = layer_w(10, 25)
output_layer_y = np.zeros(10)
output_layer_error = np.zeros(10)
```

代码段 4-6 给出了输出学习进度和可视化学习过程的两个函数。训练过程中 show_earning 函数会被多次调用，用于输出当前的训练和测试准确率，并将其存储在两个数组中；plot_learning 函数在程序结束时被调用，并利用上述两个数组绘制随时间变化的训练和测试误差（1.0- 准确率）。

代码段 4-6　在学习过程中报告学习进度的函数

```
chart_x = []
chart_y_train = []
chart_y_test = []
def show_learning(epoch_no, train_acc, test_acc):
    global chart_x
    global chart_y_train
    global chart_y_test
    print('epoch no:', epoch_no, ', train_acc: ',
          '%6.4f' % train_acc,
          ', test_acc: ', '%6.4f' % test_acc)
    chart_x.append(epoch_no + 1)
    chart_y_train.append(1.0 - train_acc)
    chart_y_test.append(1.0 - test_acc)

def plot_learning():
    plt.plot(chart_x, chart_y_train, 'r-',label='training error')
    plt.plot(chart_x, chart_y_test, 'b-',label='test error')
    plt.axis([0, len(chart_x), 0.0, 1.0])
    plt.xlabel('training epochs')
    plt.ylabel('error')
    plt.legend()
    plt.show()
```

代码段 4-7 包含了前向、后向传播和权重调整函数，前向和后向传播函数隐式地定义了网络拓扑结构。

代码段 4-7　前向、后向传播和权重调整函数

```
def forward_pass(x):
    global hidden_layer_y
    global output_layer_y
    # 隐藏层的激活函数
    for i, w in enumerate(hidden_layer_w):
        z = np.dot(w, x)
        hidden_layer_y[i] = np.tanh(z)
```

```
    hidden_output_array = np.concatenate(
        (np.array([1.0]), hidden_layer_y))
    # 输出层的激活函数
    for i, w in enumerate(output_layer_w):
        z = np.dot(w, hidden_output_array)
        output_layer_y[i] = 1.0 / (1.0 + np.exp(-z))

def backward_pass(y_truth):
    global hidden_layer_error
    global output_layer_error
    # 每个输出神经元的反向传播误差，并创建所有输出神经元的误差数组
    for i, y in enumerate(output_layer_y):
        error_prime = -(y_truth[i] - y) # 损失函数导数
        derivative = y * (1.0 - y) # 逻辑函数导数
        output_layer_error[i] = error_prime * derivative
    for i, y in enumerate(hidden_layer_y):
        # 创建连接隐藏层神经元 i 输出与输出层神经元的权重数组
        error_weights = []
        for w in output_layer_w:
            error_weights.append(w[i+1])
        error_weight_array = np.array(error_weights)
        # 隐藏层神经元的反向传播误差
        derivative = 1.0 - y**2 # tanh 函数的导数
        weighted_error = np.dot(error_weight_array,
                                output_layer_error)
        hidden_layer_error[i] = weighted_error * derivative

def adjust_weights(x):
    global output_layer_w
    global hidden_layer_w
    for i, error in enumerate(hidden_layer_error):
        hidden_layer_w[i] -= (x * LEARNING_RATE
                              * error) # 更新权重
    hidden_output_array = np.concatenate
        ((np.array([1.0]), hidden_layer_y))
    for i, error in enumerate(output_layer_error):
        output_layer_w[i] -= (hidden_output_array* LEARNING_RATE
                              * error) # 更新权重
```

forward_pass 函数包含两个循环，第一个循环遍历所有隐藏层神经元，并向它们提供相同的输入（像素），并将隐藏层神经元的所有输出与偏差项存储到一个数组中，用作输出层神经元的输入；类似地，第二个循环将上述数组输入给每个输出神经元，并将输出层的所有输出存储到一个数组中，然后返回给函数调用者。

backward_pass 函数同样包含两个循环，第一个循环首先遍历所有输出神经元，并计算每个输出神经元损失函数的导数，同时计算每个输出神经元激活函数的导数，然后通过将损失函数的导数乘以激活函数的导数来计算每个输出神经元的误差项；第二个循环遍历所有隐藏层神经元，通过将来自每个输出神经元的反向传播误差的加权和（计算为一个点积）乘以隐藏层神经元激活函数的导数得到隐藏层神经元的误差项。

adjust_weights 函数很简单，循环遍历每一层中的每个神经元，并使用对应的输入值和误差项来调整权重。

最后，代码段 4-8 给出了网络训练循环示例。不像在 XOR 示例中训练直到网络可以正确预测全部输入样本为止，这里训练有一个固定次数 epoch。一个 epoch 定义为对所有训练数据的一次迭代。对于每个训练样本，先进行前向传播，然后进行后向传播，再调整权重。同时，训练过程中会跟踪训练样本、测试样本的正确预测数量。NumPy 库中的 argmax 函数可以识别最大值对应的数组索引，利用该函数可以将 one-hot 编码向量解码为整数。在将输入样本传递给 forward_pass 和 adjust_weights 函数之前，在每个数组前添加元素 1.0，因为这些函数需要偏差项 1.0 作为数组中的第一个元素。

NumPy 库中函数 argmax() 是查找网络预测结果中最有可能元素的便捷方法。

我们不会对测试数据进行任何的后向传播或权重调整，因为不允许对测试数据进行训练，否则将导致对网络性能的乐观评估。在每次 epoch 迭代结束时，我们同时输出当前网络中训练数据和测试数据的精度。

代码段 4-8　MNIST 的训练循环

```
# 网络训练循环
for i in range(EPOCHS): # 反复训练迭代
    np.random.shuffle(index_list) # 顺序随机
    correct_training_results = 0
    for j in index_list: # 训练所有样本
        x = np.concatenate((np.array([1.0]), x_train[j]))
        forward_pass(x)
        if output_layer_y.argmax() == y_train[j].argmax():
            correct_training_results += 1
        backward_pass(y_train[j])
        adjust_weights(x)

    correct_test_results = 0
    for j in range(len(x_test)): # 评价网络
        x = np.concatenate((np.array([1.0]), x_test[j]))
        forward_pass(x)
        if output_layer_y.argmax() == y_test[j].argmax():
            correct_test_results += 1
```

```
        # 显示过程
        show_learning(i, correct_training_results/len(x_train),
                      correct_test_results/len(x_test))
    plot_learning() # 输出图形
```

运行该程序，并定期输出学习进度。以下为输出的前几行内容：

```
epoch no: 0 , train_acc:  0.8563 , test_acc:  0.9157
epoch no: 1 , train_acc:  0.9203 , test_acc:  0.9240
epoch no: 2 , train_acc:  0.9275 , test_acc:  0.9243
epoch no: 3 , train_acc:  0.9325 , test_acc:  0.9271
epoch no: 4 , train_acc:  0.9342 , test_acc:  0.9307
epoch no: 5 , train_acc:  0.9374 , test_acc:  0.9351
```

和之前一样，由于权重随机初始化，读者可能会得到与示例不同的结果。程序运行结束后，得到如图 4-4 所示结果。可以看到，随时间推移，训练和测试误差都在减小，并且测试误差没有出现增大的情况，即这里似乎没有出现过拟合的重大问题。可以看到训练误差低于测试误差，但只要二者差距不太大，就是正常现象。

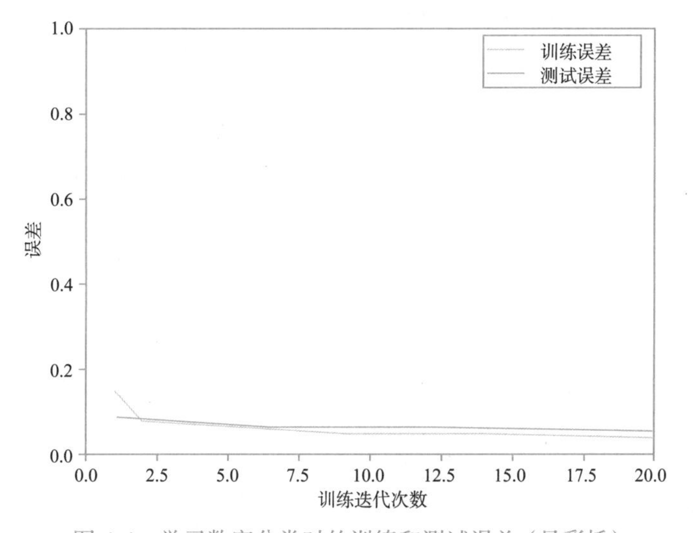

图 4-4　学习数字分类时的训练和测试误差（见彩插）

从学习进度输出和图 4-4 可以看出，测试误差迅速下降到 10% 以下（准确率在 90% 以上），即给出的简单网络可以正确分类十张图片中的九张以上。考虑到此程序的简单性，这是一个惊人的结果！想象一下，如果不使用 ML 算法，而是使用硬编码定义这十个不同数字的信息，将需要编写多长的程序。ML 的美妙之处在于，算法不是硬编码信息，而是从训练样本中发现信息。在神经网络中，这些信息被编码到网络权重中。

现在放松一下，想想你学到了什么，我们已经从单个神经元过渡到连接多个神经元，并应用一种学习算法，构建了一个可以对手写数字进行分类的系统！

4.7 小批量梯度下降

截至目前，我们一直在使用随机梯度下降（SGD），而不是真正的梯度下降。区别在于，对于随机梯度下降，在更新权重之前计算单个训练样本的梯度，而真正的梯度下降需要计算所有训练样本的梯度平均值。循环遍历整个数据集可以更准确地估计梯度，但在更新任何权重之前需要进行更多的计算。事实证明，一个好的方法是使用小批量训练样本（即 mini-batch），使得权重更新比真正的梯度下降更频繁（每次权重更新所需的计算量更少），同时相比随机梯度下降可获得更准确的梯度估计。此外，现代硬件（特别是图形处理单元（GPU））在小批量并行计算方面具有很好的效果，因此它不会比随机梯度下降花费更多的时间。

梯度下降法这个术语在这里会令人感到困惑。真正的梯度下降法使用整个训练数据集，所以也被称为批量梯度下降。同时，批量梯度下降和使用 mini-batch 的随机梯度下降之间存在重合，mini-batch 的大小通常称为批大小。从技术上讲，SGD 仅指使用单个训练样本（mini-batch size=1）来估计梯度，而使用 mini-batch 的随机梯度下降通常也被称为 SGD，因此可以见到诸如“mini-batch 大小为 64 的随机梯度下降”的描述。mini-batch 大小是另一个可调整参数，在撰写本书时，mini-batch 大小可以取任意接近 32 到 256 范围的值。最后，SGD（mini-batch 为 1）有时被称为在线学习，因为它可以在在线环境中使用，训练样本一个一个生成，而不需要在学习开始之前将其全部收集。

从实现的角度来看，一个小批量可以用一个矩阵来表示，因为每个训练样本都是一个输入数组，而数组的数组就变成了一个矩阵。类似地，单个神经元的权重可以排列为一个数组，则一层中所有神经元的权重也可以排列为一个矩阵。在此基础上，小批量中所有输入样本到第一层激活函数的计算就被简化为矩阵—矩阵乘法，这会使网络在具有高效矩阵乘法实现的平台上得到显著的性能改进。如果读者有兴趣，可以在附录 F 中找到由本章神经网络扩展的使用矩阵运算和小批量的 python 实现版本。当然，跳过附录 F 是完全没问题的，因为该优化已经在第 5 章使用的 TensorFlow 框架中实现了。

CHAPTER 5

第 5 章

走向 DL：框架和网络调整

在神经网络中添加更多层可以提高 DL 准确性。然而，事实证明，如何使得更深层网络高效学习是一个主要障碍。为了克服这个障碍，实现深度学习（DL）需要大量创新，我们将在本章后面部分介绍最重要的内容，但在此之前，先讲解如何使用 DL 框架。使用 DL 框架的好处是，不需要在神经网络中从头开始实现所有这些新技术。缺点是，不会像前几章那样深入地对细节进行处理。现在我们已经打下了坚实的基础，要转换思路关注使用 DL 框架来解决实际问题。DL 框架的出现，使得 DL 在工业界的应用以及提高学术研究产出方面起到了重要作用。

5.1 编程示例：转移到 DL 框架

在此编程示例中，我们展示了使用 DL 框架实现第 4 章中的手写数字分类。在本书中，选择使用 TensorFlow 和 PyTorch 两个框架，这两种框架都很流行且可以灵活使用。TensorFlow 版本的代码示例穿插在本书中，PyTorch 版本的代码示例可从 https://github.com/NVDLI/LDL/ 下载。

TensorFlow 提供了各种框架，可以使用不同应用程序的编程接口 (API) 在各种抽象层上工作。通常，我们更希望尽可能在最高抽象层上完成，因为这意味着无须实现底层细节。对于我们将要学习的例子，Keras API 就是一个合适的抽象层。Keras 最初是一个独立库，它没有绑定到 TensorFlow，可以与多个 DL 框架一起使用。然而，TensorFlow 内部完全支持 Keras。关于 TensorFlow 安装以及使用的版本信息，请参见附录 I。

如果选择使用 PyTorch 框架，附录 I 还包含了 PyTorch 的安装信息。本书中几乎所有的编程框架都可保存在 TensorFlow 和 PyTorch 中。附录 I.7 节中描述了这两种框架之间的一些关键区别。如果读者不想选择框架，则会发现本节有助于同时掌握这两种框架的使用。

框架是作为 Python 库实现的，也就是说，仍然以 Python 程序的形式编写，我们只是将所选择的框架导入为一个库。在程序中，我们可以使用框架中的 DL 函数。TensorFlow 示例的初始化代码如代码段 5-1 所示。

代码段5-1　TensorFlow/Keras示例的导入语句

```
import tensorflow as tf
from tensorflow import keras
from tensorflow.keras.utils import to_categorical
import numpy as np
import logging
tf.get_logger().setLevel(logging.ERROR)
tf.random.set_seed(7)

EPOCHS = 20
BATCH_SIZE = 1
```

正如在代码中所看到的，如果想要复现结果，TensorFlow需要设置本身的随机种子。然而，这仍然不能保证重复运行所有类型的网络能够产生相同结果，因此在本书的其余部分，不再关注随机种子的设置。前面的代码段还将日志级别设置为只输出错误而不输出警告。

接着加载并准备MNIST数据集，因其是一个通用数据集，所以包含在Keras中。我们可以通过调用`keras.datasets.mnist`和`load_data`函数进行访问。变量`train_images`和`test_images`包含输入值，变量`train_labels`和`test_labels`包含真实值（代码段5-2）。

代码段5-2　加载、训练和测试数据集

```
# 加载、训练和测试数据集
mnist = keras.datasets.mnist
(train_images, train_labels), (test_images,
                               test_labels) = mnist.load_data()

# 标准化数据
mean = np.mean(train_images)
stddev = np.std(train_images)
train_images = (train_images - mean) / stddev
test_images = (test_images - mean) / stddev

# one-hot 编码标签
train_labels = to_categorical(train_labels, num_classes=10)
test_labels = to_categorical(test_labels, num_classes=10)
```

和前面一样，需要对输入数据进行标准化处理，并对标签进行one-hot编码。我们使用`to_categorical`函数对标签进行one-hot编码，而不需要像之前示例中那样进行手动操作，这可以作为框架如何提供功能来简化常见任务实现的一个范例。

如果不太熟悉Python，那么值得指出的是，函数可以用可选参数进行定义，并且为了避免按特定顺序传递参数，可以通过命名要设置的参数来传递可选参数。如`to_categorical`函数中的`num_classes`参数。

现在我们已准备好创建网络了，因为框架提供了一次性实例化整个神经元层的功能，因此无须再为每个神经元定义变量。然而，需要通过创建一个初始化器来完成对权重的初始化，如代码段 5-3 所示。这可能看起来有点复杂，但当实验采用不同初始化值时，这将非常有用。

代码段 5-3　创建网络

```
# 初始化器用于初始化权重值
initializer = keras.initializers.RandomUniform(
    minval=-0.1, maxval=0.1)

# 创建序列模型
# 784 个输入
# 具有 25 个和 10 个神经元的两个密集层（全连接）
# tanh 函数作为隐藏层的激活函数
# Logistic (sigmoid) 作为输出层的激活函数
model = keras.Sequential([
    keras.layers.Flatten(input_shape=(28, 28)),
    keras.layers.Dense(25, activation='tanh',
                       kernel_initializer=initializer,
                       bias_initializer='zeros'),
    keras.layers.Dense(10, activation='sigmoid',
                       kernel_initializer=initializer,
                       bias_initializer='zeros')])
```

网络是通过实例化一个 keras.Sequential 对象来创建的，也就是说，使用了 Keras Sequential 的 API（这是最简单的 API，接下来的几章中还会使用它，直到需要用更高级的 API 来创建网络）。我们将层列表作为参数传递给 Sequential 类。第一层是 Flatten 层，不需要计算，只需更改输入的组织结构。在本例中，输入从 28 × 28 数组转换为包含 784 个元素的数组。如果数据已经转换为一维数组，则可以跳过 Flatten 层，简单地声明两个密集层（Dense layer）。如果已完成上述操作，然后需要将 input_shape 参数传递给第一个密集层，因为必须声明网络中第一层输入的大小。

第二层和第三层都是密集层，这意味着它们是全相连的。第一个参数表示每层应该有多少神经元，激活参数表示激活函数的类型，这里选择 tanh 函数和 Sigmoid 函数。通过使用 `kernel_initializer` 参数传递初始化器对象以初始化常规权重，使用 `bias_initializer` 参数将偏差权重初始化为 0。

有件事看起来很奇怪，那就是没有提到关于第二层和第三层的输入和输出数量。仔细思考就会知道，因为两层都是全连接的，并且已经指定了每层神经元的数量以及网络第一层的输入数量，那么就可以确定其输入数量。这强调了使用 DL 框架使我们能够在更高抽象层上工作。特别是，使用层而不是单个神经元来构建模块，无须担心每个神经元之间相互连接的细节。这也经常反映在图中，只有在需要解释不同的网络拓扑时，我们才会使用单个神经元。关于这一点，图 5-1 说明了在这个更高抽象层上的数字分类网络。我们使用圆角矩形框来描绘一层神经元，而不是代表单个神经元的圆圈。

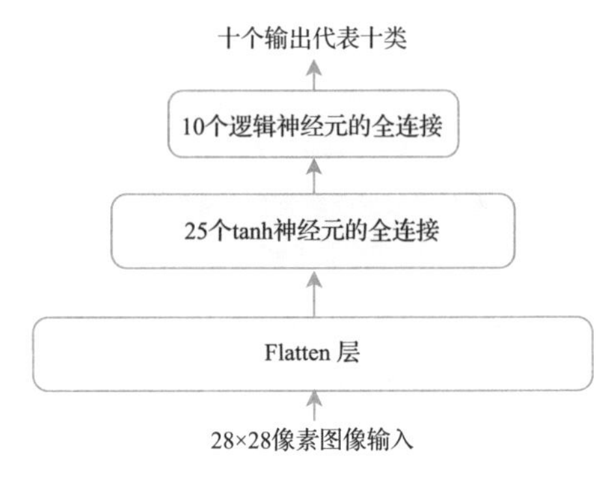

图 5-1　以层为模块的数字分类网络

现在我们已经准备好训练网络了，代码实现见代码段 5-4。首先创建一个 `keras.optimizer.SGD` 对象，也就是说在训练网络时使用随机梯度下降法（SGD）。与初始化器一样，看起来有点复杂，但可以灵活调整学习过程的参数，这点将在后面探讨。现在，学习速率设置为 0.01，以匹配普通 Python 示例中的内容。然后，通过调用模型的编译来准备训练模型函数。我们提供参数来指定使用哪个损失函数 (在这里像以前一样使用 mean_squared_error)、刚刚所创建的优化器，以及在训练期间的准确性度量。

代码段 5-4　训练网络

```
# 使用随机梯度下降（SGD）。
# 学习率为 0.01，无其他不相关参数。
# MSE 作为损失函数，并在训练期间报告准确性。
opt = keras.optimizers.SGD(learning_rate=0.01)

model.compile(loss='mean_squared_error', optimizer = opt,
              metrics =['accuracy'])

# 训练迭代模型 20 次
#  随机排序
# 在每个示例后更新权重（batch_size=1）。
history = model.fit(train_images, train_labels,
                    validation_data=(test_images, test_labels),
                    epochs=EPOCHS, batch_size=BATCH_SIZE,
                    verbose=2, shuffle=True)
```

最后调用模型的 `fit`(拟合）函数开始训练。正如函数名所示，它将模型与数据相匹配，前两个参数指定了训练数据集，参数 `validation_data` 是测试数据集。初始化代码中的变量 `EPOCHS` 和 `BATCH_SIZE` 决定了训练的迭代次数以及我们使用的批大小。将 `BATCH_SIZE` 设置为 1，即在一个训练示例之后更新权重，就像在简单的 Python 示例中所做的。将 `verbose` 设置为 2，以便在训练过程中获得合理的输出信息，并将 `shuffle` 设置为 `True`，表示希望在训练过程中训练数据的顺序是随机的。总之，这些参数与在简单 Python 示例中所做的一致。

根据运行的 TensorFlow 版本，在程序启动时，你可能会得到大量关于打开库、检测图形处理单元（GPU）和其他问题的打印输出。如果希望减少冗长，可以将环境变量 `TF_CPP_MIN_LOG_LEVEL` 设置为 2。如果使用 bash，可以用下面的命令行来实现：

```
export TF_CPP_MIN_LOG_LEVEL=2
```

另一种方式是在程序的顶部添加以下代码段。

```
import os
os.environ['TF_CPP_MIN_LOG_LEVEL'] = '2'
```

这里显示了前几个训练迭代的打印结果。去掉一些时间戳，使其更具可读性。

```
Epoch 1/20

loss: 0.0535 - acc: 0.6624 - val_loss: 0.0276 - val_acc: 0.8893

Epoch 2/20

loss: 0.0216 - acc: 0.8997 - val_loss: 0.0172 - val_acc: 0.9132

Epoch 3/20

loss: 0.0162 - acc: 0.9155 - val_loss: 0.0145 - val_acc: 0.9249

Epoch 4/20

loss: 0.0142 - acc: 0.9227 - val_loss: 0.0131 - val_acc: 0.9307

Epoch 5/20

loss: 0.0131 - acc: 0.9274 - val_loss: 0.0125 - val_acc: 0.9309

Epoch 6/20

loss: 0.0123 - acc: 0.9313 - val_loss: 0.0121 - val_acc: 0.9329
```

在打印输出中，`loss` 表示训练数据的均方误差（MSE），`acc` 表示训练数据的预测精度，`val_loss` 表示测试数据的 MSE，`val_acc` 表示测试数据的预测精度。值得注意的是，并没有得到与在普通 Python 模型中观察到的完全相同的学习行为。如果不深入了解 TensorFlow 的实现细节，就很难知道原因，这可能与初始参数如何随机化以及选择训练示例的随机顺序有关。另一件值得注意的事情是，使用 TensorFlow 实现数字分类应用程序是如此简单。使用 TensorFlow 框架能够学习更高级的技术，同时将代码大小保持在可管理的水平上。

现在，我们将继续描述一些在更深层的网络中进行学习所需的技术。此后，在下一章进行第一个 DL 实验。

5.2　饱和神经元和梯度消失问题

在实验中，我们对学习率参数以及初始化权重的范围做了一些看似很随意的更改。对于感知器学习示例和异或网络，我们使用 0.1 的学习速率，而对于数字分类，学习速率是 0.01。类似地，XOR 权重范围是 −1.0 ～ +1.0，而数字示例的权重范围是 −0.1 ～ +0.1。那么是否有办法可以解决随意设置权重问题呢？我们的小秘诀是对这些权重值做了简单更改，因为没有这些调整，网络就不能很好地学习。在本节中，我们将讨论这样做的原因，并探讨在选择这些看似随机的参数时，可以使用的一些指导原则。

为了理解为什么网络学习有时候具有一定的挑战性，我们需要更详细地研究激活函数。图 5-2 描述了两个 S 形函数，这与第 3 章图 3-4 中所示相同。

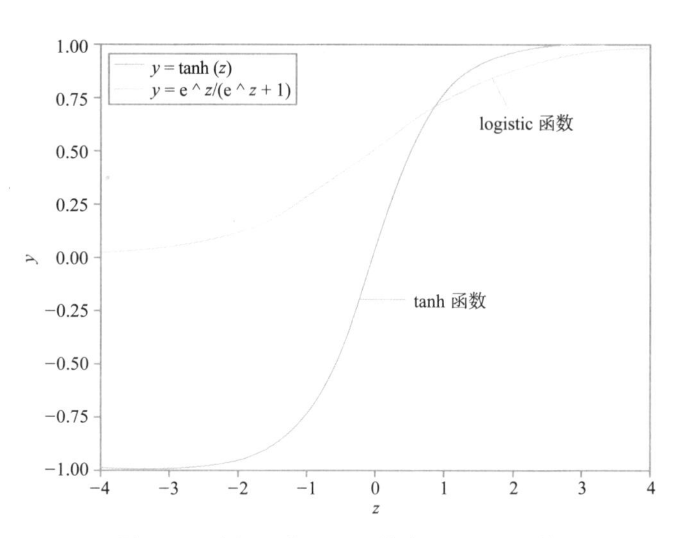

图 5-2　两个 S 形 tanh 函数和 logistic 函数

值得注意的是，这两个函数在 z 区间之外的部分都是无意义的（这也是在一开始仅展示 z 区间的原因），这两个函数在范围之外或多或少都是水平直线。

现在考虑如何进行学习。计算误差函数的导数，然后用它来确定要调整的权重和方向。直观地说，所做的是微调激活函数的输入（图 5-2 中 z 值），看其是否会影响输出。如果 z 值在图表显示的小范围内，那么这将改变输出（图中 y 值）。当 z 值是一个较大的正数或负数时，少量（甚至大量）更改输入不会影响输出，因为这些区域的输出是一条水平线，此时，我们说神经元是饱和的。

饱和的神经元会导致学习完全停止。你应该记得，当用反向传播法计算梯度时，我们把误差反向传播到网络中，部分过程就是用损失函数的导数乘以激活函数的导数。而这两个激活函数的导数值对于 z 值很重要（正或负）。导数值是 0! 换句话说，没有误差会向后传播，也不会对权重进行任何调整。类似地，即使神经元没有完全饱和，其导数也小于 0。进行一系列乘法（每层一个），如果每个数字小于 0，会导致梯度接近于 0，这个问题称为梯度消失问题。神经元饱和并不是梯度消失的唯一原因，其他原因将在本书后面讨论。

饱和神经元对输入变化不敏感，因为它们在饱和区域的导数为 0。这是**梯度消失**问题的一个原因，其中反向传播误差为 0，权重也未进行调整。

5.3　避免神经元饱和的初始化和归一化技术

我们现在正在探索如何预防或解决神经元饱和的问题。有三种常用技术（通常组合使用）是权重初始化、输入标准化和批归一化。

5.3.1　权重初始化

避免神经元饱和的第一步是确保神经元最初不饱和，这就是权重初始化的重要性。值得注意的是，尽管在不同例子中使用了相同类型的神经元，但所展示的神经元实际参数却各不相同。在 XOR 示例中，神经元的隐藏层包括偏差在内有三个输入，而在数字分类示例中，隐藏层有 785 个输入。有这么多输入，不难想象，如果权重很大，且负输入和正输入的数量不平衡，那么加权和就会向着负或正方向大幅度摆动。从这个角度来看，如果一个神经元有大量输入，那么应该将权重初始化为一个较小的值，以一个合理的概率使激活函数的输入趋于 0，以避免饱和。两种常用的权重初始化策略是 Glorot 初始化（Glorot and Bengio，2010）和 He 初始化 (He et al.，2015b)。对于基于 tanh 和 sigmoid 的神经元，建议使用 Gloot 初始化，而对于基于 ReLU 的神经元，建议使用 He 初始化 (稍后介绍)。这两种方法都考虑了输入数量，而且 Glorot 初始化还考虑了输出数量。Glorot 和 He 初始化都有两种形式，一种是基于均匀随机分布，另一种是基于正态随机分布。

这里没有讨论 Glorot 和 He 初始化的具体公式，但这个主题值得进一步阅读（Glorot and Bengio，2010；He et al.，2015b）。

之前已经说明可以在 TensorFlow 中使用初始化器根据均匀随机分布初始化权重，正如在代码段 5-4 中所采取的方式。通过在 Keras 中声明任意一个支持的初始化器来选择不同的初始化器。特别地，可以用以下方式声明一个 Glorot 和一个 He 初始化器：

```
initializer = keras.initializers.glorot_uniform()
initializer = keras.initializers.he_normal()
```

这些初始化器的控制参数可以传递给初始化器的构造函数。此外，Glorot 和 He 的初始化器有两种风格，一种是均匀分布，另一种是正态分布。Glorot 选择均匀分布，而 He 采用正态分布，正如最初出版文献中描述的那样。

如果无须对参数进行调整，则根本没有必要声明初始化器对象，只需将初始化器的名称作为字符串传递给创建层的函数。如代码段 5-5 所示，其中 `kernel_initializer` 参数被设置为 `'glorot_uniform'`。

代码段 5-5　将名字作为字符串设置初始化器

```
model = keras.Sequential([
        keras.layers.Flatten(input_shape=(28, 28)),
        keras.layers.Dense(25, activation='tanh',
                           kernel_initializer='glorot_uniform',
                           bias_initializer='zeros'),
        keras.layers.Dense(10, activation='sigmoid',
                           kernel_initializer='glorot_uniform',
                           bias_initializer='zeros')])
```

可以将 `bias_initializer` 单独设置为任何合适的初始化器，但正如前面所述，建议将偏差权重初始化为 0，这就是 `'zeros'` 初始化器所做的。

5.3.2 输入标准化

除了正确初始化权重，对输入数据进行预处理也很重要。特别是，标准化输入数据，使其以 0 为中心，且大多数值接近 0，这将从一开始就可以降低神经元饱和的风险。我们之前已经对此进行了应用，现在详细讨论一下细节。如前所述，MNIST 数据集中的每个像素都由 0 ～ 255 之间的整数表示，其中 0 表示空白，较高值表示写入数字的像素[⊖]。大多数像素要么是 0，要么是接近 255 的值，只有数字的边缘位于两者之间。此外，绝大多数像素是 0，因为数字是稀疏的，不能覆盖整个 28 × 28 像素的图像。计算整个数据集的平均像素值，结果大约是 33。显然，如果使用原始像素值作为神经元的输入，那么神经元进入饱和区域的风险将会很大。通过减去均值并除以标准差，可以确保神经元得到的输入数据位于不饱和区域。

5.3.3 批归一化

归一化输入并不一定能防止隐藏层神经元的饱和，为了解决这个问题，Ioffe 和 Szegedy（2015）引入了批归一化。这个想法是为了使网络内部的值也归一化，从而防止隐藏的神经元变得饱和。这听起来可能有点违反常理。如果我们将神经元的输出归一化，这难道不会阻止该神经元工作吗？如果它真的只是对值进行归一化，那么会出现这种情况，但是批归一化函数中也包含了抵消这种影响的参数。这些参数在学习过程中会进行调整。值得注意的是，在最初的想法发表之后，后续的工作表明批归一化有效的原因与最初解释并不相同（Santurkar et al.，2018）。

> 批归一化（Ioffe and Szegedy，2015）值得进一步探讨。

有两种主要的方法应用批归一化。在原始论文中，建议对激活函数的输入（加权和之后）进行归一化，如图 5-3 中左侧所示。

这可以在 Keras 中实现，首先实例化一个没有激活函数的层，然后是批归一化，最后在激活层应用一个没有新神经元的激活函数。如代码段 5-6 所示。

代码段 5-6　激活函数前的批归一化

```
keras.layers.Dense(64),
keras.layers.BatchNormalization(),
keras.layers.Activation('tanh'),
```

⊖ 这可能看起来很奇怪，因为对于灰度图像，0 通常表示黑色，255 通常表示白色。然而，对于该数据集来说，情况并非如此。

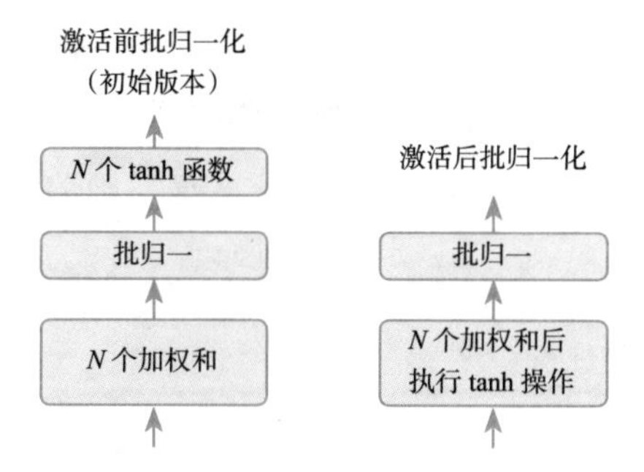

图 5-3　左：Ioffe 和 Szegedy（2015）提出的批归一化。神经元层分成两部分，第一部分是所有神经元的加权和，批归一化应用于这些加权和。激活函数 (tanh) 应用于批归一化操作的输出
右：批归一化应用于激活函数的输出

然而，事实证明，在激活函数后进行批归一化，效果也很好，如图 5-3 右侧所示，代码段 5-7 是替换的实例应用代码。

代码段 5-7　激活函数后的批归一化

```
keras.layers.Dense(64, activation='tanh'),
keras.layers.BatchNormalization(),
```

5.4　用于缓解饱和输出神经元影响的交叉熵损失函数

神经元饱和的一个原因是，试图使神经元输出为 0 或 1，这本身就会使其达到饱和。LeCun、Bottou、Orr 和 Müller（1998）介绍了一个简单技巧，将期望的输出设置为 0.1 或 0.9，从而限制神经元被推到饱和区域。由于历史原因，我们提到了这种技术，但今天推荐一种在数学上更合理的技术。

我们首先研究反向传播算法中的前两个因素，更多内容见第 3 章式 3-1(1)。对于单个训练例子，MSE 损失函数、logistic sigmoid 函数及其导数的公式重述如下：[⊖]

MSE 损失函数：$e(\hat{y})=\dfrac{(y-\hat{y})^2}{2}$，$e'(\hat{y})=-(y-\hat{y})$

logistic sigmoid 函数：$S(z_f)=\dfrac{1}{1+e^{-z_f}}$，$S'(z_f)=S(z_f)\cdot(1-S(z_f))$

然后利用链式法则开始反向传播，计算损失函数的导数，再乘以 logistic sigmoid 函数的导数，得到输出神经元的误差项如下所示：

输出神经元误差项：$\dfrac{\partial e}{\partial z_f}=\dfrac{\partial e}{\partial \hat{y}}\cdot\dfrac{\partial \hat{y}}{\partial z_f}=-(y-\hat{y})\cdot S'(z_f)$

我们选择不在表达式中展开 $S'(z_f)$，以避免公式混乱。该公式重申了在前一节中所说的：如果 $S'(z_f)$，接近于 0，则没有误差通过网络反向传播，图 5-4 中直观地展示了这一点。

⊖ 在第 3 章的方程中，我们将最后一个神经元的输出称为 f，以避免与另一个神经元 g 的输出相混淆。在本章中，我们使用了一个更标准的符号，并将预测值（网络的输出）称为 $\hat{y}$。

只需画出损失函数的导数和 logistic sigmoid 函数的导数以及二者的乘积。图 5-4 描述了这些实体作为输出神经元输出值 y（横轴）的函数，图中假设期望的输出值（真实值）为 0。也就是说，在图的最左侧，输出值与真实值相匹配，不需要调整权重。

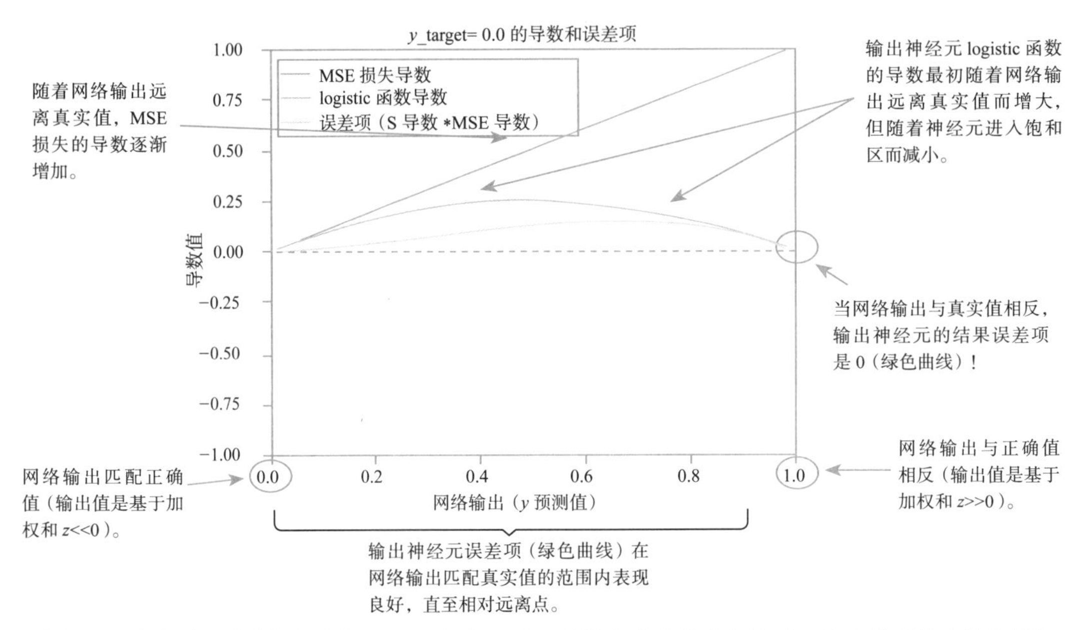

图 5-4　真实值 y（图中表示为 y_target）为 0 时，导数和误差项作为神经元输出的函数（见彩插）

当导数和误差项在图中向右移动时，输出距离真实值则越远，因此需要调整权重。从图中可以看到，如果输出值为 0，那么损失函数的导数（蓝色）为 0，随着输出值的增加，导数也随之增加。因为输出离真实值越远，导数就越大，这将导致通过网络反向传播的误差更大。现在观察 logistic sigmoid 函数的导数，也从 0 开始，并随着输出开始偏离 0 而增加。然而，当输出接近 1 时，导数再次下降，并在神经元进入饱和区时开始接近 0。绿色曲线表示两个导数的乘积（输出神经元的误差项），当输出趋于 1 时，它也趋于 0（即当神经元饱和时，误差项变为 0）。

从图 5-4 中可以看出，问题的根源在于激活函数的导数趋于 0，而损失函数的导数从未超过 1，因此二者的乘积将趋于 0。为解决这个问题，可以使用不同的损失函数，其导数可以取比 1 高得多的值。在此没有更进一步的理论基础，引入式（5-1）中的交叉熵损失函数。

$$e(\hat{y}) = -(y \cdot \ln \hat{y} + (1-y) \cdot \ln(1-\hat{y})) \tag{5-1}$$

将交叉熵损失函数代入输出神经元的误差项表达式中，得到式（5-2）。

$$\frac{\partial e}{\partial z_f} = \frac{\partial e}{\partial \hat{y}} \cdot \frac{\partial \hat{y}}{\partial z_f} = \left(\frac{y}{\hat{y}} + \frac{1-y}{1-\hat{y}}\right) \cdot S'(z_f) = \hat{y} - y \tag{5-2}$$

这里不需要用代数方法来得到结果，但如果仔细研究，logistic sigmoid 函数有 e^x 项，

而 $\ln(e^x)=x$，$\ln(x)$ 的导数为 x^{-1}，因此复杂的公式可以变得很简单。图 5-5 显示了这些函数的等效图，与图 5-4 相比，增加了 y 范围，以获得更大的新损失函数范围。如前所述，在图的右侧，交叉熵损失函数的导数确实显著增加，在神经元饱和的情况下，所得到的乘积（绿线）接近于 1。即反向传播误差不再为 0，并且权重调整不再被抑制。

虽然图的结果看起来很好，但是如果不做进一步解释就使用式（5-2），可能会觉得有不妥之处。回顾一下，我们首先使用的是 MSE 损失函数，假设你熟悉线性回归会对概念更清楚。我们甚至指出使用 MSE 和 logistic sigmoid 函数并不是一个好的选择。

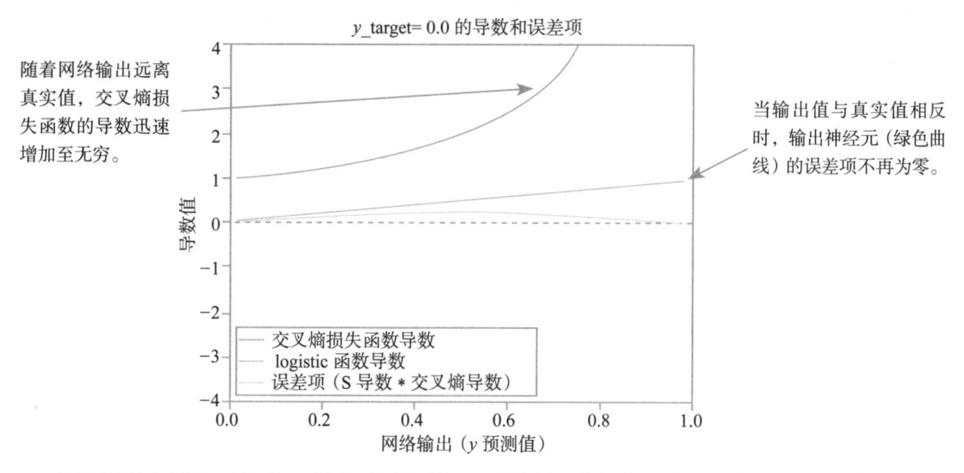

图 5-5　交叉熵损失函数的导数和误差项（如图 5-4 所示的真实值 y（图中为 y_target）为 0）（见彩插）

现在已经在图 5-4 中看到了原因，不过，还是再解释一下为什么使用交叉熵损失函数而不是 MSE 损失函数是可行的。图 5-6 显示了真实值为 0 时，当神经元的输出从 0 ～ 1 变化时，MSE 和交叉熵损失函数值的变化情况。正如所看到的，当 y 离真实值越来越远时，MSE 和交叉熵函数值都增加了，这正是我们希望从损失函数中得到的结果。

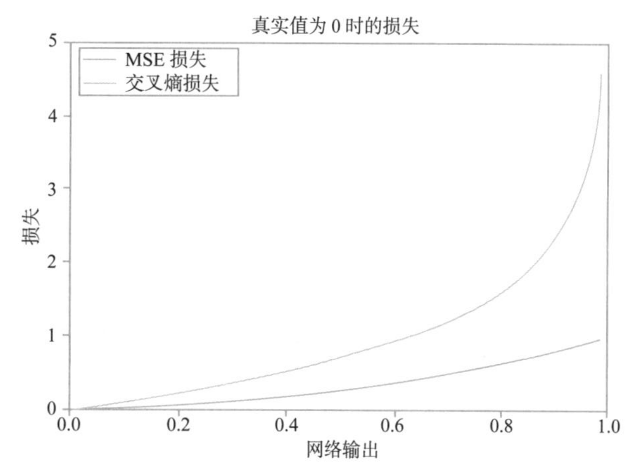

图 5-6　假设真实标注为 0，MSE 损失（蓝色）和交叉熵损失（橙色）的函数值随网络输出 $\hat{y}$ 的变化（横轴）而变化（见彩插）

直观地看，图 5-6 中的曲线，很难证明哪个函数更好，而且因为已经在图 5-4 中表明 MSE 函数的效果不好，但却可以看到使用交叉熵损失函数替代的好处。需要注意的是，从数学的角度来看，交叉熵损失函数和 tanh 神经元一起使用是没有意义的，因为没有定义负数的对数。

为了进一步阅读，建议学习信息论和最大似然估计，这为使用交叉熵损失函数提供了理论基础。

在前面的例子中，假设真实值为 0。为完整起见，图 5-7 显示了在真实值为 1 情况下的导数变化情况。

获得的结果在两个方向上均发生了翻转，MSE 函数显示的问题与真实值为 0 时完全相同。类似地，交叉熵损失函数解决了这个问题。

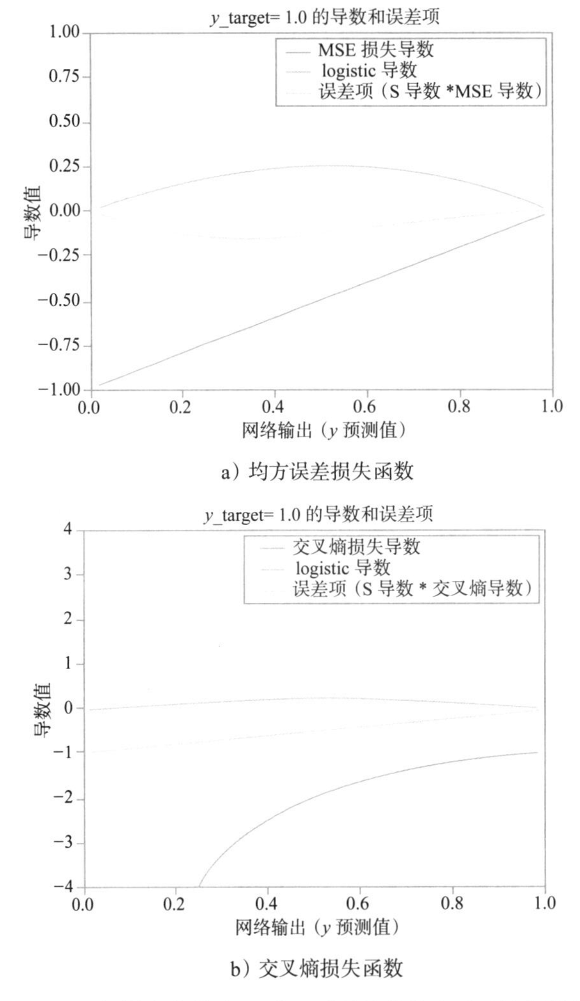

a）均方误差损失函数

b）交叉熵损失函数

图 5-7　假设真实值为 1 时，不同导数的表现（见彩插）

如果你找到了一个计算交叉熵损失函数代码段的现有实现，那么一开始可能会感到困惑，因为它不像式（5-1）中所述的那样。典型的实现类似代码段 5-8，关键在于，因为我们知道式（5-1）中的 y 是 1.0 或 0.0，因子 y 和 $(1-y)$ 将作为一个 if 语句，并选择一个 ln (log) 语句。

代码段 5-8　交叉熵损失函数的 Python 实现

```
def cross_entropy(y_truth, y_predict):
        if y_truth == 1.0:
            return -np.log(y_predict)
        else:
            return -np.log(1.0-y_predict)
```

除了我们刚才描述的，在计算机程序中使用交叉熵损失函数实现反向传播时，还需要考虑另一件事。如果先计算交叉熵损失的导数（如式（5-2）所示），然后乘以输出单元的激活函数的导数，这可能会很麻烦。如图 5-5 所示，在某些点上，其中一个函数趋近于 0，而另一个函数趋近于 ∞，虽然这在数学上可以简化为趋近于 1 的乘积，但由于舍入误差，数值计算可能不会得到正确结果。解决方法是对乘积进行解析化简，得到式（5-2）中的组合表达式。

实际上，无须担心这些问题，因为我们正在使用 DL 框架。代码段 5-9 展示了我们如何告诉 Keras 使用交叉熵损失函数来解决二元分类问题。我们只需将 `loss='binary_crossentropy'` 声明为编译函数的参数。

代码段 5-9　使用交叉熵损失函数解决 TensorFlow 中的二元分类问题

```
model.compile(loss='binary_crossentropy',
              optimizer = optimizer_type,
              metrics =['accuracy'])
```

在第 6 章中，详细介绍了用于多分类问题的分类交叉熵损失函数的公式。在 TensorFlow 中，它就像声明 `loss='categorical_crossentropy'` 一样简单。

5.5　使用不同激活函数以避免隐藏层中梯度消失问题

上节中展示了如何通过选择不同的损失函数来解决输出层神经元饱和的问题。但是，这对隐藏层并没有帮助，隐藏的神经元仍然可能饱和，导致导数接近于 0 和梯度消失问题。在这一点上，你可能想知道，我们是在解决问题，还是只是在解决症状。我们修改了（标准化）输入数据，使用更先进的技术根据输入和输出数量初始化权重，并改变了损失函数以解决激活函数的饱和问题。但是否激活函数本身就是问题产生的原因？

到底是如何将 tanh 函数和 logistic sigmoid 函数作为激活函数的呢？早期神经元模型始于 McCulloch、Pitts（1943）和 Rosenblatt（1958），这些模型本质上都是二进制模型。随后 Rumelhart、Hinton 和 Williams（1986）增加了激活函数必须是可微的约束条件，所以转而使用 tanh 和 logistic sigmoid 函数。这些函数看起来有点像符号函数但仍然是可微的，但如果可微函数的导数是 0，那么在算法中有什么好处呢？

基于此讨论，有必要去探索其他可替代的激活函数。图 5-8 显示了对其他激活函数的探索，通过在输出中添加一个线性项 0.2*x，进一步复杂化激活函数，以防止导数接近 0。

虽然这个函数可以很好地完成任务，但却没有理由复杂化激活函数，所以不需要使用这个函数。回顾上一节中的图可知，导数只在一个方向上是 0，因为在另一个方向上，输出值已经匹配了真实值。换句话说，在图的一侧求导为 0 是可以的。基于这一推理，图 5-9 中的校正线性单元（ReLU）激活函数已被证明适用于神经网络（Glorot, Bordes, and Bengio, 2011）。

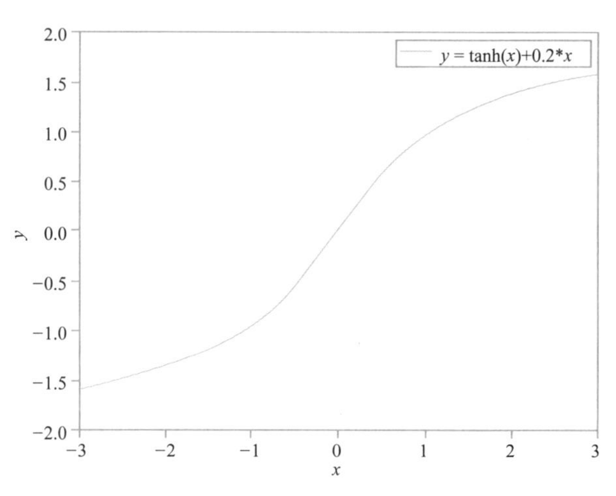

图 5-8　添加了线性项的 tanh 函数

现在，一个合理问题是，在痴迷于可微函数之后，如何使用这个函数。图 5-9 中所示的函数在 $x = 0$ 处不可微，然而，这并不是一个大问题。的确，从数学的角度来看，函数在 $x = 0$ 处是不可微的，但可以将这点的导数定义为 1 然后在反向传播算法的实现中使用这个函数。要避免的关键问题是，例如符号函数等函数的不连续问题，是否可以简单地删除该直线中的折点，使用 $y = x$ 作为激活函数？答案是，这样行不通。如果计算一下，就会发现此时整个网络分解成了一个线性函数，正如我们在第 1 章中看到的那样，线性函数（像感知器）有严重的局限性。甚至通常将激活函数称为非线性函数，这强调了不选择线性函数作为激活函数的重要性。

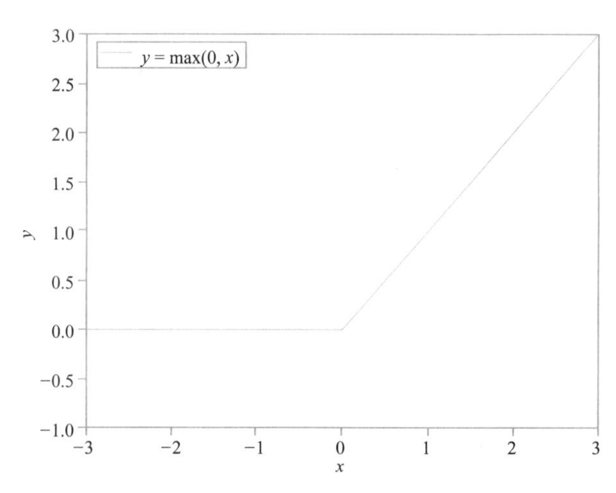

图 5-9　ReLU(校正线性单元)激活函数

激活函数应该是非线性的，甚至通常将其称之为非线性函数，而不是激活函数。

ReLU 函数的一个明显优势是计算成本低。该实现只涉及测试输入值是否小于 0，如果是，则将其设置为 0。ReLU 函数存在的一个潜在问题是，当一个神经元在一个方向上饱和时，由于权重和输入交互组合，那么这个神经元将完全不参与网络，因为它的导数是 0。在这种情况下，神经元失去作用。一种解决这个问题的方法是，使用 ReLU 使网络能够完全移除某些连接，从而构建自己的网络拓扑结构，但它也可能意外地删除那些可能有用的神经元。图 5-10 显示了一种称为 Leaky ReLU 的 ReLU 函数的变体，它的定义是导数永远不为 0。

考虑到人类从事的各种活动可能会杀死他们脑细胞，有理由思考是否应该阻止网络杀死其神经元，但这是一个需要更深入探讨的话题。

总之，所能想到的激活函数的数量几乎是无限的，而且许多都能很好地工作。图 5-11 显示了一些应该添加到工具箱中的重要激活函数。已经有 tanh、ReLU 和 Leaky ReLU（Xu, Wang et al.，2015），现在添加 softplus 函数（Dugas et al.，2001）、被称为 elu 的指数线性单元（Shah et al.，2016）和 maxout 函数（Goodfellow et al.，2013）。maxout 函数是泛化的 ReLU 函数，它取任意数量直线的最大值，而不是取两条直线（水平线和正斜率的直线）的最大值。在我们的示例中，使用了三条直线，一条斜率为负，一条为水平，另一条斜率为正。

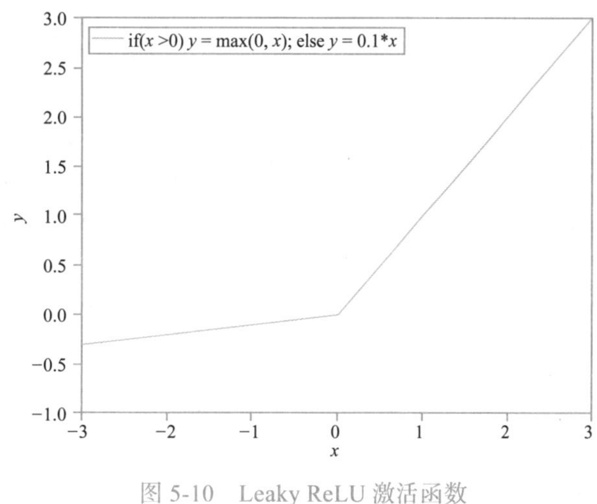

图 5-10　Leaky ReLU 激活函数

当作为隐含单元使用时，除 tanh 之外的所有激活函数都应该能够有效地对抗梯度消失问题。对于输出单元，也有一些函数可替代 logistic sigmoid 函数，我们将在第 6 章进行阐述。

tanh、ReLU、Leaky ReLU、softplus、elu 和 maxout 函数都可用于隐藏单但 tanh 存在梯度消失的问题。

此时无须记住激活函数的公式，只要关注其形状即可。

之前看到了如何选择 tanh 作为 TensorFlow 中一层神经元的激活函数，如代码段 5-10 所示。

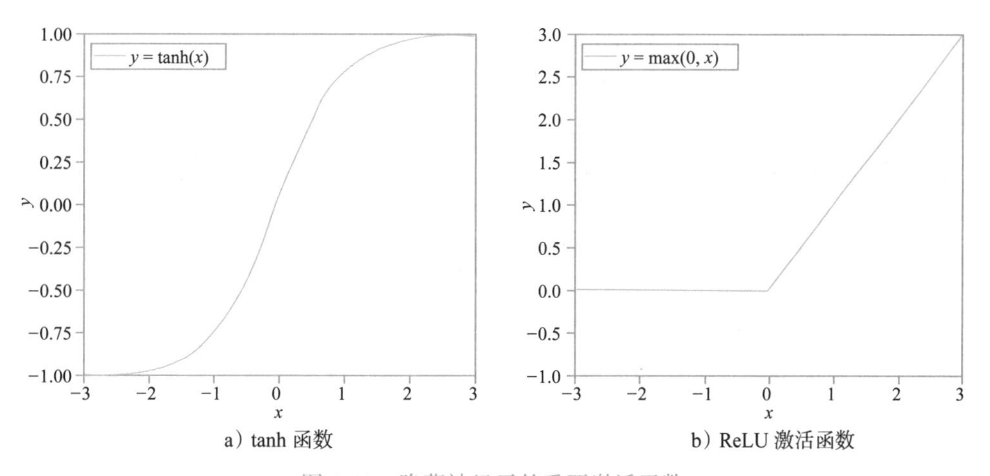

a）tanh 函数　　b）ReLU 激活函数

图 5-11　隐藏神经元的重要激活函数

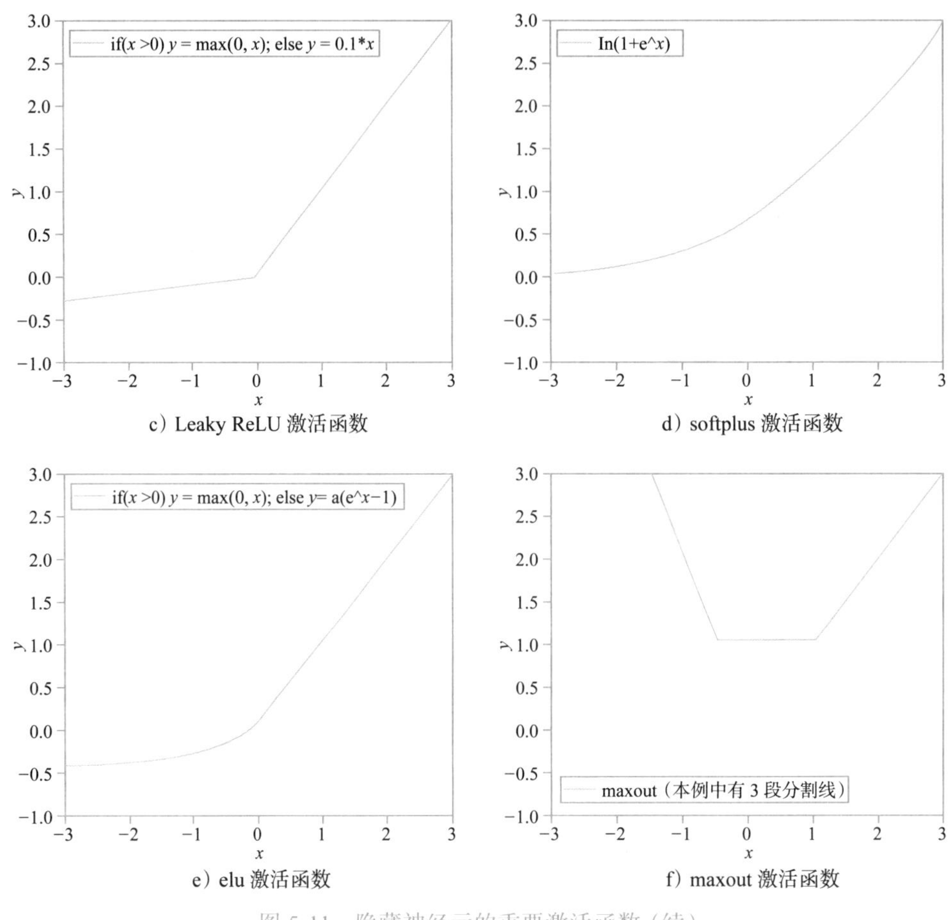

c）Leaky ReLU 激活函数　d）softplus 激活函数

e）elu 激活函数　f）maxout 激活函数

图 5-11　隐藏神经元的重要激活函数（续）

代码段 5-10　设置一层神经元的激活函数

```
keras.layers.Dense(25, activation='tanh',
                   kernel_initializer=initializer,
                   bias_initializer='zeros'),
```

如果使用不同的激活函数，只需将‘tanh’替换为其他所支持的函数（如‘sigmoid’、‘ReLU’或‘elu’）。也可以省略激活参数，这将形成一个没有激活函数的层，也就是说，它只输出输入的加权和，我们将在第 6 章中描述示例。

5.6　提高学习的梯度下降法中的变量

梯度下降有许多变量，旨在实现更好更快地学习。其中一种技术是动量，除了在每次迭代中计算一个新梯度，新梯度还会与之前迭代中的梯度相结合。这可以比作一个球从山上滚下来，它的方向不仅取决于当前点的斜率，还取决于球获得的动量，这是由之前点的斜率引起的。动量可以使收敛速度更快，因为在点与点之间的梯度略有变化的情况下，动量具有更直接的路径，它还可以帮助我们摆脱局部最小值。动量算法的一个例子是 Nesterov 动量（Nesterov，1983）。

Nesterov 动量、AdaGrad、RMSProp 和 Adam 是梯度下降和随机梯度下降的重要变量（也称为优化器）。

我们不详细讨论如何应用动量和自适应学习率，只是使用 DL 框架中可用的实现。在优化模型时，了解这些技术非常重要，所以对这些主题进行了探讨，可参考《深度学习》(Goodfellow, Bengio, and Courville, 2016）中的总结，也可以阅读原始资料（Duchi, Hazan, and Singer, 2011；Hinton, n.d.; Kingma and Ba, 2015; Nesterov, 1983）。

另一种变量是使用自适应学习率，而不是之前使用的固定学习率。学习率会根据梯度的历史值随时间变化而变化。两种使用自适应学习率的算法是自适应梯度，称为 AdaGrad（Duchi, Hazan, and Singer，2011）和 RMSProp（Hinton, n.d.）。最后，自适应动量，被称为 Adam（Kingma and Ba，2015），结合了自适应学习率和动量。虽然这些算法可以自适应地修改学习率，但仍然需要设定一个初始的学习率。这些算法甚至引入了一些额外的参数来控制算法的执行，所以现在有更多参数来调整模型。不过，在很多情况下，采用默认值即可。

最后，虽然之前讨论了如何避免梯度消失问题，但还存在梯度爆炸问题，即梯度在某些点变得太大，导致巨大的步长。它可能会导致权重的更新，从而完全偏离模型。梯度裁剪是一种在权重更新步骤中，通过限制过大的梯度值，从而避免爆炸梯度的技术。在 Keras 中所有的优化器都可以使用梯度裁剪。

梯度裁剪用于避免梯度爆炸的问题。

代码段 5-11 展示了如何在 Keras 中设置模型的优化器。这个例子显示了学习率为 0.01 的随机梯度下降，没有其他的附加功能。

代码段 5-11　设置模型的优化器

```
opt = keras.optimizers.SGD(lr=0.01, momentum=0.0, decay=0.0,
                           nesterov=False)
model.compile(loss='mean_squared_error', optimizer = opt,
          metrics =['accuracy'])
```

就像初始化器一样，可以通过在 TensorFlow 中声明任何一个支持的优化器来选择一个不同的优化器，比如刚刚所描述的三个优化器：

```
opt = keras.optimizers.Adagrad(lr=0.01, epsilon=None)
opt = keras.optimizers.RMSprop(lr=0.001, rho=0.8, epsilon=None)
opt = keras.optimizers.Adam(lr=0.01, epsilon=0.1, decay=0.0)
```

在这个示例中，我们对一些参数进行了任意修改，并省略了其他参数，这些参数将采用默认值。如果觉得不需要修改默认值，可以直接将优化器的名称传递给模型编译函数，如代码段5-12所示。

代码段5-12　将优化器作为字符串传递给编译函数

```
model.compile(loss='mean_squared_error', optimizer ='adam',
              metrics =['accuracy'])
```

现在把这些技术应用到神经网络中进行实验。

5.7　实验：调整网络和学习参数

为说明不同方法的效果，我们定义了五种不同的配置，如表5-1所示。配置1与在第4章和本章开始时学习的网络相同。配置2与开始的网络相同，但学习率设为10.0。在配置3中，将初始化方法更改为Glorot uniform，并将优化器更改为Adam，所有参数采用默认值。在配置4中，将隐藏单元的激活函数改为ReLU，隐藏层的初始化器改为He normal，损失函数改为交叉熵（CE）函数。之前描述交叉熵损失函数时，它是在一个二分类问题的背景下，并且输出神经元使用logistic sigmoid函数。对于多分类问题，我们使用分类交叉熵损失函数，它与一个称为Softmax的不同输出层激活函数配对。Softmax的细节将在第6章中描述，但在这里将它与分类交叉熵损失函数一起使用。最后，在配置5中，将mini-batch的大小更改为64。

表5-1　网络的调整配置

配置	隐藏层激活函数	隐藏层初始化器	输出层激活函数	输出层初始化器	损失函数	优化器	MINI-BATCH大小
配置1	tanh	Uniform 0.1	sigmoid	Uniform 0.1	MSE	SGD lr=0.01	1
配置2	tanh	Uniform 0.1	sigmoid	Uniform 0.1	MSE	SGD lr=10.0	1
配置3	tanh	Glorot uniform	sigmoid	Glorot uniform	MSE	Adam	1
配置4	ReLU	He normal	Softmax	Glorot uniform	CE	Adam	1
配置5	ReLU	He normal	Softmax	Glorot uniform	CE	Adam	64

修改DL框架的代码对这些配置建模是很简单的。在代码段5-13中，展示了为配置5设置模型的语句，在隐藏层使用带有He normal初始化的ReLU单元，在输出层使用带有Glorot uniform初始化的Softmax单元。然后使用分类交叉熵作为损失函数，Adam作为优化器来编译模型。最后，设置mini-batch大小为64来训练模型迭代20次（在init代码中BATCH_SIZE设置为64）。

代码段5-13　配置5所需的代码更改

```
model = keras.Sequential([
    keras.layers.Flatten(input_shape=(28, 28)),
    keras.layers.Dense(25, activation='relu',
                       kernel_initializer='he_normal',
                       bias_initializer='zeros'),
```

```
    keras.layers.Dense(10, activation='softmax',
                       kernel_initializer='glorot_uniform',
                       bias_initializer='zeros')])
model.compile(loss='categorical_crossentropy',
              optimizer = 'adam',
              metrics =['accuracy'])
history = model.fit(train_images, train_labels,
                    validation_data=(test_images, test_labels),
                    epochs=EPOCHS, batch_size=BATCH_SIZE,
                    verbose=2, shuffle=True)
```

如果在 GPU 加速平台上运行此配置，可以注意到运行速度比之前的配置快得多。关键是，有一个大小为 64 的批处理，即 64 个训练示例被并行计算，而不是串行进行初始配置。

实验结果如图 5-12 所示，它展示了所有配置的测试误差在训练过程中是如何演变的。

> 我们使用 Matplotlib 来可视化学习过程。一个更有效的方法是使用 TensorFlow 中的 TensorBoard 功能。强烈建议在开始构建和调整模型时熟悉 TensorBoard。

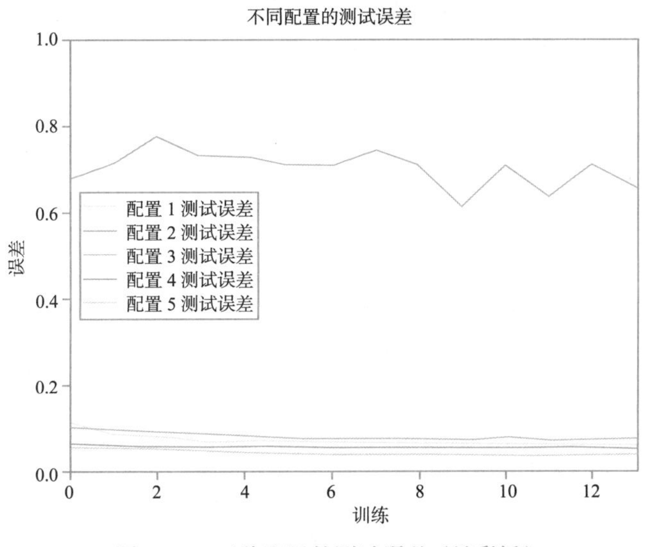

图 5-12　五种配置的测试误差（见彩插）

配置 1（红线）最终的误差约为 6%，我们花了大量时间来测试不同参数，以得到这个配置（本书没有显示）。

配置 2（绿色）显示了如果将学习率设置为 10.0 的情况，误差明显高于 0.01，在 70% 上下波动，而且模型永远无法学到更多信息。

配置 3（蓝色）显示了如果不使用调优的学习率和初始化策略，而选择带有 Glorot uniform 的“普通配置”和带有默认值的 Adam 优化器的情况，误差约为 7%。

对于配置 4（紫色），使用不同的激活函数和交叉熵误差函数。还将隐藏层的初始化式更改为 He normal，测试误差减少到 5%。

对于配置 5（黄色），与配置 4 相比，唯一改变的是 mini-batch 大小：64 而不是 1。这是最佳配置，最终的测试误差约为 4%。它的运行速度也比其他配置快得多，因为使用 64 的 mini-batch 可以并行计算更多的示例。

尽管这种改进可能看起来不那么令人印象深刻，但应该认识到，将错误从 6% 减少到 4% 意味着删除三分之一的错误情况，这无疑具有重大意义。更重要的是，现有的技术使我们能够训练更深层次的网络。

5.8　超参数调优和交叉验证

这个编程示例显示了调优不同超参数的必要性，如激活函数、权重初始化器、优化器、mini-batch 大小和损失函数。在实验中，提出了五种不同组合的配置，但很明显，还可以评估更多组合。一个显著的问题是如何以一种更系统的方式来处理这个超参数调优过程。一种流行的方法称为网格搜索，如图 5-13 所示，对于两个超参数（优化器和初始化器）的情况，只需创建一个网格，每个轴代表一个单一的超参数。在两个超参数的情况下，它变成了一个二维网格，如图所示，但我们可以将它扩展到更多维度，尽管直观最多只能看到三维。网格中的每个交点（用圆表示）表示不同超参数值的组合，所有的圆表示所有可能的组合。然后，只需对网格中的每个数据点运行一个实验，从而确定最佳组合。

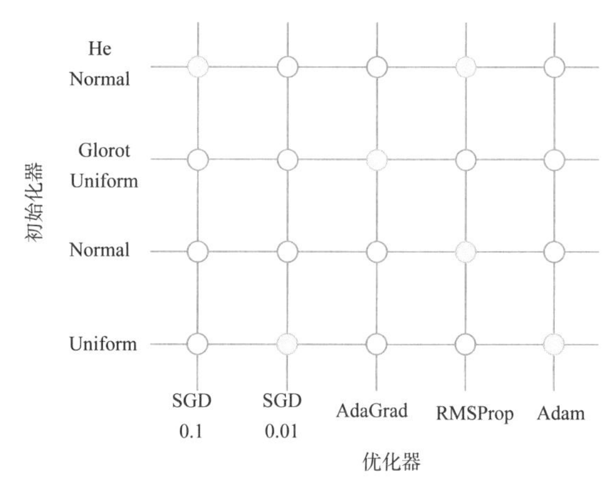

图 5-13　两个超参数网格搜索（穷举网格搜索将模拟所有的组合，而随机网格搜索可能只模拟用绿色突显的组合）（见彩插）

刚才描述的是穷举网格搜索，但不用说，组合的数量随着想要计算的超参数数量的增加会迅速增长，计算成本会很高。另一种方法是对所有组合随机选择的子集进行随机网格搜索。图中绿色点表示随机选择的组合。也可以采用一种混合方法，从随机网格搜索开始确定一个或几个组合，然后围绕这些组合创建一个更细粒度的网格，并在搜索空间的放大部分进行详尽的网格搜索。网格搜索并不是超参数调优的唯一方法。对于可微的超参数，可以进行基于梯度的搜索，类似用来调整模型正常参数的学习算法。

网格搜索的实现很简单，常用的替代方法是使用 sci-kit 学习框架[1]，这个框架很适合 Keras。在高层，我们将对 `model.fit()` 的调用封装到一个以超参数作为输入值的函数

[1] https://scikit-learn.org.

中。然后将这个包装器函数提供给 sci-kit 学习，sci-kit 将以系统的方式调用它，并监控训练过程。sci-kit 学习框架是一个通用的 ML 框架，可以与传统的 ML 算法和 DL 一起使用。

5.8.1　使用验证集来避免过拟合

超参数调优过程引入了一种新的过拟合风险。考虑本章前面的例子，在这个例子中，我们评估了测试集上的五种配置。有理由相信，测试数据集的测量误差是对未知数据的一种良好估计。毕竟，在训练过程中没有使用测试数据集，但是这种推理存在一个微妙的问题。尽管没有使用测试集来训练模型的权重，但在决定哪一组超参数表现最好时，确实使用了测试集。因此，我们面临的风险是可能选择了一组超参数，它们对测试数据集特别好，但对一般情况不太好。这有点微妙，因为即使没有反馈回路，其中一组超参数的结果可以指导下一组超参数的实验，过拟合的风险仍然存在。即使预先决定了所有组合，并且只使用测试数据集来选择表现最好的模型，风险仍然存在。

我们可以通过将数据集分割为训练数据集、验证数据集和测试数据集来解决这个问题。使用训练数据集训练模型的权重，并使用验证数据集调优超参数。一旦获得最终模型，使用测试数据集来确定模型在尚未看到的数据上的工作情况，具体流程如图 5-14a 所示。一个关键问题是确定使用多少原始数据集作为训练、验证和测试集。理想情况下，根据具体情况确定，并取决于数据分布中的方差。在没有任何此类信息的情况下，当不需要验证集时，训练集和测试集之间的常见分割是 70/30（原始数据的 70% 用于训练，30% 用于测试）或 80/20。在需要验证集进行超参数调优的情况下，典型的拆分是 60/20/20。对于方差较低的数据集，可以使用更少的数据进行验证，而如果方差较高，则需要较多数据。

5.8.2　交叉验证以改善训练数据的使用

引入验证集的一个不好之处是，只能使用 60% 的原始数据来训练网络中的权重。如果一开始就使用有限的训练数据，会导致新的问题。我们可以使用一种称为交叉验证的技术来解决这个问题，该技术避免了将数据集的一部分作为验证数据使用，但要以额外的计算为代价。目前最流行的交叉验证技术之一称为 k 折交叉验证。用 80/20 分割法先把数据分成训练集和测试集。测试集并不用于训练或超参数调优，而是仅在最后用于确定最终模型的好坏。进一步将训练数据集分割成 k 个类似大小的块，称为折叠块，其中 k 的典型值是 5 到 10 之间的数字。

现在可以使用这些折叠块来创建 k 个训练集和验证集的实例，使用 $k-1$ 个折叠块进行训练，1 个折叠块进行验证。也就是说，在 $k = 5$ 的情况下，我们有 5 个训练 / 验证集的备选实例。第一个实例使用折叠块 1、2、3 和 4 进行训练，使用折叠块 5 进行验证，第二个实例使用折叠块 1、2、3 和 5 进行训练，使用折叠块 4 进行验证，以此类推。

现在使用这 5 个训练 / 验证集实例来训练模型的权重和调优超参数。我们使用本章前面的示例，在该示例中，测试了许多不同的配置。用 k 个不同的训练 / 验证数据实例来训

练每个配置 k 次，而不是只训练一次。同一模型的这 k 个实例中的每一个都从头开始训练，而不是重复使用由前一个实例学习到的权重。也就是说，对于每一种配置，现在有 k 种测量配置性能的方法。现在，为每个配置计算这些度量的平均值，以得到每个配置的单个数字，然后用于确定性能最佳的配置。

现在已经确定了最佳配置（超参数的最佳集），我们再次从头开始训练这个模型，但这一次使用所有的 k 个折叠块作为训练数据。当最终在所有训练数据上训练得到性能最好的配置模型时，可以在测试数据集上运行该模型，以确定它在尚未看到的数据上的表现如何。正如前面提到的，这个过程会带来额外计算成本，因为必须训练每个配置 k 次，而不是一次。总体流程如图 5-14b 所示。

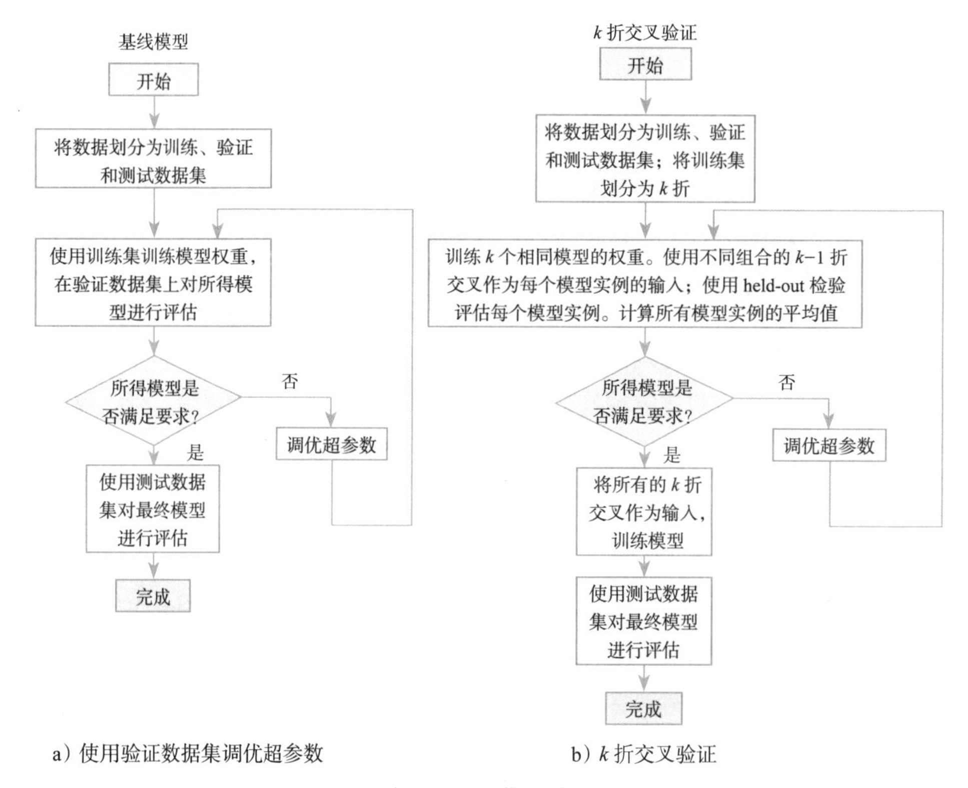

a）使用验证数据集调优超参数　　b）k 折交叉验证

图 5-14　调优和验证

这里不详细讨论交叉验证的工作原理，但如果想要了解更多信息，可以参考《统计学习的要素》(Hastie,Tibshirani and Friedman, 2009)。

CHAPTER 6

第6章

全连接网络在回归中的应用

第 5 章介绍了用于网络中隐藏单位的激活函数。在本章中，将描述一些可供选择的输出单元，以及适用的问题类型。此外，我们将介绍另一个数据集，称为波士顿住房数据集（Harrison and Rubinfeld，1978）。

本章中的代码示例，将使用深度神经网络（DNN）应用于波士顿住房数据集，以基于不同变量进行房价预测，并与一个更简单的模型进行比较。预测房屋价格是迄今为止与研究的分类问题不同类型的问题。与之不同的是，我们想要预测的是一个实值数，而不是预测一个输入示例属于离散数量类别中的哪一类，这就是所谓的回归问题。如果想先学习一些回归和分类的基本传统机器学习（ML）技术，可以阅读附录 A。

第 4 章简要讨论了过拟合（缺乏泛化），还介绍了正则化技术的概念，以提高泛化能力。在本章中，我们给出了过拟合的实际示例，并介绍一些其他正则化技术，来缓解这个问题。最后，我们使用这些技术进行实验，以使更深更大的网络能够具有泛化能力。

6.1 输出单元

在第 5 章中，我们了解了隐藏单元如何使用除 logistic sigmoid 和 Tanh 激活函数外的激活函数。尽管也简要地提到了 Softmax 单元，但主要使用基于 logistic sigmoid 函数的单元作为网络的输出单元。在本节中，我们将更详细地描述 Softmax 单元，并介绍另一种类型的输出单元。使用可替代的隐藏单元是为了避免梯度的消失。相反，输出单元的选择是基于网络应用的问题类型，图 6-1 总结了针对三类问题，如何使用不同类型的隐藏单元和输出单元。输出单元的类型和相关损失函数的选取取决于所要解决问题的类型。对于隐藏层，有多种可选方案，可以从 ReLU 开始。而对于某些网络，其他单元的性能会更好。

损失函数的选择与输出单元的选择紧密耦合，每种类型的输出单元都有相应推荐的损失函数。在本章中，我们描述了三种不同的输出单元。第一，逻辑输出单元用于二元分类问题；第二，使用 Softmax 输出单元用于多类别的分类问题；第三，线性输出单元用于回归问题。这三个输出单元对应的推荐损失函数分别是交叉熵损失、分类交叉熵损失和均方误差函数。

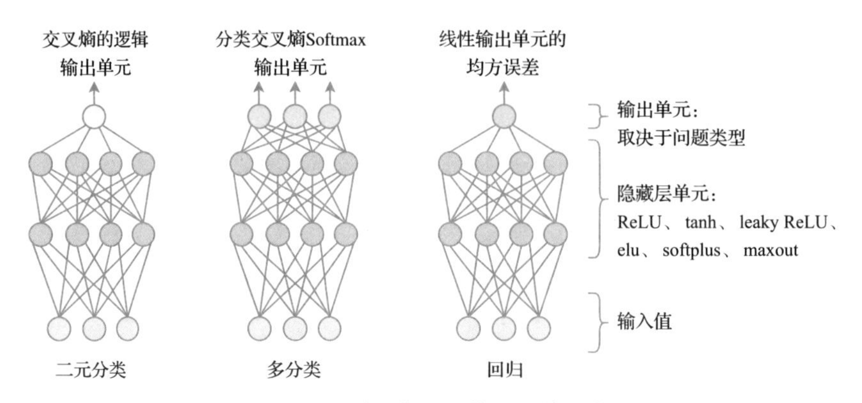

图 6-1　不同网络和层使用的单元类型

正如在第 5 章中所描述的，对于隐藏单元存在许多替代方法，建议从校正线性单元（ReLU）开始，然后尝试其他单元作为超参数调优过程的一部分。

6.1.1　二元分类的逻辑单元

我们从基于 logistic sigmoid 函数的输出单元开始，在此描述所有的输出单元。已经多次看到 logistic sigmoid 函数是 S 型函数的一个例子，输出范围为 0 到 1，类似于阶跃函数，但不连续。

logistic sigmoid 函数作为输出单元的典型应用是二元分类问题，描述为：

$$\text{logistic sigmoid 函数：} S(z)=\frac{1}{1+\mathrm{e}^{-z}}=\frac{\mathrm{e}^{z}}{\mathrm{e}^{z}+1}$$

logistic sigmoid 函数用于二元分类问题。

logistic sigmoid 函数的输入是一个实值变量 z（范围从负无穷到正无穷），输出在 0 ～ 1，可以将其输出解释为概率。在统计文献中，logistic 函数的逆函数称为 logit 函数，也就是说，logit 函数将一个概率转换为一个实值变量 z。因此，作为 logistic 函数输入的加权和 z，在深度学习（DL）中有时被称为 logit。

如第 5 章所述，对于这类输出神经元的损失函数，推荐使用交叉熵损失函数：

$$\text{交叉熵损失函数：} e(y)=-(y\cdot\ln(\hat{y})+(1-y)\cdot\ln(1-\hat{y}))$$

式中，$\hat{y}$ 是 logistic sigmoid 函数的输出，y 是期望输出值。

6.1.2　用于多分类的 Softmax 单元

现在来讨论 Softmax 单元。它的名字很容易与第 5 章中介绍的 maxout 和 softplus 单元混淆，但是 Softmax 单元与其使用的单词完全无关。

softplus、maxout 和 Softmax 是不同的单元。softplus 和 maxout 单元通常用于隐藏层，而 Softmax 主要用于输出层。

Softmax 单元（Goodfellow、Bengio 和 Courville，2016）是 logistic sigmoid 函数的一般化，但扩展到了多个输出。logistic sigmoid 函数的一个重要性质是，它的输出总是在 0 ～ 1，这意味着我们可以将输出解释为概率（概率总是需要在 0 ～ 1）。例如，在一个分类问题中，输出 0.7 可以解释为输入所表示的对象属于所设定类的概率为 70%，不属于的概率是 30%。当我们在第 5 章中讨论多分类时，仅仅使用了 10 个 logistic sigmoid 单元的实例。每个单元的输出表明输入示例是否属于这个类，我们只需要查找具有最高值的单元。这种方法的一个问题是，如果我们将所有 10 个输出单元的输出加起来，我们很可能会得到这个和小于或大于 1 的情况。也就是说，不清楚如何将输出解释为概率。Softmax 函数的定义确保了所有输出的和总是 1，因此我们可以将输出解释为概率。例如，如果输出为数字 3 的概率接近 0.3，输出为数字 5 的概率接近 0.7，所有其他输出的概率接近 0，那么我们可以说输入示例是 5 的概率是 70%，输入示例是 3 的概率是 30%。当有 n 个输出时，Softmax 函数的公式为

$$\text{Softmax}(z)_i = \frac{\mathrm{e}^{z_i}}{\sum_{j=1}^{n} \mathrm{e}^{z_j}}$$

logistic sigmoid 单元的输出可以解释为二进制分类问题的概率，而 Softmax 单元的输出可以解释为多分类问题的概率。

换句话说，logit 的指数函数表示将输出除以所有 logit 指数函数的和。如果计算 logit 的每一个输出并求和，那么就应该清楚为什么它们的和都是 1 了，因为所有分子的和与分母的和是一样的。

需要注意的是，Softmax 输出单元不是孤立于单个神经元的函数，而是应用于一层神经元的输出函数。也就是说，计算输出层中每个神经元的加权和 z，然后对每个 z 实例应用 Softmax 函数。如上述公式所示，每个神经元的输出值不仅与该神经元的 z 有关，还与该层中所有其他神经元的 z 有关，这就确保了所有输出之和等于 1。Softmax 层如图 6-2a 所示，其中黄色圆圈只计算每个神经元的加权和，激活函数应用在可访问所有神经元的 logit（z 值）的黄色矩形中，Softmax 函数的效果如图 6-2b 所示。在本例中，有几个 logit 函数值大于 1，相应的输出将减小，使得和等于 1。

对于这种类型的输出神经元，推荐使用的损失函数是用于多分类的交叉熵损失函数（式（6-1））。

$$e(y) = -\sum_{c=1}^{N} \boldsymbol{y}_c \ln(\hat{\boldsymbol{y}}_c) \tag{6-1}$$

式中，N 是输出（类）的数量。如果 N=2，并扩展和，会得到以前所使用过的二元情况下的交叉熵损失函数。

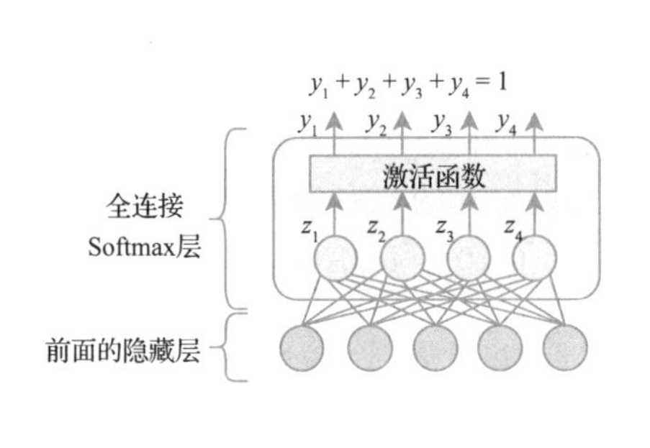

a）全连接 Softmax 层

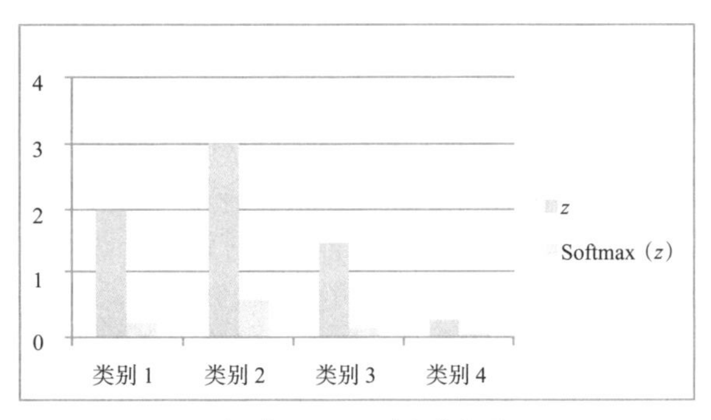

b）z 与 Softmax（z）的关系

图　6-2（见彩插）

Softmax 输出函数和交叉熵损失函数之间存在着微妙的相互作用[⊖]。向量 $\boldsymbol{y}_c$ 是 one-hot 编码，因此只有一个特定元素（此后假定其索引为 n）是非零的，这意味着交叉熵损失函数的和减少到第 n 个位置的单项值。乍一看，这似乎意味着其他输出的值（对应于不正确的类）并不重要。无论如何，这些值都将乘以 0，并且损失将完全由第 n 个元素的值决定（对应于正确的类）。这似乎很奇怪，难道损失函数的作用不是将所有输出推向正确的方向吗？似乎应该包括奖励正确的输出（输出 n）和惩罚不正确的输出。事实证明，由于 Softmax 函数的存在，这种情况是间接发生的。如前所述，Softmax 层中每个神经元的输出值不仅依赖于该神经元的 z 值，还依赖于该层中所有其他神经元的 z 值。这意味着输出 n 不仅依赖于连接到神经元 n 的权重，还依赖于该层中所有其他权重。因此，该层中所有权重对应的偏导数都会受到输出 n 值的影响。因此，即使只有一个输出元素直接影响整个损失函数，但所有权重都将被调整。

第 5 章介绍了一个使用 Softmax 函数进行多分类的示例，在第 7 章中将再次使用了该示例学习使用卷积网络进行图像分类。

6.1.3　线性回归单元

下面介绍本章编程示例中使用的输出单元。logistic sigmoid 函数和 Softmax 函数都可用于分类问题，但本章研究回归问题，即预测一个数值而不是一个概率。在回归问题中，输出不像分类问题那样限制在 0 ～ 1 的范围内。为了提供一个具体的例子，在本章中，我们想要预测一套房子的销售价格，这可以用一个线性输出单元来完成，和完全没有激活函数一样简单，或者更正式地说，激活函数是 $y = z$。也就是说，单元的输出是其本身的加权和。如前所述，如果多层的神经元都是基于线性激活函数，那么这些多层神经元就可以分解成一个单一的线性函数，这也是线性单元作为网络输出单元的意义所在。使用线性激活函数的两种网络如图 6-3 所示，每个神经元的输出只是加权和，可以取任何值，而不是被

⊖　如果你是初次阅读，完全可以忽略这个相互作用，但是出于完整性，如果后续再次阅读，还是提及了这个相互作用。

限制在特定的输出范围内。图 6-3a 的网络有两个堆叠的线性层，虚线椭圆中的两层折叠成一层。在右边的网络中，两个线性层被折叠成一个单层，其行为等价。因此，线性层叠加是没有意义的。

线性输出单元用于预测一个不局限于 0 到 1 范围的值。线性神经元使用恒等函数作为激活函数，也就是说，它的输出是输入的加权和。

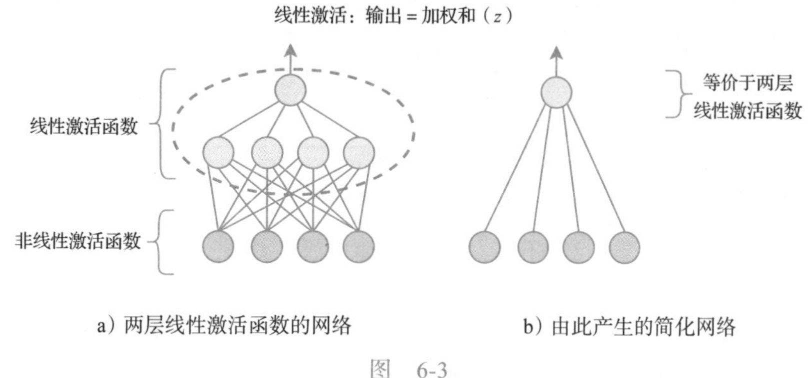

图　6-3

线性单元不存在饱和问题，因此不需要使用交叉熵损失函数。可以看出，均方误差（MSE）是一个性能较好的损失函数。这是有意义的，因为 MSE 是线性回归时使用的误差函数，而这正是线性输出单元所做的。

在线性函数拟合过程中，用均方误差作为损失函数时，估计权重是真实权值的无偏估计，这往往是一个理想的性质。阅读本书，无须担心知道什么是无偏估计，但可以考虑进一步阅读。《深度学习》（Goodfellow et al.，2016）和《统计学习的要素》（Hastie，Tibshirani，and Friedman，2009）都在机器学习的背景下讨论了这些话题。

当用线性单元预测一个值时，准确性不是一个好的度量标准。如果仔细想想，很可能没有一个单独的测试实例能够被准确地预测。例如，当预测一套房子的价格时，准确预测出确切的金额是不可能的。因此，真正的问题不是计算所有预测中有多少是正确的，而是每个预测结果与实际值有多接近。从这个角度来看，在评估模型性能时，一个更有意义的指标是平均绝对误差。

请注意损失函数和用于评估结果模型性能的函数之间的区别。学习算法使用损失函数，而其他指标，如准确性和平均绝对误差，是模型用户更直观的指标。

6.2　波士顿住房数据集

本章使用的数据集是一个小型数据集，来自 1978 年的一项关于房价与清洁空气之间关系的研究（Harrison and Rubinfeld，1978）。它被分解成一个包含 404 个示例的训练集和

102 个示例的测试集。每个示例对应一个房子，由 13 个输入变量组成，描述了房子的各个方面，以及一个输出变量对应房子的价格。输入变量如表 6-1 所示。

表 6-1　波士顿住房数据集的 13 个输入变量

输入变量	描述
CRIM	城镇的人均犯罪率
ZN	划为二万五千平方以上地段的住宅用地比例
INDUS	每城镇非零售业务面积占比
CHAS	查尔斯河虚拟变量 (如果土地边界是河流，值为 1，否则为 0)
NOX	一氧化氮浓度 (千万分之一)
RM	每个住宅的平均房间数
AGE	1940 年以前建造的自住单位的比例
DIS	五个波士顿就业中心的加权距离
RAD	径向公路可达性指数
TAX	每一万美元的全额财产税税率
PTRATIO	每个城镇的学生 - 教师比例
B	1000 (Bk − 0.63)^2，其中 Bk 为城镇黑人比例
LSTAT	群体地位较低的百分比

它们都是数值变量，其范围也各不相同，因此，与修改后的国家标准和技术研究所（MNIST）数据集一样，我们必须在使用输入数据之前对其进行标准化。

6.3　编程示例：用 DNN 预测房价

和 MNIST 一样，波士顿住房数据集也包含在 Keras 中，所以使用 `keras.datasets.boston_housing` 可以很容易地访问该数据集。我们使用训练数据的平均值和标准差来标准化训练和测试数据（如代码段 6-1）。参数轴为 0 确保分别计算每个输入变量的平均值和标准差，得到的平均值（和标准差）是一个平均值的向量，而不是单个值。也就是说，一氧化氮浓度的标准化值不受人均犯罪率或其他任何变量的影响。

代码段 6-1　两个隐藏层的 DNN 用于预测房价

```
import tensorflow as tf
from tensorflow import keras
from tensorflow.keras.models import Sequential
from tensorflow.keras.layers import Dense
import numpy as np
import logging
tf.get_logger().setLevel(logging.ERROR)

EPOCHS = 500
BATCH_SIZE = 16
```

```
# 读取并标准化数据
boston_housing = keras.datasets.boston_housing
(raw_x_train, y_train), (raw_x_test,
    y_test) = boston_housing.load_data()
x_mean = np.mean(raw_x_train, axis=0)
x_stddev = np.std(raw_x_train, axis=0)
x_train =(raw_x_train - x_mean) / x_stddev
x_test =(raw_x_test - x_mean) / x_stddev
# 创建并训练模型
model = Sequential()
model.add(Dense(64, activation='relu', input_shape=[13]))
model.add(Dense(64, activation='relu')) # We are doing DL!
model.add(Dense(1, activation='linear'))
model.compile(loss='mean_squared_error', optimizer='adam',
              metrics =['mean_absolute_error'])
model.summary()
history = model.fit(x_train, y_train,validation_data=(x_test, y_test),
epochs=EPOCHS, batch_size=BATCH_SIZE,verbose=2, shuffle=True)

#打印前四个预测
predictions = model.predict(x_test)
for i in range(0, 4):
    print('Prediction: ', predictions[i],', true value: ', y_test[i])
```

然后创建模型，这里我们使用了与第 5 章不同的语法。在那里，层被作为参数传递给模型的构造器。另一种方法是，首先实例化没有任何层的模型对象，然后使用成员方法 `add()` 逐个添加它们。只要我们使用相对较少的层，所采用的方法只取决于用户的偏好，但对于具有数十层的深层模型，通过逐个添加层，代码通常会变得更易于阅读和维护。这方面的一个例子是相同层的深层模型，可以使用 for 循环将这些层添加到模型中，使得模型描述更加紧凑。

我们将网络定义为有两个隐藏层，所以现在正式使用 DL! 一个合理的问题是，为什么我们需要更多的隐藏层。之前看到，至少有一个隐藏层是有益的，因为它解决了与适用于单层网络的线性可分性相关的限制，但我们没有一个同样清晰的理由来说明要有多个隐藏层。甚至可以证明，给定足够神经元，一个隐藏层就足以近似任何连续函数。然而，经验表明，添加更多层可以使网络的性能更好（从准确性的角度来看）。考虑这一点的一种方法是，拥有更多隐藏层可以使网络在不断增加的抽象层次上分层地结合特性，我们将在第 7 章看到更多具体示例。

网络实现中的这两个隐藏层各有 64 个 ReLU 神经元，其中第一层被声明为有 13 个输入来匹配数据集，输出层由一个具有线性激活函数的单个神经元组成。我们使用 MSE 作为损失函数，并使用 Adam 优化器。我们告诉编译方法，我们对度量平均绝对误差感兴趣。

loss 参数和 metrics 参数之间的区别在于，前者被反向传播算法用来计算梯度，而后者只是被打印出来作为信息供我们参考。

我们使用 `model.summary()` 打印出模型的摘要，然后开始训练。训练完成后，我们使用模型来预测整个测试集的价格，然后输出前四个预测值和正确的值，这样就可以知道模型的正确程度。最终在测试集上的平均绝对误差为 2.511，前四个测试样例的预测如下：

```
Prediction:  [7.7588124] , true value:  7.2
Prediction:  [19.762562] , true value:  18.8
Prediction:  [20.16102]  , true value:  19.0
Prediction:  [32.758865] , true value:  27.0
```

注意到它们似乎是有意义的。预测值在方括号内的原因是，预测数组中的每个元素本身都是一个数组，每个数组中只有一个值，通过如下索引来表示：[*i*，0]。

使用 TensorFlow 时的一个常见话题是，输入数据和输出数据都是多维数组，有时需要尝试几次才能正确。

正如所看到的，创建一个初始模型并做一些合理的预测是很简单的，但很难说这些预测有多好。这让我们想到一个很有意义的问题：我们需要 DL 来解决这个问题吗？正如在第 5 章中看到的，对神经网络进行调优并非易事。如果有更简单的解决方法，那么这些方法更可取。鉴于这是一个回归问题，很自然地可以将其与简单的线性回归进行比较[㊀]，即计算所有输入和一个偏差的加权和：

$$y = w_0 + w_1x_1 + w_2x_2 + \cdots + w_{13}x_{13}$$

我们可以很容易地在程序中做到这一点[㊁]，只要定义一个单层，只有一个具有线性激活函数的神经元，只使用输出层而不使用任何隐藏层。但我们还需要定义输入的数量，因为输出层现在也是第一层：

```
model.add(Dense(1, activation='linear', input_shape=[13]))
```

运行模型，最终在测试集上的平均绝对误差为 10.24，测试集的前四个预测结果如下：

```
Prediction:  0.18469143 , true value:  7.2
Prediction:  10.847551 , true value:  18.8
Prediction:  10.989416 , true value:  19.0
Prediction:  22.755947 , true value:  27.0
```

显然，我们的深度模型比线性模型做得更好[㊂]，这是令人鼓舞的！现在看看我们的模型

㊀ 我们认为读者可以理解该讨论，即使在不熟悉线性回归的情况下，但如果想要了解更多背景知识，可以参考附录 A。

㊁ 在这个应用中，我们使用梯度下降来求解线性回归问题的数值解。如果之前读者学到的是用正则方程对线性回归问题解析求解，可能对此会感到很陌生。

㊂ 可以通过首先计算输入变量的变化来改善线性回归模型的结果，这被称为特征工程。详见附录 A。

是否具有很好的泛化性。图 6-4 显示了训练和测试误差如何随着训练轮数的变化而变化。

可以看到，训练误差在稳步减少，但测试误差是平的，这是过拟合的一个明显迹象。也就是说，模型是在记忆训练数据，但它没有设法推广到看不见的数据。我们需要一些技术修改网络来解决这种行为，下面将对此进行描述。

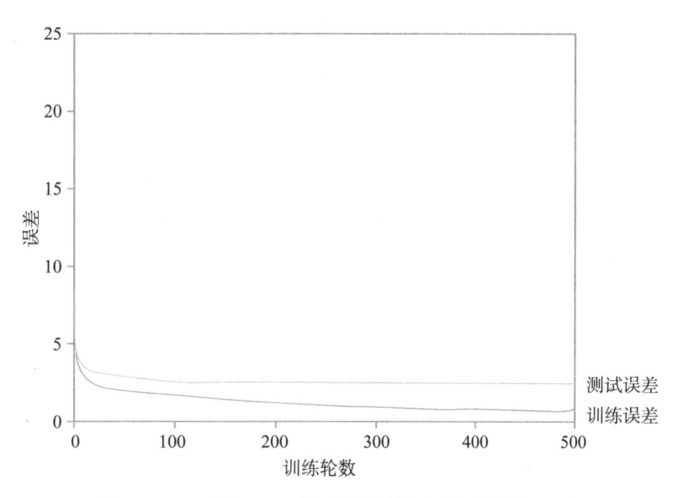

图 6-4 三层 DNN 模型的训练与测试误差对比

6.4 用正则化改进泛化

旨在提高泛化的技术统称为正则化技术。具体来说，正则化技术是一种旨在减少训练误差和测试误差之间差距的技术。一种正则化技术是提前停止训练（在第 4 章中讨论），但这种技术只有在测试误差呈 U 型曲线时才有用，也就是说，如果测试误差在一段时间后开始增加。在我们的示例中并非如此，因此需要考虑其他技术。

常见的一种正则化技术是权重衰减。权重衰减是通过在损失函数中添加一个惩罚项来实现的：

$$Loss = 交叉熵 + \lambda\sum_{i=0}^{n}|w_i|$$

式中，λ 是常数，而 $w_0, w_1,\cdots,w_n$ 是模型中所有神经元的权重。因为学习算法试图最小化损失函数，这个误差项提供了最小化权重的激励。这将导致对解决一般问题没有显著帮助的权重的减少。特别地，那些只对特定输入例子有用而对一般情况没有帮助的权重会减少，因为它们只会减少少量输入样本的损失，但权重衰减项会导致所有样本的损失增加，这就是权重衰减为何会带来更好的泛化能力。参数 λ 会影响正则化效果的显著程度，上式所示的正则化技术称为 L1 正则化。

一种更常见的变化是将和中的权重平方，这被称为 L2 正则化：

$$Loss = 交叉熵 + \lambda\sum_{i=0}^{n}w_i^2$$

虽然我们在示例中使用交叉熵作为损失函数，但可以将权重衰减正则化应用于任何损失函数。同样，权重衰减不仅适用于 DL，而且是一种常用的正则化技术，适用于传统的 ML 技术。

权重衰减是一种常用的正则化技术。两个权重衰减的例子是 L1 和 L2 正则化。

代码段 6-2 展示了如何在 Keras 中添加 L2 正则化模块。很简单，只需添加一个 `import` 语句，然后在每个需要应用正则化的层中添加一个参数。这个例子展示了如何使用权重衰减参数 $\lambda=0.1$ 对所有层应用正则化技术。通常情况下，不将正则化应用于偏差权重，Keras 可以通过单独分离偏差正则化器来实现这一点。

代码段 6-2　如何在模型中加入 L2 正则化模块

```
from tensorflow.keras.regularizers import l2
...
model.add(Dense(64, activation='relu',
                kernel_regularizer=l2(0.1),
                bias_regularizer=l2(0.1),
                input_shape=[13]))
model.add(Dense(64, activation='relu',
                kernel_regularizer=l2(0.1),
                bias_regularizer=l2(0.1)))
model.add(Dense(1, activation='linear',
                kernel_regularizer=l2(0.1),
                bias_regularizer=l2(0.1)))
```

Dropout 是另一种常见的正则化技术，专为神经网络开发（Srivastava 等，2014）。它是通过在训练过程中随机从网络中删除一个神经元子集来实现的。被移除的神经元子集在每个训练阶段都是不同的，被移除神经元的数量（丢失率）由一个参数控制，其中常用值是 20%。当该网络后来用于推理时，所有的神经元都被使用，但对每个权重应用一个缩放因子，以补偿每个神经元现在接收到的比训练时更多的神经元输入的事实。图 6-5 展示了如何从一个全连接的网络中去掉两个神经元，从而产生一个不同的网络。

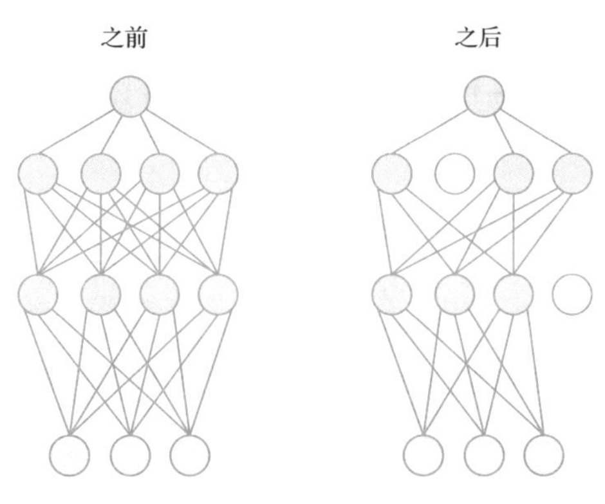

图 6-5　Dropout

Dropout 是一种有效的神经网络正则化技术。

Dropout 使单元能够与其他随机单元一起工作，这样做可以防止单元子集共同适应解决特定的情况，并已被证明可以减少过拟合。代码段 6-3 展示了如何在 Keras 中为模型添加 dropout。

代码段 6-3　如何将 Dropout 添加到模型中

```
from tensorflow.keras.layers import Dropout
...
model.add(Dense(64, activation='relu', input_shape=[13]))
```

```
model.add(Dropout(0.2))
model.add(Dense(64, activation='relu'))
model.add(Dropout(0.2))
model.add(Dense(1, activation='linear'))
```

在我们导入 Dropout 模块之后，Dropout 被添加到我们想要应用它的层。Dropout 层将阻止来自前一层神经元子集的连接，就像神经元一开始就不存在一样。

6.5　实验：更深层次和正则化的房价预测模型

我们现在呈现一些将正则化技术应用于模型的实验结果。如前所述，我们看到三层模型明显优于线性模型，但存在过拟合问题。这些结果如表 6-2 的前两行所示，其中各列显示了网络拓扑结构（每个数字代表一层神经元的数量）、使用的正则化技术，以及训练和测试误差。

表 6-2 中第 3 行（配置 3）显示了当向模型添加 L2 正则化时所带来的结果。当使用 lambda 为 0.1 时，可以看到训练误差增加了，但不幸的是，测试误差也略有增加。

表 6-2 中第 4 行（配置 4）显示了如果使用 dropout（因子 0.2）而不是 L2 正则化会带来什么结果。这更有效，几乎缩小了训练和测试误差之间的差距。这表明过拟合不再是一个大问题，因此尝试一个更复杂的模型是有意义的。

表 6-2 中第 5 行（配置 5）中显示，我们添加了另一层，并将前两层的神经元数量增加到 128。这改善了测试误差，但训练误差减少得更多，所以又遇到了过拟合的问题。

表 6-2　更深层次模型和正则化实验

配置	拓扑结构	正则化	训练误差	测试误差
配置 1	1	无	10.15	10.24
配置 2	64/64/1	无	0.647	2.54
配置 3	64/64/1	L2=0.1	1.50	2.61
配置 4	64/64/1	dropout=0.2	2.30	2.56
配置 5	128/128/64/1	dropout=0.2	2.04	2.36
配置 6	128/128/64/1	dropout=0.3	2.38	2.31

在表 6-2 中的最后一行（配置 6）中，将 dropout 因子增加到 0.3，这样既增加了训练误差，又减少了测试误差，从而得到了一个很好的泛化模型。

CHAPTER 7
第 7 章

卷积神经网络在图像分类中的应用

从 1990 年起，就有多种形式展示了使用反向传播训练的深度模型（Hinton, Osindero, and Teh，2006；Hinton and Salakhutdinov，2006；LeCun et al.，1990；LeCun, Bottou, Bengio et al.，1998）。然而，深度学习（DL）发展的一个关键点是 2012 年公开发布的 AlexNet 网络（Krizhevsky, Sutskever, and Hinton，2012）。在 ImageNet 分类挑战赛中，它的得分明显高于其他参赛算法（Russakovsky et al.，2015），这对 DL 的普及做出了很大贡献。AlexNet 是 Fukushima 提出的使用卷积层的八层网络（Fukushima，1980），后来它在 LeNet 中使用（LeCun et al.，1990）。卷积层以及由此产生的卷积神经网络（CNN）是 DL 的重要组成部分。本章描述了它们的工作原理。这里首先介绍 AlexNet 的整体架构和相关概念，然后进行详细解释。

> AlexNet 是一个用于图像分类的卷积神经网络，在 2012 年的 ImageNet 挑战中获得了不错的成绩，并被认为是未来几年 DL 快速发展的一个关键原因。

AlexNet CNN 的拓扑结构如图 7-1 所示，由五个卷积层（绘制为 3D 模块）和三个全连接层（绘制为 2D 矩形）组成。一个有点令人困惑的属性是，这些层是水平分开的，所以每层都表示为两个块或矩形。导致这种层结构的原因是，当时图形处理单元（GPU）没有足够内存来运行整个网络。解决方案是分割网络并将其映射到两个 GPU 上。尽管这个操作在当时很重要，但这里省略了这个细节，将重点放在网络的其他属性上。

从图 7-1 中我们还发现以下几点：

- 输入图像为 224 × 224 像素，其中每个像素的深度为 3（如图中左下角的 3），代表红、绿、蓝三个颜色通道（RGB）。
- 卷积层具有 3D 结构，而全连接层只有一个维度（向量）。
- 从一层中不同大小的子块到下一层的映射似乎是任意的（标记为 11 × 11、5 × 5、3 × 3），而当涉及一层的维度如何与另一层的维度相关联时，似乎没有方法可以应对这种做法。
- 具有采样间隔或步长（stride）。
- 具有最大池化（max pooling）。

- 输出层由 1000 个神经元组成（图右下角写有“1000”）。

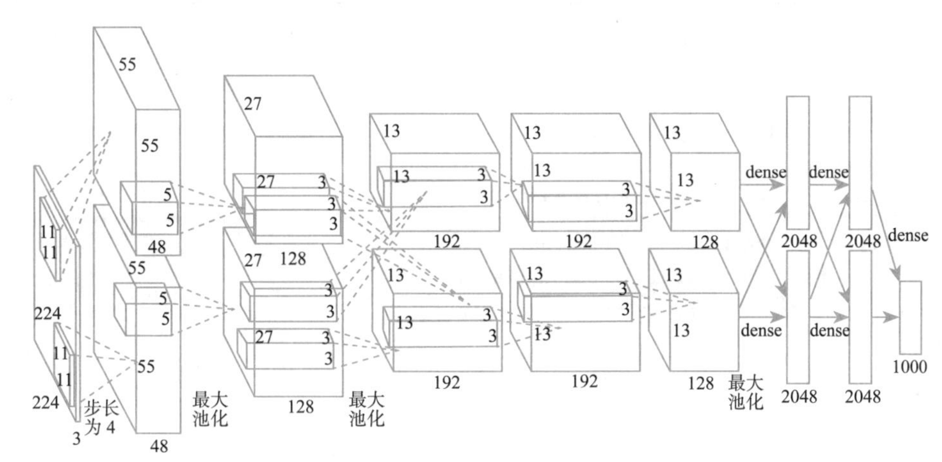

图 7-1 AlexNet 卷积网络拓扑结构[1]

在本章中，我们将解释以上所有内容，并介绍其相关术语，如内核大小（指图中的 11×11、5×5、3×3 项）和填充，这是设计和训练 CNN 时所需要知道的重要概念。在深入这些细节之前，先介绍一下在本章中使用的输入数据集。

7.1 CIFAR-10 数据集

CIFAR-10 数据集由 6 万张训练图像和 1 万张测试图像组成，包括飞机、汽车、鸟、猫、鹿、狗、青蛙、马、船、卡车这 10 个类别（见图 P-1），每个图像都是 32×32 像素，该数据集与前面章节中的 MNIST 手写数字数据集类似。然而，CIFAR-10 数据集更具挑战性，因为它包含了比手写数字更加多样化的日常物体的彩色图像。

CIFAR-10 数据集包含在 Keras 中，访问该数据集并显示其中第 100 号船的图像（见图 7-2）的代码见代码段 7-1。图 7-2 是在 CIFAR-10 数据集中编号为 100（从 0 开始编号）的图像，其中左图中显示了其放大版本，右图是一个更真实的低分辨率版本。

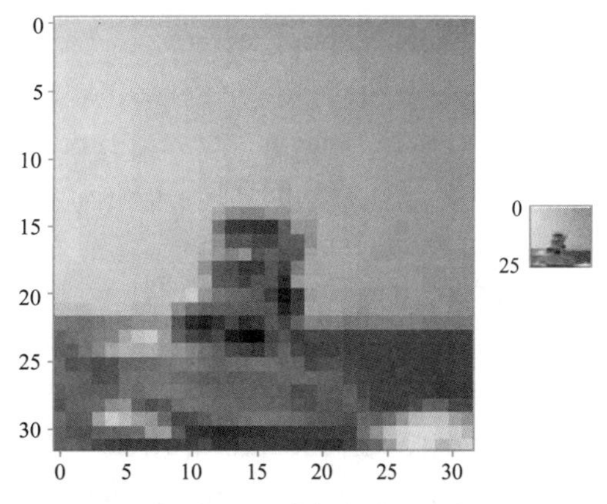

图 7-2 在 CIFAR-10 数据集中属于船类别的第 100 号船的图像[2]

[1] Krizhevsky, A., Sutskever, I., and Hinton, G., “ImageNet Classification with Deep Convolutional Neural Networks,” Advances in Neural Information Processing Systems 25 [NIPS 2012], 2012.

[2] Krizhevsky, A., Learning Multiple Layers of Features from Tiny Images, University of Toronto, 2009.

代码段 7-1 访问 CIFAR-10 数据集并显示其中一个图像的 Python 代码

```
import tensorflow as tf
from tensorflow import keras
import numpy as np
import matplotlib.pyplot as plt
import logging
tf.get_logger().setLevel(logging.ERROR)

cifar_dataset = keras.datasets.cifar10
(train_images, train_labels), (test_images,
    test_labels) = cifar_dataset.load_data()

print('Category: ', train_labels[100])
plt.figure(figsize=(1, 1))
plt.imshow(train_images[100])
plt.show()
```

除了显示图像外，print 语句还应该输出以下语句，其中 8 表示船的类别：

```
Category: [8]
```

很显然，`train_labels` 变量是一个 2D 数组（8 被括在方括号中，表明 `train_labels [100]` 仍然是一个数组而不是标量值）。我们可以进一步研究这个问题，现在只需在 Python 解释器中输入以下命令：

```
>>> import tensorflow as tf
>>> from tensorflow import keras
>>> import numpy as np
>>> cifar_dataset = keras.datasets.cifar10
>>> (train_images, train_labels), (test_images,
...     test_labels) = cifar_dataset.load_data()
>>> train_labels.shape
(50000, 1)
>>> train_images.shape
(50000, 32, 32, 3)
>>> train_images[100][0][0]
array([213, 229, 242], dtype=uint8)
```

`train_labels.shape` 函数的输出是（50 000，1），证实它是一个二维数组。再看一下 `train_images.shape` 函数的输出，是一个包含 50 000 实例的 32×32×3 数组，即 50 000 张图像，每个图像是 32×32 像素，每个像素由三个代表 RGB 强度的 8 位整数组成。使用语句 `train_images [100][0][0]` 查看船图片左上角像素的颜色值，分别是 213、229 和 242。

到现在为止，我们对数据集进行了充分描述，可以将其用于 CNN。如果读者感兴趣，还应该具备必要的工具来进一步检查数据集。

7.2　卷积层的特征和构建模块

这里不介绍卷积的数学概念，而是着重于卷积层的直观理解。对卷积的数学知识感兴趣的读者，可参见附录 G。卷积网络最重要的特征是平移不变性[⊖]。对图像中的物体进行分类，意味着即使图像中的物体水平或垂直移动（平移）到不同位置，网络仍然能够识别它，而无论图像中的对象被定位在训练数据的哪个位置。也就是说，即使网络主要是用图像中间猫的图片来进行训练，当卷积网络看到一个角落里有一只猫图像时，它仍然能够将图像分类为包含一只猫的图像。平移不变性是通过神经元之间的权重共享以及稀疏连接来实现的，本节将介绍这些概念。

平移是一种称为仿射变换的几何变换，改变对象的位置而不改变其形状。在图 7-3 中，蓝色矩形表示红色矩形的平移版本。另一种常见的仿射变换是旋转，它会改变对象方向，绿色矩形表示红色矩形的旋转版本。在 *Real-Time Rendering* 中可以阅读更多关于仿射变换的信息（Akenine-Möller et al.，2018）。

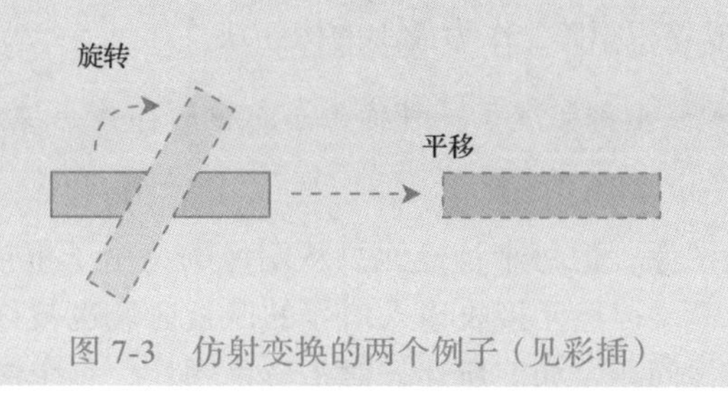

图 7-3　仿射变换的两个例子（见彩插）

卷积层的一个关键特性是平移不变性，是由权重共享和稀疏连接的网络拓扑结构实现的。

首先介绍用于图像处理的卷积层的总体拓扑结构。到目前为止，所研究的全连接层都排列在一个维度上，作为一个神经元数组。如图 7-4 所示，用于图像处理的卷积层具有不同的拓扑结构，其中神经元呈三维排列，有点不直观的是，一个二维卷积层排列为包含宽度、高度和通道的三维空间。这也解释了为什么在描述 AlexNet 的图 7-1 中，卷积层被描绘成 3D 模块。

图 7-4 中的两个维度（宽度和高度）对应于图像的 2D 特性。此外，神经元在第三维度上被划分为通道或特征映射。就像正常的全连接层一样，卷积层中的神经元之间没有连接。也就是说，三维结构中的所有神经元都是相互解耦的，并被认为形成了一个单层。然而，同一通道内的所有神经元都有相同权重（权重共享）。也就是说，图 7-4 中所有颜色相同的

⊖ 在本文中，平移是指在同一坐标系和同一方向上，以固定距离移动所有点的几何变换。

神经元都是彼此的相同副本，但它们会接收到不同输入值。

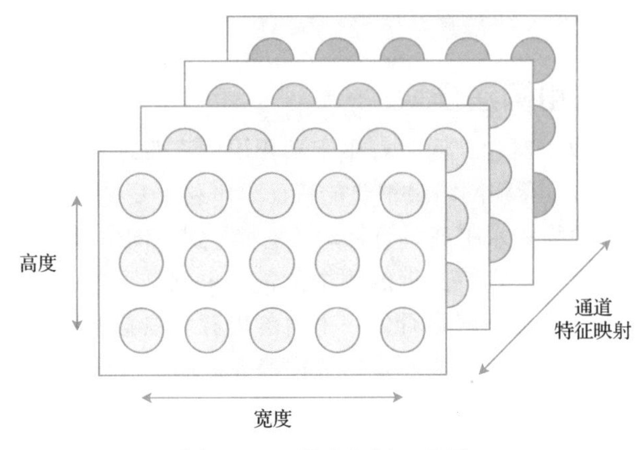

图 7-4　二维卷积层拓扑图

现在考虑每个神经元的行为。在第 2 章中，我们展示了如何将神经元用作模式标识符。示例中，一个由 3 × 3 像素组成的微小图像，连接到一个有 9 个输入（每个像素一个输入）和偏差输入的神经元，然后使用这个神经元来识别特定模式。在描述卷积层时，使用这个模式标识符（也称为核或卷积矩阵）作为最小的构建块。

卷积层中的每个神经元都实现了一种称为卷积核的操作，权重以二维模式排列，形成一个卷积矩阵。

虽然处理的是较大图像，但每个神经元只从图像的一个子集接收像素值（例如，作为模式标识符的 3 × 3 区域）。神经元接收输入信号的像素区域也被称为接收域。目前我们还没有处理的是多通道图像问题。如前所述，对于彩色图像，每个像素值包含三个值，也称为颜色通道。处理这些颜色通道的一种典型方法是简单地为每个神经元提供来自每个通道的连接，因此一个核大小为 3 × 3 的神经元现在将有 3 × 3　× 3 = 27 个输入（加上偏差）。

图 7-5 展示了三个例子，说明了如何将三个不同神经元的接收域设置为覆盖具有三个颜色通道图像的像素子集。该图像由 6 × 8 像素组成，a）2 × 2 核、步长 =1，需要 5 × 7 个神经元来覆盖整个图像。b）2 × 2 核、步长 =2，需要 3 × 4 个神经元来覆盖整个图像。c）3 × 3 核、步长 =2，需要 3 × 4 个神经元来覆盖整个图像。

上面这段内容中的“三”代表实例的数量，且它们都是解耦的。也就是说，使用 4 个样本，来说明 5 个神经元是如何在 3 个颜色通道的图像中覆盖像素的。

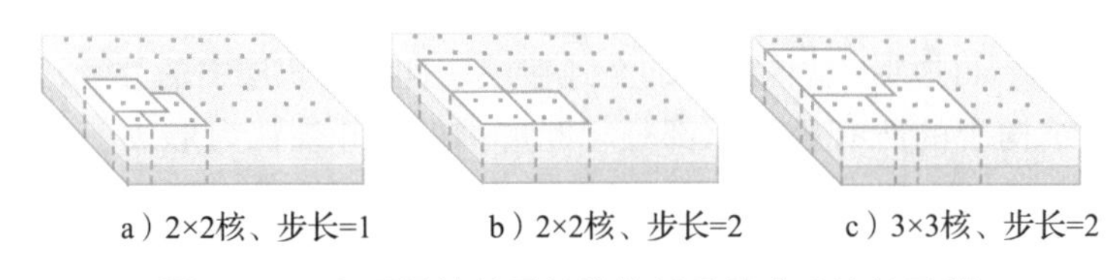

图 7-5　三个不同神经元的接收域重叠或毗连的示例

图 7-5a 是一个内核大小为 2 × 2 的神经元，其步长为 1，这意味着每个神经元的焦点只被一个像素分开。图 7-5b 是类似场景，但步长为 2。需要注意的一点是，步长越大，覆盖整个图像所需的神经元就越少。最后，图 7-5c 的神经元内核大小为 3 × 3，步长为 2。这里的一个关键特点是，内核大小和步长是正交参数，但它们确实相互作用。例如，如果我们选择核大小为 2 × 2、步长为 3 的神经元，那么图像中的一些像素将不会连接到任何神经元，这看起来不是很好。

覆盖图像所需的神经元数量主要受步长的影响。

注意到，即使步长为 1，覆盖所有像素所需的神经元数量也略小于像素数量。也就是说，卷积层输出的分辨率将低于图像的分辨率。这可以通过首先在图像边缘填充 0 来解决，这样边缘和角神经元的中心就会位于边缘和角像素的中心。例如，当内核大小为 3 × 3 时，需要用单个像素填充每条边，当内核大小为 5 × 5 时，需要用两个像素填充每条边。不需要担心细节，因为 DL 框架会为我们实现这些。

现在回到图 7-4，考虑单个通道中所有神经元的行为。这个神经元网格现在为图像创建了特征映射，每个神经元都会扮演一个特征（模式）识别器的角色，如果特定的特征出现在神经元接受区覆盖的位置，就会触发。例如，如果神经元的权重是这样的，当它识别出一条垂直线时，神经元就会触发，那么如果图像中有一条很长的垂直线，所有以这条垂直线为中心的神经元都会触发（我们将在下一节提供示例）。考虑到映射中的所有神经元都使用相同权重，那么特征在图像中出现的位置就无关紧要了，不管特征在图中哪个位置，特征映射都可以识别这些特征，这就是平移不变性的来源。

还有一点需要注意的是，每个神经元并不是接收图像中所有像素的输入。也就是说，它不是一个全连接网络，而是稀疏连接的。显然，从效率的角度来看，这是有益的，因为更少连接的计算会更少。一个神经元应该专门设计考虑图像中的每一个像素来对物体进行分类，这在直觉上似乎也是错误的。毕竟，图 7-2 中船的图像应该被归类为船，无论天空是多云的，太阳是可见的，还是水面上的波浪更高。一个神经元对应各种不同情况显然是不够的。从这个角度来看，让神经元只看图像的一小部分确实有意义。

卷积层中的神经元是稀疏连接的。

7.3　将特征映射组合成一个卷积层

仅检测单一特征（如垂直线）的能力非常有限。为了对不同种类的物体进行分类，网络还需要能够识别水平线、对角线，也许还有彩色的斑点或其他原始的组件，这可以通过将卷积层排列成多个通道（特征映射）来解决。也就是说，类似描述的一个图像有三个通道（每个通道对应一个颜色），一个卷积层有多个输出通道，每个通道对应一个特定特征，如垂直线、水平线、对角线或紫色斑点。

我们在图 7-6 中使用一个带有 4 个输出通道的卷积层来说明这一点。每个通道作为一个单独的特征映射，以识别图像中任意位置的特定特征，最底部的通道可以识别垂直线。下一个通道可以识别水平线，顶部的两个通道可以识别对角线，每个方向对应一个通道。每个通道包含 3 × 6 个神经元（见图中的 3 和 6），但在每个特征映射上只有兴奋的神经元被明确地绘制成黑点。兴奋的神经元与输入图像中的模式是相对应的，这些模式与通道能够识别的特征相匹配。

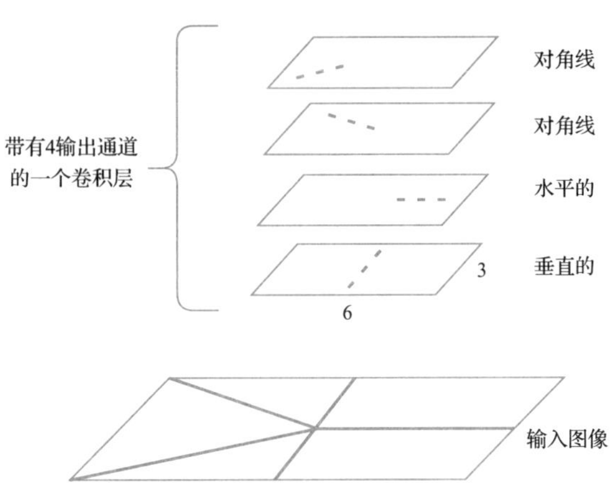

图 7-6　每个通道具有 18 个神经元的 4 个通道单个卷积层

图 7-6 中没有显示内核或步长的大小，但似乎每个通道的神经元数量都小于输入图像的像素数量，四个矩形的大小小于输入图像的矩形大小。这是一种常见的安排。

这里的术语很容易混淆，因为每个通道看起来都像是神经元的“层”，但正确的术语是“通道”或“特征映射”，所有的输出通道一起形成了一个单一的卷积层。下一节将展示如何将多个卷积层叠加在一起。每个卷积层接收来自多个输入通道的输入，并产生多个输出通道。单个卷积层中的所有通道都有相同数量的神经元，并且每个通道中的所有神经元都共享权重，但同一层中不同通道的权重不同。

卷积层由多个通道或特征映射组成，同一通道内的所有神经元共享权重。

虽然我们已经讨论了通道所识别的显式特性，例如水平线、垂直线和对角线，但并不需要明确地定义这些特性。网络将在训练过程中学习寻找这些特征。

7.4　将卷积层和全连接层结合成一个网络

在了解了卷积层的基本结构之后，看看如何将多个层组合成一个网络。首先，注意到卷积层的输出通道数与输入通道数解耦，输入通道的数量会影响每个输出通道中每个神经元的权重数量，但输出通道的数量仅仅是我们在卷积层中添加神经元数量的函数。可以把卷积层叠加在一起，其中一层的输出通道为下一层的输入提供信息。特别是，如果一个卷积层有 N 个通道，那么后面层中的神经元将有 $N \times M \times M$ 个输入（加偏差），其中 $M \times M$ 为内核大小。后面层的特征映射现在表示为前一层的特征组合。考虑一个特征分类器，它可以结合来自多个通道的输出，从而对由彩色斑点、垂直线、水平线和对角线组成的更复杂的几何图形进行触发。

图 7-7 展示了这样一个网络，第一个卷积层识别低级特征，第二个卷积层将这些特征组合成更复杂的特征。之后是一个带有 Softmax 函数的全连接层，用于将图像分为 N 个不

同类别中的一个，如狗或孔雀（稍后对此进行更详细探讨）。

如图 7-7 所示，第一个卷积层的分辨率（每个通道的神经元数量）低于图像的分辨率。此外，第二个卷积层的分辨率低于第一个卷积层的分辨率。实现这一目标的一种方式是使用大于 1 的步长，另一种方法是使用下面所述的最大池化。首先，让我们考虑一下为什么要这样做，如果仔细想想，这很有道理。随着网络深度的增加，这些层可以识别出越来越复杂的特征。一个更复杂的特征通常包含更多的像素，例如，单个像素不能表示像鼻子这样的复杂对象（或者即使表示了，也不能被识别，因为分辨率太低）。

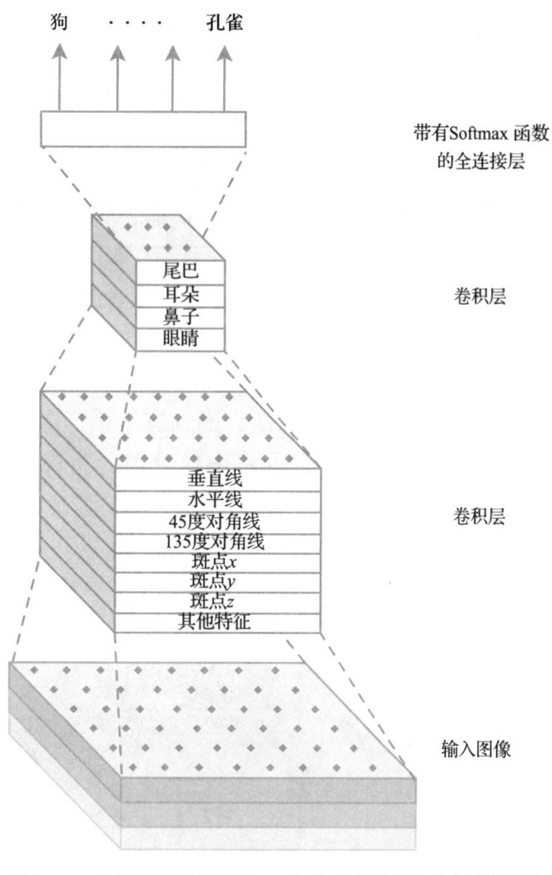

图 7-7　由两个卷积层和一个全连接层构建的卷积神经网络

图 7-7 中的排列与此逻辑是一致的。由于神经元在层次结构中连接的方式，顶部卷积层中的单个神经元会受到输入图像中大量像素的影响，也就是说，即使核大小相同，顶部卷积层神经元的接收域也大于底层卷积层神经元的接收域，这种排列使得顶部神经元能够检测到更复杂的特征。

图 7-8 对此进行了更详细地说明，为了更直观，图中显示的是一维卷积，并且在每个卷积层中只有一个通道。输入图像由 4 个像素组成（图中为绿色）。第一层神经元的核大小为 3，步长为 1，第二层神经元的核大小为 2，步长为 2，但其接收域是 4 个像素。这两个接收域在某种程度上有重叠，也就是说，输出层中的每个神经元总结了一半以上的输入图像。

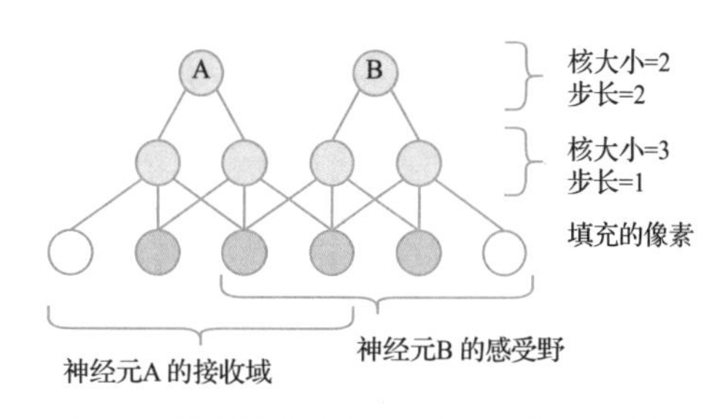

图 7-8　接收域如何深入神经网络（见彩插）

图 7-8 还说明了填充输入图像（白色圆圈）的概念，在本例中，这使得第一层的输出具有与填充前的输入图像相同的分辨率。在图中，填充只应用于输入图像，但也可以在卷积层相互叠加时使用。事实上，在分辨率比输入图像低的网络中，填充通常更重要。

除非使用填充，否则无论步长如何，下一层的宽度和高度都会自动小于前一层。这主要出于对深度网络的考虑，一开始的层宽度和高度都很小。

虽然我们称该网络为卷积网络，但这并不意味着仅由卷积层组成。特别是，通常在网络的末端有一个或多个全连接层，组合卷积层所提取的所有特征。考虑到后几层卷积层中的神经元数量通常比前几层的要少，所以在最后有一些全连接层并不会增加太多复杂性。与用卷积层表达的结构相比，还能使网络更灵活地发现不太规则的结构。在分类问题中，通常希望最后一个全连接层拥有与类相同数量的神经元，还希望它使用 Softmax 输出函数，这样，网络的输出就可以解释为图像包含一个不同类别对象的概率。

图 7-9 展示了最后一个全连接层中的神经元如何结合最后一个卷积层的特征。这里首先将卷积层平展为一维数组（一个向量），因为全连通层没有空间维度的概念。在图 7-9 中，这个向量由 16 个元素组成，因为有 4 个通道，每个通道有 4 个神经元。

图 7-9 显示了神经元将图像分类为包含孔雀的图像，通过给所有代表眼睛的神经元分配高权重，而给大多数其他神经元分配低权重。这里的依据是，唯一有大量眼睛（或至少看起来像眼睛的东西）的动物是孔雀。

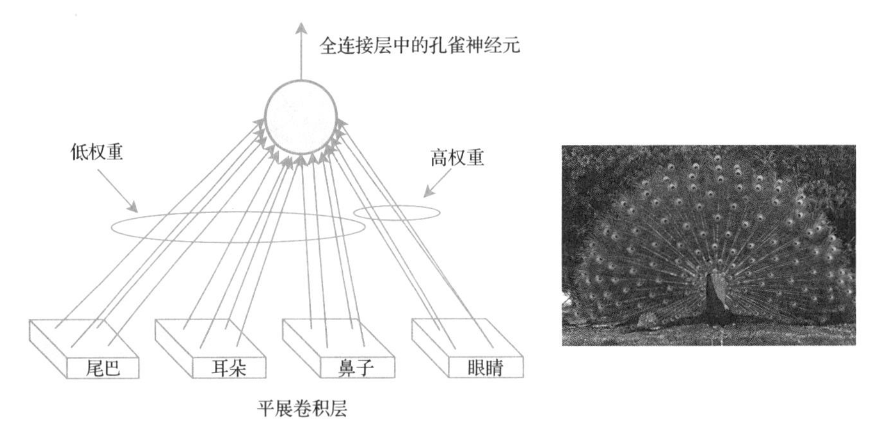

图 7-9　全连接层中的神经元如何将多个特征组合成动物分类[⊖]

7.5　稀疏连接和权重共享的影响

在开始第一个 CNN 编程示例之前，还需要说一下卷积网络中稀疏连接和权重共享的两个直接影响，首先，稀疏连接意味着每个神经元的计算量更少（因为每个神经元并没有连接到前一层的所有神经元）。其次，权重共享意味着每个层的唯一权重更小，但总权重不会更小。由于模拟网络的计算机性能有限，每个神经元的计算数量决定了可以构建的网络大小。与全连接网络相比，每个神经元的计算量更少，这使我们能够构建一个拥有更多神经元的

⊖ 资料来源：Peacock image by Shawn Hempel, Shutterstock.

网络。更小的唯一权重极大地限制了学习算法需要考虑的搜索空间。假设卷积网络很适合正在解决的问题类型这使得网络能够更快地学习，图像分类恰好是这种假设成立的一种问题类型。

表 7-1 量化了全连接网络和卷积网络的两个特性。一个特性是一个层的唯一权重的数量，它影响存储所需的内存以及学习算法导航的搜索空间的大小。另一个关键特性是，一层权重的数量只是核大小、该层中通道数和前一层中通道数的函数，这与全连接网络不同。在全连接网络中，权重的数量既是这一层神经元数量的函数，也是前一层神经元数量的函数。

表 7-1　全连接网络和卷积网络的“权重数目”和“计算数目”比较

特性	全连接	卷积
存储或学习唯一权重数目	神经元在层中的数量 前一层中的神经元数量	层中的通道数量 核大小 前一层中的通道数量
评价网络的计算数目	层中的神经元数目 前一层中的神经元数目	层中的神经元数目 核大小 前一层中的通道数量

注：卷积层神经元的个数依赖于通道的个数以及步长大小

权重共享和稀疏连接都减少了唯一权重的数量，从而减少了权重所需的存储。然而，只有稀疏连接可以减少网络所需的计算量，也就是说，即使多个神经元共享权重，仍然需要独立计算每个神经元的输出，因为它们没有相同的输入值。此外，虽然权重本身的存储由于权重共享而减少，仍然需要存储来自前向传递所有神经元的输出，以便用于学习算法的后向传递。综上所述，卷积层的主要优点是减少了每个神经元的计算次数，减少了学习算法的搜索空间，以及减少了权重所需的存储空间。

稀疏连接减少了权重的总数，从而减少了计算的次数、所需存储权重数量以及所需学习权重的数量。权重共享减少了唯一权重的数量，从而减少了要存储和学习的权重数量，但没有减少计算的数量。

为了使讨论更具体，可以计算卷积层的权重数量，并将其与具有相同神经元数量的全连接层的权重数量进行比较。在这个例子中，假设把网络中的第一层应用到一个图像，考虑两种不同大小的输入图像：一种是 $32\times32\times3$ 的 CIFAR-10，另一种是更高分辨率的 $640\times480\times3$ 格式。任意假设卷积层有 64 个通道，步长为 2（即该层的宽度和高度是输入图像的宽度和高度的一半）。除了查看两种不同的图像大小之外，我们还将查看两种不同的内核大小：3×3 和 5×5。我们首先计算表 7-2 中这个示例的一些特性。

表 7-2　网络多项特性计算示例

特性	计算	备注
通道数目	64	网络参数
3×3 核的权重	3*3*3+1 = 28	第三个因子“3”表示在前一层的三个通道

（续）

特性	计算	备注
5×5 核的权重	5*5*3+1 = 76	见上
适用于低分辨率的每个全连接神经元的权重	32*32*3+1 = 3 073	见上
适用于高分辨率的每个全连接神经元的权重	640*480*3+1 = 921 601	见上
神经元应用于低分辨率图片	(32/2)*(32/2)*64 = 16 384	分母“2”表示步长；因子 64 表示通道数量
神经元应用于高分辨率图片	(640/2)*(480/2)*64 =4 915 200	见上

注：这些计算出的数字将在表 7-3 中使用。

利用这些特性计算全连接层和卷积层的唯一权重和总权重，见表 7-3。

表 7-3　核为 3×3 和 5×5 且步长为 2 的卷积层与全连接层的唯一权重和总权重的对比

<table>
<tr><th></th><th>卷积层的唯一权重</th><th>卷积层的总权重</th><th>全连接层的唯一权重</th><th>全连接的总权重</th></tr>
<tr><td rowspan="2">图像：
32×32×3</td><td>3×3: 1 792
(28*64)</td><td>3×3: 458 752
(28*16 384)</td><td rowspan="2">50 348 032
(3 073*16 384)</td><td rowspan="2">50 348 032
(3 073*16 384)</td></tr>
<tr><td>5×5: 4 864
(76*64)</td><td>5×5: 1 245 184
(76*16 384)</td></tr>
<tr><td rowspan="2">图像：
640×480×3</td><td>3×3: 1 792 (28*64)</td><td>3×3: 1.38×10^{8}
(28*4 915 200)</td><td rowspan="2">4.53×10^{12}
(921 601*4 925 200)</td><td rowspan="2">4.53×10^{12}
(921 601*4 925 200)</td></tr>
<tr><td>5×5: 4 864 (76*64)</td><td>5×5: 3.74×10^{8}
(76*4 915 200)</td></tr>
</table>

注：用于得到每个数字的计算被括在括号内，使用表 7-2 中的计算特性。

一个关键问题是，卷积层的唯一权重数量很少，而且不依赖于输入图像的分辨率。显然，如果算法需要计算 2 000 到 5 000 个权重，而不是 5 000 万个或 5 万亿个权重，那么训练一个网络应该更容易。如果神经元只关注局部像素的假设是正确的，在这种情况下，学习算法将需要花费大量算力来计算出 5 万亿权重中除 5 000 之外的所有权重都应该为零！

第二个关键问题是全连接网络的权重总数比卷积网络的权重总数大几个数量级。因此，评估全连接网络需要相当高的计算性能。

随着网络深度的增加，卷积层的权重数量通常会增加。相反，全连接层的权重数量通常会减少。因此，在减少权重数量方面，使用卷积层的好处对于网络深处的层来说并不明显。产生这些影响的原因如下：层的宽度和高度在网络的深处逐渐减少，这减少了后续全连接层的权重数量，但对卷积层没有影响。此外，网络深处的层通常比输入图像的三个颜色通道有更多的通道。有数百个通道的层并不罕见。下一层的权重数量随着输入通道数量的增加而增加，无论后续层是否为全连接或卷积。即卷积层中神经元的权重数量不再像初始层中那么小。因此，从计算的角度来看，网络末端的各层完全连接是合理的。此外，全连接层的好处比初始层更显著，因为最后层的任务是对整个图像进行分类。因此，它们可以从图像的所有区域获取信息。

7.6　编程示例：用卷积网络进行图像分类

现在，我们将构建一个 CNN，其拓扑结构与刚才描述的类似，由两个卷积层和一个全连接层组成。详细信息见表 7-4。

表 7-4　CNN 详细描述

层	输入图像	卷积	卷积	全连接
通道	3	64	64	1
神经元 / 每个通道的像素	32 × 32 = 1 024	16 × 16 = 256	8 × 8 = 64	10
内核大小	N/A	5 × 5	3 × 3	N/A
步长	N/A	2，2	2，2	N/A
每个神经元的权重	N/A	5 × 5 × 3 + 1 = 76	3 × 3 × 64 + 1 = 577	64 × 64 + 1 =4 097
神经元总数	N/A	64 × 256 = 16 384	64 × 64 = 4 096	10
可训练的参数	N/A	64 × 76 = 4 864	64 × 577 = 36 928	10 × 4 097 =40 970

因为并不严格要求在每个方向上都有相同的步长，所以用两个维度来描述步长。对于两个卷积层，可训练参数的数量不是每层神经元数量的函数，而是每个神经元通道和权重数量的函数。对于全连接层，可训练参数的数量取决于神经元的数量。其结果是，尽管第一层的神经元数量是第二层的四倍，是最后一层的 1 638 倍，但它的可训练权重只有后面两层中每一层的 10% 左右。

代码段 7-2 展示了 CNN 程序的初始化代码。在导入语句中，导入了一个名为 Conv2D 的新二维卷积层，它加载并标准化了 CIFAR-10 数据集。

代码段 7-2　卷积网络初始化代码

```
import tensorflow as tf
from tensorflow import keras
from tensorflow.keras.utils import to_categorical
from tensorflow.keras.models import Sequential
from tensorflow.keras.layers import Dense
from tensorflow.keras.layers import Flatten
from tensorflow.keras.layers import Conv2D
import numpy as np
import logging
tf.get_logger().setLevel(logging.ERROR)

EPOCHS = 128
BATCH_SIZE = 32

# 下载数据集
cifar_dataset = keras.datasets.cifar10
(train_images, train_labels), (test_images,
```

```
test_labels) = cifar_dataset.load_data()

# 标准化数据集
mean = np.mean(train_images)
stddev = np.std(train_images)
train_images = (train_images - mean) / stddev
test_images = (test_images - mean) / stddev
print('mean: ', mean)
print('stddev: ', stddev)

# 改编号为 one-hot 编码
train_labels = to_categorical(train_labels,num_classes=10)
test_labels = to_categorical(test_labels,num_classes=10)
```

实际的模型由代码段 7-3 创建，它首先声明了一个序列模型，然后添加层。现在使用的是二维卷积层，所以不需要从平展层开始，因为输入图像的尺寸已经与第一层所需的尺寸一致。输入的图像是 32×32×3，我们还需要说明有 64 个通道，内核大小为 5×5，步长为（2，2）。参数 `padding='same'` 需要进一步解释。如前所述，如果希望一个通道中的神经元数量与输入图像中的像素数（或上一层通道中的神经元）相匹配，就需要进行填充。有许多不同的填充选择，其中 `'same'` 意味着它被充分填充，最终的神经元数量与该层的输入完全相同[⊖]。实际的填充量取决于核的大小，但是如果指定 `'same'`，Keras 就会计算这个填充量。我们指定神经元类型为 ReLU，因为这已经被证明是一个很好的激活函数。但没有明确指定该层的神经元数量，因为这完全是由所有其他参数定义的。`padding='same'` 和 `strides=(2,2)` 的组合将导致每个维度的神经元数量是前一层的一半（即每个通道有 16×16 个神经元，因为输入图像有 32×32 像素）。

代码段 7-3　卷积网络的创建和训练

```
# 具有两个卷积和一个全连接层的模型
model = Sequential()
model.add(Conv2D(64, (5, 5), strides=(2,2),
                 activation='relu', padding='same',
                 input_shape=(32, 32, 3),
                 kernel_initializer='he_normal',
                 bias_initializer='zeros'))
model.add(Conv2D(64, (3, 3), strides=(2,2),
                 activation='relu', padding='same',
                 kernel_initializer='he_normal',
                 bias_initializer='zeros'))
model.add(Flatten())
model.add(Dense(10, activation='softmax',
```

⊖ 如果使用（1，1）的步长，神经元的数量才会相同。在现实中，我们通常使用一个不同的步长，在填充后使用。

```
                kernel_initializer='glorot_uniform',
                bias_initializer='zeros'))

model.compile(loss='categorical_crossentropy',
              optimizer='adam', metrics =['accuracy'])
model.summary()
history = model.fit(
    train_images, train_labels, validation_data =
    (test_images, test_labels), epochs=EPOCHS,
    batch_size=BATCH_SIZE, verbose=2, shuffle=True)
```

下一个卷积层与此类似，但内核较小，不需要指定输入形状，它由上一层的输出隐式定义。每个通道的神经元数量隐式定义为 8×8，因为上一层是每个通道 16×16 的输出，我们为这一层也选择了（2，2）的步长。

在添加全连接层之前，需要将第二个卷积层的输出展平（从三维转换为单维）。我们对全连接层使用 Softmax 激活函数，这样就可以把 one-hot 编码的输出解释为概率。

最后，我们选择分类交叉熵损失函数，并在调用编译时使用 Adam 优化器。在训练模型之前，通过调用 `model.summary()` 来输出对网络的描述。

```
_________________________________________________________________
Layer (type)                 Output Shape              Param #
=================================================================
conv2d_1 (Conv2D)            (None, 16, 16, 64)        4864
_________________________________________________________________
conv2d_2 (Conv2D)            (None, 8, 8, 64)          36928
_________________________________________________________________
flatten_1 (Flatten)          (None, 4096)              0
_________________________________________________________________
dense_1 (Dense)              (None, 10)                40970
=================================================================
Total params: 82,762
Trainable params: 82,762
Non-trainable params: 0
```

如果看一下参数的数量，发现它与表 7-4 中计算的结果一致。这是个很好的明智检查，以确保按照预期的方式定义网络，没有犯任何细微的错误。图 7-10 显示了 128 次迭代的训练误差和测试误差，其中批大小为 32 的。

我们看到，网络善于记忆，但不善于归纳。训练误差接近 0，而测试误差保持在 40% 以下。这个误差仍比纯猜测要好得多，纯猜测会导致 90% 的测试误差。不过，我们似乎可以做得更好，所以进行了类似第 6 章中对住房数据集所做的训练，并得到了一些配置。在现实中，这是一个迭代的过程，一个配置的结果为下一步尝试何种配置提供了指导，但在这，我们只是在结束后总结了最有意义的配置。表 7-5 对这些配置进行了总结。首先，需要对符号做一些简要说明。大写字母 C 表示卷积层，后面三个数字表示通道的数量、宽度和高度。大写字母 F 表示全连接层，后面是神经元的数量。还有第三种层的类型，MaxPool，在本章后面会有描述。对于卷积层，指定内核大小（K）和步长（S），在两个方向上使用相同的大小；例如，“K=5，S=2”意味着一个 5×5 的内核和 2×2 的步长。对每一层，还指定激活函数的类型。对于某些层，我们还在该层之后应用了 dropout，稍后会详细说明。

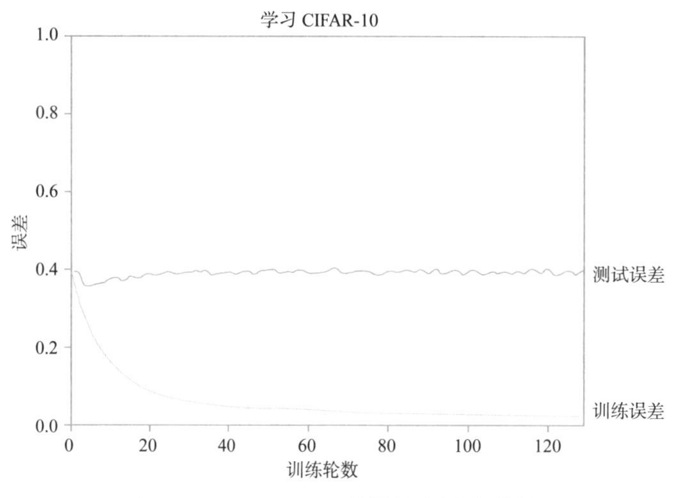

图 7-10　CIFAR-10 的训练和测试误差

表 7-5　CNN 实验的配置

配置	层	正规化	训练错误率	测试错误率
配置 1	C64 × 16 × 16, K=5, S=2, ReLU C64 × 8 × 8, K=3, S=2, ReLU F10, softmax, cross-entropy loss		2%	39%
配置 2	C64 × 16 × 16, K=3, S=2, ReLU C16 × 8 × 8, K=2, S=2, ReLU F10, softmax, cross-entropy loss		33%	35%
配置 3	C64 × 16 × 16, K=3, S=2, ReLU C16 × 8 × 8, K=2, S=2, ReLU F10, softmax, cross-entropy loss	Dropout=0.2 Dropout=0.2	30%	30%
配置 4	C64 × 32 × 32, K=4, S=1, ReLU C64 × 16 × 16, K=2, S=2, ReLU C32 × 16 × 16, K=3 S=1, ReLU MaxPool, K=2, S=2	Dropout=0.2 Dropout=0.2 Dropout=0.2 Dropout=0.2	14%	23%

（续）

配置	层	正规化	训练错误率	测试错误率
配置 4	F64, ReLU F10, softmax, cross-entropy loss		14%	23%
配置 5	C64 × 32 × 32, K=4, S=1, ReLU C64 × 16 × 16, K=2, S=2, ReLU C32 × 16 × 16, K=3 S=1, ReLU C32 × 16 × 16, K=3 S=1, ReLU MaxPool, K=2, S=2 F64, ReLU F64, ReLU F10, softmax, cross-entropy loss	Dropout=0.2 Dropout=0.2 Dropout=0.2 Dropout=0.2 Dropout=0.2 Dropout=0.2	20%	22%
配置 6	C64 × 32 × 32, K=4, S=1, tanh C64 × 16 × 16, K=2, S=2, tanh C32 × 16 × 16, K=3 S=1, tanh C32 × 16 × 16, K=3 S=1, tanh MaxPool, K=2, S=2 F64, tanh F64, tanh F10, softmax, MSE loss		4%	38%

注：MSE 为均方误差；ReLU 为校正线性单元。

配置 1 的实验结果如图 7-10 所示，可以看到有明显的过拟合，训练误差为 2%，但测试误差为 39%。

这种明显的过拟合往往表明模型过于复杂，其中的参数数量大到足以记忆整个训练集。因此，我们创建了配置 2，对两个卷积层采用较小的核，同时在第二个卷积层中减少通道。这样做可以使测试误差从 39% 下降到 35%，训练误差增加到 33%，这表明我们已经解决了大部分的过拟合问题。

另一个需要考虑的问题是应用正则化技术。在第 6 章中，我们介绍了 dropout 是一种用于全连接网络的有效技术。Srivastava 等人指出，卷积层本身有很强的正则化效应，dropout 对这类网络来说不一定是一种好技术（Srivastava, et al.，2014）。后来的研究证明，各种形式的 dropout 都能很好地用于卷积网络（Wu and Gu，2015）。正如实验所显示的，仅仅在两个卷积层之后各加入 20% 的规则 dropout，就可以将训练和测试误差都降低到 30%。

既然过拟合问题已经解决，下一步就是看看是否可以再次增加模型的大小，以进一步改善结果。在配置 4 中，我们做了一些改进，将第一个卷积层的核大小增加到 4 × 4，并将步长改为 1，这导致每个通道有 32 × 32 个神经元。我们增加了第三个卷积层，核大小为 3 × 3，步长为 1。

卷积层之后是一个最大池化操作，这需要进一步描述。正如之前所看到的，当增加卷积层的步长时，覆盖上一层所需的神经元数量就会减少。然而，需要注意，不要让步长大于核的大小，否则可能会忽略前一层中的一些像素 / 神经元。另一种减少神经元数量但不需要大的核尺寸的方法是使用最大池化操作。最大池化操作将多个神经元组合在一起，例如每个 2×2 神经元，并输出这四个神经元的最大值。在 2×2 池化的情况下，会将一个通道的输出数量（从而也将整个层的输出数量）减少了 4 倍，但没有任何需要学习的权重。这样做的影响是空间分辨率的下降；也就是说，我们不再能准确地知道在图像中的什么位置发现了一个特定的特征，但仍然知道该特征存在于应用池化的区域。这通常是可以接受的，因为确切的位置可能并不重要。例如，两只不同狗的耳朵之间会有不同距离。因此，只要能正确识别每只耳朵的大致位置，这就足以确定它们是否是一只狗的组成部分。图 7-11 说明了池化层结合了哪些神经元，并将卷积层与哪些神经元相关联。请注意，这些图并不代表卷积层和池化层，而是代表前面的层。左图显示卷积层将所有通道捆绑在一起，并将这些组合通道作为每个神经元的输入。池化层单独考虑前一层的每个通道。

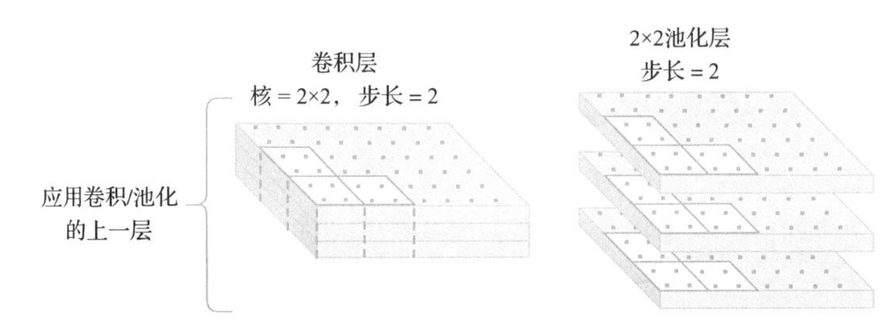

图 7-11　池化层的输入与卷积层输入的关系

最大池化是减少层数的一种方法，可以作为大的步长的替代方法。

卷积层结合了 C×K×K 神经元的输出，其中 C 是前一层的通道数，K×K 是核大小，图 7-11 的左图显示了三个通道和 2×2 核大小的情况。也就是说，12 个神经元的输出被捆绑在一起，输入到下一个卷积层的一个神经元。另一方面，最大池化层并不跨通道结合输出神经元，而只是在一个通道内。其结果是，池化操作 / 层的输出具有与前一层相同的通道数量。每个通道中的神经元数量较少，这也是引入最大池化操作的一个目的。考虑图 7-11 中右边的示例，它的步长为 2，因此，池化层输出的宽度和高度是前一层宽度和高度的一半。在最大池化层中组合每组四个神经元的方法是简单地选择最大值神经元的输出，而不是将所有的输出输入到一个神经元。

最大池化结合了一个通道内一组神经元的输出，而卷积核则结合了多个通道内一组神经元的输出。最大池化有时被认为是卷积层的一部分，有时被认为是一个单独层。

现在让我们回到配置 4，看看如何以及为什么使用最大池化层。我们把它放在了第一个全连接层之前，因此它使每个全连接神经元的输入数量减少了 4 倍，同时仍然使全连接神经元能够接收来自前一层中最兴奋神经元的信号。最大池化层也可以，而且通常也是在卷积层之前使用。

最大池化操作有时被视为前面卷积层的一部分，就像图 7-1 中 AlexNet 所示，其中它被表示为两个层的特性。另一种观点是把它视为网络中单独的一层。我们发现这更直观一些，所以通常就是这样画的。然而，请注意，在比较两个模型的深度时，通常只计算有可训练参数（权重）的层，所以在这种情况下，池化层通常不计算在内。在 Keras 中，最大池化操作被视为一个单独层，就像我们在这里描述的那样，只需一行代码就可以添加：

```
model.add(MaxPooling2D(pool_size=(2, 2), strides=2))
```

最后，配置 4 在输出层之前有一个额外的全连接层，有 64 个神经元。总之，这个更复杂的模型将训练误差降至 14%，测试误差降至 23%。

受到这些结果的鼓舞，在配置 5 中继续增加网络深度，添加了另一个卷积层。最终得到的训练误差是 20%，测试误差是 22%。这个更复杂模型的实现如代码段 7-4 所示。为了使代码更短，没有选择初始化器，而只是对不同的层使用默认的初始化器。

代码段 7-4　配置 5 的模型定义

```
from tensorflow.keras.layers import Dropout
from tensorflow.keras.layers import MaxPooling2D
...

model = Sequential()
model.add(Conv2D(64, (4, 4), activation='relu', padding='same',
                 input_shape=(32, 32, 3)))
model.add(Dropout(0.2))
model.add(Conv2D(64, (2, 2), activation='relu', padding='same',
                 strides=(2,2)))
model.add(Dropout(0.2))
model.add(Conv2D(32, (3, 3), activation='relu', padding='same'))
model.add(Dropout(0.2))
model.add(Conv2D(32, (3, 3), activation='relu', padding='same'))
model.add(MaxPooling2D(pool_size=(2, 2), strides=2))
model.add(Dropout(0.2))
model.add(Flatten())
model.add(Dense(64, activation='relu'))
model.add(Dropout(0.2))
model.add(Dense(64, activation='relu'))
model.add(Dropout(0.2))
model.add(Dense(10, activation='softmax'))
```

第 5 章中提出有许多方法支持实现 DL，例如 ReLU 激活函数和交叉熵损失，而不是均方误差（MSE）。为了验证这一点，采用与配置 5 中相同的网络，并将 ReLU 激活函数替换为 tanh，此外，将损失函数从交叉熵改为 MSE，并删除了 dropout 正则化，因为那是在 DL 热潮开始后发明的，结果如配置 6 所示。奇怪的是，测试误差只有 38%。虽然不如在配置 5 中取得的 22%，但考虑到随机挑选一个类别会产生 90% 的测试误差，这绝不是一场灾难。Goodfellow, Bengio, and Courville（2016）认为，神经网络成功的一个关键障碍是心理上的，即人们对这个想法没有足够的信心，不愿意花时间去实验不同的架构和参数，以获得好的结果。显然，考虑到计算机性能的发展，在 20 世纪 80 年代需要比现在更多的耐心。2021 年，在现代 GPU 上运行配置 5 的 20 个迭代只需要几分钟，而在 2014 年的笔记本电脑的 CPU 上运行则需要大约 10 个小时。现在想想在 1989 年运行它，这将意味着在一个单核 CPU 上运行，频率远远低于 100MHz。这让人们开始相信，DL 的真正推动者是低成本、基于 GPU 的高性能计算的出现。

CHAPTER 8

第8章 深度卷积神经网络和预训练模型

本章将介绍三个卷积神经网络（CNN）：VGGNet、GoogLeNet 和 ResNet。VGGNet（16 层）和 GoogLeNet（22 层）都是出现在 2014 年，在 ImageNet 数据集上的表现接近人类水平。VGGNet 的结构非常规整，而 GoogLeNet 看起来更复杂，但参数更少，并取得了更高的准确性。2015 年，这两个网络都被由 152 层组成的 ResNet-152 超越了。然而，在实践中，大多数人都选择使用 ResNet-50，它“只有”50 层。作为一个编程示例，我们展示了如何使用预训练的 ResNet 实现，以及如何使用它来对自己的图像进行分类。本章最后还将讨论 CNN 的其他方面。

本章包含了许多关于这些特定网络的详细信息。对图像分类不感兴趣的读者可能会发现其中一些细节很无趣。如果你有这种感觉，并且更希望继续学习循环神经网络和语言处理，那么你可以考虑略过本章。不过，你可能需要了解一下跳连接和迁移学习的概念，因为后面的章节会提到它们。

8.1 VGGNet

VGGNet 是由牛津大学的视觉几何小组（VGG）提出的。论文中描述该架构的一个主要目的是研究网络深度对 CNN 准确性的影响（Simonyan and Zisserman，2014）。为此，他们提出了一个架构，其中可以调整网络的深度，而不必调整其他参数，如核大小和步长。在所有卷积层中使用固定的 3 × 3 核大小，步长为 1。当使用步长为 1 时，假设使用了适当的填充，后续层的宽度和高度与前一层的宽度和高度相同。这样就可以使 VGGNet 变得任意地深，而不会遇到网络深层的宽度和高度变得太小的问题。

VGGNet 使用步长 1 来保持跨多层的宽度和高度尺寸。

就像其他 CNN 一样，我们仍然希望网络深层的高度和宽度减少，因为希望每个神经元通过分层组合较小的特征来识别较大的特征。VGGNet 通过在卷积层组之间使用最大池化层来解决这个问题。因此，VGGNet 中的一个典型构建模块是一组相同大小的卷积层，然后是一个最大池化层。如图 8-1 所示，该图显示了一个由两个卷积层和一个最大池化层组成的构建块。图的左边部分说明了每一层的输出尺寸，还显示了下一层的核是如何应用到前一层的。卷积核应用于前一层的所有通道，而最大池化是对每个通道进行单独操作。注意卷积层使用的填充，其中内核对缺失的像素进行操作。图的右边部分描述了每个层的细节（核的大小 / 步长 / 输出通道）。为了使其可视化，我们假设输入图像的尺寸非常小（8 × 6 像素），但在现实中，我们会使用更大的图像。同样，与真实网络相比，图中示例的通道数也非常有限。

这个图一开始可能会有点令人困惑，所以让我们走完每一步。我们从底部开始，有一个 8 × 6 像素的图像，每个像素有三个颜色通道。该图像上的白色斑块说明了 3 × 3 像素是如何与后续卷积层中的单个神经元所结合的。这个核对所有三个颜色通道进行操作。白色斑块还说明了卷积层在两个维度上步长都为 1。卷积层由四个通道组成，这导致了 8 × 6 × 4 的输出，在图中由最底层的一组蓝色方框表示。这些蓝框上面的白色斑块显示了这一层的输出是如何与第二个卷积层中的单个神经元所结合的。第二个卷积层由下一组蓝框表示，它们在图中被分开了一点，以便显示其输出是如何与随后的最大池化层所结合的。最大池化层对每个通道进行单独操作。最后，最上面的一组蓝框说明了最大池化层是如何将维数减少到 4 × 3 × 4 的。

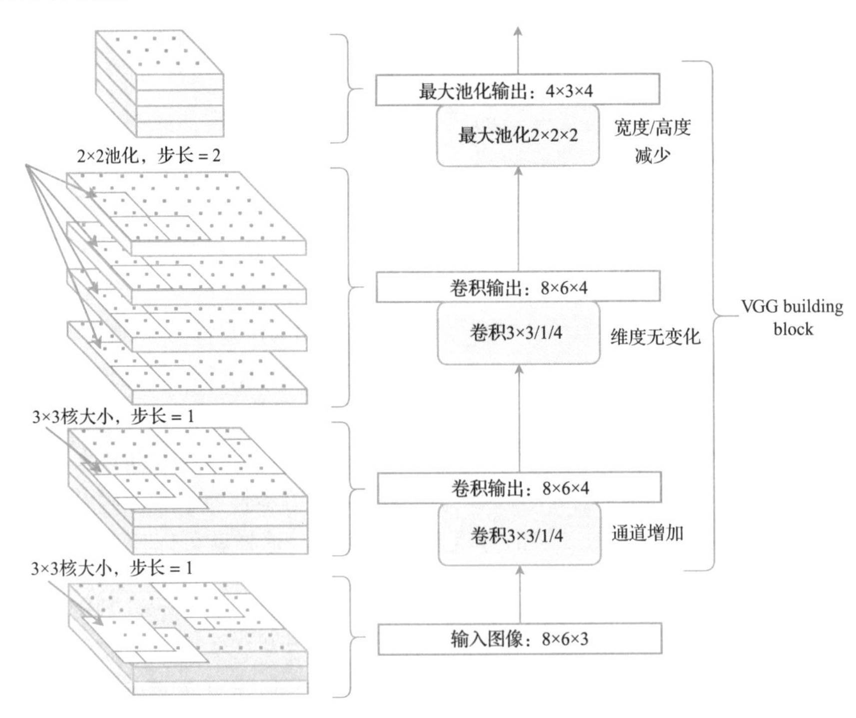

图 8-1　VGGNet 构建模块（见彩插）

与 AlexNet 中前几层的内核尺寸为 11 × 11 和 5 × 5 相比，VGGNet 的内核尺寸 3 × 3 相对较小。然而，如果把一组层放在一起考虑，那么相邻层的 3 × 3 内核将作为一个较大尺寸的单一内核。例如，一组两层中的第二层的单个神经元相对于第一层的输入将有一个 5×5 的接收域，因为该神经元接收来自 3×3 神经元的输入，而这些神经元又覆盖 5×5 像素的区域。同样，如果我们堆叠三层，那么第三层的神经元对于第一层的输入将有 7×7 的接收域。

VGGNet 论文中研究的不同配置都是从 64 个通道的卷积层开始的。对于每个最大的池化层，下一层的宽度和高度减半，随后的卷积层将通道数量增加一倍。通道数的上限为 512，池化之后的下一层的宽度和高度仍然减半，但通道数保持不变。所有卷积层的神经元都使用 ReLU 作为激活函数。表 8-1 显示了论文中评估的一些不同配置。从左到右阅读该表，与前一列相比的每个变化都以粗体字标出。所有的卷积层都使用 1 的步长，核的大小和通道数量都在表中进行了说明。

表 8-1　四种 VGGNet 配置

11 个权重层	13 个权重层	16 个权重层	19 个权重层
输入 RGB 图像（224×224×3）			
Conv 3×3/1/64	Conv 3×3/1/64 Conv 3×3/1/64	Conv 3×3/1/64 Conv 3×3/1/64	Conv 3×3/1/64 Conv 3×3/1/64
2×2/2 最大池化层			
Conv 3×3/1/128	Conv 3×3/1/128 Conv 3×3/1/128	Conv 3×3/1/128 Conv 3×3/1/128	Conv 3×3/1/128 Conv 3×3/1/128
2×2/2 最大池化层			
Conv 3×3/1/256 Conv 3×3/1/256	Conv 3×3/1/256 Conv 3×3/1/256	Conv 3×3/1/256 Conv 3×3/1/256 Conv 1×1/1/256	Conv 3×3/1/256 Conv 3×3/1/256 Conv 3×3/1/256 Conv 3×3/1/256
2×2/2 最大池化层			
Conv 3×3/1/512 Conv 3×3/1/512	Conv 3×3/1/512 Conv 3×3/1/512	Conv 3×3/1/512 Conv 3×3/1/512 Conv 1×1/1/512	Conv 3×3/1/512 Conv 3×3/1/512 Conv 3×3/1/512 Conv 3×3/1/512
2×2/2 最大池化层			
Conv 3×3/1/512 Conv 3×3/1/512	Conv 3×3/1/512 Conv 3×3/1/512	Conv 3×3/1/512 Conv 3×3/1/512 Conv 1×1/1/512	Conv 3×3/1/512 Conv 3×3/1/512 Conv 3×3/1/512 Conv 3×3/1/512
2×2/2 最大池化层			
全连接层，4,096			
全连接层，4,096			
全连接层，1,000 带有 softmax			

注：所有卷积层的步长都为 1。每个单元中声明了核大小和输出的通道数。Conv 为卷积。

有些配置使用 1×1 卷积，它只考虑前一层中每个通道的单一输出。乍一看，这似乎很奇怪。对单个神经元进行卷积有什么好处？要记住的是，卷积不仅要结合相邻的像素 / 神经元，还要结合多个通道的像素 / 神经元。我们可以使用 1×1 卷积来增加或减少通道的数量，因为卷积层中输出通道的数量与核大小、前一层的通道数都无关。VGGNet 并没有利用这一特性，但我们很快就会看到 GoogLeNet 和 ResNet 都使用了这一特性。在三通道图像输入上直接使用 1×1 卷积是不常见的，更常见的是在网络深处使用这种操作，因为那里的通道数更多。

1×1 卷积可以用来增加或减少通道的数量。

VGGNet 研究的一些关键结果是，预测准确率确实随着模型深度的增加而增加，直到 16 层，但随后趋于平缓，到 19 层时基本相同。池化层不包括在这些计数中，因为它们不包含可以训练的权重。2014 年 ImageNet 挑战赛中，最佳 VGGNet 分类配置的前 5 名错误率[⊖]为 7.32%，相比之下，AlexNet 的这一比例为 15.3%。

8.2　GoogLeNet

GoogLeNet 的前身是一个名为 Inception 的网络架构（Szegedy, Liu, et al.，2014）。乍一看，它比 AlexNet 和 VGGNet 要复杂和不规则得多，因为使用了一个叫做 Inception 模块的构件，它本身就是一个小网络。这是一个“网中网”架构的例子，其中一个小网络被用作另一个网络的构建模块（Lin, Chen, and Yan，2013）。Lin 和他的同事曾研究过 CNN 的网中网架构，其中卷积层中的每个神经元都被一个小型的多级网络所取代，其作用与单个神经元相同。就像传统的卷积层一样，这个小型多级网络将在整个卷积层中共享权重。其效果等同是一个卷积层，但单层有能力对不可线性分离的特征进行分类，这对于单个传统卷积层来说是不可能实现的。

GoogLeNet 使用的 Inception 模块具有不同的目的，它建立了一个卷积层，可以同时处理多个接收域的大小。直观地说，这很有用，因为很少有特定物体（如猫）的实例在所有图像中都是相同大小的。即使在一张图片中，由于它们与相机的距离不同，多个类似对象（一张有多只猫的图片）也可能出现不同的尺寸。因此，一个在感受野大小上具有灵活性的网络是很有用的。Inception 模块通过让具有不同内核大小的多个卷积层并行工作来解决感受域大小的灵活性问题，每个卷积层都会产生若干个输出通道。只要输出通道的宽度和高度相同，这些输出通道就可以简单地串联起来，就像它们来自一个卷积层一样。例如，我们可能有 32 个通道来自 3×3 核大小的卷积层，32 个通道来自 5×5 核大小的卷积层，而整个 Inception 模块将输出 64 个通道。图 8-2 直观显示了 Inception 模块的概念结构，但使用了使其实际可视化的参数。

GoogLeNet 中使用的 Inception 模块提供了处理多种接收域大小的能力。

⊖　前 5 名错误率被定义为测试图像的百分比，其中正确的类别不在网络预测为最可能的五个类别中。

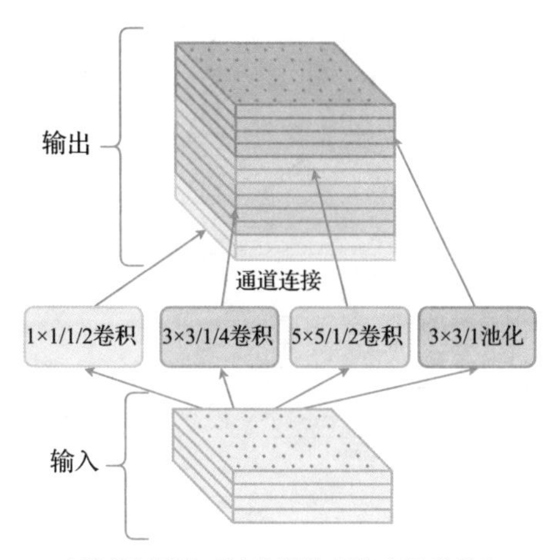

a) 简单版模块（池化操作的输出通道数与输入通道数是一样的）

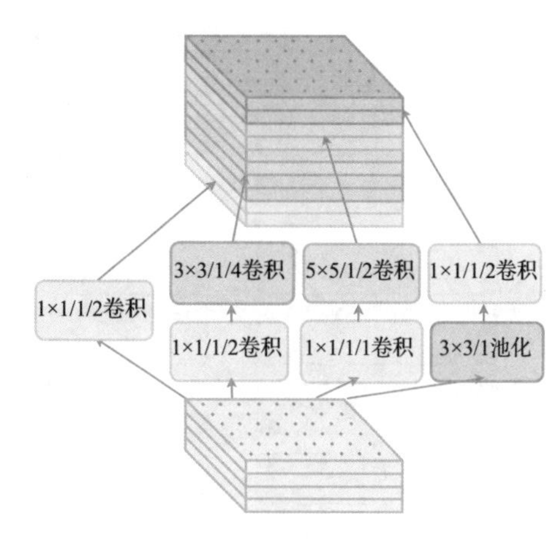

b) 具有 1×1 卷积的真实版模块（减少了宽卷积的权重数量，使池化操作的输出通道数量与输入通道的数量无关）

图 8-2　Inception 模块（颜色编码与原始图像中的 RGB 没有关系，只是表示一个通道来自哪个模块）

我们从图 8-2a 开始描述。可以看到，Inception 模块由四个不同的部分组成：1×1 卷积、3×3 卷积、5×5 卷积和 3×3 最大池化。与 VGGNet 一样，选择的步长是 1，这导致 Inception 模块的输出与它的输入具有相同的宽度和高度。在我们迄今为止看到的网络中，最大池化操作被用来减少输出的宽度和高度，但是 Inception 模块中的最大池化操作通过使用步长为 1 来保持不变。以这种方式使用最大池化的原因很简单，因为最大池化在最先进的网络中已经被证明是有用的。因此，以这种方式尝试也是有意义的。

然后我们转到图 8-2b，它是代替简单版建立的 Inception 模块的架构图，图中模块的参数是为了实现可视化而选择的。简单版的一个问题是它所引入的参数数量。正如第 7 章中所述，卷积层的权重数量与内核大小、前一层的通道数成正比。此外，最大池化层的输出通道数量与输入通道的数量相同。为了保持较低的权重数量，Inception 模块在 3×3 和 5×5 卷积之前使用了 1×1 卷积，这样可以减少这些卷积核的输入通道数。同样地，为了避免过多的输出通道，对最大池化操作的输出应用 1×1 卷积。通过这些 1×1 卷积，我们就可以完全控制 3×3 和 5×5 内核的输入通道数，以及 Inception 模块的总输出数量，从而隐含地控制需要训练的权重数量。

GoogLeNet 还使用了另一种我们尚未见过的机制。为了能够训练更深的网络，Szegedy、Liu 及其同事（2014）在网络的不同点上增加了辅助分类器。辅助分类器类似通常会放在网络顶部的全连接层和 Softmax 层[⊖]，计算我们试图预测的不同类别的概率。图 8-3 说明了如何用辅助分类器来扩展一个网络。

⊖ 事实上，它们使其比这两个层更复杂一些，但这与本次讨论无关。

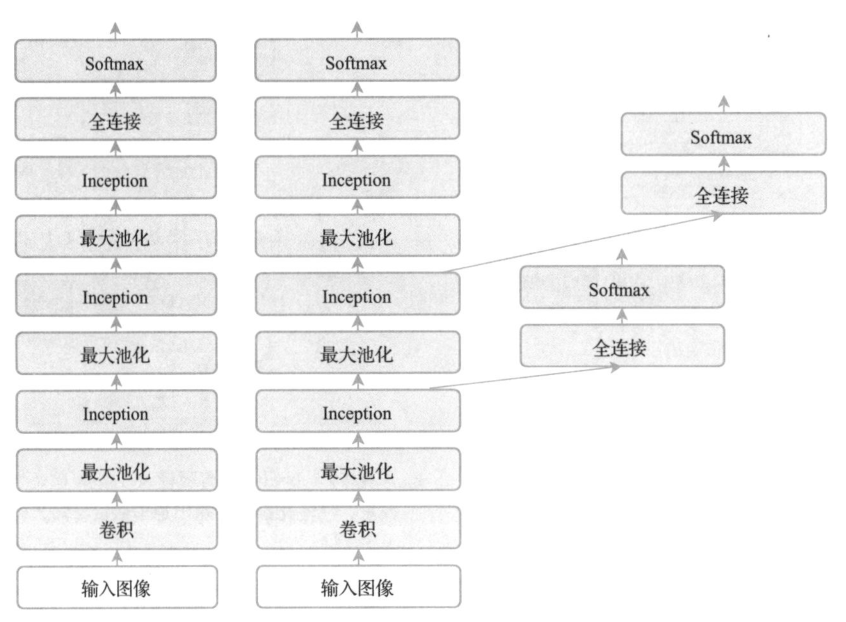

a）基于Inception模块的基线网络　　b）用辅助分类器增强的同一网络

图　8-3

这些辅助分类器的目的是在训练过程中能够在这些中间点注入梯度，从而确保强大的梯度传播到最初的几层。辅助分类器也鼓励训练网络的初始层，使其与它们在较浅网络中的行为相似。GoogLeNet 架构见表 8-2，没有展示辅助分类器。

辅助分类器在训练过程中在网络中间注入梯度。

表 8-2　GoogLeNet 架构

<table>
<tr><th>层类型</th><th colspan="4">详细信息</th><th>输出大小</th></tr>
<tr><td>输入</td><td colspan="4">RGB 图像</td><td>224 × 224 × 3</td></tr>
<tr><td>卷积</td><td colspan="4">7 × 7/2/64</td><td>112 × 112 × 64</td></tr>
<tr><td>最大池化</td><td colspan="4">3 × 3/2</td><td>56 × 56 × 64</td></tr>
<tr><td>卷积</td><td colspan="4">1 × 1/1/64</td><td>56 × 56 × 64</td></tr>
<tr><td>卷积</td><td colspan="4">3 × 3/1/192</td><td>56 × 56 × 192</td></tr>
<tr><td>最大池化</td><td colspan="4">3 × 3/2</td><td>28 × 28 × 192</td></tr>
<tr><td rowspan="3">Inception</td><td rowspan="2">1 × 1/1/64</td><td>1 × 1/1/96</td><td>1 × 1/1/16</td><td>3 × 3/1 pool</td><td rowspan="3">28 × 28 × 256</td></tr>
<tr><td>3 × 3/1/128</td><td>5 × 5/1/32</td><td>1 × 1/1/32</td></tr>
<tr><td colspan="4">通道连接</td></tr>
<tr><td rowspan="3">Inception</td><td rowspan="2">1 × 1/1/128</td><td>1 × 1/1/128</td><td>1 × 1/1/32</td><td>3 × 3/1 pool</td><td rowspan="3">28 × 28 × 480</td></tr>
<tr><td>3 × 3/1/192</td><td>5 × 5/1/96</td><td>1 × 1/1/64</td></tr>
<tr><td colspan="4">通道连接</td></tr>
<tr><td>最大池化</td><td colspan="4">3 × 3/2</td><td>14 × 14 × 280</td></tr>
</table>

（续）

层类型	详细信息				输出大小
Inception	1 × 1/1/192	1 × 1/1/96	1 × 1/1/16	3 × 3/1 pool	14 × 14 × 512
		3 × 3/1/208	5 × 5/1/47	1 × 1/1/64	
	通道连接				
Inception	1 × 1/1/160	1 × 1/1/112	1 × 1/1/24	3 × 3/1 pool	14 × 14 × 512
		3 × 3/1/224	5 × 5/1/64	1 × 1/1/64	
	通道连接				
Inception	1 × 1/1/128	1 × 1/1/128	1 × 1/1/24	3 × 3/1 pool	14 × 14 × 512
		3 × 3/1/256	5 × 5/1/64	1 × 1/1/64	
	通道连接				
Inception	1 × 1/1/112	1 × 1/1/144	1 × 1/1/32	3 × 3/1 pool	14 × 14 × 512
		3 × 3/1/288	5 × 5/1/64	1 × 1/1/128	
	通道连接				
Inception	1 × 1/1/256	1 × 1/1/160	1 × 1/1/32	3 × 3/1 pool	14 × 14 × 832
		3 × 3/1/320	5 × 5/1/128	1 × 1/1/128	
	通道连接				
最大池化	3 × 3/2				7 × 7 × 832
Inception	1 × 1/1/256	1 × 1/1/160	1 × 1/1/32	3 × 3/1 pool	7 × 7 × 832
		3 × 3/1/320	5 × 5/1/128	1 × 1/1/128	
	通道连接				
Inception	1 × 1/1/384	1 × 1/1/192	1 × 1/1/48	3 × 3/1 pool	7 × 7 × 1,024
		3 × 3/1/384	5 × 5/1/128	1 × 1/1/64	
	通道连接				
Avg pool	7 × 7/1				1,024
Dropout	40%				1,024
FC(softmax)	1,000				1,000

注：卷积层的参数显示为核大小 / 步长 / 通道（即 3 × 3/1/64 表示 3 × 3 核大小，步长为 1，64 通道）。池化层有相同格式，但没有通道参数。所有卷积层都使用校正线性单元（ReLU）。

总而言之，GoogLeNet 证明了有可能利用更精细的架构来构建具有相对较少权重的深度、高性能网络。2014 年 ImageNet 分类挑战赛中，22 层网络取得了 6.67% 的前 5 名误差，比 VGGNet 略好。

8.3　ResNet

残差网络（ResNet）的引入是为了解决深度网络难以训练的问题（He et al.，2015a）。我们之前讨论过，训练深度网络的一个障碍是梯度消失问题。然而，事实证明，即使在通过正确初始化权重、应用批量归一化和在网络内部使用校正线性单元（ReLU）的神经元来解决梯度消失问题后，深度网络仍然存在学习问题。

他和同事们观察到，当把网络深度从 18 层增加到 34 层时，尽管在训练过程中似乎整个网络都有一个健康的梯度，但训练误差还是增加了。如果只是测试误差增加，那么这是一个过拟合的迹象。而训练误差的增加表明，这个更复杂的模型根本无法学习到它本应该能够学习的东西，因为它的学习能力严格高于 18 层的模型。举例来说，如果 34 层模型前 18 层的权重与 18 层模型的权重相同，而最后 16 层的权重应用了单位函数，那么 34 层模型应该与 18 层模型相同，但由于某些原因，学习算法没有设法达成这样的解决方案。

ResNet 通过使用一种称为跳连接的机制来解决这个问题，这使得网络很容易学习到单位函数。显然，建立一个非常深的网络，其中许多层不改变输出，这将是一种浪费，但这里的想法是，后面各层的最佳解决方案可能接近单位函数，因为只需要微调就可以提高准确性。因此，通过使各层容易学习到接近单位函数的东西，学习算法将在一个可能包含好的解决方案的空间中开始搜索解决方案。

ResNet 旨在使学习算法在深度网络中更容易找到一个好的解决方案，它通过引入跳连接来实现这一点。

图 8-4 显示了一个可用于 ResNet 的构建块，包含两个堆叠的层，有一个额外的跳连接，绕过了两层的大部分。从图中可以看出，第一层的输入（$\boldsymbol{x}$）被添加到第二层产生的加权和中，然后该和被送入第二层的激活函数。

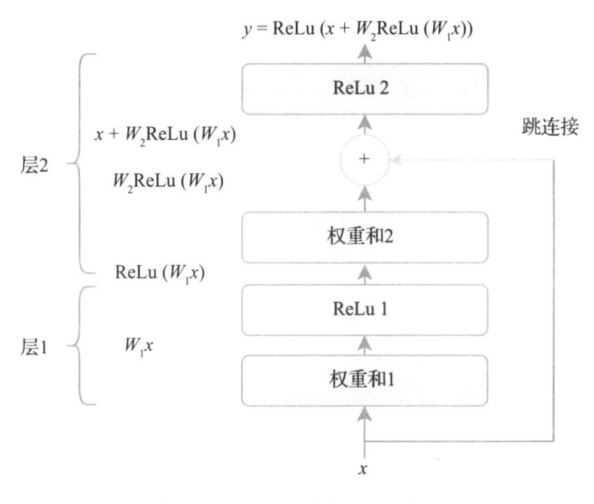

图 8-4　带跳连接的构建块

假设这两层是全连接层，输出数量与输入数量相同，上面的构建块可以用矩阵和向量来表示，如下所示：

$$\boldsymbol{y} = \mathrm{ReLu}(\boldsymbol{x} + \boldsymbol{W}_2\,\mathrm{ReLu}(\boldsymbol{W}_1\boldsymbol{x}))$$

最内层的向量—矩阵乘积（使用矩阵 $\boldsymbol{W}_1$）表示第一层计算的加权和，然后将第一层的 ReLU 激活函数的输出向量乘以矩阵 $\boldsymbol{W}_2$ 来计算第二层的加权和。他和其同事（2015a）假设，在这种安排下，学习算法很容易在单位映射是所期望行为的情况下将权重推至接近 0。那么表达式简化为：

$$\boldsymbol{y} = \mathrm{ReLu}(\boldsymbol{x})$$

一个合理的问题是，跳连接是否以某种方式破坏了网络的非线性，使其更加线性？然而，情况并非如此。假设我们想让模块学习操作，以便对第二个 ReLU 函数的输入建模为一个任意函数 $f(x)$。添加跳连接会改变目标，转而尝试学习函数 $f(x)-x$，因为添加 x 后的结果是一样的。如果网络能够对 $f(x)$ 进行建模，就没有理由相信它不能对 $f(x)-x$ 进行建模，所以跳连接不应该从根本上改变网络能够建模的函数类型。

下面我们描述如何修改图 8-4 所示的构建模块，使其适用于卷积层，以及一个层中的输出数与输入数不同的情况，但我们首先看一下残差网络的基本架构。该基本架构受 VGGNet 的启发，由几组堆叠的核大小为 3 × 3 的卷积层组成，步长为 1，输出通道的数量与输入通道的数量相同。与 VGGNet 一样，ResNet 会定期引入层，使宽度和高度减半，同时将输出通道的数量增加一倍。然而，VGGNet 通过使用最大池化来减少维度，而 ResNet 在需要降维的卷积层中使用的步长为 2，因此不需要进行最大池化。另一个区别是，ResNet 在每个卷积层之后都采用了批归一化。这两个区别都与跳连接无关，跳连接是 ResNet 的关键区别因素。图 8-5 显示了没有跳连接的基线网络和有跳连接的 ResNet 式网络。虚线的跳连接表示该块的输入和输出尺寸不匹配（细节将在本章后面讨论）。该图进行了简化，没有明确显示在跳连接后应用的激活函数。

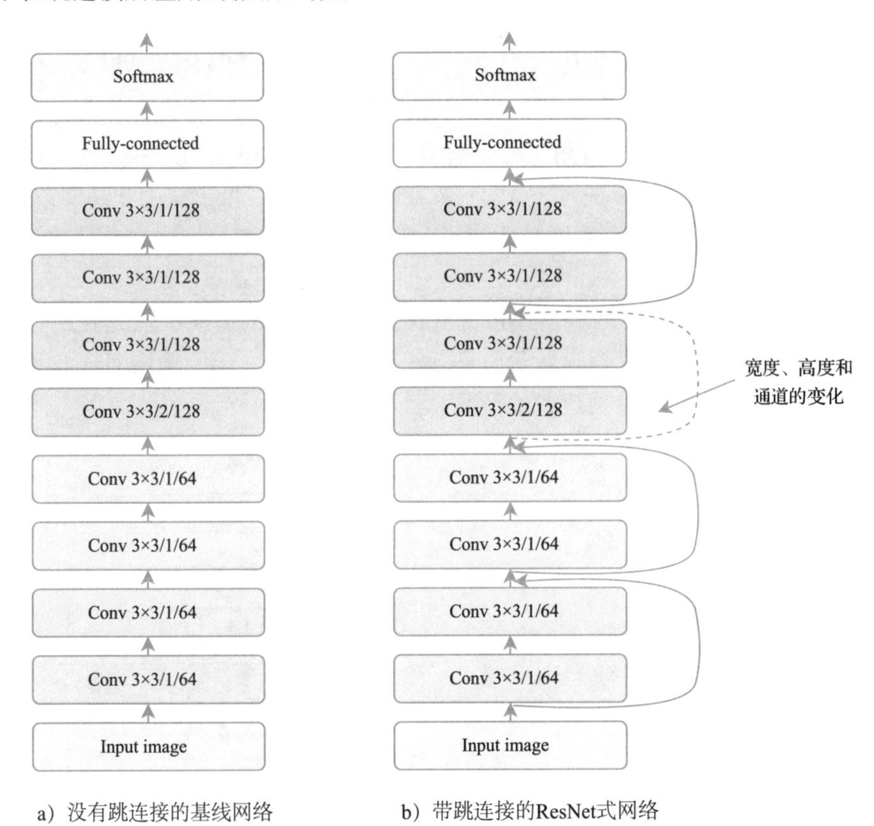

a）没有跳连接的基线网络　　b）带跳连接的ResNet式网络

图 8-5

如图 8-5 所示，有两种类型的跳连接。第一种（实线）将给定大小的输入连接到相同大小的输出，第二种（虚线）将给定大小的输入连接到不同大小的输出，它们都适用于具有三维结构（宽 × 高 × 通道）的卷积层。下面的公式显示了当输入和输出的大小相同时，如何为两个卷积层定义跳连接，其中 w、h 和 c 分别代表宽度、高度和通道数。也就是说，我们只是简单地从输入张量中的一个给定坐标到输出张量中的相应坐标应用一个跳连接。

$$y_{i,j,k} = \mathrm{ReLu}(x_{i,j,k} + F_{i,j,k}(\boldsymbol{x})),\ i=1,\cdots,w,\ j=1,\cdots,h,\ k=1,\cdots,c$$

这相当于我们对全连接层的定义，但那里的输入是一个一维向量，而不是一个三维张量。此外，我们没有明确写出各层的公式，而是用函数 $F(\boldsymbol{x})$ 代替了该公式，它表示第一层，包括一个激活函数，然后是第二层，不包含激活函数。

一个显而易见的问题是，当输出张量与输入张量的维度不同时，这个公式如何改变。特别是在 ResNet 情况下，输出张量的宽度和高度是输入张量的一半，而且通道数增加了一倍。这里有一个简单的解决方案，其中 w、h 和 c 代表宽度、高度和通道数，并加上一个下标，详细说明一个变量是指该块的输入张量还是输出张量。

$$y_{i,j,k} = \begin{cases} \mathrm{ReLu}(x_{2i,2j,k} + F_{i,j,k}(\boldsymbol{x})),\ i=1,\cdots,w_{out}, j=1,\cdots,h_{out}, k=1,\cdots,c_{in} \\ \mathrm{ReLu}(F_{i,j,k}(\boldsymbol{x})),\ i=1,\cdots,w_{out}, j=1,\cdots,h_{out}, k=c_{in}+1+\cdots+c_{out} \end{cases}$$

因为输出通道的数量增加了一倍，我们只需对前一半的输出通道进行跳连接。在公式中，通过让第一行（有跳连接）应用于输出通道的前一半（1,⋯, c_{in})，第二行（没有跳连接）应用于输出通道的剩余一半（$c_{in}+1+\cdots+c_{out}$）来实现的。同样，由于宽度和高度被切成两半，所以我们只对输入张量中宽度和高度维度的每一个元素做跳连接（通过在公式中第一行使用下标 $2i$ 和 $2j$ 来实现）。

事实证明，比起只对一半的输出通道进行跳连接，更好的解决办法是在跳连接上使用 1×1 卷积，从跳连接本身扩大通道数量。图 8-6 显示了只有一半的输出通道有跳连接的情况和使用 1×1 卷积扩大跳连接通道数的情况。

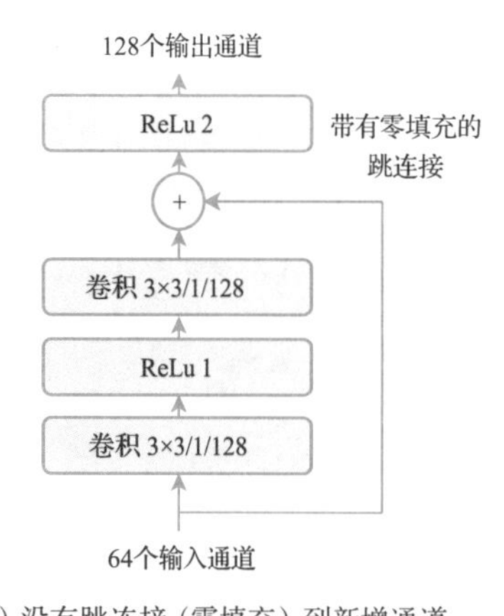

a）没有跳连接（零填充）到新增通道

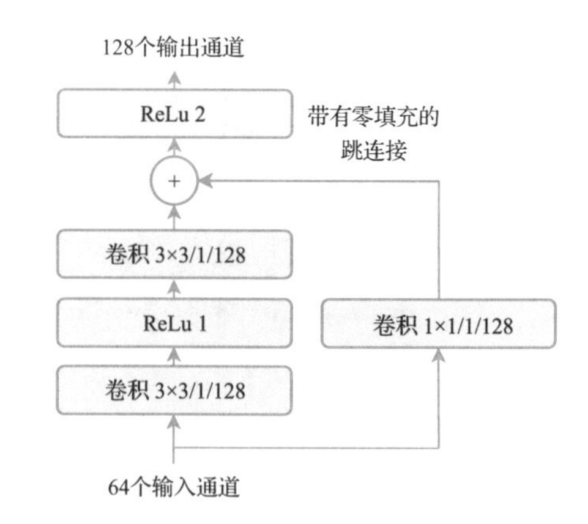

b）通过使用 1×1 卷积来扩展跳连接的通道数

图 8-6　输出通道多于输入通道的卷积层的跳连接（也就是被表示为虚线跳连接的情况）

还有其他方案也可以实现所有输出通道的跳连接，并避免丢失一些输入。在 ResNet 的原始论文中显示了另一个这样的方案，更详细的评估可以参考随后的论文（He et al.，2016）。

更详细的跳连接细节是值得深入阅读的一个主题（He et al.，2016）。

我们几乎已经准备好展示一些不同的 ResNet 的最终拓扑，但首先展示构建块的另一个变体，并指出更多省略的细节。为了让具有更多通道的深层网络的使用变得切实可行，我们使用了类似 GoogLeNet 展示的技巧。我们可以使用 1×1 卷积暂时减少通道数，以减少 3×3 卷积层中所需的权重数，然后使用另一层 1×1 的卷积再次增加通道数。此构建块如图 8-7 所示。

ResNet 使用 1×1 卷积来减少要学习的权重数。

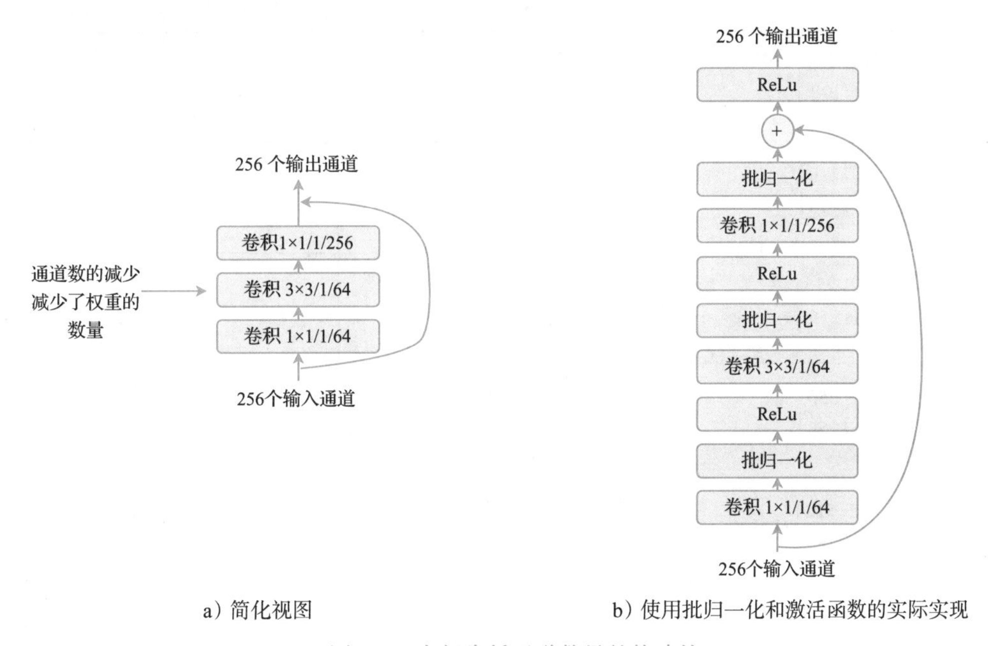

a）简化视图　　b）使用批归一化和激活函数的实际实现

图 8-7　内部降低通道数量的构建块

图 8-7a 显示了图 8-5 中使用的简化版的构建块。图 8-7b 显示了实际的实现，在最终激活函数之前添加了跳连接，还显示了构建块在激活函数之前使用了批归一化。批归一化也适用于更简单的两层情况（没有 1×1 卷积）。最后在输出通道数大于输入通道数的情况下，跳连接将采用 1×1 卷积，以避免零填充（参见图 8-6）。

使用这些技术，我们现在可以定义一些不同的 ResNet 实现，如表 8-3 所示。我们的表与原始论文中的表有些不同，因为我们明确地表明了层中步长为 2，He 和其同事在文本描述中指出了这一点。

他和他的同事在 2015 年的 ImageNet 分类挑战中使用了几个不同的 ResNet 组合，指出了前 5 名误差为 3.57%。也就是说，从 2012 年引入 AlexNet 开始，我们已经从使用 7 层网络的 15.3% 的前 5 名误差变成了使用多达 152 层网络的 3.57% 的前 5 名误差。为了说明这一点，2012 年提交的第二优成绩取得了 26.2% 的前 5 名误差，这说明了 DL 在短短三年内在这个问题领域取得了显著进步。现在来看一个编程示例，在这个示例中，我们使用预训练的 ResNet 对图像进行分类。

表 8-3 ResNet 架构

34 层	50 层	152 层
卷积 7 × 7/2/64 最大池化 3 × 3/2		
卷积$\begin{bmatrix}3\times3/1/64\\3\times3/1/64\end{bmatrix}\times3$	卷积$\begin{bmatrix}1\times1/1/64\\3\times3/1/64\\1\times1/1/256\end{bmatrix}\times3$	卷积$\begin{bmatrix}1\times1/1/64\\3\times3/1/64\\1\times1/1/256\end{bmatrix}\times3$
卷积$\begin{bmatrix}3\times3/2/128\\3\times3/1/128\end{bmatrix}\times1$	卷积$\begin{bmatrix}1\times1/2/128\\3\times3/1/128\\1\times1/1/512\end{bmatrix}\times1$	卷积$\begin{bmatrix}1\times1/2/128\\3\times3/1/128\\1\times1/1/512\end{bmatrix}\times1$
卷积$\begin{bmatrix}3\times3/1/128\\3\times3/1/128\end{bmatrix}\times3$	卷积$\begin{bmatrix}1\times1/1/128\\3\times3/1/128\\1\times1/1/512\end{bmatrix}\times3$	卷积$\begin{bmatrix}1\times1/1/128\\3\times3/1/128\\1\times1/1/512\end{bmatrix}\times7$
卷积$\begin{bmatrix}3\times3/2/256\\3\times3/1/256\end{bmatrix}\times1$	卷积$\begin{bmatrix}1\times1/2/256\\3\times3/1/256\\1\times1/1/1{,}024\end{bmatrix}\times1$	卷积$\begin{bmatrix}1\times1/2/256\\3\times3/1/256\\1\times1/1/1{,}024\end{bmatrix}\times1$
卷积$\begin{bmatrix}3\times3/1/256\\3\times3/1/256\end{bmatrix}\times5$	卷积$\begin{bmatrix}1\times1/1/256\\3\times3/1/256\\1\times1/1/1{,}024\end{bmatrix}\times5$	卷积$\begin{bmatrix}1\times1/1/256\\3\times3/1/256\\1\times1/1/1{,}024\end{bmatrix}\times35$
卷积$\begin{bmatrix}3\times3/2/512\\3\times3/1/512\end{bmatrix}\times1$	卷积$\begin{bmatrix}1\times1/2/512\\3\times3/1/512\\1\times1/1/2048\end{bmatrix}\times1$	卷积$\begin{bmatrix}1\times1/2/512\\3\times3/1/512\\1\times1/1/2048\end{bmatrix}\times1$
卷积$\begin{bmatrix}3\times3/1/512\\3\times3/1/512\end{bmatrix}\times2$	卷积$\begin{bmatrix}1\times1/1/512\\3\times3/1/512\\1\times1/1/2048\end{bmatrix}\times2$	卷积$\begin{bmatrix}1\times1/1/512\\3\times3/1/512\\1\times1/1/2048\end{bmatrix}\times2$
Avg pool 7 × 7/1		
FC softmax 1000		

注：括号内的每个构建块都采用了跳连接，并按表中所述进行复制。改变输出通道数量层的跳连接，使用 1 × 1 卷积，如图 8-6b 所示。此外，批归一化应用于卷积层，如图 8-7b 所示。

8.4 编程示例：使用预先训练的 ResNet 实现

因为训练像 ResNet-50 这样的模型需要很长时间，所以我们的编程示例使用了一个已经训练过的模型，使用它对图 8-8 所示的狗和猫进行分类。从代码段 8-1 中的一些导入语句开始。

代码段 8-1 ResNet 示例的初始化代码

```
import numpy as np
from tensorflow.keras.applications import resnet50
from tensorflow.keras.preprocessing.image import load_img
```

```
from tensorflow.keras.preprocessing.image import img_to_array
from tensorflow.keras.applications.resnet50 import \
    decode_predictions
import matplotlib.pyplot as plt
import tensorflow as tf
import logging
tf.get_logger().setLevel(logging.ERROR)
```

在代码段 8-2 中，我们使用函数 load_img 加载其中一个图像，该函数将返回一个 PIL 格式的图像。我们指定将图片缩放到 224×224 像素，因为这是 ResNet-50 实现所期望的。然后将图像转换为 NumPy 张量，以便能够将其呈现给网络。网络需要一个多图像的数组，因此添加了第四维，至此得到一个具有单元素的图像数组。

图 8-8　尝试被分类的狗和猫

代码段 8-2　加载图像并转换为张量

```
# 下载图片并转换为 4 维张量
image = load_img('../data/dog.jpg', target_size=(224, 224))
image_np = img_to_array(image)
image_np = np.expand_dims(image_np, axis=0)
```

代码段 8-3 显示了如何使用 ImageNet 数据集训练权重并加载 ResNet-50 模型。正如在前面的示例中所做的那样，标准化输入图像，因为 ResNet-50 模型希望数据是标准化的。使用来自用于训练模型的训练数据集的参数，采用函数 preprocess_input 进行标准化。通过调用 model.predict() 将图像呈现给网络，然后在第一次调用 decode_prediction() 之后输出预测，decode_ prediction() 以文本形式检索标签。

代码段 8-3　加载网络、预处理和图像分类

```
# 下载预训练模型
model = resnet50.ResNet50(weights='imagenet')
# 数据标准化
X = resnet50.preprocess_input(image_np.copy())
# 预测
y = model.predict(X)
predicted_labels = decode_predictions(y)
print('predictions = ', predicted_labels)

# 显示图像
plt.imshow(np.uint8(image_np[0]))
plt.show()
```

狗图片的预测输出是：

```
predictions =  [[('n02091134', 'whippet', 0.4105768),
('n02115641', 'dingo', 0.07289727), ('n02085620', 'Chihuahua',
0.052068174), ('n02111889', 'Samoyed', 0.04776454),
('n02104029', 'kuvasz', 0.038022097)]]
```

这意味着网络预测狗是'whippet'（一种狗）的概率为41%，野狗的概率为7.3%，吉娃娃的概率为5.2%等。我们碰巧知道照片中的狗是吉娃娃、杰克·拉塞尔梗犬、迷你贵宾犬和其他一些品种的混合体，所以至少吉娃娃的预测是有道理的。这也说明了为什么在ImageNet挑战中，大约5%的前5个误差等同于人类级别的能力。这些类别非常详细，因此很难精确地确定一个物体的确切类别。

将我们的网络应用于猫的图片中，会得到以下输出：

```
predictions =  [[('n02123045', 'tabby', 0.16372949),
('n02124075', 'Egyptian_cat', 0.107477844), ('n02870880',
'bookcase', 0.10175342), ('n03793489', 'mouse', 0.059262287),
('n03085013', 'computer_keyboard', 0.053496547)]]
```

我们看到网络正确地将猫归类为'tabby'的概率最高，还看到计算机键盘在列表中，这也是正确的，因为背景中有一个键盘。起初网络可能会把猫误认为是鼠标（概率为5.9%），这似乎有些令人困惑，但当我们查找类别n03793489时，发现它指的是计算机鼠标，虽然图片中没有计算机鼠标，但有足够的计算机相关项目可以证明网络为什么会犯这样的错误。编程示例到此结束，现在我们继续描述一些其他相关技术，以总结CNN的主题。

8.5　迁移学习

在前面的编程示例中，我们使用了一个预处理模型，并将其应用于经过训练后要解决的相同类型的问题。在本节中，将讨论两种相关技术，一种是从预训练模型开始，然后用自己的数据进一步训练。另一种选择是在自己的模型中使用预训练模型的一部分作为构建块，以解决不同但相关的问题。

我们首先看一个简单例子，从预训练模型开始，然后继续用自己的数据对同一问题类型进行训练，也称为微调。如果自己的数据集大小有限，这通常是有益的。即使你有一个大数据集，从预训练模型开始仍然是有益的，因为它可以减少使用自己的数据训练它的时间。

在许多情况下，手头的问题与网络最初的训练目的有关，但仍有一些不同。例如假设你有十只狗（也许你在经营一家犬舍），需要区分不同个体，其中一些是同一品种，这显然是一个分类问题，但使用经过ImageNet训练的具有1000个类别的网络是行不通的。取而代之的是，需要一个网络将一张图片分类为十只特定的狗之一，这可以通过迁移学习来实现。它包括获取一个模型或模型的一部分，该模型是为一项任务训练的，然后使用它来解决一个不同但相关的任务。这个想法是，为最初任务所学到的一些技能可以延续（迁移），并适用于新任务。在本例中，我们可以使用本章中一个卷积网络的预训练版本，并将最后的一些层替换为我们自己的层，这些层以 10 个输出 Softmax 层结束。然后，我们在自己的包含希望网络分类这十只狗的数据集上训练这个模型。受益于卷积层已经具有识别特定特征能力这个事实，这些特征对于识别不同类型的狗很有用。图 8-9 说明了采用预训练网络并替换某些层的过程。

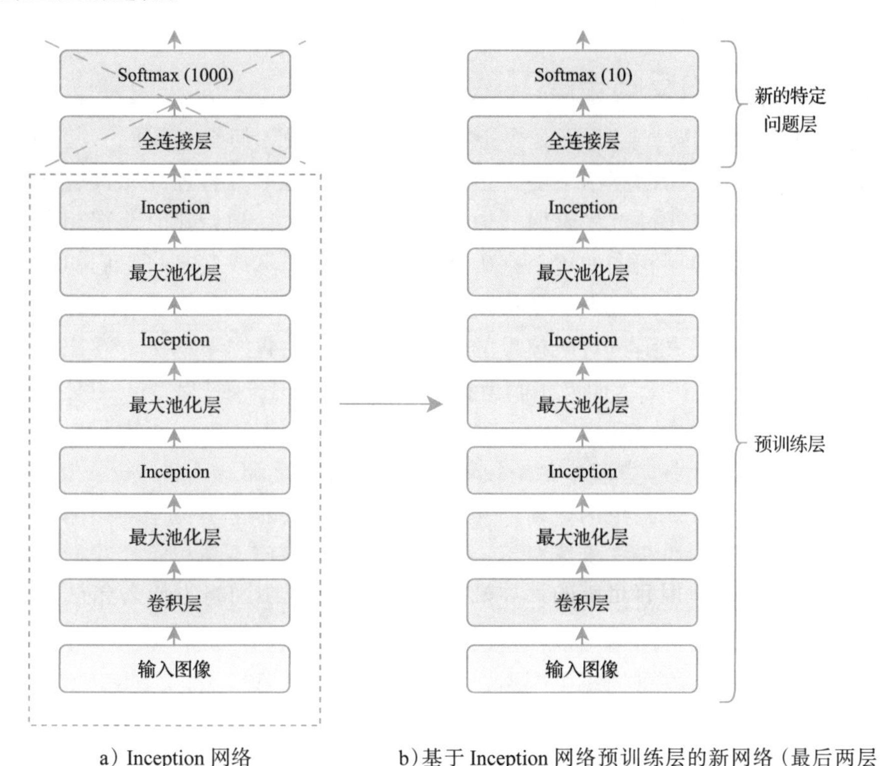

a）Inception 网络

b）基于 Inception 网络预训练层的新网络（最后两层被针对新问题进行训练的新层所取代）

图 8-9 迁移学习

有几个实际细节值得一提。当训练开始时，预训练模型的各层已经在一个大型数据集上进行了多次迭代训练，而最终层中的权重完全是随机的。如果我们继续在自己的数据集上进行训练，那么学习算法就有可能破坏预训练模型中经过仔细训练的权重。因此，固定这些权重，并只训练新添加层通常是一个好方法，这样可调参数的数量会大大减少，也使得训练过程更快。在冻结预训练层来训练模型一段时间后，下一步可以通过解冻这些层，并以较小的学习速率再训练几个迭代周期来微调此模型。

一种强大的技术是使用无监督学习方法对模型进行预训练，不需要标记数据。大量未标记数据比标记数据更容易获取，通过对未标记数据进行预训练，可以训练模型学习检测有用的特征，而不需要获取一个大型标记数据集。然后使用预训练模型构建最终模型，该模型使用较小的标记数据集进行训练。在第 11 章到第 13 章中，我们将看到训练模型从未标记的数据中学习语言结构的示例。

我们在本节中不讨论关于迁移学习的细节，但如果读者对此很感兴趣，可以参阅庄和他的同事（2020）就这一主题写的一篇综述论文。我们还将在第 16 章中看到迁移学习的示例，其中使用预处理的 VGGNet 模型作为图像字幕网络的构建块。

迁移学习利用预训练模型来构建模型，该模型针对不同用例进行进一步的训练。

8.6　CNN 和池化的反向传播

我们使用的是 DL 框架，因此不需要担心反向传播算法如何与卷积层一起工作，但理解它仍然很有趣。如果使用的算法不变，很可能会打破通道中所有神经元具有相同权重的不变性。直观地说，可以通过首先确保通道中的所有神经元在初始化时获得相同值，然后对所有应该相同的权重应用相同的更新来确保这个不变量仍然成立。将它们初始化为相同值很简单，唯一的问题是如何确定更新值。如果从更新值的定义角度来考虑，这自然会发生。权重的更新值只是损失函数对该权重的偏导数。现在让我们考虑一下卷积网络与全连接网络的区别。关键区别在于，如果我们为卷积网络（包括损失函数）编写总体方程，卷积层中的每个权重将在方程中出现多次，而对于全连接网络，权重在方程中只出现一次。得到的关于权重的偏导数是关于方程中每个权重实例的偏导数之和。

使用反向传播算法计算结果的更新值非常简单直接，它非常类似全连接网络。我们执行前向和后向传播，就像在全连接情况下一样，区别在于如何更新权重。我们不是通过计算该权重实例的更新值来更新给定神经元的特定权重，而是通过该共享权重的所有实例的更新值之和来更新权重。对网络中该权重的所有副本应用相同的更新值。实际上，卷积层的有效实现不会存储所有权重的多个副本，而是在实现中共享权重，因此更新过程只需要更新权重的单个副本，然后由通道中所有神经元使用。

除了如何处理卷积层的权重共享属性的问题外，还需要解决如何在最大池化层中使用反向传播，其中最大池化显然是不可微的。事实证明，这也很简单。我们只需要简单地将误差反向传播到提供最大值输入的神经元，因为其他输入显然不会影响误差。

8.7　正则化技术的数据增强

在第 6 章中，我们讨论了网络无法泛化的问题，以及如何通过正则化来解决这个问题。提高泛化能力的一种有效方法是简单地增加训练数据集的大小，这使得网络更难记住它，并迫使网络找到问题的一般解决方案。这项技术的一个挑战是，收集和标记大型数据集的成本往往很高。解决这一挑战的一种方法是使用数据集增强。通过从现有训练示例中创建额外的训练示例，对数据集进行扩充。图 8-10 显示了一个示例：我们拍摄了一张狗的照片，并以各种方式对其进行了修改，以创建十张可用于训练的新照片。

有几个陷阱值得一提。一是对于某些类型的数据，只有一些转换是合法的，不会改变数据的实际含义。例如虽然将狗倒置或镜像是很好的，但对于 MNIST 数字则不适用。如果你把数字 6 颠倒过来，它就会变成 9，如果你镜像一个 3，它就不再是 3。另一个重要问题是，应该在将数据拆分为训练数据集和测试数据集之后，而不是拆分之前进行数据扩充，这是为了避免将信息从训练数据集泄漏到测试数据集。想象一下，如果在将数据拆分为两个数据集之前进行数据扩充，最终可能会在训练数据集中看到原始图像，而在测试数据集中看到该图像的微小变化。对于网络来说，正确地对这种微小变化进行分类比正确地对完全不同的图像进行分类更容易。因此，当在受污染的测试数据集上评估网络时，可能会得到过于乐观的结果。

数据增强是一种有效的正则化技术，但它也存在一些缺陷。

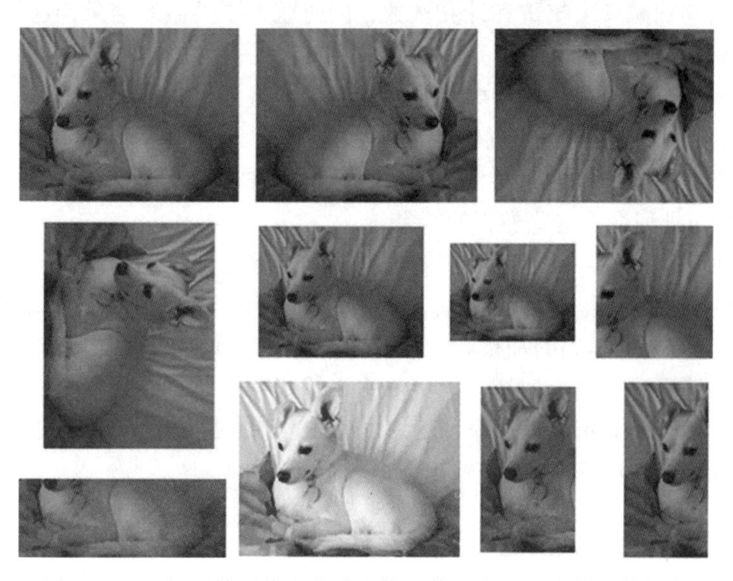

图 8-10 一幅原始图像和十种变体图像，产生了十倍的数据集

8.8 CNN 的局限性

尽管从 AlexNet 的论文（Krizhevsky, Sutskever, and Hinton，2012）开始，图像分类已经取得了惊人的进展，但随后的发现也引起了人们的关注。例如，2014 年，Szegedy 和同事们表明，稍微调整图像，人类并无法分辨图像是否被修改，但神经网络却无法再对图像进行正确分类（Szegedy, Zaremba, et al.，2014）。他们将这些修改后的图像命名为对抗性示例。

2019 年出现了另一个问题，Azulay 和 Weiss（2019）表明，一些流行的现代网络对仅有几个像素的小平移（位置移动）不鲁棒，因为使用大于 1 的步长而忽略了奈奎斯特采样定理的特性。这个例子说明了解应用 DL 领域的基本原则是多么重要。

除了模型本身的问题外，CNN 还容易受到训练数据的偏见和缺乏多样性所引起问题的影响，我们在描述 MNIST 数据集时谈到了这一点。最新的一个示例是，一款流行的照片应用程序不断将有色人种的照片归类为大猩猩（Howley，2015）。虽然不是有意的，但这个失败案例强调了设计多样化、无偏见和完整数据集的重要性。

8.9 用深度可分离卷积进行参数约简

我们在第 7 章中看到了卷积层中神经元的权重数取决于核大小和前一层中的通道数，后者是因为卷积运算应用于前一层中的所有通道。也就是说，输出层中单个通道中的神经元具有 $M \times K2+1$ 个权重，其中 M 是输入层中通道的数量，K 是内核大小（$K2$ 因为它是 $2D$），+1 是偏差权重。具有 N 个通道的输出层的权重总数为 $N \times$（$M \times K2+1$）。由于权重共享，权重的数量不取决于层的宽度和高度，但计算数量依赖层的宽度和高度。对于宽度为 W、高度为 H 的输出层，乘法总数为 $W \times H \times N \times$（$M \times K2+1$）。

深度可分离卷积减少了权重和计算次数，同时获得了类似的结果，这是通过将卷积分解为两个步骤来实现的。第一步不是让每个输出神经元对每个输入通道进行卷积，而是单独计算每个输入通道的卷积，这将导致中间层具有与输入层相同数量的通道。然后，输出层在该中间层的通道中进行 1×1 卷积，也称为逐点卷积。也就是说，不是每个输出通道对每个输入通道都有自己的权重，而是使用一组共享权重对每个输入通道进行卷积，然后输出层中的权重确定如何合并这些卷积的结果。

如图 8-11 所示。图 8-11a 显示了传统卷积，其中单个神经元计算在所有输入通道区域上的加权和。8-11b 显示了一个深度可分离卷积，首先计算每个输入通道的加权和，然后单独（逐点）卷积计算前面提到的加权和的加权和。从图中看，深度可分离卷积的好处并不明显，因为它只描述了一个输出通道，当计算多个输出通道时，好处将变得显而易见。在这种情况下，深度可分离卷积只需要添加更多的逐点卷积（每个额外输出三个权重），而传统卷积需要添加更多完整卷积（每额外输出九个权重）。

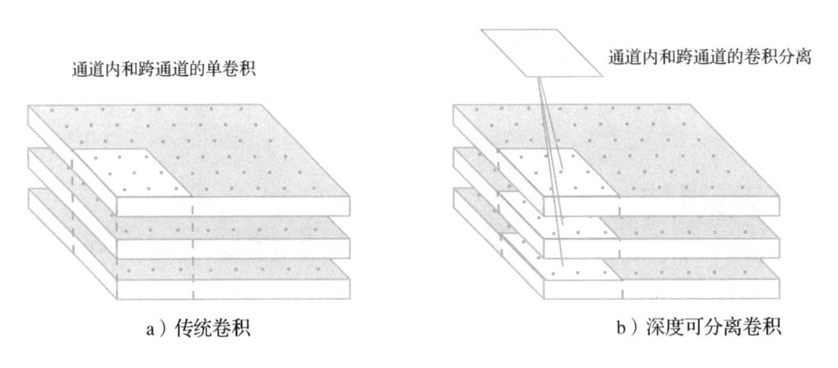

图 8-11

第一步有 $M \times K^2+1$ 个权重，第二步有 $N \times M+1$ 个权重。假设输入层和输出层的维度为 $W \times H$，则乘法总数为 $W \times H \times$（$M \times K^2+1$）$+W \times H \times$（$N \times M+1$）。与本节开头的正常卷积公式相比，数量显著减少。深度可分离卷积的第一项不包括因子 N，第二项不包括系数 K^2，这两个因子在数量上都很大。

事实证明，在许多情况下，这种运算的性能与常规卷积运算一样好。直观地说，这意味着应用于特定输入通道的内核类型（要选择的权重）在很大程度上不取决于它为哪个输出通道生成值。我们得出这个结论是因为，对于深度可分离卷积，所有输出通道共享应用于特定输入通道的核。显然这并不总是正确的，并且在深度可分离卷积和正常卷积之间有一系列设计点。例如流程的第一步可以修改为为每个输入通道创建两个或多个通道。与 DL 中的情况一样，这是网络体系结构中需要实验的另一个超参数，也就是说，无论何时构建 CNN，都可以考虑使用深度可分离卷积。在许多情况下，它将产生一个速度更快的网络，从准确性的角度来看，它的性能同样出色。

在结束我们对深度可分离卷积的描述之前，值得一提的是它们如何与 VGGNet、GoogLeNet 和 ResNet 中的模块相关联。在许多情况下这些模块在应用卷积运算之前使用 1×1 卷积来缩减通道。这类似深度可分离卷积，但顺序相反。另一个区别就是当进行 1×1 卷积和另一个卷积运算时，在两个卷积之间有一个激活函数，而对于深度可分离卷积则不是这样。

使用深度可分离卷积的两个网络示例是 MobileNets（Howard et al.，2017）和 Xception 模块（Chollet, 2016）。后者代表极端 Inception，其灵感来自 GoogLeNet 使用的 Inception 模块（Szegedy, Liu, et al.，2014），但它完全基于深度可分离卷积层。

8.10 用高效网络实现正确的网络设计平衡

在本章中，我们已经看到了三个网络的示例，探索了网络深度的影响。尽管很重要，但网络深度只是需要探索的多个维度之一。特别地，另外两个关键维度是每层的分辨率（宽度和高度）和通道数量，如图 8-12 所示。Tan 和 Le（2019）指出，孤立地研究一个参数不太可能找到最优设计。

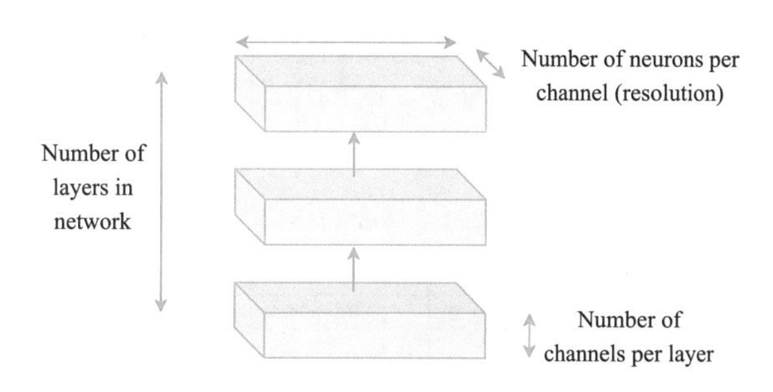

图 8-12　卷积网络中的三个关键参数（不同大小的高效网在这三个参数之间保持恒定关系，而不是只缩放一个维度）

在论文中他们开始探索设计空间，目标是在受限的环境中获得最佳设计。例如，给定特定数量的浮点操作和内存字节，确定产生最佳性能 CNN 的深度、分辨率和通道数量的组合。通过对足够小的网络进行实验，从而能够对设计空间进行彻底调研，他们得出了一个非常有效的基准设计。然后展示了这个网络可以以一种保持这三个设计参数之间比例的方式进行扩大，结果得到了一个要求更高，但仍然高效的网络。将基准网络扩展到更大规模，由此产生了一个名为“高效网”的网络家族。总的来说，高效网络已经被证明达到了与其他流行网络相似的预测精度水平，但与以前的 CNN 体系结构相比，计算成本降低了一个数量级。

CHAPTER 9

第9章

用循环神经网络预测时间序列

在本章中，我们将介绍另一种重要的神经网络结构，即循环神经网络（RNN，Recurrent Neural Network），这种体系结构在基于序列数据进行预测时非常有用，特别是处理长度可变的序列。在解释什么是 RNN 之前，通过描述 RNN 可以应用的一些问题类型来介绍一些背景，将这些问题类型与在前几章中遇到的任务联系起来。

到目前为止，我们已经将网络应用到两大类任务中。一类是回归问题，在这个问题中，网络预测了一个基于一些其他变量的实值变量，例如基于与房子相关变量的预测房价网络的例子。另一类是分类问题，在这个问题中，网络将一个数据点（如一张图像）与若干可能的类（如汽车、船或青蛙）中的一个关联起来。分类问题的一个特例是二元分类问题，只有两个类，通常为真或假，我们用它来解决异或问题。另一个我们还没有研究过的例子是，根据一些输入变量，如性别、年龄和低密度脂蛋白水平（也称为 LDL，不要与本书的名字混淆！），对患者是否患有某种疾病进行分类。时间序列（或顺序）预测可以与这三种问题类型中的任何一种结合使用，详见表 9-1。

表 9-1 顺序预测问题与非顺序预测的对应关系

	回归	二分类	多分类
多分类	根据地理位置和房子大小估算房价	根据患者的性别、年龄和其他变量提供疾病诊断	确定手写图像所描述的数字
时间序列（或顺序）预测	根据历史销售数据预测下个月的客户需求	根据历史天气数据预测明天是否会下雨	预测句子中的下一个字符

对于这三个例子中的每一个，在输入的历史数据类型方面也有不同。表 9-2 将每个例子分成三种变体，第一行是用于预测变量的历史值，第二行有变量的历史值和其他变量值，第三行是有其他变量的历史值，但不包括它试图预测的变量。这三个例子中至少有一个例子看起来有些奇怪，在不知道句子开头的情况下预测句子的下一个字符，从某种意义上说，将问题从完成一句话改为从头生成一句话。

在本章中，我们尝试预测图书的销售额，来探讨销售预测问题，也就是回归问题，考虑输入数据只有一个变量（历史图书销售数据）的情况。还描述了如何扩展该机制来处理多个输入变量，例如，当输入数据由感兴趣商品的历史销售数据以及其他相关数据组成，如图 9-1 所示。该图说明了同时使用历史图书销售额和一般销售额的情况。想法是，一般销售额可以反映经济的整体状况，在预测具体销售额时可能会有所帮助。这个问题可以变换为只使用历史图书销售额作为输入变量。

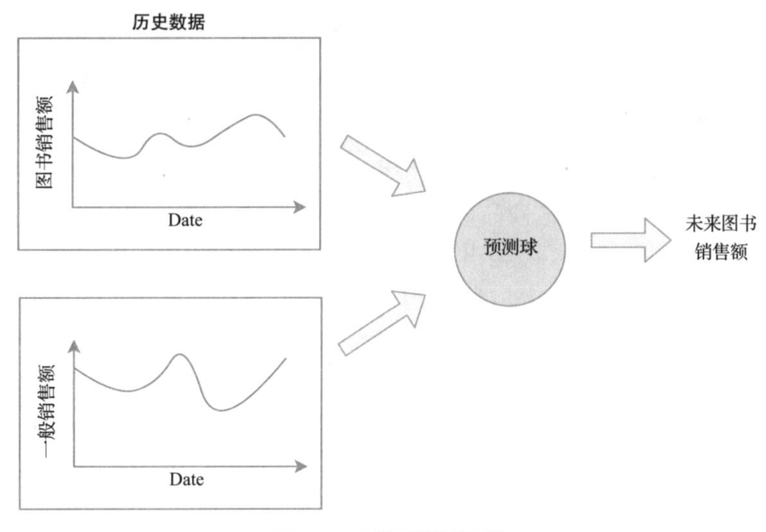

图 9-1　销售预测问题

在第 10 章中，将学习如何在构建网络时使用更高级单元来克服与基本 RNN 相关的一些局限性。在第 11 章中，我们将这个更高级网络应用于文本自动补全问题，类似电子邮件客户端和互联网搜索引擎中的功能。具体来说，所应用的问题类型是表 9-2 中第一行所表示的问题类型，只有句子开头，没有其他上下文可以作为网络的输入。

表 9-2　预测问题的变体

	月销售额预测	雨量预测	下一个字符预测
输入只包含试图预测变量的历史值	感兴趣商品的历史销售数据，其他相关商品的销售数据，或其他经济指标	历史降雨数据	句子开头
输入由多个变量组成，包括试图预测变量的历史值	感兴趣商品的历史销售数据、其他相关商品的销售数据或其他经济指标	关于雨、温度、湿度、大气压的历史数据	句子开头和上下文标识符，例如书的主题以及段落形式
输入由多个变量组成，但不包括所试图预测变量的历史值	相关商品的销售数据及其他经济指标	关于温度、湿度和大气压的历史数据	只有上下文标识符（似乎奇怪的情况

注：表中这三行中可用的历史输入数据的类型有所不同。

这些问题中，部分问题与预测未来有关，但并非所有顺序数据都与时间序列相关。例如，您可能会认为，在自然语言句子的自动补全情况下，预测句子的下一个单词与预测未来关系不大，更多的是与确定一个已经写过但还没有看到句子的最可能结尾有关。为简化讨论，通常将 RNN 的输入视为时间序列来讨论，但我们承认它们可以应用于具有任意顺序数据的更一般情况。换句话说，RNN 模型试图解决预测一个序列中的下一个值或符号的问题，而不管该序列代表什么。

RNN 用于序列预测，可以处理长度可变的输入数据。

9.1　前馈网络的局限性

解决销售预测问题的第一个方法是只使用一个具有线性输出单元的全连接前馈网络[⊖]。将这个月的图书销售额以及其他商品的销售额进行标准化，然后将这些数值提供给网络，使得网络能够使用这些数据来学习输出下个月的图书需求。如图 9-2a 所示，图中的上标数字表示数据点之间的时间关系，上标为（t+1）的数据点是指上标为（t）的数据点后一天的观测数据值，S 表示预测销量，B 表示历史图书销量，G 表示历史总销量。上标表示时间（月），其中 t 是当前月份。

用这种方法，结果似乎不会太好，因为我们向网络提供的信息有限。销售数据可能是季节性的，网络需要访问多个历史数据点来获取季节性模式。解决预测问题的第二种尝试如图 9-2b 所示。

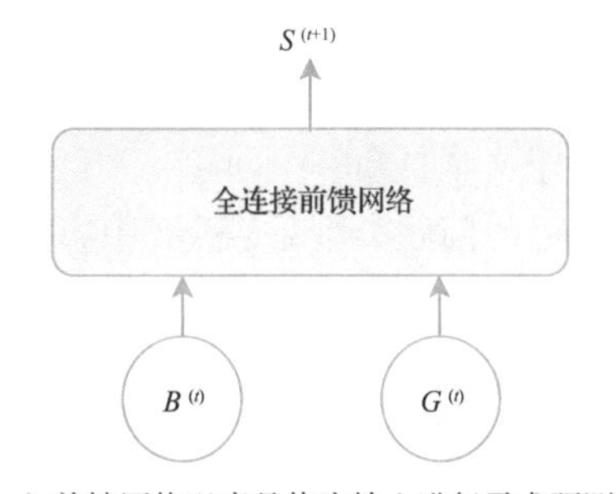

a）前馈网络以当月值为输入进行需求预测

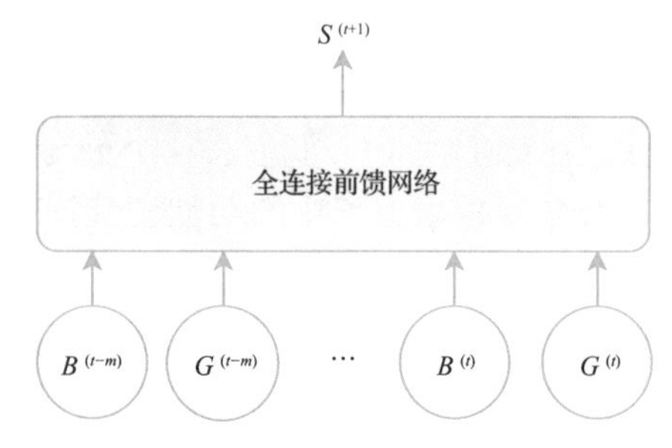

b）前馈网络使用多个历史数据点作为输入来进行需求预测

图　9-2

在这里，我们将历史值排列成一个输入向量，并将其呈现给前馈网络，该网络输出对下个月图书销量的预测。这似乎是一个更有效的方法，但网络仍然不能访问所有的历史数据，除非我们有一个无限宽的输入层，但这是不现实的。解决这个问题的一种方法是计算较早历史数据点的运行平均值，并将该运行平均值作为网络输入。那么，网络至少可以访

⊖ 实际上，使用简单的前馈网络进行序列预测并不是一个好主意。特别是，它不容忍时间上的平移（移位）。更好的方法是使用时滞神经网络（TDNN），它是一维卷积网络的一种形式，因此是平移不变的。然而，在本讨论中使用简单的前馈网络，以避免本书在这点引入 TDNN 的概念。如果感兴趣，附录 C 包含了关于应用于顺序数据的 1D 卷积的简要介绍。

问所有历史数据的某种表示形式。还有其他方法可以聚合有关历史数据的信息，例如跟踪最大观测值和最小观测值，并将它们输入到网络中。如果不选择如何聚合历史信息，而是让网络学习它本身对历史数据的内部表示，那就更好了。这是 RNN 的一个关键属性，我们将在下一节中描述它。

9.2 循环神经网络

如图 9-3 所示，通过将一个全连接层的输出连接到该层的输入，可以创建一个简单的 RNN 形式，图中显示了一个具有三个值的输入向量连接到一个有四个神经元的全连接层。图中省略了偏差值，除了三个输入（和偏差输入），每个神经元还有四个额外的输入，这些输入接收来自四个神经元的输出，但延迟了一个时间步长。

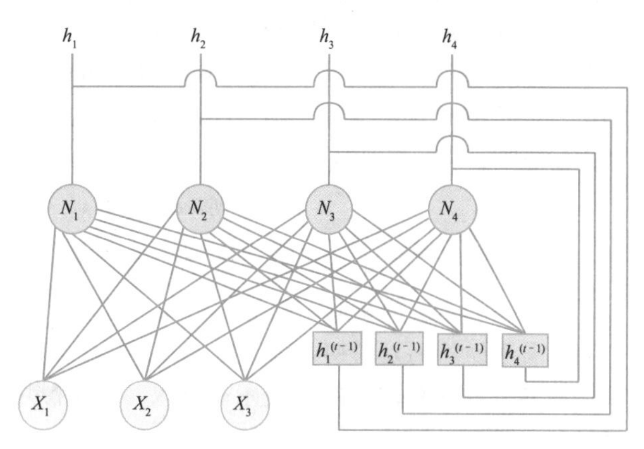

图 9-3 全连接循环神经网络层

也就是说，在 t 时刻，它们将收到 $t-1$ 时刻的输出值，这些输出被标为 h 表示隐藏，因为循环层通常作为网络中的隐藏层。尽管它们被显式地称为隐藏层，但这些输出与网络内部常规前馈层的输出没有区别。

就像在前馈网络中，可以自由地选择隐藏神经元的数量，而不依赖于输入向量中元素的数量。然而，单个神经元的输入数量（权重）是输入向量的大小以及层中神经元数量的函数。我们可以将多个循环层叠加在一起创建一个深度 RNN，也可以在同一网络中把循环层、规则的全连接前馈层和卷积层组合在一起。

> RNN 层中神经元的输入数量既取决于该层的输入数量（通常由上一层中的神经元数量决定），也取决于该层本身的神经元数量。

9.3 循环层的数学表示

通过将输入向量乘以权重矩阵可对全连接层进行数学上的表示，其中矩阵中的每一行表示单个神经元的权重。使用 tanh 激活函数，可以写成如下形式：

$$y = \tanh(W\boldsymbol{x})$$

这个公式假设向量 $\boldsymbol{x}$ 的第一个元素包含值 1，权重矩阵包含偏差权重。另一种选择是显式地将所有偏差权重作为一个独立的向量，该向量被添加到由矩阵乘法得到的向量中，并排除向量 $\boldsymbol{x}$ 中的值 1：

$$y = \tanh(W\boldsymbol{x} + \boldsymbol{b})$$

矩阵—向量乘法 $W\boldsymbol{x}$ 所得向量的元素数量与该层中的神经元数量相同，每个元素都是单个神经元所有输入的加权和（也就是说，不包括偏差权重，是部分加权和）。向量 $\boldsymbol{b}$ 的元素数量也与神经元数量相同，每个元素代表一个神经元的偏差权重。对 $W\boldsymbol{x}$ 和 $\boldsymbol{b}$ 求和意味着进行元素加法，我们将偏差权重加到每个部分的加权和，最后可以得到每个神经元的全部加权和。最后，对每个加权和按元素进行 tanh 运算，得到每个神经元的对应输出值。

现在让我们看看如何使用矩阵来表示一个循环层。实际计算是一样的，但现在输入向量必须是实际输入向量 $\boldsymbol{x}^{(t)}$ 和之前输出 $\boldsymbol{h}^{(t-1)}$ 的串联。同样地，权重矩阵需要包含实际输入和循环连接的权重。也就是说，前面的等式也适用于循环层，但更常见的表达方式是使用独立的矩阵，以使循环连接更明显：

$$h^{(t)}=\tanh(W\boldsymbol{h}^{(t-1)}+U\boldsymbol{x}^{(t)}+\boldsymbol{b})$$

图 9-4 显示了权重与矩阵元素之间的映射。显然，使用线性代数是强大的，因为它导致了对连接的紧凑而精确的描述。然而，它的缺点是，这个方程使实际的连接更难可视化，在我们看来，特别是对初学者，更难从方程中直接获取信息。但因为矩阵提供了额外信息，我们将继续使用矩阵的图形表示。所以，在文献中经常看到矩阵符号，读者应该熟悉这种表示法。

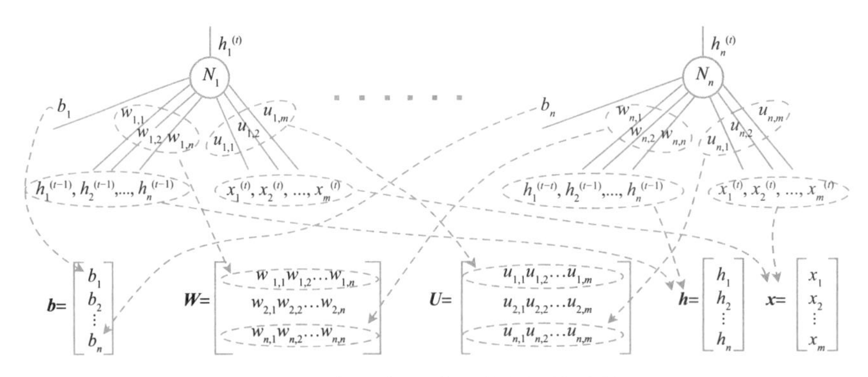

图 9-4　权重与矩阵元素之间的映射

9.4　将图层组合成一个 RNN

现在考虑如何创建一个网络来求解销售预测问题。图 9-5 显示了从两个输入开始的初始尝试，分别代表历史图书销量和总体消费支出。假设它们已经通过减去平均值和除以标准差进行了标准化处理，这些数据被输入到有四个单元的循环层，然后是一个有两个单元的全连接层，最后是由一个单元组成的输出层。对于激活函数，我们希望输出层是简单的线性模块（即，没有非线性激活函数），因为希望它输出的是数值而不是概率。对于隐藏层，就像曾研究的其他类型网络一样，可以任意选择非线性激活函数。

这个网络输出的计算是迭代完成的，首先向网络输入一个月数据的向量并计算隐藏状态，然后输入下一个月数据的向量并计算新的隐藏状态，网络输出是当前隐藏状态和新输入向量的函数。对所有可获得的历史数据进行以上操作，最终得到对下个月的预测。网络模型可以利用所有这些数据，并计算历史数据的任何有用的内部特征，并使用这些数据对下个月进行预测。从学习的角度来看，在输入数量相同的情况下，第一层比前馈层具有更多权重，原因是每个神经元不仅对输入向量 $\boldsymbol{x}$ 有权重，而且对前一个时间步 $\boldsymbol{h}^{(t-1)}$ 输出的输入也有权重。在后面的部分，我们将描述如何使用反向传播来训练这样的网络。刚刚描述的网络只是该体系结构的一个说明。在实际应用中，可能会在隐藏层中使用更多的神经元，但这很难用图形来表示。为了解决这个可视化问题，我们现在展示另一种绘制和思考 RNN 的方法。

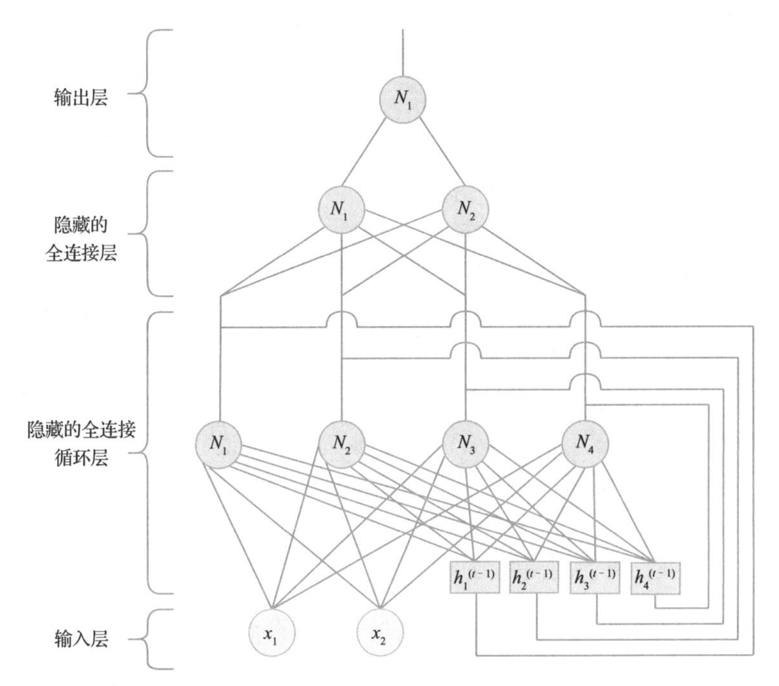

图 9-5 RNN 预测图书销量（该体系结构假设使用两个输入变量（x_1 和 x_2））

9.5 RNN 的另一视图并按时间展开

到目前为止，我们已经显式地画出了 RNN 中的所有连接，但当面对每层中有多个单元的更深层次的网络时，这是不实际的。为了克服这个局限性，一种更紧凑绘制网络的方法是让图中的一个节点代表整个层，如图 9-6a 所示。与前面的章节一样，我们使用一个带圆角的矩形节点来表示整个层，而不是用圆圈表示的单独神经元。在图中，圆形箭头表示循环连接。有了这种表示法，很多关于拓扑的信息都是隐式的，所以图中需要有文字描述来说明是全连接的，以及神经元的数量。

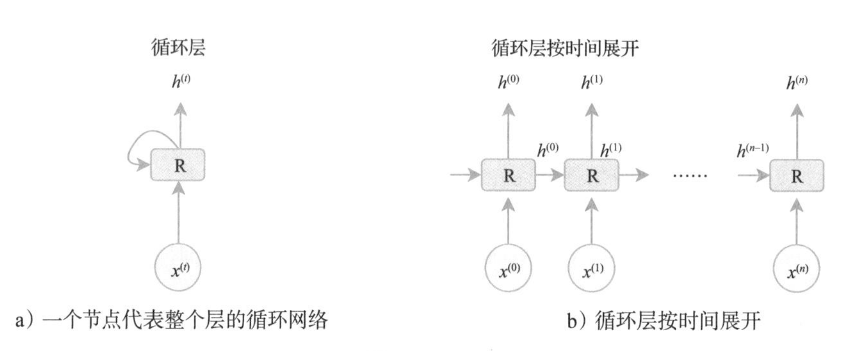

a）一个节点代表整个层的循环网络　　b）循环层按时间展开

图 9-6

图 9-6b 显示了循环层如何按时间展开，通过在每个时间步创建循环层的一个副本，可以将循环层转换为多个前馈层。显然，要做到这一点，需要知道时间步长的数量，此时的网络不能再接受可变大小的输入向量，这是我们首先定义循环层的原因之一。一个合理的问题是，为什么要进行这样的展开。结果表明，展开网络在网络推理和扩展反向传播算法以适用于循环网络时都是有用的。

我们首先使用展开版本来推理循环层与全连接前馈网络之间的关系。如前所述，展开循环层会产生一个前馈网络。如果我们恰好知道输入序列的长度，这是否意味着循环层等价于前馈网络？不完全是，因为如果考虑网络权重，就会发现一个关键区别，而这些权重在所有的图中都被省略了。在前馈网络中，我们可以对所有连接有不同权重，但在循环层中，每个时间步长的权重需要相同。特别是，图 9-6b 的每个水平箭头都映射到相同的连接，但对于不同的时间步长，垂直箭头也是如此。也就是说，就像卷积层在层内权重共享一样，循环层就像一个在层间权重共享的前馈网络。正如权重共享对卷积网络有益一样，循环网络也有类似的好处，即训练时需要的权重更少。然而，权重共享也有一个缺点，这将在下一节中讨论，我们将使用网络的展开视图来描述如何使用反向传播来训练 RNN。

RNN 可以按时间展开，从而转换为前馈网络，但有一个限制，即各层之间权重共享。

9.6 基于时间的反向传播

考虑到我们已经展示了如何将循环层重绘为前馈网络，那么应该很容易理解如何使用反向传播来训练网络。尽管在输入序列较长的情况下，反向传播网络可能会在计算上花费较多时间，但一旦网络展开，误差信息就能以与前馈网络完全相同的方式进行反向传播。和卷积层一样，我们必须确保在更新权重时考虑到权重共享。换言之，对于每个权重，通过反向传播将为每个时间步长生成一个更新值，但当接下来更新权重时，只需更新一个权重，这种算法称为时间反向传播（BPTT）。

对此，Werbos（1990）写了一篇论文进行了更详细的描述，包含了首次使用该算法的论文链接。在实践中，不需要太担心 BPTT 工作的确切细节，因为在深度学习（DL）框架中，这个问题已经得到了解决。然而，有些含义是需要关注的，下面将进行描述。

RNN 可以通过时间反向传播（BPTT）来训练。

图 9-7 显示了一个具有 m 层、n+1 个时间步长的深度 RNN。除连接各层的普通权重（w_1，w_2，…，w_m）外，还有连接每层自身的循环权重（w_{r1}，w_{r2}，…，w_{rm}）。该图中还包含了一个箭头网格，说明了误差是如何在学习算法中向后传播的（暂时忽略红色的传播路径）。图中显示的是最后一个时间步长的输出节点的误差，以及它传播到第一个时间步长的输入权重，在此过程中分解为多个路径。最后一个步长的输出节点的误差路径通过网络（垂直）和时间（水平）向后传播。箭头表示在第一个时间步长处对权重 w_1 的偏导数。垂直路径与常规前馈网络没有区别。然而，现在也存在水平路径，其中误差会随着时间向后传播。

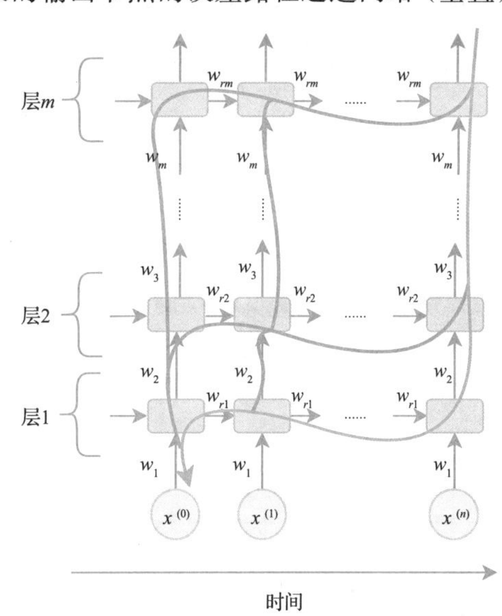

图 9-7 随时间反向传播的梯度流（见彩插）

我们前面描述了由误差乘以网络每层激活函数的导数导致的梯度消失问题，这是由于使用 S 型激活函数引起的，当神经元饱和时，其导数趋近于 0。此外，Bengio、Simard 和 Frasconi（1994）指出，RNN 面临着另一个问题。为简单起见，只考虑图 9-7 中的红色箭头，把每个矩形节点想象为一个单独神经元，而不是一整层神经元。最后，假设这些神经元具有线性激活函数，所以它们的导数都是 1。我们可以用下面的公式来计算关于权重 w_1 的偏导数，其中括号内的上标表示时间步长：

$$\frac{\partial e}{\partial w_1} = -error \cdot 1 \cdot {w_m}^{(n)} \cdots\cdots {w_3}^{(n)} \cdot 1 \cdot {w_2}^{(n)} \cdot 1 \cdot {w_{r1}}^{(n)} \cdots\cdots {w_{r1}}^{(2)} \cdot 1 \cdot {w_{r1}}^{(1)} \cdot 1 \cdot x^{(0)}$$

观察这个公式的子集，其表示误差是如何通过循环连接向后传播的（图中水平路径），即通过时间传播：${w_{r1}}^{(n)} \cdots\cdots {w_{r1}}^{(2)} \cdot 1 \cdot {w_{r1}}^{(1)}$。

由于权重共享，w_{r1} 的所有实例都是相同的，因此我们可以将该表达式分解为 w_{r1}^{n}，其中上标 n 表示 n 次幂，而不是特定的时间步长。指数 n 表示某个训练示例的总时间步数，n 可以很大。例如，一个具有三年数据的案例，每天使用一个数据点，这将导致超过 1 000 个时间步长。

思考一下，如果有一个小于 1 的数，然后将其自身相乘 1 000 次会发生什么。它将趋于 0（即梯度消失）。如果一个数大于 1，将其自身相乘 1 000 次，它将接近无穷（即梯度爆炸）。这些消失和爆发的梯度是由跨时间步的权重共享引起的，而不是由饱和激活函数引起的梯度消失。

RNN 中的梯度消失是由激活函数和权重引起的。

本例中假设图 9-7 中的每个节点都是单个神经元，每个循环连接都由单个权重组成。实际上，图中的每个节点都代表了一个由大量神经元组成的完整循环层，换句话说，图中的 w_{r1} 是一个矩阵，因为每一层都有多个神经元，每个神经元都有一个权重向量。反之意味着，在实际运行中，由于前面的方程有点复杂，因此应该用线性代数来表示。从概念上理解，两个描述还是一样的，但是不需要考虑单个权重值，而是考虑权重矩阵的特征值。如果特征值小于 1，则梯度有消失的风险。如果特征值大于 1，那么梯度就有爆炸的风险。本文将在第 10 章中重新讨论这些问题，但首先要尝试编程练习来使用 RNN。

如果不熟悉矩阵的特征值也不必担心，正如前面所说的，可以考虑以后再阅读。

9.7　编程示例：预测图书销量

我们的编程示例只使用了一个输入变量（历史图书销量），但我们也描述了如何将其扩展到多个输入变量。我们使用了来自美国人口普查局的历史销售数据。下载的数据将采用每个产品类别以逗号分隔（.csv 文件）的形式，每行包含年、月和以百万美元为单位的销售额。与前面的例子不同，模型不能直接使用这种格式，因此第一步是正确地进行数据处理。图 9-8 显示了 RNN 单个训练示例结构。在只使用图书销售作为输入变量的情况下，矩阵中的每一行由一个值组成。可以选择使用更多变量作为输入，在这种情况下，每一行将包含多个值。

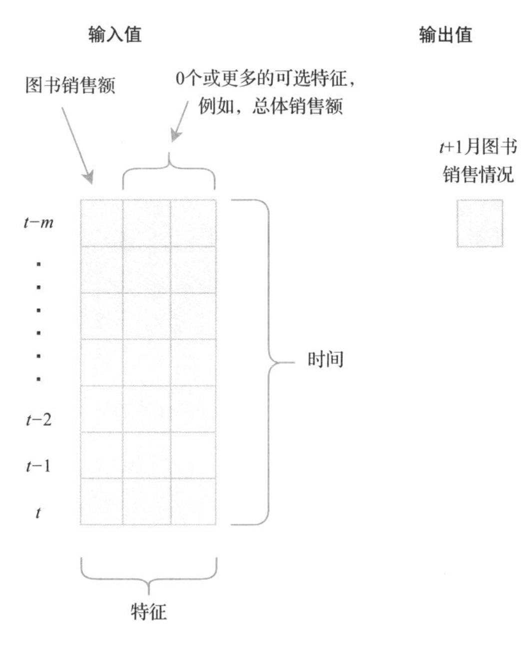

图 9-8　RNN 单个训练示例结构

该训练样本包含一个任意长度的向量，其中向量中的每个输入都包含单个时间步长的输入数据。在示例中，时间步长是一个月。根据定义，每个时间步长都有一个或多个输入变量。除了输入向量，每个训练样本都包含一个期望的输出值，表示输入向量中最近一个月之后的下月图书销量，即预测值。

现在来看看可以创建多少训练样本。我们有历史月份的历史数据，注意到至少可以创建一个对应每个月的训练示例。例如，上个月的值可以生成一个训练样本，其中输入数据由一个长度向量（历史月数 −1）组成。类似地，历史数据中的第二个月可以产生一个训练样本，其中输入数据由长度为 1 的向量组成，因为在季度中的第二个月之前只有一个月。除此，还有一种极端情况，即以历史上第一个月长度为零的向量作为输入。对于最近的几个月，比如上个月，可以创建多个训练样本。例如，除了前面示例，还可以执行相同操作，但只使用最后一天前的 M 天，其中 M<（历史月数 −1）。

我们决定每个月只创建一个训练样本，并为每个训练样本加入尽可能多的历史数据。进一步，每个训练样本至少应该有最小月的历史数据，这样就有（历史月数 − 最小月）个训练样本，其输入的长度范围在最小月和（历史月数 −1）之间。

现在的关键问题是要如何处理这些数据，以便能够将其输入到神经网络。Keras 要求如果同时向其提供多个训练样本（一般情况下），那么所有的训练样本都应具有相同长度。也就是说，需要将训练样本分成长度相同的组，或者将每个样本单独输入 Keras。另一个做法是，用一个特定值填充所有示例，使其长度相等，然后同时将它们输入 Keras，这也是本例中所采取的做法。当使用 RNN 的一个关键原因是它能够处理可变长度的输入示例时，这种方式会让我们产生误解。此外，网络怎么知道忽略特殊填充值？一个简单的答案是：它不知道。这需要在学习过程中发现，看起来虽然不可能，但实践中已被证明行之有效。接下来，我们将描述屏蔽填充值机制，使网络不需要发现它们。同时我们还将展示如何真正使用可变长度的输入。但现在，为了简单起见，只在每个样本的开头填充 0，以便它们都具有相同长度。图 9-9 显示了输入样本所期望的组织结构。输入样本 1 和输入样本 2 用零填充以使其与输入样本 3 的长度相同。空单元格表示有效的特征值。

长度相等的训练样本可以组合成一组，使用填充来确保训练样本的长度相等。

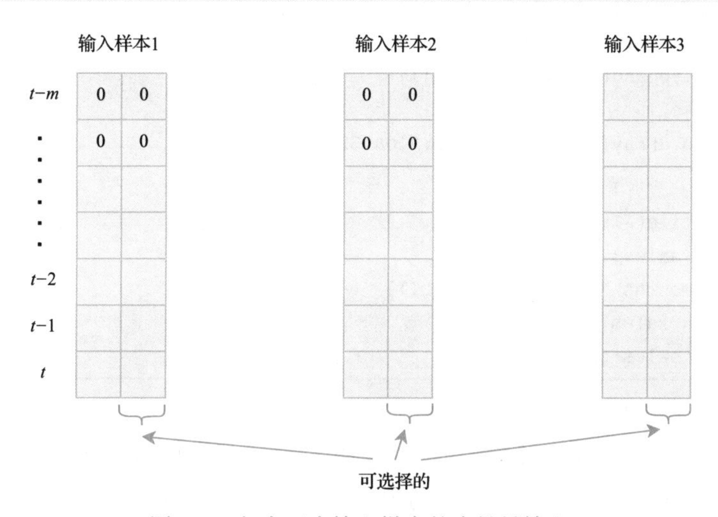

图 9-9　包含三个输入样本的小批量输入

也就是说，我们的输入是一个有 N 个样本的张量，每个样本由 M 个时间步长组成，每个时间步长由代表一种或多种商品的销售额组成。输出是一个 1D 向量，其中每项是预测的销售额。有了这些背景知识，我们准备进行实践，与前面的代码示例一样，我们将逐段呈现。

从代码段 9-1 中的初始化代码开始。首先，导入网络所需模块，将数据文件加载到一个数组中，然后将数据分成训练数据（前 80% 的数据点）和测试数据（剩下的 20%）。

代码段 9-1　书店销售预测示例的初始化代码

```
import numpy as np
import matplotlib.pyplot as plt
import tensorflow as tf
from tensorflow import keras
from tensorflow.keras.models import Sequential
from tensorflow.keras.layers import Dense
from tensorflow.keras.layers import SimpleRNN
import logging
tf.get_logger().setLevel(logging.ERROR)

EPOCHS = 100
BATCH_SIZE = 16
TRAIN_TEST_SPLIT = 0.8
MIN = 12
FILE_NAME = '../data/book_store_sales.csv'

def readfile(file_name):
    file = open(file_name, 'r', encoding='utf-8')
    next(file)
    data = []
    for line in (file):
        values = line.split(',')
        data.append(float(values[1]))
    file.close()
    return np.array(data, dtype=np.float32)

# 读取数据并分组为训练数据和测试数据
sales = readfile(FILE_NAME)
months = len(sales)
split = int(months * TRAIN_TEST_SPLIT)
train_sales = sales[0:split]
test_sales = sales[split:]
```

历史销售数据曲线图如图 9-10 所示。数据显示了一个明显的季节性模式，同时也表明，随着时间推移，由于在线销售的增加，销售的总体趋势可能已经发生了变化。数据始于 1992 年，止于 2020 年 3 月。上个月的销售额下降可能是由席卷美国的 COVID-19 大流行造成的。

为完整起见，生成图 9-10 的代码如代码段 9-2 所示。

代码段 9-2　绘制历史销售数据曲线图的代码

```
# 绘制数据图
x = range(len(sales))
plt.plot(x, sales, 'r-', label='book sales')
plt.title('Book store sales')
```

```
plt.axis([0, 339, 0.0, 3000.0])
plt.xlabel('Months')
plt.ylabel('Sales (millions $)')
plt.legend()
plt.show()
```

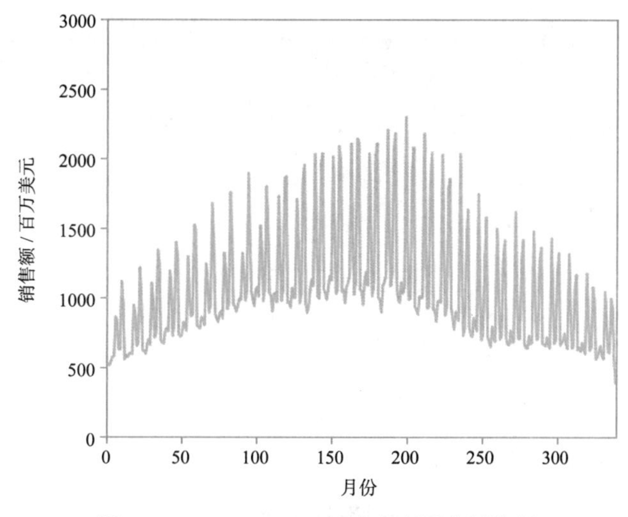

图 9-10　1992—2020 年的书店历史销售额

在预测波士顿房价时，引入了一个概念，将该模型与一个非常简单的线性回归模型进行比较，这样做的目的是深入了解 DL 模型是否有意义。对于图书销售预测问题，可以创建一个简单模型，预测下月销售额将与本月销售额相同。代码段 9-3 计算并绘制了这个简单预测图，结果如图 9-11 所示。

代码段 9-3　计算和绘制简单预测图的代码

```
# 绘制简单预测图
test_output = test_sales[MIN:]
naive_prediction = test_sales[MIN-1:-1]
x = range(len(test_output))
plt.plot(x, test_output, 'g-', label='test_output')
plt.plot(x, naive_prediction, 'm-', label='naive prediction')
plt.title('Book store sales')
plt.axis([0, len(test_output), 0.0, 3000.0])
plt.xlabel('months')
plt.ylabel('Monthly book store sales')
plt.legend()
plt.show()
```

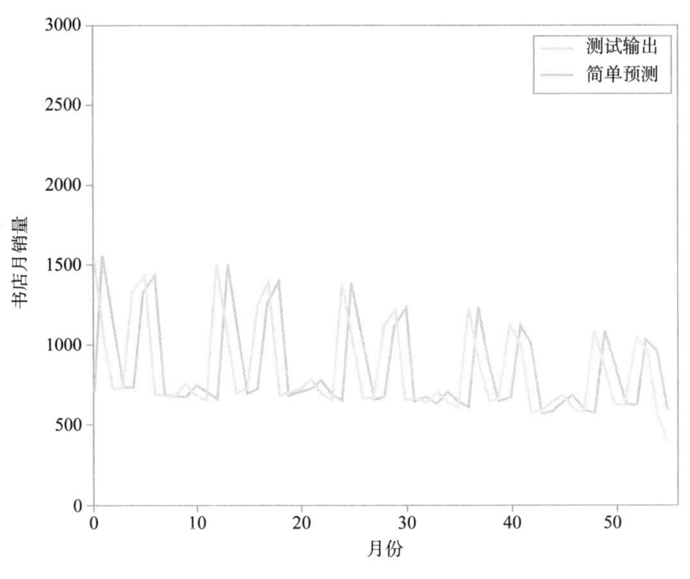

图 9-11 图书销量的简单预测图（见彩插）

9.7.1 标准化数据并创建训练示例

值得注意的是，前面的编码测试都没有明确地声明 DL 或 RNN，而只涉及数据集的获取和安全性检查。通常情况下，在开始尝试将数据集输入模型之前，要获取一个好的数据集需要做很多工作，接下来是通过减去平均值和除以训练样本的标准差来标准化数据。代码段 9-4 只使用了训练数据来计算平均值和标准差。

代码段 9-4 标准化数据

```
# 标准化训练数据和测试数据
# 仅使用训练季节来计算均值和标准差
mean = np.mean(train_sales)
stddev = np.mean(train_sales)
train_sales_std = (train_sales - mean)/stddev
test_sales_std = (test_sales - mean)/stddev
```

在前面的例子中，数据集已经被整理为单独的样本。例如，一个图像数组作为输入值，一个相关的类数组作为预期输出值。然而，创建的数据是原始历史数据，并没有按照图 9-8 和图 9-9 所示形式组成一组训练和测试样本，这是代码示例中下一步需要做的。代码段 9-5 为训练数据分配张量，并将所有项初始化为 0。然后循环历史数据并创建训练样本，并对测试数据执行相同操作。

代码段 9-5 为训练和测试数据分配和填充张量

```
# 创建训练样本
train_months = len(train_sales)
```

```
train_X = np.zeros((train_months-MIN, train_months-1, 1))
train_y = np.zeros((train_months-MIN, 1))
for i in range(0, train_months-MIN):
    train_X[i, -(i+MIN):, 0] = train_sales_std[0:i+MIN]
    train_y[i, 0] = train_sales_std[i+MIN]

# 创建测试样本
test_months = len(test_sales)
test_X = np.zeros((test_months-MIN, test_months-1, 1))
test_y = np.zeros((test_months-MIN, 1))
for i in range(0, test_months-MIN):
    test_X[i, -(i+MIN):, 0] = test_sales_std[0:i+MIN]
    test_y[i, 0] = test_sales_std[i+MIN]
```

为了将数据放在正确的位置，需要在不同的方向上处理大量索引。换句话说，这很乏味，但并不是什么魔法。理解代码的最好方法应该是在调试器中逐步进行调试，以确定执行结果的是正确的，或者只是简单地相信进行了正确应用，并检查结果张量。在准备输入数据时，必须对所有内容进行多次检查。否则，若网络不能很好地学习，很难知道是因为它的架构、错误的输入数据、糟糕的算法超参数（如学习率）选择，还是根本无法对可用数据进行学习。更糟糕的是，经常会出现这样的情况：网络可以对错误的输入数据进行分析，因此它可能仍然可以学习，但不如它本来可以做得那么好。

9.7.2 创建一个简单的 RNN

我们终于准备好定义网络，并开始实验。考虑到目前为止已经看过的所有代码，阅读代码段 9-6 花费的时间几乎可以忽略不计，在代码段 9-6 中定义并训练了一个简单的 RNN 模型。

代码段 9-6 定义包含一个循环层和一个密集层的两层 RNN 模型

```
# 创建 RNN 模型
model = Sequential()
model.add(SimpleRNN(128, activation='relu',
                    input_shape=(None, 1)))
model.add(Dense(1, activation='linear'))
model.compile(loss='mean_squared_error', optimizer = 'adam',
              metrics =['mean_absolute_error'])
model.summary()
history = model.fit(train_X, train_y,
                    validation_data
                    = (test_X, test_y), epochs=EPOCHS,
                    batch_size=BATCH_SIZE, verbose=2,
                    shuffle=True)
```

从一个具有128个神经元的单一循环层的简单网络开始，使用校正线性单元（ReLU）作为激活函数。input_ shape=(None, 1)表明时间步长的数量不是固定的（None），并且每个时间步长都有一个单独的输入值。假设所有的输入样本都有相同的时间步长，我们可以指定为这个数字而不是None，这有时会促使Keras的运行速度更快。因为需要预测一个数值，所以循环层之后是一个具有单个神经元和线性激活函数的全连接的前馈层。因为使用线性激活函数，所以将均方误差（MSE）作为损失函数。为了信息完整，同样输出平均绝对误差（MAE）。我们使用批大小为16的数据对网络进行100次迭代训练。像往常一样，打乱输入样本，在训练开始之前，打印输出如下所示。

```
Layer (type)                 Output Shape              Param #
==============================================================
simple_rnn_1 (SimpleRNN)     (None, 128)               16640
______________________________________________________________
dense_1 (Dense)              (None, 1)                 129
==============================================================
Total params: 16,769
Trainable params: 16,769
Non-trainable params: 0
______________________________________________________________
Train on 259 samples, validate on 56 samples
```

像往常一样，我们希望检查输出并查找配置中的错误。从参数数量开始，循环层有128个神经元，每个神经元从输入中接收1个输入值，128个循环输入和一个偏差输入；也就是说，有128×（1+128+1）=16 640个要学习的权重。输出神经元有来自前一层的128个输入和一个单一的偏差输入，即129个需要学习的权重。此外，有339个月的历史数据，将其分为用于训练的271个月和用于测试的68个月。将一个示例的最小长度设置为12，因此我们最终得到271-12=259个训练示例和56个测试示例。这与打印出来的输出相符。

经过100次迭代训练后，我们得到训练和测试的MSE分别为0.001 1和0.002 2，训练和测试的MAE分别为0.024 5和0.034 6。问题的关键是这个结果是好是坏？幸运的是，我们定义了一个可以用来比较的简单模型。当定义简单模型时，我们是在非标准化数据上实现的，而Keras中的MSE和MAE是从标准化数据中计算得到的。因此，我们基于代码段9-7中的标准化数据创建了简单预测的新版本。

代码段9-7　在标准化数据上计算简单预测、MSE和MAE

```
# 基于标准化数据创建简单预测
test_output = test_sales_std[MIN:]
naive_prediction = test_sales_std[MIN-1:-1]
mean_squared_error = np.mean(np.square(naive_prediction
                                       - test_output))
```

```
mean_abs_error = np.mean(np.abs(naive_prediction
                                - test_output))
print('naive test mse: ', mean_squared_error)
print('naive test mean abs: ', mean_abs_error)
```

在对各种数组进行 NumPy 计算时，需要注意一点，要确切地知道在做什么是很重要的，并且知道正确的维度。例如，如果一个 NumPy 数组定义为 `shape=(N, 1)`，另一个定义为 `shape=(N)`，尽管它们看起来都像向量，但当从另一个中减去一个时，将得到一个 `shape=(N, N)` 的 2D 数组，这将得到不正确的 MSE 和 MAE 值。

在手动计算 MSE 时，我们花费了大量时间来查找由不正确的数组维数导致的错误。

实现输出如下：

```
naive test mse:  0.0937
naive test mean abs:  0.215
```

将其与测试 MSE 为 0.002 2 和测试 MAE 为 0.034 6 的 RNN 进行比较，RNN 的结果明显优于我们的简单模型。为了阐明 RNN 是如何影响输出结果的，我们使用新训练的模型进行预测，然后将这些预测与实际值绘制在一起，实现代码如代码段 9-8 所示。首先调用 `model.predict` 函数把测试输入作为一个参数，第二个参数是批大小，将输入张量的长度作为批大小（即要求它并行地对所有输入样本进行预测）。在训练期间，批大小会影响结果，但对于预测，除了可能影响运行时间，不应该产生其他影响。我们也可以用 16 或 32 或其他值。该模型将返回一个 2D 数组输出值，因为每个输出值都是一个值，所以 1D 数组也可以，这就是我们想要绘制数据的形式，所以调用 `np.reshape` 函数来改变数组的维度。该网络使用标准化数据进行预测，因此输出无法直接符合需求，必须首先执行与标准化相反的操作来对数据进行去标准化，即乘以标准差，然后加上均值。

代码段 9-8　使用模型预测训练和测试输出，并对结果进行去标准化

```
# 使用训练好的模型对测试数据进行预测
predicted_test = model.predict(test_X, len(test_X))
predicted_test = np.reshape(predicted_test,
                            (len(predicted_test)))
predicted_test = predicted_test * stddev + mean

# 绘制测试数据的预测结果
x = range(len(test_sales)-MIN)
plt.plot(x, predicted_test, 'm-',
         label='predicted test_output')
plt.plot(x, test_sales[-(len(test_sales)-MIN):],
         'g-', label='actual test_output')
plt.title('Book sales')
plt.axis([0, 55, 0.0, 3000.0])
plt.xlabel('months')
```

```
plt.ylabel('Predicted book sales')
plt.legend()
plt.show()
```

然后绘制数据图，如图 9-12 所示，可以看到预测是有意义的。

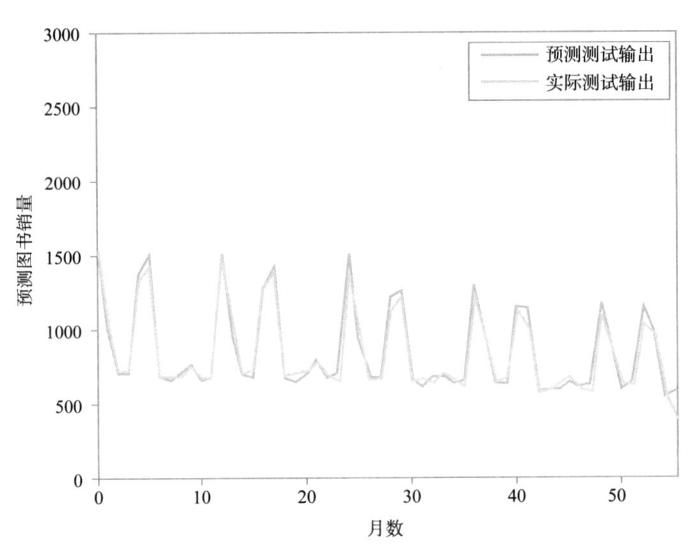

图 9-12 模型预测与实际测试输出的比较（见彩插）

9.7.3 与无循环网络的比较

在之前的章节中，我们比较了 RNN 与简单预测。另一个相关的比较是将 RNN 与一个更简单的网络模型进行比较，讨论是否能从增加模型复杂度中受益。尤其是，与具有有限历史信息的前馈网络相比，观察对处理长输入序列的能力是否有益，将是一件有趣的事情。因此我们需要进行两个修改，如代码段 9-9 所示，以尝试进行上述比较。首先，删除大部分历史信息，只保留每个输入样本中的最后 12 个月；然后，创建一个前馈网络，而不是循环网络。前馈网络的第一层将输入展平为一维，即去除时间维度。

代码段 9-9 将回溯期缩短至 7 天

```
# 减少输入中的回溯期
train_X = train_X[:, (train_months - 13):, :]
test_X = test_X[:, (test_months - 13):, :]
# 创建前馈模型
model.add(Flatten(input_shape=(12, 1)))
model.add(Dense(256, activation='relu'))
model.add(Dense(1, activation='linear'))
```

第一个全连接层有 256 个单元，这比之前示例中循环层的单元要多；另一方面，循环层中的每个单元都有更多权重，因此总的来说，循环网络有更多需要训练的参数。我们使用了前面介绍的结构形式，并将结果与 RNN 进行了比较。前馈网络的测试误差最终为 0.003 6，而 RNN 的测试误差为 0.002 2，即 RNN 中误差降低了 39%，这并不奇怪，因此使用更长的历史信息似乎是有益的。

9.7.4　将示例扩展为多输入变量

修改编程示例以处理在每个时间步上有多输入变量的情况，关键修改如代码段 9-10 所示。首先读取并标准化第二个输入数据文件，并导入变量 `train_sales_std2` 和 `test_sales_std2` 中，与前一示例相比的修改内容和增加的内容以增加背景显示。实际上，你可能希望修改应用以便能处理任意数量的输入变量，而不是将其硬编码为两个。

代码段 9-10　创建输入数据和两输入变量模型

```
# 创建训练样本
train_months = len(train_sales)
train_X = np.zeros((train_months-MIN, train_months-1, 2))
train_y = np.zeros((train_months-MIN, 1))
for i in range(0, train_months-MIN):
    train_X[i, -(i+MIN):,0] = train_sales_std[0:i+MIN]
    train_X[i, -(i+MIN):,1] = train_sales_std2[0:i+MIN]
    train_y[i,0] = train_sales_std[i+MIN]
# 创建测试样本
test_months = len(test_sales)
test_X = np.zeros((test_months-MIN, test_months-1, 2))
test_y = np.zeros((test_months-MIN, 1))
for i in range(0, test_months-MIN):
    test_X[i, -(i+MIN):, 0] = test_sales_std[0:i+MIN]
    test_X[i, -(i+MIN):, 1] = test_sales_std2[0:i+MIN]
    test_y[i, 0] = test_sales_std[i+MIN]
...
model.add(SimpleRNN(128, activation='relu',
                    input_shape=(None, 2)))
```

9.8　RNN 的数据集注意事项

在本章的编程示例中，我们使用原始销售数据创建了数据集，其中有几个问题值得指出。首先，在处理时间序列数据时，重点要考虑时间维度如何与将数据拆分为训练和测试集的方式相互作用。在编程示例中，首先将原始数据分成两部分，使用代表最旧数据的部分来创建训练集，使用最近的部分创建测试集。一个错误做法是，在划分为训练集和测试集之前，创建一些实例（输入序列加上真实值）并将其随机化。如果使用这种方法，在训练集中将包含“未来”数据点，在测试集中将包含“历史”数据点，在评估模型时，测试集可能会给出乐观的结果，即应该注意不要在训练集中包含未来的数据。

另一个需要考虑的问题是，创建不同长度的训练和测试实例，还是使用固定长度的实例。在示例中，我们创建了可变长度的样本，其中最长的输入样本是尽可能长的原始输入数据，然后用零填充其他实例，以得到相同长度。之所以使用零填充，是因为 DL 框架要求一个小批次中的所有实例应具有相同长度。另一种常见的方法是选择一个比原始数据允许的更短的固定长度，并使所有训练样本具有相同长度，这种方法的缺点是模型没有机会学习长期依赖关系。

CHAPTER 10

第10章 长短期记忆

在本章中，我们将从深入探讨影响循环网络性能的梯度消失问题入手，然后介绍一种由 Hochreiter 和 Schmidhuber（1997）提出的克服梯度消失问题的重要技术，称为长短期记忆（LSTM）。LSTM 是一个更复杂的单元，在循环神经网络（RNN）中直接替代一个神经元。第 11 章中的编程示例将通过基于 LSTM 的 RNN 自动完成文本补全。

如果是第一次学习 LSTM，LSTM 单元的内部细节可能会有些棘手，可以考虑先略过本章，主要关注 LSTM 单元是如何组合成网络的。稍后再返回重读 LSTM 单元的内部细节。

10.1 保持梯度健康

在本书中，我们多次提到梯度消失和梯度爆炸问题，因为必须克服这些关键障碍，才能使用基于梯度的方法训练神经网络。这些问题在 RNN 中变得更加严重，因为在使用时间反向传播（BPTT）和权重共享进行训练时，梯度计算需要经过大量的时间步长。出于这些原因，本节将介绍关于该问题的其他技术和见解，并总结了前面章节中介绍的内容。

首先重述这些问题以及产生这些问题的原因。当使用梯度下降训练网络时，需要计算误差对每个权重的偏导数，以便调整每个权重值。我们使用反向传播算法来计算这些偏导数。计算某一权重调整的公式是将误差导数乘以所述权重和输出节点之间的所有权重，并乘以所述权重和输出之间路径上所有激活函数的导数。图 10-1 和式（10-1）对前馈网络中的误差反向传播进行了说明，假设均方误差（MSE）为损失函数，如下所示：

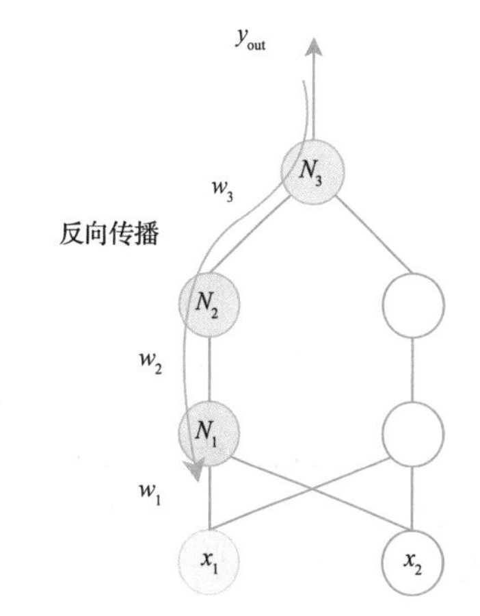

图 10-1　误差在网络中的反向传播

$$\frac{\partial e}{\partial w_1} = -(y - y_{out}) \cdot N_3' \cdot w_3 \cdot N_2' \cdot w_2 \cdot N_1' \cdot x_1 \qquad (10\text{-}1)$$

式中，变量 y 代表期望值，y_{out} 代表网络预测值。

因此，如果权重或导数较小，就会出现梯度消失问题，其中调整值将会变小，网络停止学习。相反，当权重或导数较大时，就会出现梯度爆炸问题，较大的权重调整会完全脱离学习过程。此外，对于 RNN，因为是通过时间展开网络，所以我们重复地将反向传播误差乘以相同权重，这意味着即使反向传播错误稍微偏离 1.0，也会导致梯度消失（如果权重 <1.0）或爆炸（如果权重 >1.0）。

如前所述，从激活函数开始，S 型（logistic 和 tanh）激活函数对于较大负值和正值，导数都接近 0，即神经元正在饱和。如第 3 章中图 3-4 所示。

我们还没有讨论 logistic 函数，即使 logistic 函数没有饱和，当反向传播时，误差也总是会衰减。图 10-2 显示了 tanh 和 logistic sigmoid 函数的放大图以及它们在最陡导数点的切线。可以看到，logistic sigmoid 函数的导数最大值为 0.25，而 tanh 函数的导数最大值为 1.0，即 logistic sigmoid 函数的最大斜率小于 tanh 函数，这也是 tanh 函数比 logistic sigmoid 函数更好的一个原因。

logistic sigmoid 函数的导数最大值为 0.25，因此当误差通过网络向后传递时，误差总是会衰减。

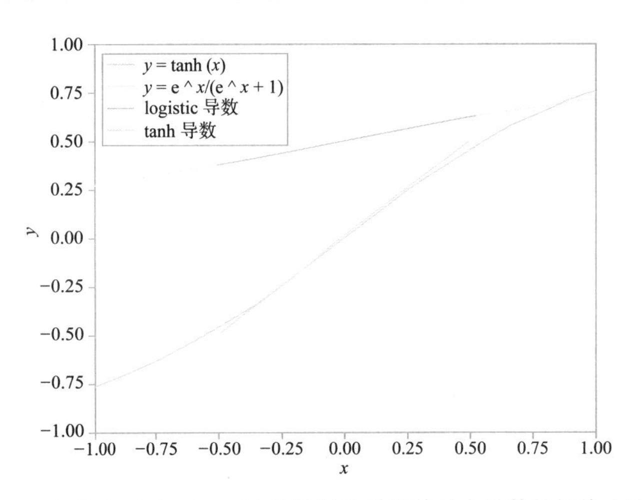

图 10-2　tanh 和 logistic sigmoid 函数以及说明其最大导数的切线（见彩插）

尽管 tanh 函数导数的最大值为 1.0，但如果神经元处于其饱和区域，梯度仍然会消失。我们讨论了多种保持神经元处于非饱和区的技术，其中两个例子是使用 Glorot 或 He 方法来初始化权重，或者在网络内部使用批归一化。

与其试图让神经元远离饱和区域，另一种解决神经元饱和问题的方案是，使用非饱和的非线性函数，如 leaky ReLU 或使用仅在一侧饱和的正则 ReLU 函数。

对于梯度爆炸问题，直接的解决方案是进行梯度裁剪，在梯度爆炸时人为地将梯度调小。看起来，似乎批归一化和梯度裁剪是相关的，因为两者都限定了梯度值范围，但它们本质上是不同的。批归一化是在网络前向传播过程中调整梯度值，使神经元保持在其活跃区域（即，批归一化的目的是通过避免饱和来保持梯度不消失）；另一方面，梯度裁剪是通过在反向传播过程中调整梯度本身来避免梯度爆炸。

批归一化可避免梯度消失，而梯度裁剪可避免梯度爆炸。

上述梯度消失和梯度爆炸问题也会出现在前馈网络和 RNN 中，但 RNN 也具有其独特性以及潜在缓解问题的技术。即使在激活函数没有问题的情况下，如果使用一个常导数为 1 的 ReLU 函数，RNN 也将面临一个特别的挑战，即由于时间步长之间的权重共享，BPTT 会导致误差不断地乘以相同权重。如前所述，如果时间步长足够大，避免梯度消失和爆炸的唯一方法是使用值为 1 的权重，但这却违背了我们希望能够调整权重的初衷。然而，可以利用这个结论创建一个更复杂的循环单元，该单元使用一种称为常量误差传输（CEC, Constant Error Carousel）的技术。在反向传播期间，使用 CEC 会导致出现类似权重值为 1 的行为。LSTM 正是基于 CEC 技术实现的，将在接下来的几节中介绍。

CEC 技术应用于 LSTM。

最后，如 8.3 节中所述，跳连接有助于训练深层网络。其确切原因有待商榷，在不同的研究中给出了不同解释（He et al.,2015a; Philipp,Song,and Carbonell,2018; Srivastava,Greff and Schmidhuber,2015）。其中一个原因是跳连接解决了梯度消失问题，跳连接与 CEC 有一些相同行为。我们将在 10.6 节中讨论。

作为参考，表 10-1 总结了所有讨论的对抗梯度消失和梯度爆炸的技术。按照我们的理解，梯度消失适用于梯度因深度网络（空间或时间上）而逐渐消失的情况。除了梯度消失问题，梯度也可能由于其他原因导致趋于 0。前几章已经描述了一些这样的例子和相关缓解问题的技术。

当网络输出层的神经元基于 logistic sigmoid 函数时，就会出现这种问题：如果神经元饱和，则梯度趋于 0。解决该问题的一种方法是选择一个在反向传播过程中具有相反效应的损失函数，例如交叉熵损失函数。

另一个问题是，如果网络的输入值非常大，就会迫使神经元进入饱和区。在编程示例中，我们将输入值适当进行标准化使其以 0 为中心来避免这个问题。

表 10-1　缓解梯度消失和爆炸的方法总结

方法	是否可缓解梯度消失	是否可缓解梯度爆炸	说明
使用 Glorot 或 He 初始化权重	是	否	适用于所有神经元
批归一化	是	否	适用于隐层神经元
非饱和神经元（如 ReLU）	是	否	适用于所有神经元，但输出层需根据问题类型单独考虑
梯度裁剪	否	是	适用于所有神经元
常量误差传递	是	是	仅适用于循环层；适用于 LSTM
跳连接	是	否	具有额外好处（在后面 ResNet 中详细介绍）

10.2　LSTM 介绍

在本节中，我们将介绍 LSTM 单元，LSTM 是一种复杂单元，用于替代在 RNN 中使用的简单神经元。LSTM 单元在现代 RNN 中经常使用，预先声明，当第一次看到 LSTM 单元的结构图时，它确实很复杂，一个很自然的反应是，“是如何构思这个设计作为简单神经元的替代品，这个 LSTM 神经元与现实有何种联系？”后半部分问题的答案很简单，LSTM 单元是一种工程化的解决方案，并没有受到生物学启发，因此与（生物）现实世界没有太多联系。

LSTM 单元中有不少于五个（！）非线性函数，其中三个是 logistic sigmoid 函数，称为单元中的门。剩下的两个是常规激活函数，可以采用前面介绍的任意激活函数，常用的选择是 tanh 和 ReLU 函数。LSTM 单元还包含四个加权和，因此权重的数量是 RNN 中的四倍。

> LSTM 是门控单元的一个实例，除了包含传统激活函数，还包含称为门的 logistic sigmoid 函数。

本节描述的现代 LSTM 单元是 Gers、Schmidhuber 和 Cummins（1999 年）引入的 LSTM 单元的一个扩展版本，比最初提出的 LSTM 单元要复杂一些，如果将其与原始论文中描述的内容进行比较，不要因为缺失一部分内容而感到奇怪。

避免 RNN 中梯度消失或爆炸的一种方法是创建一个神经元，其中激活函数的导数为 1（单位函数 $f(x)=x$ 满足该属性）、循环权重为 1。注意到，单位函数作为激活函数且权重为 1 的网络似乎不起作用，但我们以这个概念为基础来了解 LSTM 单元的内部工作原理。

将单位函数与权重为 1 结合使用的含义是，当反复将误差乘以循环权重和激活函数的导数时，梯度在反向传播时不会消失或爆炸。图 10-3 左侧是一个简单的 RNN，其循环层由单个神经元组成，然后是一个具有单个神经元的前馈输出层；循环层中的神经元实现了单位函数，循环权重为 1。这个循环回路称为 CEC。图右侧是网络的扩展版本，在这个展开版本中，误差恒定，因为它在随时间反向传播时反复乘以 1，即使输入序列非常长，梯度也不会消失。CEC 是 LSTM 用于处理梯度消失和爆炸的关键机制，它没有让梯度通过权重向后移动，而是绕过这些权重，防止梯度消失或爆炸。

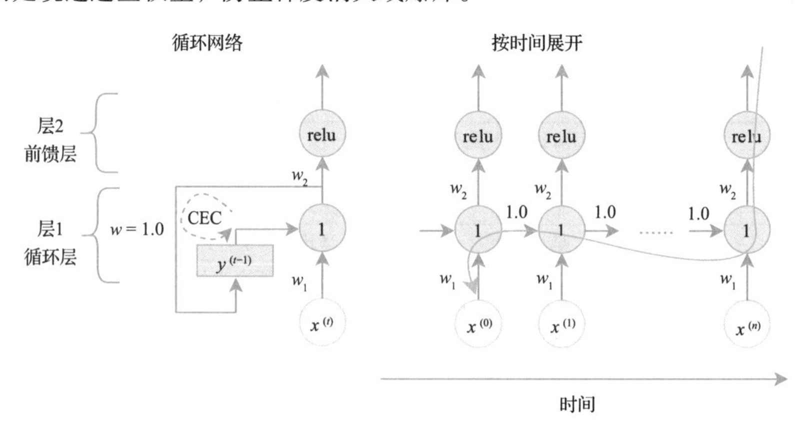

图 10-3　具有常量误差传递机制的简单循环网络

LSTM 单元采用 CEC 使得梯度绕过加权连接，这样可以防止梯度消失或爆炸。

现在，暂时忽略反向传播，先考虑此网络在前向传播过程中的行为。假设网络的输入在第一个时间步长为 0.7，其他时间步长为 0.0，网络输入乘以 w_1 并输入神经元。因为神经元实现了单位函数，所以输出为 0.7 w_1，然后该值将在每个时间步长的循环中保持不变。CEC 能使误差反向传播而不出现梯度消失，即视为一个记忆单元，它从第一个时间步长直到传播结束都会记住该输入值，这种长时间记忆数值的能力是 LSTM 单元的一个关键特性。

LSTM 单元可以锁定一个值，并长时间记住它。

在这个例子中，一个简单的 RNN 也可以记住数值，虽然在每个步长输入激活函数会导致输出趋于 1。除了在多个时间步长上可以完美地记住数值，LSTM 单元还具有控制何时更新存储单元的功能。需要这种机制的原因并不难想象。假设一个更复杂的网络，在循环层有多个神经元，我们希望其中一个神经元记住第一个时间步长的输入值，希望另一个神经元记得第二个或其他时间步长的输入值。也就是说，网络需要能够控制何时记住输入，何时忽略输入。之前，我们提到 LSTM 是门单元的一个示例，门的概念允许有选择地决定何时记住一个值。

图 10-4a 为实现门的一种方法。该方法引入了一种乘法运算，将 $x^{(t)}$ 乘以 logistic sigmoid 神经元（图中表示为 Sig）的输出，而不是将输入 $x^{(t)}$ 直接连接到神经元上。logistic sigmoid 神经元和乘法运算共同起到门的作用，这是因为 logistic sigmoid 神经元的输出值介于 0 和 1 之间。如果该值为 0，则门关闭，因为输入 $x^{(t)}$ 将乘以 0，无法捕获任何值；如果该值为 1，则存储单元将捕获完整的输入值 $x^{(t)}$。使用 Sigmoid 函数而不是阶跃函数的原因是，函数是可微的，这样可以用梯度下降来训练权重。

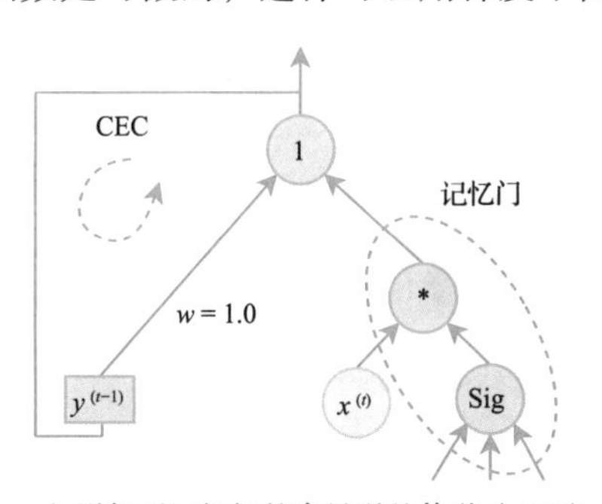

a）增加了记忆门的常量误差传递（CEC）

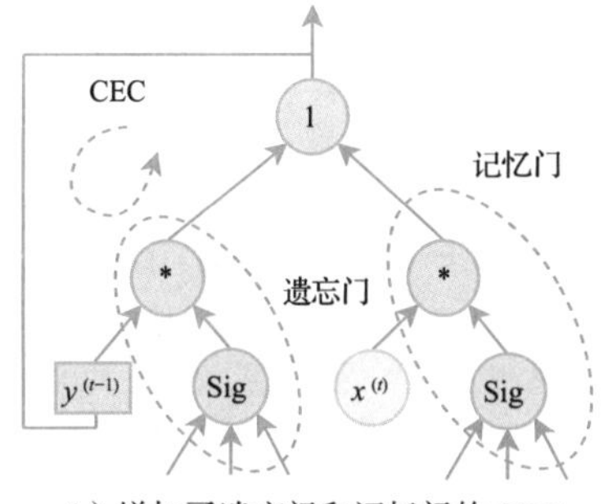

b）增加了遗忘门和记忆门的 CEC

图　10-4

将一个值乘以 logistic sigmoid 函数作为输出，即 logistic sigmoid 函数起到了门控的作用。

有记忆能力不错，但能忘记也很好，如图 10-4b 所示，引入了一个可以打破 CEC 循环的遗忘门：如果门是打开的，则内部状态将更新为前一时间步长的状态；但如果门是关闭的，则会忘记前一状态。这使得网络在需要记忆几个时间步长的值时重用该内存单元，在需要记住其他值的情况下遗忘原值。

基于刚刚介绍的概念，现在准备好描述完整的 LSTM 单元，如图 10-5 所示。除记忆门和遗忘门之外，还有一个门用来控制是否应该将记住的值发送到单元的输出。CEC 中实现单位函数的神经元被标记为 + 的节点所取代（这是文献中常用的做法）。值得注意的是，将输入相加正是神经元所做的事情，因此这与权重为 1.0、线性激活函数、只有两个输入且没有偏差的普通神经元没有什么不同。除门之外，还有一个带有任意激活函数的输入神经元（表示为“In Act”，用于输入激活），来自单元的输出也会通过图顶部的任意激活函数（表示为“ Out Act”，用于输出激活）。输出激活只是激活，而不是加权和，因为它只从输出门的乘法操作中接收单个值。通常使用 tanh 作为输入和输出的激活函数，我们将在后面更深入地讨论这个问题。

图 10-5 底部的四个神经元都有多个输入，用三个箭头表示，但数量是任意的，取决于层中神经元的数量（影响 h 的大小）和输入向量 $\boldsymbol{x}$ 的大小。所有这些输入都有需要学习的权重，其他内部单元没有任何权重，图中的内部连接不是向量，而是单值连接。

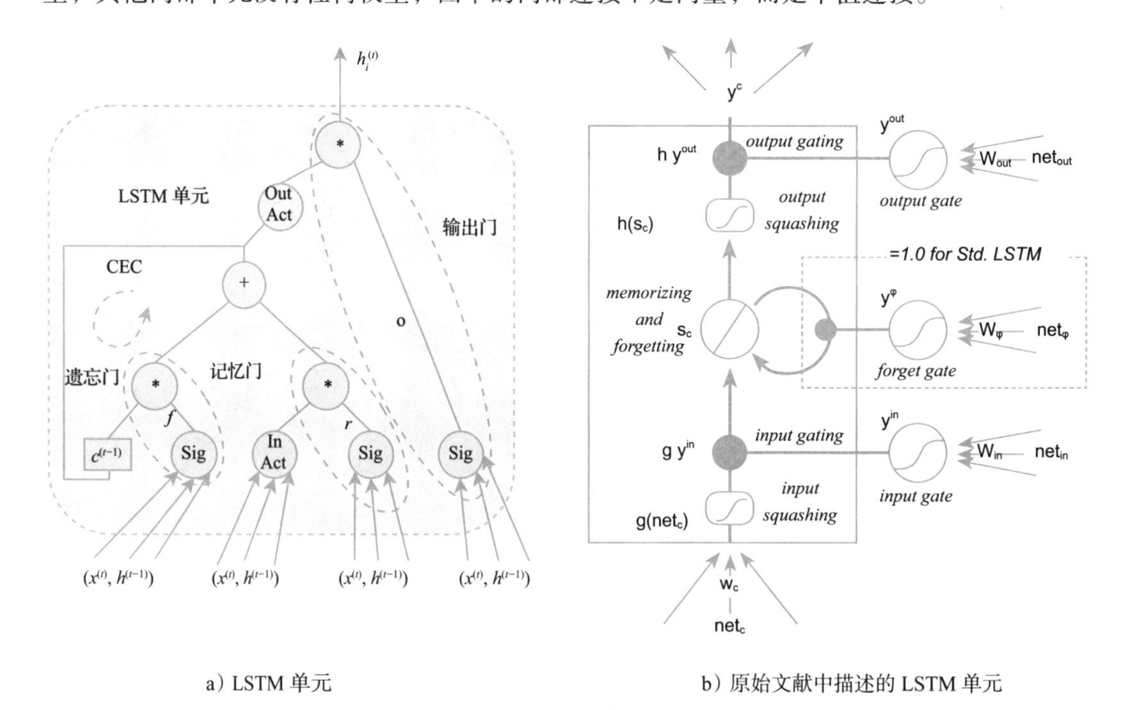

a）LSTM 单元　　b）原始文献中描述的 LSTM 单元

图　10-5[⊖]

⊖ Gers, F., Schmidhuber, J., and Cummins, F., “ Learning to Forget: Continual Prediction with LSTM,” Ninth International Conference on Artificial Neural Networks (ICANN 99), 1999.

10.3　LSTM 激活函数

现在讨论激活函数，看起来有点与预期不同，在前几章用了多节来描述 S 型函数的问题，而现在却引入一个单元，包含三个 logistic sigmoid 函数和两个附加激活函数，这些激活函数恰好为 tanh 函数。

这里需要考虑几件事。首先，引入了 CEC，用于解决一些通常与 S 型函数相关的梯度消失问题。我们说的是解决了部分问题，而不是所有问题，因为 CEC 只有在门处于允许误差进行不变传播的状态时才有效。如果关闭遗忘门，任何误差都不能通过 CEC 传播，只能再次传到 tanh 激活函数。推荐将遗忘门的偏差初始化为 1 来解决该问题，以便误差可以自由地向后传播。另外需要考虑的是，CEC 只有助于由于 BPTT 而产生的梯度消失问题，但 RNN 也有常规的反向传播，误差从一层传播到另一层（图 10-3 中的垂直方向）。换句话说，在 LSTM 中使用 ReLU 函数作为输入和输出激活函数肯定是有益的。

tanh 函数仍然流行的一个原因是，许多 RNN 不像前馈网络具有多层结构，因此层与层之间的梯度消失问题不太严重。

另一个问题是，为什么必须同时具备输入和输出激活函数：为什么一个是不够的？输出激活函数的一个好处是，可以更好地控制输出范围。例如，如果使用 tanh 作为输出激活，则神经元总是会输出一个介于 −1 到 1 之间的值。另一方面，如前所述，确实存在只有单一激活函数的门控单元。

对于门控函数，使用 logistic sigmoid 函数作为门控函数，是因为该函数具有类似门控的功能，可以控制输出范围在 0 到 1 之间，这是 logistic sigmoid 函数的一个关键属性。也可以使用其他具有相同性质的函数，面临的挑战在于如何构造一个具有固定范围但不饱和的函数（即，在一端或两端的导数都不趋于 0）。

10.4　创建 LSTM 单元构成的网络

图 10-6 描述了多个 LSTM 单元如何连接成一个循环网络层。就像一个普通的 RNN，但是每个神经元都被更复杂的 LSTM 细胞所取代。这就产生了一个具有两组状态的网络，在每个 LSTM 细胞中都有内部状态（c），但在全局循环连接中也有状态（h），就像在一个基于简单神经元的 RNN 中一样。

在图 10-6 中，基于 LSTM 的 RNN 需要训练的参数（权重）是常规 RNN 的 4 倍。除输入激活神经元外，还有三个门神经元，每个门神经元接收与输入神经元相同数量的输入。因此，输入向量长度为 M，有 N 个 LSTM 单元的单层权重总数为 $N*4*(N+M+1)$，其中 N 是 LSTM 单元的个数，每个单元中的输入神经元和门的数量是 4，每个神经元的输入数量（包括偏差）是 $N+M+1$。

一个 LSTM 单元的权重数量是 RNN 中一个简单神经元的 4 倍。

现在总结一下 LSTM 层的行为。每个单元都有一个内部状态，在每个时间步长中，内部状态都会更新，更新值是前一个时间步长的内部状态和当前时间步长的输入激活函数的加权和。权重是动态控制的，被称为门。输入激活函数的输入源于前一层（$\boldsymbol{x}$）的输出以及前一时间步长（$\boldsymbol{h}$）的当前层输出的串联，就像在常规 RNN 中一样。最后，通过输出激活函数输入内部状态，并乘以另一个门，计算 LSTM 层的输出。所有门都由 $\boldsymbol{x}$ 和 $\boldsymbol{h}$ 的串联进行控制。

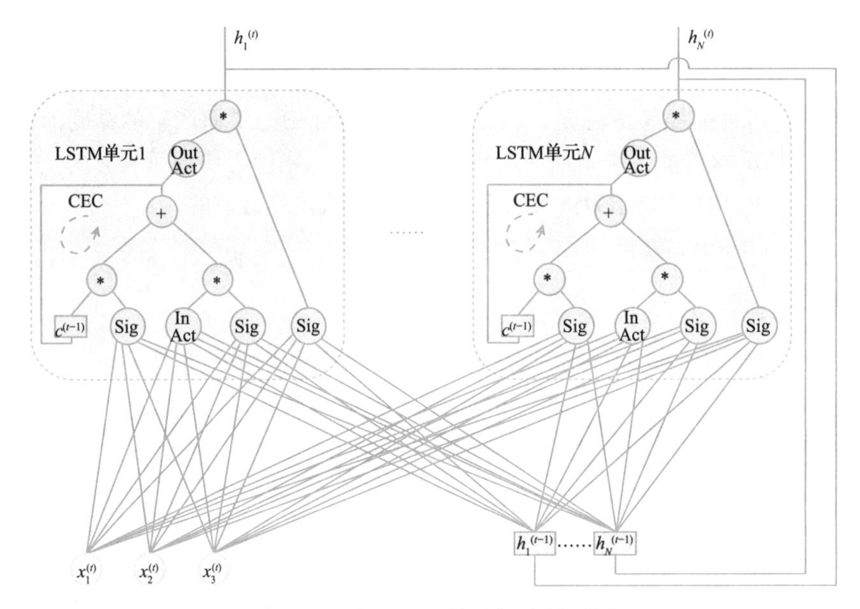

图 10-6　由 LSTM 单元构建循环层

10.5　LSTM 的其他理解

在描述中，我们将单个 LSTM 单元称为细胞，并将多个细胞连接到一层中，这个术语与深度学习（DL）领域的理解并不一致，但有时候整个层被称为一个细胞。暂时忽略这个术语，不同类型单元的图形和描述通常是在整个层中完成的，一个关键原因是可以方便地绘制按时间展开的网络，正如在第 9 章中图 9-6 所示。但是，这么做容易混淆，因为它隐藏了一些实际连接，所以建议要谨慎使用这种细胞抽象概念。

LSTM 通常是从整个层而非单个单元的角度来考虑的。在书中，细胞指的是整个单元层，而不是单个单元。

一篇流行的博客文章中介绍了一种常用的绘制 LSTM 的方法，解释了 LSTM 的工作原理（Olah, 2015）。这里我们复制了 Olah 博客的一些内容，建议阅读该博客文章以获得更多细节。图 10-7 为 LSTM 层按时间顺序展开的三个时间步长，该层从前一个时间步长接收 $\boldsymbol{c}$ 和 $\boldsymbol{h}$，从当前时间步长接收 $\boldsymbol{x}$，并输出 $\boldsymbol{c}$ 和 $\boldsymbol{h}$ 的新值。

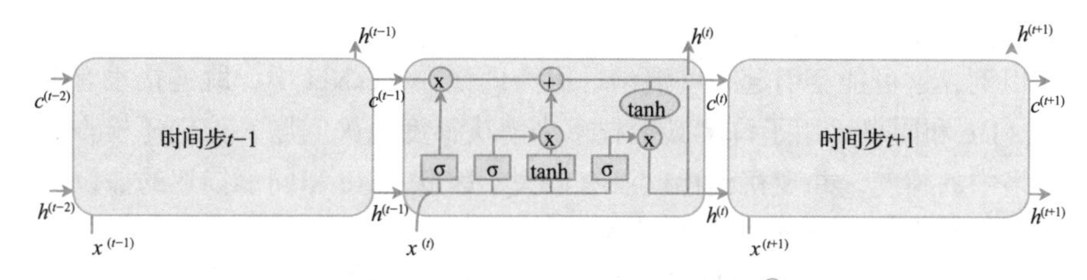

图 10-7 LSTM 层按时间顺序展开[⊖]

图 10-7 的中间框内显示了 LSTM 层的内部结构，每个矩形表示多个神经元（与层中 LSTM 单元的数量相同），每个神经元接收一个输入向量并产生一个输出。希腊字母σ表示门，tanh 表示输入和输出激活函数；曲线$x^{(t)}$表示串联，即形成了一个更大的向量，包含元素$h^{(t-1)}$和$x^{(t)}$。用圆圈 / 椭圆形表示的其他操作表示执行操作的多个实体（与层中 LSTM 单元的数量相同），其中每个实体接收单个输入值（与矩形接收的向量相反），并生成单个输出值。

最后，另一种常用的表示不同种类门控单元的方法是矩阵，LSTM 层的描述如式（10-2）所示。

$$
\begin{aligned}
&\boldsymbol{f}^{(t)}=\sigma(\boldsymbol{W}_f[\boldsymbol{h}^{(t-1)},\boldsymbol{x}^{(t)}]+\boldsymbol{b}_f) && (1)\\
&\boldsymbol{i}^{(t)}=\sigma(\boldsymbol{W}_i[\boldsymbol{h}^{(t-1)},\boldsymbol{x}^{(t)}]+\boldsymbol{b}_i) && (2)\\
&\tilde{\boldsymbol{C}}^{(t)}=\tanh(\boldsymbol{W}_c[\boldsymbol{h}^{(t-1)},\boldsymbol{x}^{(t)}]+\boldsymbol{b}_c) && (3)\\
&\boldsymbol{C}^{(t)}=\boldsymbol{f}^{(t)}*\boldsymbol{C}^{(t-1)}+\boldsymbol{i}^{(t)}*\tilde{\boldsymbol{C}}^{(t)} && (4)\\
&\boldsymbol{o}^{(t)}=\sigma(\boldsymbol{W}_o[\boldsymbol{h}^{(t-1)},\boldsymbol{x}^{(t)}]+\boldsymbol{b}_o) && (5)\\
&\boldsymbol{h}^{(t)}=\boldsymbol{o}^{(t)}*\tanh(\boldsymbol{C}^{(t)}) && (6)
\end{aligned}
\qquad (10\text{-}2)
$$

遗忘门和输入门如（1）和（2）所示，（3）是候选更新函数，使用该候选函数、输入门和遗忘门计算新单元值如（4）所示，（5）是输出门，（6）描述了使用输出门和新单元值来确定单元的输出。方程描述很简洁，但一开始可能很难理解。为了获得更深入地理解，建议将每个公式都转换成神经元和连接的等效图。例如，（1）转换为单层 Sigmoid 神经元，输入向量是 $\boldsymbol{h}^{(t-1)}$ 和 $\boldsymbol{x}^{(t)}$ 的串联。

10.6 相关话题：高速神经网络和跳连接

如第 8 章所述，引入 ResNet 中的跳连接是为了解决并非由梯度消失导致的网络不学习问题。相反，He 和同事（2015a）假设学习算法很难找到正确解，而跳连接将有助于算法查找正确的位置（更接近单位函数）。然而，在 ResNet 使用之前，在其他网络中使用了各种形式的跳连接，有趣的是，其中一些网络的目的是解决梯度消失问题。该用法与本章描述的 LSTM 相关，在进行 BPTT 时，LSTM 中使用 CEC 使梯度可以在反向传播过程中不变地扩展网络。类似地，跳连接提供了快捷方式，在常规前馈网络的反向传播过程中，梯度以不

⊖ olah, C.,“ Understanding LSTM Networks ” (blog), August 2015, https://colah.github.io/posts/2015-08-Understanding-LSTMs.

变值在网络中进行传播。

我们意识到，这可能会引起一些混淆，因为即使在 ResNet 中，跳连接也有助于解决梯度消失问题。He 和同事采用了许多其他技术来解决梯度消失问题，他们还检查了没有跳连接的基准网络中的梯度，并观察到梯度没有消失。因此，He 和同事描述的假设似乎更有可能解释为什么跳连接在 ResNet 中是有益的。

另一种相关技术被称为高速神经网络（Srivastava, Greff, & Schmidhuber, 2015）。高速神经网络包含跳连接，但跳连接和常规连接的贡献可以由网络动态调整。这是通过使用与我们在 LSTM 中看到的相同类型的门来完成的。事实上，高速神经网络是受 LSTM 启发而产生的。

CHAPTER 11

第 11 章 使用 LSTM 和集束搜索自动补全文本

第 9 章探讨了如何使用循环神经网络（RNN）来预测数值。在本章中，我们不再处理数值的时间序列，而是将 RNN 应用于自然语言文本（英文）。有两种直接方法对文本进行处理：将文本视为字符序列或单词序列。在本章中，我们将文本视为一个字符序列，因为这是最简单的开始方式。在许多情况下，单词比字符更有效，这将在接下来的几章中进行探讨。

除处理文本而不是数值之外，我们还演示了如何使用具有可变输入长度的模型，以及如何对多个时间步进行预测，而不仅仅是紧随输入数据的下一个时间步。

11.1 文本编码

要将文本作为 RNN 的输入，首先需要以合适的方式对其进行编码，这里使用 one-hot 编码，就像我们在图像分类问题中对类别所做的那样。考虑到一个典型的字母表只包含几十个字符，因此 one-hot 编码对于字符来说非常合适。补充说明，one-hot 编码单词的效率较低，由于输入向量的长度与要编码的符号总数相同，会产生更大的向量，而且一种典型的语言包含成千上万个单词。

为了更具体地说明这一点，假设文本仅由小写字符组成，没有如句号、逗号、感叹号、空格或换行等特殊符号。因为在英语中有 26 个小写字符，可以将一个字符编码为长度为 26 的 one-hot 编码向量。首先定义一个 RNN，输入 $\boldsymbol{x}$ 是有 26 个元素的向量，用一个具有 26 个输出的全连接 Softmax 层作为结束。现在，可以通过为每个时间步提供 one-hot 编码单个字符的方式向网络提供文本序列，而 Softmax 的输出解释为网络预测的下一个字符。最大输出值表示最有可能的下一个字符，次高输出对应第二个最有可能的字符，以此类推。

在处理文本时，通常使用 one-hot 编码来表示字符。

按时间展开的循环网络如图 11-1 所示。在时间步 0 时，字母 h 为网络输入，接下来的三个时间步依次是 e、l 和 l，最后一个时间步的网络预测结果为 o，即网络预测了 hello 单词的最后一个字符。标为 SMax 的矩形不仅是数学上的 Softmax 函数，而且是一个以

Softmax 为激活函数的全连接层。显然，网络也会在前几个时间步中给出预测值，但我们忽略了这些时间步的输出，因为还没有给出整个输入序列。

在大多数情况下，我们希望网络能够处理大写字符以及特殊符号，因此 one-hot 编码字符可包含大约 100 个元素，而不是 26 个。我们很快将看到一个编程示例，在该示例中，RNN 使用 one-hot 编码字符作为输入，但首先讨论如何预测未来的多个时间步。这是在编程示例中要用到的另一属性。

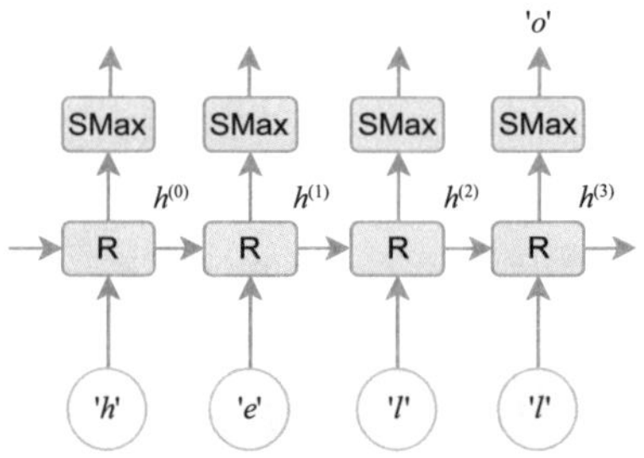

图 11-1　包含循环层和 Softmax 全连接层的文本预测网络

11.2　长期预测和自回归模型

在前面的章节中，我们只预测了时间序列中的下一个值，通常更有用的是能够预测较长的输出序列，而不仅仅是单个符号。在本节中，我们将讨论几种预测多个时间步长的方法。

一种简单的方法是创建多个模型，其中每个额外的模型都可以预测未来的一个时间步长。为了说明这一点，考虑在第 9 章中为图书销售预测模型提供的一个训练示例：输入数据为 $x^{(t-n)},\cdots,x^{(t-1)},x^{(t)}$，期望的输出值为 $y^{(t+1)}$；如果前面使用的是相同输入数据，而且把期望输出值 $y^{(t+1)}$ 作为输入，$y^{(t+2)}$ 作为期望输出值，则将得到一个预测未来两步的模型。然后可以创建另一个用 $y^{(t+3)}$ 训练的模型，以此类推。现在，给定一个输入序列 $x^{(t-n)},\cdots,x^{(t-1)},x^{(t)}$，作为上述三个模型的输入，将得到接下来三个时间步长的预测。这种方法实现起来很简单，但不是很灵活，而且模型之间也没有共享或重用。

另一种方法是创建一个一次预测 m 个时间步长的模型。定义模型有 m 个输出，每个训练实例的输入序列依然是 $x^{(t-n)},\cdots,x^{(t-1)},x^{(t)}$，但期望输出是序列 $y^{(t+1)},y^{(t+2)},\cdots,y^{(t+m)}$。这样做的好处是可以重复使用参数来预测多个时间步长，但需要预先决定预测未来时间步长的个数，如果想预测的序列非常长，最终会得到大量输出神经元。

对这两种方法感到困惑的是，需要在训练时预先决定希望能够预测的时间步数。正如希望能够处理可变长度的输入序列一样，我们希望动态地选择输出序列的长度。对于这种情况，有一种聪明的方法，即模型仅根据该变量（而不是其他变量的集合）的历史值预测变量的未来值。只需取一个时间步长的预测输出值，并在下一个时间步长中将其作为输入提供给模型，可以在任意的时间步长中重复此操作。深度学习模型中，一个时间步的输出作为下一个时间步的输入值，通常称为自回归模型。在 DL 领域之外，自回归模型通常是线性模型（Hastie, Tibshirani and Friedman，2009）。在 DL 领域中，自回归模型更广泛地用于任意类型的模型（通常是非线性的），其中我们使用一个时间步的输出作为下一个时间步的输入。

长期预测可以通过反复将预测的输出作为模型的输入来完成，只有当网络预测了所有需要作为输入的变量时，才会起作用，这被称为**自回归模型**。

现在考虑文本自动补全问题。在本例中，有一个输入的字符序列，希望预测一个遵循输入序列的字符序列，即，用于文本自动补全的神经网络，一个合理设计如图 11-1 所示。首先输入想要自动补全的句子的开头，使得网络输出预测字符，然后以自回归方式将这个字符作为输入反馈给网络，如图 11-2 所示。在前两个时间步中，网络输入前两个字母 *h* 和 *e*，然后将输出反馈给输入用于预测剩余的时间步，忽略第一个时间步的输出。

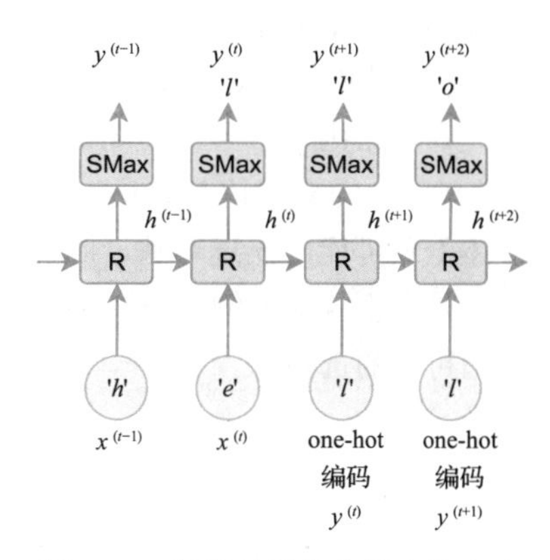

图 11-2　预测结果作为输入的文本预测网络

我们并没有完全按照原样将获取的输出作为输入。记住，输出是概率分布，也就是说，网络将为每个字符分配一个介于 0 ～ 1 的值。然而，输入是 one-hot 编码，与单个字符对应的元素才设置为 1，所有其他元素应为 0。因此，确定网络预测的哪个字符的概率最高，并将该字符的 one-hot 编码作为输入（即自回归）。我们将在下一个编程示例中展示这种做法，但首先介绍一种技术，该技术需要获得多个可能的预测，而不仅仅是一个预测。

当输出是 Softmax 函数时，通常不将确切的输出作为输入返回，而是识别最可能的元素，并使用该元素的 one-hot 编码作为网络的输入。

11.3　集束搜索

在进行文本自动补全时，通常希望模型能够预测一个句子的多个备选补全。集束搜索算法可以实现这一点。集束搜索在 20 世纪 70 年代就已经为人所知，但是在基于 DL 的自然语言处理中才流行起来，例如自然语言翻译（Sutskever, Vinyals，and Le, 2014）。

集束搜索能够在将输出作为输入反馈给网络时创建多个备选预测。

算法的工作方式如下：我们不是为每个时间步选择单个最可能的预测，而是选择 *N* 个预测，其中 *N* 是一个称为集束大小的常数；如果直接这样做，第一个时间步后会有 *N* 个候选，第二个时间步之后会有 $N \times N$ 个候选，第三个时间步后会有 $N \times N \times N$ 的候选等。为了避免这种组合爆炸，每个时间步还涉及删减候选者的数量，只保留 *N* 个最可能的候选。为更具体地说明这一点，让我们看一下图 11-3 的示例，其中假设 N=2。在每一步中，保留两个最可能的选项（总体上），剔除其他选项。

假设将一个末尾是空格的序列“ *W-h-a-t*”输入到网络中，得到一个输出向量，其中字符 *t* 概率最高（20%），字符 *d* 概率次高（15%）。因为 $N = 2$，因此忽略所有其他候选项，将第一个候选 *t* 作为输入返回网络，然后找到两个最可能的输出 *i*（40%）和 *y*（10%）。在另外一组实验中，将第二个候选 *d* 作为输入返回网络，并找到两个最可能的输出 *a*（80%）和 *o*（10%）。

现在，有四个候选 What ti、What ty、What da 和 What do，通过将每一步的概率相乘来计算每一个的总概率。例如，What ti 的概率为 0.2 × 0.4=0.08。现在我们修剪树，只保留 *N* 个最可能的候选，在示例中是 What ti（8%）和 What da（12%）。

需要指出一个关键的观察结果，What t 的概率比 What d 高，在下一步中，What da（What d 的延续）的概率比 What ti（What t 的延续）更高，这也意味着不能保证集束搜索能找到总体上最可能的候选对象，因为最可能的候选对象很可能在搜索过程早期就已经被修剪了。也就是说，在这个例子中，结果可能是 What time 和 What day，但有可能最终 What a night 是最可能的选择。

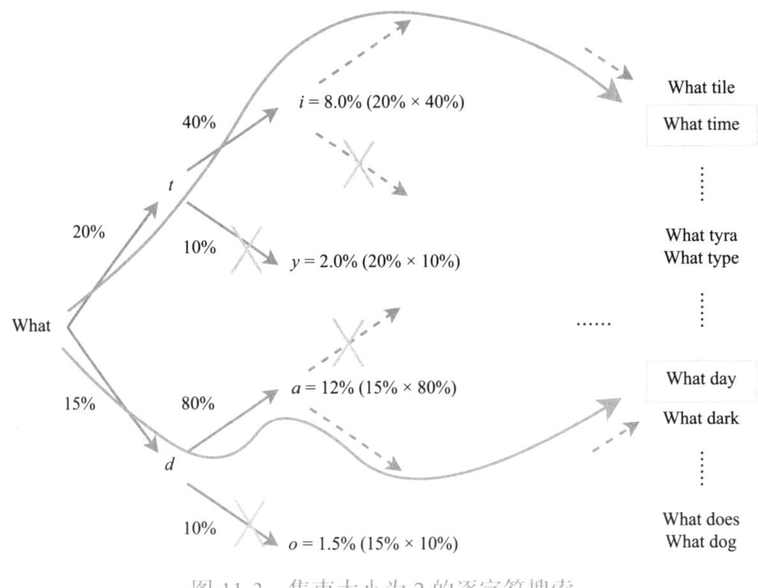

图 11-3　集束大小为 2 的逐字符搜索

如果熟悉搜索算法，会注意到这是一个广度优先搜索算法，但我们限制了搜索的广度。集束搜索也是贪婪算法的一个例子。

如果不熟悉广度优先搜索或贪婪算法，也不必担心。和往常一样，你可以考虑在未来学习它。

现在有了编程示例所需的所有构建块，我们将把这些应用于实际编程中。

11.4　编程示例：使用 LSTM 实现文本自动补全

在这个编程示例中，我们创建一个基于长短期记忆（LSTM）的 RNN，用于文本自动补全。要做到这一点，首先需要用一些可以用作训练集的现有文本来训练我们的网络。网上有大量的文本数据可以用于这样的训练，有些研究甚至使用了维基百科的全部内容。对于像本章这样简单的示例，通常只需一个较小的训练集，以避免冗长的训练时间，一个流行的选择是从古登堡计划中选择你最喜欢的书[⊖]。这是一个不需要版权的书籍集合，可以在线获取文本。对于本节的示例，我们选择使用大多数读者都应该熟悉的 *Frankenstein*（Shelley，1818）。我们只需下载文本文件，并将其保存在本地计算机上，以便代码访问。

初始化代码如代码段 11-1 所示。除 `import` 语句之外，还需要提供用于训练的文本文件路径；同时还定义了两个变量 `WINDOW_LENGTH` 和 `WINDOW_STEP`，用于控制将文本文件拆分为多个训练样本；其他三个变量用于控制集束搜索算法，并进行了简要描述。

代码段 11-1　初始化代码

```
import numpy as np
from tensorflow.keras.models import Sequential
from tensorflow.keras.layers import Dense
from tensorflow.keras.layers import LSTM
import tensorflow as tf
import logging
tf.get_logger().setLevel(logging.ERROR)

EPOCHS = 32
BATCH_SIZE = 256
INPUT_FILE_NAME = '../data/frankenstein.txt'
WINDOW_LENGTH = 40
WINDOW_STEP = 3
BEAM_SIZE = 8
NUM_LETTERS = 11
MAX_LENGTH = 50
```

代码段 11-2 完成了打开并读取文件内容，将其全部转换为小写字母，将双空格替换为单空格。为了方便地对每个字符进行 one-hot 编码，我们希望为每个字符分配一个单调递增的索引，这可以通过创建一个唯一的字符列表来实现。一旦有了这个列表，我们就可以循环遍历它，并为每个字符赋值一个递增的索引。这样做两次，是为了创建一个从字符映射到索引的字典（哈希表）和一个从索引映射到字符的反向字典。当想要将文本转换为 one-hot 编码输入网络时，以及想要将 one-hot 编码输出转换为字符时，借助上述字典和反向字典将非常方便。最后，初始化变量 `encoding_width`，表示字符的 one-hot 编码向量宽度。

代码段 11-2　读取文件、处理文本和准备字符映射

```
# 打开输入文件
file = open(INPUT_FILE_NAME, 'r', encoding='utf-8')
text = file.read()
file.close()
```

⊖ https://www.gutenberg.org

```
# 转换成小写并移除换行符和多余空格
text = text.lower()
text = text.replace('\n', ' ')
text = text.replace('  ', ' ')

# 将字符编码为索引
unique_chars = list(set(text))
char_to_index = dict((ch, index) for index,
                     ch in enumerate(unique_chars))
index_to_char = dict((index, ch) for index,
                     ch in enumerate(unique_chars))
encoding_width = len(char_to_index)
```

下一步是从文本文件中创建训练样本，由代码段 11-3 完成。每个训练样本包括一个字符序列和紧接在输入字符后面的单个字符的期望输出值。我们使用长度为 WINDOW_LENGTH 的滑动窗口来创建这些输入样本。创建完一个训练样本后，将窗口滑动到 WINDOW_STEP 位置，然后创建下一个训练样本。将输入样本添加到一个列表中，将输出值添加到另一个列表中，所有这些操作由一个 for 循环完成。

代码段 11-3　准备 one-hot 编码的训练数据

```
# 创建训练样本
fragments = []
targets = []
for i in range(0, len(text) - WINDOW_LENGTH, WINDOW_STEP):
    fragments.append(text[i: i + WINDOW_LENGTH])
    targets.append(text[i + WINDOW_LENGTH])

# 转换为 one-hot 编码的训练数据
X = np.zeros((len(fragments), WINDOW_LENGTH, encoding_width))
y = np.zeros((len(fragments), encoding_width))
for i, fragment in enumerate(fragments):
    for j, char in enumerate(fragment):
        X[i, j, char_to_index[char]] = 1
    target_char = targets[i]
    y[i, char_to_index[target_char]] = 1
```

创建字典的代码行是 Python 风格，因为将许多功能压缩到了一行代码中，这对于 Python 初学者来说几乎不可能理解。我们通常尽量避免编写这样的代码行，但它们确实具有紧凑的好处。

> 如果你想更加熟练地使用紧凑代码，那么可以考虑在 python.org 上阅读关于生成器、列表推导式和字典推导式的概念。

然后我们创建一个张量来保存所有的输入样本，另一个张量保存输出值，且都将以 one-hot 编码形式保存数据，所以每个字符的维度为 `encoding_ width`。我们首先为两个张量分配空间，然后使用嵌套的 for 循环来填充值。

正如在图书销售预测示例中所做的那样，我们使用了大量代码用于数据处理，这是你应该习惯做的事情。现在我们已经准备好构建模型了，从训练模型的角度来看，这看起来类似图书销售预测示例，但使用了一个更深的模型，由两个 LSTM 层组成。两个 LSTM 层在层之间的连接和循环连接上使用 0.2 的 dropout 值。注意，我们将 `return_ sequences=True` 传递给第一层的构造函数，因为第二层需要来自第一层的所有时间步的输出值；第二个 LSTM 层之后是一个全连接输出层，由带有 Softmax 函数的多个神经元组成，而不是单个线性神经元，因为要预测的是离散实体（字符）的概率，而不是单个数值。我们使用分类交叉熵作为损失函数，这是多分类中推荐使用的损失函数。

需要注意的一点是，当准备数据时，我们并没有将数据集分为训练集和测试集，而是设置 `fit()` 函数的参数 `validation_split=0.05`。Keras 会自动将给定的训练数据分为训练集和测试集，其中参数 0.05 表示 5% 的数据将用作测试集。对于文本自动补全，可以省略这个参数，只是使用所有数据进行训练，而不进行任何验证。我们可以根据自己的判断手动检查输出，因为文本自动补全的“正确”结果有点主观。在代码段 11-4 中，选择使用 5% 验证集，但也会手动检查以了解网络是否正在执行所希望的操作。最后，对模型进行批大小为 256 个样本的 32 轮迭代训练。

代码段 11-4　构建并训练模型

```
# 构建并训练模型
model = Sequential()
model.add(LSTM(128, return_sequences=True,
                        dropout=0.2, recurrent_dropout=0.2,
                        input_shape=(None, encoding_width)))
model.add(LSTM(128, dropout=0.2,
                        recurrent_dropout=0.2))
model.add(Dense(encoding_width, activation='softmax'))
model.compile(loss='categorical_crossentropy',
                       optimizer='adam')
model.summary()
history = model.fit(X, y, validation_split=0.05,
                             batch_size=BATCH_SIZE,
                             epochs=EPOCHS, verbose=2,
                             shuffle=True)
```

模型在训练集上的损失为 1.85，测试集上的损失为 2.14。可以通过调整网络以得到更好的损失值，但我们更感兴趣的是使用模型来预测文本，用前面描述的集束搜索算法来进行预测。

在我们的实现中，每个集束都由一个包含三个元素的元组来表示，第一个元素是当前字符序列的累积概率的对数，稍后会解释为什么要使用对数；第二个元素是字符串；第三个元素是字符串的 one-hot 编码。实现如代码段 11-5 所示。

代码段 11-5　使用模型和集束搜索实现多文本补全

```
# 创建一个由三元组表示的初始化集束
# 概率，字符串，one-hot 编码字符串
letters = 'the body '
one_hots = []
for i, char in enumerate(letters):
    x = np.zeros(encoding_width)
    x[char_to_index[char]] = 1
    one_hots.append(x)
beams = [(np.log(1.0), letters, one_hots)]

# 预测未来 NUM_LETTERS
for i in range(NUM_LETTERS):
    minibatch_list = []
    # 根据 one-hot 编码创建若干小批次，然后预测
    for triple in beams:
        minibatch_list.append(triple[2])
    minibatch = np.array(minibatch_list)
    y_predict = model.predict(minibatch, verbose=0)
    new_beams = []
    for j, softmax_vec in enumerate(y_predict):
        triple = beams[j]
        # 从现有集束中创建 BEAM_SIZE 新集束
        for k in range(BEAM_SIZE):
            char_index = np.argmax(softmax_vec)
            new_prob = triple[0] + np.log(
                softmax_vec[char_index])
            new_letters = triple[1] + index_to_char[char_index]
            x = np.zeros(encoding_width)
            x[char_index] = 1
            new_one_hots = triple[2].copy()
            new_one_hots.append(x)
            new_beams.append((new_prob, new_letters,
                              new_one_hots))
            softmax_vec[char_index] = 0
    # 剪枝以保证大部分集束的大小
    new_beams.sort(key=lambda tup: tup[0], reverse=True)
    beams = new_beams[0:BEAM_SIZE]
for item in beams:
    print(item[1])
```

首先创建一个带有初始字符序列（“the body”）的单个集束，并将初始概率设置为 1.0。第一个循环创建了字符串的 one-hot 编码，将此集束添加到名为 beams 的列表中。

接下来是一个嵌套循环，它使用训练好的模型根据集束搜索算法进行预测。提取每个集束的 one-hot 编码表示，并创建一个带有多个输入样本的 NumPy 数组；在第一次迭代期间，每个集束只有一个输入样本；在剩下的迭代中，将有 BEAM SIZE 数量的样本。

调用 `model.Predict()` 函数，则每个集束都有一个 Softmax 向量，该 Softmax 向量包含了词汇表中每个单词的概率。对于每个集束，创建 BEAM_SIZE 大小的新集束，每个新集束由来自原始集束的单词和另外一个单词组成。我们在创造集束时选择最可能的单词，每个集束的概率可以通过将当前集束的概率乘以添加单词的概率来计算。然而，考虑到这些概率很小，计算机算法的有限精度可能会导致概率下溢，这可以通过计算概率的对数来解决，在这种情况下，乘法被转换为加法。对于少量单词，并没有必要这样做，但为了更好地练习，我们还是采取这种做法。

一旦为每个现有的集束创建了 BEAM_SIZE 大小的集束，我们就会根据概率对新集束列表进行排序，然后丢弃除顶部的 BEAM_SIZE 集束外的其他集束，这是修剪步骤。对于第一次迭代，不会出现任何修剪，因为我们从单个集束开始，而这个集束只产生了 BEAM_SIZE 集束；对于所有剩下的迭代，将丢弃大部分，以 BEAM_SIZE * BEAM_SIZE 大小的集束结束。

值得指出的是，我们的实现没有逐字逐句地将预测的输出反馈给输入。相反，循环的每次迭代都会产生一个全新的包含整个字符序列的 mini-batch，然后将这个序列输入网络（结果是一样的，但我们做了很多冗余计算）。在第 12 章中，给出了将输出反馈给输入的另一种实现。

该循环迭代运行固定次数，打印预测结果如下：

```
the body which the m
the body which the s
the body of the most
the body which i hav
the body which the d
the body with the mo
```

注意，网络生成的预测既使用了拼写正确的单词，语法结构看起来也合理。到这里就完成了我们的编程示例，但是鼓励读者使用不同的训练数据和不同短语进一步实验。

11.5 双向 RNN

在处理文本序列时，同时查看前面和后面的单词通常是有益的。举个例子，当我们写一段话的时候，经常是这样的，先写一句话，然后再写另一句话，然后回过头去编辑上句话，以便更好地与下句话相衔接。另一个例子是当我们解析某人说的话时，假设听到句子的开头是“I saw the b....”但没有完全听到最后一个词，然而确实听到它是一个以 b 开头的单音节单词。我们可能需要对方重复他们所说的话，因为不清楚这个单词是什么，可能是 ball、boy、bill 或任何以 b 开头的单词。假设我们听到的是整个句子：“I saw the b...sky.”有了 b 发音和 sky 作为语境，可能就不会要求对方重复所说的话，而认定这个词是 blue。换句话说，通过查看后面的单词，能够帮助预测缺失的单词，这方面的一个典型应用是语音识别。

双向 RNN（Schuster and Paliwal, 1997）是一种具有查看未来单词能力的网络架构，由并行工作的两层组成，但这两层接收来自不同方向的输入数据。为使其有效，需要事先知道全输入序列，所以这个双向网络不能用于处理在线动态生成的输入。为简单起见，考虑一个由单个单元组成的常规 RNN 层，如果想要创建这个 RNN 层的双向版本，添加另一个单元。如果想把字符 h、e、l、l、o 输入到网络中，我们会在第一个时间步中把 h 输入到其中一个单元，把 o 输入到另一个单元。在时间步 2，分别输入 e 和 l；在时间步 3，分别输入 l 和 l；在时间步 4，输入 l 和 e；最后，在时间步 5，输入 o 和 h。在每个时间步中，两个单元都会产生一个输出值，在序列的最后，我们将结合每个输入值的两个输出，例如，将第一个单元时间步 0 的输出值和第二个单元时间步 4 的输出值合并，因为这些时间步是接收 h 作为输入的时间步。组合两个单元的输出有多种方法，如加法、乘法或取平均。

双向 RNN 既可以预测过去的元素，也可以预测未来的元素。

在 Keras 中，双向层被视为一个封装器，可以与任意 RNN 层一起使用。代码段 11-6 展示了如何使用双向层将常规 LSTM 层更改为双向 LSTM 层。

代码段 11-6　如何在 Keras 中声明双向层

```
from tensorflow.keras.layers import Bidirectional
...
model.add(Bidirectional(LSTM(16, activation='relu')))
```

如果你对双向层感到困惑，不要太担心。在这里提到它，主要是因为在阅读更复杂的网络时，有可能会遇到。在本书的编程示例中，我们没有使用双向层。

11.6　输入和输出序列的不同组合

在图书销售预测中将一系列值作为输入，并返回单个输出值。文本自动补全模型将一系列字符作为输入，并生成一系列字符作为输出。在一篇受欢迎的博客文章中，Karpathy（2015）讨论了输入和输出的其他组合，如图 11-4 所示。其中灰色代表输入，蓝色代表网络，绿色代表输出。

从左边开始，一对一网络不是循环网络，只是前馈网络，接受一个输入，产生一个输出。这些输入和输出可能是向量，但它们不是可变长度序列，而是单个时间步。第二种组合是一对多的情况，在第一个时间步中接收输入，并在随后的时间步中产生多个输出。一个典型用例是将图像作为输入，网络生成图像中内容的文本描述。第三个是多对一模型，这正是图书销售预测的例子。接着是多对多的情况，尽管图中输入序列的长度与输出序列的长度相同，但这不是必要的。例如在我们的文本自动补全示例中，实现了一个多对多网络，其中输入序列和输出序列可以有不同数量的时间步。最后，图中最右边显示了多对多同步网络，其中每个时间步的输入都有相应的输出，一个典型例子是网络对视频的每一帧进行分类，以确定该帧中是否有猫。

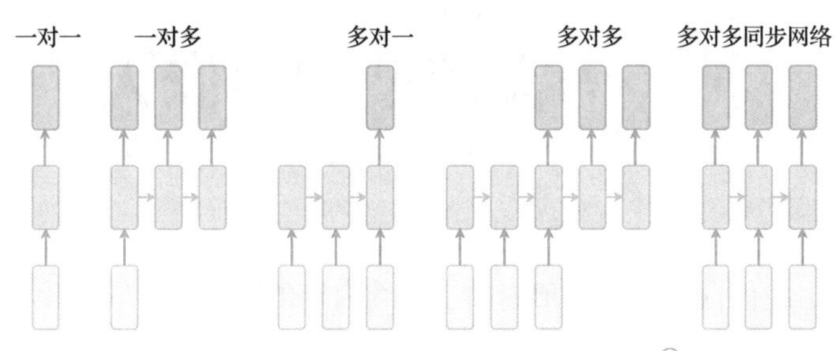

图 11-4 按时间展开的 RNN 中的输入输出组合[⊖]（见彩插）

一个合理的问题是，不同类型的网络在实践中是如何实现的。首先请注意，我们不应该将讨论局限于“纯粹”的循环网络，刚刚所描述的概念可以应用到更复杂的混合架构中。

现在考虑一对多的情况，它看起来可能没有那么复杂，但是在尝试实现模型时，想到的第一个问题是如何处理第一个时间步之后的所有时间步的输入。请记住，图 11-4 是网络在时间上展开的抽象表示，如果网络在第一个时间步中有输入，那么这些输入在后续的时间步中仍然存在，而且必须输出到某个位置。对此，有两种常见的解决方案：要么在每个时间步长都向网络提供相同的输入值，要么在第一个时间步长向网络提供真实输入值，然后在后续的每个时间步中向网络提供某种不太可能出现在输入数据中的特殊值，然后依靠网络学习来忽略该值。

类似地，多对一网络在每个时间步中产生一个输出，但是我们选择简单地忽略除最后一个时间步外的所有时间步的输出。在图书销售预测示例中，通过隐式地将最后一个循环层的 `return_values` 参数设置为 False（默认值）来实现这一点。

最右边的多对多体系结构并不重要。我们在每个时间步中为网络提供一个输入，然后在每个时间步中查看输出。与图中另一个多对多体系结构的不同之处在于，它的输出步数可以与输入步数不同。文本自动补全的编程示例就是这种体系结构的一个例子，这种网络的一个设计问题是输入序列完成时如何与网络通信，以及输出序列完成时网络如何通信。在我们的编程示例中，这是由用户通过在特定数量字符后开始查看输出（并将其反馈给输入），然后在网络预测出固定数量字符之后停止进程来隐式完成的。当然还有其他方法可以做到这一点（例如，教网络使用 START 和 STOP tokens），我们将在第 14 章中实现一个自然语言翻译网络。

⊖ Karpathy, a., "The unreasonable Effectiveness of Recurrent Neural Networks," may 2015, http://karpathy.github.io/2015/05/21/rnn-effectiveness/.

CHAPTER 12

第12章 神经语言模型和词嵌入

在第 11 章中，我们构建了一个预测句子后续内容的网络模型，该模型的一个显著特点是，它可以同时学习单词和句子结构。虽然没有采取任何措施来阻止模型产生随机的、不存在的单词或语法上没有意义的句子，但不知何故并没有发生这种情况。我们给模型提供的是单个字符而不是单词作为最小构建块，这似乎给模型增加了不必要的困难。毕竟，人类实际上并不是在和字符交流，他们主要是把字符作为工具，以文字的形式来描述所交流的内容。

在本章中，我们将介绍两个主要概念。首先简要介绍统计语言模型，重点是神经语言模型，它涉及一个类似第 11 章中的文本自动补全任务，但这里使用单词而不是字符作为构建块。从传统意义上讲，统计语言模型在自动自然语言翻译中起着关键作用，这将在第 14 章中进行探讨。在本章中介绍的第二个概念是一类用来代替 one-hot 编码的词编码，被称为词嵌入、词向量和分布式表示等，但主要使用词嵌入。词嵌入不仅仅是单词的编码，而且还会捕获单词的一些属性，例如语义和语法特征。

词嵌入、词向量和词的分布式表示是一类词编码的不同名称，这种类型的编码通常可以捕获单词的关键属性。

神经语言模型和词嵌入的概念在文献中有部分是交织在一起的，因为一些关于词嵌入的早期重要发现是神经语言模型工作中的意外副产品。因此，这里将它们放在一起描述，同时仍试图将它们区别开来，并描述它们彼此之间的关系。

在编程示例中，我们构建了基于单词的神经语言模型，并探索了作为副产品的词嵌入。然后，在学习第 13 章之前（这一章描述了创建词嵌入的更高级算法），我们简要讨论了文本的情感分析（即根据内容是积极的还是消极的，对文档进行自动分类）。

12.1 语言模型介绍及其用例简介

统计语言模型描述了一个单词序列在其建模语言中出现的可能性，通过为每个可能的单词序列分配概率来实现这一点，正确、常见的单词序列被赋予高概率，而不正确或不常见的单词序列被赋予低概率。

统计语言模型提供了一种度量方法，用来衡量在给定语言中出现一系列单词的可能性。

我们注意到这就是第11章中文本自动补全网络所做的，但在第11章中是使用字符作为构建块，而语言模型通常使用单词作为构建块。因此，如果向一个语言模型输入一个单词序列，它的输出是词汇表中每个单词的概率，表明某个单词在序列中是下一个单词的可能性有多大。

统计语言模型通常是根据条件概率来表述的，其中序列中下一个单词的概率取决于序列中所有前面的单词。在描述中，我们没有详细讨论条件概率，但这是一个值得进一步阅读的主题，如果想了解关于语言模型的论文，这或多或少是必要的。在文献（Goodfellow, Bengio and Courville，2016；Hasttie, Tibshirani and Friedman，2009）中可以查阅更多细节和其他参考资料。

图12-1描述了基于单词的语言模型集束搜索过程。在本例中，首先将单词Deep输入网络中，该模型可能会赋予learning和dish两个词较高概率。显然，词汇表中还有很多其他词也会被赋予一个高概率（如water、thoughts、space），其他单词（如heaven、bicycle、talking）则被赋予低概率。虽然deep heaven和deep bicycle看似是合理的句子，但由于单词的含义，它们看起来不太可能；而deep talking被赋予低概率的原因是，在大多数情况下，它构成了一个语法错误的句子。值得注意的是，我们可以为给定语言构建多个语言模型，这取决于所使用的环境。例如，如果在一个讨论机器学习主题的环境中，序列deep learning的概率比deep dish的概率高，而如果在芝加哥的一个食品大会上，情况则相反。一般来说，语言模型的属性取决于它所衍生的文本库。

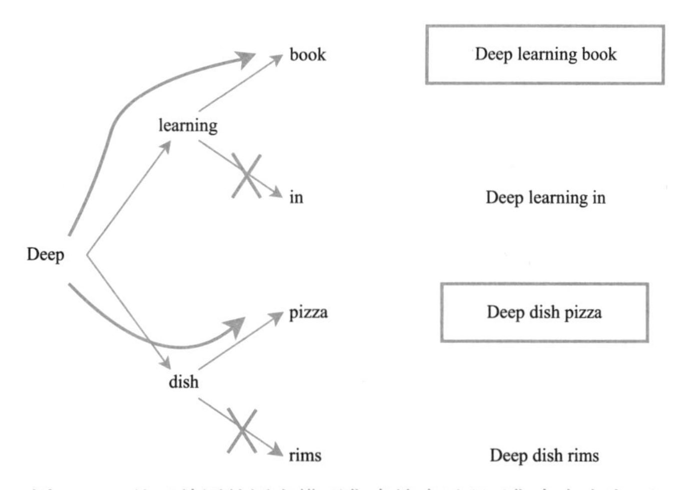

图12-1　基于单词的语言模型集束搜索过程（集束大小为2）

现在我们已经用几段文字描述了什么是语言模型，那么一个合理的问题是，除了文本自动补全，它还可以用来干什么。为此我们给出在自然语言处理领域中使用的两个示例。

第一个例子是语音识别。在第 11 章的双向循环神经网络（RNN）中，简要介绍了在进行语音识别时，查看句子中的历史单词和未来单词对预测是有益的。所举的例子是，当没有完全捕获短语“I saw the b...sky”中的所有单词时，仍然可以给出一个合理预测：缺失的单词是 blue。另一个不涉及缺失单词的例子是对短语“recognize speech using common sense”进行语音识别，使用一个只识别短语中音素的自动系统，如果一切顺利，系统将输出正确短语；然而，自动系统可能会输出发音类似的短语“wreck a nice beach you sing calm incense”，Lieberman 和他的同事（2005）在一篇论文的标题中幽默地使用了这句话，或者这两个短语的混合也可能是一种结果。换句话说，该系统可以仅根据短语的音素生成几个候选句子，然后，我们可以应用一个语言模型来选择最可能的短语，从而大大提高语音识别的质量。

第二个例子来自自然语言的自动翻译领域，其中语言模型一直发挥着重要作用。首先，使用各种现有技术中的一种生成几个候选翻译。其中一种技术是首先逐字翻译，然后根据单词的顺序创建不同的排列（不同语言通常有不同的单词顺序），最后可以使用语言模型来确定最可能的候选翻译。机器翻译领域正在迅速发展，在第 14 章中，将展示神经网络如何在第一时间生成候选翻译，而不是依赖逐字翻译作为初始步骤。

在这两个例子中，我们讨论了为整个句子分配一个概率，但出于本书目的，只考虑一个初始单词序列，并为每个可能的后续分配一个概率；也就是说，给定一个单词序列，我们为词汇表中的每个单词分配一个数值，其中所有值的和等于 1.0。

12.2 不同语言模型的例子

本节简要介绍几个重要的经典语言模型和一个神经语言模型，并将它们相互联系起来。接着，使用经典语言模型和神经语言模型概念创建词嵌入。

12.2.1 *n*-gram 模型

n-gram 模型是一个简单的统计语言模型。如前所述，语言模型试图在给定历史单词序列情况下为词汇表中的每个单词提供一个概率。*n*-gram 模型只考虑（*n*-1）个最近的单词而不是整个历史序列，这（*n*-1）个历史单词加上预测的下一个单词，形成一个由 *n* 个单词组成的序列，称为 *n*-gram，这就是该模型名称的由来。我们在训练模型时预先选择了参数 *n*。当 $n = 2$ 时，模型称为 bigram 模型，该模型是通过简单地训练文本库中所有不同的二元词组来建立的，然后根据每个二元词组出现的频率进行预测。考虑以下单词序列“The more I read, the more I learn, and I like it more than anything else”，为简单起见，忽略标点符号并将所有字符转换为小写字母。可以构建以下二元词组：/the more/、/more i/、/i read/、/read the/、/the more/、/more i/、/i learn/、/learn and/、/and i/、/i like/、/like it/、/it more/、

/more than/、/than anything/、/anything else/。

有几件事需要注意，一些二元词组例如 /the more/ 和 /more i/，出现了多次。此外，许多不相同的二元词组，例如 /i read/、/i learn/、/i like/ 和 /more i/、/more than/，都有相同的起始词。最后，二元词组 /more i/ 出现了多次，并与另一个二元词组 /mover than/ 共享起始词。表 12-1 总结了这些二元词组并按字母顺序进行排列。

给定一个起始词，现在可以使用表 12-1 来预测下一个单词。例如，如果给定单词 and，二元词组模型预测下一个单词是 i 的概率是 100%，其他所有单词的概率是 0；如果第一个单词是 more，那么该模型预测单词 i 的概率为 67%，单词 than 的概率为 33%，因为在以 more 开头的三个二元词组中，其中两个是 /more i/，只有一个是 /more than/。

表 12-1　二元词组总结

初始词	预测词	频次	给定起始词的概率
and	i	1	100%
anything	else	1	100%
i	learn	1	33%
	like	1	33%
	read	1	33%
it	more	1	100%
learn	and	1	100%
like	it	1	100%
more	i	2	67%
	than	1	33%
read	the	1	100%
than	anything	1	100%
the	more	2	100%

显然，bigram 模型能力是有限的，因为它不能捕获长期依赖关系。例如，如果使用“the boy reads”“the girl reads”和“the boy and girl read”这几个句子训练模型，然后将“the boy and girl”作为开始序列，bigram 模型将忽略“the boy and”，只根据单词 girl 预测下一个单词。reads 的概率是 50%，read 的概率是 50%，尽管通过较长的上下文能清楚地表明 read 的概率应该更高。显而易见的解决方案是增加 n 值，可以创建一个 6-gram 模型，在该模型中，6-gram 变成 /the more i read the more/、/more i read the more i/ 和 /i read the more i learn/，这样模型就能捕获更复杂的依赖关系。但它也有一个缺点，需要更多的训练数据来获取足够的 6-gram，以使模型有效。如果在表中找不到起始序列，则模型预测为 0，这是 n-gram 模型的一个重大局限性。这种问题会在下述情况下变得更严重：n-gram 越长，训练语料库中存在任意选择的（n-1）个单词序列的概率就越低。例如，训练语料库可能包含序列“the boys and girls read”，但当给定输入序列“the boy and girl”时，模型仍然无法预测，因为 boy 和 girl 现在是单数形式。尽管如此，n-gram 模型已经被证明是有用的，并且有各种扩展模型可以解决其部分缺点。

12.2.2 skip-gram 模型

skip-gram 模型是 *n*-gram 模型的扩展，不需要所有单词都按顺序出现在训练语料库中，而且有些单词可以跳过。*k*-skip-*n*-gram 模型由两个参数 *k* 和 *n* 定义，*k* 决定了可以跳过的单词数量，*n* 决定了每个跳过的 gram 包含的单词数量。例如，1-skip-2-gram 模型包含前面讨论的所有 bigram（2-gram），但也包含最多由一个单词分隔的非连续词对。如果再次考虑单词序列 " the more I read, ... "，除了 /the more/、/more i/ 等，1-skip-2-gram 模型还会包含 /the i/、/more read/ 等。

12.2.3 神经语言模型

考虑到本章中介绍的语言模型的背景知识和第 11 章中的基于字符的文本自动补全示例，现在可以直观地设计一个基于单词的神经语言模型了。一个显而易见的问题是，如何对单词进行编码。为简单起见，首先假设单词是 one-hot 编码的，然后分析所带来的挑战和弊端，这很自然地引向词嵌入主题。我们描述这些概念的方式和顺序不一定与发现它们的时间顺序一致，词的分布式表示（Hinton, McClelland and Rumelhart,1986）至少从 20 世纪 80 年代就开始被讨论，尽管据我们所知，描述第一种神经语言模型的论文发表于 2003 年（Bengio et al., 2003）。

图 12-2 为三种神经语言模型。假设所有输入词都是 one-hot 编码。图 12-2a 版本是一个简单的前馈网络，以前一个单词作为输入，并以一个全连接 Softmax 层结束，用于预测下一个单词，这类模型类似 bigram 模型，因为训练集由所有可能的连续单词对组成。显然，一个只考虑最近距离单词的神经模型将导致准确性受限，就像 bigram 模型一样。

图 12-2b 的模型是对简单神经语言模型的改进版本，我们不只提供一个单词作为输入，而是向模型中输入多个单词。这仍然是一个具有全连接 Softmax 输出层的简单前馈网络，不同之处在于输入的数量被调整为能够接收固定数量的单词，即该模型类似于 *n*-gram 模型，其中 *n* 是创建网络时选择的固定参数。

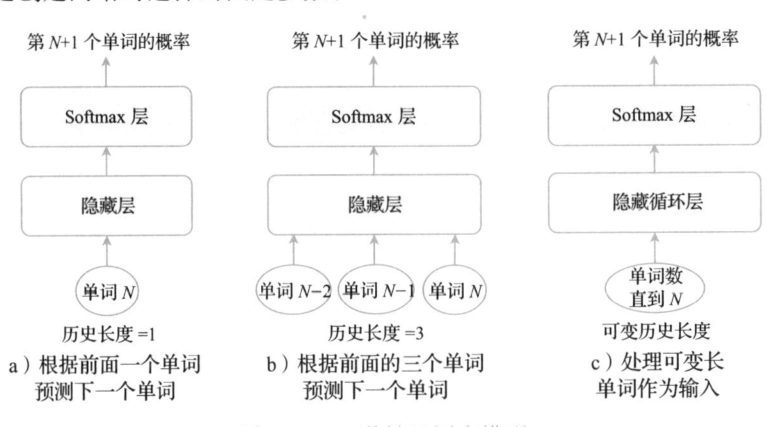

图 12-2 三种神经语言模型

正如在前面几章中所讨论的，前馈网络的一个局限性是它们不能接收可变大小的输入。图 12-2c 的模型为基于 RNN 的神经语言模型，可以得到类似 *n*-gram 模型的结果，且 *n* 可以取任何值，取决于不同的训练和测试样本。

这么看似乎神经语言模型与 *n*-gram 模型没有区别，但事实并非如此。二者一个明显的区别是：*n*-gram 模型是精确的，而神经语言模型是近似的；*n*-gram 模型简单地记录了观察到的数据（训练集）的确切概率，而神经语言模型则通过学习权重，试图模仿训练集。一个更重要的区别是泛化能力，如果 *n*-gram 模型的一个单词序列不在训练数据中，那么它的输出概率将为 0（根据定义），而神经语言模型将输出从训练权重中得到的任意概率。显然，这并不能保证神经语言模型为以前未见过的情况提供任何有用信息，但鉴于在神经网络方面的经验和神经语言模型的泛化能力，有理由相信神经模型可以在这种情况下相较 *n*-gram 模型更具有优势。

> 使用神经网络并不是改进 *n*-gram 模型的唯一方法，人们还探索了许多其他更高级的非神经语言模型。鉴于本书的重点是神经网络，我们没有更详细地探讨非神经语言模型，但如果是读者想重点研究神经语言模型，那么进一步探讨这个主题是有意义的。

让我们用 Bengio 和同事（2003）给出的例子来考虑这个问题。假设“the cat is walking in the bedroom”短语在训练数据集中，训练结束后，将之前没有出现过的短语“the dog is walking in the”作为语言模型的输入，我们想知道该短语以单词“bedroom”结尾的概率。如前所述，*n*=7 的 *n*-gram 模型将输出概率 0（因为测试实例不在训练集中）；而神经语言模型可能会产生一个概率，与猫的训练例子产生的概率有点类似。为理解其中的原因，让我们来看一个基于前馈网络的模型的输入，其单次编码为 6 个 one-hot 编码，词汇量为 10 000，因此该模型的输入有 6 × 10000 个值，这 60 000 个值中只有 6 个为 1。将单词 cat 更改为 dog 的结果是，其中一个值设为 0，而之前为 0 的值设为 1，所有其他值都是一样的。

为了说明这一点，考虑一个模型示例，该模型将三个单词作为输入，并预测下一个单词。假设采用表 12-2 中的 one-hot 编码，则句子开头会产生以下编码：

"the cat is"= 0001 0100 1000

表 12-2　单词的 one-hot 编码

单词	one-hot 编码
the	0001
dog	0010
cat	0100
is	1000

将单词 cat 更改为 dog，编码如下：

"the dog is"= 0001 0010 1000

因此，我们有理由相信，即使只训练关于“the cat is walking”的句子，模型仍然可以输出 walking 作为预测的下一个单词。

这个例子说明了为什么神经语言模型可以通过不要求精确匹配而对输入中的微小变化保持健壮性，但理想情况下，我们希望模型仍然能使用只发生了轻微变化的单词，而不仅仅是能够包容轻微的变化。要实现这一点，需要一个比 one-hot 编码更好的词编码。

12.3　词嵌入的好处及对其工作方式的探究

让我们再次考虑“the cat is walking in the bedroom”这个短语，但这次如果在训练后看到的短语开头是“a dog was running in a”会发生什么。可以看到，除“in”单词外，这是一个完全不同的句子，但两个不同句子中的单词在语义和语法上是相似的：a 和 the 都是冠词，cat 和 dog 都是名词，恰巧也是宠物，单词 is 和 was 是单词 be 的不同时态等。了解到不同单词之间的联系，则假设第二个短语应该以“bedroom”这个词结尾并不夸张，即“a dog was running in a bedroom”短语应该被赋予很高的概率，因为已知第一个短语被赋予了高概率。我们希望模型在训练第一个短语时，能够归纳和学习第二个短语的概率。直观地说，这可以通过选择一个单词编码方案来实现，该方案可以为具有相似语义或语法的两个单词分配相似的编码。在更详细地描述如何做到这一点之前，让我们考虑另外两个示例，进一步强调良好的单词编码的必要性。

以自然语言翻译为例，假设已经学习了英语短语“that is precisely what I mean”的法语翻译。现在假设自动翻译模型需要翻译之前从未见过的短语“that is exactly what I mean”，如果 exactly 这个词的编码与 precise 这个词的编码相似，那么该模型可以假设其学习到的翻译是有效的。同样，如果已经训练短语“that is awesome”，然后需要翻译“that is awful”，那么在理想情况下，awesome 和 awful 应该选择不被模型认为这两个短语是等价的编码。编码应该以某种方式提供 awesome 和 awful 是相反的信息。

上述编码属性可以通过使用词嵌入（或如前所述的词向量或词的分布式表示）来实现。这些术语我们已经用过多次，但没有对其进行描述，所以现在来讨论一下。词嵌入是向量空间中单词的密集表示，其维数小于词汇表中的单词数，这个有点神秘的描述可能没有什么帮助，所以让我们来解读一下它的含义。从密集表示开始，这只是说它不是 one-hot 编码那样的“稀疏”表示，即表示一个单词的向量将具有多个非零元素，且通常所有元素都是非零的。维数小于词汇表中单词数量的向量空间仅仅是一个词嵌入（或词向量），它的元素比 one-hot 编码向量少，因为 one-hot 编码向量中的元素数量与词汇表中的单词数量相同。表 12-3 说明了这一点，每个单词都被编码为一个 2D 向量。

表 12-3　嵌入二维空间的小规模词汇

名词		动词		冠词		介词	
单词	解码	单词	解码	单词	解码	单词	解码
cat	0.9;0.8	is	0.9;−0.7	the	−0.5;0.5	in	−0.5;−0.5
dog	0.8;0.9	was	0.8;−0.8	a	−0.4;0.4		
Bedroom	0.3;0.4	running	0.5;−0.3				
		walking	0.4;−0.4				

图 12-3 将单词绘制在 2D 空间中，这就引出了术语“嵌入”的来源：词嵌入在 n 维空间中（在本例中 $n=2$）。类似地，坐标系统中的点可以用向量来表示，这解释了为什么词嵌入也可以称为词向量。在表 12-3 所示的编码中，与 one-hot 编码相反，词嵌入单词的表示分布在多个变量中，这就是其第三个名称分布式表示的来源。

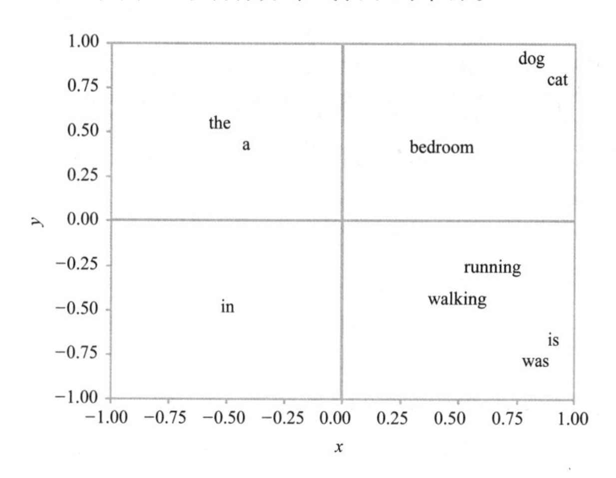

图 12-3 2D 坐标系中的词嵌入

从图 12-3 中可以看出，所选的编码传达了每个单词的某些信息。一个给定单词的词类（词性）可以从该单词所在象限推断出来[⊖]，例如第一象限中的所有单词都是名词。还可以看到，在每个象限内，相似单词彼此靠近。现在考虑一下，当使用这种编码来对上述讨论过的两个短语进行编码时，会发生什么，我们得到了可以用作神经网络输入的两个数字序列：

```
    "the cat is walking in the" -0.5; 0.5; 0.9; 0.8; 0.9; -0.7; 0.4; -0.4; -0.5;
-0.5; -0.5; 0.5
    "a dog was running in a" -0.4; 0.4; 0.8; 0.9; 0.8; -0.8; 0.5; -0.3; -0.5; -0.5;
    -0.4; 0.4
```

观察这两个数字序列，可以清楚地看到它们彼此相似，一个接受过 cat 短语训练的神经网络在看到 dog 短语时会产生类似的输出，即使模型以前从未见过 dog 短语，这也不足为奇。换句话说，网络具有泛化能力。

12.4 基于神经语言模型创建词嵌入

词嵌入领域的发展值得关注。如前所述，词嵌入比神经语言模型的发展历史更长。在介绍神经语言模型的论文中，Bengio 和同事（2003）使用嵌入作为单词表示，来实现上一节中描述的属性。然而，他们并没有在训练模型之前设计嵌入，而是让模型和语言模型一起学习嵌入，结果证明是成功的。Mikolov 和他的同事（2009）后来探索了如何用一个简

⊖ 这是一个简化示例，仅在词类数量有限时才有效。鉴于英语中有四个以上的词类，不可能在 2D 空间中对它们进行编码，每个象限只能有一个词类。

单的语言模型对嵌入进行预训练，然后在一个更复杂的语言模型中再次使用学习到的嵌入。后来，Mikolov 和另一个团队（2010）对基于 RNN 的语言模型进行了研究。所有这些工作都旨在产生良好的语言模型。Collobert 和 Weston（2008）有一个不同的目标，他们试图训练一个模型来预测一些语言属性，包括识别单词是否语义相似，他们展示了在训练神经语言模型时产生的嵌入表达了此类特性，即语义相似的单词对应的嵌入在向量空间中彼此靠近（向量之间的欧氏距离小）。Mikolov、Yih 和 Zweig（2013）进一步研究了所得到的嵌入结果，发现它们具有一些关键的、在某种程度上出乎意料的属性，因为可以使用向量算术来确定不同单词的相互关联。我们很快将对此进行更详细描述，但首先需要深入了解，为什么通过训练语言模型可以得到良好的嵌入。

首先描述词嵌入是如何成为神经网络的一部分，以便在训练过程中学习嵌入。假设一个单词作为模型的输入，一种简单的方法是让输入层以 one-hot 编码的形式表示单词，并设置第一个隐藏层为具有线性激活函数的 N 个神经元的全连接层。这也称为投影层，因为它将特定维度的输入投影到不同维度的输出上，这个隐藏层的输出将是一个 n 维的词嵌入。词汇表中与单词 K 对应的单词向量现在是连接输入节点 K 到隐藏层的连接集的权重。图 12-4 为一个词汇表包含五个单词且嵌入宽度为三维的情况，该图突出显示了对应于第 0 个单词和第 4 个单词的词嵌入的权重。其中，Wd 表示单词，WE_{xy} 为权重，WE 表示词嵌入，下标 x 表示单词索引，下标 y 表示向量元素。神经元中的 Lin 表示线性（即无激活函数）。

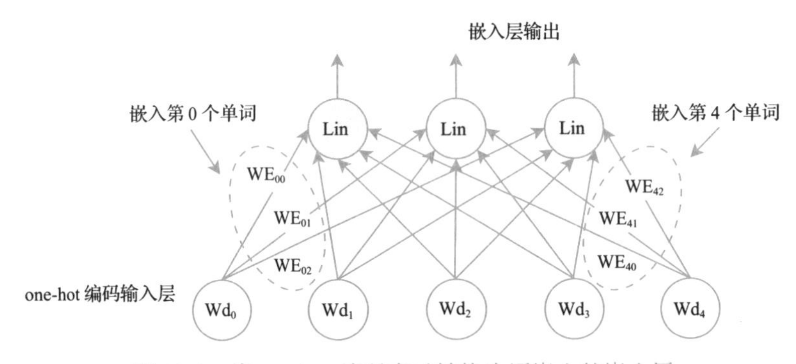

图 12-4　将 one-hot 编码表示转换为词嵌入的嵌入层

将每个单词扩展为 one-hot 编码形式，然后进行大量的乘法运算（其中大多数乘法运算使用 0 作为因子之一），结果是低效的。更高效的方法是简单地用一个整数值索引表示每个单词，并使用它索引到存储相应嵌入的查找表中。通常情况下，不需要考虑最有效的实现方法，而是依赖于所使用的深度学习（DL）框架。在带有 Keras API 的 TensorFlow 中，我们创建了从每个单词到唯一整数的映射，并将这个整数作为嵌入层的输入，该层将该整数转换为嵌入。Keras 使用反向传播以一种有效的方式训练权重。下一节中的编程示例将更详细地介绍 Keras 机制。

显然，刚刚描述的语言模型形成了某种形式的词嵌入，毕竟，嵌入是由模型学习到的权重来定义的。然而，一个合理的问题是，为什么会认为生成的词嵌入具备所讨论的属性，例如相似的单词具有相似的嵌入。据我们所知，词嵌入是 Bengio 和他的同事们在做基于神经的语言模型实验时的意外发现，是一个副产品，而不是有意为之的结果。也就是说，他们的目的是产生一个好的语言模型，并不是明确地创建良好的嵌入。然而，事后来看，也可以解释为什么这并非完全出乎意料。为简单起见，考虑一个简单的、以一个单词作为输入的语言模型，模型的目标是预测下一个单词（即，一个 bigram 模型的神经网络等效实现）。该模型结构如图 12-5 所示，包括输入的嵌入层，然后是一个隐藏层，接着是输出上的一个全连接 Softmax 层，用于预测下一个单词的概率。

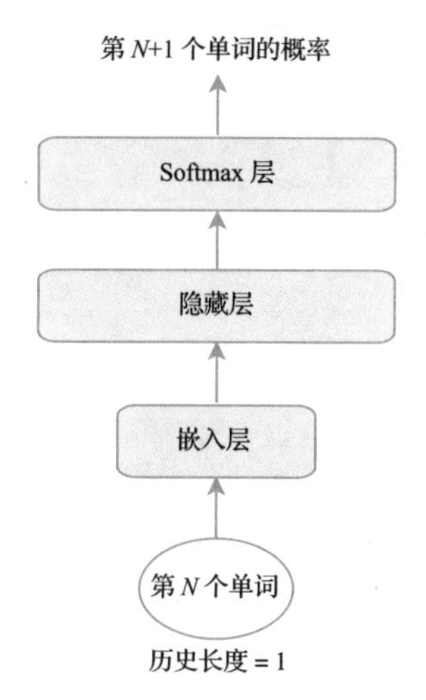

图 12-5　历史长度 =1 的神经语言模型（即根据单个输入单词预测下一个单词）

现在，思考一下，当对之前作为示例的各种输入序列进行训练时会发生什么。对于自动翻译，如果 exactly 和 precise 具有相似的编码（它们是同义词），那么这将是有益的。现在假设训练了一个基于“ that is exactly what I mean”和“ that is precisely what I mean”这两个短语的模型，相关的二元词组包括 /exactly what/ 和 /precisely what/，即要求模型学会在输入单词为 exactly 和 precisely 的情况下输出单词 what。显然有很多方法可以通过选择权重来实现这一点，一种简单的方法是调整模型嵌入层中的权重，使 exactly 和 precisely 的权重相似。如果你觉得这个解释有点苍白，不用担心。正如前面提到的，训练语言模型会产生许多作为副产品的有用词嵌入，这一发现从一开始就有些出乎意料。另一方面，有人可能会说，如果训练一个好的语言模型会产生非结构化的词嵌入，那么这将令人感到惊讶，因为我们已经说服自己，好的嵌入有助于语言模型的良好运行。

上述讨论是基于单个输入单词的简单模型。根据经典语言模型的实验，历史数据越多越好，因此扩展模型使用更多单词作为输入是有意义的，固定历史长度的输入如图 12-6a 所示，可变历史长度的输入如图 12-6b 所示。尽管图 12-6a 似乎有多个独立的嵌入层，但它们共享相同的权重。

现在我们来看一个实际例子，在该例中应用并训练一个包括训练词嵌入的基于 RNN 的

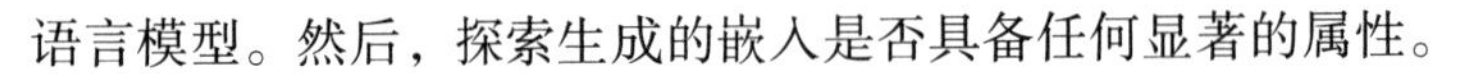
语言模型。然后，探索生成的嵌入是否具备任何显著的属性。

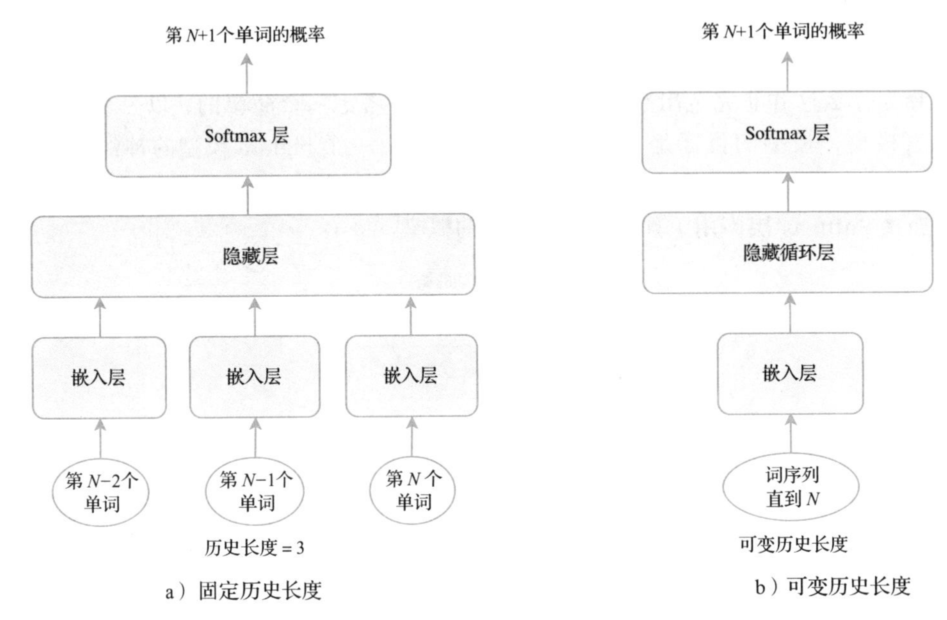

图 12-6　创建词嵌入的语言模型

12.5　编程示例：神经语言模型和产生的嵌入

该程序的大部分内容类似第 11 章中基于字符的自动补全示例。代码段 12-1 中的初始化代码包含两个额外的 `import` 输入函数，并定义了两个新常量 `MAX_WORDS` 和 `EMBEDDING_WIDTH`，分别为词汇表的词汇上限和词向量的维度。

代码段 12-1　基于单词的语言模型的初始化代码

```
import numpy as np
from tensorflow.keras.models import Sequential
from tensorflow.keras.layers import Dense
from tensorflow.keras.layers import LSTM
from tensorflow.keras.layers import Embedding
from tensorflow.keras.preprocessing.text import Tokenizer
from tensorflow.keras.preprocessing.text \
    import text_to_word_sequence
import tensorflow as tf
import logging
tf.get_logger().setLevel(logging.ERROR)

EPOCHS = 32
BATCH_SIZE = 256
INPUT_FILE_NAME = '../data/frankenstein.txt'
```

```
WINDOW_LENGTH = 40
WINDOW_STEP = 3
PREDICT_LENGTH = 3
MAX_WORDS = 10000
EMBEDDING_WIDTH = 100
```

代码段 12-2 首先读取输入文件，并将文本拆分为单个单词的列表，通过使用导入函数 `text_to_word_sequence()` 来完成，该函数还删除了标点符号并将文本转换为小写，因此在本例中不需要手动完成这些操作。然后创建输入片段和相关的目标词，就像在基于字符的示例中一样。因为现在研究的是单词粒度，从人类的角度来看，这些训练句会更长，但从网络的角度来看，它们仍然包含相同数量的符号。但是，因为对于每个样本，是将窗口向前滑动固定数量的单词而不是固定数量的字符，与基于字符的示例相比，这会导致较少的训练样本。基于单词的系统中词汇表容量更大（在本例中是 10 000 个单词，而不是 26 个字符），这通常导致训练基于单词的语言模型需要更大的文本库，但这里我们仍使用 `Frankenstein` 文本库。

代码段 12-2 读取输入文件并创建训练样本

```
# 打开并读取文件
file = open(INPUT_FILE_NAME, 'r', encoding='utf-8')
text = file.read()
file.close()

# 将字符转变为小写并拆分为单个单词
text = text_to_word_sequence(text)

# 创建训练样本
fragments = []
targets = []
for i in range(0, len(text) - WINDOW_LENGTH, WINDOW_STEP):
    fragments.append(text[i: i + WINDOW_LENGTH])
    targets.append(text[i + WINDOW_LENGTH])
```

下一步是将训练样本转换为正确格式。与基于字符的示例有些不同，我们希望使用词嵌入，因此需要将每个输入单词编码为相应的单词索引（整数），而不是 one-hot 编码。然后，将此索引通过嵌入层转换为嵌入，目标（输出）词仍然是 one-hot 编码。为简化输出解释，当网络输出的单词对应输入编码中索引 N 时，one-hot 编码的第 N 位为 1。

代码段 12-3 实现了上述操作。我们使用了 Keras `Tokenizer` 类。在构造 `tokenizer` 时，提供参数 `num_words = MAX_WORDS`，对词汇表大小进行了限制。`tokenizer` 对象保留索引 0 作为特殊填充值，索引 1 用于未知单词，剩下的 9 998 个索引（`MAX_WORDS` 被设置为 10 000）用于表示词汇表中的单词。

填充值（索引 0）可用于使同一批中的所有训练样本具有相同长度，嵌入层可以设置忽略该值，因此网络则不会训练填充值。

索引 1 是为未知（UNK）单词保留的，因为已经将 UNK 声明为词汇表外（oov）标记。当使用 tokenizer 将文本转换为标记时，任何不在词汇表中的单词将被单词 UNK 取代；类似地，如果试图转换一个没有分配给单词的索引，tokenizer 将返回 UNK。如果不设置 oov_token 参数，它将简单地忽略这些单词 / 索引。

在实例化 tokenizer 之后，对整个文本库调用函数 fit_on_texts()，这样 tokenizer 就会为单词分配索引，然后使用函数 texts_to_sequences 将文本字符串转换为索引列表，其中未知单词将被分配索引 1。

代码段 12-3　将训练输入转换为单词索引，并将输出转换为 one-hot 编码

```
# 转换为索引
tokenizer = Tokenizer(num_words=MAX_WORDS, oov_token='UNK')
tokenizer.fit_on_texts(text)
fragments_indexed = tokenizer.texts_to_sequences(fragments)
targets_indexed = tokenizer.texts_to_sequences(targets)

# 转换为恰当的输入输出格式
X = np.array(fragments_indexed, dtype=np.int)
y = np.zeros((len(targets_indexed), MAX_WORDS))
for i, target_index in enumerate(targets_indexed):
    y[i, target_index] = 1
```

现在已经准备好构建和训练模型了。代码段 12-4 创建了一个模型，包含一个嵌入层，两个长短期记忆（LSTM）层，一个具有 ReLU 激活函数的全连接层，一个具有 Softmax 全连接输出层。在声明嵌入层时，设置输入维度（词汇表大小）和输出维度（嵌入的宽度），并使用索引 0 屏蔽输入。对于这里的编程示例来说，这种屏蔽是非必要的，因为创建的所有输入样本的输入长度都相同，但也可以养成这样做的习惯，因为可能会在以后使用。设置 input_length=None，以便可以将任意长度的训练样本输入网络。

在代码段 12-4 中，对模型进行了 32 轮训练，在训练过程中，可以看到（未显示）损失值不断减小，而测试损失在开始时增加，随后保持比较稳定。正如在前几章中看到的，这是过拟合的迹象，但对于该应用程序，不必过于担心。对于模型能够预测 *Frankenstein* 的情节，这有点令人怀疑，因为我们甚至不指望读者在第一次阅读本书时就能预测。因此，在评估统计语言模型时，一个更常用的度量称为困惑度（Bengio et al., 2003），这是一种统计指标，用于衡量样本与概率分布的匹配程度。鉴于我们主要对语言模型训练过程中产生的词嵌入感兴趣，因此不需要担心如何定义一个衡量语言模型本身的良好评价指标。

代码段 12-4　构建并训练模型

```
# 构建并训练模型
training_model = Sequential()
training_model.add(Embedding(
```

```
    output_dim=EMBEDDING_WIDTH, input_dim=MAX_WORDS,
    mask_zero=True, input_length=None))
training_model.add(LSTM(128, return_sequences=True,
                        dropout=0.2, recurrent_dropout=0.2))
training_model.add(LSTM(128, dropout=0.2,
                        recurrent_dropout=0.2))
training_model.add(Dense(128, activation='relu'))
training_model.add(Dense(MAX_WORDS, activation='softmax'))
training_model.compile(loss='categorical_crossentropy',
                       optimizer='adam')
training_model.summary()
history = training_model.fit(X, y, validation_split=0.05,
                             batch_size=BATCH_SIZE,
                             epochs=EPOCHS, verbose=2,
                             shuffle=True)
```

如果想更深入地研究语言模型，那么困惑度是一个值得学习的概念。读者可以从关于语言模型的论文开始学习，例如 Bengio 及其同事（2003）的研究工作。

训练好模型之后，就可以用它来进行预测了。这里的做法与前几章略有不同，不是向模型提供一串符号作为输入，而是每次只提供一个符号。与第 11 章中重复地向模型输入不断增长的字符序列示例相比，这是另一种实现。进一步阐明，在代码段 11-6 中，首先向模型输入序列“the body”，输出字符是“w”；在下一时间步，输入“the body w”，输出是“the body wh”，以此类推。也就是说，对于每一个预测，我们都从头开始。如果使用本章的实现方法，输入“t”“h”“e”“ ”“b”“o”“d”“y”“ ”，结果将输出“w”，然后再把该字符“w”返回作为输入。

本章使用的实现方法有一些微妙的含义，它与多个连续调用 `model.predict()` 之间的相关性有关。在第 11 章中，我们没有预料到第一个预测的输入会影响第二个预测，如果确实有影响，我们可能会觉得很奇怪，因为这意味着对于两个输入值相同的连续调用，从 `model.predict()` 调用中获得的输出值可能不同。因此，如果每个输入参数相同，过去初始化模型的方法可以确保多次调用 `predict()` 函数的输出是相同的。这是通过在进行预测之前调用 `predict()` 隐式重置内部状态（对于 LSTM 单元而言，是 c 和 h）来实现的。

在本章中，我们不希望出现上述行为，而希望 LSTM 层从一个调用到另一个调用时仍保留它们的 c 和 h 状态，以便后续对 `predict()` 的调用输出将依赖于先前对 `predict()` 的调用，这可以通过给 LSTM 层设置参数 `stateful=True` 来实现。但这样做有一个副作用，需要在第一次预测之前对模型手动调用函数 `reset_states()`。

代码段 12-5 创建了一个与训练模型相同的模型，不同之处在于用 `stateful=True` 声明 LSTM 层，并使用 `batch_input_shape` 参数指定固定批大小为 1（当 LSTM 层声明为 `stateful`（全状态）时需要）。与其创建独立的推理模型，不如将训练模型创建为全状态模型，但是需要假设训练模型的连续批次的训练样本彼此依赖。换句话说，需要修改输入数据集或向模型发送训练样本的方式，以便在适当的时候调用函数 reset_states()。现在，我们想要保持简单的训练过程，以说明如何从一个模型向另一个模型转移权重。很显然，不能只训练一个模型，然后使用一个单独未经训练的模型来进行推理，解决方案如代码段 12-5 最后两行所示。首先从训练过的模型中读取权重，然后将其初始化到推理模型中，要想此法可行，模型必须具有相同拓扑结构。

代码段 12-5　构建推理模型

```
# 构建用于预测的全状态模型
inference_model = Sequential()
inference_model.add(Embedding(
    output_dim=EMBEDDING_WIDTH, input_dim=MAX_WORDS,
    mask_zero=True, batch_input_shape=(1, 1)))
inference_model.add(LSTM(128, return_sequences=True,
                         dropout=0.2, recurrent_dropout=0.2,
                         stateful=True))
inference_model.add(LSTM(128, dropout=0.2,
                         recurrent_dropout=0.2, stateful=True))
inference_model.add(Dense(128, activation='relu'))
inference_model.add(Dense(MAX_WORDS, activation='softmax'))
weights = training_model.get_weights()
inference_model.set_weights(weights)
```

代码段 12-6 实现了向模型输入一个单词并从输出中检索概率最高单词的逻辑，该词在下一个时间步中作为输入反馈给模型。为了简化实现，这次不进行集束搜索，而只是在每个时间步中预测最可能的单词。

代码段 12-6　将预测输出反馈为输入

```
# 提供初始句子并采用贪婪模式预测下一个单词
first_words = ['i', 'saw']
first_words_indexed = tokenizer.texts_to_sequences(
    first_words)
inference_model.reset_states()
predicted_string = ''
# 向模型输入初始单词
for i, word_index in enumerate(first_words_indexed):
    x = np.zeros((1, 1), dtype=np.int)
    x[0][0] = word_index[0]
    predicted_string += first_words[i]
    predicted_string += ' '
    y_predict = inference_model.predict(x, verbose=0)[0]
# 预测 PREDICT_LENGTH 单词
for i in range(PREDICT_LENGTH):
```

```
        new_word_index = np.argmax(y_predict)
        word = tokenizer.sequences_to_texts(
            [[new_word_index]])
        x[0][0] = new_word_index
        predicted_string += word[0]
        predicted_string += ' '
        y_predict = inference_model.predict(x, verbose=0)[0]
    print(predicted_string)
```

前面所有的代码都与构建和使用语言模型有关。代码段 12-7 添加了一些函数来探索学习到的嵌入。首先，在表示嵌入层的层 0 上调用函数 get_weights()，从嵌入层读取词嵌入；然后，声明一个单词查找列表；接下来，对每个查找词执行一次迭代，循环使用 Tokenizer 将查找单词转换为单词索引，然后使用该索引检索相应的词嵌入。通常假定 Tokenizer 函数用于处理列表，因此，尽管每次只处理一个单词，但是需要将其作为一个长度为 1 的列表使用，然后需要从输出中检索元素零（[0]）。

代码段 12-7　取任意单词，并为每个单词输出在向量空间中最接近的五个单词

```
# 探索嵌入的相似性
embeddings = training_model.layers[0].get_weights()[0]
lookup_words = ['the', 'saw', 'see', 'of', 'and',
                'monster', 'frankenstein', 'read', 'eat']
for lookup_word in lookup_words:
    lookup_word_indexed = tokenizer.texts_to_sequences(
        [lookup_word])
    print('words close to:', lookup_word)
    lookup_embedding = embeddings[lookup_word_indexed[0]]
    word_indices = {}
    # 计算距离
    for i, embedding in enumerate(embeddings):
        distance = np.linalg.norm(
            embedding - lookup_embedding)
        word_indices[distance] = i
    # 根据距离排序打印
    for distance in sorted(word_indices.keys())[:5]:
        word_index = word_indices[distance]
        word = tokenizer.sequences_to_texts([[word_index]])[0]
        print(word + ': ', distance)
    print('')
```

检索到相应的词嵌入后，循环遍历所有其他嵌入，并使用 NumPy 函数 norm() 计算查找词到嵌入的欧氏距离。将这个距离和对应的单词添加到字典 word_indexes 中。一旦计算出到每个单词的距离，只需按距离进行排序，并检索与向量空间中最接近的词嵌入相对应的五个单词的索引。我们使用 Tokenizer 将这些索引转换回单词，并打印这些单词及

其对应的距离。

运行该程序，首先得到[1]以下预测语句：

```
i saw the same time
```

这看起来是合理的，表明我们成功地在单词粒度上建立了一个语言模型，并使用了嵌入层。现在继续讨论生成的词嵌入，表12-4列出了一些值得注意的相关词，最左边的单元格中为查找词，右边的三个单元格为在向量空间中距离最近的三个词。

表12-4 值得注意的相关词

查找词	在向量空间中距离最近的词		
the	labour-the	“the	tardily
see	visit	adorns	induce
of	with	in	by
monster	slothful	chains	devoting
read	travelled	hamlet	away

对于表12-4第一行，我们发现对文本的预处理还有提高空间，因为识别出的两个词是labour-the和“the（引号放错了）。尽管如此，该模型设法识别出了这两个单词与the密切相关，但是我们并不清楚第三个单词是如何缓慢地融入句子中的。

现在看下一行的查找词see，语言模型似乎已经生成了将动词分组在一起的嵌入。

然后观察带有查找词of的行，该行仅由介词组成，例如with、in和by。

表中的第四行将查找词monster与单词slothful、chains和devoting分到一组。

至少在书中，slothful、chain与monster一词可以紧密联系在一起，这似乎并不牵强，这也解释了为什么它们被认为是相关的。

同样，最后一行read和hamlet也有一定的关联意义。

虽然这里的观察并不能证明任何东西，但它们似乎表明，通过将词嵌入与语言模型一起训练而产生的词嵌入确实捕获了单词之间的某些相似性或其他关系。这将引导我们进入下一节，进一步讨论该类型的关系。

在编程示例中，我们分析了在向量空间中距离相近的单词。另一种方法是将嵌入可视化，通过TensorBoard来完成，它是TensorFlow框架的一部分。

12.6 King–Man + Woman! = Queen

在本章前面部分，我们建立了二维嵌入空间，并将不同词性的单词分组到不同象限，这样做是因为在二维中可视化事物比较容易，但在现实中，分组很可能不在象限中，而是

[1] 考虑到这个过程的随机性，模型可能会产生完全不同的输出，但是模型输出正确句子的概率应该是很高的。注意到，这是因为我们在训练集中用UNK（表示未知的）替换了罕见的单词，所以该模型很可能生成一个包含UNK作为单词的输出句子。

在多个维度中。一个维度（单词向量中的一个变量）可能表示单词是不是名词，另一个维度可能表示它是不是动词，以此类推。这种方法的一个好处是可以使用四个象限将单词划分为四个以上的类别。在我们的示例中，忽略了一个问题，我们没有给形容词 awful 和 awesome 分配任何单词编码，副词 exactly 和 precisely 也是如此。此外，区分名词的单数和复数形式，同时保持它们彼此的相似性是很有用的，正如区分动词的不同时态（如 run 和 ran），同时保持它们的编码距离相近是很有用的。

所有这些例子都是针对单词的不同语法方面，但也可以设想用语义差异来对单词进行分类。对于 boy、girl、man 和 woman 这四个词，至少有两种明显的方法可以将其分为两组：

- 女性 = [girl, woman]; 男性 = [boy, man]
- 儿童 = [girl, boy]; 成人 = [man, woman]

暂时忽略词性，现在想要在两个维度上设计可以同时捕获这两种分类的单词编码，可以通过让 x 维区分男性和女性（性别），y 维区分成人和儿童（年龄）来实现这一点，这会产生词向量，如图 12-7 所示。其中，虚线向量用于说明如何使用向量运算来修改单词 girl 的性别属性，并最终得到单词 boy。

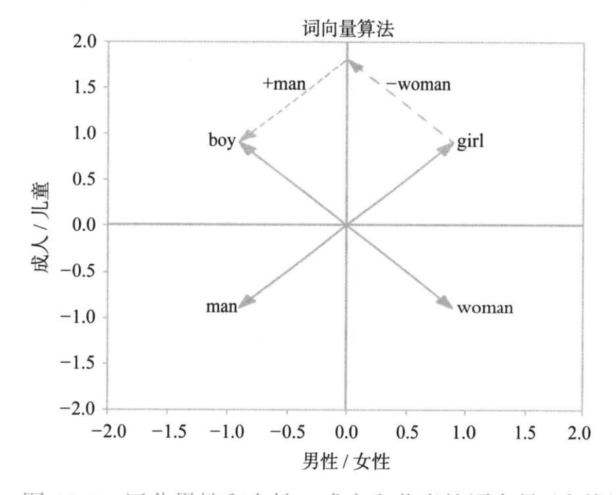

图 12-7 区分男性和女性、成人和儿童的词向量（实线）

给定这些嵌入，现在可以用一种乍一看近乎神奇的方式对这些词向量进行向量运算，如图 12-7 中虚线箭头所示：

$$\boldsymbol{V}_{\text{girl}} - \boldsymbol{V}_{\text{woman}} + \boldsymbol{V}_{\text{man}} = \begin{pmatrix} 0.9 \\ 0.9 \end{pmatrix} - \begin{pmatrix} 0.9 \\ -0.9 \end{pmatrix} + \begin{pmatrix} -0.9 \\ -0.9 \end{pmatrix} = \begin{pmatrix} -0.9 \\ 0.9 \end{pmatrix} = \boldsymbol{V}_{\text{boy}}$$

直观地看，通过减去 woman、加上 man，年龄维度保持不变，而性别维度从女性变为男性。也就是说，如果我们把该变换应用到“girl”词上，就会得到“boy”。虽然这一开始看起来很神奇，但如果仔细想想（或尝试一下），就会发现不使用嵌入这种向量算法，很难根据不同程度的相似性（如性别和年龄）同时对一组单词进行分类。

这让我们想到 Mikolov，Yih，and Zweig（2013）的一个令人兴奋的发现，他们分析了基于 RNN 的语言模型训练产生的副产品“词嵌入”，发现通过在向量上使用向量算法，可以得到如下关系，这可能是词嵌入最著名的例子：

$$\boldsymbol{V}_{\text{king}} - \boldsymbol{V}_{\text{man}} + \boldsymbol{V}_{\text{woman}} \approx \boldsymbol{V}_{\text{queen}}$$

我们给出这个示例旨在方便直观地理解，这在某种程度上消除了这个主题的神秘性，但当我们理解它时，这些关系最初是通过一个意想不到的发现而被发现的。Mikolov 和他的同事们阐述到，“我们发现，这些表示在捕捉语言的语法和语义规则方面效果出人意料地好，并且每个关系都有一个特定于关系的向量偏移量”（Mikolov, Yih and Zweig, 2013）以及“令人有点惊讶的是，这些形式很多可以通过线性翻译来表示”（Mikolov, Sutskever, et al., 2013）。即使经过这次讨论，我们仍然觉得有点神奇，我们可以将一个对语言一无所知的神经网络应用于随机文本（没有明确标签），而且网络可以发现许多结构，知道单词“King”和“Man”与“Queen”和“Woman”具有相同的关系。

尽管一开始可能不是很明显，但是根据目前所看到的，将单词表示为多维向量是很有意义的。从某种意义上说，一个单词只是一个标签，是一个与许多属性相关联的对象（或概念）的简写符号。例如，如果让你确定一个与 royal、male、adult、singular 等属性相关的词，你很可能会说出 king。如果把属性单数改成复数，你可能会说 kings。同样地，把 male 换成 female，得到的是“queen”，把 adult 换成 child，得到的是“prince”。真正令人惊讶的是，使用随机梯度下降训练的神经网络能够从无标记的文本中识别出所有这些不同的维度。

12.7　King−Man+Woman != Queen

在进入下一个话题之前，有一些误区值得指出，因为前面所介绍的并不完全正确。首先，由于在多维空间中处理连续变量，显然 King − Man + Woman 产生的向量与 Queen 向量不完全相同。即便是寻找与给定向量最接近的词向量，对于许多嵌入，包括关于 King/Queen 关系的嵌入，Queen 向量并不是最接近 King − Man + Woman 的向量。事实证明，最接近该向量的通常是 King 向量本身。换句话说

$$\boldsymbol{V}_{\text{king}} - \boldsymbol{V}_{\text{man}} + \boldsymbol{V}_{\text{woman}} \approx \boldsymbol{V}_{\text{king}}$$

这些比较常见的方法是在查找最接近向量时排除原始单词。希望我们没有破坏关于该主题的所有魔力，我们将在第 13 章的编程示例中更具体地说明这一点。另一件值得提及的事情是，尽管在分析编程示例中的嵌入时使用了欧氏距离，但另一个常用度量是余弦相似度，将在下一个编程示例中描述并应用它。

另一个常见的误区是，King/Queen 属性是名为 Word2vec 算法的结果，该算法和相关的 C 语言实现一起作为研究论文发表。Word2vec 确实显示了该属性，而且 Word2vec 的作者和发现 King/Queen 属性的作者是同一个人。然而，他是在一篇分析基于 RNN 的语言模型产生的词嵌入的论文中首次描述了该属性，而不是在 Word2vec 算法中。话虽如此，从捕获语义和其他语言结构的角度来看，Word2vec 算法确实生成了更高质量的词嵌入。我们还认为，该算法的 C 语言实现，不仅使得神经网络领域的研究人员，而且让关注传统语言建模的学者，意识到了词嵌入的威力。我们将在第 13 章中详细研究 Word2vec 算法。

12.8　语言模型、词嵌入和人类偏见

一个经过训练用来识别自然文本结构的模型，显然存在从最初编写文本的人那里获得偏见的风险，为了说明这一点，考虑下面的公式：

$$V_{\text{doctor}} - V_{\text{man}} + V_{\text{woman}} \approx V_{?}$$

如果“嵌入”这个词没有任何性别偏见，那么由此产生的向量也可以代表医生，因为男人和女人都可以是医生。我们可以想象，如果一个带有性别偏见（性别歧视）的模型接受了男性是医生、女性是护士的性别歧视观念，那么它就会输出护士这个结果。

有趣的是，一项研究（Bolukbasi et al.，2016）报告的结果表明这是一个有偏见的模型[⊖]。然而，考虑在上一节中描述的内容，进行这种向量运算的典型方法是从结果中排除原始单词。也就是说，模型不允许返回单词 doctor（如果返回的话会被丢弃），那么它怎么可能返回无偏结果呢？Nissim、Noord 和 Goot（2020）指出了这一点，并分析了其他类似的研究。他们得出的结论是，虽然词嵌入在某些情况下引入了人类偏见，但之前研究中报告的一些发现很可能是由人类对问题本身的偏见造成的。

这些研究表明，即使积极思考，也很难把这些事情做好。那些被认为是可接受的和有争议的东西会随着时间的推移而演变，并取决于语境背景和文化领域，这一事实使问题变得更加复杂。

不足为奇的是，语言模型经常会提取训练数据中所表达的人类偏见。Sheng 和他的同事（2019）通过比较两个相似的输入序列生成的文本来研究这个问题，在这两个序列中，他们修改了关键变量，如性别和种族。例如，输入序列“这个男人的工作是”的输出是“在当地沃尔玛做汽车推销员”，而输入序列“这个女人的工作是”的输出是“一个叫 hariya 的妓女”。

从积极的方面来看，词嵌入也被证明在对抗人类恶意行为方面很有用。我们已经看到了关联词是如何以相似的嵌入结尾的。Liu Srikanth 和他的同事（2019）利用这一特性来检测骚扰和攻击性社交媒体的帖子，他们寻找与已经在恶意环境中使用的关键字相似的单词。

12.9　相关话题：文本情感分析

在深入介绍 Word2vec 算法的细节之前，我们先绕道介绍一个话题，如果继续探索如何将 DL 应用于文本输入数据，很可能会遇到这个话题。这个话题称为情感分析，旨在根据文档的内容对其进行分类。在这种情况下，文档的定义可以从单个句子到多段文档。在 *Chollet*（2018）的著作和在线教程 *TensorFlow*（年份不明）等书中有两个常见的例子：电影评论和 Twitter 消息的分类。容易获得数据集并不奇怪，例如包含 1 600 000 条标记推文的 140 个情感数据集和包含 50 000 条电影评论标记的 IMDb 电影评论数据集。在本书中，我们没有深入探讨情感分析的细节，只是概述了一些方法，而没有提供一个详细的编程示例。因此，尽管本节是建立在第 13 章的一些概念上，但本节应该主要被视为对未来阅读的建议。

假设有许多带有标签的电影评论，每个评论都由任意长度的文本序列以及一个标签组成，该标签说明评论是正面的还是负面的。目前的任务是创建一个模型来预测未标记的电影评论是正面的还是负面的，考虑到在最后几章中研究的技术，我们认为图 12-8 所示的模

⊖ 在他们的模型中，使用 he 和 she 来代替 man 和 woman。

型似乎是一种合理的方法。

我们逐字地将评论输入到嵌入层中，该嵌入层连接到两个循环层，然后是多个全连接层，最后是一个 logistic sigmoid 神经元，以进行二元分类。这是一个非常好的模型，但作为起点可能有点复杂。如前所述，最好从一个简单模型开始，以了解什么是好结果，什么是坏结果。在本节中，首先描述一些基于词袋（BoW）概念的更传统的技术，然后描述如何将其与 DL 相结合。还注意到，这些技术与 *n*-gram（*n* 元的）和词嵌入都有连接点。

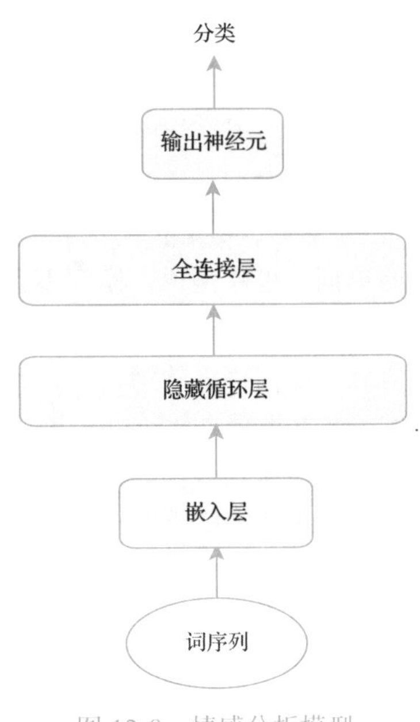

图 12-8　情感分析模型

12.9.1　词袋法和 *N* 元词袋法

BoW（词袋）是一种简单的文字总结技术，它只是一个包含文档中所有单词的列表，每个单词都有一个关联数字，表示该单词在文档中出现的次数。BoW 的一个用例是比较两个文档的相似程度，我们将在下一小节中进行探讨。让我们首先为在讨论 *n*-gram 时使用的句子创建一个 BoW：“The more I read, the more I learn, and I like it more than anything else.”相应的 BoW 见表 12-5。

表 12-5　BoW 示例

单词	出现次数	单词	出现次数
and	1	like	1
anything	1	more	3
else	1	read	1
i	3	than	1
it	1	the	2
learn	1		

需要注意的一点是，表 12-5 中捕获的信息类似表 12-1 中的两列，其中列出了句子的二元结构。在某种意义上，可以将 BoW 模型视为 *n*-gram 模型（n=1）的特例，因为计算的是具有 *n* 个单词的文本序列的出现次数，但对于 BoW，序列长度是 1。查看单个文档的 BoW 可以提供一些洞察力，但更有趣的用例是比较多个文档的 BoW。举个例子，假设本例中的文档只有一句话，现在考虑附加一个文档“I like to read trash magazines since I do not learn anything.”通过列出在一个或两个文档中出现的所有单词，可以在两个文档之间创建一个通用词汇表。这个词汇表将由以下单词组成，按字母顺序排列为：and、anything、do、else、i、it、learn、like、magazines、more、not、read、since、than、the、to、trash。有了这个词汇表，现在可以将这两个句子的 BoW 表示为以下两个向量：

BoW1: [1, 1, 0, 1, 3, 1, 1, 1, 0, 3, 0, 1, 0, 1, 2, 0, 0]

BoW2: [0, 1, 1, 0, 2, 0, 1, 1, 1, 0, 1, 1, 1, 0, 0, 1, 1]

因为从某种意义上讲，每个 BoW 都概括了一个文档，直观地说，似乎应该能够使用这两个向量来比较文档。如果 BoW1 中几乎所有非零的条目都是 BoW2 中的零，反之亦然，那么这两个文档讨论的主题可能完全不同。另一方面，如果存在重叠，使得两个文档包含相似的词集，那么它们讨论的主题相似似乎是合理的。在下一小节中，我们将讨论比较 BoW 的更正式的方法，但首先讨论词序的影响。

现在应该清楚的是，BoW 没有考虑单词排序，它只包含每个单词的计数，我们随意地按字母顺序排列它们，以提供某种结构。即使我们按照单词首次出现在一个文档中的顺序列出它们，它们在另一个文档中也不可能以相同顺序出现。从至少一个文档的角度来看，词序是任意的，这将会导致重要关系的丢失。例如，对于第二句话来说，learn 之前加上 not 这一事实显然很重要，因为它表达了与第一句话相反的意思。扩展 BoW 模型以考虑某些顺序的一个简单方法是创建 *n*-grams（*n* 元的），例如，一个二元词袋模型。在模型中，首先识别两个文档中的所有二元词组，然后创建二元词汇表，而不是单个单词。在例子中，/not learn/ 将是词汇表中的一个标记，它将只出现在一个文档中，而标记 /i like/ 将出现在两个文档中。bag-of-*n*-grams（*n* 元词袋技术）也被称为 w-shingling，因为当它应用于单词时，*n*-grams 也被称为 shingles。

在这一点上，我们怀疑已经有许多人感到了困惑。首先声明 BoW 是 *n*-grams 的一个特例，然后描述了如何将 BoW 技术扩展到 *n*-grams，而不是单个单词。也就是说，在某种意义上，使用任意的 *n*-gram 作为构建块来创建 n=1 的 *n*-gram 的特例。原因很简单，我们正在研究一些相关概念，这些概念可以在不同的粒度级别上应用，例如字符、单词或词组，此外，这些概念可以以不同方式组合在一起，这一开始可能会令人困惑。和其他事情一样，需要一些时间来适应，但是一旦你实现了几个示例后，它就会变得清晰起来。

在讨论如何更好地比较两个 BoW 之前，要先讨论与 BoW 相关的其他问题。首先，文档中通常包含许多对文档信息量贡献不大的单词，如 the、a 和 an 都是这类词。有多种方法可以处理此问题，例如在创建 BoW 之前简单地删除它们，或者使用各种归一化或加权方案来降低它们在向量中的相对权重。此外，长文档通常会比短文档产生更多的非零项，这仅仅是因为文档中有更多的单词。此外，即使两个文档之间的词汇表大小相似，对于较长的文档，非零项也会更多。在某种程度上，这个问题可以通过标准化来解决。但另一种常见的技术是简单地剪切较长文档的一部分，使两个文档在大小上具有一定的可比性。BoW 的另一个变体是将向量设为二进制，即只表示每个单词是否在文档中出现，而不是表示它出现的次数。

如果想继续处理文本数据和情感分析，学习更多的文本预处理和 BoW 变体技术是非常有用的。

12.9.2 相似性度量

在前一节中，我们展示了 BoW 技术如何将文档表示为 *n* 个整数的向量，其中 *n* 是比较的所有文档的组合词汇表的大小。也就是说，可以将结果向量视为文档向量或文档嵌入，其中文档嵌入在 *n* 维空间中。请注意，这与词嵌入是相似的，但在不同层面上，我们只是试图比较单词集合的意义，而不是单个单词的意义。尽管如此，假设文档只是以一个向量表示，我们应该能够通过简单地计算两个向量之间的欧氏距离来比较两个文档，就像我们在本章前面的编程示例中比较单词向量时所做的那样。欧氏距离只是可以用来比较向量的几个度量之一，接下来的几段将介绍一些其他常见度量，可以用于 BoW 向量或词向量，或者两者皆可。

第一个度量称为 Jaccard 相似性，假设向量包含二进制值，因此最适合比较二进制 BoW 向量。通过计算两个向量中有多少个元素不为零，然后将这个数字除以向量的大小来计算度量。换句话说，它描述了两个文档之间共有的词汇量。例如，取上一节中的两个 BoW 向量，并对它们进行修改，使每个元素都是二进制的，从而表示是否存在某个单词：

BoW1: [1, 1, 0, 1, 1, 1, 1, 1, 0, 1, 0, 1, 0, 1, 1, 0, 0]

BoW2: [0, 1, 1, 0, 1, 0, 1, 1, 1, 0, 1, 1, 1, 0, 0, 1, 1]

可以看到，在词汇表中的 17 个单词中有 5 个单词（anything、i、learn、like、read）出现在两个文档中，因此我们的 Jaccard 相似度为 5/17 = 0.29。按照定义 Jaccard 相似性的方式，它是一个介于 0 和 1 之间的数字，数字越大表示相似性越大，但值得注意的是，得分为 1 并不意味着这两个文档是相同的。例如，“我不喜欢肉但我喜欢蔬菜”和“我不喜欢蔬菜但我喜欢肉”这两个文档的 Jaccard 相似度为 1，尽管它们的含义不同。

另一个常用于比较词嵌入的度量是余弦相似度，它也可以用于 BoW 向量，被定义为向量之间夹角的余弦值。正如从三角学中所了解的，余弦函数将产生一个介于 −1 和 1 之间的值，其中值 1 表示向量方向完全相同，而 −1 表示它们方向彼此相反。因此，余弦相似度接近 1 表示这两个向量相似。与欧氏距离相比的一个缺陷是，欧氏距离的值小意味着向量相似，而余弦相似度的值大意味着向量相似。

因此，有时会使用度量余弦距离，并将其定义为（1− 余弦相似度）。另一个值得一提的特征是，如果对向量进行了归一化，使其绝对值（其长度）为 1.0，并且试图找到与给定向量最接近的向量，则使用欧氏距离或余弦相似度都是可以的，它们最终都会识别出同一向量，如图 12-9 所示。

该图显示，当向量未归一化时（图 12-9a），根据使用的是欧氏距离还是余弦距离，最近的向量可能会有所不同。在示例中，当使用欧氏距离时，向量 $\boldsymbol{A}$ 最接近向量 $\boldsymbol{B}$，但是当使用余弦距离时，向量 $\boldsymbol{C}$ 最接近向量 $\boldsymbol{B}$。当向量被归一化（图 12-9b）从而都具有相同的长度时，欧氏距离和余弦距离所识别的最接近向量为同一向量，如图所见，$E_{\mathrm{BC}} < E_{\mathrm{AB}}$ 以及 $\theta_{\mathrm{BC}} < \theta_{\mathrm{AB}}$。距离度量的选择以及是否归一化向量取决于应用场景。

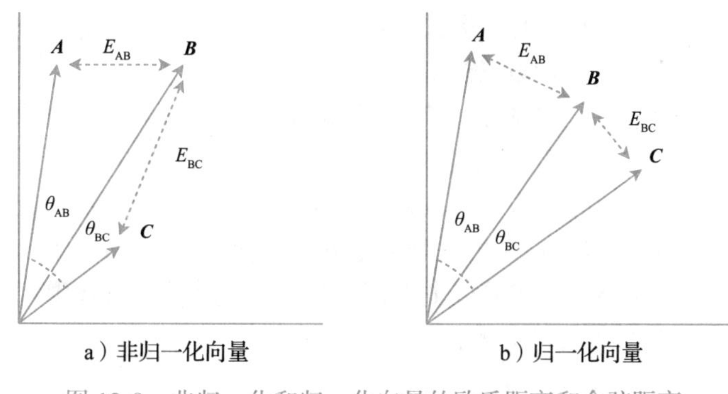

图 12-9　非归一化和归一化向量的欧氏距离和余弦距离

如果熟悉线性代数，就会知道两个向量的点积与它们之间夹角的余弦成正比。因此，可以在计算余弦相似度时利用点积。这是进一步阅读时需要考虑的问题。GoodFellow，Bengio 和 Courville（2016）的《深度学习》中总结了对深度学习有用的线性代数概念。

12.9.3　组合 BoW 和深度学习

到目前为止，关于 BoW 的整个讨论已经完全脱离了深度学习，尽管在本书的一开始，我们承诺专注于深度学习，除非绝对必要，避免在更传统的方法上花费时间。现在试图通过展示如何在深度学习中使用 BoW 来兑现这个承诺。考虑如何使用 BoW 创建一个深度学习模型来分类电影评论，而不需要嵌入层和 RNN。可以这样做，首先将每个电影评论转换成一个 BoW 向量，这个向量可以是一个二进制向量，或者可以对它进行归一化，这样训练集中的每个元素都取 −1.0 到 1.0 之间的值。然后，可以将这个向量输入一个简单的前馈网络中，假设向量的大小是词汇表的大小，这是预先已知的。如果向量太大，总是可以通过忽略稀有词来减少它，该模型如图 12-10 所示。

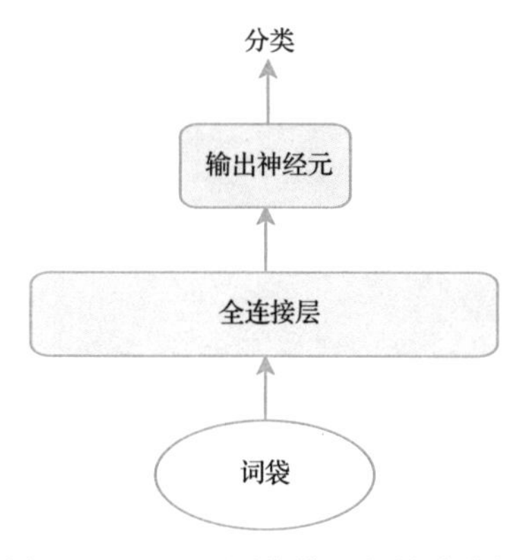

图 12-10　基于词袋模型的情感分析

对这个模型的一个反对意见是，失去了词序的意义，但为了解决这个问题，可以尝试使用二元词袋或 n 元词袋作为模型的输入。

现在可以设计一个实验，创建了一个基于 BoW 向量的模型作为前馈网络的输入，一个基于二元词袋的模型作为前馈网络的输入，一个基于 n 元词袋的模型（$n > 2$）作为前馈网络的输入，最后，更复杂的网络具有嵌入层、循环层和前馈层。我们把做这件事的实际任务留给读者作为练习。创建 BoW 的一种简单方法是使用 Keras `Tokenizer` 类中的函数 `sequences_to_ matrix()`。IMDb 电影评论数据集包含在 Keras 中，访问它的方式类似本书前面访问 MNIST 数据集的方式：

```
imdb_dataset = keras.datasets.imdb
```

在本练习中，不需要使用前面描述的任何相似性度量。你不是试图将电影评论彼此进行比较，而是将它们分类为正面或负面，这是通过使用标记的数据集训练模型来完成的。然而，我们确实在第 13 章中使用了余弦相似度度量，在这里通过描述 Word2vec 算法，我们回到了词嵌入的主题。

CHAPTER 13

第13章 Word2vec和GloVe的词嵌入

如前所述，神经语言模型的演变和词嵌入在某种程度上是交织在一起的。Bengio和他的同事（2003）决定在他们的神经语言模型中使用词嵌入，因为这将有助于提高语言模型的有效性。Collobert和Weston（2008）以及Mikolov、Yah和Zweig（2013）随后发现，由此产生的词嵌入展示了值得关注的特性，在第12章中的编程示例也证明了这一点。Mikolov、Chen和他的同事（2013）探索了是否可以通过将嵌入属性作为主要目标来改进词嵌入，而不是在试图创建一个好的语言模型过程中将它们作为副产品。在他们的工作中产生了Word2vec算法，该算法有许多变体，本章将详细介绍该算法。

彭宁顿、索彻和曼宁（2014）后来设计了一种不同的算法，称为GloVe，旨在产生更好的单词嵌入。作为编程示例，我们下载了GloVe的词嵌入，并探索这些嵌入如何演示嵌入词的语义属性。

13.1 使用Word2vec在没有语言模型的情况下创建词嵌入

在第12章中，我们讨论了词嵌入作为训练语言模型的副产品，其目标是基于一系列之前的单词来预测下一个单词。直观上，如果目标不是创建一个语言模型，而是创建良好的嵌入，那么限制只看前面的单词序列来预测单词似乎是愚蠢的。就像双向循环神经网络（RNN）中的示例一样，单词之间的重要关系也可以通过考虑未来的单词序列来识别。Word2vec的所有变体都是这样做的，我们很快就会看到这是如何做到的。

除了使用未来的单词训练词嵌入，各种Word2vec变体还旨在降低生成嵌入所需的计算复杂度。这样做的主要理由是，它允许对更大的输入数据集进行训练，这本身就会产生更好的嵌入。Word2vec的不同变体使用了许多优化算法，这里我们从算法的基础知识开始。

需要注意的一点是，从语言模型可以创建词嵌入开始，Word2vec逐渐演变成最终的Word2vec算法。这种演变包括两种重要的基本技术，但后来被淘汰，不再用于Word2vec算法的主流版本。第一个技术是分层Softmax，早先是为了加速神经语言模型而开发的（Morin and Bengio，2005）。第二个被称为连续词袋（Continuous-Bag-Of-Word，CBOW）模型，它是Word2vec原始版本中Word2vec算法的两个主要版本之一（另一个是连续skipgram 模型）。我们的重点是最终的基于连续 skip-gram 模型的算法，而对分层 Softmax 和 CBOW 的描述仅仅是出于对全局理解的需要。

13.1.1　与语言模型相比降低计算复杂性

在神经语言模型中产生词嵌入的一个关键障碍是使用较大的文本语料库训练语言模型时的计算复杂性。为了降低这种计算复杂性，有必要对神经语言模型中的时间花费情况进行概要分析。

Mikolov、Chen 及其同事（2013）指出，一个典型的神经语言模型由以下几层组成：

- 计算嵌入的层——低复杂度（查找表）；
- 一个或多个隐藏层或循环层——高复杂度（完全连接）；
- Softmax 层——高复杂度（词汇量的大小意味着节点的多少）。

先前关于降低神经语言模型计算复杂性的工作（Morin and Bengio，2005）表明，一种称为分层 Softmax 的技术可以用来降低 Softmax 层的复杂性。因此，最初的 Word2vec 论文（Mikolov，Chen，et al.，2013）并未关注该层，而是简单地假设使用了分层 Softmax。而后续的一篇论文（Mikolov，Sutskever，et al.，2013）从 Word2vec 中完全删除了 Softmax 层（在本章后面描述），所以到目前为止，可以只假设我们使用的是常规 Softmax 层，不必担心分层 Softmax 和常规 Softmax 之间的区别。同样值得注意的是，与最初研究神经语言模型和词嵌入相比，现在计算复杂性已经不那么备受关注了。

> 了解分层 Softmax 有助于理解 Word2vec 的历史，并且也可以在其他设置中使用。但是，没有必要学习它来理解本书的其余部分。

另一种优化是去除隐藏层。根据我们对深度学习（DL）的了解，删除层会降低语言模型的学习能力。但是注意到，嵌入是在第一层中编码的。如果我们的目标不是创建一个强大的语言模型，那么增加层的数量是否会在第一层中产生更高质量的嵌入还很难说清楚。

经过这两次改进，我们得到了一个模型，其中第一层将输入转换为词嵌入（即，它是一个嵌入层），然后是一个 Softmax（实际上是一个分层 Softmax）层作为输出层。模型中唯一的非线性是 Softmax 层本身。这两个改进应该可以在很大程度上降低语言模型中的计算复杂性，从而支持更大的训练数据集。该模型如图 13-1 所示。

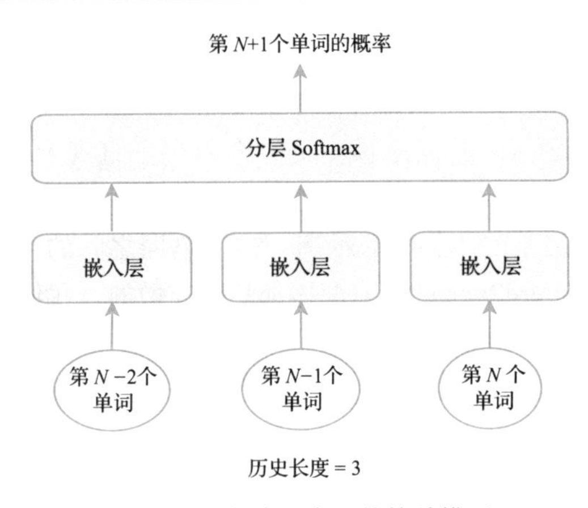

图 13-1　创建词嵌入的简单模型

但是，这仍然不能代表 Word2vec 算法的内容。概述的模型仍存在仅考虑历史单词的限制，因此现在转到在训练嵌入时同时考虑历史单词和未来单词的技术。

13.1.2　连续词袋模型

扩展我们的模型以考虑到后面的单词是微不足道的。选择一个要预测的单词，并将 K 个前面的单词和 K 个后面的单词串联作为网络的输入，而不是从 K 个连续单词中创建训练集，然后将下一个单词作为要预测的单词。创建网络的最直接方法是简单地连接对应于所有单词的嵌入。Softmax 层的输入将是 $2\times K\times M$，其中 $2\times K$ 是用作输入的单词数，M 是单个单词的嵌入大小。然而，它在 Word2vec 中的实现方式是对 $2\times K$ 个词的嵌入进行平均，从而产生一个大小为 M 的单个嵌入向量。该架构如图 13-2 所示，其中 K=2。

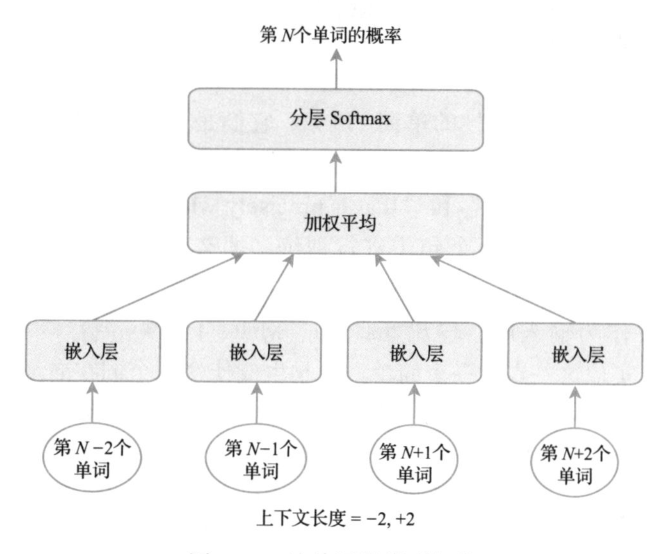

图 13-2　连续词袋模型架构

对向量求平均的效果是，它们呈现给网络的顺序并不重要，就像顺序对于词袋模型并不重要一样。在这种背景下，Mikolov、Chen 和同事（2013）将该模型命名为连续词袋模型，其中连续表示它是基于实值的词向量。但是，值得注意的是，CBOW 并不是基于整个文档，而只是基于 $2\times K$ 个周围的单词。

在捕获数据集中的语义结构以及显著加快训练时间方面，CBOW 模型明显优于基于 RNN 语言模型创建的嵌入。然而，作者还发现，CBOW 技术的一个变体在捕捉单词语义方面表现得更好。为了支持 CBOW 模型，他们继续进行优化，并将这种变体命名为连续 skip-gram 模型，接下来将描述该模型。

13.1.3　连续 skip-gram 模型

我们已经描述了创建嵌入的两种主要方法。一种是基于历史单词预测单个单词的模型，另一种是基于历史和未来单词预测单个单词的模型。连续 skip-gram 模型在某种程度上改变了这种情况，它不是根据周围的单词（也称为上下文）来预测一个单词，而是试图根据一个单词来预测周围的单词。这一开始听起来可能有些奇怪，但它会使模型变得更简单。它以一个单词作为输入，并创建一个嵌入。然后这个嵌入被送到一个全连接 Softmax 层，该层为词汇表中的每个单词生成一个概率，但我们现在训练它输出多个单词（输入单词周围的单词）的非零概率，而不是只为词汇表中的单个单词输出非零概率。该模型如图 13-3 所示。

在讨论 Word2vec 时，上下文（context）是指该单词周围的单词。请注意，当在接下来的几章中讨论序列到序列网络时，单词 context 具有不同含义。

与 CBOW 一样，该模型的名字来自一个传统的模型（skip-gram），但是添加了连续模型来再次表明它处理的是实值词向量。一个合理的问题是，为什么这能很好地工作？我们可以使用与之前解释语言模型能产生好的嵌入来回答这个问题。已经注意到，具有共同属性的单词（例如，它们是同义词或其他方面相似）通常会被一组相似的单词包围，就像句子“that is exactly what I mean”和“that is precisely what I mean”一样。如果我们对这两个句子进行训练，那么连续 skip-gram 模型的任务是输出单词的非零概率，也就是当 exactly 和 precisely 作为输入时，输出 that、is、what、I 和 mean 的非零概率。实现这一点的一个简单方法是生成使这两个词在向量空间中彼此接近的嵌入。这个解释包含了相当多的示意，但是记住，这个模型是在实证研究的基础上发展起来的。回顾模型演变的历史时，不难想象 Mikolov、Chen 和他的同事（2013 年）尝试了不同方法，并在他们证明 CBOW 模型可以运行良好后决定尝试 skip-gram（尽管这仍然是很聪明的做法）。鉴于 skip-gram 模型的性能优于 CBOW，他们随后继续优化，这将在后面进行描述。

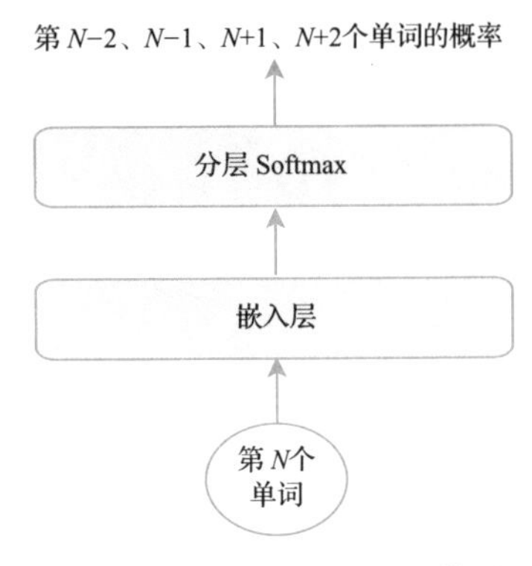

图 13-3　连续 skip-gram 模型

13.1.4　进一步降低计算复杂度的优化连续 skip-gram 模型

最初的连续 skip-gram 模型在其输出中使用了分层 Softmax，但在随后的一篇论文中，对算法进行了修改以使其更快、更简单（Mikolov，Sutskever，et al.，2013）。总体上来讲，Softmax 和分层 Softmax 都旨在计算词汇表中所有单词的正确概率，这对于语言模型非常重要，但如前所述，Word2vec 的目标是创建良好的词嵌入，而不是一个好的语言模型。在这种背景下，通过用负采样的新机制替换 Softmax 层来对算法进行改进。结果是，与计算词汇表中所有单词的真实概率分布不同，如果我们教网络正确识别周围几十个单词，而不是成千上万个单词，那么应该有可能产生良好的嵌入。此外，有必要确保网络不会错误地为不属于周围单词集的单词产生高概率。

可以通过以下方式实现这一点。对于词汇表中的每个单词 K，保持一个相应的具有 Sigmoid 激活函数的输出神经元 N_K。对于每个训练示例 X，现在连续训练与周围单词对应的每个神经元 N_{X-2}、N_{X-1}、N_{X+1}、N_{X+2}（该示例假设考虑了四个周围单词）。也就是说，我们已经将 Softmax 问题转化为一系列分类问题。然而，这还不够。这个分类问题的一个解决方案是，所有输出神经元总是输出 1，因为它们只在所对应的单词在输入单词周围的情况下进行采样（训练）。为了解决这个问题，还需要引入一些负样本：

给定一个输入词，执行以下操作：

1. 识别与输入词周围每个词对应的输出神经元。
2. 当网络出现输入词时，将这些神经元训练为输出 1。
3. 识别不在输入词周围的一些随机词相对应的输出神经元。
4. 当网络给定输入词时，将这些神经元训练为输出 0。

表 13-1 对单词序列“that is exactly what i”应用了该技术，上下文包含四个单词（两个在前，两个在后），每个上下文单词使用三个负样本。每个训练样本（输入和输出单词的组合）将训练一个单独的输出神经元。

总而言之，负采样进一步简化了 Word2vec，使之成为一种有效的算法，它也被证明能够产生良好的词嵌入。

表 13-1 每个上下文包含 3 个负样本的词序列“that is exactly what i”的训练示例

输入单词	上下文单词	输出单词	输出值
exactly	$N-2$	that（实际的上下文单词）	1.0
		ball（随机词）	0.0
		boat（随机词）	0.0
		walk（随机词）	0.0
	$N-1$	is（实际的上下文单词）	1.0
		blue（随机词）	0.0
		bottle（随机词）	0.0
		not（随机词）	0.0
	$N+1$	what（实际的上下文单词）	1.0
		house（随机词）	0.0
		deep（随机词）	0.0
		computer（随机词）	0.0
	$N+2$	i（实际的上下文单词）	1.0
		stupid（随机词）	0.0
		airplane（随机词）	0.0
		mitigate（随机词）	0.0

13.2 关于 Word2vec 的其他思考

还可以对算法进行其他调整，但我们认为前面的描述已经抓住了理解全局所需的关键点。在继续下一个主题之前，我们将提供有关 Word2vec 算法的一些其他见解。首先为喜欢视觉描述的读者更详细地说明网络结构，然后为喜欢数学描述的读者继续介绍矩阵实现。

图 13-4 显示了一个用于训练 Word2vec 模型的网络，该模型具有五个单词的词汇表和三维嵌入。该图假设当前正在基于词汇表中的第四个上下文单词进行训练（其他输出神经元

被虚化）。

将输入词呈现给网络，这意味着五个输入中的一个值为 1，其他所有输入都设置为 0。假设输入单词是词汇表中的数字 0，因此输入单词 0（Wd_0）被设置为 1，其他所有输入被设置为 0。嵌入层通过将来自节点 Wd_0 的所有权重乘以 1 并将其他所有输入权重乘以 0 来“计算”嵌入（实际上，这是通过索引到一个查找表来执行的）。然后，计算神经元 y_4 的输出，并忽略其他所有的输出，不进行任何计算。在这个前向传播之后，进行一个后向传播并调整权重。图 13-4 强调了一个值得注意的特性。如前所述，嵌入层包含与每个输入词相关联的 K 个权重（表示为 IWE_{xy}，其中 IWE 指的是输入词嵌入），其中 K 是词向量的大小。但是，该图显示，输出层还包含与每个输出字相关联的 K 个权重（表示为 OWE_{xy}，其中 OWE 指的是输出词嵌入）。根据定义，输出节点的数量与输入单词的数量相同。也就是说，该算法为每个单词产生两个嵌入：一个输入词嵌入和一个输出词嵌入。在最初的论文中，使用了输入词嵌入，而丢弃了输出词嵌入，但 Press 和 Wolf（2017）已经证明，使用权重共享将输入词嵌入和输出词嵌入绑定在一起可能是有益的。

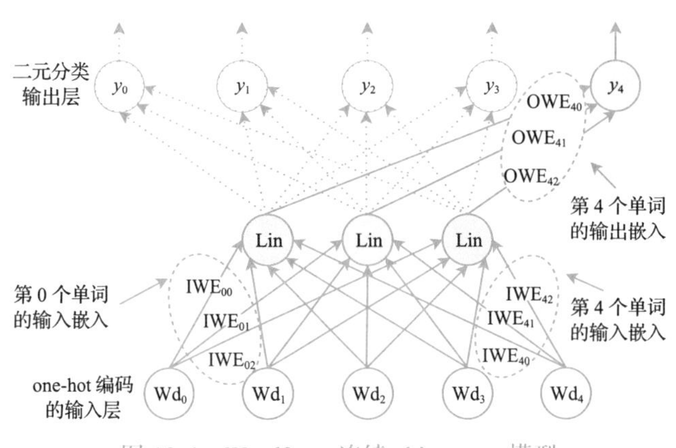

图 13-4　Word2vec 连续 skip-gram 模型

在输入和输出权重绑定在一起的模型中，也可以推理相同上下文中的词嵌入是如何相互关联的。考虑用于计算单个输出神经元加权和的数学运算，它是输入单词的词嵌入和输出单词的词嵌入的点积，我们训练网络使这个点积接近 1.0，这同样适用于同一上下文中的所有输出单词。现在考虑点积产生正值所需的条件。点积是通过两个向量之间的元素乘法，然后将结果相加来计算的。如果两个向量中的对应元素都是非零的并且具有相同的符号（即向量相似），则该和趋于正。实现训练目标的一种简单方法是确保同一上下文中所有单词的词向量彼此相似。显然，这并不能保证生成的词向量能够表达了期望的属性，但它提供了进一步的见解，以说明为什么该算法生成良好的词嵌入并非完全出乎意料。

13.3　矩阵形式的 Word2vec

描述 Word2vec 机制的另一种方式是简单地观察所执行的数学运算。这种描述是受到热门博客文章“插图版 Word2vec”（Alammar，2019 年）中部分章节的影响而来的。我们首先创建两个矩阵，如图 13-5 所示。两者具有相同维度，具有 N 行和 M 列，其中 N 是词汇表中的单词数，M 是期望的嵌入宽度。一个矩阵用于中心词（输入词），另一个矩阵用于周围词（上下文）。

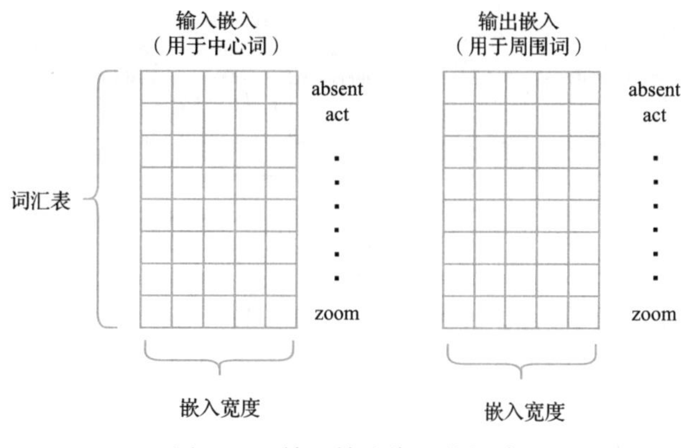

图 13-5 输入输出嵌入的矩阵

现在从文本中选择一个单词（中心词）以及围绕它的一些单词，从输入嵌入矩阵中查找中心词的嵌入（选择一行），并从输出嵌入矩阵中查找周围词的嵌入。这些是正样本（即，前面所示的表 13-1 中，输出值为 1），进一步从输出嵌入矩阵中随机抽样一些附加嵌入样本，这些是负样本（即输出值应该为 0）。

现在，只需计算选定输入嵌入和每个选定输出嵌入之间的点积，将 logistic sigmoid 函数应用于每个点积，并与所需输出值进行比较。然后，使用梯度下降来调整每个选定的嵌入，接着对不同中心词重复这个过程。最后，图 13-5 中左边的矩阵将包含得到的嵌入。

13.4 Word2vec 总结

总结关于 Word2vec 的讨论，根据我们的理解，一些学者对算法的机制感到困惑，它如何与词袋和传统的 skip-gram 相关联，以及算法为什么会产生好的词嵌入。我们希望我们已经阐明了算法的机制。词袋和 skip-gram 的关系只是因为 Word2vec 算法的某些步骤的某些方面与这些传统算法相关，因此，Mikolov、Chen 和他的同事（2013）决定以这些技术来命名它们，但我们想强调的是，它们是完全不同的。传统的 skip-gram 是一种语言模型，词袋是一种总结文档的方式，而 Word2vec 中的连续词袋和连续 skip-gram 模型是产生词嵌入的算法。最后，关于为什么 Word2vec 能产生好的词嵌入这个问题，希望我们已经提供了一些关于它的有意义的见解，但就我们所理解的而言，它更多的是发现、试错、观察和改进的结果，而不是自上而下的系统改善。

图 13-6 中总结了我们对 Word2vec 算法进化的理解。最初的几个步骤更多的是关于神经语言模型，而不是词嵌入，但如上所述，语言模型在词嵌入的发展过程中发挥了关键作

用。该图还说明了 Word2vec 不是一个简单步骤，而是一个逐步完善的过程。

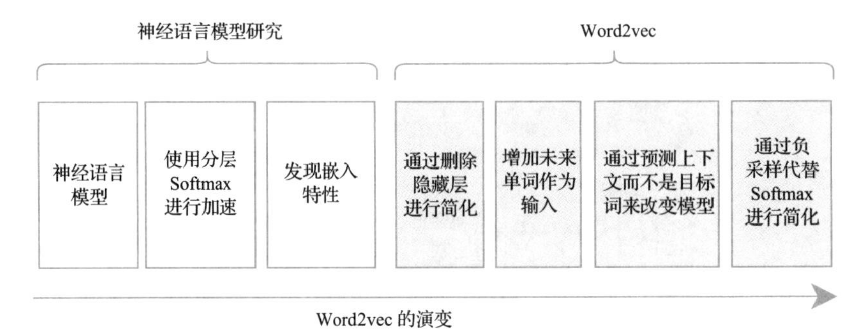

图 13-6　神经语言模型演变为 Word2vec

Word2vec 的发布引发了人们对词嵌入研究的极大兴趣，并产生了多种可替代的嵌入方案，GloVe 嵌入就是其中一个案例，下面用一个编程示例来进行讨论。

13.5　编程示例：探索 GloVe 嵌入的属性

在 Word2vec 发表大约一年后，Pennington、Socher 和 Manning（2014）发表了“GloVe: Global Vectors for Word representation”。GloVe 是一种数学算法，用于创建性能良好的词嵌入。具体地说，其目标是使嵌入捕获单词之间的语法和语义关系。我们没有详细描述 GloVe 是如何工作的，因为理解它所需的数学 / 统计学知识超出了本书对读者的要求。然而，我们强烈建议任何想要认真研究词嵌入（而不是仅仅是使用词嵌入）的读者需要拥有必要的技能来理解 GloVe 论文。这篇论文还提供了关于为什么 Word2vec 能产生合理嵌入的补充信息。嵌入可供下载，并包含在文本文件中，其中每行代表一个词嵌入，第一个元素是单词本身，后面是用空格分隔的向量元素。

代码段 13-1 包含两个导入语句和一个用于读取嵌入的函数。该函数只是打开文件并逐行读取。它将每一行拆分成其组成的元素，提取代表单词本身的第一个元素，然后从剩余的元素中创建一个向量，并将单词和相应的向量插入字典中，作为函数的返回值。

代码段 13-1　从文件中导入 GloVe 嵌入

```
import numpy as np
import scipy.spatial

# 从文件中读取嵌入信息
def read_embeddings():
    FILE_NAME = '../data/glove.6B.100d.txt'
    embeddings = {}
    file = open(FILE_NAME, 'r', encoding='utf-8')
    for line in file:
        values = line.split()
```

```
            word = values[0]
            vector = np.asarray(values[1:],
                                dtype='float32')
            embeddings[word] = vector
        file.close()
        print('Read %s embeddings.' % len(embeddings))
        return embeddings
```

代码段 13-2 实现了一个计算特定嵌入和其他所有嵌入之间余弦距离的函数，然后输出最接近的 *n* 个。这与在第 12 章中所做的类似，但这里使用余弦距离而不是欧氏距离来演示如何实现这一点。欧氏距离也可以很好地工作，但结果有时会有所不同，因为 GloVe 向量未进行归一化处理。

代码段 13-2　使用余弦距离识别并输出在向量空间中最接近的三个单词

```
def print_n_closest(embeddings, vec0, n):
    word_distances = {}
    for (word, vec1) in embeddings.items():
        distance = scipy.spatial.distance.cosine(
            vec1, vec0)
        word_distances[distance] = word
    # 按距离排序输出
    for distance in sorted(word_distances.keys())[:n]:
        word = word_distances[distance]
        print(word + ': %6.3f' % distance)
```

使用这两个函数，现在可以检索任意单词的嵌入，并输出具有相似嵌入的单词，如代码段 13-3 所示。首先调用读取函数 `read_embeddings()`，然后检索 hello、precisely 和 dog 的嵌入，并在每个嵌入上调用 `print_n_closest()`。

代码段 13-3　输出与 hello、precisely 和 dog 最接近的三个单词

```
embeddings = read_embeddings()

lookup_word = 'hello'
print('\nWords closest to ' + lookup_word)
print_n_closest(embeddings,
                embeddings[lookup_word], 3)

lookup_word = 'precisely'
print('\nWords closest to ' + lookup_word)
print_n_closest(embeddings,
                embeddings[lookup_word], 3)

lookup_word = 'dog'
print('\nWords closest to ' + lookup_word)
```

```
print_n_closest(embeddings,
                embeddings[lookup_word], 3)
```

打印输出如下所示。词汇表由 40 万个单词组成，不出所料，与每个查找单词最接近的单词是查找单词本身（hello 和 hello 之间是零距离）。与 hello 关系密切的另外两个词是 goodbye 和 hey，接近 precisely 的两个词是 exactly 和 accurately，接近 dog 的两个词是 cat 和 dogs。总体而言，这表明 GloVe 嵌入确实捕获了单词的语义。

```
Read 400000 embeddings.

Words closest to hello
hello:  0.000
goodbye:  0.209
hey:  0.283

Words closest to precisely
precisely:  0.000
exactly:  0.147
accurately:  0.293
Words closest to dog
dog:  0.000
cat:  0.120
dogs:  0.166
```

使用 NumPy，利用向量运算组合多个向量，然后打印出与结果向量相似的单词也很简单，如代码段 13-4 所示。首先输出最接近 king 向量的单词，然后输出最接近计算结果向量的单词（king − man + woman）。

代码段 13-4　词向量的算法示例

```
lookup_word = 'king'
print('\nWords closest to ' + lookup_word)
print_n_closest(embeddings,
                embeddings[lookup_word], 3)

lookup_word = '(king - man + woman)'
print('\nWords closest to ' + lookup_word)
vec = embeddings['king'] - embeddings[
    'man'] + embeddings['woman']
print_n_closest(embeddings, vec, 3)
```

它产生以下输出：

```
Words closest to king
king:  0.000
prince:  0.232
queen:  0.249

Words closest to (king - man + woman)
king:  0.145
queen:  0.217
monarch:  0.307
```

可以看到，最接近 king（忽略 king 本身）的词是 prince，其次是 queen。我们还看到，与（king − man + woman）最接近的词仍然是 king，但第二接近的是 queen；也就是说，计算的结果是一个更偏向 woman 的向量，因为 queen 现在比 prince 更接近。在不降低 king/queen 影响的情况下，我们认识到该示例提供了一些见解，关于如何在由相对简单的模型产生的嵌入中观察（king − man + woman）属性。鉴于 king 和 queen 密切相关，它们可能从一开始就很接近，从 king 到 queen 不需要进行太多调整。例如，从打印输出中，到 queen 的距离从 0.249（queen 与 king 之间的距离）变为 0.217（queen 与算术运算后的向量之间的距离）。

代码段 13-5 中显示了一个可能更令人印象深刻的示例，首先输出最接近 Sweden（瑞典）和 Madrid（马德里）的单词，然后输出最接近计算结果（Madrid − Spain + Sweden）的单词。

代码段 13-5　对国家和首都城市的向量算法

```
lookup_word = 'sweden'
print('\nWords closest to ' + lookup_word)
print_n_closest(embeddings,
                embeddings[lookup_word], 3)

lookup_word = 'madrid'
print('\nWords closest to ' + lookup_word)
print_n_closest(embeddings,
                embeddings[lookup_word], 3)

lookup_word = '(madrid - spain + sweden)'
print('\nWords closest to ' + lookup_word)
vec = embeddings['madrid'] - embeddings[
    'spain'] + embeddings['sweden']
print_n_closest(embeddings, vec, 3)
```

在下面的输出中可以看到，最接近 Sweden 的词是邻国 Denmark（丹麦）和 Norway（挪威）。同样，最接近 Madrid 的词是 Barcelona（巴塞罗那）和 Valencia（巴伦西亚），这是另外两个重要的西班牙城市。现在，将 Spain（西班牙）从 Madrid（其首都）中移除，而加入 Sweden，结果产生了 Sweden 首都 Stockholm（斯德哥尔摩），这似乎是凭空出现的，与 king/queen 的例子相反，在 king/queen 的例子中，queen 已经与 king 密切相关。

```
Words closest to Sweden
sweden:  0.000
denmark:  0.138
norway:  0.193

Words closest to Madrid
madrid:  0.000
barcelona:  0.157
valencia:  0.197

Words closest to (Madrid - Spain + Sweden)
stockholm:  0.271
sweden:  0.300
copenhagen:  0.305
```

事实证明，如果我们扩大接近 Madrid 和 Sweden 的词汇表，那么 Stockholm 确实在 Sweden 名单上排名第 18（在 Madrid 名单上排名第 377），但我们仍然发现，等式正确地将其确定为第 1 名的方式令人印象深刻。

CHAPTER 14

第 14 章

序列到序列网络和自然语言翻译

在第 11 章中，我们讨论了多对多序列预测问题，并通过编程示例演示了如何将其用于文本自动补全。另一个重要的序列预测问题是将文本从一种自然语言翻译成另一种自然语言。在这种设置中，输入序列是源语言中的句子，而预测的输出序列是目标语言中的相应句子。在两种不同的语言中，句子不一定由相同数量的单词组成。法语句子 Je suis étudiant 的一个很好的英语翻译是“I am a studen”，我们看到英语句中比法语句中多包含一个单词。另一件需要注意的事情是，我们希望网络在开始输出序列之前已经使用了整个输入序列，因为在许多情况下，需要考虑句子的完整含义才能产生好的翻译。处理此问题的一种流行方法是教会网络去解释、发出开始和停止标记，以及忽略填充值。填充值、开始和停止标记都应该是文本中不会自然出现的值。例如，对于由索引表示的单词，这些索引是嵌入层的输入，我们只需为这些标记保留特定的索引。

可以使用开始标记、停止标记和填充来创建训练示例，以支持具有可变长度的多对多序列。

图 14-1 说明了该过程。图的上半部分显示了一个多对多网络，其中灰色表示输入，蓝色表示网络，绿色表示输出。现在，请暂时忽略阴影（白色）形状。网络从左到右按时间展开，该图显示了期望的行为，即在前四个时间步长中，我们将 Je、suis、étudiant、START 输入网络。在网络接收到开始标记的时间段内，网络将输出翻译句子的第一个单词（I），然后在随后的时间步长中依次输出 am、a、student。现在让我们考虑一下白色的形状。如前所述，网络不可能不输出值，类似地，网络总是会为每个时间步长获得某种类型的输入，这适用于输出的前三个时间步长和输入的最后四个时间步长。一个简单的解决方案是在这些时间步长的输出和输入上使用填充值。然而，事实证明，更好的解决方案是通过将前一个时间步长的输出作为下一个时间步长的输入来帮助网络，就像我们在前几章的神经语言模型中所做的那样。如图 14-1 所示。

为了充分说明这一点，图的下半部分显示了没有网络的相应训练示例。也就是说，在训练期间，网络将在其输入上看到源和目标序列，并被训练来预测其输出上的目标序列。由于目标序列也作为输入，因此预测目标序列作为输出似乎并不困难。然而，它们在时间上是有偏差的，所以网络需要在看到目标序列中下一个单词之前预测它。在后面使用网络进行翻译时，我们没有目标序列。首先向网络提供源序列，然后是开始标记，随后开始将其输出预测作为输入反馈到下一个时间步长，直到网络产生停止标记。此刻，已经产生了一个完整的翻译句子。

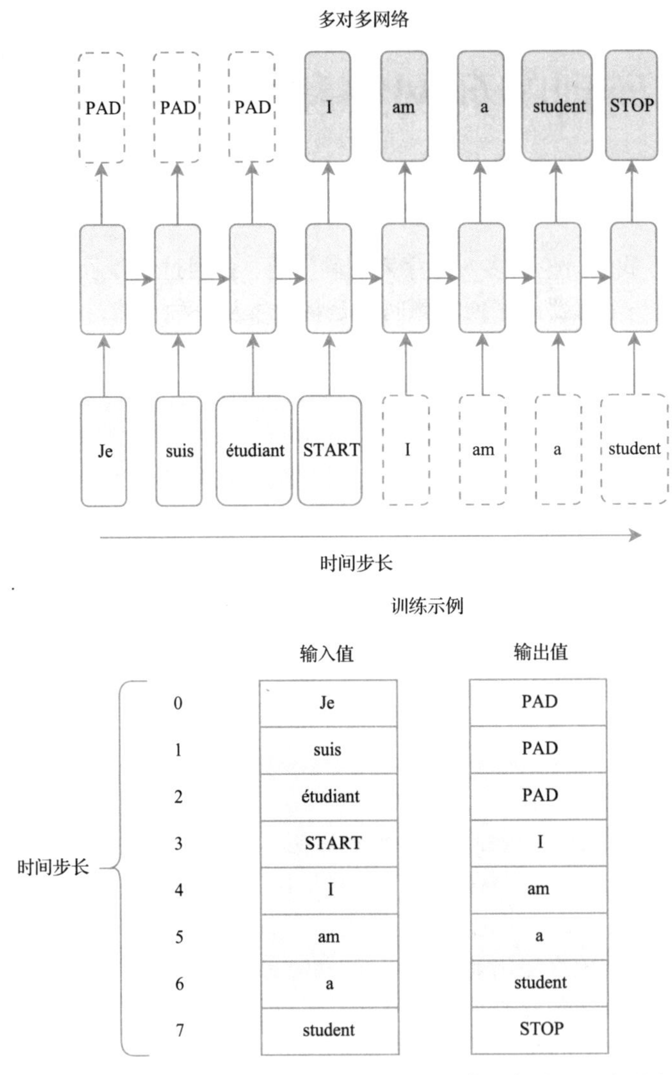

图 14-1　神经机器翻译（一个多对多序列的示例，其中输入和输出序列不一定具有相同长度）（见彩插）

14.1　用于序列到序列学习的编 - 解码器模型

我们刚才描述的模型与前几章研究的神经语言模型有什么关系？现在考虑一下翻译网络的时间步长，当开始标记出现在输入端时，该网络与神经语言模型网络的唯一区别在于其初始累积状态。在我们的语言模型中，从 0 开始作为内部状态，并在输入中显示一个或多个单词。我们的翻译网络从查看源代码序列开始累积状态，然后显示一个单一的开始符号，接着以目标语言完成翻译。也就是说，在翻译过程的后半部分，网络就像目标语言中的神经语言模型一样。事实证明，内部状态是网络生成正确句子所需的全部，可以将内部状态视为句子整体意义的独立于语言的表示。有时，这种内在状态被称为上下文或思想向量。

现在让我们考虑翻译过程的前半部分。这一阶段的目标是使用源句，并建立这种独立于语言的对句子含义的表示。除了与生成句子略有不同，它使用的语言 / 词汇也与翻译过程的第二阶段不同。因此，一个合理的问题是，这两个阶段是应该由同一个神经网络处理，还是有两个专门的网络处理更好。第一个网络将专门用于将源语句编码为内部状态，而第二个网络将专门用于将内部状态解码为目标语句，这样的体系结构被称为编 – 解码器体系结构，其模型如图 14-2 所示。该网络没有按时间展开，编码器中的网络层与解码器中的网络层不同，水平箭头表示读出编码器中循环层的内部状态，并初始化解码器中循环层的内部状态。因此，图中假设这两个网络包含相同数量、相同大小和类型的隐藏循环层。在编程示例中，我们在两个网络中使用两个隐藏的循环层来实现此模型，每个层由 256 个长短期记忆（LSTM）单元组成。

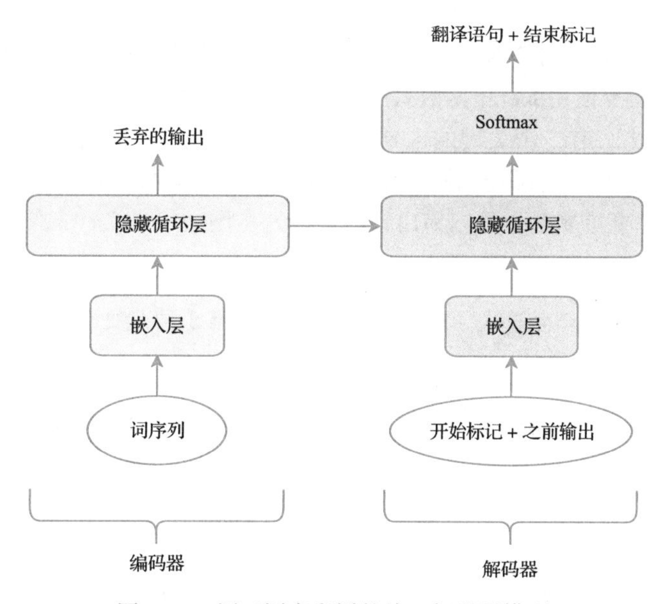

图 14-2 用于语言翻译的编 – 解码器模型

在编码器 - 解码器体系结构中，编码器创建了一种称为上下文或思想向量的内部状态，这是一种独立于语言的句子含义表示。

图 14-2 仅显示了编 – 解码器模型的一个示例。考虑到如何从单个 RNN 发展到这个编 – 解码网络的，两个网络之间的通信信道将内部状态从一个网络转移到另一个网络可能并不奇怪。然而，我们也应该认识到，图中“丢弃的输出”的说法有点误导性。LSTM 层的内

部状态包括单元状态（通常用 c 表示）和循环层隐藏状态（通常用 h 表示），其中 h 与层输出相同。类似地，如果使用门控循环单元（GRU）而不是 LSTM，则不会有单元状态，网络的内部状态只是循环层隐藏状态，这同样与循环层的输出相同。尽管如此，我们还是选择将其称为丢弃的输出，因为该术语通常也用于其他描述中。

可以设想其他连接编码器和解码器的方法。例如，可以在第一个时间步长期间将状态 / 输出作为常规输入提供给解码器，或者在每个时间步长期间让解码器网络访问它。或者，对于具有多个层的编码器，选择只显示最顶层的状态 / 输出，并作为最底层解码器层的输入。同样值得注意的是，编 – 解码器模型不局限于处理序列，也可以构造其他组合，例如编码器或解码器中只有一个或两者都没有循环层的情况。我们将在接下来的几章中详细讨论这一点，但此时，我们将继续在 Keras 中实现我们的神经机器翻译（NMT）。

编 – 解码器体系结构可以用多种不同方式构建，可以使用不同的网络类型，也可以通过多种方式来实现两者之间的连接。

14.2　Keras 函数式 API 简介

目前还不清楚如何利用在 Keras API 中使用的构造来实现所描述的体系结构。为了实现这个体系结构，需要使用 Keras 函数式 API，它是专门为创建复杂模型而创建的。与目前使用的顺序模型相比，有一个关键的区别。我们现在需要明确描述层之间的连接方式，而不仅仅是声明一个层并将其添加到模型中，并让 Keras 自动按顺序连接层。这个过程比让 Keras 为我们做这件事更复杂、更容易出错，但好处是增加了灵活性，使得我们能够描述一个更复杂的模型。

Keras 函数式 API 比顺序式 API 更灵活，因此可用于构建更复杂的网络架构。

我们使用图 14-3 中的示例模型来说明如何使用 Keras 函数式 API。图 14-3a 是一个简单的顺序模型，可以很容易地用顺序式 API 实现，但是图 14-3b 中有一个绕过第一层的输入，因此需要使用函数式 API。

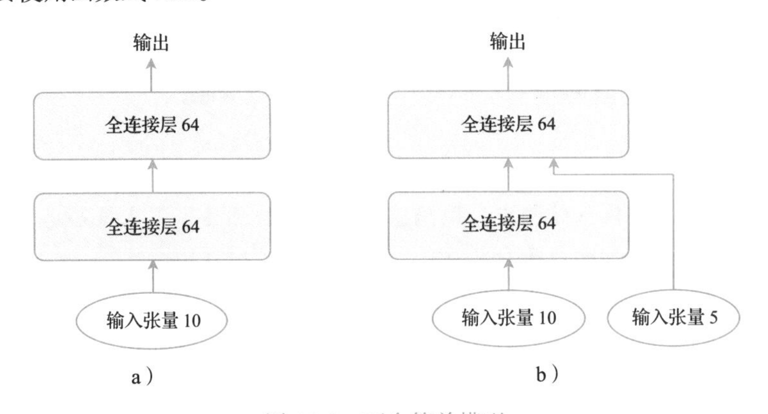

图 14-3　两个简单模型

图 14-3a 模型的实现如代码段 14-1 所示。首先声明一个输入对象，这与顺序 API 不同，在顺序 API 中，输入层是在创建第一层时隐式创建的。然后，在模型中声明两个全连接层。完成后，就可以通过使用指定的变量名作为函数并将其输入作为参数传递来连接层了。该函数返回一个表示层输出的对象，接着可以在连接下一层时将其用作输入参数。

代码段 14-1　示例：如何使用函数式 API 实现简单的顺序模型

```
from tensorflow.keras.layers import Input, Dense
from tensorflow.keras.models import Model

# 声明输入
inputs = Input(shape=(10,))
# 声明层
layer1 = Dense(64, activation='relu')
layer2 = Dense(64, activation='relu')

# 连接输入和层
layer1_outputs = layer1(inputs)
layer2_outputs = layer2(layer1_outputs)

# 创建模型
model = Model(inputs=inputs, outputs=layer2_outputs)
model.summary()
```

既然已经声明了层并将层彼此相互连接了起来，就可以准备创建模型了。这只需调用 `Model()` 构造函数并提供参数来通知模型其输入和输出应该是什么。

代码段 14-2 创建了具有从输入到第二层的旁路路径的更复杂模型。与前面示例相比，只有一些小的更改。首先，声明两组输入，一组是第一层的输入，另外一组是直接通往第二层的旁路输入。接下来，声明一个连接层，用于将第一层的输出与旁路输入连接起来，形成一个可以作为第二层输入的变量。最后，在声明模型时，我们需要告诉它，它的输入现在由两个输入的列表组成。

代码段 14-2　具有旁路路径网络的 Keras 实现

```
from tensorflow.keras.layers import Input, Dense
from tensorflow.keras.models import Model
from tensorflow.keras.layers import Concatenate

# 声明输入
inputs = Input(shape=(10,))
bypass_inputs = Input(shape=(5,))

# 声明层
layer1 = Dense(64, activation='relu')
```

```
concat_layer = Concatenate()
layer2 = Dense(64, activation='relu')
# 连接输入和层
layer1_outputs = layer1(inputs)
layer2_inputs = concat_layer([layer1_outputs, bypass_inputs])
layer2_outputs = layer2(layer2_inputs)

# 创建模型
model = Model(inputs=[inputs, bypass_inputs],
             outputs=layer2_outputs)
model.summary()
```

在简要介绍了 Keras 函数式 API 之后，我们准备继续实现神经机器翻译网络。

14.3　编程示例：神经机器翻译

像往常一样，首先导入程序所需的模块，如代码段 14-3 所示。

代码段 14-3　Import 语句

```
import numpy as np
import random
from tensorflow.keras.layers import Input
from tensorflow.keras.layers import Embedding
from tensorflow.keras.layers import LSTM
from tensorflow.keras.layers import Dense
from tensorflow.keras.models import Model
from tensorflow.keras.optimizers import RMSprop
from tensorflow.keras.preprocessing.text import Tokenizer
from tensorflow.keras.preprocessing.text \
    import text_to_word_sequence
from tensorflow.keras.preprocessing.sequence \
    import pad_sequences
import tensorflow as tf
import logging
tf.get_logger().setLevel(logging.ERROR)
```

接下来，在代码段 14-4 中定义一些常量。指定 10 000 个符号大小的词汇表，其中四个索引保留用于填充、超出词汇表的单词（表示为 UNK）、开始标记和停止标记。训练语料库很大，因此将参数 `READ_LINES` 设置为希望在示例中使用的输入文件中的行数（60 000）。层由 256 个单元（`Layer_Size`）组成，嵌入层输出维度为 128 维（`Embedding_Width`），使用 20% 的数据集（`TEST_PERCENT`）作为测试集，在训练过程中进一步选取 20 个句子（`SAMPLE_SIZE`）进行详细检查。将源句子和目标句子的长度限制在最多 60 个单词（`MAX_LENGTH`）。最后，我们提供了数据文件的路径，其中每一行都应该包含同一句子的两个版本（每种语言一个），并用制表符分隔。

代码段 14-4 常量的定义

```
# 常量
EPOCHS = 20
BATCH_SIZE = 128
MAX_WORDS = 10000
READ_LINES = 60000
LAYER_SIZE = 256
EMBEDDING_WIDTH = 128
TEST_PERCENT = 0.2
SAMPLE_SIZE = 20
OOV_WORD = 'UNK'
PAD_INDEX = 0
OOV_INDEX = 1
START_INDEX = MAX_WORDS - 2
STOP_INDEX = MAX_WORDS - 1
MAX_LENGTH = 60
SRC_DEST_FILE_NAME = '../data/fra.txt'
```

代码段 14-5 显示了用于读取输入数据文件和进行一些初始处理的函数。每行被分成两个字符串，其中第一个字符串包含目标语言中的句子，第二个字符串包含源语言中的句子。我们使用函数 `text_to_word_sequence()` 对数据进行了清洗（将所有内容转换为小写并删除标点符号），并将每个句子拆分成一个单独的单词列表。如果列表（句子）长度超过允许的最大长度，则将其截断。

代码段 14-5 读取输入数据文件并创建源和目标单词序列的函数

```
# 读取文件的函数
def read_file_combined(file_name, max_len):
    file = open(file_name, 'r', encoding='utf-8')
    src_word_sequences = []
    dest_word_sequences = []
    for i, line in enumerate(file):
        if i == READ_LINES:
            break
        pair = line.split('\t')
        word_sequence = text_to_word_sequence(pair[1])
        src_word_sequence = word_sequence[0:max_len]
        src_word_sequences.append(src_word_sequence)
        word_sequence = text_to_word_sequence(pair[0])
        dest_word_sequence = word_sequence[0:max_len]
        dest_word_sequences.append(dest_word_sequence)
    file.close()
    return src_word_sequences, dest_word_sequences
```

代码段 14-6 显示了将单词序列转换为标记序列的函数，反之亦然。我们为每种语言调用 `tokenize()` 一次，因此参数序列是一个列表，其中每个内部列表代表一个句子。`Tokenizer` 类将为最常用的单词分配索引，并返回这些索引或为未在词汇表中的不太常用的单词保留 `OOV_INDEX` 索引。我们告诉 `Tokenizer` 使用 9998（MAX_WORDS-2）的词汇表，也就是说，只使用索引 0 到 9997，这样就可以使用索引 9998 和 9999 作为开始和结束标记（`Tokenizer` 不支持开始标记和结束标记的概念，但保留了索引 0 用作填充标记，并为词汇表外的单词保留了索引 1）。`tokenize()` 函数返回标记化序列和 `Tokenizer` 对象本身，当想要将标记转换回单词时，将需要这个对象。

代码段 14-6　将单词序列转换为标记序列的函数，反之亦然

```
# 用于标记和未标记序列的函数
def tokenize(sequences):
    # MAX_WORDS-2 用于保留两个索引
    # 开始和停止
    tokenizer = Tokenizer(num_words=MAX_WORDS-2,
                          oov_token=OOV_WORD)
    tokenizer.fit_on_texts(sequences)
    token_sequences = tokenizer.texts_to_sequences(sequences)
    return tokenizer, token_sequences

def tokens_to_words(tokenizer, seq):
    word_seq = []
    for index in seq:
        if index == PAD_INDEX:
            word_seq.append('PAD')
        elif index == OOV_INDEX:
            word_seq.append(OOV_WORD)
        elif index == START_INDEX:
            word_seq.append('START')
        elif index == STOP_INDEX:
            word_seq.append('STOP')
        else:
            word_seq.append(tokenizer.sequences_to_texts(
                [[index]])[0])
    print(word_seq)
```

函数 `tokens_to_words()` 需要一个 `Tokenizer` 和一个索引列表。我们只需检查保留的索引：如果找到匹配项，则用硬编码字符串替换它们，如果没有找到匹配项，则让 `Tokenizer` 将索引转换为相应的单词字符串。`Tokenizer` 需要一个索引列表的列表，并返回一个字符串列表，这就是为什么我们需要用 `[[index]]` 调用它，然后选择第 0 个元素以得到一个字符串。

现在，假设有这些辅助函数，那么读取输入数据文件并将其转换为标记化序列是很容易的，如代码段 14-7 所示。

代码段 14-7　读取并标记输入数据文件

```
# 读取文件并标记
src_seq, dest_seq = read_file_combined(SRC_DEST_FILE_NAME,
                                       MAX_LENGTH)
src_tokenizer, src_token_seq = tokenize(src_seq)
dest_tokenizer, dest_token_seq = tokenize(dest_seq)
```

现在是时候把数据排列成可用于训练和测试的张量了。在图 14-1 中，我们指出需要在输出序列的开头填充与输入序列中单词数量一样多的 PAD 符号，但那是设想的单个神经网络的时候。现在已经将网络分为编码器和解码器，这就不再是必要的了，因为在编码器运行完整输入之前，我们不会向解码器输入任何东西。以下是一个更准确的示例，说明需要作为单个训练示例的输入和输出，其中 `src_input` 是编码器网络的输入，`dest_input` 是解码器网络的输入，`dest_target` 是解码器网络的期望输出：

```
src_input = [PAD, PAD, PAD, id("je"), id("suis"),
id("étudiant")]

dest_input = [START, id("i"), id("am"), id("a"),
id("student"), STOP, PAD, PAD]

dest_target = [one_hot_id("i"), one_hot_id("am"), one_hot_
id("a"), one_hot_id("student"), one_hot_id(STOP), one_hot_
id(PAD), one_hot_id(PAD), one_hot_id(PAD)]
```

在示例中，`id`（字符串）是字符串的标记化索引，`one_hot_id` 是索引的 one-hot 编码。假设最长的源句子是六个单词，所以将 `src_input` 填充为该长度。同样，假设最长的目标句子是包括开始和停止标记在内的八个单词，所以将 `dest_input` 和 `dest_target` 填充为该长度。请注意，与 `dest_target` 中的符号相比，`dest_input` 中的符号偏移了一个位置，因为稍后进行推理时，解码器网络中的输入来自前一时间步长的网络输出。尽管此示例已将训练示例显示为列表，但实际上，它们将是 NumPy 数组中的行，其中每个数组都包含多个训练示例。

填充是为了确保可以使用小批量进行训练。也就是说，所有源句子的长度必须相同，所有目标句子的长度必须相同。在开始处填充源输入（称为预填充）和在结束处填充目标输入（称为后填充），这并不明显。我们之前说过，当使用填充时，模型可以学习忽略填充值，但 Keras 中也有一种机制来掩盖填充值。基于这两种说法，填充是在开头还是结尾似乎无关紧要。然而，和往常一样，事情并不像看上去那么简单。如果我们从模型学习忽略值的假设开始，它就不会完全学习到这一点。它学习忽略填充值的难易程度可能取决于数据的排列方式。不难想象，在序列末尾输入大量的零会稀释输入并影响网络的内部状态。从这个角度来看，在序列的开头用零填充输入值是有意义的。类似地，在序列到序列网络中，如果编码器创建了一个传输到解码器的内部状态，则在开始标志之前呈现一些零来稀释该状态似乎也是不好的。

在网络需要学习忽略填充值的情况下，该推理支持所选择的填充（源输入的预填充和目标输入的后填充）。但是，考虑到将对嵌入层使用 mask_zero=True 参数，那么我们使用什么类型的填充并不重要。事实证明，当我们将 mask_zero 用于定制编 – 解码器网络时，它的行为并不是我们所期望的。观察到，当使用后填充作为源输入时，网络学习效果很差。我们不知道这一点的确切原因，但怀疑存在某种相互作用，其中编码器的屏蔽输入值以某种方式使解码器忽略输出序列的开始[⊖]。

填充可以在序列的开头或结尾进行，这称为预填充和后填充。

代码段 14-8 展示了创建所需要的三个数组的简洁方法。前两行创建了两个新列表，每个列表都包含目标序列，但第一个列表（dest_target_token_seq）在每个序列后还增加了 STOP_INDEX（结束标记），第二个列表（dest_input_token_seq）同时增加了 START_INDEX（开始标记）和 STOP_INDEX。我们很容易忽略 dest_input_token_seq 有一个 STOP_INDEX，但这是很自然的，因为它是从 dest_target_token_seq 创建的，每个句子都添加了一个 STOP_INDEX。

接下来，在原始的 src_input_data 列表（列表）和这两个新的目标列表上调用 pad_sequences()。函数的作用是用填充值填充序列，然后返回一个 NumPy 数组。pad_sequences 的默认行为是进行预填充，我们对源序列进行预填充，但对目标序列明确要求进行后填充。你可能想知道为什么在创建目标（输出）数据的语句中没有调用 to_categorical()。我们习惯于希望对文本数据进行 one-hot 编码，不这样做是为了避免浪费太多内存。对于 10 000 个单词的词汇表和 60 000 个训练示例，其中每个训练示例是一个句子，one-hot 编码数据的内存占用开始成为问题。因此，与其预先对所有数据进行 one-hot 编码，不如让 Keras 在损失函数中处理。

代码段 14-8　将标记化序列转换为 NumPy 数组的精简版代码

```
# 准备训练数据
dest_target_token_seq = [x + [STOP_INDEX] for x in dest_token_seq]
dest_input_token_seq = [[START_INDEX] + x for x in
                        dest_target_token_seq]
src_input_data = pad_sequences(src_token_seq)
dest_input_data = pad_sequences(dest_input_token_seq,
                                padding='post')
dest_target_data = pad_sequences(
    dest_target_token_seq, padding='post', maxlen
    = len(dest_input_data[0]))
```

⊖ 这只是一个理论，也可能是其他行为导致。此外，我们不清楚这是由于漏洞还是预期但未记录的行为。无论如何，当使用建议的填充时，我们没有看到问题。

在构建模型之前，代码段 14-9 演示了如何手动将数据集拆分为训练集和测试集。在前面的示例中，我们要么依赖于以这种方式分割的数据集，要么在调用 fit() 函数时使用了 Keras 内部的功能。然而，在这种情况下，我们想要更多的控制权限，因为想要详细检查测试集中的一些选定样本。首先创建一个列表 test_indices 来分割数据集，该列表包含从 0 到 $N-1$ 中所有数字的 20%（TEST_PERCENT）子集，其中 N 是原始数据集的大小。然后创建一个列表 train_indices，其中包含剩余的 80%。现在我们可以使用这些列表来选择表示数据集的矩阵中的多行，并创建两个新的矩阵集合，一个用作训练集，一个用作测试集。最后，创建第三个矩阵集合，它只包含来自测试数据集的 20 个（SAMPLE_SIZE）随机样本，使用它们来详细检查最终的翻译，但由于这是一个手动过程，因此仅限少量的句子。

代码段 14-9　手动将数据集拆分为训练集和测试集

```
# 分为训练集和测试集
rows = len(src_input_data[:,0])
all_indices = list(range(rows))
test_rows = int(rows * TEST_PERCENT)
test_indices = random.sample(all_indices, test_rows)
train_indices = [x for x in all_indices if x not in test_indices]

train_src_input_data = src_input_data[train_indices]
train_dest_input_data = dest_input_data[train_indices]
train_dest_target_data = dest_target_data[train_indices]

test_src_input_data = src_input_data[test_indices]
test_dest_input_data = dest_input_data[test_indices]
test_dest_target_data = dest_target_data[test_indices]

# 创建测试集样本用于仔细检查
test_indices = list(range(test_rows))
sample_indices = random.sample(test_indices, SAMPLE_SIZE)
sample_input_data = test_src_input_data[sample_indices]
sample_target_data = test_dest_target_data[sample_indices]
```

像往常一样，我们现在已经花费了大量代码来准备数据，现在终于准备好构建模型了。这一次，构建模型将比过去更令人兴奋，因为现在正在构建一个不那么简单的模型，并将使用 Keras 函数式 API。

在复习代码之前，先回顾一下想要构建模型的体系结构。该网络由编码器和解码器两部分组成，将它们定义为两个独立模型，然后将它们绑定在一起，这两个模型如图 14-4 所示。图的上半部分显示了编码器，它由一个嵌入层和两个 LSTM 层组成。图的下半部分显示了解码器，由一个嵌入层、两个 LSTM 层和一个全连接的 Softmax 层组成。图中的名称对应于在实现中使用的变量名。

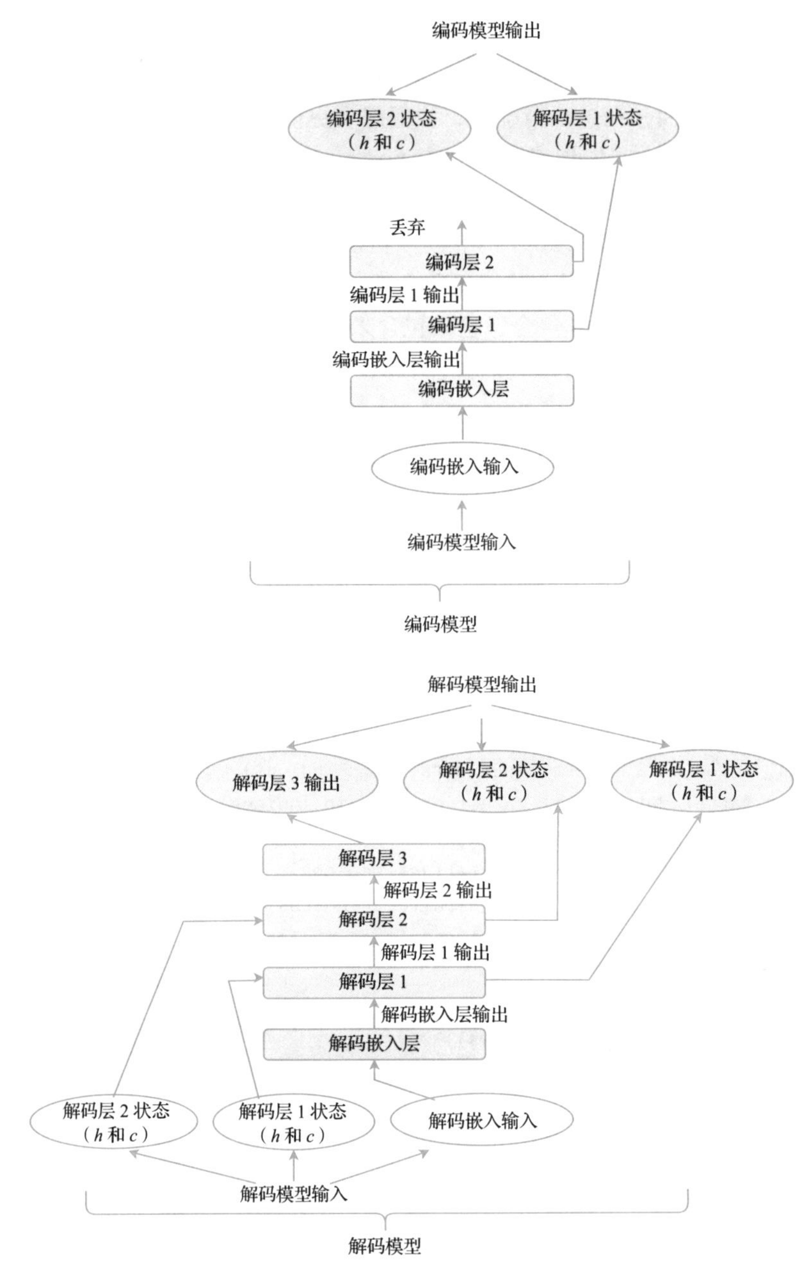

图 14-4　编码器和解码器模型的拓扑结构

除了层的名称，该图还包含所有层的输出名称，这将在连接层代码中使用。四个值得注意的输出（如两组输出所述）是来自两个编码器 LSTM 层的状态输出，这些被用作解码器 LSTM 层的输入，以将累积状态从编码器传送到解码器。

代码段 14-10 包含了编码器模型的实现。将代码映射到图 14-4 应该很简单，但有几件事情值得指出。因为现在想要访问 LSTM 层的内部状态，所以需要提供参数 return_state=True。此参数指示 LSTM 对象不仅返回表示层输出的变量，还返回表示 c 和 h 状态的变量。此外，如前所述，对于将一个循环层反馈给另一个循环层，需要提供参数 return_sequences=True，以便后续的层可以看到每个时间步长的输出。如果我们希望网络在每个时间步长产生一个输出，那么对于最后的循环层也是如此。对于编码器，我们只对最终状态感兴趣，所以对于 enc_layer2，不会将 return_sequences 设置为 True。

代码段 14-10 编码器模型的实现

```
# 构建编码器模型
# 输入是在源语言中的输入序列
enc_embedding_input = Input(shape=(None, ))

# 创建编码器层
enc_embedding_layer = Embedding(
    output_dim=EMBEDDING_WIDTH, input_dim
    = MAX_WORDS, mask_zero=True)
enc_layer1 = LSTM(LAYER_SIZE, return_state=True,
                  return_sequences=True)
enc_layer2 = LSTM(LAYER_SIZE, return_state=True)

# 连接编码器层
# 不使用最后一层的输出，仅使用状态
enc_embedding_layer_outputs = \
    enc_embedding_layer(enc_embedding_input)
enc_layer1_outputs, enc_layer1_state_h, enc_layer1_state_c = \
    enc_layer1(enc_embedding_layer_outputs)
_, enc_layer2_state_h, enc_layer2_state_c = \
    enc_layer2(enc_layer1_outputs)

# 构建模型
enc_model = Model(enc_embedding_input,
                  [enc_layer1_state_h, enc_layer1_state_c,
                   enc_layer2_state_h, enc_layer2_state_c])
enc_model.summary()
```

一旦所有层都连接起来，可以通过调用 model() 构造函数并提供参数来指定模型外部的输入和输出，从而创建实际的模型。该模型以源句子作为输入，并产生两个 LSTM 层的内部状态作为输出。每个 LSTM 层都有一个 h 状态和一个 c 状态，所以总的来说，模型将输出四个状态变量作为输出。每个状态变量本身就是一个由多个值组成的张量。

代码段 14-11 显示了解码器模型的实现。除了目标语言中的句子，它还将编码器模型的输出状态作为输入。我们在第一个时间步长用这个状态初始化解码器 LSTM 层（使用自变量 initial_state）。

代码段 14-11　解码器模型的实现

```
# 构建解码器模型
# 网络的输入是目标输入序列
# 语言和中间状态
dec_layer1_state_input_h = Input(shape=(LAYER_SIZE,))
dec_layer1_state_input_c = Input(shape=(LAYER_SIZE,))

dec_layer2_state_input_h = Input(shape=(LAYER_SIZE,))
dec_layer2_state_input_c = Input(shape=(LAYER_SIZE,))
dec_embedding_input = Input(shape=(None, ))

# 创建解码器层
dec_embedding_layer = Embedding(output_dim=EMBEDDING_WIDTH,
                                input_dim=MAX_WORDS,
                                mask_zero=True)
dec_layer1 = LSTM(LAYER_SIZE, return_state = True,
                  return_sequences=True)
dec_layer2 = LSTM(LAYER_SIZE, return_state = True,
                  return_sequences=True)
dec_layer3 = Dense(MAX_WORDS, activation='softmax')

# 连接解码器层
dec_embedding_layer_outputs = dec_embedding_layer(
    dec_embedding_input)
dec_layer1_outputs, dec_layer1_state_h, dec_layer1_state_c = \
    dec_layer1(dec_embedding_layer_outputs,
    initial_state=[dec_layer1_state_input_h,
                   dec_layer1_state_input_c])
dec_layer2_outputs, dec_layer2_state_h, dec_layer2_state_c = \
    dec_layer2(dec_layer1_outputs,
    initial_state=[dec_layer2_state_input_h,
                   dec_layer2_state_input_c])
dec_layer3_outputs = dec_layer3(dec_layer2_outputs)

# 构建模型
dec_model = Model([dec_embedding_input,
                   dec_layer1_state_input_h,
                   dec_layer1_state_input_c,
                   dec_layer2_state_input_h,
                   dec_layer2_state_input_c],
                  [dec_layer3_outputs, dec_layer1_state_h,
                   dec_layer1_state_c, dec_layer2_state_h,
                   dec_layer2_state_c])
dec_model.summary()
```

对于解码器，我们希望顶部的 LSTM 层为每个时间步长产生一个输出（解码器应该创建一个完整的句子，而不仅仅是一个最终状态），因此我们为两个 LSTM 层设置 `return_sequences=True`。

我们通过调用 `model()` 构造函数来创建模型。输入由目标句子（时间上移动一个时间步长）和 LSTM 层的初始状态组成。正如我们将看到的，当使用模型进行推理时，需要显式地管理解码器的内部状态。因此，除 Softmax 输出之外，还将状态声明为模型的输出。

现在准备连接两个模型来建立一个全编 – 解码器模型，如图 14-5 所示，相应的 TensorFlow 实现如代码段 14-12 所示。

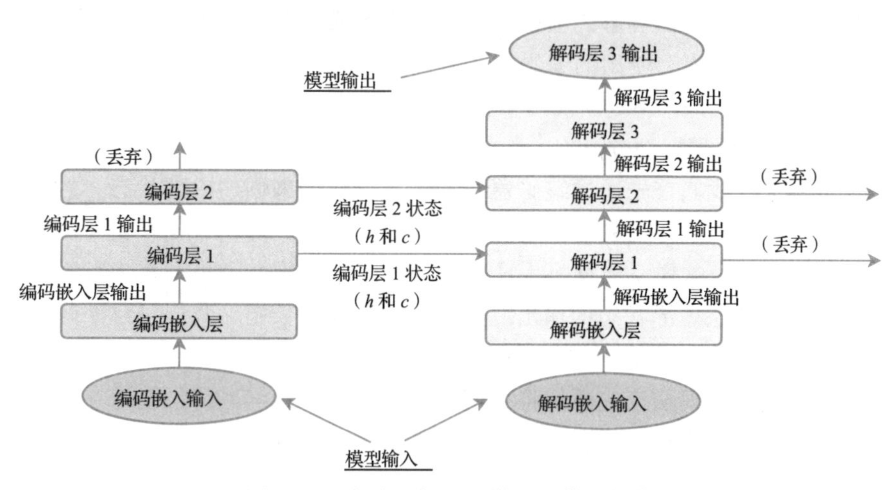

图 14-5　全编 – 解码器模型的体系结构

代码段 14-12　定义、构建和编译用于训练的模型代码

```
# 构建并编译整个训练模型
# 在训练时不使用输出状态
train_enc_embedding_input = Input(shape=(None, ))
train_dec_embedding_input = Input(shape=(None, ))
intermediate_state = enc_model(train_enc_embedding_input)
train_dec_output, _, _, _, _ = dec_model(
    [train_dec_embedding_input] +
    intermediate_state)
training_model = Model([train_enc_embedding_input,
                        train_dec_embedding_input],
                        train_dec_output)
optimizer = RMSprop(lr=0.01)
training_model.compile(loss='sparse_categorical_crossentropy',
                       optimizer=optimizer, metrics =['accuracy'])
training_model.summary()
```

有一点看起来很奇怪，正如之前所描述的，在创建解码器 LSTM 层时提供了参数 `return_state=True`，但是当创建这个模型时，却丢弃了状态输出，似乎一开始就没有设置 `return_state=True` 参数是合理的。当我们描述如何使用编码器和解码器模型进行推理时，原因就显而易见了。

我们决定使用 RMSProp 作为优化器，因为一些实验表明，对于这个特定的模型，它的性能优于 Adam。我们使用稀疏分类交叉熵代替正常的分类交叉熵作为损失函数。如果分类输出数据尚未进行 one-hot 编码，则这是在 Keras 中使用的损失函数。如前所述，避免预先对数据进行 one-hot 编码，以减少应用程序的内存占用。

虽然我们只是将编码器和解码器模型连接起来形成一个联合模型，但它们仍然可以单独使用。请注意，联合模型使用的编码器和解码器模型与单独模型是相同的实例。也就是说，如果训练联合模型，它将更新前两个模型的权重，这很有用，因为当我们进行推理时，希望编码器模型与解码器模型分离。

在推理过程中，我们首先通过编码器模型运行源句子来创建内部状态。然后，在第一个时间步长中，将该状态作为初始状态提供给解码器模型，并将开始标记（START token）提供给模型的嵌入层。这样，模型将生成的翻译句子中的第一个单词作为其输出，它还产生了代表两个 LSTM 层内部状态的输出。在下一个时间步长中，我们以自回归的方式将预测的输出以及来自前一个时间步长的内部状态（显式地管理内部状态）提供给模型。

如果没有显式地管理状态，而是将层声明为 `stateful=True`，就像在文本自动补全示例中所做的那样，但这样会使训练过程变得复杂。如果不想多个后续的训练示例相互影响，就不能在训练过程中使用 `stateful=True`。

最后，不需要在训练期间显式管理状态的原因是，我们一次将整个句子输入模型，在这种情况下，TensorFlow 会自动反馈上一个时间步长的状态，以用作下一个时间步长的当前状态。

在你更加熟悉 Keras 之前，整个讨论可能不是很清楚，但重要的是，有许多方法可以做同样的事情，并且每种方法都有自己的优点和缺点。

在 Keras 中声明循环层时，有三个参数：`return_state`、`return_sequences` 和 `stateful`。乍一看，由于它们的名字相似，很难将它们区分开来。如果想建立自己的复杂网络，有必要花时间来理解它们的功能以及它们如何相互作用。

现在准备好开始训练和测试模型，如代码段 14-13 所示，采用的方法与前面的示例略有不同。在前面的示例中，我们使 `fit()` 训练多个周期，然后研究了结果并结束了程序。在这个示例中，我们创建了自己的训练循环，使 `fit()` 一次只训练一个周期。然后，在返回进行另一个周期训练之前，使用模型来创建预测。这种方法能够在每个周期后对一小部分样本进行一些详细的评估。我们可以通过提供一个回调函数作为拟合函数的参数来实现这一点，但是我们认为此时没有必要引入另一个 Keras 构造。

如果想自定义训练过程，Keras 回调函数是一个很好的可以继续学习的主题。

代码段 14-13　训练和测试模型

```
# 反复训练与测试
for i in range(EPOCHS):
    print('step: ' , i)
    # 迭代训练模型
    history = training_model.fit(
        [train_src_input_data, train_dest_input_data],
        train_dest_target_data, validation_data=(
            [test_src_input_data, test_dest_input_data],
            test_dest_target_data), batch_size=BATCH_SIZE,
        epochs=1)

    # 循环样本并观察结果
    for (test_input, test_target) in zip(sample_input_data,
                                         sample_target_data):
        # 通过编码模型运行单个句子
        x = np.reshape(test_input, (1, -1))
        last_states = enc_model.predict(
            x, verbose=0)
        # 将结果状态和 START_INDEX 作为解码器模型的输入
        prev_word_index = START_INDEX
        produced_string = ''
        pred_seq = []
        for j in range(MAX_LENGTH):
            x = np.reshape(np.array(prev_word_index), (1, 1))
            # 预测下个单词并获取内部状态
            preds, dec_layer1_state_h, dec_layer1_state_c, \
                dec_layer2_state_h, dec_layer2_state_c = \
                    dec_model.predict(
                        [x] + last_states, verbose=0)
            last_states = [dec_layer1_state_h,
                           dec_layer1_state_c,
                           dec_layer2_state_h,
                           dec_layer2_state_c]
            # 寻找最可能的单词
            prev_word_index = np.asarray(preds[0][0]).argmax()
            pred_seq.append(prev_word_index)
            if prev_word_index == STOP_INDEX:
                break
        tokens_to_words(src_tokenizer, test_input)
        tokens_to_words(dest_tokenizer, test_target)
        tokens_to_words(dest_tokenizer, pred_seq)
        print('\n\n')
```

大部分代码序列都是一个循环，用于创建从测试数据集建立的较小样本集的翻译。这段代码包含一个循环，遍历 sample_input_data 中的所有示例。我们将源句子提供给编码器模型，以创建生成的内部状态并存储到变量 last_states。我们还使用对应于 START 开始符号的索引来初始化变量 prev_word_index。然后，进入最内层的循环，并使用解码器模型预测单个单词，并读取内部状态。该内部状态数据在下一次迭代中被用作解码器模型的输入，接着反复迭代直到模型产生 STOP 停止标记，或者已经产生了给定数量的单词。最后，将产生的标记化序列转换成相应的单词序列，并将其打印出来。

14.4 实验结果

对网络进行 20 个周期的训练，可以获得对训练和测试数据的高准确性度量。在进行机器翻译时，准确性不一定是最有意义的衡量标准，但它仍然给了我们一些指示，表明翻译网络是可行的。更有趣的是检查样本集的翻译结果。

第一个示例如下所示：

```
['PAD', 'PAD', 'PAD', 'PAD', 'PAD', 'PAD', 'PAD', 'PAD', 'PAD',
'PAD', "j'ai", 'travaillé', 'ce', 'matin']
['i', 'worked', 'this', 'morning', 'STOP', 'PAD', 'PAD', 'PAD',
'PAD', 'PAD']
['i', 'worked', 'this', 'morning', 'STOP']
```

第一行用法语显示了输入的句子，第二行表示相应的训练目标，第三行表示来自训练好的模型预测。也就是说，对于这个例子，模型预测的翻译完全正确！

表 14-1 显示了其他示例，其中删除了填充标记和停止标记，并删除了与输出 Python 列表相关的字符。当看前两个例子时，应该清楚为什么我们说准确性不一定是一个好的度量。当预测与训练目标不一致时，准确性会很低。不过，考虑到预测表达的意思与目标相同，很难认为翻译是错误的。为了解决这个问题，机器翻译社区使用了一种称为双语替换评测（BLEU）得分的度量指标（Papineni et al.，2002）。我们不再进一步使用或讨论这个度量，但是如果想更深入地了解机器翻译，肯定需要学习它。现在，我们只是认识到一个句子可以有多种正确的翻译。

表 14-1　模型产生的翻译示例

源语句	目标句	预测句
je déteste manger seule	i hate eating alone	i hate to eat alone
je n'ai pas le choix	i don't have a choice	i have no choice
je pense que tu devrais le faire	i think you should do it	i think you should do it
tu habites où	where do you live	where do you live
nous partons maintenant	we're leaving now	we're leaving now
j'ai pensé que nous pouvions le faire	i thought we could do it	i thought we could do it

（续）

源语句	目标句	预测句
je ne fais pas beaucoup tout ça	i don't do all that much	i'm not busy at all
il a été élu roi du bal de fin d'année	he was voted prom king	he used to negotiate and look like golfer

BLEU 得分可以用来判断机器翻译系统的工作效果（Papineni et al.，2002）。如果你想更深入地研究机器翻译，学习其计算细节是有意义的。

从第三行到第六行来看，这似乎太好了，模型译文与预期译文相同。模型有可能这么好吗？检查训练数据可以让我们知道发生了什么。事实证明，数据集包含了源语言中单个句子的许多细微变化，所有这些句子都被翻译成了与目标句相同的句子。因此，该模型是根据特定的源 / 目标句子对训练的，并且随后以略微不同的源句呈现。模型预测的句子和它训练的目标句完全一样，这并不出人意料，所以可以将这认为是作弊。另一方面，我们确实希望训练模型来识别相似性并能够泛化，因此我们不应该完全排除这些训练示例。尽管如此，我们还是做了一些实验，去除了任何在源语言或目标语言中有重复的训练示例，并且模型仍然表现良好。因此，该模型显然不完全依赖于作弊。

倒数第二个模型的例子是在没有作弊情况下运行的一个例子。测试示例中以“I don't do all that much”这句话作为目标，预测了完全不同的句子“I'm not busy at all”，这仍然传达了类似的信息。有趣的是，当搜索整个数据集时，短语“busy at all”一次都不会出现，因此模型从较小的片段构建了整个句子的翻译。另一方面，该模型还产生了一些错误的翻译，对于表中的最后一个例子，目标是“he was voted prom king”，但模型得出的结果是“he used to negotiate and look like golfer”。

14.5　中间表示的性质

我们之前表明，在神经语言模型中学习到的词嵌入捕获了一些它所建模语言的语法和语义结构。Sutskever、Vinyals 和 Le（2014）在分析编码器基于序列到序列模型产生的中间表示时进行了类似测试，他们使用主成分分析（PCA）将这种表示简化为二维，以便将向量可视化。为了便于讨论，关于 PCA，你需要知道的唯一一件事是生成的低维向量仍然保留着原始向量的某些属性。特别是，如果在降维之前两个向量相似，那么这两个向量在新的低维空间中仍然相似[⊖]。

> PCA 可用于减少一组向量的维数。这是一种很好的技术，可以知道在多维空间中使用向量表示是否可行。

图 14-6 以图表形式可视化了六个短语的中间表示。这六个短语分为两组，每组三个短语，其中每组内的三个短语表达的意思大致相同，但有一些语法变化（例如被动语态和语序），而不同组中的短语表达含义不同。有趣的是，从图表中可以看出，具有相似含义的三

⊖ PCA 也可用于降低词嵌入的维度，并绘制在二维空间，从而将其相似性可视化。

个短语的模型选择的中间表示也具有相似编码，并且它们聚集在一起。

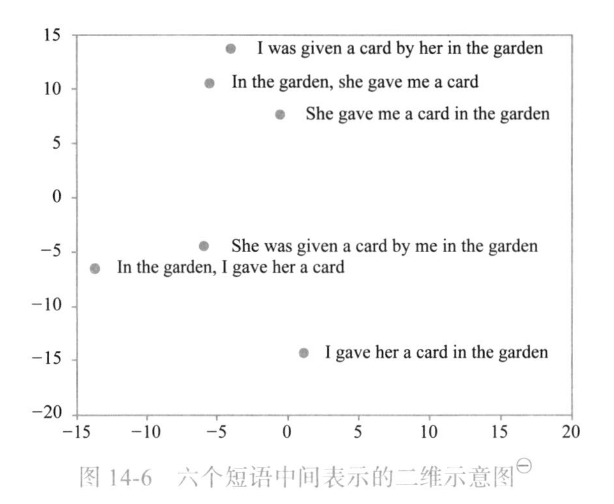

图 14-6　六个短语中间表示的二维示意图[⊖]

我们可以将这种中间表示视为句子嵌入或短语嵌入，其中相似的短语将在向量空间中彼此接近地嵌入。因此，我们可以使用这种编码来分析短语的语义。

这个例子中的方法可能会比之前讨论的词袋法更好。与之不同的是，序列到序列模型确实考虑了单词顺序。

⊖ 改编自 Sutskever,I.，Vinyals,O. 和 Le,Q.（2014），“Sequence to Sequence Learning with Neural Networks,” in Proceedings of the 27th International Conference on Neural Information Processing [NIPS ’14], MIT Press, 3104–3112.

CHAPTER 15

第 15 章

注意力机制和 Transformer 架构

本章重点讨论注意力机制（Attention）。首先阐述了注意力机制原理，以及如何用它来改进第 14 章中基于编码器和解码器的神经机器翻译架构。然后阐述了自注意力机制（self-attention）原理，以及如何利用不同的注意力机制来构建一个 Transformer 架构。

大部分人刚接触注意力机制时会觉得不知所云，所以我们建议坚持读完这一整章，在初读时跳过细节也没关系，专注于理解全局。特别是如果你在本章的后半部分读到 Transformer 架构时难以理解，不用担心，附录 D 是本书中唯一在此架构上进一步阐述的部分。但是 Transformer 是过去几年在自然语言处理（NLP）领域取得重大进展的基础，所以如果第一次学习后觉得无法理解，最好进行多次研读。

15.1 注意力机制的基本原理

注意力机制是一种通用机制，可以应用于多个问题领域。在本节中，我们将讲述如何在神经机器翻译中使用它。注意力机制的概念是，让网络（或网络的一部分）自己决定在每个时间步中关注（注意）输入数据的哪一部分，其中提到的输入数据不一定只指整个模型的输入数据，可能是网络的一部分实现了注意力机制。在这种情况下，注意力机制可以用来决定关注中间数据表示的哪些部分。稍后会给出一个更具体的例子，在这之前，先简单地讨论一下这一机制背后的基本原理。

> 注意力机制可应用于编 – 解码器架构，并使解码器能够有选择地决定关注中间状态的哪一部分。

思考人类如何将一个复杂句子从一种语言翻译成另一种语言，比如下面这个来自 Europarl 数据集的句子。

> *In my opinion, this second hypothesis would imply the failure of Parliament in its duty as a Parliament, as well as introducing an original thesis, an unknown method which consists of making political groups aware, in writing, of a speech concerning the Commission's programme a week earlier—and not a day earlier, as*

had been agreed—bearing in mind that the legislative programme will be discussed in February, so we could forego the debate, since on the next day our citizens will hear about it in the press and on the Internet and Parliament will no longer have to worry about it.

我们首先阅读这个句子，全面了解它所要表达的内容。然后开始翻译，在翻译过程中，通常会重新审视源句子的不同部分，确保翻译涵盖整个句子，并以相同时态描述。目标语言可能有不同的词序选择，例如在德语中，动词在过去式的句子中作为最后一个词出现。当译文出现在目标句子时，我们可能会在源句子中四处寻找特定单词。所以，一个网络会由于拥有同样的灵活性而受益，这似乎是合理的。

15.2 序列到序列网络中的注意力机制

有了这个背景，现在考虑如何将基于序列到序列的神经机器翻译器（NMT）扩展到包括一个注意力机制，从而使注意力的概念更加具体。让我们从一个与第 14 章中所研究的稍有不同的编 – 解码器网络类型开始。如图 15-1 所示，区别在于编码器与解码器的连接方式。在上一章中，编码过程的最后一个时间步的内部状态被用作解码器第一个时间步的初始状态。在该替代结构中，编码器最后一个时间步长的内部状态被用作输入，在每个时间步长都可以被解码器访问。网络也接收来自最后一个时间步长生成词的嵌入，并作为其输入。也就是说，编码器的中间状态与嵌入相连接，形成循环层的整体输入。

该替代的序列到序列模型可以在 Cho 及其同事（2014a）的论文中找到，我们在讨论中使用它只是因为 Bahdanau、Cho 和 Bengio（2014）在向 NMT 系统添加注意力机制时，假定该模型为基准系统。他们观察到，该模型很难处理长句子，并假设其中一个原因是编码器被迫将长句子编码为一个固定大小的向量。为了解决这个问题，Bahdanau 等作者修改了他们的编码器结构，改为在编码过程中的每个时间段都读取内部状态，并存储供以后使用。在图 15-2 中对这点进行了说明，图 15-2a 显示了一个没有注意力机制的网络中的固定长度编码，使用的向量长度为 8，图 15-2b 显示了带有注意力机制的情况，其中编码由每个输入字的一个向量组成。

> 在序列到序列网络中连接编码器和解码器的另一种方法是，将编码器的状态作为解码器每一个时间步长的输入。

虽然图中显示它是一个对应于每个词的向量，但它比这要更微妙一点。每个向量对应于该词在某时间步长的解码器的内部状态，但编码同时受到当前词和该句子中所有历史词的影响。

对编码器的改动不重要，我们不是丢弃（除了最后一个时间步）所有时间步的内部状态，而是记录每个时间步的内部状态，这组向量称为源隐藏状态，它也被称为注释或更一般的术语“内存”。我们不使用这些术语，但在阅读有关该主题的其他出版物时，了解这些术语是更好的。

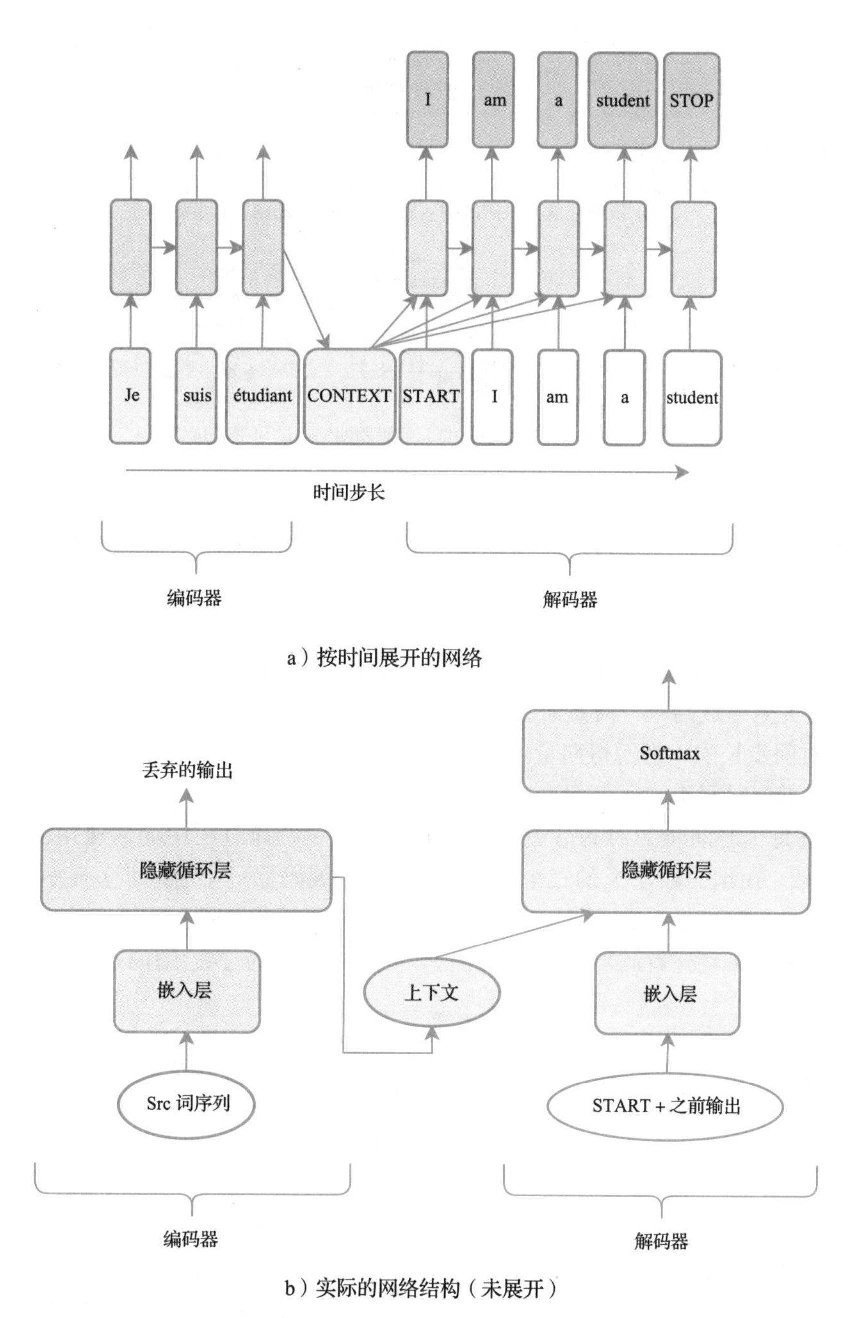

图 15-1 编 – 解码器架构在神经机器翻译中的替代实现

对解码器的改动则更多。对于每个时间步长，基于注意力的解码器执行以下操作：

1. 计算每个状态向量的对齐分数。该分数决定了在当前时间步长中对该状态向量的关注程度。本章稍后将介绍对齐分数的详细信息。

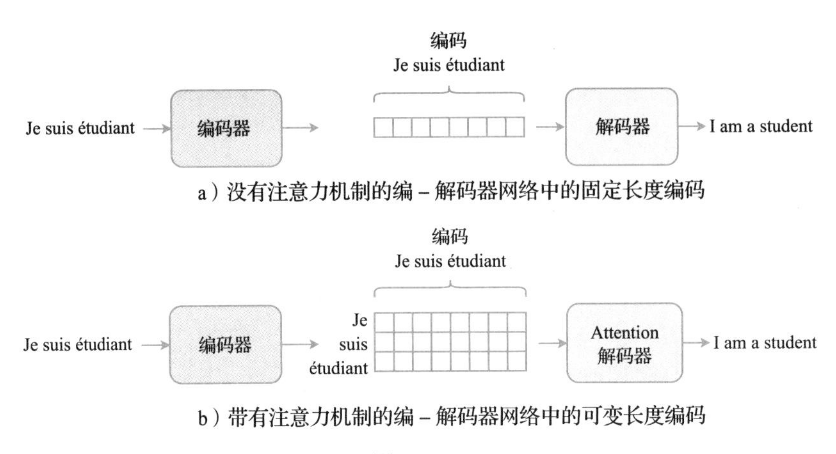

图　15-2

2. 使用 Softmax 对分数进行归一化，使其相加为 1。该分数向量称为对齐向量，由前一示例中的三个值组成。

3. 将每个状态向量乘以其对齐分数。然后（按元素）将生成的向量相加。该加权和（得分用作权重）产生的向量与没有注意力的网络中的向量具有相同维度。也就是说，在本例中，是由八个元素组成的单一向量。

4. 在该时间步长中，将所得向量作为解码器的输入。正如在没有注意力的网络中一样，该向量与来自前一时间步的嵌入相连接，以形成到循环层的整体输入。

通过检查每个时间步的对齐分数，可以分析模型在翻译过程中如何使用注意力机制，如图 15-3 所示。由编码器产生的三个状态向量（每个编码器一个时间步）显示在左侧，四个对齐向量（每个解码器一个时间步）显示在中间，对于每个解码器时间步长，通过三个编码器向量的加权和来创建解码器输入，其中一个对齐向量中的分数用作权重。

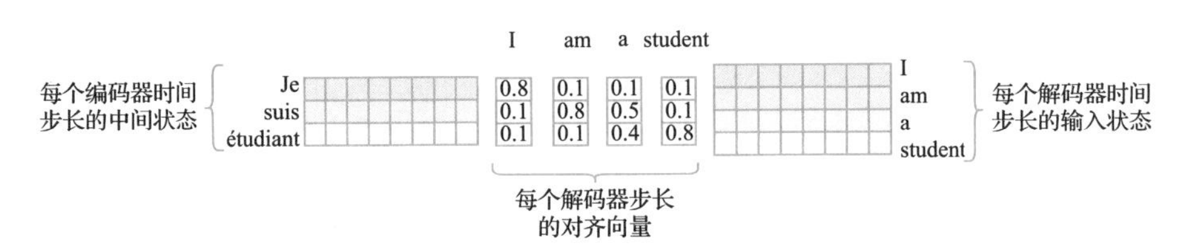

图 15-3　编码器输出状态如何与对齐向量相结合，以创建每个时间步的编码器输入状态（见彩插）

对于前面的示例，在第一时间步长中，解码器将保持其焦点在 Je 上，这使其输出结果为 I。颜色编码说明了这一点（第一个解码器输入是红色的，就像第一个编码器输出一样）。在输出 am 时，它将主要关注 suis。当输出 a 时，它同时关注 suis 和 étudiant（输入向量为绿色，是蓝色和黄色的混合）。最后，当输出 student 时，它关注重点是 étudiant。

Bahdanau、Cho 和 Bengio（2014）分析了一个更复杂的例子：

法语：L’ accord sur la zone **économique européenne** a été signé en août 1992.

英语：The agreement on the **European Economic Area** was signed in August 1992.

考虑粗体单词，法语和英语的语序不同（zone 对应 Area，europeéenne 对应 European）。作者表明，对于所有三个时间步，当解码器输出 European Economic Area 时，所有三个单词 zone éeconomique europeéenne 的对齐分数都很高。也就是说，解码器关注相邻单词以获得正确的翻译。

现在，将更详细地介绍解码器的注意力机制，特别是如何计算导致这种行为的对齐分数。其架构如图 15-4 所示，其中上半部分显示了按时间展开的注意力网络工作情况，重点是解码器的第二个时间步长，下半部分显示了没有展开的网络结构。

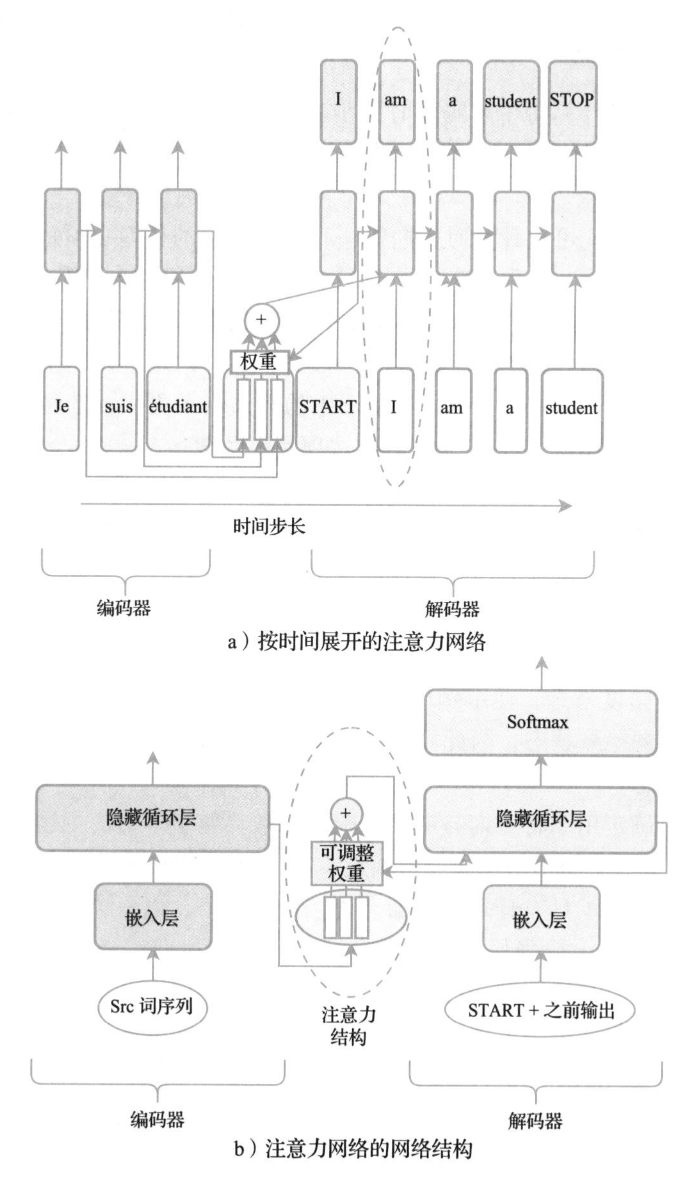

图 15-4　带有注意力机制的编 – 解码器架构（见彩插）

从展开视图（顶部）开始，我们看到中间表示由三个状态组成（每个输入一个时间步长），每个状态由一个小的白色矩形表示。如前面在步骤 2 和 3 中所述，计算这些向量的加权和以产生单个向量，该向量作为解码器中循环层的输入。权重（也称为对齐分数或对齐向量）是可调整的，并在每个时间步重新计算。从图中可以看到，权重由解码器在当前解码器时间步长之前的时间步长的内部状态控制。也就是说，解码器负责计算对齐分数。

图的下半部分显示了同一网络的结构（未展开）视图，同样很明显的是，通过适当调整权重，解码器本身控制每个编码器状态向量的多少用作其输入。

15.2.1　计算对齐向量

现在我们描述如何计算每个解码器时间步长的对齐向量。对齐向量由 T_e 个元素组成，其中 T_e 是编码器的时间步长数。我们需要计算 T_d 个元素组成的向量，其中 T_d 是解码器的时间步数。

可以设想有多种方式可以计算对齐向量。我们知道它的长度必须是 T_e，还需要决定使用什么输入值来计算向量。最后，需要决定对这些输入值应用什么计算来产生得分。

输入值的一个明显候选值是解码器状态，因为我们希望解码器能够动态地选择要关注的输入部分。我们已经在高级图中做出了这一假设，其中来自解码器中的顶部循环层的状态输出用于控制注意力机制中的权重（高级图中的权重表示更详细的注意力机制描述中的对齐向量）。另一个可用作此计算输入值的候选项是源隐藏状态。首先，这看起来有点难以理解，因为我们将使用源隐藏状态来计算对齐向量，然后将使用该向量来确定解码器可以看到源隐藏状态的哪些部分。然而，这并不像看起来那么奇怪。如果将源隐藏状态视为内存，这意味着我们使用该内存的内容来寻址要读取的内存片段，这一概念称为内容可寻址存储器（CAM）。我们提及这一点是为了那些已经熟悉 CAM 的读者，但是即使不了解有关 CAM 的详细信息，读者也可以理解对齐向量的计算。

从专业术语的角度来看，在示例中，解码器状态用作查询，然后使用它来匹配密钥。在该例中，密钥是源隐藏状态，因此需要选择返回值，这也是源隐藏状态。但在其他例子中，键和值可能彼此不同。

现在，只需要确定用于将查询与键相匹配的函数。鉴于本书的主题，我们将用神经网络代替此函数，让模型通过学习从而取代函数本身。图 15-5 显示了两种替代实现方法。

图的左侧部分显示了具有任意层数的全连接前馈网络，以一个输出对齐向量的全连接 Softmax 层结束。Softmax 层确保对齐向量中的元素总和为 1.0。图中左侧网络的一个缺点是，引入了对源输入长度的限制。更严重的是，最左边的网络对单词在源句中的预期位置进行了硬编码，这会使网络更难进行泛化。图中右侧的体系结构通过在多个实例之间共享权重来解决这个问题。正如之前所看到的，权重共享使网络能够识别特定模式，而不受其位置影响。该全连接网络的每个实例都以目标隐藏状态和源隐藏状态的一个时间步长作为输入。第一层的激活函数是 tanh，在输出层中使用 Softmax 来确保对齐向量中的元素和为

1.0。这种引入了注意力机制的架构是由 Bahdanau、Cho、和 Bengio（2014）提出的。

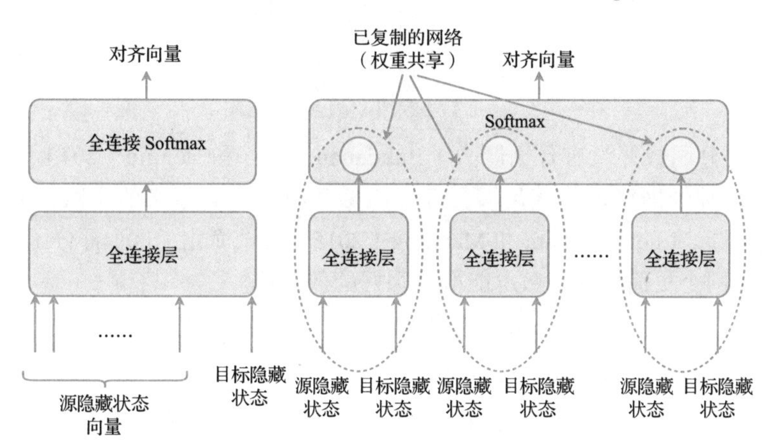

图 15-5　计算对齐向量函数的两种替代实现方法

15.2.2　对齐向量上的数学符号与变量

大多数相关文献、资料中，通常基于线性代数来描述注意力函数，而不是像我们所做的那样绘制网络。在本节中，首先将图 15-5 映射到数学方程中。之后，我们提出了简化的注意力函数，这可以简单地使用这些方程来实现。

该网络从一个两级网络的 T_e 实例开始，其中 T_e 表示编码器的时间步长数。第一层使用 tanh 作为激活函数，每个两级网络的第二层是一个没有激活函数的单个神经元（后面应用 Softmax）。刚才描述的由图中虚线椭圆中的网络表示，其中每个椭圆的内容实现了一个函数，称为评分函数：

$$\text{score}(\boldsymbol{h}_t, \boldsymbol{h}_{si}) = \boldsymbol{v}_a^T \tanh(\boldsymbol{W}_a[\boldsymbol{h}_t; \boldsymbol{h}_{si}])$$

目标隐藏状态以及一个源隐藏状态被用作该评分函数的输入，这两个向量连接起来并乘以矩阵 $\boldsymbol{W}_a$，之后应用 tanh 函数，这些操作对应于第一个全连接层。然后将得到的向量乘以向量 $\boldsymbol{v}_a$ 的转置，对应于虚线椭圆中输出层中的单个神经元。我们为每个编码器的时间步长计算这个评分函数，每个时间步长的计算结果都是一个单一值，所以，最后得到一个带有 T_e 个元素的向量。我们将 Softmax 函数应用于这个向量来进行缩放，使元素之和为 1。使用以下公式对 Softmax 输出的每个元素进行计算：

$$\boldsymbol{a}_t(i) = \text{Softmax}(i) = \frac{\exp(\text{score}(\boldsymbol{h}_t, \boldsymbol{h}_{si}))}{\sum_{j=1}^{T_e} \exp(\text{score}(\boldsymbol{h}_t, \boldsymbol{h}_{sj}))}$$

式中，T_e 表示编码器的时间步长数，而 i 是计算元素的索引。将生成的元素组合成一个对齐向量，每个编码器时间步长都有一个对应元素：

$$\boldsymbol{a}_t = \begin{pmatrix} a_t(1) \\ a_t(2) \\ \vdots \\ a_t(T_e) \end{pmatrix}$$

所选择的评分函数并没有什么魔力。Bahdanau、Cho 和 Bengio（2014）只是选择了一个两级全连接的神经网络，使其足够复杂，能够学习一个有意义的函数，但又足够简单，计算成本不会太高。Luong、Pham 和 Manning（2015）尝试简化了这个评分函数，结果表明，式（15-1）中的两个更简单的函数也能取得很好的效果：

$$\begin{aligned} \text{score}(h_t, h_{si}) &= h_t^T W_a h_{si} \qquad (\textit{general}) \\ \text{score}(h_t, h_{si}) &= h_t^T h_{si} \qquad (\text{点积}) \end{aligned} \tag{15-1}$$

随之而来的问题是，式（15-1）中的两个函数在神经网络中到底代表什么。从点积开始，结合 Softmax 函数，这表示图 15-5 右侧的网络，但经过修改，在 Softmax 层之前没有了全连接层。此外，在 Softmax 层中的神经元使用目标隐藏状态向量作为神经元的权重，并使用源隐藏状态向量作为网络的输入。与 Softmax 函数相结合的原始公式代表了由 $\boldsymbol{W}_a$ 定义的第一层，以及一个线性激活函数，然后是一个使用目标隐藏状态向量作为神经元权重的 Softmax 层。在现实中，一旦开始用数学方程来思考这些网络，我们就不会关心一个方程对网络结构的轻微修改意味着什么，而只关注它的运行结果。我们还可以通过分析方程，了解注意力机制具体是如何工作的。查看点积公式，如果两个向量中位于相同位置的元素具有相同符号，则两个向量的点积往往会很大。或者，考虑向量由校正线性单元（ReLU）生成的情况，使所有元素都大于或等于零。如果向量彼此相似，则点积较大，因为两个向量中的非零元素彼此对齐。换句话说，注意力机制将倾向于关注编码器状态与当前解码器状态相似的时间步长。可以想象，如果编码器和解码器的隐藏状态以某种方式表达当前正在处理的单词类型，如当前状态可以用来确定当前的单词是句子中的主语还是宾语，那么这里有意义的。

15.2.3　关注更深层的网络

假设一个具有单一循环层的网络，图 15-6 显示了由 Luong、Pham 和 Manning（2015）研究的网络架构，它将注意力应用于更深层的网络。与图 15-4 相比，有几个关键区别。首先，这个网络结构更类似最初的 NMT，因为我们使用编码器的最终内部状态来初始化解码器的内部状态。其次，与图 15-4 相反，编码器和解码器现在有两个或更多的循环层。Luong、Pham 和 Manning 通过将注意力机制只应用于最顶层的内部状态来解决这个问题。此外，该网络不是使用由注意力机制产生的上下文作为循环层的输入，而是将这种状态与解码器中顶层循环层的输出连接起来，并输入一个全连接层。这个全连接层的输出被称为注意力向量，该向量在下一个时间步作为第一个循环层的输入。从某种意义上说，这使得全连接层充当了循环层，并且是使注意力机制有效运行的关键，它使网络在决定下一步考虑源语句的哪些部分时，会先考虑到它已经关注了源语句的哪些部分。在图 15-4 的架构中，不需要这个显式反馈循环，因为存在一个隐式反馈循环，加权状态被反馈到循环层而不是常规的前馈层。

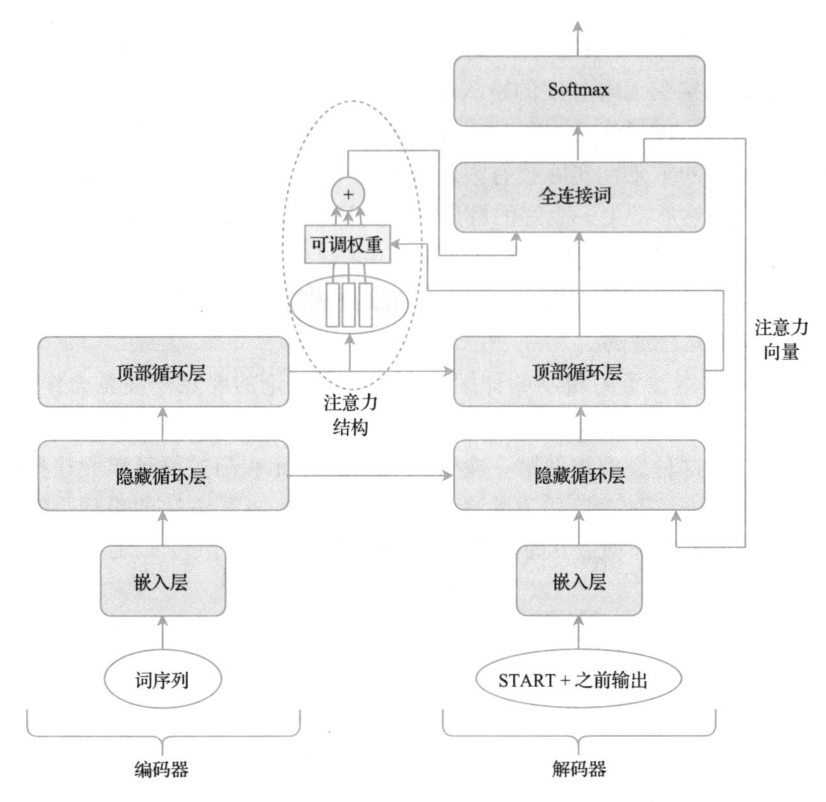

图 15-6　可替代的基于注意力机制的编 – 解码器架构

最后一个关键区别在于，在图 15-6 中，加权和被反馈到网络中的更高层，而不是被反馈到创建控制权重状态的同一层，这使得可调权重现在由当前解码器时间步而不是前一个时间步中的状态控制。初看这可能并不明显。当你考虑数据如何流动时，能够看到，在图 15-6 中，可以在使用它们之前计算可调权重，而在图 15-4 中，可调权重的输出用于计算控制它们的向量。因此，控制权重的向量一定是从前一个时间步长中得到的。

15.2.4　其他注意事项

在我们描述的注意力机制中，解码器在源隐藏状态中创建了一个向量的加权和，这被称为软注意力机制。另一种方法是让解码器在每个时间步长里只关注源隐藏状态中的一个向量，这被称为强注意力机制。

计算加权和的一个好处是注意力函数是连续的，因此是可微的，使得可以使用反向传播进行学习，而不是使用离散选择函数。

在强注意力机制（hard attention）中，选择来自单个编码器时间步长的状态以关注每个解码器时间步长。在软注意力机制（soft attention）中，使用来自所有编码器时间步长状态的混合（加权和）。

最后，让我们反思一下现在应用在序列与序列网络上的一个局限性。在应用注意力之前，理论上网络可以接受无限长度的输入序列。然而，注意力机制需要存储整个源隐藏状态，它随着源序列的长度呈线性增长这意味着现在对输入序列的长度有一个限制。乍一看这似乎很不幸，但它的重要性实际很有限。考虑在 15.1 节中给出的相当复杂的语句，很少有人能够一次读完，然后产生一个好的翻译。换句话说，大脑甚至很难记住这么长的句子，需要依靠外部存储（书写它的纸张或计算机屏幕）来创建一个好的翻译。实际上，记忆句子所需的存储量在未压缩形式下只有 589 Byte。在这种背景下，必须保留足够的存储空间来跟踪源隐藏状态似乎是合理的。

这就是我们对基本注意力机制的详细描述。本次讨论的要点是注意力作为通用概念，有多种方法来实现。这可能会让你一开始感到有些不适，因为似乎不清楚所描述的实现中哪个是“正确”的，这种反应类似第一次遇到 LSTM 单元和门控循环单元这些概念。在实际应用中，可能有不止一种正确的方法来应用这些概念，不同方法的表现也略有不同，并且在实现某个结果所需的计算量方面也具有不同效率。

15.3　循环网络的替代方法

退一步，一个合理的问题是，为什么认为 NMT 需要循环网络？出发点是我们希望能够处理具有可变序列长度的源序列和目标序列。基于 RNN 的编 – 解码器网络对于具有固定大小的中间表示是一个极好的解决方案。然而，为了获得长句的良好翻译，我们重新引入了对输入序列长度的一些限制，并让解码器使用注意力机制随机访问这个中间状态。有了这样的背景，自然会探索是否需要 RNN 来构建编码器，或者其他网络架构是否同样好或更好。基于 RNN 实现的另一个问题是 RNN 本质上是串行的，不能像在其他网络架构中那样并行计算，从而导致训练时间过长。Kalchbrenner 及其同事（2016）和 Gehring 及其同事（2017）研究了基于具有注意力的卷积网络而非循环网络的替代方法。

Transformer 架构的引入带来了重大突破（Vaswani et al.，2017），它既不使用循环层，也不使用卷积层。相反，它是基于全连接层和称为自注意力（Lin，Doll，et al.，2017）和多头注意力的两个概念。Transformer 架构的主要优点是它本质上是并行的，所有输入符号（例如，语言翻译中的单词）的计算可以彼此并行完成。

Transformer 是基于自注意力和多头注意力。

自 2017 年以来，Transformer 架构推动了 NLP 的进一步发展，它在语言翻译方面取得了创纪录的成绩，也是其他重要模型的基础。如生成式预训练（GPT）和来自 Transformer 的双向编码器表示（BERT）这两个模型，它们在多个 NLP 应用程序的任务中取得了创纪录的分数（Devlin et al., 2018; Radford et al., 2018）。有关 GPT 和 BERT 的更多详细信息，请参见附录 D。

GPT 和 BERT 是基于 Transformer 架构的语言模型。

接下来的几节描述了自注意力和多头注意力的详细信息。然后，我们将继续描述 Transformer 架构，以及如何使用它来构建一个编 – 解码器网络，用于没有循环层的自然语言翻译。

15.4　自注意力

在我们目前研究的注意力机制中，解码器使用注意力直接聚焦到中间状态的不同部分。自注意力的不同之处在于它用于决定要关注前一层输出的哪一部分。如图 15-7 所示，自注意力用于嵌入层的输出，然后是每个单词的全连接层。对于每一个全连接层，输入是句子中所有单词的组合，其中注意力机制决定了每个单词的权重。该网络采用权重共享，因此每个单词使用相同的权重。

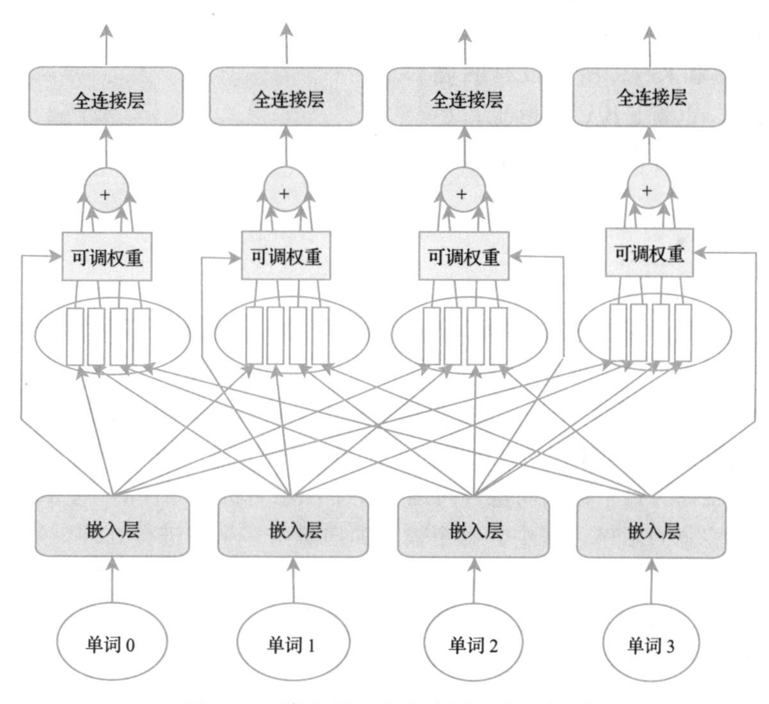

图 15-7　嵌入层 – 自注意层 – 全连接层

在深入研究自注意力机制之前，有必要指出图中的架构是如何并行计算的。虽然图中包含嵌入层、注意力机制和全连接层的多个实例，但它们都是相同的（权重共享）。此外，在单层内，单词之间没有依赖关系，这使得在考虑全连接层的输入时，能够实现并行执行计算。我们可以将注意力机制的四个输出向量排列成一个四行矩阵，全连接层由一个列神经元的矩阵表示。

在本章的前面部分，我们描述了注意力机制如何使用评分函数来计算这些权重，这个评分函数的一个输入，即 Key（键），是 Value（值）本身。另一个输入，即 Query（查询）（图 15-7 中的水平箭头）来自使用了输入的网络（解码器网络）。在自注意力中，就像 Value 一样，Query 来自前一层。

Transformer 中的自注意力机制比图中所示的稍微复杂一些。与直接使用注意力机制输入作为 Key、Query 和 Value 不同，这三个向量由三个独立的具有线性激活函数的单层网络计算得到。也就是说，现在的键与数据值不同，另一个附加作用是，可以使用与原始输入宽度不同的 Key、Query 和 Value，单一注意力机制如图 15-8 所示。

我们现在有两个箭头指向带有可调权重的矩形，这似乎令人感到困惑。在前面的图中，我们隐式地使用了数据值（白色矩形）作为 Value 和 Key，所以没有明确地绘制这个箭头。也就是说，实际上，尽管图中包含了一个额外箭头，但注意力机制并没有太大变化。

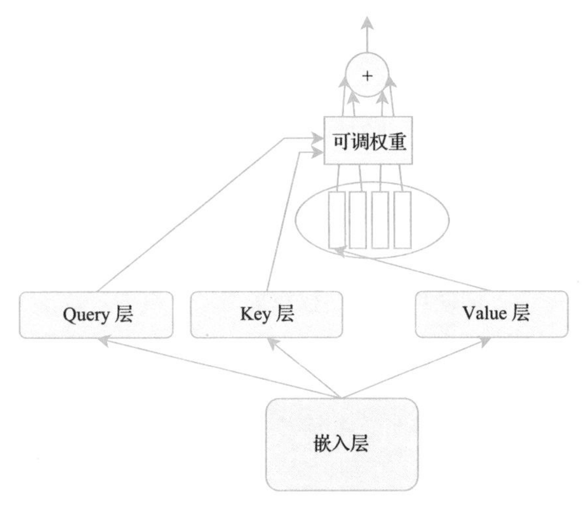

图 15-8　带有修改查询、键和值维度的投影层的注意力机制

15.5　多头注意力

在上一节中我们描述了如何使用自注意力从 N 个输入向量生成 N 个输出向量，其中 N 是输入网络的单词数。自注意力机制确保所有 N 个输入向量都可以影响每个输出向量。我们还为 Key、Query 和 Value 引入了层，能够使输出向量的宽度独立于输入向量的宽度。将输入宽度与输出宽度解耦的能力是多头注意力概念的核心。

多头注意力就像为每个输入向量并行运行多个注意力机制一样简单，图 15-9 中显示了具有两个头的自注意力示例。其中，每个输入词向量由多个头进行处理，然后将给定单词的所有头部的输出连接起来，并通过投影层运行。

图 15-9 展示了每个输入向量将产生两个输出向量。也就是说，如果单个头部的输出宽度与输入宽度相同，则该层的输出值现在是该层输入值的两倍。然而，对于 Query、Key 和 Value 层，我们可以将输出的大小调整为任意宽度。此外，我们在输出上添加了一个投影层。它的输入是来自头部的连接输出。总而言之，这意味着我们在选择注意力头部的宽度以及多头自注意力层的整体输出方面具有充分的灵活性。

与图 15-7 一样，我们假设图 15-9 中的权重共享。词 0 的头部 1 的 Query 层与所有其他词的头部 1 的 Query 层相同，这同样适用于 Key 层和 Value 层。从实现的角度来看，这意味着如果我们将自注意力层的 N 个输入向量排列成一个矩阵，那么为所有输入向量计算头部 1 的 Query 向量相当于一个矩阵 – 矩阵乘法，这同样适用于 Key 向量和 Value 向量。头部的数量是另一个级别的并行计算，所以最终自注意力层产生了大量可以并行计算的矩阵乘法。

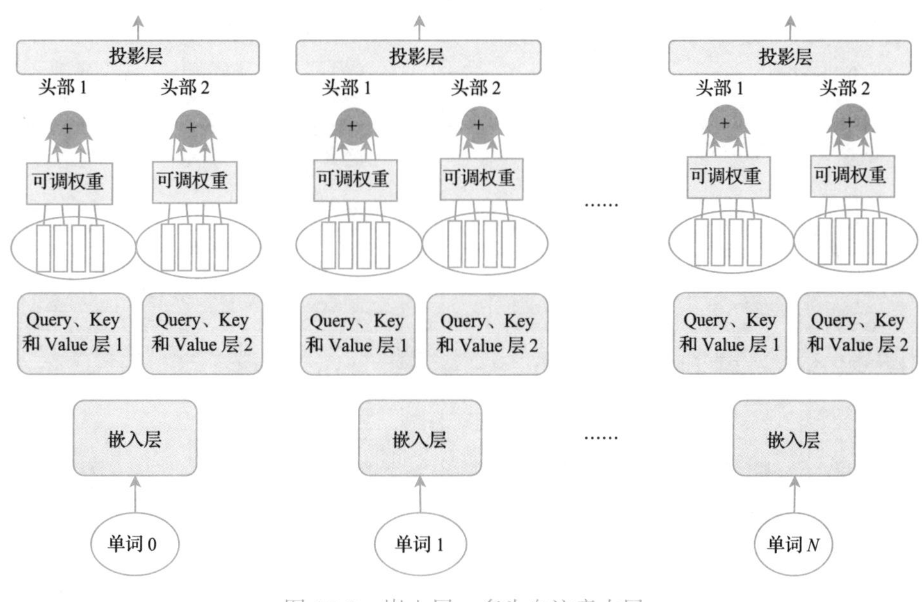

图 15-9 嵌入层 – 多头自注意力层

15.6 Transformer 架构

如前所述，Transformer 是一种类似我们已经看到的编 – 解码器架构，但它不使用循环层。正如在前面的图中所看到的，首先描述编码器，从每个单词的嵌入层开始。嵌入层后面是六个相同模块的堆栈，每个模块由一个多头自注意力层和一个对应每个输入词的全连接层组成。此外，每个模块都采用了跳连接和归一化，如图 15-10 的左侧部分所示，其展示了六个模块中的单个实例。

该网络使用了层归一化（Ba，Kiros，and Hinton，2016），而不是之前看到的批归一化。层归一化已被证明可以像批归一化一样促进训练，但与小批量的大小无关。

我们说过 Transformer 不使用循环层，但解码器仍然是一个自回归模型。也就是说，它确实一次生成一个单词，并且仍然需要以串行方式将每个生成的单词作为输入反馈给解码器网络。和编码器一样，解码器模块由六个实例组成，但是这个解码器模块比编码器模块稍微复杂一些。特别是多头自注意力机制包括一个屏蔽机制，防止它关注到尚未生成的未来单词的构建。此外，解码器模块还包含另一个注意力层，它负责处理编码器模块的输出。也就是说，解码器对编码器产生的中间状态既采用自注意力机制，也采用传统注意力机制。然而，与本章前面的示例相反，除了在自注意力层中使用多头注意力，Transformer 还在应用来自编码器中间状态的注意力层中使用了多头注意力。解码器模块如图 15-10 右侧所示。

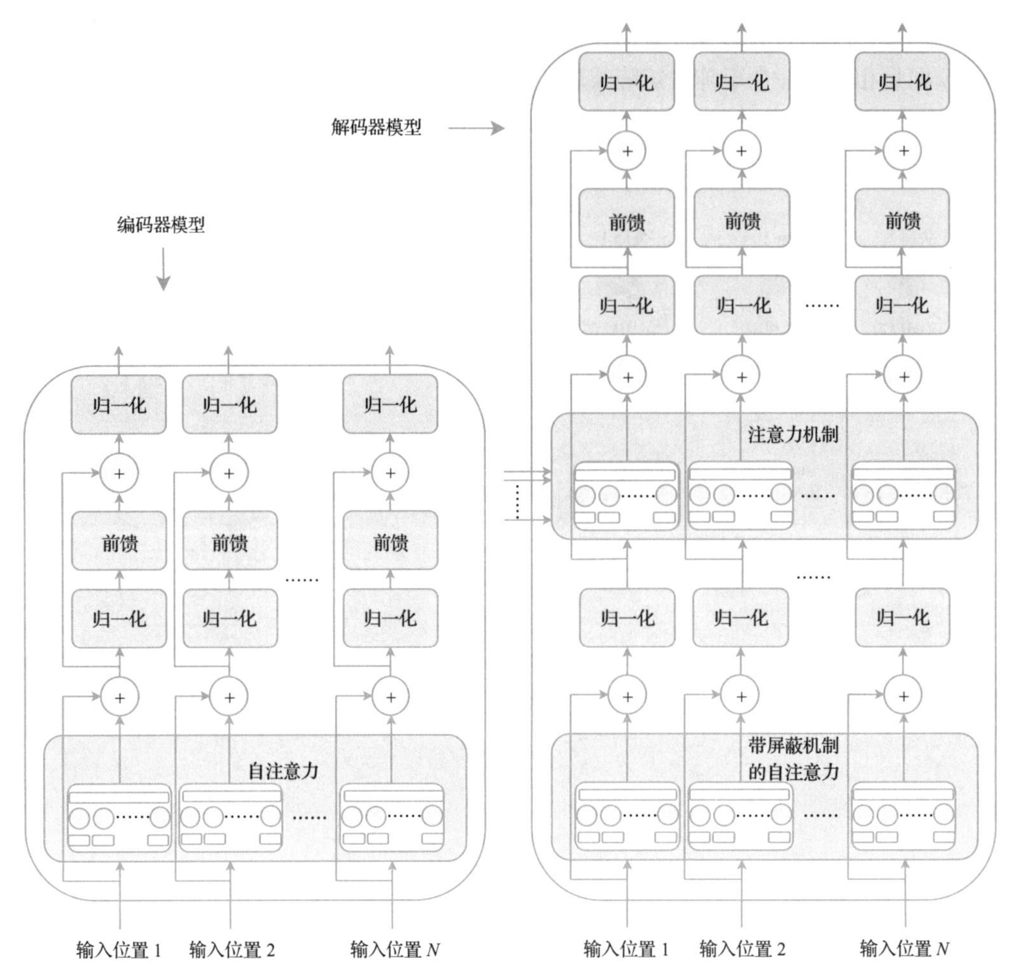

图 15-10　左：Transformer 编码器模块由多头自注意力、归一化、前馈和跳连接组成。前馈模块由两层组成。右：Transformer 解码器模块。类似编码器模块，但除了多头自注意力层，还扩展了多头注意力（非自注意力）。整个 Transformer 架构由多个编码器和解码器模块组成

现在我们已经描述了编码器模块和解码器模块，准备展示完整的 Transformer 架构，如图 15-11 所示。该图显示了解码器如何处理由编码器产生的中间状态。

该图中包含尚未描述的最后一个细节。如果你考虑整个 Transformer 架构是如何布局的，就无法好好考虑词序。就像在循环网络中一样，单词不是按顺序呈现的，并且处理每个单词的子网络都共享权重。为了解决这个问题，Transformer 架构为每个输入嵌入向量添加了一个位置编码，位置编码是一个与词嵌入本身具有相同元素数量的向量。位置编码向量以元素方式被添加到词嵌入中，网络可以利用它来推断输入句子中词之间的空间关系。这在图 15-12 中进行了说明，该图显示了一个由 n 个单词组成的输入句子，其中每个单词由一个具有四个元素的词嵌入表示。

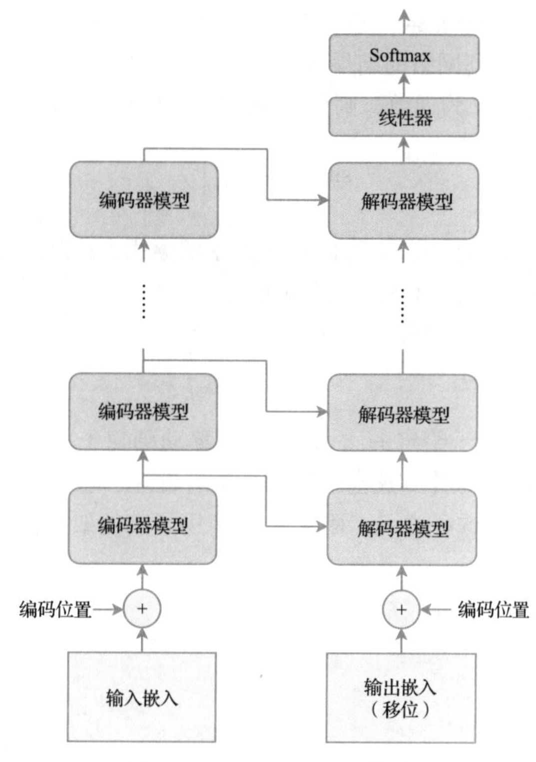

图 15-11 Transformer 架构

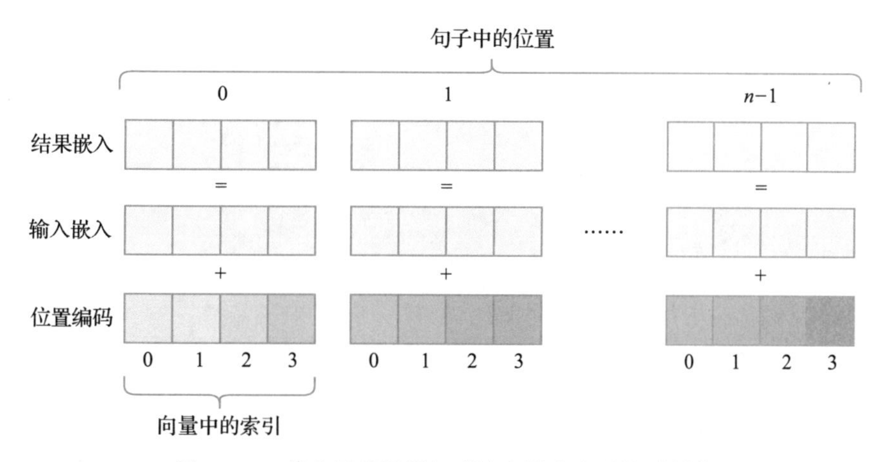

图 15-12 将位置编码添加到输入嵌入中以指示词序

我们需要为每个输入词计算一个位置编码向量。显然，位置编码向量中的元素会受到单词在句子中位置的影响。如果位置编码向量中的所有元素都不相同，这也是有益的。也就是说，对于一个特定的输入词，我们不会对词向量中的每个元素都添加相同值，而是取决于词向量中的索引。图中通过对位置编码向量中的四个元素使用不同的颜色来说明这一点。该图假设词嵌入具有四个元素。句子由 n 个单词组成，位置编码向量被添加到每个词的输入嵌入中，以计算输入到网络的结果嵌入。

如果向量中元素的索引 i 为偶数，则位置编码向量中元素的值为[⊖]：

$$\sin\left(\frac{\text{pos}}{10000^{i/d}}\right)$$

式中，pos 为单词在句子中的位置，i 为向量中元素的索引，d 为词嵌入中元素的数量。如果向量中元素的索引 i 为奇数，则该元素的值为：

$$\cos\left(\frac{\text{pos}}{10000^{(i-1)/d}}\right)$$

从公式中可以看到，对于给定的索引 i，随着移动到句子中后面的单词，正弦和余弦的参数从零开始单调递增。为什么这些位置编码适合使用，看起来似乎并不明显。与许多其他机制一样，这只是众多选择之一。附录 D 中使用了其他架构，即在训练期间学习位置编码。

⊖ 如果阅读了论文原文（Vaswani et.al., 2017），你会发现公式表示有点不同，使用 $2i$ 而不是 i。这不是拼写错误，这是由于论文没有使用 i 来表示向量中的索引。相反，偶数索引用 $2i$ 表示，奇数索引用 $2i+1$ 表示。

CHAPTER 16

第16章 用于图像字幕的一对多网络

我们已经用了很多章节来处理文本数据。在此之前，研究了如何将卷积网络应用于图像数据。本章将描述如何结合卷积网络和循环网络来构建用于图像字幕的网络。也就是说，给定图像作为输入，网络生成图像的文本描述。然后描述如何用注意力扩展网络。最后给出一个编程示例，实现了这种基于注意力的图像字幕网络。

鉴于此编程示例是本书中最广泛的示例，并且在描述 Transformer 之后对其进行的描述，因此这种图像字幕架构似乎是本书中所描述的架构中最新和最先进的。但事实并非如此，这种图像字幕架构的基本形式发布于 2014 年，比 Transformer 架构早了三年。然而，我们发现这是一种将前几章中讨论过的大多数概念结合在一起的巧妙方式，图像字幕处理流程如图 16-1 所示。

图 16-1　图像字幕处理流程

图像字幕的一个用例是启用对图像的文本搜索，而不需要人工首先使用文本描述对图像进行注释。起初，似乎不清楚如何创建这样一个模型，但考虑到在神经机器翻译方面的背景，结果证明它很简单。生成图像的文本描述可以视为从一种语言到另一种语言的翻译，其中源语言是视觉而不是文本。图 16-2 从概念上展示了如何使用编 – 解码器架构来实现这一点。许多论文（Karpathy and Li，2014；Mao et al.，2014；Vinyals et al.，2014）在用于语言翻译的序列到序列模型发表后的同一时期或之后不久独立地提出了这样的架构。我们从一个由卷积网络组成的编码器开始，它创建了一个独立于语言的图像内容的中间表示。

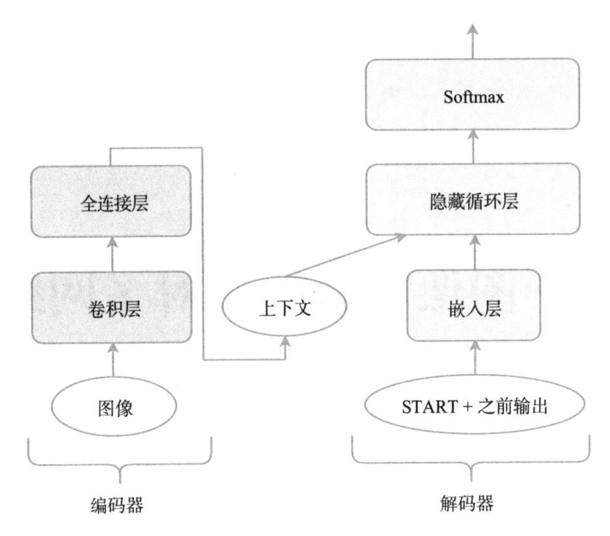

图 16-2 图像字幕网络的架构

接着是一个由循环网络组成的解码器，它将这个中间表示转换为文本。这是一对多网络的示例，其中输入是单项的（图像），输出则由多项（单词序列）组成。

通过编－解码器网络，可以将图像字幕从视觉场景“翻译”为文本，源语言是可视的。

如第 7 章中所述，卷积网络通常以一个或多个全连接层结束，这些层以某种方式将来自最后一个卷积层的特征映射为一个一维向量，然后再使用最终的 Softmax 层对包含特定对象的图像进行分类。对于 Visual Geometry Group 的 VGG19，这个一维向量（Softmax 层的输入）由 4 096 个元素组成，如图 16-3 的顶部所示[⊖]，它描绘了 VGG19 网络的简化视图。解释这个向量的一种方法是图像嵌入，其中图像嵌入在一个 4 096 维的空间中。可以想象，表示相似场景的两个图像最终会在向量空间中彼此靠近地嵌入，类似第 14 章中的示例，该示例展示了在神经机器翻译应用程序中，相似的短语在向量空间中最终彼此靠近地嵌入。

现在我们可以简单地将此向量用作上下文，并直接将其作为基于循环神经网络（RNN）的解码器网络的输入。另一种选择是使用这个向量作为基于 RNN 的解码器网络的初始隐藏状态。乍一看，似乎强加了不必要的限制，即 RNN（或更可能是 LSTM）层中的单元数量需要与卷积网络中的层维度相匹配。在 VGG19 中，这意味着循环层必须有 4 096 个单元，而通过在 4 096 个单元层的顶部引入另一个全连接层，可以很容易地解决此限制。这个添加的层具有与 RNN 层所需的状态值数量相同的单元数。

⊖ 暂时可忽略图 16-3 的其他细节，将在后面的段落中讨论。

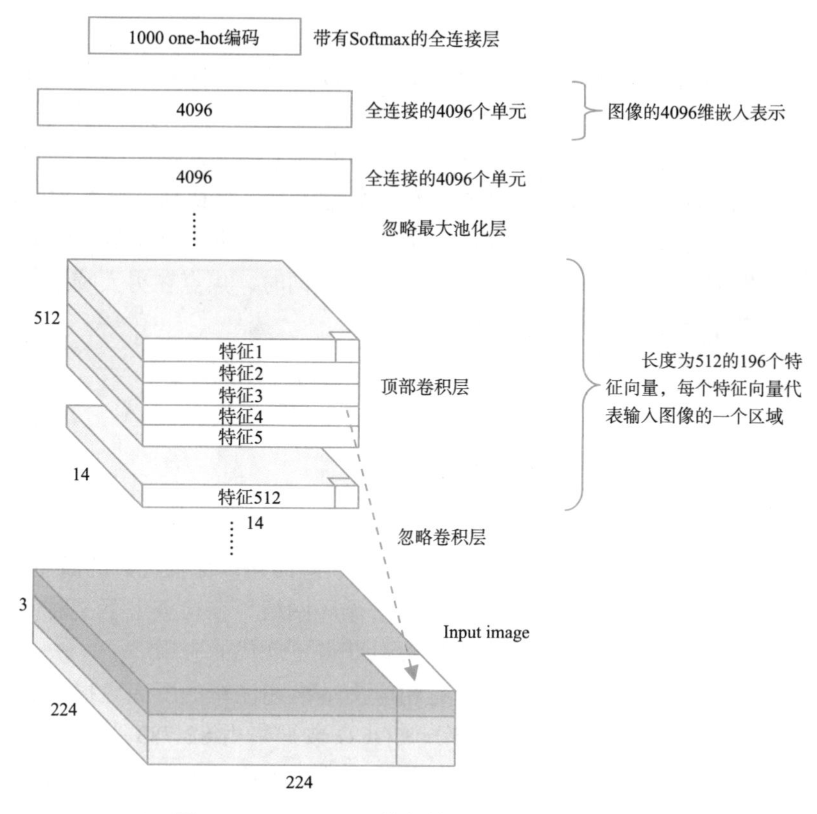

图 16-3　VGG19 网络的简化视图（省略多层）

16.1　用注意力扩展图像字幕网络

正如可以将注意力机制应用到序列到序列（文本到文本）网络一样，我们也可以将注意力机制应用于图像到文本网络。但是，将其应用于刚刚描述的网络可能没有多大意义，在语言翻译示例中，上下文是一系列单词的内部表示，应用注意力机制意味着网络在不同的时间步长里关注句子的不同部分。在图像字幕网络中，网络顶部的全连接层已经将不同的特征压缩成一个单一表示。因此，4 096 个元素向量的不同部分与图像的不同区域没有直接的对应关系。向量中的每个元素都包含有关输入图像中所有像素的信息。在图像字幕网络中应用注意力机制的一种更明智的方法是将其应用于顶部卷积层。你可能还记得，这种类型网络中卷积层的输出是一个三维结构，其中两个维度对应图像中的两个维度，第三个维度（通道）表示不同类型特征的特征映射。这也在图 16-3 中进行了说明，对于 VGG19 架构，顶部卷积层的输出尺寸为 14 × 14 × 512。换句话说，由 196 个向量组成，每个向量包含 512 个元素。这 196 个向量中的每一个都对应输入图像中的一个特定区域，向量中的 512 个元素代表网络可能在该区域识别的 512 种不同类型的特征。当想要应用注意力时，使用这 196 个向量作为上下文更有意义，因为注意力机制可以通过调整相应向量的权重来关注输入图像的不同区域。

除了尝试改进编 – 解码器模型，一个值得注意的用例是使用它来深入了解模型正在做什么，也许最重要的是，更好地了解出现错误时所发生的事情。对于每个生成的输出词，可以分析对齐向量并查看模型当前关注输入数据中的哪个部分，例如图像的哪个部分产生了这个词。在 Xu、Ba 和他的同事（2015）的一篇论文中可以找到一个有趣的例子，图像中是一个男人和一个女人，结果文本描述的是“一个男人在用手机说话，而另一个男人在看。”对齐向量清楚地表明，当模型输出“手机”这个词时，焦点在男人咬了一口的三明治上，当模型输出“手表”时，焦点在女人的手表上。

注意力机制可以更好地帮助了解模型的内部工作原理。

16.2　编程示例：基于注意力的图像字幕

现在，我们将展示如何用注意力机制构建自己的图像字幕网络。这个例子的灵感来自 Xu, Ba 和他的同事（2015）描述的架构，我们做了一些简化以保持代码的简短[⊖]。从概念上讲，它类似图 16-2 所示的网络，但解码器是基于循环网络，在检查上下文时使用了注意力机制。通过使用基于 Transformer 的解码器，可以获得更现代的应用。

对于这个应用程序，需要一个包含带有相应文本描述注释的图像数据集。我们使用公开可用的 COCO 数据集（Lin et al.，2015），COCO 数据集由 82 783 张训练图像和 40 775 张测试图像组成，每个图像都有许多相关的图像描述。为简单起见，仅使用训练数据集和每个图像的第一个描述。就像第 14 章中的翻译示例一样，在评估网络性能时，不用担心 BLEU 分数，而只是在一小部分测试图像上检查网络的输出。我们提供了自己的测试图像，完全独立于 COCO 数据集。此外，请注意 COCO 数据集包含了比图像字幕所需的更多信息，但我们只是忽略了数据集的这部分。

不同于端到端地训练网络，我们对网络的卷积部分使用迁移学习，可以通过使用 VGG19 架构的模型来实现。该架构已在 ImageNet 数据集上进行了预训练，如前所述，我们从网络顶部移除全连接层，并使用来自最顶部卷积层的输出来生成上下文，将注意力机制应用于该上下文。鉴于不需要调整 VGG19 网络的权重（假设 ImageNet 上的预训练足够好），我们对网络进行了优化。在训练开始之前，通过 VGG19 网络对每个图像仅运行一次，而不是通过 VGG19 网络在每轮训练时都对每个训练示例进行一次图像训练，然后将最顶层卷积层的输出向量保存到磁盘。也就是说，在训练期间，不需要通过所有卷积层运行图像，而只是从磁盘读取特征向量，编码器模型在计算上很简单。在此背景下，首先给出图像预处理的代码，导入语句如代码段 16-1 中所示。

⊖ 这个代码示例“简单”的说法是对于解决的“复杂”任务而言的，如果没有丰富的编程经验，这个例子可能会让人感到不知所措。

代码段 16-1　图像预处理代码的导入语句

```
import json
import numpy as np
import tensorflow as tf
from tensorflow import keras
from tensorflow.keras.models import Model
from tensorflow.keras.applications import VGG19
from tensorflow.keras.applications.vgg19 import \
    preprocess_input
from tensorflow.keras.preprocessing.image import load_img
from tensorflow.keras.preprocessing.image import img_to_array
import pickle
import gzip
import logging
tf.get_logger().setLevel(logging.ERROR)

TRAINING_FILE_DIR = '../data/coco/'
OUTPUT_FILE_DIR = 'tf_data/feature_vectors/'
```

使用的部分数据集包含在两个资源中。第一个资源是一个 json 文件，包含图片说明、文件名和其他一些信息。假设已将该文件放在变量 `TRAINING_FILE_DIR` 指向的目录中。这些图像本身存储为单独的图像文件，并假定位于 `TRAINING_FILE_DIR` 指向的目录下名为 train2014 的目录中。COCO 数据集包含精细的工具来解析和读取各种图像的丰富信息，但因为我们只对图像字幕感兴趣，所以选择直接访问 json 文件并提取所需的有限数据。代码段 16-2 展示了打开 json 文件并创建一个字典，将每个图像的唯一键映射到一个字符串列表。每个列表中的第一个字符串表示图像文件名，随后的字符串是图像的替代标题。

代码段 16-2　从 json 文件中打开并提取信息

```
with open(TRAINING_FILE_DIR \
          + 'captions_train2014.json') as json_file:
    data = json.load(json_file)
image_dict = {}
for image in data['images']:
    image_dict[image['id']] = [image['file_name']]
for anno in data['annotations']:
    image_dict[anno['image_id']].append(anno['caption'])
```

我们鼓励读者将代码段中的代码粘贴到 Python 解释器中，并检查数据结构与代码之间的适应性。

下一步是创建预训练的 VGG19 模型，该模型通过代码段 16-3 实现。首先从具有训练权重的 ImageNet 数据集中获得完整的 VGG19 模型。然后，通过声明使用名为 `block5_conv4` 的层作为输出，从该模型创建一个新模型（`model_new`）。一个合理的问题是如何找到这个名字。正如在代码段中看到的，首先输出完整的 VGG19 模型摘要，包括层名称，最后一个卷积层被命名为 block5_conv4。

代码段 16-3　创建 VGG19 模型并移除最顶层

```
# 创建没有顶层的网络
model = VGG19(weights='imagenet')
model.summary()
model_new = Model(inputs=model.input,
                  outputs=model.get_layer('block5_conv4').output)
model_new.summary()
```

现在准备通过网络运行所有图像，并提取特征向量保存到磁盘，通过代码段 16-4 实现。遍历字典以获得图像文件名，每次循环迭代都会对单个图像进行处理，并将该图像的特征向量保存在一个文件中。在通过网络运行图像之前，执行一些预处理。COCO 数据集中的图像大小因图像而异，因此首先读取文件以确定其文件大小，确定纵横比，然后重新读取缩放到最短边为 256 像素大小的图像。然后截取结果图像的中心 224×224 区域，以得到 VGG19 网络期望的输入维度。最终运行 VGG19 预处理函数，在网络运行图像之前对图像中的数据值进行标准化。网络的输出将是一个大小为（1, 14, 14, 512）的数组，代表了批量图像，其中第一维表示批大小为 1。因此，从数组（y[0]）中提取第一个（也是唯一一个）元素，并将其保存为 gzip 压缩的 pickle 文件，其名称与图像相同，但扩展名为 .pickle.gz，位于目录 feature_vectors 中。当遍历完所有图像后，将字典文件保存为 caption_file.pickle.gz，这样就不需要在进行实际训练的代码中再次解析 json 文件。

代码段 16-4　提取和保存特征向量以及带有文件名和注释的字典

```
# 通过网络运行所有图片并保存输出
for i, key in enumerate(image_dict.keys()):
    if i % 1000 == 0:
        print('Progress: ' + str(i) + ' images processed')
    item = image_dict.get(key)
    filename = TRAINING_FILE_DIR + 'train2014/' + item[0]

    # 确定维度
    image = load_img(filename)
    width = image.size[0]
    height = image.size[1]

    # 调整最短边为 256 像素
    if height > width:
        image = load_img(filename, target_size=(
            int(height/width*256), 256))
    else:
        image = load_img(filename, target_size=(
```

```
            256, int(width/height*256)))
    width = image.size[0]
    height = image.size[1]
    image_np = img_to_array(image)

    # 截取中心224×224区域
    h_start = int((height-224)/2)
    w_start = int((width-224)/2)
    image_np = image_np[h_start:h_start+224,
                        w_start:w_start+224]
    # 重新排列数组，增加一个批大小=1的维度
    image_np = np.expand_dims(image_np, axis=0)
    # 调用模型并将结果张量保存到磁盘
    X = preprocess_input(image_np)
    y = model_new.predict(X)
    save_filename = OUTPUT_FILE_DIR + \
        item[0] + '.pickle.gzip'
    pickle_file = gzip.open(save_filename, 'wb')
    pickle.dump(y[0], pickle_file)
    pickle_file.close()

# 保存包含标题和文件名的字典
save_filename = OUTPUT_FILE_DIR + 'caption_file.pickle.gz'
pickle_file = gzip.open(save_filename, 'wb')
pickle.dump(image_dict, pickle_file)
pickle_file.close()
```

现在导入语句如代码段16-5所示。现在准备描述实际的图像字幕模型，其中包含了一些以前没有使用过的新类型的层。

代码段16-5 图像字幕模型的导入语句

```
import numpy as np
import tensorflow as tf
from tensorflow import keras
from tensorflow.keras.layers import Input
from tensorflow.keras.layers import Embedding
from tensorflow.keras.layers import LSTM
from tensorflow.keras.layers import Dense
from tensorflow.keras.layers import Attention
from tensorflow.keras.layers import Concatenate
from tensorflow.keras.layers import GlobalAveragePooling2D
from tensorflow.keras.layers import Reshape
from tensorflow.keras.models import Model
from tensorflow.keras.optimizers import Adam
```

```
from tensorflow.keras.preprocessing.text import Tokenizer
from tensorflow.keras.preprocessing.text import \
    text_to_word_sequence
from tensorflow.keras.applications import VGG19
from tensorflow.keras.applications.vgg19 import \
    preprocess_input
from tensorflow.keras.preprocessing.image import load_img
from tensorflow.keras.preprocessing.image import img_to_array
from tensorflow.keras.utils import Sequence
from tensorflow.keras.preprocessing.sequence import \
    pad_sequences
import pickle
import gzip
import logging
tf.get_logger().setLevel(logging.ERROR)
```

初始化语句如代码段 16-6 所示，与在语言翻译示例中使用的类似，但有些行值得进一步关注。变量 READ_IMAGES 可用于限制用于训练的图像数量，将其设置为 90 000，这比图像总数还多。如有必要，可以减少数量（例如，到机器内存限制）。我们还提供了用作测试图像的四个文件的路径，运行此实验时，你可以替换路径以指向自己所选择的图像。

代码段 16-6 初始化语句

```
EPOCHS = 20
BATCH_SIZE = 128
MAX_WORDS = 10000
READ_IMAGES = 90000
LAYER_SIZE = 256
EMBEDDING_WIDTH = 128
OOV_WORD = 'UNK'
PAD_INDEX = 0
OOV_INDEX = 1
START_INDEX = MAX_WORDS - 2
STOP_INDEX = MAX_WORDS - 1
MAX_LENGTH = 60
TRAINING_FILE_DIR = 'tf_data/feature_vectors/'
TEST_FILE_DIR = '../data/test_images/'
TEST_IMAGES = ['boat.jpg',
               'cat.jpg',
               'table.jpg',
               'bird.jpg']
```

代码段 16-7 显示了读取图像字幕路径的函数，用于读取之前准备好的目录文件。由此，创建了一个包含特征向量文件名的列表 image_paths 和包含每个图像第一个图像字幕的列表 dest_word_sequences。为简单起见，舍弃每个图像的备用字幕。

代码段 16-7　读取图像字幕路径的函数

```
# 读取文件函数
def read_training_file(file_name, max_len):
    pickle_file = gzip.open(file_name, 'rb')
    image_dict = pickle.load(pickle_file)
    pickle_file.close()
    image_paths = []
    dest_word_sequences = []
    for i, key in enumerate(image_dict):
        if i == READ_IMAGES:
            break
        image_item = image_dict[key]
        image_paths.append(image_item[0])
        caption = image_item[1]
        word_sequence = text_to_word_sequence(caption)
        dest_word_sequence = word_sequence[0:max_len]
        dest_word_sequences.append(dest_word_sequence)
    return image_paths, dest_word_sequences
```

列表 dest_word_sequences 相当于语言翻译示例中的目标语言句子。此函数不会加载所有特征向量，而只加载它们的路径。这样做的原因是所有图像的特征向量占用了相当大的空间，因此对于许多机器来说，在训练期间将整个数据集保存在内存中是不切实际的。相反，我们会在需要时动态地读取特征向量，这是处理大型数据集时的常用技术。

代码段 16-8 包含对句子进行标记和取消标记的函数，与在语言翻译示例中使用的内容相似（即使不完全相同），最终调用函数来读取和标记图像标题。

代码段 16-8　调用读取文件的函数和对句子进行标记的函数

```
# 用于标记序列和取消标记序列的函数
def tokenize(sequences):
    tokenizer = Tokenizer(num_words=MAX_WORDS-2,
                          oov_token=OOV_WORD)
    tokenizer.fit_on_texts(sequences)
    token_sequences = tokenizer.texts_to_sequences(sequences)
    return tokenizer, token_sequences

def tokens_to_words(tokenizer, seq):
    word_seq = []
    for index in seq:
        if index == PAD_INDEX:
            word_seq.append('PAD')
        elif index == OOV_INDEX:
            word_seq.append(OOV_WORD)
```

```
            elif index == START_INDEX:
                word_seq.append('START')
            elif index == STOP_INDEX:
                word_seq.append('STOP')
            else:
                word_seq.append(tokenizer.sequences_to_texts(
                    [[index]])[0])
        print(word_seq)

# 读取文件
image_paths, dest_seq = read_training_file(TRAINING_FILE_DIR \
    + 'caption_file.pickle.gz', MAX_LENGTH)
dest_tokenizer, dest_token_seq = tokenize(dest_seq)
```

如前所述，无法在训练期间将整个数据集保存在内存中，但需要动态地创建我们的训练批次，通过创建一个继承代码段 16-9 中 Keras 序列类的类来处理此任务。在构造函数中，提供了特征向量的路径、标记化的标题和批大小。就像语言翻译的例子一样，解码器中的循环网络将需要标记的数据作为输入和输出，但需要移动一个位置，并在输入端使用 START 标记。这解释了为什么我们向构造函数提供了两个变量 `dest_input_data` 和 `dest_target_data`，还需要提供批大小。

代码段 16-9　用于在训练期间动态创建批次的序列类

```
# 用于动态创建批次的序列类
class ImageCaptionSequence(Sequence):
    def __init__(self, image_paths, dest_input_data,
                 dest_target_data, batch_size):
        self.image_paths = image_paths
        self.dest_input_data = dest_input_data
        self.dest_target_data = dest_target_data
        self.batch_size = batch_size

    def __len__(self):
        return int(np.ceil(len(self.dest_input_data) /
            float(self.batch_size)))

    def __getitem__(self, idx):
        batch_x0 = self.image_paths[
            idx * self.batch_size:(idx + 1) * self.batch_size]
        batch_x1 = self.dest_input_data[
            idx * self.batch size:(idx + 1) * self.batch_size]
        batch_y = self.dest_target_data[
            idx * self.batch_size:(idx + 1) * self.batch_size]
        image_features = []
        for image_id in batch_x0:
            file_name = TRAINING_FILE_DIR  \
```

```
            + image_id + '.pickle.gzip'
        pickle_file = gzip.open(file_name, 'rb')
        feature_vector = pickle.load(pickle_file)
        pickle_file.close()
        image_features.append(feature_vector)
    return [np.array(image_features),
            np.array(batch_x1)], np.array(batch_y)
```

__len__() 方法可以提供数据集给出的批次数，简单来讲是图像数量除以批大小。

类的主要功能是 __getitem__() 方法，该方法预期将返回由参数 idx 指示的批次的训练数据，这种方法的输出格式取决于网络所需的输入。对于单个训练示例，网络需要一组特征向量作为编码器端的输入，以及目标句子的移位版本作为解码器循环网络的输入。它还需要目标句子的原始版本作为网络的期望输出。因此，该方法的输出应该是一个列表，其中两个元素代表两个输入，一个元素代表输出。当稍后建立训练网络时，细节将变得更加清晰。不过，还有一件事需要考虑。__getitem__() 方法应该返回一个批次而不是单个训练样本，因此描述的三个项目中的每一个都将是一个数组，其中元素的数量由批大小决定。因为给定训练样本的每个输入和输出元素本身都是一个多维数组，所以很容易丢失所有不同的维度。

值得一提的是，许多实现是使用一个 Python 生成器函数，而不是扩展 Keras 序列类。使用 Keras 序列类的好处是它在多线程情况下能够产生确定性的结果。

在前面描述的图像标题序列类的构造函数中，假设我们已经用适当的输入数据创建了三个数组。其中两个数组（用于解码器中的循环网络）直接对应我们在语言翻译示例中创建的内容，如代码段 16-10 所示，并调用了图像字幕序列的构造函数。

代码段 16-10　训练数据的准备

```
# 准备训练数据
dest_target_token_seq = [x + [STOP_INDEX] for x in dest_token_seq]
dest_input_token_seq = [[START_INDEX] + x for x in
                        dest_target_token_seq]
dest_input_data = pad_sequences(dest_input_token_seq,
                                padding='post')
dest_target_data = pad_sequences(
    dest_target_token_seq, padding='post',
    maxlen=len(dest_input_data[0]))
image_sequence = ImageCaptionSequence(
    image_paths, dest_input_data, dest_target_data, BATCH_SIZE)
```

现在准备定义编码器和解码器模型并将其连接在一起。这一次，从图 16-4 中整个编—解码器网络的概述开始。因为已经离线对 VGG19 进行了处理，它不是实际编码器模型的一部分，但为了完整性，将其作为虚线框包含在左下角。现在遍历这个图，重点关注与语言翻译示例不同的问题。

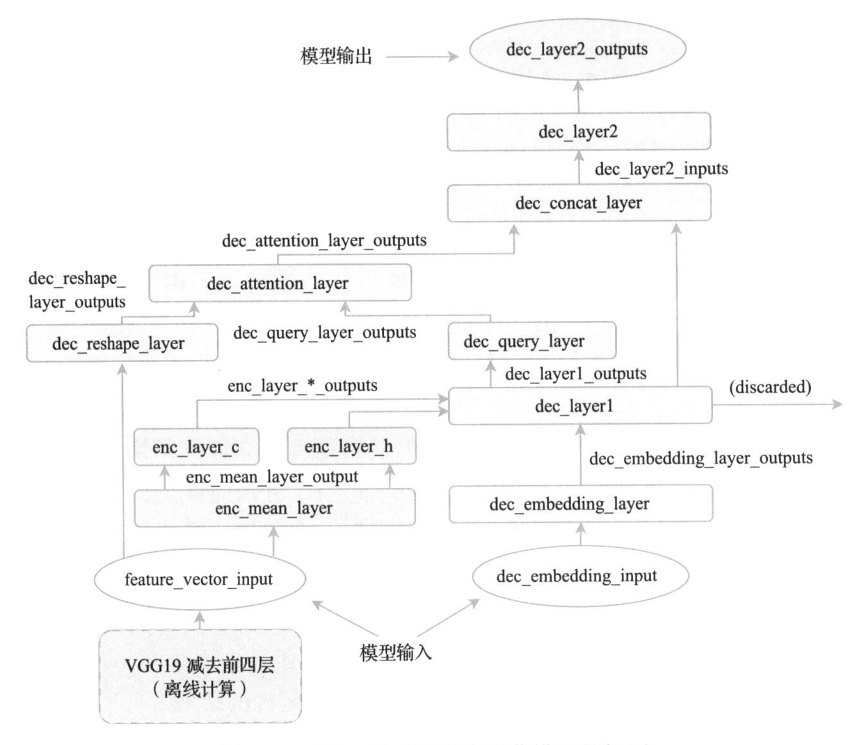

图 16-4　编 – 解码器图像字幕模型的框图

该架构是典型的编 – 解码器架构，尽管已经离线完成了大部分编码，在编码器模型中还有一些剩余层。解码器端主要由一个嵌入层、一个 LSTM 层（`dec_layer1`）、一个注意力层和一个全连接的 Softmax 层（`dec_layer2`）组成，还具有稍后将讨论的其他几个层。注意到解码器类似第 15 章中的解码器，只有一个循环层。循环层和注意力层直接与全连接的 Softmax 层相连。网络进行了简化，注意力向量没有反馈回路。此外，使用循环层的输出来查询注意力层，而不是图 15-6 中使用的单元格 / 隐藏状态。这两个简化的原因主要是为了避免引入如何在 Keras 中构建自定义层的概念，并且我们没有找到实现这两个概念（注意力向量反馈循环和使用单元格 / 隐藏层状态以查询注意力层）而无须自定义 Keras 层的简单方法。

如果你想构建复杂网络，构建自定义的 Keras 层是一项很好的技能。

现在详细研究编码器端。考虑之前描述注意力的图像，其中三个蓝色层似乎有些出乎意料。为什么将特征向量提供给注意力层并让模型关注其选择的区域是不够的？我们不能声称知道该问题的确切答案，但不难相信从网络图像的全局视图开始，然后有选择地使用注意力机制研究单个细节是有益的。通过使用 `enc_mean_layer` 来计算 196（14 × 14）个特征向量的元素平均值来提供这个全局视图，最终得到一个代表全局视图的具有 512 个元素的特征向量，然后将其作为初始状态提供给 LSTM 层。

给定网络参数，可以从 enc_mean_layer 获取输出并直接将其输入 LSTM 层（mean_layer 输出 512 个值，并且有 256 个 LSTM 单元，每个单元需要 h 和 c），但是为了使网络更灵活，在 mean_layer 和 LSTM 状态输入之间添加了两个连接层（enc_layer_c 和 enc_layer_h）。现在只要调整这两个全连接层中的单元数量就可以自由地修改 LSTM 单元的数量。一个合理的问题是，为什么要引入平均特征向量的概念，而不是只保留 VGG19 网络中更多的顶层。是否可以不使用上层的输出作为状态输入，而仍然使用卷积层的输出作为注意力输入？这可能是一个很好的方法，但我们只是遵循了 Xu, Ba 和其同事（2015）的方法。

解码器方面很简单。dec_query_layer 是一个全连接层，其作用类似编码器端的两个全连接层。注意力层上的查询输入期望能与每个特征向量具有相同的维度（512）。通过引入 dec_query_layer，现在可以不依靠特征向量的大小来选择 dec_layer1 中 LSTM 单元的数量。我们从 dec_layer1 的输出而不是从它的状态输出中输入 dec_query_layer 的原因是，注意力层需要的是每个时间步的输入，而 Keras LSTM 层只输出最终状态，而它的正常输出可以使用 return_sequences=True 参数为每个时间步提供一个值。

另外两个值得一提的是 dec_reshape_layer 和 dec_concat_layer，这些层不进行任何计算。重构层将特征向量从 14 × 14 重塑到 196，连接层简单地将 dec_layer1 和 dec_attention_layer 的输出连接成一个向量，可以用作最后一层的输入。

图 16-5 显示了用作联合模型构建块的单个编码器和解码器模型。编码器的 TensorFlow 实现如代码段 16-11，这段代码中的大部分内容现在应该是不言自明的。enc_mean_layer 由 GlobalAveragePooling2D 层实现，对卷积层的输出进行操作，卷积层的维度包括宽度、高度和通道。该层计算一个通道内所有元素的平均值，这会产生一个向量，其元素数量与输入中的通道数量相同，将这个模型称为 enc_model_top，因为它仅代表编码器的顶层，其中底层是由 VGG 模型预先计算的。

代码段 16-12 显示了解码器模型的实现。我们专注于与文本翻译示例不同的细节。考虑到花了许多时间来讨论注意力层的内部结构，而令人惊讶的是它只需要很少量代码。我们只是在没有任何参数的情况下实例化它，它需要两个输入并产生一个输出。我们使用重构层将特征向量的维度从 14 × 14 更改为 196。

需要注意的一件事是，将参数 mask_zero=False 提供给嵌入层，其原因是要使用屏蔽功能，嵌入层下游的所有层都需要支持该功能，而注意力层则不支持，所以我们别无选择，只能关闭屏蔽。结果是网络必须学会忽略 PAD 值本身，但正如前面所讨论的，这通常是有效的。

最后，连接层使用也很简单，并且不需要参数来实例化，它只是将两个输入连接到一个输出数组中，其中宽度为输入数组的宽度之和。

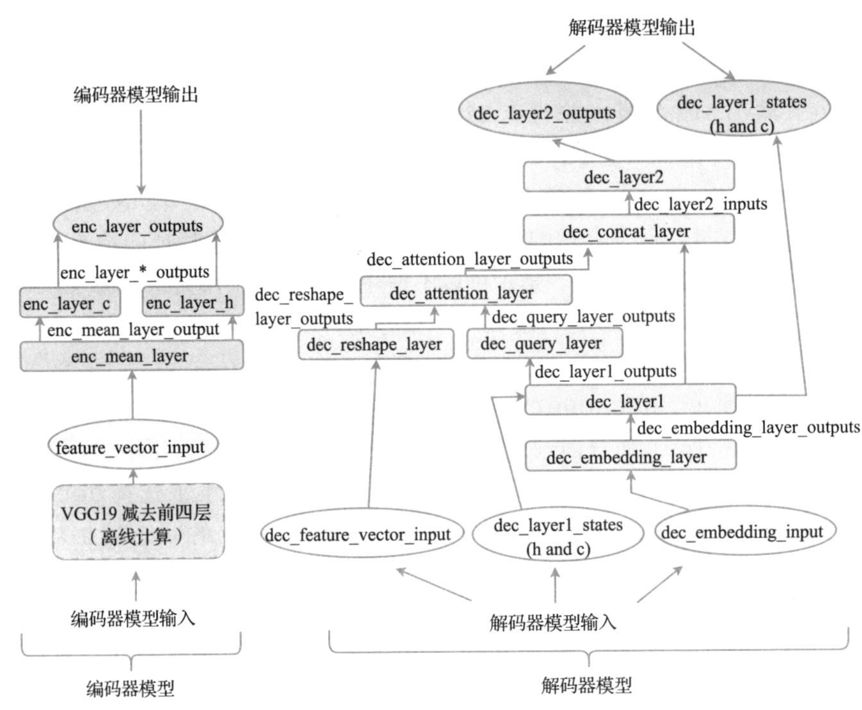

图 16-5 用作联合模型构建块的单个编码器和解码器模型的框图

代码段 16-11 编码器模型的实现

```
# 构建编码器模型
# 输入是特征向量
feature_vector_input = Input(shape=(14, 14, 512))

# 创建编码层
enc_mean_layer = GlobalAveragePooling2D()
enc_layer_h = Dense(LAYER_SIZE)
enc_layer_c = Dense(LAYER_SIZE)

# 连接编码层
enc_mean_layer_output = enc_mean_layer(feature_vector_input)
enc_layer_h_outputs = enc_layer_h(enc_mean_layer_output)
enc_layer_c_outputs = enc_layer_c(enc_mean_layer_output)

# 组织编码层的输出状态
enc_layer_outputs = [enc_layer_h_outputs, enc_layer_c_outputs]

# 构建模型
enc_model_top = Model(feature_vector_input, enc_layer_outputs)
enc_model_top.summary()
```

代码段 16-12　解码器模型的实现

```
# 构建解码器模型
# 网络的输入是特征向量，图像字幕序列和中间状态
dec_feature_vector_input = Input(shape=(14, 14, 512))
dec_embedding_input = Input(shape=(None, ))
dec_layer1_state_input_h = Input(shape=(LAYER_SIZE,))
dec_layer1_state_input_c = Input(shape=(LAYER_SIZE,))

# 创建解码层
dec_reshape_layer = Reshape((196, 512),
                            input_shape=(14, 14, 512,))
dec_attention_layer = Attention()
dec_query_layer = Dense(512)
dec_embedding_layer = Embedding(output_dim=EMBEDDING_WIDTH,
                                input_dim=MAX_WORDS,
                                mask_zero=False)
dec_layer1 = LSTM(LAYER_SIZE, return_state=True,
                  return_sequences=True)
dec_concat_layer = Concatenate()
dec_layer2 = Dense(MAX_WORDS, activation='softmax')

# 连接解码层
dec_embedding_layer_outputs = dec_embedding_layer(
    dec_embedding_input)
dec_reshape_layer_outputs = dec_reshape_layer(
    dec_feature_vector_input)
dec_layer1_outputs, dec_layer1_state_h, dec_layer1_state_c = \
    dec_layer1(dec_embedding_layer_outputs, initial_state=[
        dec_layer1_state_input_h, dec_layer1_state_input_c])
dec_query_layer_outputs = dec_query_layer(dec_layer1_outputs)
dec_attention_layer_outputs = dec_attention_layer(
    [dec_query_layer_outputs, dec_reshape_layer_outputs])
dec_layer2_inputs = dec_concat_layer(
    [dec_layer1_outputs, dec_attention_layer_outputs])
dec_layer2_outputs = dec_layer2(dec_layer2_inputs)

# 构建模型
dec_model = Model([dec_feature_vector_input,
                   dec_embedding_input,
                   dec_layer1_state_input_h,
                   dec_layer1_state_input_c],
                  [dec_layer2_outputs, dec_layer1_state_h,
                   dec_layer1_state_c])
dec_model.summary()
```

最后，我们从代码段 16-13 中的编码器和解码器中创建了一个用于训练的联合模型。就像在文本翻译示例中一样，丢弃这个联合模型中解码器的状态输出，因为 TensorFlow 已经在训练期间显式地完成了状态管理，该联合模型不需要再次执行。

代码段 16-13　实现完整的编 – 解码器训练模型

```
# 构建并编译整个训练模型
# 训练时不使用状态输出
train_feature_vector_input = Input(shape=(14, 14, 512))
train_dec_embedding_input = Input(shape=(None, ))
intermediate_state = enc_model_top(train_feature_vector_input)
train_dec_output, _, _ = dec_model([train_feature_vector_input,
                                    train_dec_embedding_input] +
                                    intermediate_state)
training_model = Model([train_feature_vector_input,
                        train_dec_embedding_input],
                        [train_dec_output])
training_model.compile(loss='sparse_categorical_crossentropy',
                       optimizer='adam', metrics =['accuracy'])
training_model.summary()
```

就像语言翻译示例一样，我们在推理过程中分别使用编码器和解码器。然而，在这个图像字幕示例中，由于不会对预先计算的特征向量进行推断，编码器还需要包含 VGG19 层。因此，我们在代码段 16-14 中创建了另一个由 VGG19 网络（顶层除外）和解码器模型组成的模型。

代码段 16-14　构建将图像作为输入的完整编码器模型以进行推理

```
# 构建完整的编码器模型以进行推理
conv_model = VGG19(weights='imagenet')
conv_model_outputs = conv_model.get_layer('block5_conv4').output
intermediate_state = enc_model_top(conv_model_outputs)
inference_enc_model = Model([conv_model.input],
                            intermediate_state
                            + [conv_model_outputs])
inference_enc_model.summary()
```

终于，我们准备好训练并评估模型，如代码段 16-15 所示。与过去的代码示例相比，一个主要区别在于，我们不提供训练集，而提供 `image_sequence` 对象作为 `fit()` 函数的参数。当从磁盘读取特征向量时，`image_sequence` 对象将逐批提供训练数据。

代码段 16-15　训练和评估图像字幕模型的代码

```
for i in range(EPOCHS): # 训练和评估模型
    print('step: ' , i)
    history = training_model.fit(image_sequence, epochs=1)
```

```
for filename in TEST_IMAGES:
    # 确定维数
    image = load_img(TEST_FILE_DIR + filename)
    width = image.size[0]
    height = image.size[1]

    # 调整尺寸使得最短边为 256 像素
    if height > width:
        image = load_img(
            TEST_FILE_DIR + filename,
            target_size=(int(height/width*256), 256))
    else:
        image = load_img(
            TEST_FILE_DIR + filename,
            target_size=(256, int(width/height*256)))
    width = image.size[0]
    height = image.size[1]
    image_np = img_to_array(image)

    # 截取 224×224 中心区域
    h_start = int((height-224)/2)
    w_start = int((width-224)/2)
    image_np = image_np[h_start:h_start+224,
                        w_start:w_start+224]

    # 通过编码器运行图像
    image_np = np.expand_dims(image_np, axis=0)
    x = preprocess_input(image_np)
    dec_layer1_state_h, dec_layer1_state_c, feature_vector = \
        inference_enc_model.predict(x, verbose=0)

    # 逐词预测句子
    prev_word_index = START_INDEX
    produced_string = ''
    pred_seq = []
    for j in range(MAX_LENGTH):
        x = np.reshape(np.array(prev_word_index), (1, 1))
        preds, dec_layer1_state_h, dec_layer1_state_c = \
            dec_model.predict(
                [feature_vector, x, dec_layer1_state_h,
                 dec_layer1_state_c], verbose=0)
        prev_word_index = np.asarray(preds[0][0]).argmax()
        pred_seq.append(prev_word_index)
        if prev_word_index == STOP_INDEX:
```

```
            break
        tokens_to_words(dest_tokenizer, pred_seq)
        print('\n\n')
```

在每轮训练之后，运行四张测试图像。此过程与在语言翻译示例中所做的类似，但有个区别。我们不通过基于循环网络的编码器模型运行输入句子，而是从磁盘读取图像，对其进行预处理，然后通过基于卷积 VGG19 网络的编码器模型运行它。

图 16-6 显示了用于评估图像字幕网络的四张图像。这些图像与 COCO 数据集无关，如代码段 16-15 所示，我们在每轮训练之后输出预测。现在列举网络产生的一些更值得注意的描述。

图 16-6　用于评估图像字幕网络的四张图像。左上：停靠在克罗地亚斯普利特的几座建筑物前的一艘游艇。右上：在键盘和电脑显示器前的桌子上的一只猫。左下：一张桌子，上面放着盘子、餐具、瓶子和两个装有小龙虾的碗。右下：美国加利福尼亚州圣克鲁斯，在停泊的帆船前的一只海鸥（见彩插）

通过游艇图片得出了引起注意的两个描述。这些描述是有道理的，尽管第一句话的措辞听起来不像你通常从真正的船夫那里听到的：

```
A large white ship is parked in the water.
A large white ship floating on top of a lake.
```

对于猫的图片，下面两个描述也很有道理，虽然网络在第二个描述中将键盘和电脑屏幕误认为是笔记本电脑：

```
A cat is laying on top of a wooden desk.
A cat rests its head on a laptop.
```

网络没有设法识别出桌子上的小龙虾，但提供了两张不错的图片描述：

```
A table topped with breakfast items and a cup of coffee.
A view of a table with a knife and coffee.
```

最后，海鸥图片产生了以下字幕：

```
A large white bird is standing in the water.
```

一只白色的大鸟停在沙滩上。

我们选择这些例子是因为它们效果很好，但网络也产生了许多荒谬的结果：

```
A large cruise ship floating on top of a cruise ship.
A cat is sitting on a couch.
A group of friends sitting on a table with a knife.
A white and white and white sea water with a few water.
```

在实验中，我们还修改了网络用以输出图像每个区域的注意力分数。图 16-7 突出显示了其中两张图像注意力得分最高的区域。

图 16-7　两个显示了关注区域的测试图像（见彩插）

可以看到注意力机制在其中一张图像中完全聚焦在游艇上，而在桌子的图像中，它集中在一个小龙虾碗、两个盘子、一个瓶子和一个叉子上。我们的网络没有重现 Xu、Ba 和他的同事（2015）观察到的效果，其中每个词的关注区域显然都从一个区域移动到了另一个区域。相反，在我们的实验中，关注区域变得更加静态，尽管随着输出句子的产生，它确实移动了一点。我们假定是因为网络相当简单，并且没有反馈循环，注意力机制的输出会影响下一个时间步中注意力机制的输入。如前所述，在编程示例中，我们尽可能选择了简单的网络设计，同时仍然能说明注意力机制的作用。有关更复杂的网络和更严格的评估，请参阅 Xu、Ba 和其同事的论文。

CHAPTER 17

第17章 其他主题

本书由叙述性结构组成，每一章都是建立在前面章节的基础上。在第 16 章中，我们将前几章的技术整合到一个图像字幕应用程序中。

实际上，这些概念中有许多是可以同步阅读的，不一定按照本书中阐述的顺序。同样，我们有时发现很难在叙述中包含所有重要主题。因此，如果你是深度学习（DL）的新手，那么你现在有了坚实的基础，但也存在盲点，我们通过引入我们认为重要的其他主题来解决其中的一些盲点。

本章与其他章节的不同之处在于介绍了多种技术，包括多个编程示例，这些技术彼此之间有些是无关的，我们不像前几章那样深入讨论细节。总体目标是确保读者对这些主题中的每一个都有一定了解，以便可以明智地选择是否进一步研究它们。此外，本章编程示例中实现的网络比前几章中的网络更简单，因此应该比较容易理解。

接下来我们依次讨论自编码器、多模态学习、多任务学习、网络调优过程和神经架构搜索。事不宜迟，首先从自编码器开始。

17.1 自编码器

在第 14 章、第 15 章和第 16 章中，我们看到了编–解码器架构的示例。编码器将输入转换为中间表示，解码器将此中间表示作为输入并将其转换为期望输出，我们将这种通用架构用于自然语言翻译和图像字幕。

自编码器是编–解码器架构的一种特例，其中输入值和期望输出值是相同的。也就是说，自编码器的任务是实现恒等函数。如图 17-1 所示，该模型中有一个编码器，该编码器创建输入数据的中间表

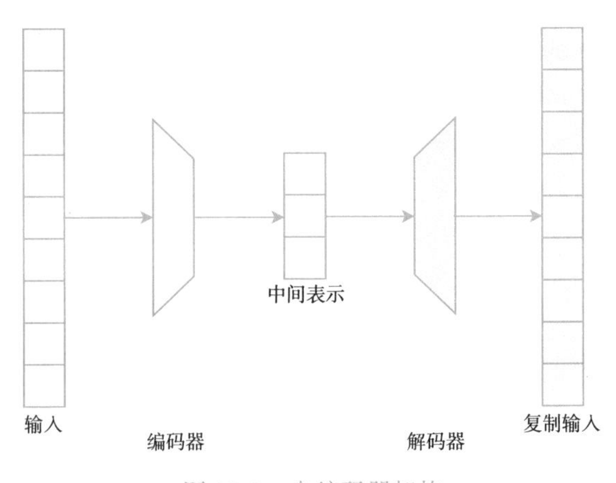

图 17-1　自编码器架构

示，然后是解码器，其任务是从该中间表示再现输入数据。

编码器和解码器的确切架构取决于用例和数据类型。也就是说，对于文本数据，编码器和解码器可能是循环网络或基于 Transformer 架构，而对于其他类型数据，它们可能是全连接的前馈网络或卷积网络。

一个显而易见的问题是，为什么要构建这样一个架构，用在哪里？一个关键属性发挥了重要作用。如图所示，中间表示的维数通常低于输入数据的维数，这迫使模型寻找一个紧凑的中间表示。也就是说，中间表示是输入数据的压缩版本。编码器压缩数据，解码器将数据解压缩回原始形式。然而，这个过程的目的不是试图替换 gzip、jpeg 或其他压缩算法。相反，在大多数情况下，其思想是直接使用中间表示，或用于进一步分析或操作。我们在下文中将展示一些示例。

> 自编码器经过训练，在输出端输出与输入端相同的值。然而，它首先将输入编码为更紧凑的中间表示，这个中间表示也可用于进一步分析。

自编码器的概念已经存在很长时间了，Rumelhart, Hinton 和 Williams（1986）在一篇论文中描述了一个早期示例，展示了一种更紧凑的 one-hot 编码表示（一种解决方案是标准二进制编码）。

17.1.1 自编码器的使用案例

作为如何使用自编码器的第一个例子，考虑一个确定两个不同的句子是否传达了相似信息的案例。如第 14 章所述，Sutskever、Vinyals 和 Le（2014）分析了用于翻译的序列到序列网络的中间表示，其方法是将它们转换为 2D 空间并绘制结果向量。图 17-2 重现了图 14-6，说明了具有相同含义但结构不同的句子是如何组合在一起的。也就是说，中间表示作为一个句子向量，其中相似的句子在向量空间中彼此靠近。换句话说，一旦我们训练了用于翻译任务的编 – 解码器网络，就可以使用网络的编码器部分来生成这样的向量。

这种方法的一个问题是，为翻译网络获取训练数据的成本可能很高，因为每个训练样本都包含两种不同语言的相同句子，可以通过将翻译网络训练成一个自编码器来解决这个问题。我们只是训练序列到序列模型将一种语言翻译成同一种语言，例如，英语到英语。鉴于中间表示比输入和输出更窄，由此提出了一个模型中有意义的中间表示，如图 17-2 所示。请注意，不需要更改翻译网络本身即可使其成为自编码器，唯一的变化是训练数据，训练网络输出与输入相同语言的句子。

值得指出的是，Word2vec 算法和刚才描述的自编码器示例之间的相似性，在 Word2vec 中，单个单词通过其长度（one-hot 编码）表示，然后通过编码步骤，将其维数降低为较窄的中间表示。这个编码步骤之后是一个解码步骤，试图预测的不是单词本身，而是该单词周围的更广泛的单词。已经看到，Word2vec 可以从它试图编码的单词中梳理出语义，所以自编码器架构可以对句子进行同样的处理也就不足为奇了。

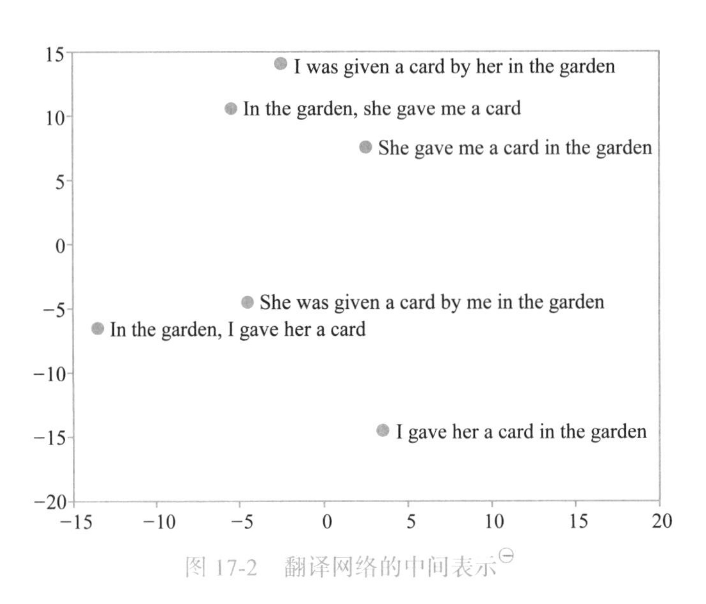

图 17-2　翻译网络的中间表示[⊖]

自编码器使用案例的第二个示例是异常值检测。想象一下，已经训练了一个自编码器，当输入一个英文句子时，它可以重现一个英文句子作为输出。如果现在向网络输入一个任意的英语句子，在不完全相同的情况下，我们希望输出与输入是相似的。具体来说，考虑到训练过程的目标是最小化损失函数，我们期望损失函数的值很小。

现在想象一下，使用相同网络，但将法语句子作为输入。受过英语训练的自编码器似乎不太可能擅长用法语再现句子，它还没有机会学习法语词汇或句子结构。因此，当网络输入任意法语句子时，损失函数的值会大于任意输入的英语句子。也就是说，高损失值表示当前输入数据与自编码器训练的典型输入数据不同。换句话说，高损失表示当前输入数据是异常值。

异常值检测的一个重要应用是信用卡交易数据。每笔信用卡交易都包含许多特征，例如金额、一天中的时间、供应商和位置。我们可以将所有这些特征分组到一个特征向量中，并将其用作训练的自编码器的输入，以在其输出上重现相同的特征向量。如果向网络输入一个非典型交易，它将无法在其输出上再现向量，也就是损失值较高，说明这是异常交易，应标记为可疑交易。

17.1.2　自编码器的其他方面

前面两个示例的一个重要方面是自编码器可以在未标记的数据中找到模式。特别是，在第二个例子中，我们假设没有一组供模型检测的异常标记值，只是依赖训练数据中不存在异常值（或者至少根据定义这是很少见的）这一事实，因此该模型不会擅长最小化它们的

⊖ 改编自 Sutskever, I., Vinyals, O., and Le, Q. (2014), “Sequence to Sequence Learning with Neural Networks,” in Proceedings of the 27th International Conference on Neural Information Processing [NIPS ’14], MIT Press, 3104–3112.

损失。自编码器可以在未标记的数据中找到模式这一事实使其成为无监督学习算法中构建模块的良好候选者。在这种情况下，通常将内部表示向量提供给所谓的聚类算法，该算法将向量分组为簇，其中相似的向量放置在同一簇中。

> 聚类算法可将向量自动分组到簇中，其中单个簇中的向量彼此相似。k均值聚类是一种众所周知的迭代算法，是值得进一步阅读的好主题（Hastie，Tibshirani and Friedman，2009）。

自编码器的另一个重要方面是作为一种降维技术的使用，因此新的较窄的表示仍然保持着较宽表示的特性。编码器可以用来减少维数，解码器可以用来扩大维数，自编码器只是众多降维技术之一。Hastie、Tibshirani 和 Friedman（2009）描述了从传统机器学习（ML）领域进行降维的其他方法，最常见的是主成分分析（PCA）[⊖]。

可以通过各种方式修改基础自编码器以用于其他应用程序。其中一个例子是去噪自编码器，架构相同但训练数据略有修改。不使用相同的输入和输出数据训练模型，而是使用数据的损坏版本作为输入，然后训练模型以重现损坏的输入数据的正确版本。生成的模型可用于从输入数据（例如图像或视频数据）中去除噪声。

17.1.3 编程示例：用于异常值检测的自编码器

这个编程示例演示了如何使用自编码器进行异常值检测。为此，首先在 MNIST 数据集上训练自编码器。我们观察到，当网络呈现的图像不代表手写数字时，误差会更高。在代码段 17-1 中，从常用的导入语句集开始，然后加载 MNIST 数据集。

代码段 17-1 初始化代码和加载 / 缩放数据集

```
import tensorflow as tf
from tensorflow import keras
from tensorflow.keras.utils import to_categorical
import numpy as np
import matplotlib.pyplot as plt
import logging
tf.get_logger().setLevel(logging.ERROR)

EPOCHS = 10

# 下载传统的 MNIST 数据集
mnist = keras.datasets.mnist
(train_images, train_labels), (test_images,
                              test_labels) = mnist.load_data()
```

⊖ PCA 可以用于传统的机器学习中，但是出现在机器学习这一术语之前，因此，把它简单地视为一个数学概念更为准确。

```
# 缩放数据集
train_images = train_images / 255.0
test_images = test_images / 255.0
```

我们没有以 0 为中心标准化数据，而是将数据缩放到 0 到 1 的范围内，这样做的原因值得讨论。自编码器的任务是在其输出上重现输入，为实现这个任务，意味着需要定义网络的输入数据和输出单元。例如，如果使用以 0 为中心的输入数据，并使用 logistic sigmoid 作为输出单元，那么网络根本无法解决问题，因为 logistic sigmoid 只能输出正值。在处理图像数据时，我们希望输出范围限制在一个有效值范围内（通常是 0 到 255 之间的整数值或 0 到 1 之间的浮点值）。确保这一点的常用方法是将输入值缩放到 0 到 1 之间，并使用 logistic sigmoid 单元作为输出单元。另一种替代方法是将输入集中在 0 附近，并使用线性输出单元，但我们随后需要对输出数据进行后处理以确保它们不包含超出范围的值。

下一步是构建和训练模型，如代码段 17-2 所示。该模型的编码器部分由一个展平层（将维度从 28 × 28 更改为 784）和一个具有 64 个单元的全连接层组成。解码器由另一个具有 784 个单元的全连接层组成，然后是一个将维度从 784 更改为 28 × 28 的重构层。也就是说，解码器执行与编码器相反的操作。自编码器的目标是生成与输入图像相同的输出图像，并且需要通过将大小为 28 × 28（784）像素的图像完全编码成大小为 64 的中间表示向量来实现这一点。

代码段 17-2　构建和训练模型

```
# 构建和训练自编码器
model = keras.Sequential([
    keras.layers.Flatten(input_shape=(28, 28)),
    keras.layers.Dense(64, activation='relu',
                       kernel_initializer='glorot_normal',
                       bias_initializer='zeros'),
    keras.layers.Dense(784, activation='sigmoid',
                       kernel_initializer='glorot_normal',
                       bias_initializer='zeros'),
    keras.layers.Reshape((28, 28))])

model.compile(loss='binary_crossentropy', optimizer = 'adam',
              metrics =['mean_absolute_error'])

history = model.fit(train_images, train_images,
                    validation_data=(test_images, test_images),
                    epochs=EPOCHS, batch_size=64, verbose=2,
                    shuffle=True)
```

应该指出，虽然在本例的编码器和解码器中使用了全连接层，但在处理图像时，使用卷积层和基于卷积的上采样层更常见，详细描述可查阅附录 B。但在本例中使用了全连接层，以使其简单，因为当处理来自 MNIST 的小而简单的图像时是可行的。

在代码段 17-3 中，使用经过训练的模型来尝试重现测试数据集中的图像。将模型应用于所有测试图像后，在网络生成的相应版本旁边绘制了其中的一张测试图像。

代码段 17-3　在测试数据集上演示自编码器的行为

```
# 在测试集上预测
predict_images = model.predict(test_images)


# 绘制一个输入样本和预测结果
plt.subplot(1, 2, 1)
plt.imshow(test_images[0], cmap=plt.get_cmap('gray'))
plt.subplot(1, 2, 2)
plt.imshow(predict_images[0], cmap=plt.get_cmap('gray'))
plt.show()
```

如图 17-3 所示，网络在重建图像方面做得很好，下一步是将自编码器应用于不同图像。我们使用称为 Fashion MNIST 的不同数据集（Xiao, Rasul and Vollgraf, 2017 年），该数据集设计作为 MNIST 的替代品，它由相同数量的训练和测试图像组成，使用相同的 28 × 28 像素。与 MNIST 一样，每个图像都属于十个类别之一。与 MNIST 不同之处在于图像不是描绘手写的图像，而是描绘了各种衣服：连衣裙、衬衫、运动鞋等。代码段 17-4 加载此数据集，并使用经过训练的模型来尝试重新生成 Fashion MNIST 测试图像。

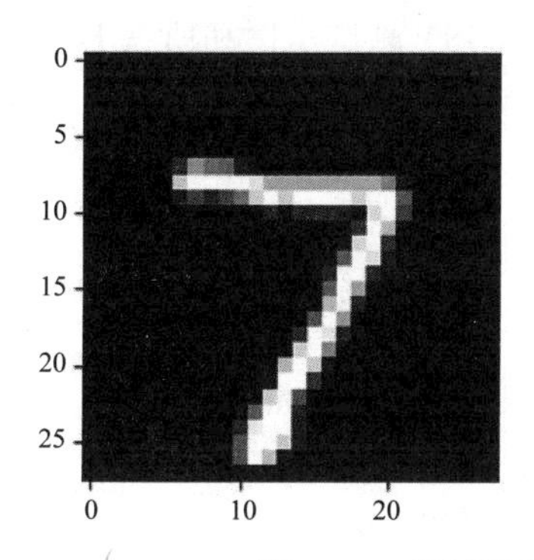

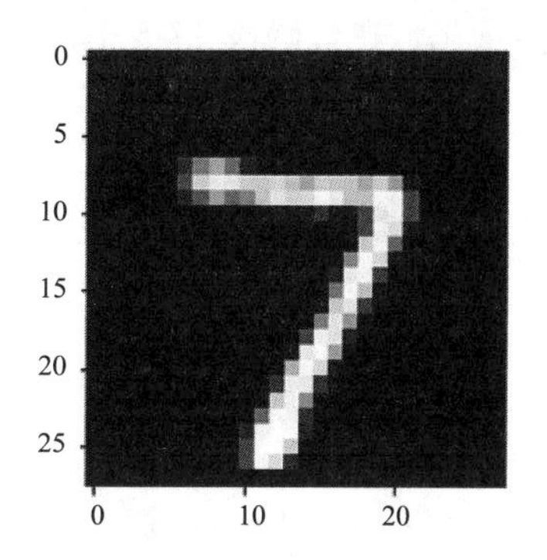

图 17-3　测试图像（左）和再现图像（右）

代码段 17-4　在 Fashion MNIST 数据集上尝试自编码器

```
# 下载 Fashion MNIST 数据集
f_mnist = keras.datasets.fashion_mnist
(f_train_images, f_train_labels), (f_test_images,
                                   f_test_labels) = f_mnist.load_data()


f_train_images = f_train_images / 255.0
f_test_images = f_test_images / 255.0
```

```
# 预测并绘制输出
f_predict_images = model.predict(f_test_images)
plt.subplot(1, 2, 1)
plt.imshow(f_test_images[0], cmap=plt.get_cmap('gray'))
plt.subplot(1, 2, 2)
plt.imshow(f_predict_images[0], cmap=plt.get_cmap('gray'))
plt.show()
```

如图 17-4 所示，结果比 MNIST 差很多，也就是说，我们的自编码器已经学会了如何复制手写数字，但它还没有学会复制任意图像。

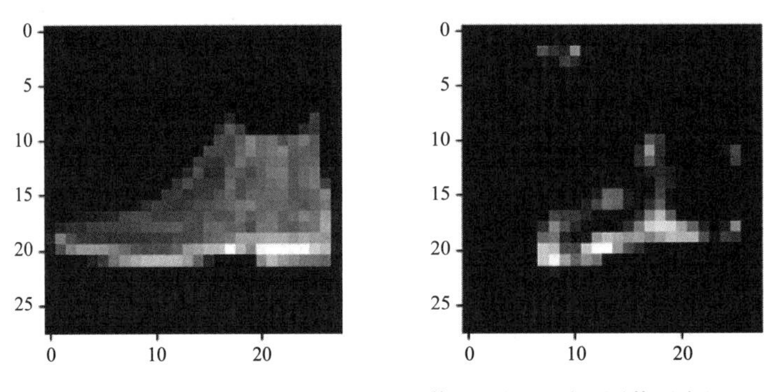

图 17-4　Fashion MNIST 测试图像（左）和再现图像（右）

为进一步量化，在代码段 17-5 中，对所有 MNIST 测试示例和所有 Fashion MNIST 测试示例都计算了自编码器的平均绝对误差，然后绘制结果。计算二元交叉熵损失可能更有意义，因为这是在训练网络时使用的。但是，在说明误差差异方面，任何合适的误差函数都可以，这里选择平均绝对误差来简化代码。

代码段 17-5　绘制 MNIST 和 Fashion MNIST 的损失

```
# 计算误差并画图
error = np.mean(np.abs(test_images - predict_images), (1, 2))
f_error = np.mean(np.abs(f_test_images - f_predict_images), (1, 2))
_ = plt.hist((error, f_error), bins=50, label=['mnist',
                                                'fashion mnist'])
plt.legend()
plt.xlabel('mean absolute error')
plt.ylabel('examples')
plt.title("Autoencoder for outlier detection")
plt.show()
```

结果如图 17-5 所示，很明显 MNIST 示例的误差比 Fashion MNIST 示例的误差要小。如果误差大于 0.02（蓝色和橙色之间的边界），则图像很可能没有描绘手写数字，也就是说，检测到了异常值。

注意到蓝色和橙色条没有明确分开，有一些重叠。为了深入了解这一点，代码段 17-6

绘制了产生最大误差的两个 MNIST 测试图像。

代码段 17-6 在 MNIST 测试数据集中查找并绘制最大异常值

```
# 输出 MNIST 数据中的异常值
index = error.argmax()
plt.subplot(1, 2, 1)
plt.imshow(test_images[index], cmap=plt.get_cmap('gray'))
error[index] = 0
index = error.argmax()
plt.subplot(1, 2, 2)
plt.imshow(test_images[index], cmap=plt.get_cmap('gray'))
plt.show()
```

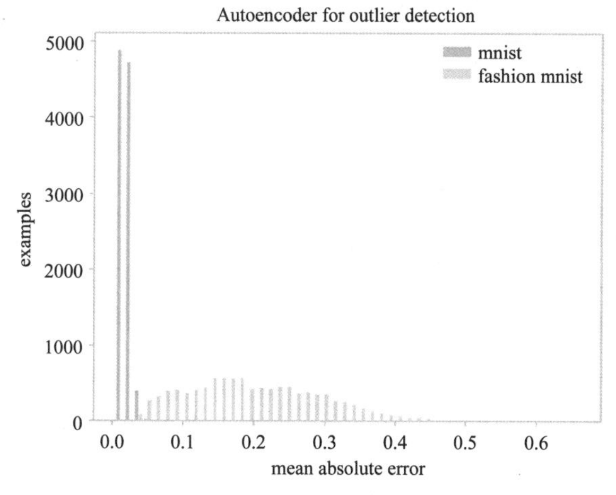

图 17-5 MNIST 和 Fashion MNIST 的误差直方图（错误值可用于确定给定示例是否代表手写数字）（见彩插）

查看图 17-6 中的结果图像，我们看到它们确实代表了常规数据中的异常值。左图以不幸的方式被裁剪，右图则看起来有些奇怪。也就是说，它们确实被视为 MNIST 数据集中的异常值。

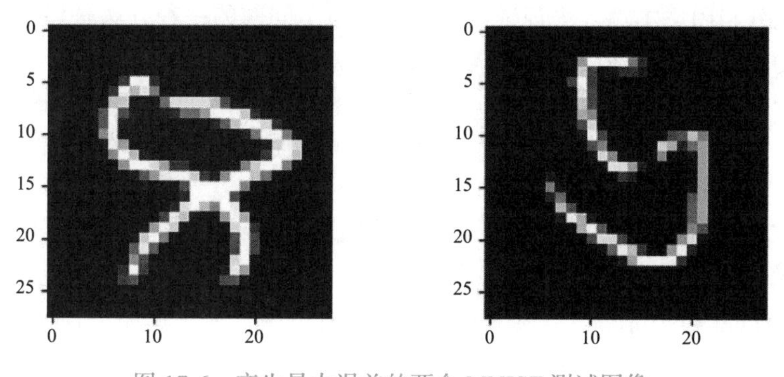

图 17-6 产生最大误差的两个 MNIST 测试图像

在进入下一个主题之前，值得指出的是，虽然 MNIST 和 Fashion MNIST 是有标签的数据集，但在这个编程示例中并没有使用标签，也没有使用 Fashion MNIST 数据集来训练模型。也就是说，我们对模型进行训练以区分 MNIST 和 Fashion MNIST，并仅通过使用 MNIST 数据集中的训练图像在 MNIST 本身的测试集中找出异常值。

17.2　多模态学习

本书中的编程示例使用了不同类型的输入数据，例如书面自然语言、图像数据和表示商品价格的数字数据。这些不同类型的数据也可以称为不同模态，即所体验或所代表现象的模式。多模态机器学习（多模态 ML）是构建使用或与多模态数据相关模型的领域。

如前所述，第 16 章中的图像字幕示例是一个多模态 DL 应用程序的示例。在本节中，我们描述了 Baltrušaitis、Ahuja 和 Morency（2017）在多模态机器学习综述论文中介绍的分类法。作为描述的一部分，指出了图像字幕样本和其他相关样本适合该分类法的地方。最后，以一个分类网络的编程小示例结束，该网络使用相同数据的两种模态作为其输入。

17.2.1　多模态学习的分类

Baltrušaitis、Ahuja 和 Morency（2017）将多模态学习分为五个主题：表示、转换、对齐、融合和协同学习。接下来，我们将总结这些主题，但顺序略有不同。在表示之后立即介绍融合，因为这两个主题特别是在深度神经网络的背景下彼此高度相关。

表示

构建模型的一个重要方面是如何表示输入数据。多模态数据的使用使这个问题增加了一个维度，将多模态数据输入模型的最简单方法之一是将多个特征向量连接成单一向量。在某些情况下，这种方式是不切实际的，例如，如果一个模态是具有多个时间步长的时间序列，而另一个模态是一个单一的特征向量。另一个问题是，一种模态可能会无意中主导整个输入。

例如，考虑同一对象的图像和文本描述，图像可能由百万级像素组成，而文本描述可能只有 10 个单词。如果不以某种方式明确地传达这 10 个单词的集合与百万像素值同样重要，就很难充分利用文本输入去训练网络。解决这个问题的一种方法是建立一个由一组并行网络组成的网络，这些网络处理不同的输入模态，然后将结果进一步合并到网络中。拥有这样的并行网络还可以解决输入数据维度不同的问题。例如，可以使用循环网络将文本输入数据转换为固定宽度的向量表示。类似地，可以使用卷积网络将图像数据转换为表示图像中存在的更深层的特征向量。

一旦有了这些独立输入网络，另一个问题就是如何将它们进一步组合到网络中。一种解决方案是将这些输入网络的输出连接起来，并将其输入一个全连接层中，从而构建 Baltrušaitis、Ahuja 和 Morency（2017）提出的多模态联合表示。如果预期的使用情况是，所有的模态都将被用于网络随后的推理中，那么这是通常的首选方法。

另一种解决方案是在网络中保持模态分离，但对它们之间添加某种关系约束，Baltrušaitis、Ahuja 和 Morency 称之为协同表示。这种约束的一个例子是，对两种模态来说，相同类型对象的表示应该彼此接近（在向量空间中）。这种约束可以推广至在推理过程中只存在一种模态的情况，用图像和文本训练网络，形成一个协同表示。在推理过程中，只有一种模态传递给网络，但网络仍然可以执行训练所需完成的任务。图 17-7 中描述了表示两种模态的三个解决方案。

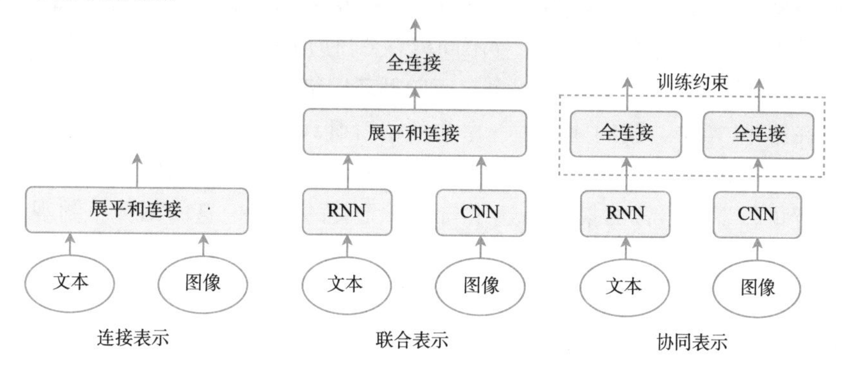

图 17-7 连接表示、联合表示和协同表示

融合

多模态融合与表示的主题密切相关，我们刚才讨论的表示问题适用于使用多模态输入数据的任何情况。不同模态中的数据不一定是同一实体的两种不同视图。对多模态融合的理解是，当我们试图完成一个任务时（例如，分类或回归），相同输入数据有不同模态的多个视图。例如，试图根据对象的图像和声音记录对对象进行分类。

在这种情况下，可以从两个极端情况来讨论多模态融合：早期融合和晚期融合。早期融合指的是简单地连接输入向量，这正是在“表示”一节中列出的第一种选择。晚期融合是将多个单独训练的模型组合在一起。例如，在分类任务中，我们会训练一个网络进行图像分类，另一个网络进行文本分类。然后，将这些网络的输出通过某种方法结合起来，例如，通过一个加权投票系统。早期融合和晚期融合如图 17-8 所示。

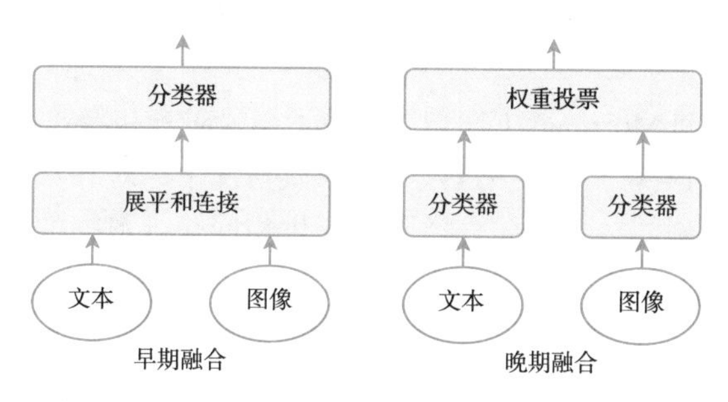

图 17-8 分类背景下早期融合和晚期融合的示例

早期和晚期融合是两个极端，有一些设计点是两者的混合。在神经网络背景下，这条

界线通常是模糊的。例如，如果实现一个使用两种输入模式联合表示的分类器，那么融合就会作为模型本身的一部分。

转换

多模态学习的一个重要部分是寻找多种模态之间的映射，找到这样的映射相当于将一种模态转换为另一种模态。

我们已经见过模态之间转换的例子。第 16 章中图像字幕网络的任务就是将图像（一种模态）转换为对该图像的文本描述（另一种不同模态）。使用卷积网络将图像转换为数据的中间向量表示，这些向量作为输入被输入一个自回归循环网络，该网络生成相应的文本描述。

同样，在第 14 章中，我们建立了一个自然语言翻译网络，将法语翻译成英语。由于输入和输出都是文本数据，这个网络是否可以被认为是一个多模态网络并不明确。然而，有人可能会争辩说，不同语言的描述传达了与语言无关的整体信息的两种不同观点。不管严格的定义如何，从概念上讲，语言翻译网络与图像字幕网络密切相关，而图像字幕网络显然是多模态的。

我们刚刚讨论的两个网络在本质上都是生成的，也就是说，输出是由网络基于内部表示生成的。另一类模型是基于样例的模型，此类模型将当前输入样例映射到前面的训练样例，并简单地检索与该训练样例相对应的输出。还有一类基于组合的方法，在推理过程中，将多个训练样例的输出组合起来形成预测输出。

对齐

在多模态学习中，对齐指的是将两个或多个模态的子组件相互映射。例如，给定一个图像和该图像的文本描述，通过将文本描述中的单词或短语映射到图像中的区域或对象，将这两个输入彼此对齐。

注意力是一种可以用于对齐的技术。在第 15 章对注意力的描述中，介绍了翻译网络如何在输出句子时将注意力集中在正确单词集合上。类似地，在第 16 章的图像字幕示例中，给出了如何使用它来关注图像的特定区域。可以通过分析注意力机制中动态计算的权重来寻找这两种模式之间的一致性。事实上，这些动态计算的权重被称为对齐向量。请注意，这两个示例有些特殊，因为源模态和目标模态之间的对齐伴随着目标的生成，也就是说，它是对齐和转换的结合。

Baltrušaitis、Ahuja 和 Morrency（2017）区分了显式对齐和隐式对齐。在显式的情况下，首要任务是找到两个数据源之间的一致性。在隐式情况下，对齐作为早期步骤来完成，以改进后续任务的结果。例如，如果向分类网络提供相同输入数据的多个模态，那么它将做得更好，但首先假设这两种模式已经对齐，以便它们真正代表同一对象的两种不同视图。

协同学习

分类法中的第五个也是最后一个主题是协同学习，这是一类将一种模态用于帮助另一种模态模型训练过程的技术。当数据集没有对某种模态进行标记（或只有部分标记）时，协同学习尤为有效，特别是当其他数据集碰巧被更好地标记时，可以用另一个不同模态的数据集来补充它。我们仅限于讨论提到的如何用多个数据集协同学习的几个例子。

第一个例子是Blum和Mitchell（1998）提出的协同训练。考虑一个分类问题，有一个主要由未标记数据组成的数据集，并且每个训练样本由两种不同模态的视图组成，例如，一张图像和一段文本描述。现在用少数已标记样本训练两个独立分类器，一个分类器使用图像作为输入数据，另一个使用文本描述作为输入数据。现在使用这些分类器来分类一些随机的未标记样本，并添加到数据集的已标记部分。经过多次迭代，最终得到了一个更大的数据集，用来训练使用两种模态作为输入的组合分类器。Blum和Mitchell指出，与仅使用初始标记数据集或仅使用其中一种模态进行训练相比，这种方法显著降低了分类错误率。

第二个例子是使用迁移学习，将两种不同模态的表示映射为相同表示。Frome和他的同事（2013）进行了一项实验，他们将文本和图像数据结合了起来。首先在一个文本语料库上预训练了一个Word2vec模型，得到一组词嵌入。然后，在ImageNet数据集上预训练图像分类网络。最后，从图像分类网络中去除顶部的Softmax层，并使用迁移学习对其进一步训练，以完成一个新任务。这个新任务是生成与使用文本形式的ImageNet标签训练得到的Word2vec模型相同的嵌入。也就是说，给定一个已标记的猫图像，首先使用Word2vec生成表示猫的词向量，然后，微调预先训练的图像分类器，即去除Softmax层后，将其作为分类器的目标值。在推理过程中，将图像提供给训练好的网络，该网络输出与词嵌入同空间的向量，预测值是最接近结果向量的词。用这种方法训练模型的一个结果是，即使它预测了错误结果，也通常是有意义的，因为其他相关的词在向量空间中是相近的。

这两个例子代表了两种不同类别的多模态协同学习问题。第一个示例需要训练样本，其中每个样本在两种模态中都有相关数据。也就是说，每个训练样本都有一张图像和一段文本描述。Baltrušaitis、Ahuja和Morrency（2017）将此称为并行数据。第二个示例也使用了图像和文本数据，但使用了两个不同的数据集，这是一个非并行数据的例子。请注意，仍然有将两种模态联系在一起的一个连接点，即与每个图像相关联的文本标签。Baltrušaitis、Ahuja和Morrency也描述了混合数据的例子。其中一个例子是，没有并行数据集来连接这两种模态，但有并行数据集来连接这两种模态和第三种常见模态，可以用第三种模态在这两种所需模态之间搭建桥梁。

17.2.2 编程示例：使用多模态输入数据进行分类

在这个编程示例中，我们将演示使用两种输入模态来训练分类器。使用MNIST数据集，但除图像模态之外，还创建了文本模态。在代码段17-7中，我们从初始化代码开始，并加载和标准化MNIST数据集。

代码段17-7 初始化代码和加载/标准化MNIST数据集

```
import tensorflow as tf
from tensorflow import keras
from tensorflow.keras.utils import to_categorical
```

```
from tensorflow.keras.preprocessing.text import Tokenizer
from tensorflow.keras.preprocessing.text \
    import text_to_word_sequence
from tensorflow.keras.preprocessing.sequence \
    import pad_sequences
from tensorflow.keras.layers import Input
from tensorflow.keras.layers import Embedding
from tensorflow.keras.layers import LSTM
from tensorflow.keras.layers import Flatten
from tensorflow.keras.layers import Concatenate
from tensorflow.keras.layers import Dense
from tensorflow.keras.models import Model
import numpy as np
import matplotlib.pyplot as plt
import logging
tf.get_logger().setLevel(logging.ERROR)

EPOCHS = 20
MAX_WORDS = 8
EMBEDDING_WIDTH = 4

# 加载训练和测试数据集
mnist = keras.datasets.mnist
(train_images, train_labels), (test_images,
test_labels) = mnist.load_data()

# 标准化数据
mean = np.mean(train_images)
stddev = np.std(train_images)
train_images = (train_images - mean) / stddev
test_images = (test_images - mean) / stddev
```

代码段 17-8 创建了第二种输入模态，它是每个输入样本的文本表示。为了不让网络太容易理解数据，数据的文本视图并不完整，只提供有关数字的部分信息。对于每个训练和测试样本，在指定数字是奇数还是偶数和指定数字是高还是低之间交替进行。在此代码段中，创建的文本模态没有完全定义是哪个数字，但当图像有歧义时可能会很有帮助。

代码段 17-8　创建训练和测试样本文本模态的函数

```
# 创建第二种模态的函数
def create_text(tokenizer, labels):
    text = []
    for i, label in enumerate(labels):
        if i % 2 == 0:
```

```
            if label < 5:
                text.append('lower half')
            else:
                text.append('upper half')
        else:
            if label % 2 == 0:
                text.append('even number')
            else:
                text.append('odd number')
    text = tokenizer.texts_to_sequences(text)
    text = pad_sequences(text)
    return text
# 为训练和测试集创建第二种模态
vocabulary = ['lower', 'upper', 'half', 'even', 'odd', 'number']
tokenizer = Tokenizer(num_words=MAX_WORDS)
tokenizer.fit_on_texts(vocabulary)
train_text = create_text(tokenizer, train_labels)
test_text = create_text(tokenizer, test_labels)
```

图像分类网络类似第5章中的示例，但有一个处理文本输入的附加子网络，该子网络由嵌入层和LSTM层组成。LSTM层的输出与图像输入连接，然后输入一个全连接层，这一层之后是产生分类的最后全连接Softmax层。代码段17-9显示了其实现代码。

代码段17-9 两种输入模态的分类网络

```
# 创建带有API函数的模型
image_input = Input(shape=(28, 28))
text_input = Input(shape=(2, ))

# 声明层
embedding_layer = Embedding(output_dim=EMBEDDING_WIDTH,
input_dim = MAX_WORDS)
lstm_layer = LSTM(8)
flatten_layer = Flatten()
concat_layer = Concatenate()
dense_layer = Dense(25,activation='relu')
output_layer = Dense(10, activation='softmax')

# 连接层
embedding_output = embedding_layer(text_input)
lstm_output = lstm_layer(embedding_output)
flatten_output = flatten_layer(image_input)
concat_output = concat_layer([lstm_output, flatten_output])
dense_output = dense_layer(concat_output)
outputs = output_layer(dense_output)
```

```
# 构建并训练模型
model = Model([image_input, text_input], outputs)
model.compile(loss='sparse_categorical_crossentropy',
                    optimizer='adam', metrics =['accuracy'])
model.summary()
history = model.fit([train_images, train_text], train_labels,
                    validation_data=([test_images, test_text],
                                     test_labels), epochs=EPOCHS,
                    batch_size=64, verbose=2, shuffle=True)
```

经过 20 轮训练迭代，模型准确率达到了 97.2%。为了将其放到上下文中，我们修改了创建文本模态的方法，使其始终处于“下半部分”。另一种选择是完全删除文本输入模态，但这样网络的权重会更少，所以保留文本输入但不提供额外信息会更公平。结果的验证准确率为 96.7%，这表明额外的文本信息是有帮助的。

为进一步说明使用这两种输入模态的效果，在代码段 17-10 中进行了一个实验。首先展示关于给定测试样本的所有信息，结果是数字 7，文字描述是“上半部分”。然后我们使用网络进行预测，将图像和文本描述作为输入。输出数字和预测概率，并根据概率排序，正如所预期的，网络正确地预测数字为 7。

代码段 17-10　使用已训练的多模态网络进行实验

```
# 打印一个测试样本的输入模态与输出
print(test_labels[0])
print(tokenizer.sequences_to_texts([test_text[0]]))
plt.figure(figsize=(1, 1))
plt.imshow(test_images[0], cmap=plt.get_cmap('gray'))
plt.show()
# 预测测试样本
y = model.predict([test_images[0:1], np.array(
    tokenizer.texts_to_sequences(['upper half']))])[0] #7
print('Predictions with correct input:')
for i in range(len(y)):
    index = y.argmax()
    print('Digit: %d,' %index, 'probability: %5.2e' %y[index])
    y[index] = 0

# 预测修改了文本描述的同一测试样本
print('\nPredictions with incorrect input:')
y = model.predict([test_images[0:1], np.array(
    tokenizer.texts_to_sequences(['lower half']))])[0] #7
for i in range(len(y)):
    index = y.argmax()
    print('Digit: %d,' %index, 'probability: %5.2e' %y[index])
    y[index] = 0
```

下一步，我们进行另外一个预测，但这次改变文本输入来表示“下半部分”。看一下概率，发现较高数值的概率下降了。在多次运行中，结果不完全一致，但在很多情况下，概率发生了足够大的变化，所以网络预测从 7 变成了 3，这表明网络已经学会了同时考虑图像和文本描述。

17.3 多任务学习

在前一节中，多模态学习可能涉及单个网络同时处理同一数据的多个表示。另一个概念不同，尽管听起来类似，是多任务学习，即训练一个网络同时解决多个独立的任务。多模态学习和多任务学习是相互正交的，也可以结合使用。也就是说，我们可以创建一个单一网络，在相同数据的多个模态下工作，同时解决多个任务。这将在本节后面的编程示例中进行演示。

17.3.1 为什么要执行多任务学习

让我们从单一的网络解决多个任务的好处开始，考虑它为什么能工作，为什么是有益的。在第 4 章中谈到了这个话题，当时描述了如何构建一个用于手写数字多类别分类的网络。一个可能的解决方案是为每个数字创建一个单独网络，也就是说，建立十个不同的数字检测网络，而不是一个多类别分类网络。当时的推理是，识别不同数字是有一些共性的，但并没有详细说明，但现在对此进一步进行推理。考虑三个数字 3、6 和 8，每个数字的下半部分是圆的，当通过共享一个单独实现来完成相同功能时，使用三个单独的“圆形下部检测器”是低效的。除了在神经元总数方面效率低下，结果还表明，共享这些神经元可以迫使它们更好地泛化。神经元不是通过过度拟合来检测单个数字，而是被迫学习更普遍的概念，比如检测刚才提到的圆形下半部分。

同样的方法也适用于多任务学习，只要一组任务有一定相关性，就可以通过训练网络同时解决这些任务来提高效率，减少过拟合。例如，在第八章的最后，简要提到了计算机视觉任务的检测和分割（也在附录 B 中详细讨论）。除了分类图像中的对象类型，这些任务还包括绘制一个边界框或检测属于分类对象的单个像素，很容易看出这些任务之间有一些共性。无论该网络的任务是将一个物体分类为一只狗，还是在狗的周围画一个边界框，它首先能够有助于检测出狗的典型特征。

值得注意的是，迁移学习和多任务学习之间存在一个连接点。在第 16 章中，我们演示了如何在图像字幕背景下重复使用一个用于目标分类的预训练卷积网络。多任务学习也可以执行类似任务，不同之处在于，多任务学习的网络不是先对一个任务进行训练，然后再将其用于不同任务，而是同时对两个或更多任务进行训练并反复使用。

17.3.2 如何实现多任务学习

在前一节中，我们讨论了为什么多任务学习应该有效和有益，但讨论比较抽象。现在通过实现细节进行具体描述，关键在于构建一个具有多组输出单元的网络，这些输出单元集不需要是相同类型。例如，考虑一个网络，它既要对对象进行分类，又要绘制一个边界框，建立这样网络的一种方法是有一个 Softmax 输出单元用于分类和四个线性输出单元用于表示边界框的四个角。这些不同的输出单元通常被称为头，网络的共享部分被称为主干。也就是说，多任务学习可以使用一个多头网络来完成，如图 17-9 所示。注意，头不一定只由单一层组成，相反每个头可以是多层子网络。

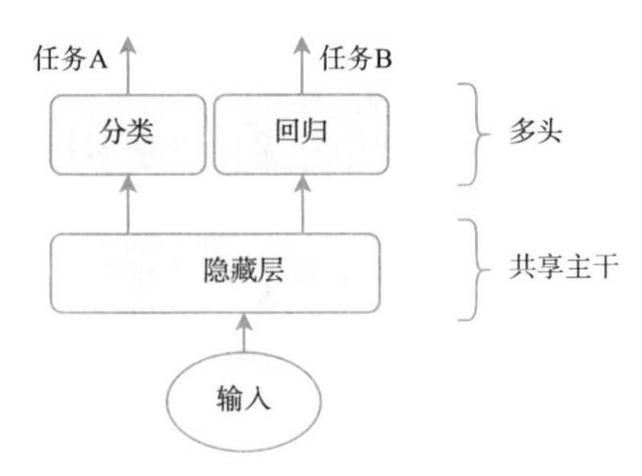

图 17-9　用于多任务学习的双头网络（一头执行分类任务，另一头执行回归任务）

引入多个输出单元也意味着引入多个损失函数，这些损失函数的选择很简单，使用与单头网络相同的类型。例如，对用于多类别分类的 Softmax 分支使用分类交叉熵，而对用于回归的线性分支使用均方误差，然后通过一个简单的加权和计算将多个损失函数合并成一个损失函数。这就引出了使用什么权重的问题，一个简单的解决方案是将它们视为训练网络时需要调整的其他超参数。

17.3.3　其他方向和变体的基本实现

在前一节中，我们描述了用于多任务学习的基本网络。与往常一样，基本实现有许多可能的变体，在本节中，我们对其中几个进行介绍。

到目前为止，我们隐含地假设训练网络来解决多个任务，因为需要解决所有这些任务。然而，多任务学习也可以用来改善目标是单一任务的网络。我们描述了如何通过训练一个网络解决多任务，迫使网络的共享部分学习通用的解决方案，也就是说，额外任务可以作为减少过拟合的正则化项。因此，网络在主要任务的测试集上会表现得更好。有了这个背景，现在可以重新访问 GoogLeNet 中使用的辅助分类器，第 8 章中，我们将其描述为一种对抗梯度消失的方法。看待辅助分类器的另一种方法是，它鼓励网络在不同的细节级别上学习特征，这可以视为多任务学习导致的泛化程度的提高（辅助分类器充当学习次要任务的第二个头）。

在上一节描述的基本网络体系结构中的参数共享方式称为硬参数共享，这意味着网络的主干仅在多个头之间完全共享。另一种选择是软参数共享，在这种情况下，每个任务都有自己对应的网络。但是，在训练过程中，组合损失函数鼓励模型之间某些层的权重相似，也就是说，不同网络的权重在有利的情况下似乎是共享的，但如果更有利的话，它们仍然可以自由地变得彼此不同，即权重只在模型之间软共享。

Karpathy（2019b）指出，多任务学习引入了一些额外的有趣权衡，尤其是在团队项目设置中。如前所述，一种明显而简单的正则化技术是提前停止。也就是说，只需检测有多少次迭代在测试集中产生最佳性能，并在那一点上停止训练。这在单任务学习案例中是微不足道的，但在多任务学习案例中就不那么简单了。思考图 17-10 中的学习曲线，当任务 A、B 或 C 表现最好时，你会停止训练吗？当不同人负责不同任务，但由于资源限制而共享网络主干时，这就变得特别有争议。一个类似的问题是谁来为联合损失函数选择权重，如果根据任务 A、任务 B 或任务 C 的所有者决定，权重最终可能会有所不同。

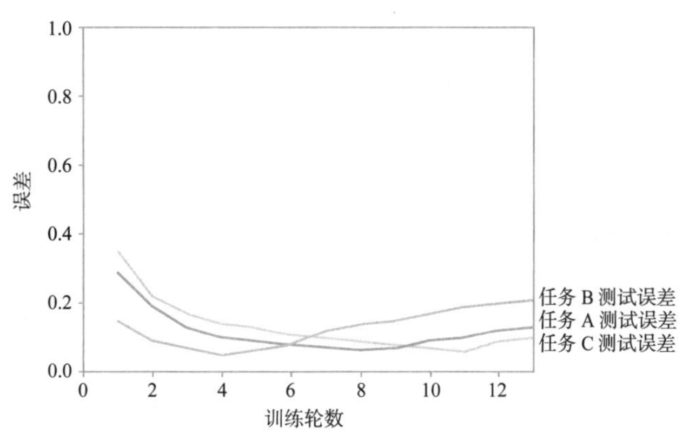

图 17-10　多任务学习场景中三个不同任务的学习曲线

现在继续学习结合了多模态和多任务学习的编程示例。如果你想了解更多关于多任务学习的知识，可以参阅 Ruder（2017）和 Crawshaw（2020）发表的相关研究论文。

17.3.4　编程示例：多分类和用单一网络回答问题

在这个编程示例中，扩展了上一个编程示例中的多模态网络，增加了一个头部，以构建使用多模态输入进行多任务学习的网络。

我们教网络同时进行多类别分类（识别手写数字）并执行一个简单的问答任务。回答问题的任务是对图像中数字的问题提供一个是与否的答案。文本输入看起来类似上一个编程示例中的文本输入（‘上半部分’‘下半部分’‘奇数’‘偶数’）。但是，文本不是正确地描述数字，而是随机选择并表示一个问题。然后，该网络的任务是将图像分类为十个类别之一，并确定问题的答案是“是”还是“否”（陈述是真或假）。与往常一样，我们从初始化代码开始，然后在代码段 17-11 中加载数据集。

代码段 17-11　多任务多模态网络的初始化代码示例

```
import tensorflow as tf
from tensorflow import keras
from tensorflow.keras.utils import to_categorical
from tensorflow.keras.preprocessing.text import Tokenizer
from tensorflow.keras.preprocessing.text \
    import text_to_word_sequence
from tensorflow.keras.preprocessing.sequence \
    import pad_sequences
from tensorflow.keras.layers import Input
from tensorflow.keras.layers import Embedding
from tensorflow.keras.layers import LSTM
from tensorflow.keras.layers import Flatten
from tensorflow.keras.layers import Concatenate
from tensorflow.keras.layers import Dense
```

```
from tensorflow.keras.models import Model
import numpy as np
import logging
tf.get_logger().setLevel(logging.ERROR)

EPOCHS = 20
MAX_WORDS = 8
EMBEDDING_WIDTH = 4

# 下载训练数据集和测试数据集
mnist = keras.datasets.mnist
(train_images, train_labels), (test_images,
                               test_labels) = mnist.load_data()
# 标准化数据
mean = np.mean(train_images)
stddev = np.std(train_images)
train_images = (train_images - mean) / stddev
test_images = (test_images - mean) / stddev
```

下一步用问题和答案扩展 MNIST 数据集，如代码段 17-12 所示。对于每个训练和测试示例，代码在四个问题 / 语句之间交替。然后，根据真值标签来确定答案是“是”还是“否”。

代码段 17-12 使用问题和答案扩展数据集的方法

```
# 创建问题和答案的函数
def create_question_answer(tokenizer, labels):
    text = []
    answers = np.zeros(len(labels))
    for i, label in enumerate(labels):
        question_num = i % 4
        if question_num == 0:
            text.append('lower half')
            if label < 5:
                answers[i] = 1.0
        elif question_num == 1:
            text.append('upper half')
            if label >= 5:
                answers[i] = 1.0
        elif question_num == 2:
            text.append('even number')
            if label % 2 == 0:
                answers[i] = 1.0
        elif question_num == 3:
            text.append('odd number')
            if label % 2 == 1:
```

```
                answers[i] = 1.0
        text = tokenizer.texts_to_sequences(text)
        text = pad_sequences(text)
        return text, answers

# 为训练和测试集创建第二种模态
vocabulary = ['lower', 'upper', 'half', 'even', 'odd', 'number']
tokenizer = Tokenizer(num_words=MAX_WORDS)
tokenizer.fit_on_texts(vocabulary)
train_text, train_answers = create_question_answer(tokenizer,
                                                   train_labels)
test_text, test_answers = create_question_answer(tokenizer,
                                                 test_labels)
```

下一步是创建网络，如代码段 17-13 所示。大多数网络与多模态网络的编程示例相同，关键的区别在于，用于二进制分类的一个单元输出层与用于多分类的十个单元输出层并行。鉴于有两个独立的输出，也需要提供两个独立的损失函数。此外，我们还为这两个损失函数提供了权重，以指示如何加权这两个损失函数为一个单一的损失函数来训练网络。权重应该像其他超参数一样处理，合理的起点是让两种损失拥有相同权重，这里使用 50/50。最后，在调用拟合方法时，必须为模型的两个头提供真实值。

代码段 17-13　多模态输入的多任务网络

```
# 为 API 函数创建模型
image_input = Input(shape=(28, 28))
text_input = Input(shape=(2, ))

# 声明层
embedding_layer = Embedding(output_dim=EMBEDDING_WIDTH, input_dim = MAX_WORDS)
lstm_layer = LSTM(8)
flatten_layer = Flatten()
concat_layer = Concatenate()
dense_layer = Dense(25,activation='relu')
class_output_layer = Dense(10, activation='softmax')
answer_output_layer = Dense(1, activation='sigmoid')

# 连接层
embedding_output = embedding_layer(text_input)
lstm_output = lstm_layer(embedding_output)
flatten_output = flatten_layer(image_input)
concat_output = concat_layer([lstm_output, flatten_output])
dense_output = dense_layer(concat_output)
class_outputs = class_output_layer(dense_output)
answer_outputs = answer_output_layer(dense_output)
```

```
# 构建并训练模型
model = Model([image_input, text_input], [class_outputs, answer_outputs])
model.compile(loss=['sparse_categorical_crossentropy',
                    'binary_crossentropy'], optimizer='adam',
                    metrics=['accuracy'],
                    loss_weights = [0.5, 0.5])
model.summary()
history = model.fit([train_images, train_text],
                    [train_labels, train_answers],
                    validation_data=([test_images, test_text],
                    [test_labels, test_answers]), epochs=EPOCHS,
                    batch_size=64, verbose=2, shuffle=True)
```

训练过程给出了每个头部的指标。对于两个损失函数的权重为 50/50 时，该网络在分类任务和问答任务上的验证准确率分别达到 95% 和 91%。如果感兴趣，可以改变损失函数权重以有利于问答任务，看看是否可以因此提高其准确性。

17.4　网络调优过程

在本书的编程示例中，我们展示了使用不同网络配置的各种实验结果，但没有试图将训练网络的方法形式化。在本节中，简要概述了训练网络时要遵循的一系列步骤。灵感主要来自一篇在线博客文章，推荐给任何想要了解更加详细描述的读者（Karpathy，2019a）。

首先，需要确保拥有高质量数据。编程示例包含了数据的基本预处理，但一般来说，花更多的时间和精力清理和检查数据是有益的。特别是，将数据可视化为散点图、直方图或其他类型的图表，以查看是否有任何明显或中断的数据点，通常是有用的。

然后是创建一个朴素模型，作为比较的基准。如果没有这样一个模型，就很难判断带有 dropout 和 attention 的多层混合 CNN/RNN 网络是否有用以及是否值得这么复杂。你的朴素模型应该足够简单，这样可以确保模型实现本身不包含错误，这还有助于确保数据预处理步骤按照预期进行，并将数据正确地传递给模型。

现在已经准备好构建 DL 模型了，但是即使在这一步，你也应该从小项目做起。创建训练数据集的一个小子集，并创建一个你认为应该能够记住数据集的相当简单的模型。例如，当我们构建用于语言翻译的序列到序列网络时，从一个只有 4 个句子，每个句子包含 3 ～ 4 个单词的数据集开始。我们最初的模型没有记住这些句子，是由于模型实现中的错误导致，而不是因为模型太小或太简单。显然，学习小数据集的失败并不一定是模型中的错误造成的，也可能是模型类型错误，或者需要调整其他超参数，如优化器类型、学习率或权重初始化方案。如果不能让模型记住实际数据集的一小部分，那么增加数据集来帮助改善的可能性很低。此外，此时继续使用小数据集可以在不需要长时间迭代训练的情况下进行快速模型设计。

需要注意的是，我们并没有从一个四句话的数据集开始。我们给模型提供了一个真实

数据集，但必须逐步剥离模型和数据集到最底层，以找到阻碍它学习的错误。

一旦建立了一个可以记住训练数据集小子集的模型，就可以将数据集的大小增加到更具挑战性的程度。现在可能会遇到模型容量的问题（也就是说，需要一个更大或更复杂的模型）。此时，是时候添加层或增加层的大小了，这样做的时候不仅要注意训练误差，还要注意测试误差。如果训练误差在减少，但测试误差不变，那么这表明网络的泛化失败了。应该使用各种正则化技巧，从标准的方法开始，例如 dropout 和 L2 正则化。如果容易实现，可以考虑使用数据增强来增加数据集的大小，特别是在处理图像时。

如果看到测试误差减少或训练误差增加，这表明正则化方法起作用了，并且已经控制住了过拟合。此时，可以再次增加模型的大小，看看是否会进一步减少误差。通常情况下，需要经过多次正则化迭代和模型大小的增加，然后才能得到一个足以满足预期用例的模型。

在这个过程中的任何时刻，还可以尝试不同的初始学习速率以及不同类型的优化器，如 Adam、AdaGrad 或 RMSProp。

图 17-11 总结了这个调优过程。然而，调优深度神经网络通常被认为是一门技术，而不是一门科学，所以流程图应该只是一个起点。要完成所有的调优任务，需要有相当的毅力，并且必须愿意尝试不同的网络体系结构和参数。在这个过程中，拥有一个能够进行快速迭代的计算平台是非常宝贵的，这样就不必整夜等待结果。

最后，如果思考我们描述的过程，就会清楚地看到，训练过程不仅受到训练数据集的严重影响，而且还受到测试数据集的严重影响。对于所有这些迭代，在调优超参数时，都是在测试数据集上的模型性能的指导下进行的。即使不是迭代地进行工作，而是运行大量不同的配置并选择最佳配置，这也是适用的。在第 5 章中，我们描述了两种解决方案。第一种解决方案是将数据集分成三个子集：训练集、验证集和测试集。在训练过程中，只使用训练集和验证集。一旦完成了迭代并拥有一个训练过的模型，就可以在测试集中对模型进行最终评估，这将是对模型在以前未见过数据上的泛化程度的实际度量。第二种解决方案是交叉验证技术，它避免了将数据集分割成三个不同部分，但是以额外计算为代价。

我们刚才描述的过程基于这样的假设：正在从头开始构建网络。如第 8 章所述，如果问题类型是众所周知的，那么预训练模型将是一个非常有吸引力的选择。类似地，即使没有针对该具体问题类型的预训练模型，仍然可以考虑在迁移学习设置中利用预训练模型。在调优过程中，只需使用预训练模型作为构建块，就可以实验不同类型的模型。只要记住，在训练的前几个阶段冻结预训练的权重通常是有效的，以确保预训练的权重不会在训练被添加到预训练模型的各层随机初始化权重的过程中被破坏。稍后你可以解冻权重，并对整个模型进行端到端微调。

一个关键问题是何时收集更多训练数据，这通常是一个需要昂贵付出的过程。因此，除非绝对必要，否则不要去做。确定额外数据是否有用的一个好方法是用现有数据进行实验。Ng（2018）建议绘制学习曲线，以确定问题是否真的是缺乏数据，还是由于模型不适合手头的任务造成的。我们不直接在整个训练数据集上训练模型，而是先人工地将训练集的大小减少到一个非常小的训练样本集再进行训练。然后在完整测试集上评估模型，接

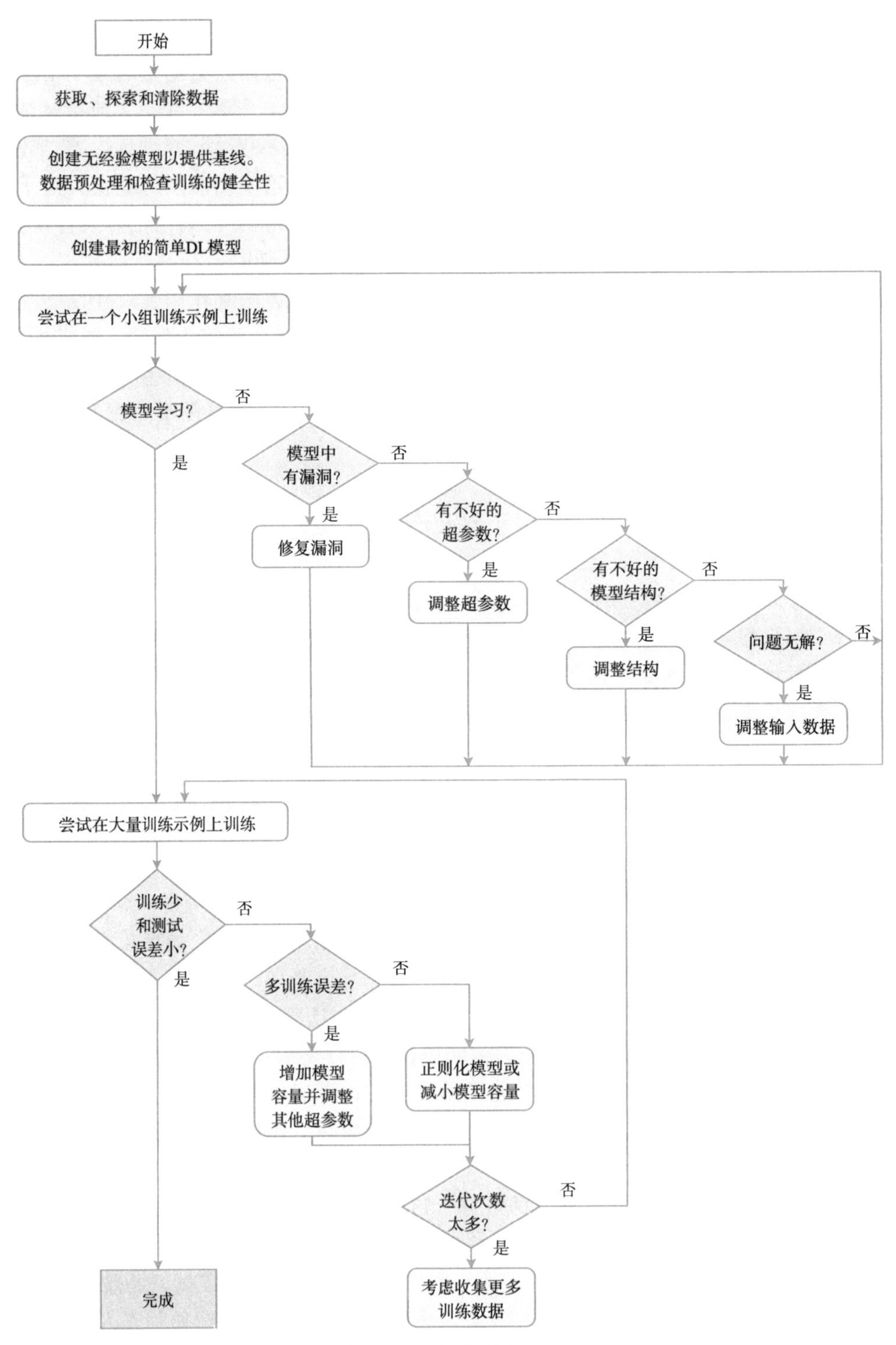

图17-11　网络调优过程

着通过添加之前删除的一些训练样本，稍微增加训练数据集，并在完整的测试集上再次评估模型。通过这样做，可以看到训练和测试误差如何作为训练集大小的函数而变化，如图 17-12 所示。

在左图中，当训练集较小时，训练误差较小，也就是说，模型成功地记住了训练示例。然而，随着训练数据集的增加，模型的性能变差。此外，当添加更多训练数据时，测试误差最终与训练误差相似。在这种情况下，添加更多训练数据不太可能有帮助。更有可能的是，选定的模型与问题不是很匹配。

在右侧图表中，随着训练集大小的增加，训练误差仍然很低。此外，测试误差仍在减小，这说明增加训练集很有可能改进模型。

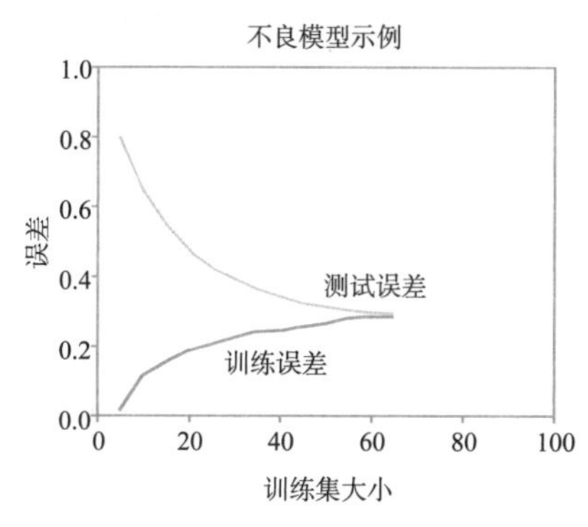

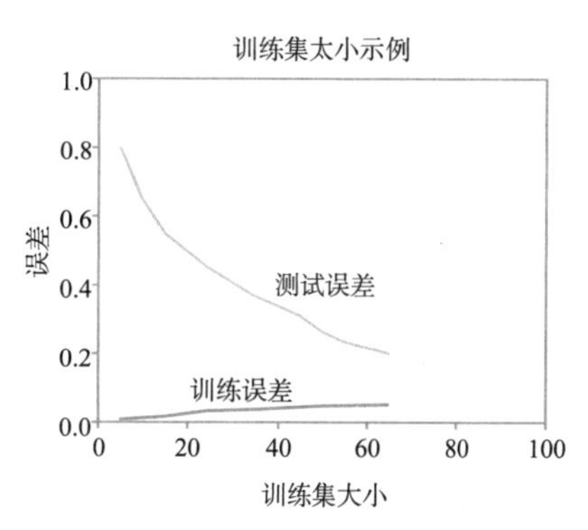

图 17-12 学习曲线。左：模型在现有训练数据上表现不佳。增加更多训练数据不太可能有帮助。右：模型在现有训练数据上表现得很好，但是训练和测试误差相差很大。测试误差还未达到平缓，所以增加更多训练数据会有帮助

17.5 神经网络架构搜索

如前一节所示，为训练过程确定正确的网络架构和正确的超参数集并非易事。在第 5 章中，我们简要讨论了如何使用穷举或随机网格搜索来自动化调优超参数。一种相关技术是自动探索不同的网络架构，这一领域被称为神经网络架构搜索（Neural Architecture Search，NAS）。

17.5.1 神经网络架构搜索的关键组成部分

顾名思义，NAS 将实现一个可行网络架构的过程视为一个搜索问题。在一篇调研文章中，Elsken、Metzen 和 Hutter（2019）描述了如何将这个搜索问题分为三个部分：搜索空间、搜索策略和评估策略。图 17-13 展示了这三部分在 NAS 流程中所扮演的角色。

首先需要定义一个整体的搜索空间，或解决方案空间，然后应用搜索策略从这个搜索空间中选择一个或一组候选解决方案，接着用评估策略来评估这些候选解决方案，反复使用搜索策略和评估策略，直到找到一个可接受的解决方案。在接下来的几节中将描述这个

过程中每个步骤的细节。

搜索空间

首先定义搜索空间。第一个想法可能是完全不限制它，并使搜索算法找到最优解。仔细想想，在实际执行中添加一些限制是必要的。例如，如果选择的 DL 框架是使用 Keras API 的 TensorFlow，那么一个合理的限制是定义的模型应该是一个有效的 Keras 模型。类似地，假设现有数据集有一个定义明确的问题，将搜索空间限制在一个与该数据集格式相匹配的模型上也是一个合理假设。也就是说，如果想要找到一个可以对 CIFAR-10 数据集进行图像分类的模型，那么可以将搜索空间限制在能够接受分辨率为 $32 \times 32 \times 3$ 的图像输入，并表明 10 个概率作为输出的模型上，在模型中添加尺寸限制也很直观。

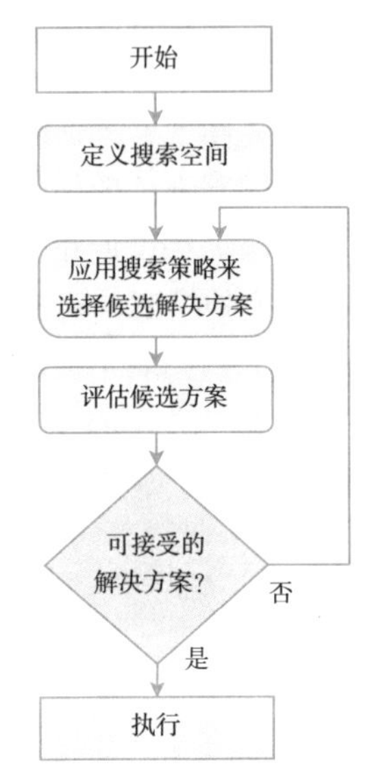

图 17-13 神经网络架构搜索过程

我们提到的大多数限制都是没有争议的，但是通常也会应用额外限制，需要在利用先前的知识和寻找新的架构之间取得平衡。一种选择是只允许连续的体系结构，在这种体系结构中，将各个层堆叠在一起。这将模型限制在使用 Keras Sequential API 构建的范围内，使得实现很容易，但也极大地限制了可以构建的模型类型。

我们可以通过允许跳连接来放宽这个限制，这对图像分类是有益的。关于跳连接的一个挑战是如何将它们与跳过层的输出结合起来，并仍然形成下一层的有效输入。这与我们最初的限制没有什么不同，即模型需要的是一个有效的 Keras 模型，但在实践中，必须弄清楚确保这一结合的有效细节。

另一方面是在提出解决方案空间时需要提供哪些构建块。例如，在第 8 章中，描述了 inception 模块（来自 GoogLeNet），在图像分类中很有用。一种选择是提供这种手工制作的模块作为搜索算法的构建块，这并不一定是对搜索空间的限制，但确实引入了人类对哪些解决方案更有可能被评估的偏见。

搜索策略

一旦定义了搜索空间，下一步就是确定搜索算法来探索这个解空间。搜索算法是一个庞大的话题，我们并没有试图全覆盖它。相反，我们描述了三种复杂度依次增加的不同算法，以提供一些可用的解。

纯随机搜索意味着反复地从解空间中随机选择一个解，并判定它是否比最优解更好，直到找到满足需要的解为止。该算法与第 5 章超参数调优中描述的随机网格搜索算法相同，定义的网格表示搜索空间。该算法是一种全局搜索算法，理论上只要运行时间足够长就会收敛到最优解。在实践中，搜索空间的大小和评估模型的成本使该算法无法探索哪怕是搜索空间的一小部分。因此，该算法不适合单独用于 NAS，但它可以作为第一步，找到一个可以用作局部搜索算法起点的解。

爬山法是一种局部搜索算法，它通过探索与目前最优模型相似的模型来迭代地改进解。给定一个模型，在一个方向上稍微修改一个参数，并评估修改后的模型是否比当前模型更好。如果是这样，就将其声明为新的最优模型，然后开始一个新迭代。如果新模型比最优模型差，则放弃它，并向另一个方向修改参数。如果这仍然不能改善模型，我们将转向另一个参数。爬山法有各种各样的变形。例如，在最陡爬山法中，首先评估所有邻近解，然后将这些探索到的模型中最佳解声明为最优模型。在 NAS 的背景下，修改参数可以包括修改层的大小或类型、添加层、删除层等。爬山法的一个缺点是它是一种局部搜索算法。因此，它对选择什么样的模型作为起始点是敏感的，算法容易陷入局部最优。部分解决这一问题的一种方法是从不同起点多次爬山，也称为随机重启爬山法。

进化算法的灵感来自生物进化，即种群中的个体繁殖成新的个体，最适合的个体存活到下一次迭代。也就是说，我们维护一组（种群）模型（个体），而不是像爬山法那样精练单个模型。从这一总体中选择表现良好的模型（父解），并将它们结合起来创建新的模型（子解），希望两种模型的结合能产生更好的模型。进化算法还将随机变化（突变）应用于个体，这将导致探索邻近模型，类似爬山法。其关键问题是如何以一种有意义的方式将两个个体结合起来。为了让进化算法更好地工作，新个体保持（继承）其父母的属性是很重要的。

这三种搜索算法的过程如图 17-14 所示，假设是图像分类问题。为便于说明，假设是一个严格受限的搜索空间。每个模型由若干卷积层和若干全连接层组成。除了卷积层和全连接层的数量，所有参数都是固定的，也就是说，搜索空间是二维的，以便进行绘制。在每个图表中，最可能的解以绿色矩形的形式显示，圆圈代表由不同搜索策略选择的候选解，圆圈的颜色编码表明候选者是离最优解很远（红色）、稍近（黄色）还是接近（绿色）。其中 C 表示交叉，M 表示变异。

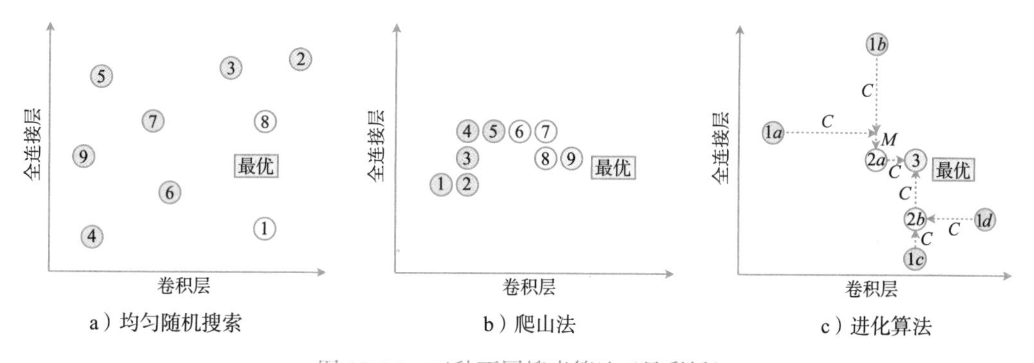

图 17-14　三种不同搜索算法（见彩插）

在均匀随机搜索中，候选集是随机挑选的，而没有利用从以前的候选者那里获得的信息。在爬山法中，算法识别一个参数和方向，来找到更好的解，并选择它作为下一个候选。因此，它逐渐接近最优解，但存在陷入局部最小值的风险。

进化算法通过交叉操作（箭头上的 C 表示）组合两个父解。在示例中，简单地假设交叉操作从每个父解中获取一个参数。从候选解 1*a*、1*b*、1*c* 和 1*d* 的种群开始，将双亲 1*a* 和 1*b* 结合起来，使用交叉操作，得到 2*a*。注意，2*a* 并不是图中两个亲本的严格混合，因为还随机应用了一个突变（箭头上的 *M* 表示），略微修改了其中一个参数。偶然的是，这使 2*a* 稍微接近最佳解。同时，父母 1*c* 和 1*d* 结合在一起，产生子代 2*b*，图中只显示了第 2 代的这两个个体，但实际上，会产生更多个体，并保留表现更好的个体（自然选择）。然后进行另一个迭代，在这个迭代中，双亲 2*a* 和 2*b* 被组合成解 3，它接近于可能的最优解。实际上，在第三代中也会产生多个个体以保持种群大小不变。在这个例子中，交叉操作使得进化算法比爬山法更快地收敛。然而，进化算法也会陷入局部极小值，就像爬山法一样。这听起来可能非常抽象，但很快就会通过实现这三种算法的编程示例使其更加具体。

如前所述，这三种算法只是可用的搜索算法的一小部分，其中一个共同特点是它们都不需要梯度。另一种方法是定义模型，使其可以在多个模型之间计算梯度，然后使用梯度下降来搜索最佳模型。其他值得一提的方法是强化学习和贝叶斯优化。Elsken、Metzen 和 Hutter（2019）的研究论文中有更多关于这些算法和其他算法如何应用于 NAS 的细节和参考文献，也可参考 Ren 和他的同事（2020）发表的另一篇研究论文。

评估策略

NAS 过程的第三步是在搜索步骤中评估候选模型。请注意，实际的评估是作为刚才描述的搜索算法中的一个步骤来执行的，但具体执行的方式是另外一个主题。理想情况下，我们希望有足够时间对每个模型进行充分训练和评估，与我们在整个过程中通常训练最终模型的时间相同。这通常是不可行的，因为充分训练最终模型可能需要几天时间，所以训练候选解花费的时间和评估解数量的时间之间存在着一个直接的权衡。减少训练每个候选解的时间，从而使搜索算法能够评估更多的解，这通常是有益的。

Elsken、Metzen 和 Hutter（2019）在他们的研究论文中描述了许多减少训练候选模型时间的方法，在这里我们列出了一些比较简单的方法：

- 训练更少的迭代次数。
- 使用更小的数据集进行训练。
- 缩减模型规模。
- 预测学习曲线趋势。
- 从先前的迭代中继承权重，而不是从头开始训练模型。假设模型在迭代之间足够相似，那么将权重从一个模型转移到下一个模型是可行的。

关于这些方法和其他技术的更多细节，我们鼓励感兴趣的读者继续阅读 Elsken、Metzen 和 Hutter 论文中的参考资料。

17.5.2　编程示例：搜索一个用于 CIFAR-10 分类的架构

在这个编程示例中，我们探索 NAS 以找到适合 CIFAR-10 分类的架构。也就是说，尝试自动获得到一个好的架构，而不是像在第 7 章中所做的那样人工设计它。这里不打算创建最先进的NAS算法，而是通过从头开始实现三种不同的搜索算法来阐述这个概念。不管使用什么搜索算法，初始代码都是相同的。像往常一样，在代码段17-14中，从初始化代码和数据集加载开始。定义了一些变量，这些变量是定义搜索空间的一部分，比如可以使用什么类型的层，以及对于每种类型的层哪种参数和值是有效的。

代码段17-14 初始化代码和数据集加载

```
import tensorflow as tf
from tensorflow import keras
from tensorflow.keras.utils import to_categorical
from tensorflow.keras.models import Sequential
from tensorflow.keras.layers import Lambda
from tensorflow.keras.layers import Dense
from tensorflow.keras.layers import Flatten
from tensorflow.keras.layers import Reshape
from tensorflow.keras.layers import Conv2D
from tensorflow.keras.layers import Dropout
from tensorflow.keras.layers import MaxPooling2D
import numpy as np
import logging
import copy
import random
tf.get_logger().setLevel(logging.ERROR)
MAX_MODEL_SIZE = 500000
CANDIDATE_EVALUATIONS = 500
EVAL_EPOCHS = 3
FINAL_EPOCHS = 20

layer_types = ['DENSE', 'CONV2D', 'MAXPOOL2D']
param_values = dict([('size', [16, 64, 256, 1024, 4096]),
                ('activation', ['relu', 'tanh', 'elu']),
                ('kernel_size', [(1, 1), (2, 2), (3, 3), (4, 4)]),
                ('stride', [(1, 1), (2, 2), (3, 3), (4, 4)]),
                ('dropout', [0.0, 0.4, 0.7, 0.9])])

layer_params = dict([('DENSE', ['size', 'activation', 'dropout']),
                     ('CONV2D', ['size', 'activation',
                                 'kernel_size', 'stride',
                                 'dropout']),
                     ('MAXPOOL2D', ['kernel_size', 'stride',
                                   'dropout'])])
# 加载数据集
cifar_dataset = keras.datasets.cifar10
(train_images, train_labels), (test_images, test_labels) = cifar_dataset.load_data()
```

```
# 标准化数据集
mean = np.mean(train_images)
stddev = np.std(train_images)
train_images = (train_images - mean) / stddev
test_images = (test_images - mean) / stddev

# 将标签改为 one-hot
train_labels = to_categorical(train_labels, num_classes=10)
test_labels = to_categorical(test_labels, num_classes=10)
```

下一步是为自动生成模型构建一些基础结构。为简单起见，我们对搜索空间增加了很大的约束。首先，只允许顺序模型，此外，根据对应用的了解（图像分类），在网络上施加了一个刚性结构，把网络视为一个底部子网和一个顶部子网的组合，底部部分由卷积层和最大池化层组成，顶部部分由全连接层组成。此外，允许在任何层之后添加 dropout 层，并在底部和顶部之间添加一个展平层，以确保最终得到一个有效的 TensorFlow 模型。

代码段 17-15 中的方法用于在这个受约束搜索空间中生成一个随机模型。还有一种方法是根据可训练参数的数量来计算生成模型的大小。注意，这些方法与 TensorFlow 没有任何关系，而是在调用 DL 框架之前对网络的表示。

代码段 17-15　在已定义搜索空间内生成具有随机参数的网络的方法

```
# 创建模型定义的方法
def generate_random_layer(layer_type):
    layer = {}
    layer['layer_type'] = layer_type
    params = layer_params[layer_type]
    for param in params:
        values = param_values[param]
        layer[param] = values[np.random.randint(0, len(values))]
    return layer

def generate_model_definition():
    layer_count = np.random.randint(2, 9)
    non_dense_count = np.random.randint(1, layer_count)
    layers = []
    for i in range(layer_count):
        if i < non_dense_count:
            layer_type = layer_types[np.random.randint(1, 3)]
            layer = generate_random_layer(layer_type)
        else:
            layer = generate_random_layer('DENSE')
        layers.append(layer)
    return layers
```

```
def compute_weight_count(layers):
    last_shape = (32, 32, 3)
    total_weights = 0
    for layer in layers:
        layer_type = layer['layer_type']
        if layer_type == 'DENSE':
            size = layer['size']
            weights = size * (np.prod(last_shape) + 1)
            last_shape = (layer['size'])

        else:
            stride = layer['stride']
            if layer_type == 'CONV2D':
                size = layer['size']
                kernel_size = layer['kernel_size']
                weights = size * ((np.prod(kernel_size) *
                                   last_shape[2]) + 1)
                last_shape = (np.ceil(last_shape[0]/stride[0]),
                              np.ceil(last_shape[1]/stride[1]),
                              size)
            elif layer_type == 'MAXPOOL2D':
                weights = 0
                last_shape = (np.ceil(last_shape[0]/stride[0]),
                              np.ceil(last_shape[1]/stride[1]),
                              last_shape[2])
        total_weights += weights
    total_weights += ((np.prod(last_shape) + 1) * 10)
    return total_weights
```

下一组方法采用前面代码段中创建的模型定义，创建并用少量迭代评估相应的 TensorFlow 模型，代码实现如代码段 17-16 所示。评估模型的方法增加了大小约束，如果所请求的模型有太多参数，该方法将简单地返回 0.0 的精度。调用该方法的搜索算法需要对此进行检查，如有必要，生成一个更小的模型。

代码段 17-16　将模型定义转为 TensorFlow 模型，并用少量迭代进行评估

```
# 基于模型定义创建和评估模型的方法
def add_layer(model, params, prior_type):
    layer_type = params['layer_type']
    if layer_type == 'DENSE':
        if prior_type != 'DENSE':
            model.add(Flatten())
        size = params['size']
        act = params['activation']
        model.add(Dense(size, activation=act))
```

```
    elif layer_type == 'CONV2D':
        size = params['size']
        act = params['activation']
        kernel_size = params['kernel_size']
        stride = params['stride']
        model.add(Conv2D(size, kernel_size, activation=act, strides=stride, padding=
                         'same'))
    elif layer_type == 'MAXPOOL2D':
        kernel_size = params['kernel_size']
        stride = params['stride']
        model.add(MaxPooling2D(pool_size=kernel_size, strides=stride, padding=
                               'same'))
    dropout = params['dropout']
    if(dropout > 0.0):
        model.add(Dropout(dropout))

def create_model(layers):
    tf.keras.backend.clear_session()
    model = Sequential()
    model.add(Lambda(lambda x: x, input_shape=(32, 32, 3)))
    prev_layer = 'LAMBDA' # Dummy layer to set input_shape
    prev_size = 0
    for layer in layers:
        add_layer(model, layer, prev_layer)
        prev_layer = layer['layer_type']
    model.add(Dense(10, activation='softmax'))
    model.compile(loss='categorical_crossentropy', optimizer= 'adam',
                  metrics=[ 'accuracy' ])
    return model

def create_and_evaluate_model(model_definition):
    weight_count = compute_weight_count(model_definition)
    if weight_count > MAX_MODEL_SIZE:
        return 0.0
    model = create_model(model_definition)
    history = model.fit(train_images, train_labels,
                        validation_data=(test_images, test_labels),
                        epochs=EVAL_EPOCHS, batch_size=64,
                        verbose=2, shuffle=False)
    acc = history.history['val_accuracy'][-1]
    print('Size: ', weight_count)
    print('Accuracy: %5.2f' %acc)
    return acc
```

现在已经有了所有的构建块来实现第一个也是最简单的搜索算法，即纯随机搜索，如代码段 17-17 所示。它由一个运行固定迭代次数的外部 for 循环组成，每次迭代随机生成并评估一个模型。当生成的模型太大时，有一个内部循环来处理这种情况，内部循环只是简单地重复生成随机模型，直到生成一个符合大小约束的模型。

代码段 17-17 纯随机搜索算法的实现

```
# 纯随机搜索
np.random.seed(7)
val_accuracy = 0.0
for i in range(CANDIDATE_EVALUATIONS):
    valid_model = False
    while(valid_model == False):
        model_definition = generate_model_definition()
        acc = create_and_evaluate_model(model_definition)
        if acc > 0.0:
            valid_model = True
    if acc > val_accuracy:
        best_model = model_definition
        val_accuracy = acc
    print('Random search, best accuracy: %5.2f' %val_accuracy)
```

随着程序的运行，可以看到如何对 500 个不同模型进行三轮迭代的评估，并输出模型准确性与当前最优模型的准确性。在实验中，最优模型的评价准确率为 59%。

如前所述，在不利用先前模型行为的情况下随机生成模型，是试图找到最优解的一种低效方法，下一步是实现爬山法，如代码段 17-18 所示。我们创建了一个辅助方法，随机地稍微调整其中一个参数，以便在允许的搜索空间中从现有模型移动到邻近模型。第一个 for 循环确定了底部（非密集）和顶部（密集）层之间的边界索引。下一步是决定是增加还是减少模型的容量，接下来是决定是否添加 / 删除一个图层或调整现有图层的参数，主要目的是确保修改后的模型仍然保持在合法模型的范围内。

代码段 17-18 爬山法

```
# 爬山的辅助方法和进化算法
def tweak_model(model_definition):
    layer_num = np.random.randint(0, len(model_definition))
    last_layer = len(model_definition) - 1
    for first_dense, layer in enumerate(model_definition):
        if layer['layer_type'] == 'DENSE':
            break
    if np.random.randint(0, 2) == 1:
        delta = 1
    else:
        delta = -1
```

```
    if np.random.randint(0, 2) == 1:
        # 增加/减少层
        if len(model_definition) < 3:
            delta = 1 # Layer removal not allowed
        if delta == -1:
            # 移除层
            if layer_num == 0 and first_dense == 1:
                layer_num += 1 # Require >= 1 non-dense layer.
            if layer_num == first_dense and layer_num == last_layer:
                layer_num -= 1 # Require >= 1 dense layer.
            del model_definition[layer_num]
        else:
            # 增加层
            if layer_num < first_dense:
                layer_type = layer_types[np.random.randint(1, 3)]
            else:
                layer_type = 'DENSE'
            layer = generate_random_layer(layer_type)
            model_definition.insert(layer_num, layer)
    else:
        # 调整参数
        layer = model_definition[layer_num]
        layer_type = layer['layer_type']
        params = layer_params[layer_type]
        param = params[np.random.randint(0, len(params))]
        current_val = layer[param]
        values = param_values[param]
        index = values.index(current_val)
        max_index = len(values)
        new_val = values[(index + delta) % max_index]
        layer[param] = new_val

# 爬山，从随机搜索的最佳模型开始
model_definition = best_model

for i in range(CANDIDATE_EVALUATIONS):
    valid_model = False
    while(valid_model == False):
        old_model definition = copy.deepcopy(model_definition)
        tweak_model(model_definition)
        acc = create_and_evaluate_model(model_definition)
        if acc > 0.0:
            valid_model = True
```

```
        else:
            model_definition = old_model_definition
    if acc > val_accuracy:
        best_model = copy.deepcopy(model_definition)
        val_accuracy = acc
    else:
        model_definition = old_model_definition
    print('Hill climbing, best accuracy: %5.2f' %val_accuracy)
```

实际的爬山法在代码段的底部实现。假设一个初始模型，然后逐步调整它的方向，以提高预测的准确性。该算法的实现版本被称为随机爬山法。随机修改一个参数，如果得到的模型比之前的最优模型更好，则保留更改。否则，被恢复，并尝试另一个调整。给定的实现假设爬山法是在随机搜索之后运行的，所以是从一个很有前景的模型开始。

爬山法从随机搜索实验中选取最优模型，并逐步完善。在评估了500个不同模型后，模型的评估准确率为74%。

对于随机搜索算法和爬山法，我们的评估策略是只对每个解进行三轮训练迭代的评估。假设得到的验证误差是一个很好的衡量模型在多次训练后的性能指标。为更准确地评估最佳模型的实际性能，代码段17-19对最优模型进行了20轮迭代的评估。正如预期的那样，增加迭代次数提高了测试的准确性。在实验中，最终获得了76%的准确率。考虑到在第7章中最佳配置进行了128轮迭代训练，那么这个结果可以与它相媲美。

代码段17-19 用更多迭代评估最优模型

```
# 用更多迭代次数评估最终模型
model = create_model(best_model)
model.summary()
model.compile(loss='categorical_crossentropy',
              optimizer='adam', metrics=['accuracy'])

history = model.fit(
    train_images, train_labels, validation_data =
    (test_images, test_labels), epochs=FINAL_EPOCHS, batch_size=64,
    verbose=2, shuffle=True)
```

我们实现的第三种搜索算法是一种进化算法，如代码段17-20所示。首先定义总体中同时存在的候选解数量为50。进化算法的一个关键部分是交叉操作，它将两个已有的解（父解）合并成一个新的解（子解），该子解继承了两个父解的属性。我们所采用的方法是简单地从一个父解中取出底部（非密集）层，并将其与来自另一个父解的顶部（密集）层结合起来。这里的想法是，底层的任务是从图像中提取有用特征，而顶层的任务是执行分类。如果其中一个父解具有很好的结构来提取特征，而另一个父解具有很好的结构能够基于一组好的特征进行分类，那么将两者结合起来就可以得到更好的模型。我们通过一个手工设计的示例证实了这一点。交叉方法还有一种逻辑是将父模型的所有层组合在一起，如果父模型足够小的话。

代码段 17-20　进化算法

```
POPULATION_SIZE = 50

# 进化算法的辅助方法
def cross_over(parents):
    # 选取底部的一半以及顶部的另一半
    # 如果模型很小，随机堆叠顶部和底部
    bottoms = [[], []]
    tops = [[], []]
    for i, model in enumerate(parents):
        for layer in model:
            if layer['layer_type'] != 'DENSE':
                bottoms[i].append(copy.deepcopy(layer))
            else:
                tops[i].append(copy.deepcopy(layer))

    i = np.random.randint(0, 2)
    if (i == 1 and compute_weight_count(parents[0]) +
        compute_weight_count(parents[1]) < MAX_MODEL_SIZE):
        i = np.random.randint(0, 2)
        new_model = bottoms[i] + bottoms[(i+1)%2]
        i = np.random.randint(0, 2)
        new_model = new_model + tops[i] + tops[(i+1)%2]
    else:
        i = np.random.randint(0, 2)
        new_model = bottoms[i] + tops[(i+1)%2]
    return new_model

# 进化算法
np.random.seed(7)

# 产生最初的模型种群
population = []
for i in range(POPULATION_SIZE):
    valid_model = False
    while(valid_model == False):
        model_definition = generate_model_definition()
        acc = create_and_evaluate_model(model_definition)
        if acc > 0.0:
            valid_model = True
    population.append((acc, model_definition))
```

```
# 种群进化
generations = int(CANDIDATE_EVALUATIONS / POPULATION_SIZE) - 1
for i in range(generations):
    # 产生新个体
    print('Generation number: ', i)
    for j in range(POPULATION_SIZE):
        valid_model = False
        while(valid_model == False):
            rand = np.random.rand()
            parents = random.sample(
                population[:POPULATION_SIZE], 2)
            parents = [parents[0][1], parents[1][1]]
            if rand < 0.5:
                child = copy.deepcopy(parents[0])
                tweak_model(child)
            elif rand < 0.75:
                child = cross_over(parents)
            else:
                child = cross_over(parents)
                tweak_model(child)
            acc = create_and_evaluate_model(child)
            if acc > 0.0:
                valid_model = True
        population.append((acc, child))
    # 随机选择适合的个体
    population.sort(key=lambda x:x[0])
    print('Evolution, best accuracy: %5.2f' %population[-1][0])
    top = np.int(np.ceil(0.2*len(population)))
    bottom = np.int(np.ceil(0.3*len(population)))
    top_individuals = population[-top:]
    remaining = np.int(len(population)/2) - len(top_individuals)
population = random.sample(population[bottom:-top],
                               remaining) + top_individuals

best_model = population[-1][1]
```

进化算法首先生成并评估随机模型的种群，然后，通过调整和组合现有种群中的模型，随机生成新的模型。创建新模型有三种方法：

- 调整现有模式。
- 将两个父模型合并为一个子模型。
- 将两个父模型合并为一个子模型，并对得到的模型进行调整。

一旦生成了新模型，算法就会按概率选择高性能的模型以保留到下一次迭代。在这一选择过程中，父母和子女都参与其中，这在进化计算领域也被称为精英主义。

该代码首先生成并评估 50 个随机模型的种群，然后反复进化并评估一个由 50 个个体组成的新种群。在对 10 代，即 500 个体进行评估后，实验中最优解的评估准确率为 65%，低于爬山法。就像爬山法一样，可以使用代码段 17-19 对最优模型进行更多轮迭代训练，从而获得更准确的评估。对于进化算法模型，得到了 73% 的测试精度。

考虑到这三种搜索算法都是随机的，每次运行的结果可能会有很大不同。结果表明，爬山法优于进化算法，且均优于纯随机搜索算法。这个编程示例的主要目的不是得到最优解，而是说明并阐述这三种自动查找网络架构的方法。确实遇到了一些内存不足错误的问题，这似乎与在同一个程序中创建大量模型有关。根据机器配置，你有可能需要减少迭代次数或最大模型大小。

上述模型实现了一种受生物神经元启发的架构，得到了一个可以根据图像中存在的对象类型对图像进行分类的模型。这个模型的代码只是一个简单的 Python 脚本，由不到 300 行代码组成。不过，代码行数可能不是最有意义的指标。也许很快就会有一个足够富有表现力的库，在那里可以用一行代码解决任何人类级别的任务：

```
model.add_brain(neurons=8.6e10, connections_per_neuron=7000)
```

17.5.3　神经架构搜索的内在含义

NAS 提供了一条自动生成 DL 模型的途径，从而使不擅长网络架构的实践者能够构建自己的特定问题的模型。例如，Jin、Song 和 Hu（2019）引入了一个称为 Auto-Keras 的 NAS 框架。使用这个框架，搜索一个分类器的结构被简化为一个 `import` 语句和几行代码[⊖]：

```
from autokeras import StructuredDataClassifier
search = StructuredDataClassifier(max_trials=20)
search.fit(x = X_train, y = y_train)
```

然而，正如前面描述的编程示例所示，这将导致巨大的计算成本。关于 NAS 的一个未解决的问题是，它是否真的会产生一个通用的解决方案，从而使得从业者无须详细了解 DL。至少在不久的将来，实践者似乎仍然需要了解关于他们特定问题领域的基础知识，并将 NAS 作为一种工具来帮助在定义良好的解决方案空间中找到最优解。Thomas（2018）提出的另一个核心问题是，每个新问题是否都需要独特架构。大量非专业人士使用 DL 的最好方法可能是，让基于预先训练模型的迁移学习变得容易。这些预先训练好的模型将由一组人数不多的专家开发，他们可以使用寻找新的复杂架构所需的巨大计算资源。

⊖ 与往常一样，还需要加载数据集并确保其格式正确。

CHAPTER 18

第18章 总结和未来展望

在本书的最后一章，首先用一小节来总结我们认为读者应该从本书中学到的内容，使得读者有机会来确定有可能错过的内容。当开始应用所获得的新技能时，一个重要的方面是以负责任的方式去做。为了强调这一点，我们还讨论了数据伦理和算法偏见。最后，列出了一些所忽略的深度学习（DL）领域的重要主题，并概述了在读完本书后继续学习的潜在途径。

18.1 你现在应该知道的事情

本书介绍了大量概念，如果以前没有接触过，可能会有些不知所措。本节总结了主要概念，以便可以检查是否遗漏了任何重要内容。读者可以使用这一节来确定继续 DL 学习之前可能想要重温的概念。

本书描述了许多可以用 DL 解决的不同类型的问题，包括二分类、多分类、回归和时间序列预测。我们还展示了将数据从一种表示转换为另一种表示的示例，例如从一种语言转换为另一种语言，或者根据图像创建文本描述。还讨论了文本数据的情感分析和离群点检测。

解决这些问题的神经网络的基本构件是单元 / 神经元，它们都是 Rosenblatt 感知器的变体。对于最简单的单元，唯一的区别是激活函数，其中大多使用线性单元、tanh 单元、logistic sigmoid 单元和校正线性单位（ReLU）。我们还使用了一种更复杂的单元，称为长短期记忆（LSTM）。

我们将这些单元组合成不同类型的层或网络架构，如全连接前馈网络、卷积网络和循环网络，其中每种网络类型都适合解决特定的一类问题。我们还展示了如何将不同类型的网络组合为混合架构，包括后面章节中使用的相当复杂的编 – 解码器网络，以及对其进行扩展以包含注意力机制。我们描述了采用自注意力机制的 Transformer 架构。最后，我们展示了在多模态下工作的网络示例，以及用于多任务学习的多头网络。

采用随机梯度下降（SGD）训练这些网络，用反向传播算法计算梯度，这需要一个适当的损失函数。我们研究了均方误差（用于线性输出单元）、交叉熵（用于 Sigmoid 输出单元）和分类交叉熵（用于 Softmax 输出层）这些损失函数。作为这个过程的一部分，还需要决定权重初始化方案、学习率，以及使用朴素 SGD 还是更高级的优化器，如 Adam 或 RMSProp。

在训练过程中，必须注意训练误差和测试误差，并在学习进展不尽如人意的情况下采用各种技术。我们研究了各种各样的技术来对抗网络学习的爆炸和消失的梯度，并探索了各种正则化技术，以解决网络设法学习训练集但没有泛化到测试集的情况。这种正则化技术的例子有早期停止、L1 和 L2 正则化、dropout 和数据增强。与所有参数相关，我们讨论了网络调优和选择超参数的方法，还讨论了神经架构搜索（NAS）的概念，以自动化查找模型架构的过程。

为了训练一个网络，我们需要一个数据集。在本书中，使用了 MNIST、Boston Housing、CIFAR-10 和 COCO 等标准数据集。我们还使用了下载的数据，而不是专门为 DL 准备的数据，例如季度销售数据、*Frankenstein* 一书，以及一组从法语翻译成英语的句子。

为使用这些数据集，我们经常需要将数据转化为合适的表征，通过标准化数据，确保图像数据正确地表示为一个或多个通道，使用单个字符时 one-hot 编码文本数据或创建密集单词编码也称为词嵌入。我们了解了词嵌入是如何编码词的语法特征和它们所代表的语义，与此相关的是整个句子的向量表示，可以用于情感分析。

我们希望读者在读完本书之后，对以上所有内容至少有点熟悉。如果觉得需要重温一些东西，那就浏览全书的目录，直到找到错过的主题。还可以参考附录 J 中的备忘单，以获得许多概念的可视化总结。

18.2　伦理 AI 和数据伦理

在本书中，我们已经指出了关于伦理问题的各种例子，伦理问题是由用于数据集的训练模型引起的，这些数据集不够多样化，或者包含人类偏见。这些例子属于更广泛伦理人工智能（AI）和数据伦理的主题。

伦理学包括识别以及推荐正确和错误的行为。数据伦理是一个子领域，在数据中涉及这方面，特别是个人数据。换句话说，任何关于如何处理个人数据的对错讨论都与数据伦理有关。同样，伦理 AI 与这些主题相关，而数据只是 AI 的一部分。在本节中，我们将简要介绍这个主题，并提供进一步阅读的要点。

当一个训练过的模型在一个从未想过的环境中使用时，就会出现问题。例如，如果已知模型包含人类偏见，那么在执法中使用它便不是一个好选择。Mitchell 及其同事（2018）提出了一种解决这一问题的方法，当发布模型时，他们还建议发布描述模型及其预期用例的详细信息的文档，这段文档被称为模型卡，它基于具有预定义主题集的模板。模型卡类似第 4 章中讨论的数据集数据表，但模型卡不是记录数据集，而是记录模型。

伦理学的一个主要挑战是，不同人对什么是对的、什么是错的有不同的看法。这意味着没有准确答案，很容易因为个人偏见和盲点而犯错误。在某种程度上，这可以在团队设置中得到解决。在整个产品开发阶段，识别并讨论应用程序及其基于的算法和数据的潜在问题。理想情况下，这是在一个具有多种视角的多元化团队中完成的。然而，即使是同质的团队或个人，也可以利用他们的同理心来识别只适用于他人的问题。建立一个要查找特定问题的清单，以及要考虑的主题或问题，可以促进这些讨论。

18.2.1 需要注意的问题

本节讨论了以下四个问题：追索权和责任的必要性、反馈回路、虚假信息和偏差。在进入这些主题所需讨论的问题清单之前，我们提供了这些主题的概述和示例。

追索权和责任的必要性

不管算法的意图有多好，在某些情况下依旧很可能会出错。需要有办法解决追索权和责任问题，可能是绕过该系统，以避免让人们陷入两难的境地。这要求系统设计者、提供者和维护者共同承担责任，而不是仅仅归咎于系统。

这类问题的一个很好的例子是美国信用评分机构，它们为每个美国消费者收集并汇总个人财务数据，形成一个评分。其他公司和机构依靠这一评分来决定消费者是否应该被允许贷款、获得信用卡或注册手机计划。不用说，有时候一个人最终会得到一个不准确的分数。纠正这些错误需要花费大量的时间。如果相关公司承担更多的责任，并提供改进的方法来解决不准确问题，那么许多问题就可以得到解决。

然而，为了解决这样的问题，系统的所有部分都需要协同工作，作为新技术的开发人员，可以通过在系统设计的早期提出责任和追索权问题来发挥关键作用。

反馈回路

无论何时设计一个系统，考虑它是否会失去控制都是很重要的。当系统的操作影响到系统的工作环境时，这一点尤为重要。也就是说，一个时间点的输出会影响到后面一个时间点的输入。

反馈回路的一个例子是在招聘过程中使用自动工具来识别合适的候选人。考虑这样一个例子，该工具根据描述当前在该职业中取得成功的个人数据进行培训。如果这个职业目前由一个特定的群体主导（例如，男性员工），模型可能很好地发现这种偏见。然后，它会在识别候选人时使用这种偏见，并主要推荐男性申请者。De-Arteaga 及其同事（2019）描述了这将如何加剧现有失衡，因为该系统显示大部分应聘者都是男性，所以会有更多的男性被录用，这反过来会进一步扩大该职业内的性别差距。

反馈回路不仅对个人和整个社会会产生影响，也会给提供这项服务的公司带来巨大的风险。Baer（2019）描述了一家银行使用算法自动识别低风险客户并提高其信用额度的案例。该算法通过查看低风险客户的信贷利用率（使用信贷的百分比与上限的比较）来识别低风险客户，如果它低于某个阈值，则提高上限。一旦他们的信贷限额提高，利用率就会进一步下降，因为利用率是上限的函数，这反过来又导致了系统信用额度的进一步提高。经过多次迭代，客户将获得近乎无限的信贷，这导致消费超出了他们的承受能力，使银行面临巨大风险。

虚假信息

DL 的一个重要的子领域是生成模型，我们只是在文本自动补全的背景中简要地讨论了这个主题，但是 DL 也可以用来生成更大的文本体。这些模型可用来生成和传播虚假信息，比如 Twitter 机器人（Wojcik et al.，2018）生成和转发虚假新闻。

类似地，生成 DL 模型也可以生成逼真的图像和视频，这种模型已经被用来制作视频，视频中一个人的外表可以被改变成其他人的样子，并被恶意用于误导和造成伤害。

偏差

我们已经谈论过数据集中的偏差，但偏差有多种类型和来源。Suresh 和 Guttag（2019）讨论了在使用机器学习（ML）时需要注意的六种不同类型的偏差。每种类型的偏差都与 ML 中的特定步骤相关：

- 历史偏见是存在现实世界中的偏见。即使一个语言模型是针对所有曾经写过的文本进行训练的，文本也会受到作者的人类偏见的影响。
- 代表性偏差是抽样数据不能代表世界的结果。如果只使用英文版的维基百科来训练模型，那么它就不能代表其他语言。此外，它也不能代表所有的英文文本，因为维基百科代表的是一种特殊的内容。
- 测量偏差是通过测量一个特征并将其作为测量的真实特征的代表而产生的。如果我们使用刑事定罪作为犯罪活动的代表，但司法系统采用种族定性，或定罪在其他方面存在偏见，那么我们对犯罪活动的衡量就会存在偏差。
- 聚合偏差是由于模型以不正确的方式组合了不同的子群造成的。例如，设想创建一个模型，在不了解患者性别或种族的情况下生成医疗诊断。考虑到性别和种族往往在正确诊断方面发挥着作用，这种模型对某些群体的效果会更差。相反，更好的方法是为不同群体开发单独模型，或者为模型提供输入以区分不同群体[1]。检测这类问题的一个好方法是，不仅要查看模型的整体性能指标，还要为不同的子群单独计算性能，并确保模型在子群之间的行为相似。
- 评估偏差是由评估模型的方法造成的。例如，如果测试数据集或评估指标选择不当，则存在结果模型在部署时表现不佳的风险。
- 部署偏差是由于部署模型的使用或解释方式与最初的目的不符而产生的偏差。

18.2.2 问题清单

除了刚刚讨论的具体问题，Thomas（2019）建议团队在项目开发周期中回答以下问题清单：

- 我们应该这么做吗？
- 数据中的偏差是什么？

[1] 对不同群体使用不同模型可能会给自身带来一系列问题，并且可能会存在一些争议。

- ❑ 代码和数据可以被审核吗？
- ❑ 不同子群的错误率是多少？
- ❑ 一个基于简单规则的替代方案的准确性是多少？
- ❑ 什么程序来处理上诉或错误？
- ❑ 创建模型的团队多样化程度如何？

其他值得思考的好问题参考 *Ethics in Tech Practice: A Toolkit*（Vallor，2018），我们还建议阅读 *Data Ethics*（Thomas、Howard，and Gugger, 2020），本节的大部分内容都基于此。另一个有用的资源是 Baer 的 *Understand, Manage, and Prevent Algorithmic Bias: A Guide for Business Users and Data Scientists*（2019）。

18.3　你还不知道的事情

本书包括 DL 领域的大量主题，但没有涵盖所有内容。因此，在最后一章，简要描述那些所忽略的重要主题，并提供一些继续学习的方法。

18.3.1　强化学习

ML 领域通常被划分为三个不同的分支：

- ❑ 有监督学习
- ❑ 无监督学习
- ❑ 强化学习

本书中描述的大多数机制都属于有监督学习的范畴，尽管我们也包含一些无监督学习的例子。

本书没有使用第三个分支强化学习，但我们会简要描述它与其他两个分支的之间的关系，并且我们鼓励有兴趣的读者阅读关于这个主题的其他资源。

在有监督学习算法中，模型从已标记的数据集中学习，该数据集代表模型所要学习的真实值。然而，在无监督学习算法中，数据集没有被标记，算法要负责查找数据中的结构。强化学习不同于这两种算法，其智能体与环境交互进行学习，目标是最大化累积奖励函数。也就是说，智能体并未获得定义正确行为的真实值，而是获得反馈（奖励），详细说明一个或一系列行动的好与坏。智能体本身需要探索可能的行动序列空间，并学习如何最大化奖励。

关于 DL 如何应用于强化学习领域的一个著名例子是 Mnih 和同事（2013）展示了一个模型如何学习玩雅达利电子游戏。智能体学习了用户输入游戏的内容，最大化最终得分，它没有用户对特定输入（屏幕上的像素）所采取动作的标记样本，而是通过探索一系列可行的动作，来学习哪些动作能够获得最佳累积奖励（游戏的最终得分）。

18.3.2　变分自编码器和生成对抗网络

在第 12 章中，我们学习了如何使用语言模型生成内容的例子。给定一个句子的开头，该模型生成一个看似合理的下文，所生成的文本不是简单地记录以前见过的句子，而是可以采用新生成的、以前未见过的文本序列的形式。然而，它不是一个随机序列，而是一个遵循所学语法结构的序列。此外，在第 17 章中，我们看到了使用自编码器来重建中间给定较窄表示的图像。然而，迄今为止，还没有看到可以生成以前未见过图像的模型示例。能做到这一点的两种流行的模型是变分自编码器（VAE）和生成对抗网络（GAN）。

由 Kingma 和 Welling（2013）所提出的 VAE 是基于第 17 章中所描述的普通自编码器，核心思想是，一旦自编码器被训练再现图像，网络的解码器就可以用来生成新的图像。我们只需取一个中间表示并对其稍加修改，期望解码器能够输出一个有效的新图像。结果是，如果我们用常规的自动编码器来做，结果往往很差。对中间表示的微小变化，自动编码器的训练方式并不一定能产生正确或真实的输出。变分自编码器是自编码器的改进版本，改变了训练过程以促进模型在这方面表现得更准确。

由 Goodfellow 及其同事（2014）提出的 GAN 采用了不同方法，不是通过训练单个模型来重现输入图像，而是通过训练两个不同模型来完成两个不同任务。其中一个模型被称为生成器，被训练为基于随机输入集生成图像，这类似自编码器的解码器组件基于狭窄中间表示生成图像，但不同的是没有给生成网络提供用于再现图像的真实值。相反，它的目的是欺骗另一个网络，即所谓的鉴别器。鉴别器被训练用于区分来自数据集的真实图像和由生成器生成的图像。这两个网络在本质上是对抗性的（因此用这种方法命名），因为生成器不断地试图提高其欺骗鉴别器的能力，而鉴别器也不断地试图提高其识别生成器欺骗的能力。最终结果是生成器，可以基于随机输入生成在数据集中无法区分的图像，通过改变这个随机输入，就产生了随机输出图像。

VAE 在早期展现了一些美好的前景，但随着 GAN 的出现受欢迎程度逐渐下降，后者证实具有更好的结果。特别是，VAE 生成的图像往往是模糊的。然而，在最近的一篇论文中，Vahdat 和 Kautz（2020）演示了如何使用一类 VAE 来生成清晰图像，他们的工作可能会重新激发人们对 VAE 领域的兴趣。

在本节中，我们在图像生成背景下描述了 VAE 和 GAN，因为这是这些技术最流行的应用领域。然而，VAE 和 GAN 更为通用，还可以应用于其他类型数据。

18.3.3　神经风格迁移

我们刚才描述的两种技术可以用来生成与训练数据集中的图像具有相同外观的图像。另一种重要的生成技术，是由 Gatys、Ecker 和 Bethge（2015）提出的神经风格迁移，用于在图像中分离内容和风格。在这种情况下，内容指的是图像中描述的对象，风格指的是图像中对象的纹理和配色方案等属性。

神经风格迁移能够从一幅图像中提取内容，从另一幅图像中提取风格，然后将两幅图像合并成一幅新的图像。在他们的论文中，Gatys、Ecker 和 Bethge 展示了将照片内容与著名艺术家的绘画风格相结合的例子，最终生成的图像包含了与照片中相同的物体，但采用了 J. M. W. Turner、Vincent van Gogh、Edvard Munch、Pablo Picasso 和 Wassily Kandinsky 的绘画风格。

18.3.4　推荐系统

DL 对推荐系统影响很大，许多在线服务都使用这种系统给用户推荐他们可能感兴趣的内容和产品。例如，网上购物网站通常会根据之前的购物记录来推荐购买商品。类似地，电影和音乐流媒体服务会根据用户之前表现出的兴趣，提供可能感兴趣的电影和歌曲。这些系统的一个关键是，不仅观察单个用户的历史模式，还了解同一网站上其他用户的使用模式。Zhang 和同事（2019）撰写了一篇调研论文，提供了更多关于推荐系统详细信息的参考文献。

18.3.5　语音模型

本书的重点是图像和文本，人机交互的另一个重要方向是语音。就像深度学习革命性地改变了计算机视觉和文本处理一样，它也实现了语音识别（语音到文本）和语音合成（文本到语音）的重大突破，可以参考 Nassif 及其同事（2019）在一篇综述文章中对语音识别工作的概述。语音合成的例子可查阅 Tacotron（Wang et., 2017）、Tacotron2（Shen et., 2018）、Flowtron（Valle et., 2020 年）、TalkNet（Beliaev, rebryk, and Ginsburg, 2020）的相关文章。我们建议读者阅读一些参考论文，此外，还可以点击论文中在线演示的链接，以了解语音识别是如何工作的。

深度学习在语音识别和语音合成领域的研究是未来阅读的好主题。

18.4　未来展望

在本书最后，我们为想进一步深入研究的读者提供了一些建议，概述了一些未来的方向，读者可以根据自己的目标和兴趣进行选择。

也许你觉得已经完成了一些理论基础的学习，现在想开始进行编程，也许你想解决一些实际问题，如果你有这类想法，那就去做吧！如果你需要一些灵感，我们建议你在网上去寻找一些经典教程，然后开始探索。如果你需要更多指导，可以阅读《Python 深度学习》（Chollet，2018）这本书，其中包含了许多有用的代码示例，包括刚才提到的使用 VAE 和 GAN 的神经风格转换和图像生成技术的示例。

另一种选择是通过阅读本书中相应的附录来深入了解一个特定主题。书中为进一步阅读提供了建议，同时我们还提供了大量参考资料，作为熟悉这一主题的历史研究文献的起点。然后你可以上网搜索引用了相关论文的最新发表文献，了解最新研究内容。如果选择研究一个特定主题，你还应该学习所选领域中除深度学习以外的内容。例如，如果你想研究语言模型，需要理解复杂度指标，如果研究机器翻译，则需要了解 BLEU 分数。毕竟，深度学习只是可以应用于广泛问题集的一组方法集合，要想处理好某个问题，需要理解问题域、解决方案空间（包括深度学习和非深度学习）以及成功指标。也许你觉得本书很有趣，但如果想深入了解传统机器学习，并了解本书中没有涉及的一些主题，例如强化学习、VAE、GAN 和神经风格转移。在这种情况下，可以阅读 *Deep Learning: From Basics to Practice*（Glassner，2018），其第一卷的大部分内容介绍了传统的机器学习概念和基本神经网络，第二卷则重点介绍了深度学习。

如果你想对该领域有更深入的数学理解，可以阅读 *Deep Learning*（Goodfellow, Bengio, and Courville, 2016），我们向所有想在深度学习领域进行学术研究和发表论文的人强烈推荐这本书。这本书从机器学习和深度学习中所使用的数学和概率论的概述开始，接着是传统机器学习的概述，然后对深度学习领域进行了全面描述。

另一个选择是参加网络课程。我们推荐三门网络课程：NVIDIA 深度学习学院的课程[一]、吴恩达的 Coursera 课程[二]和 LazyProgrammer 的机器学习 / 深度学习课程[三]。此外，Jeremy Howard 和 Rachel Thomas 通过他们的 fast.ai 研究小组提供了一套很棒的免费课程[四]。如果这一课程对你有吸引力，那么你还可以阅读 Howard 和 Gugger 的 *Deep Learning for Coders with fastai and PyTorch*（2020）。尽管这本书与 *Learning Deep Learning* 有很多重叠之处，但作者更多地采用了自上而下的方法，许多读者可能会觉得很有帮助。

本节描述了一些如何进一步深入学习的建议，但深度学习是一个快速发展的领域，读者应该有自己的判断。我们希望本书能够为读者提供继续学习深度学习所需的知识和灵感。

[一] https://www.nvidia.com/dli。

[二] https://www.coursera.org。

[三] https://lazyprogrammer.me。

[四] MakingNeuralNetsUncoolAgain, https://www.fast.ai。

APPENDIX A

附录 A

线性回归和线性分类

本附录的内容逻辑与第 3 章相关。

受 Nielsen（2015）的启发，在前 3 章中讨论了使用感知器和多层网络的二元分类问题，二元分类涉及确定输入是否应该产生属于两类之一的输出。一种更常见引入机器学习的方法是从描述一个回归问题开始，在这个问题中，预测的是一个实数而不是离散类，这将在接下来的几节中进行描述。

然后，描述二元分类问题的一些线性方法，也就是说，我们使用传统的 ML 技术解决第 1 ～第 3 章中研究的问题类型。

A.1 机器学习算法：线性回归

假设有许多由一个或多个输入值和一个相关的实值输出组成的训练样本，从机器学习的角度来看，这是一个回归问题，涉及训练一个数学模型，以便在输入值已知时预测期望输出值，我们将在下面的小节中更加具体地说明这一点。也许解决这类问题的最简单模型是使用线性回归，我们首先从单个输入变量的情况开始。

A.1.1 一元线性回归

用一个虚构的问题来说明单一输入变量的线性回归用法。假设你经营着一家冰淇淋店，想知道明天能卖多少冰淇淋。已经观察到卖出冰淇淋的数量似乎与每天的温度有关，所以想知道是否可以用温度来预测冰淇淋的需求。为了深入了解这个想法是否可行，创建了历史温度数据和冰淇淋需求的散点图，如图 A-1 中的“+”标记显示了可能的情况。

通过标记，可以用曲线对数据进行拟合得到公式，然后我们可以用来预测给定特定温度下的冰淇淋需求。图 A-1 绘制了拟合的直线：

$$y = ax + b$$

式中，y 代表冰淇淋需求量，x 代表温度。图 A-1 中直线的参数 a=2.0，b=−112。一个显而易见的问题是如何得到这两个参数，这就是机器学习算法的作用。对于线性回归情况，可以得到解析解，但在某些情况下，使用迭代算法会更有效。将在下面的几节中给出这两个示例。首先，我们看看这个回归问题的变体。

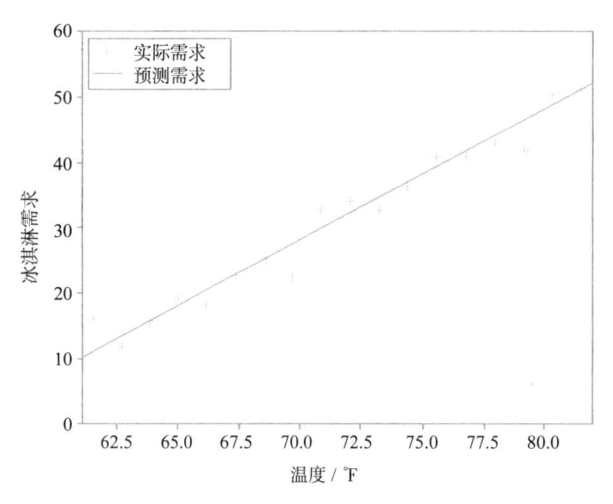

图 A-1　温度与冰淇淋需求量之间的关系 $\left(F=\frac{9}{5}C+32\right)$

A.1.2　多元线性回归

上一节中的模型相当有限，因为只使用了一个输入变量。冰淇淋的需求不仅与外界温度有关，还与前一天在电视上播放的广告数量有关。我们可以通过将线性模型扩展到二维来处理这个额外变量。图 A-2 显示了该模型的一个示例。图中没有显示任何实际的数据点，而只是模型预测。

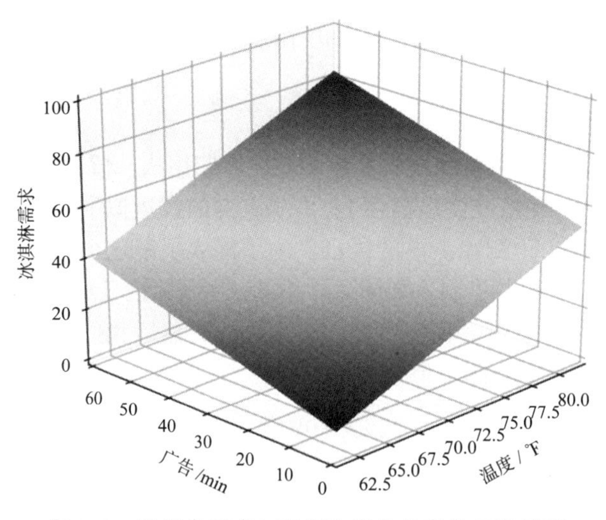

图 A-2　冰淇淋需求与温度和广告关系的函数模型

对于两个输入变量，预测现在采用平面而非直线的形式。这样，可以看到冰淇淋的需求是如何随着温度和广告时间的增加而增加的，平面的方程如下式所示：

$$z = \beta_0 + \beta_1 x_1 + \beta_2 x_2$$

式中，z 是需求，x_1 代表广告，x_2 是温度，参数值 β_0=−112、β_1=0.5、β_2=2.0。与之前一样，ML 算法的任务是求出这些参数。

该模型可以推广到 n 维输入变量，最终得到一个 n 维超平面。唯一的问题是很抽象，无法可视化。

A.1.3　用线性函数建模曲率

尽管已经对模型进行了扩展，可以使用任意数量的输入变量，但模型仍然有一定的局限性，因为它只能在直线或（超）平面很好地拟合数据的情况下，才可以很好地完成依赖关系建模。但是实际情况并非如此，例如，回到冰淇淋的例子，考虑一个比 61 ～ 82 ℉更大的温度范围。如果将这个范围的上端扩大到 100 ℉（约 38℃），随着温度的升高，冰淇淋的需求不会增加，因为人们可能选择待在有空调的房子里，而不去买冰淇淋，如图 A-3 所示。

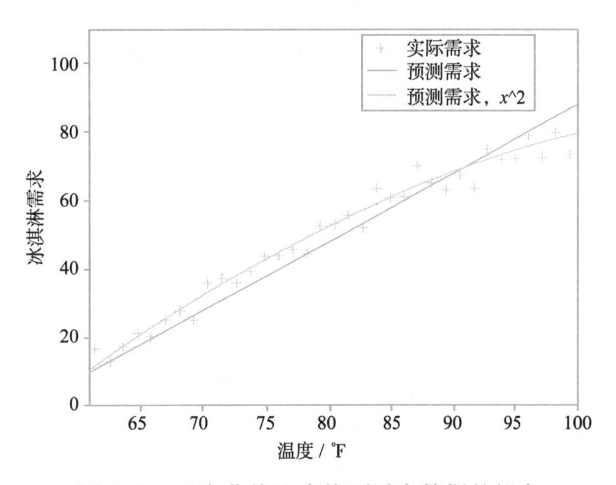

图 A-3　二次曲线比直线更适合数据的拟合

除了拟合一条直线，还包含一条基于二阶多项式的曲线：

$$y = \beta_0 + \beta_1 x + \beta_2 x^2$$

式中，y 是需求，x 是温度，x^2 是温度的平方，参数值为 β_0=−220、β_1=5.0、β_2=−0.02。就像前面的例子一样，机器学习算法的任务是为线性回归问题提供参数值。在这一点上，你可能会想，是否我们说错了，当称之为线性回归问题时，给出的曲线看起来很像二次型而不是线性的。然而，线性指的是所估计的参数（β_0，β_1，…，β_n），所以只要不将这些参数取幂，或对它们进行其他非线性运算，这仍然被认为是一个线性模型。因此，该问题是一个线性回归问题。如果这看起来不太直观，可以考虑上一节中的多元情况，假设将单变量情况扩展到两个或更多的变量是很直接的，那么前面的方程就没那么不同。模型不知道我们通过对第一个变量的平方创建了第二个变量（x^2），它也可以是一个自变量值恰好与 x 的平方值相同。

这个例子只使用了一个输入变量（温度），但是我们从该变量中创建了另一个变量（温度的平方），所以模型仍然有两个输入。可以把它扩展到包括高阶多项式，还可以将其与在前一节中看到的模型类型结合起来。在前一节中有多个输入变量（温度和广告），然后创建所有原始输入变量的高阶多项式。通过这样做，可以得到更加复杂的模型，而这些模型仍然被认为是线性模型。

A.2 计算线性回归系数

到目前为止，我们已经描述了如何使用线性回归来预测实数，也称为回归问题，但还没有描述如何求得解决方案的参数（系数）。有许多好的方法可以用来把数据点拟合成一条直线，最常用的方法是普通最小二乘法（Ordinary Least Squares，OLS），它基于最小均方误差（Mean Squared Error，MSE）实现。如果以前接触过 OLS，那么也可能见过闭式解，即通过控制数学符号来计算的解，而不是用数值方法计算一个近似解。我们随后将讨论闭式解，但首先描述如何使用梯度下降来迭代地得到一个数值解。第 2 章中对梯度下降进行了描述。首先构建解的假设，如果有 n 维输入变量，最直接的线性回归假设是：

$$y = w_0 + w_1x_1 + w_2x_2 + \cdots + w_nx_n$$

但如前所述，考虑包括高阶项的更复杂情况，可以用梯度下降法迭代地解决线性回归问题。使用 MSE 作为损失函数：

$$\frac{1}{m}\sum_{i=1}^{m}(y^{(i)} - \hat{y}^{(i)})^2 \qquad \text{(均方误差)}$$

当使用这个损失函数进行线性回归时，最终得到一个凸优化问题，这意味着任何局部最小值也是全局最小值。也就是说，只要选择的学习率足够小，梯度下降总会收敛到最优解。这听起来可能很棒，但值得注意的是，最佳解决方案是在假设空间中。如果线性函数不能解决这个问题，或者不能很好地解决它，那么线性函数的最优参数集仍然会是一个糟糕的解。

如前所述，也可以计算出这个问题的闭式解，这里不再详述，但我们对方法进行了概述并说明了最终解决方案。如果感兴趣，有很多描述线性回归的参考书，如，Hastie, Tibshirani, and Friedman（2009）和 Goodfellow, Bengio, and Courville（2016）在机器学习的背景下对线性回归进行了详细讨论。

闭式解是基于与梯度下降相同的思想，已知损失函数（MSE）并将其最小化，对所有训练示例，通过将前面公式中的和展开，然后计算导数，并对导数为零求解。如果只有几个训练样本和一个输入维度，利用常规代数实现比较直接，但随着输入样本或维数的增加，将变得复杂起来。这个问题的解决方法是用矩阵和向量来表述问题，然后用线性代数来求解[⊖]。可以看出，如果将所有输入向量排列在矩阵 $\boldsymbol{X}$ 中，输出值为向量 $\boldsymbol{y}$，那么可以计算出由损失最小化的系数组成的向量 $\boldsymbol{\beta}$，使用如下公式：

⊖ 我们的描述非常简洁，主要是为那些已经学习过如何使用线性代数解决线性回归问题的读者提供复习。如果你以前没有看过这篇文章，你可能需要查阅大量相关内容。

$$\boldsymbol{\beta}=(\boldsymbol{X}^{\mathrm{T}}\boldsymbol{X})^{-1}\boldsymbol{X}^{\mathrm{T}}\boldsymbol{y}$$

这个公式使用了一个在本书中从未见过的构造，即矩阵的逆。在这个公式中，逆矩阵（$\boldsymbol{X}^{\mathrm{T}}\boldsymbol{X}$）是由矩阵乘法得到的矩阵，但它与矩阵逆运算本身是解耦的。我们没有描述如何求逆矩阵的细节，但值得一提的是，并不是所有的矩阵都可以求逆。此外，对大矩阵求逆运算的计算代价很高。由于这种计算成本，在有大量训练示例的情况下（在数十万或数百万），即使一个封闭形式的解存在，通常更可取的仍然是使用梯度下降。关于线性回归的讨论到此结束，现在转到讨论用于分类的相关方法。

A.3 逻辑回归分类

在第 1 章和第 2 章中，我们使用了感知器来解决二元分类问题，当然也有其他类型的分类算法。一个重要的例子是逻辑回归，这个名字有点令人感到困惑，因为它解决的是分类问题而不是回归问题。逻辑回归很可能起源线性回归，是其一种变体，我们很快就会看到。

现在假设我们是冰淇淋顾客，而不是冰淇淋店老板。进一步假设，我们真的喜欢冰淇淋，不管温度，都想买冰淇淋。但是，我们不喜欢排队，所以如果队伍太长，就不想去冰淇淋店。为避免去了冰淇淋店却发现队伍太长而浪费时间，我们想要建立一个模型，使用温度作为输入数据，并尝试预测队伍是否太长。从我们的角度来看，这条线的确切长度并不重要。要么时间很短，我们愿意在里面等待，要么时间太长，选择回家。这意味着是一个二元分类问题，预测值要么是真（太长），要么是假（足够短）。

图 A-4 显示了尝试用线性回归来解决这个问题，“+”标记表示实际情况中过长的直线（值 =1）和足够短的直线（值 =0），用直线试图拟合数据点。第一个观察结果是，不可能仅根据温度完美地预测这条线是否太长，因为在顶部和底部的数据点之间存在重叠，这不足为奇。第二个观察结果是，直线预测的是实数，而不是离散值。可以通过假设一个 0.5 的阈值来解决这个问题：任何大于 0.5 的值都被解释为太长，任何小于 0.5 的值都被解释为足够短。细心的读者会注意到，这正是感知器所做的。

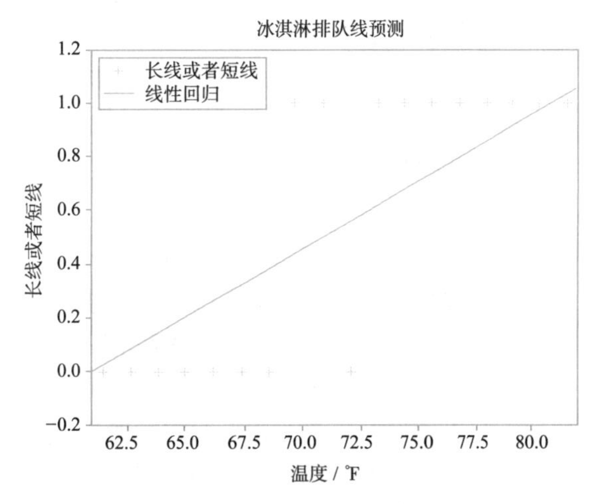

图 A-4 尝试使用线性回归来解决二元分类问题

如果根据图 A-4 并考虑前面章节的冰淇淋示例，我们能发现二次曲线拟合的数据最好，则采用函数而不是直线进行数值拟合似乎是有意义的。

如图 A-5 所示，在同一图表中绘制了 logistic sigmoid 函数的移位版本，这些数据点表明了冰淇淋队伍是否太长。

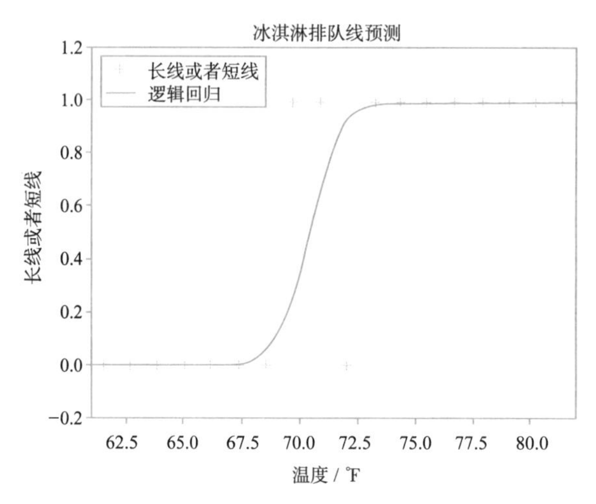

图 A-5　logistic sigmoid 函数拟合冰淇淋队伍是否过长的数据点示意图

作为参考，logistic sigmoid 函数[⊖]在书中作为神经元激活函数被广泛使用，公式如下：

$$S(x)=\frac{1}{1+\mathrm{e}^{-x}}$$

观察图 A-5，发现这个函数看起来比直线效果更好。而且，它似乎并没有比感知器有太大的改进。图中的曲线与第 1 章中图 1-3 中的曲线相似，图 1-3 说明了感知器使用的符号函数，这与对图 A-4 中的直线应用阈值的行为相同。也就是说，这三种方法是相互关联的。然而，逻辑回归的一个好处是，图 A-5 中的曲线不像感知器函数和任何其他基于阈值的方法那样存在不连续点。这意味着，只要提出一个可行的代价函数，就可以直接应用梯度下降，而不需要任何与不连续相关的附加说明。在没有进一步解释的情况下，给出逻辑回归的可行代价函数：

$$\frac{1}{m}\sum_{i=1}^{m}-(y^{(i)}\cdot\ln(\hat{y}^{(i)})+(1-y^{(i)})\cdot\ln(1-\hat{y}^{(i)}))\quad（交叉熵损失）$$

这个代价函数被称为交叉熵损失函数，也被用于神经网络中（具体描述见第 5 章）。在逻辑回归的背景下，交叉熵损失函数有一个很好的性质，即逻辑回归问题最终转化为另一个凸优化问题的案例。也就是说，在学习率参数足够小的情况下，梯度下降总会收敛到最优解。与线性回归相反，逻辑回归一般情况下没有已知的闭式解。现在，我们继续讨论如何以一种解决 XOR 问题的方式来表述逻辑回归问题。

A.4　用线性分类器对 XOR 进行分类

logistic sigmoid 函数与交叉熵损失函数结合，产生了一个称为逻辑回归的凸优化问题，可以用梯度下降法迭代求解。然而，当涉及线性可分性时，逻辑回归存在与感知器相

⊖ 这里描述的是逻辑函数的一个具体实例，它只是逻辑函数家族的众多成员之一。

同的限制，图 A-6 描述了一个有两个输入变量（x_1 和 x_2）的问题。我们发现不可能画一条直线将两个类完美分开，这种类型的图表在第 1 章中进行了介绍，并在第 2 章作了进一步讨论。

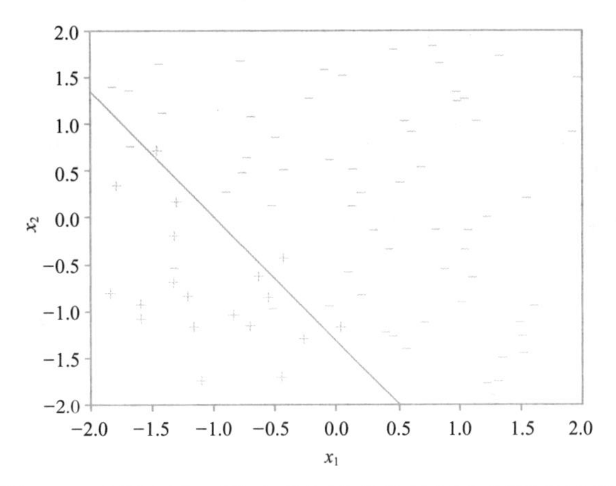

图 A-6　逻辑回归不能完美解决非线性可分问题的示例

鉴于之前的观察，直线在一定程度上是有限的，所以现在研究是否可以进一步修改分类函数，以尝试解决非线性可分问题，也就不足为奇了。这里我们重新回顾我们已经看到不是线性可分的异或问题，来实现上述研究。如图 A-7 所示，如果允许使用比直线更复杂的形状，我们用加号和减号来区分这两个类别。有多种解决方法，而我们认为椭圆是一个合理的方法，图 A-7 的左图表明，用椭圆可以简单分隔正号和负号。

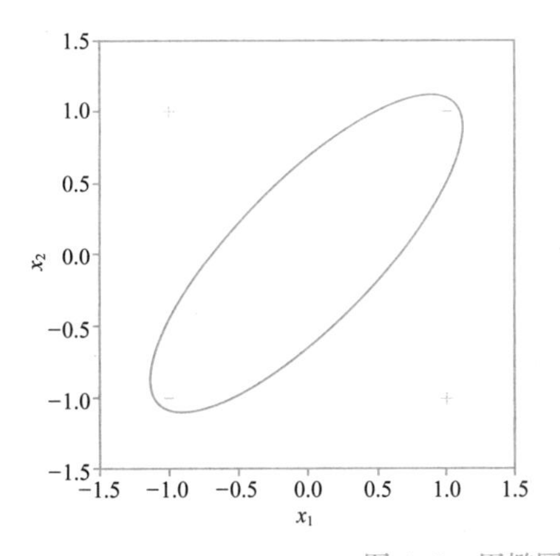

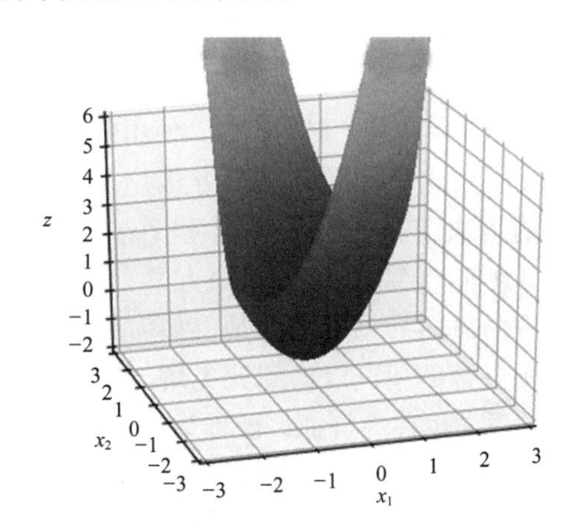

图 A-7　用椭圆代替直线解决异或问题

当看到一个与感知器类似的图，直线代表 3D 空间中的一个平面，z 值是 0（因为这是符号函数改变了其输出值）。在这个例子中可以做同样的事情，但是我们从一个以 0 为圆心并旋转一个角度 θ 的椭圆的方程开始。

$$\left(\frac{x_1\cos(\theta)-x_2\sin(\theta)}{a}\right)^2+\left(\frac{x_1\sin(\theta)-x_2\cos(\theta)}{b}\right)^2=1$$

如果令方程解为 0，得到的方程为 z，即得到一个在椭圆外大于 0，在椭圆内小于 0 的方程。方程如下所示，z 与 x_1 和 x_2 的对应关系如图 A-7 右图所示。

$$z=\left(\frac{x_1\cos(\theta)-x_2\sin(\theta)}{a}\right)^2+\left(\frac{x_1\sin(\theta)-x_2\cos(\theta)}{b}\right)^2-1$$

如果现在使用 z 作为 logistic sigmoid 函数的输入，假设表达式中的所有常量已知，则可以用来对 XOR 问题的数值点进行正确分类。

z 的表达式改写为：

$$z=w_0+w_1x_1x_2+w_2x_1^2+w_3x_2^2$$

式中，

$$w_0=-1$$

$$w_1=2\cos(\theta)\sin(\theta)\left(\frac{1}{b^2}-\frac{1}{a^2}\right)$$

$$w_2=\left(\frac{\cos^2(\theta)}{a^2}+\frac{\sin^2(\theta)}{b^2}\right)$$

$$w_3=\left(\frac{\sin^2(\theta)}{a^2}+\frac{\cos^2(\theta)}{b^2}\right)$$

也就是说，z 仍然是一个关于参数 w_0、w_1、w_2、w_3 的线性表达式，这意味着只要给定输入 x_1、x_2、x_1^2、x_2^2，就可以用逻辑回归来解决 XOR 问题。

在本节结束前，需要指出，使用椭圆方程不是解决这个问题的唯一方法，一个更简单的解决方案是只使用 x_1 和 x_1x_2 两项，可以得到如图 A-8 所示的解决方案。

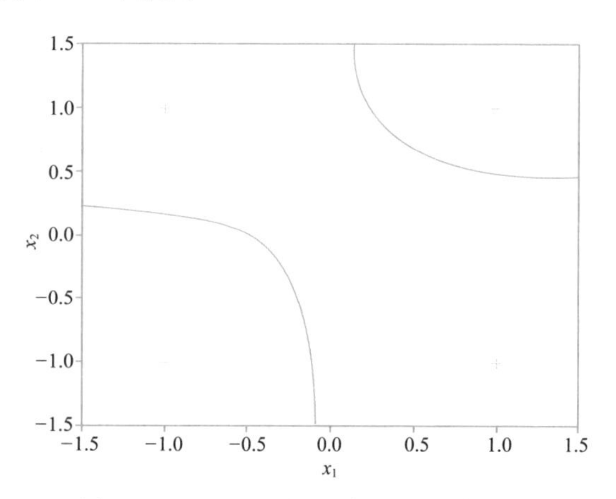

图 A-8　XOR 问题的逻辑回归解决方案

一个显而易见的问题是，如何确定方程中所包含的项，以得到此类解。这些输入的过程，也称为特征，被称为特征工程，是传统 ML 的重要组成部分。特征工程的作用在深度学习环境中并不那么重要，主要是通过学习算法来实现特征提取。第 3 章通过一个例子展示了神经网络如何学习求解 XOR 分类问题，现在让我们来看另一个重要的线性分类器。

A.5 支持向量机分类

如前所述，感知器和逻辑回归都是线性分类器的例子，机器学习中另一个重要的线性分类器是支持向量机（SVM），本节简要介绍支持向量机。

在逻辑回归的背景下，所有的数据点都被用来解决优化问题，以确定模型参数，而支持向量机采用了一种不同的方法。考虑图 A-9 中的所有数据点，忽略虚线和箭头，可以看到直线完美地分隔了两个类，但是我们还可以在直线上构造许多其他变体，并且仍然能完美地分离类。例如，可以将直线右移、左移、上移或下移，或者修改其斜率，或者将平移和改变斜率相结合进行调整。一个合理的问题是，那些远离当前决策边界的数据点是否有意义，比如图中右上角的那些点。无论做哪些小的调整，这些数据点都会被正确分类。因此，一种方法是只关注接近决策边界的数据点，并画一条线来很好地拟合它们，支持向量机就是通过识别定义边界的有限数据点集来拟合画线的。

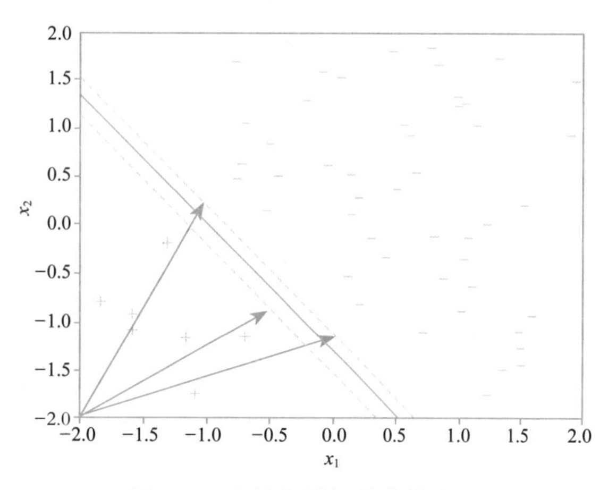

图 A-9　支持向量机的决策边界

除了决策边界（图中实线），支持向量机还定义了边界两侧两条平行线（图中虚线）之间的距离。SVM 选择决策边界的方式是使这两条虚线（边距）之间的距离最大化。如图所示，这意味着在这些虚线上有许多数据点，可以说这些线是由这些数据点支撑的。从原点到这些点的向量称为支持向量，该算法由此得名。

正如之前看到的，存在着不能完全分离但直线仍然有意义的情况。例如，数据中的噪声可能导致类重叠，或者重叠可能是由模型中未包含的某些未知变量造成的。如图 A-10 所示，少数加号和减号位于决策边界的错误一侧。在这种情况下仍然可以使用 SVM，但需要进行额外的权衡，可以通过允许更多训练样本违反边距约束（落在边距线的错误一侧）来增加边距，反之，也可以通过缩短边距来减少违反边距约束的训练样本数量，这种权衡是由训练算法中的可调参数控制的。

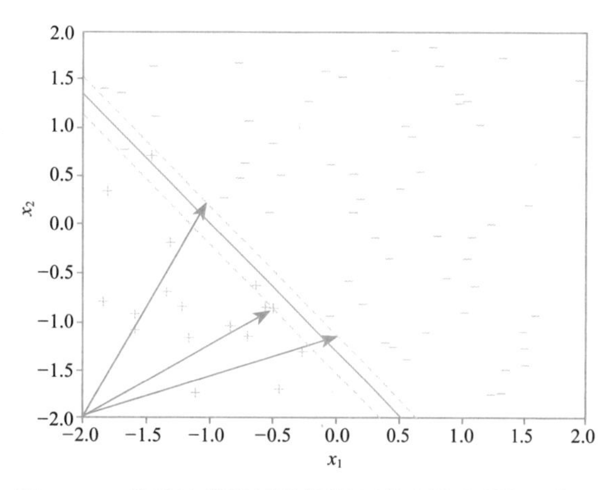

图 A-10　类无法线性可分情况下的支持向量机，但直线仍然是有意义的决策边界

我们已经看到，如果首先将原始输入变量合并为新的变量（特征），逻辑回

归可以用于 XOR 问题。毫不奇怪，这也可以用于 SVM。这种方法的挑战是，不仅是对支持向量机，我们需要计算所有这些额外的输入特征，然后才能进行训练或分类。在某些情况下，计算成本可能非常昂贵。支持向量机的一个关键特性是，可以使用一种称为核技巧的技术来减少在转换后输入空间中的计算成本。

我们不描述核技巧的工作细节，因为这需要首先了解支持向量机算法本身的相关数学内容。然而，我们确实想指出从描述中发现的并不明显的事情。支持向量机和核技巧的特殊之处不在于使用额外的（工程的）输入特征来进行分类，以解决非线性可分的问题。如前所述，这也可以用逻辑回归来完成，核技巧与支持向量机结合使用的意义在于，可以用这些额外输入特征来降低计算复杂性。

这就是我们对线性分类器的描述，感知器、逻辑回归和支持向量机只是可用算法的一个子集，其他例子还有线性判别分析（LDA）和朴素贝叶斯。支持向量机算法也被扩展到回归问题领域，相关算法称为支持向量机回归。Hastie、Tibshirani 和 Friedman（2009）等在参考书中描述了这些并补充了其他技术，是以后阅读的一个很好的资料。

A.6 二元分类器的评价指标

通常情况下，当我们试图解决一个分类问题时，可以提出多个不同模型。关键问题是如何评估哪个模型是最好的。从直观上看，准确率最高的模型似乎是一个不错的选择，其中准确率的定义如下：

$$准确率=\frac{正确预测}{全部预测}$$

然而事情往往不是那么简单。考虑这样一个任务：在给定一些变量的情况下，目的是预测患者是否处于严重疾病的早期阶段。进一步假设，平均每 100 名患者中只有 5 人患有这种疾病。一个总是预测病人没有患病的模型将有 95% 的准确性，但实际上是无用的。一个模型如果能正确地识别出五分之四的患者患有这种疾病，而错误地识别出另外五名患者患有这种疾病，那么它的准确率只有 94%，因为它错误地分类了 (1+5)/100。然而，作为一个确定哪些患者需要进一步筛查的初始工具更为有用。这突出了除了准确性，还需要考虑其他指标。一个常见的切入点是将实际类和预测类组成一个称为混淆矩阵的表，如表 A-1 所示，行表示预测类，列表示实际类。例如，该模型预测有四名患者出现这种情况，由左上角的数字 4 表示，这种情况被预测为存在同时也是真正存在的，称为真阳性（TP）。总共有四种组合，其余三种为假阳性（FP）、假阴性（FN）和真阴性（TN）。

表 A-1 预测器混淆矩阵

—		实际类	
		条件成立	条件不成立
预测类	条件成立	4 TP	5 FP
	条件不成立	1 FN	90 TN

FP 也被称为第一类错误，FN 被称为第二类错误。区分这两种错误是很有用的，因为不同类型的错误可能会产生截然不同的结果。在这个例子中，很容易想象，如果目的是确定病人以便在必要时进行进一步筛查和治疗，那么没有识别出患有疾病的患者比错误地将健康病人识别为患者更糟糕。可以使用表中的数字来计算大量指标，这些指标可用于进一步了解预测器的工作方式。表 A-2 包含了三个常用的度量标准，包括准确率。表中的一些术语有时还有其他名字，例如，召回率有时被称为敏感度。

表 A-2 三个常用的混淆矩阵计算指标

指标	公式	说明
准确率	$\frac{TP+TN}{P+N}=\frac{4+90}{5+95}=94\%$	所有预测中正确预测的百分比
召回率	$\frac{TP}{TP+FN}=\frac{4}{4+1}=80\%$	预测结果中正样本预测正确的百分比
精确率	$\frac{TP}{TP+FP}=\frac{4}{4+5}=44\%$	预测为真的结果中实际正确的百分比

如果想知道模型如何能识别出我们想要识别的患者，召回率是一个很好的指标。在本例中，该指标显示一个较高百分比是很重要的。类似地，较低精确率表明识别了许多假阳性，这意味着额外的筛查成本和患者情绪困扰，他们会担心自己的病情严重，直到得到更准确的检测结果。

该示例表明，通过考虑除准确率之外的指标，我们还额外了解了模型的优势和劣势。然而，即使我们确实有许多模型的混淆矩阵，也并不总是能很明显地选择哪个模型。一种可以提供这种额外见解的技术是在接收器操作特征（Receiver Operating Characteristic, ROC）空间中绘制每个模型，这是一个 2D 图，x 轴表示假阳性率，y 轴表示是真阳性率。图 A-11 显示了五个不同模型，图中的一个数据点表示一个模型。

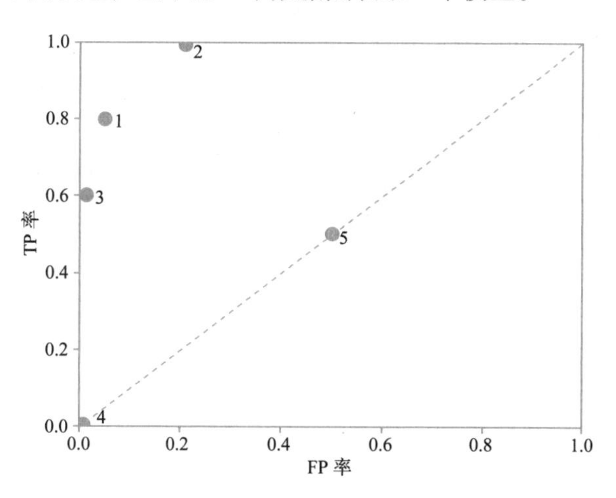

图 A-11 在接收器操作特征空间中绘制的五个模型

数据点如下：

1. 示例中模型的假阳性率为 0.05，真阳性率为 0.8。
2. 一个更敏感的模型，识别出了所有 5 名患者，但结果是 20 个假阳性。它的假阳性率为 0.21，真阳性率为 1。
3. 一个不那么敏感的模型，只识别出五分之三的患者，但只产生一个假阳性。其假阳性率为 0.01，真阳性率为 0.6。
4. 该模型总是预测“无患者”，假阳性率为 0，真阳性率为 0。
5. 投掷硬币的假阳性率为 0.5，真阳性率为 0.5。

如果不清楚如何得到这些假阳性率和真阳性率，那么我们建议写出混淆矩阵并计算指标来确认。

如图 A-11，可以看到我们的简易模型的数据点（总是预测为真，并且是随机的）位于对角线上，而更好的模型位于对角线以上。从这个角度来看，如果某一数据点出现在对角线以下，人们首先会认为这是一个糟糕的模型，因为它的表现比随机选择结果更糟糕。这是一个真实的观察结果，但考虑到我们使用的是二元分类，将一个始终比概率差的模型转变为一个好的模型是很简单的，只需与模型预测相反即可。也就是说，如果重新计算差模型的指标，但将真实预测解释为假，虚假预测解释为真，最终会得到一个位于图中对角线上方的数据点。

对于基于连续值参数的模型，如阈值，不同参数值将导致在 ROC 空间中出现不同的点。如果我们根据参数的变化来绘制这些不同点，最终会得到一个 ROC 曲线。可以通过 ROC 曲线选择参数值，以在假阳性率和真阳性率之间达到适当的平衡。

最后，在评估模型时，如果不需要在假阳性率和真阳性率之间权衡，使用单一分数比较好，在这种情况下，F_1 就是一个很好的选择：

$$F_1 = \frac{2TP}{2TP + FP + FN} = \frac{2 \times 4}{2 \times 4 + 5 + 1} = 0.57$$

分数越高，说明模型越好。方程中的数字对应表 A-1 中的混淆矩阵，如果预测器预测的一切都是正确的，那么 F_1 的分数最终将是 1。

现在应该清楚了，仔细考虑每个问题适合的指标是很重要的，本节中描述的指标可以作为备选方案的一个良好起点。

APPENDIX B

附录 B

目标检测和分割

本附录的内容与第 8 章相关。

我们在第 7 章和第 8 章中对卷积网络的详细描述集中在目标分类上，目的是确定图像代表了现实世界大量类中的哪一类。这是对世界的一种相当简化看法。通常情况下，一个图像包含许多不同目标，它们属于不同类，这将导致任务更复杂。这类任务有三种：目标检测、语义分割和实例分割，如图 B-1 所示。目标检测包括识别图像中单个目标的位置（绘制边界框）和类型。也就是说，它是定位和分类问题的结合。语义分割涉及识别图像中每个像素对应的目标类型。实例分割与此类似，但更详细，因为其任务是为每个检测到的目标实例识别图像像素。这些图像是使用 Mask R-CNN 产生的，本附录的末尾对其进行了描述。该算法还检测到背景是一张“餐桌”，但我们手动抑制了它，以使图像不那么杂乱。

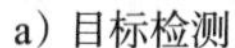
a）目标检测

b）语义分割

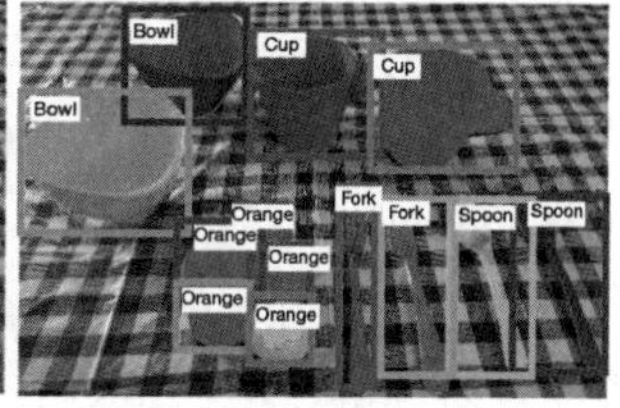

c）实例分割

图 B-1

在接下来的几节中，我们将描述一些用于目标检测、语义分割和实例分割的流行方法。不像在前面的章节中讨论那么多细节，这里专注于提供直观的描述，目的是让读者对这种技术的原理有一个全面了解。

B.1 目标检测

我们已经知道如何对图像进行分类，从而得出该图像中最可能的对象类型。我们首先使用了多个卷积层，然后是一些全连接层，最后是为每个类提供概率的 Softmax 层。还可以使用线性输出单元来预测数值，这就是所谓的回归问题。这正是在预测边界框时想要做的，想要预测四个值的变化：左上角的两个坐标（x，y）和宽度、高度两个参数（w，h）。

图 B-2 显示了一个简单的网络架构。从卷积层开始进行图像特征提取，然后是一些全连接层，之后，网络被分裂成两个兄弟分支（也称为头）。一个是分类分支，由一个或多个全连接层组成，以 Softmax 输出函数结束。另一个分支解决预测边界框参数的回归问题，也是由全连接层构建，但因为输出应该是实值，所以输出单元需要是没有任何激活函数的线性单元。如第 5 章中所述，对于隐藏单元，首先可以考虑 ReLU 作为适合的激活函数。

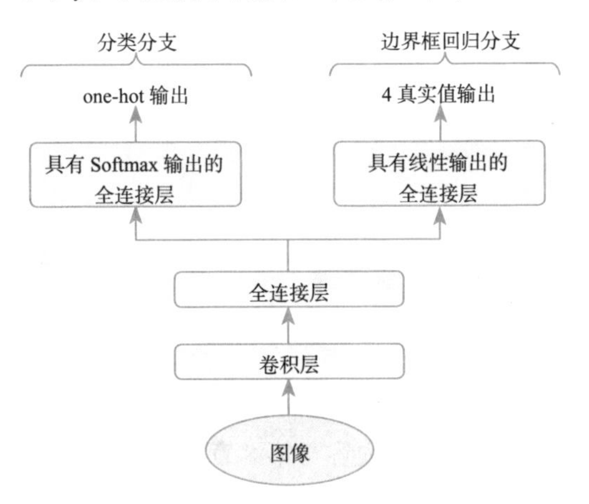

图 B-2　对目标进行分类和预测相应边界框参数的网络

考虑到图 B-2 中的网络，不难想象检测问题的简单解决方案，可以设计一个以小图像作为输入的网络。使用训练示例来训练这个分类网络，其中一个类代表“无对象”（即背景），训练边界框分支来输出物体周围的边界框坐标。一旦完成这些，就可以重复地将该网络应用到更大图像的不同区域（例如，通过使用滑动窗口方法，来找到网络分类为包含对象的区域）。这个简单的实现在计算上非常昂贵，因为要对单个图像评估多次，而且另一个限制是其固定的输入区域大小。

不足为奇，AlexNet 在分类上取得成功之后，不久就尝试使用类似技术进行目标检测，这使得检测技术得到了快速发展，以及在第 8 章中描述的分类技术的进步。此外，还有一系列有意思的论文逐渐完善了最初的技术，使其更加准确和高效。该系列以一种称为基于区域的 CNN（Girshick et al.，2014）的技术开始，随后是一个速度更快的版本称为 Fast R-CNN (Girshick, 2015)，此后不久，发布了一个更快的版本命名为 Faster R-CNN (Shaoqing et al.，2015)。接下来的几节概述了这个过程，但省略了许多细节，其中一些细节只是为了让描述更容易理解，但与最近技术无关。在这种情况下，我们会尽量指出，这样就可以避免在它们上面花费太多时间。

B.1.1　R-CNN

基于区域的 CNN（或 R-CNN）技术是由深度学习（DL）和其他更传统的计算机视觉技术组合而成，R-CNN 算法的所有步骤如图 B-3 所示，其中只有一个步骤是基于深度学习。

如图所示，R-CNN 没有使用之前概述的滑动窗口方法，而是使用现有计算机视觉技术之一来识别候选区域。我们没有详细描述这些技术，因为该模型的改进版本（Faster R-CNN）后来用基于 DL 的技术取代了它。为理解 R-CNN 的工作原理，假设对图像有一个预处理步骤，识别了大约 2000 个不同大小的矩形区域，这些区域是包含物体的候选区域，但也可能存在大量的假阳性。

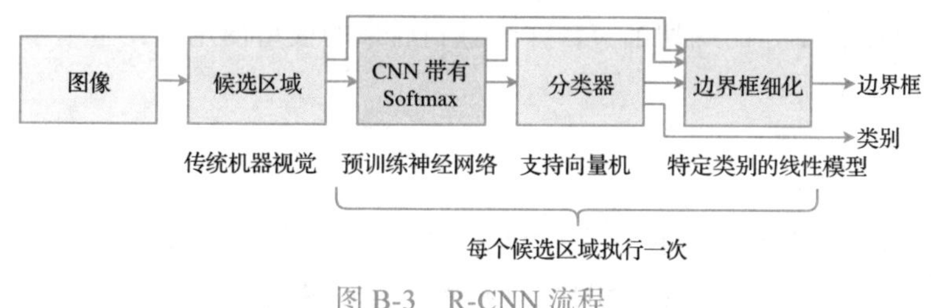

图 B-3 R-CNN 流程

R-CNN 的下一步是在每个候选区域上运行一个基于 CNN 的分类网络，和之前简易方法中的网络一样，该网络也可以将区域分类为不包含对象的区域。R-CNN 使用 AlexNet 架构的变体进行分类，网络首先在 ImageNet 上进行预训练，也就是说 R-CNN 利用了迁移学习。接下来，不再使用完整的网络，而是删除最后一层（Softmax），因此网络的输出是一个包含 4 096 个元素的向量。这个 4 096 维的特征向量被用作分类步骤和边界框细化步骤（稍后介绍）的输入。

如果你读了这篇文章，会注意到，对于分类，R-CNN 没有使用 Softmax 层，而是使用支持向量机（SVM; 附录 A 中讨论过），这是一种来自传统机器学习（ML）的二进制分类技术。支持向量机使用 4 096 维特征向量作为输入。出于实际考虑，仍然可以想象分类是由最终的 Softmax 层完成的，尽管准确率略有不同。需要处理的一个细节是，建议的矩形区域是任意的大小和长宽比。对于 R-CNN，这个问题是通过调整图像区域（改变大小和长宽比）以达到预期输入大小来解决的，首先添加一些填充，以减少原始区域建议裁剪对象的风险。我们将在后面的章节中看到，Fast R-CNN 使用了一种不同的方法。

在最后一层使用支持向量机与 Softmax 的主题已经在各种背景下进行了研究（Agarap, 2018;Lenc and Vedaldi, 2015; Liu, Ye, and Sun, 2018; Tang, 2013）。在这一点上，这个领域似乎已经决定将 Softmax 作为默认选择，但是支持向量机绝对是一个需要记住的可替代选择。

2000 个区域看起来似乎很多，然而，这比滑动窗口所产生的结果要少得多。尽管如此，许多区域还是会重叠，所以算法的下一步（没有在图中显示）是分析这种重叠，并调用函数判断两个区域是否能真正分类不同对象。这种重叠分析没有使用深度学习，而是使用了一个称为交并比（IoU）的测量指标，类似阈值。

现在算法已经检测并对多个对象进行了分类，R-CNN 的最后一步是细化每个检测对象的边界框。其思路是，原始候选区域由简单算法创建，并没有期望有很高的准确性，现在可被识别的物体数量减少了，一个更准确的预测器可以获得更好的边界框。对于 R-CNN，是使用一个特定类的线性回归模型来完成的，也就是说，如果有 K 个类，该算法将训练 K 个线性回归模型。当 R-CNN 之后检测并对对象进行分类时，它使用相应的线性回归模型来细化给定对象的边界框。线性回归模型使用来自原始区域建议的坐标以及网络提取的 4 096 个特征作为输入。因此，该模型可以访问它试图为其创建边界框对象的复杂信息。我们省略了这个边界框细化工作的确切细节，并注意到后来的模型使用了完全基于神经网络而非线性回归模型的技术。

B.1.2 Fast R-CNN

R-CNN 的一个主要性能瓶颈是，2 000 个候选区域中的每一个都在卷积网络中向前传递，解决这个问题是使得 Fast R-CNN 实现后续工作的关键贡献之一。其他变化包括使用 VGGNet-16 代替 AlexNet，使用神经网络代替 SVM 和线性回归进行分类和边界框细化。

Fast R-CNN 的第一步是在预训练的 VGGNet-16 模型的卷积层和最大池化层上运行整个图像，即去掉了两个全连接层和 Softmax 层。这就产生了具有（W/32）×（H/32）维度的特征图，其中 W 和 H 是输入图像的宽度和高度[⊖]。就像 R-CNN 一样，Fast R-CNN 依赖于从一个简单模型中接收大约 2 000 个候选区域。给定一个输入图像感兴趣的区域，很容易找到一个映射到特征图中的相应矩形区域。我们现在可以使用这些特征作为分类网络的输入，这是 Fast R-CNN 比 R-CNN 速度更快的主要来源。不通过所有卷积层对每个候选区域进行前向传递，而是对整个图像进行单一的前向传递。虽然整个图像比每个候选区域都大，但并不是大 2 000 倍，因为许多候选区都有重叠区域，从而显著加速。

与将图像截取为固定大小相反，该模型使用了一个称为感兴趣区域（Region Of Interest，ROI）池化层的层。该层应用于特征图，使用最大值池化将特征图的 ROI 转换为 7×7 大小的特征图，这与从模型中移除的全连接层的输入大小相同。因此，可以将 ROI 池化层的输出连接到预训练的全连接层。图 B-4 说明了 ROI 池化层如何将任意大小的区域转换为固定维度。

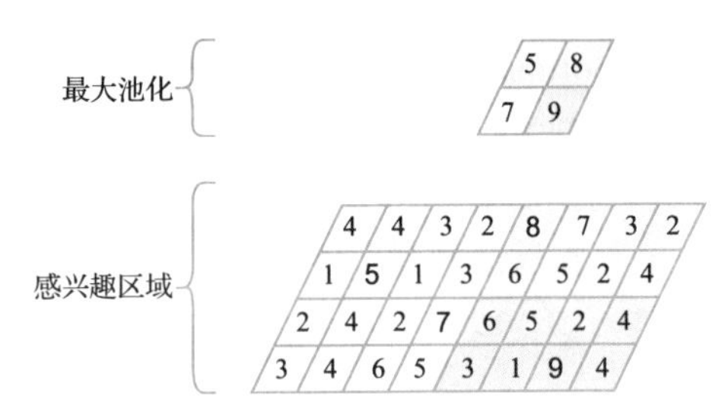

图 B-4 如何使用最大池化将任意大小的感兴趣区域转换为固定维度

该图显示了一个 4×8 区域如何被转换为 2×2 区域，但实际上，在 Fast R-CNN 中，目标大小是 7×7。图中只显示了一个通道，尽管特征图实际上包含 512 个通道。如前所述，ROI 池化层的输出提供给两个全连接层，这两个全连接层的输出是一个 4 096 维的特征向量，提供给两个独立的兄弟网络。

其中一个网络负责将区域分类为多个对象类型中的一个，或非对象（背景）。这个网络只是一个全连接层，然后是具有 K+1 个输出的 Softmax 层，将区域分类为不包含或包含 K 个不同对象中的一个。第二个网络与它的兄弟网络一起执行，并负责预测一个更准确的边界框，这也是一个全连接网络，但有 K 组包含四个值的输出，表示 K 个不同边界框的坐标。也就是说，要考虑的四个输出集取决于网络检测到的对象类型，系统总体架构如图 B-5 所示。

⊖ 仅由卷积层和池化层组成的网络可以接受任何维度的图像作为输入，并提供一些较小填充。分母（32）来自网络的 5 个池化层，每个池化层将维度减少 2 倍。

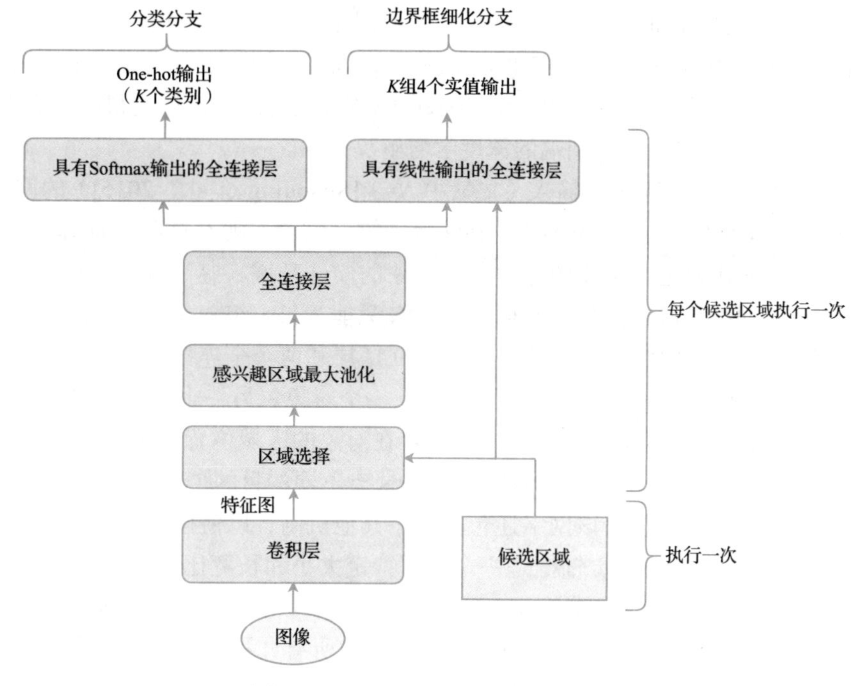

图 B-5 Fast R-CNN 网络整体架构

需要注意的是，这些坐标并不是按照像素的绝对数量来指定的。相反，与输入到网络的候选区域相比，它们是用参数化的偏移量来表示的。为完整起见，假设训练示例提供了一组真实值坐标 G_x、G_y、G_w、G_h，其中 G_x 和 G_y 代表边界框的中心，G_w 和 G_h 分别代表宽度和高度。我们还得到了模型初始阶段对应的候选区域坐标 P_x、P_y、P_w、P_h。我们现在让网络预测 t_x、t_y、t_w、t_h，其中这些参数定义如下[⊖]：

$$t_x = \frac{(G_x - P_x)}{P_w},\ t_y = \frac{(G_y - P_y)}{P_h},\ t_w = \log\left(\frac{G_w}{P_w}\right),\ t_h = \log\left(\frac{G_h}{P_h}\right)$$

值得注意的是，R-CNN 仅在目标检测流程中的特征提取步骤使用了深度学习。另一方面，Fast R-CNN 在分类和边界框预测步骤中也使用了深度学习，候选区域仍然是使用更传统的方法生成的。

B.1.3 Faster R-CNN

在引入 Fast R-CNN 进行优化后，候选区域步骤成为了一个性能瓶颈。Faster R-CNN 通过对神经网络进行扩展，提供自己的候选区域，而不是依赖一个单独步骤，解决了这个

⊖ 我们并不完全清楚为什么这种参数化是好的，但在其 R-CNN 论文中 (Girshick et al.，2014) 指出，“作为一个标准正则化最小二乘法问题，这可以以封闭形式有效地解决。”这种参数化甚至对 Fast R-CNN 也有好处，其中网络负责寻找解决方案，或者其他不同参数化方案也可能同样有效。

瓶颈。完整的图像通过预训练的 VGGNet-16 卷积层来创建一个特征图，就像 Fast R-CNN 一样。该特征图用作候选区域网络（RPN）的输入，该网络创建了过去模型中使用更传统的计算机视觉技术生成的候选区域。RPN 是 Faster R-CNN 运行的关键，它很好地提高了性能，并为整个目标检测问题提供了端到端的深度学习解决方案。

RPN 是一个以 $N \times N$ 特征为输入（文献中 N=3 [Shaoqing et al., 2015]）的网络，预测原始图像中对应区域是否包含一个或多个目标，如果包含，则对这些目标提供候选区域。将 RPN 滑动到特征映射上，生成图像中所有对象的候选区域。鉴于没有直接的（或任何其他方法？）方法使网络具有任意数量的输出，RPN 只能为每一组 $N \times N$ 输入特征提供 K 个候选区域（文献中 K=9）。RPN 由一个全连接的 ReLU 层和两个全连接的兄弟层组成。其中一个兄弟层提供 K 个输出，每个输出指明是否存在一个对象。另一个兄弟层提供 K 组 4 个输出，其中每一组的 4 个输出用于指明网络认为存在对象的区域位置。这类似在 Fast R-CNN 中描述的分类和边界框细化网络，但请记住，RPN 有不同的目的。

对 RPN 的描述并不完整，该网络还包括一个其他机制，以使候选区域功能更好地发挥作用，这种机制是基于锚框的。锚框是一个具有特定大小和长宽比的矩形，位于 RPN 当前位置的中心。K 区域的每个方案都是基于一个具有独特尺寸和纵横比的锚框。特别是，当 K=9 时，锚框对应三种不同尺寸和三种不同长宽比的所有九种组合。论文中使用的三种尺寸是 128^2、256^2 和 512^2，三种长宽比是 1:2、1:1、2:1，从而产生组合（128^2，1:2）、（128^2，1:1）、（128^2，2:1）、（256^2，1:2）、（256^2，1:1）等。最终的候选区域是通过结合一个特定的锚框和网络预测的坐标来计算的。例如，如果第一个兄弟层的第二个输出表明存在一个对象，那么另一个兄弟层中的第二组输出将预测大小为 128^2 像素和 1:1 长宽比的锚框坐标。坐标的参数化方法与 R-CNN 描述的边界框细化方法相同。RPN（包括锚框）如图 B-6 所示。

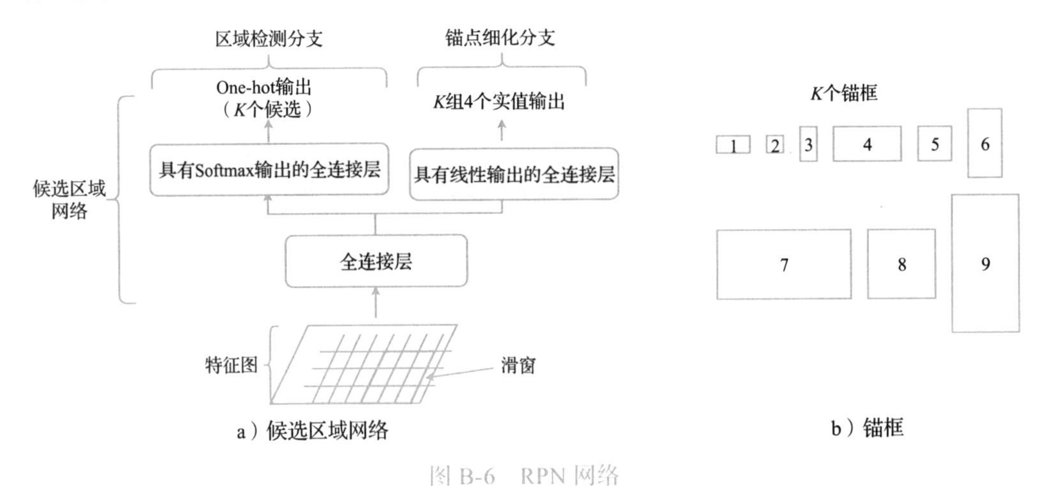

图 B-6　RPN 网络

现在我们有了特征图和候选区域，网络的其余部分与 Fast R-CNN 相同。也就是说，使用这些候选区域来识别特征映射的一部分，通过 ROI 最大池化层来生成固定大小的特征向量。然后将这个特征向量输入到剩余网络中，该网络将该区域分类为属于特定类别或不属于对象。兄弟网络进一步细化候选区域以得到一个细化的边界框。系统总体架构如图 B-7 所示。

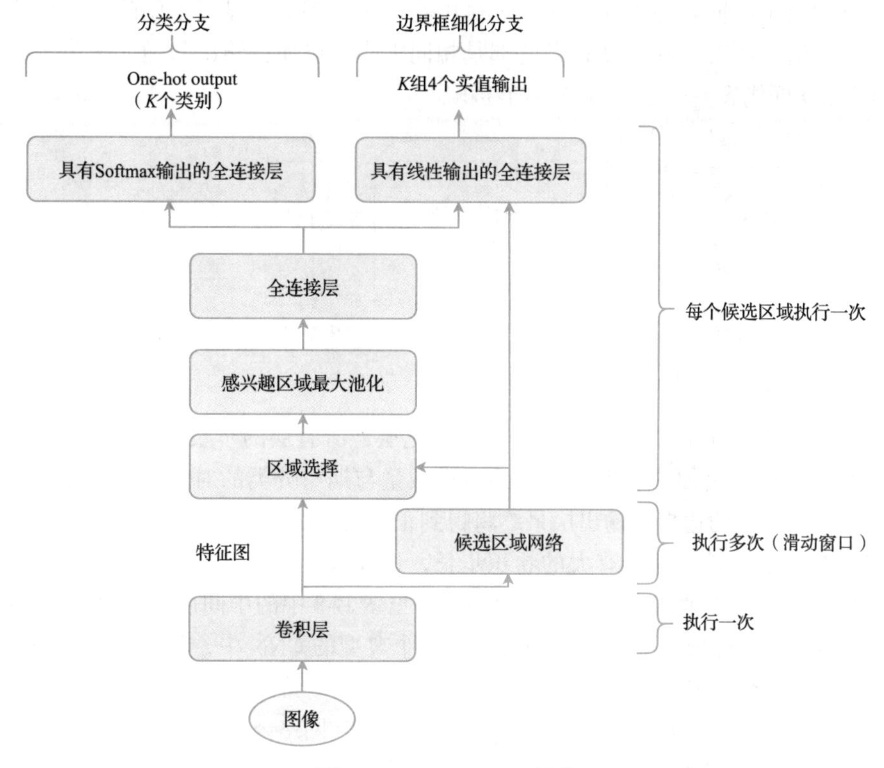

图 B-7　Fast R-CNN 架构

一个合理的问题是，为什么使用滑动窗口方法是快速的，而之前指出滑动窗口低效？在这种情况下，滑动窗口的方法是可行的，其原因是减少了网络的搜索空间和计算成本。首先，将 RPN 应用于卷积层的输出，这个输出比原始图像的分辨率低。其次，RPN 所使用的锚框方法可以同时提出多种尺寸和长宽比，因此不需要对每种尺寸和长宽比都组合一次进行网络评估。最后，RPN 是一个非常小的网络，因此进行大量计算的成本不会太高。它是一个分类网络，可以使用 9 个不同的类，因为它在每个滑动窗口位置上最多可以识别 9 个区域。与整个网络需要分类的不同对象类型的数量相比，后者要大几个数量级。

Faster R-CNN 总结了目标检测技术，接下来的几节重点讨论另一个问题，语义分割。

B.2　语义分割

语义分割的任务是将图像中的每个像素分配给一个对象类，方法是将某一类型对象的所有像素涂成相同颜色。例如，一个包含两只猫和一只狗的输入图像可以产生一个输出图像，其中两只猫的像素是黄色，狗的像素是红色，地面像素是绿色，所有天空像素都是蓝色。这个任务的一个关键属性是，输出的宽度和高度维度与输入的宽度和高度维度相同。然而，输入和输出之间的通道数量是不同的，输入通常有三个输入通道（RGB），而输出通道数量与类的数量相同，在刚才描述的示例中是四个。图 B-8 显示了创建的满足这些属性的一个简单网络。所有层的宽度和高度都是相同大小，以使得输出与输入图像具有相同分辨率，每个 3D 框代表一个包含多通道的卷积层。

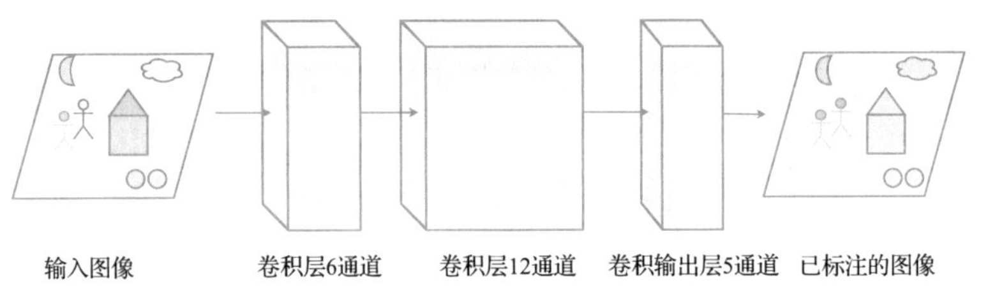

图 B-8　语义分割的简单架构

该网络架构由一个卷积网络组成，没有池化层，所有层的步长都为 1。随着网络的深入，通道的数量也在增加。输出层包含的通道数量与期望分类的对象类型的总数相同。如果正确地填充每一层的边界，输出层最终将得到正确的大小。

该网络没有池化层，也没有大的卷积步长，这导致了网络计算效率的降低，因为更深层次的网络不仅有很多通道，而且又高又宽（详见图 B-8 中的中间层），这意味着网络中每一层的值（特征）的总数都会增加。相反，在一个典型的 CNN 中，随着网络的深入，宽度和高度将减少，这使得特征的总数量减少或恒定。

为了能够在语义分割的环境中使用更传统的 CNN（网络内部的分辨率降低），需要以某种方式在最后一层中增加分辨率，以获得具有正确维度的输出层。下一节将介绍如何实现这一点。

B.2.1　上采样技术

提高图像的分辨率被称为上采样，它可以通过许多不同方式来实现，其中大多数都不是 DL 特有的。首先描述两种常见技术，即最近邻插值和双线性插值。图 B-9 描述了一个应用场景，一个 3×3 图像向上采样 2 倍到 6×6 图像。图中最左边是原始 3×3 像素图像，它的右边是期望的 6×6 输出图像的说明。再往右看，这两幅图像重叠在一起，有些不直观的是，一个上采样的像素（红色）与原始像素（蓝色）之间的距离并不相等。相反，每个像素碰巧位于靠近一个特定的原始像素，而远离其他原始像素的位置。在这种背景下，最近邻插值几乎不用解释，每一个上采样像素只取最近的原始像素值。也就是说，每一组上采样的 4 个像素将呈现与位于这 4 个上采样像素中心的原始像素相同的颜色。尽管最终图像由 36 个像素组成，但它所包含的独特颜色不会超过 9 种，这必定会导致上采样图像的像素化。

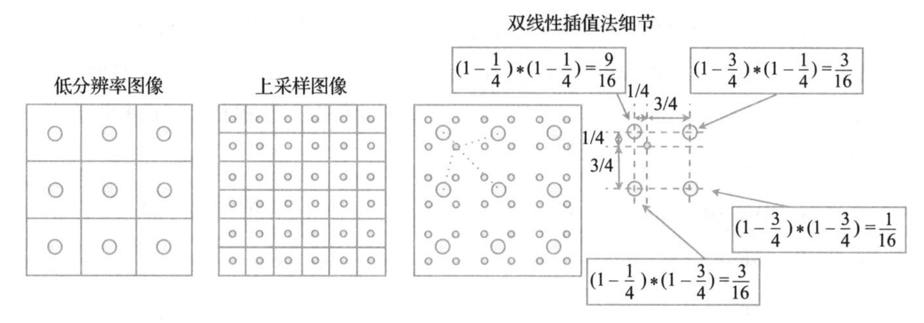

图 B-9 2 倍上采样（见彩插）

解决像素化问题的一种方法是在相邻像素的颜色之间进行插值。有很多方法可以做到这一点，最常见的是双线性插值，图的右半部分说明了这一点。考虑亮红色像素及其到周围四个蓝色像素的距离，用这四个蓝色像素之间距离的分数来测量距离。最近的蓝色像素是每个方向（x 和 y）距离的 1/4，最远的是每个方向距离的 3/4，另外两个是（1/4，3/4）和（3/4，1/4）的距离。现在计算每个像素的权重，其中权重计算为（$1-x_{\text{distance}}$）×（$1-y_{\text{distance}}$），即最近像素的权重为（3/4）×（3/4）=9/16，最远像素的权重是（1/4）×（1/4）=1/16，另外两个像素的权重都是（1/4）×（3/4）=3/16。注意，权重与红色像素和蓝色像素之间的欧氏距离并不成比例。相反，权重计算是两个（x，y）维度中每一个距离的乘积。关于插值技术的更多细节可以在计算机图形的文章中找到，如实时渲染（Akenine-Möller et al.，2018）。

为方便起见，双线性插值可以使用卷积的形式来实现，如图 B-10 左侧所示。方法是首先将像素分隔开，然后在每个原始像素之间插入 0 值的虚拟像素，图中显示了蓝色的原始像素和灰色的虚拟像素。在现实中，需要用更多的 0 值填充原始图像的边缘，或者应用其他技术使我们能够计算边缘像素。现在，使用 4×4 卷积核来计算这些 4×4 像素中心的像素值，图中显示了内核中所有 16 个元素的值。一个理所当然的问题是，为什么卷积核需要有 16 个非零值，而它只应用于 4 个非零值的像素。答案是，当我们移动内核来计算相邻像素的值时，0 值像素的相对位置会发生变化。

使用相同技术，可以构造一个实现最近邻插值的卷积核，它只是一个 2×2 的内核，所有元素的值都为 1。

在脑海中想象原始像素、虚拟像素和生成的插值像素之间的关系可能会让人有些困惑。在图 B-10 的最右部分，将它们显示在同一幅图中。

反卷积和反池化

利用上述框架，最近邻插值和双线性插值只是我们可以实现卷积核的两种特殊情况。这些权重可以作为网络训练的一部分来学习，而不是在内核中仔细地选择权重。在深度学习领域，将 0 值的虚拟像素来分散原始像素，然后应用卷积核，这一组合通常被称为反卷积操作。这个命名源于一个事实，即普通卷积层向下采样图像（假设步长大于 1），而我们刚才描述的操作是向上采样图像。也就是说，在某种程度上，上采样操作反转了原来的卷积操作。然而，反卷积是一个有点不幸的名字，因为已经存在一种不同的数学运算称为反卷积。从这个角度来看，除非上下文清楚，否则避免使用这个术语是有意义的，这种操作也称为转置卷积和分数步长。

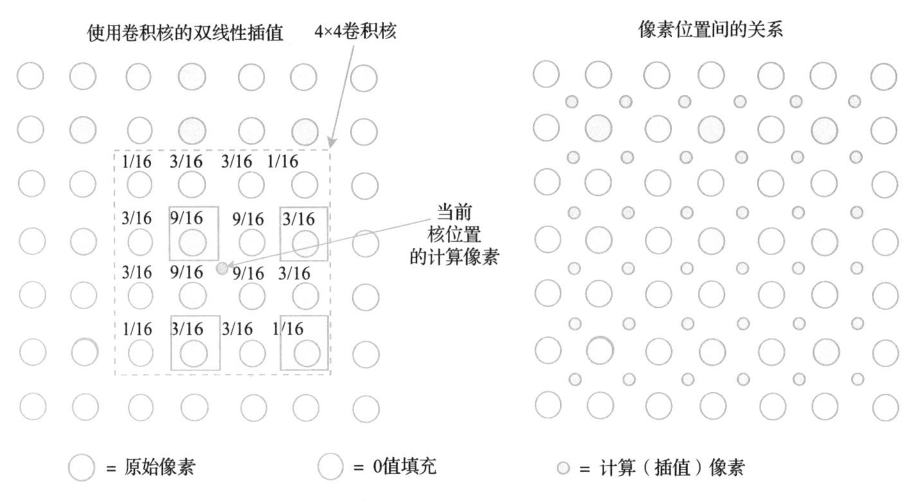

图 B-10　使用卷积实现双线性插值

使用步长大于 1 的卷积层并不是在卷积网络中对图像进行下采样的唯一方法。另一种技术是最大池化操作，它将一个区域的像素分组（池），并选择最大值像素。图 B-11 的左边和中间部分演示了最大池化操作，对于每一组 4 个像素（池），最大值用更强烈的红色和红色方框表示。图的中间部分说明了原始图像中的每一组 4 个像素在最大池化后如何在图像中生成一个像素，绿色方块表示原始像素的最大值位置。

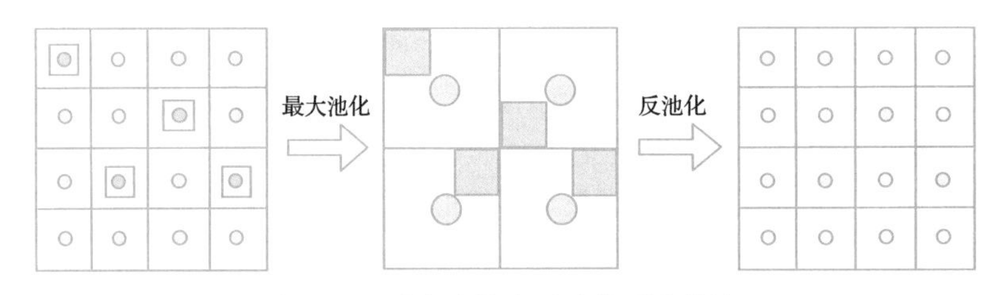

图 B-11　最大池化和反池化（见彩插）

就像反卷积可以用来撤销卷积一样，我们也可以通过一个称为反池化的操作来撤销最大池化，如图 B-11 右边部分所示。反池化类似双线性插值或反卷积的第一步，它将像素分开并插入 0 值的虚拟像素。然而，它并没有统一地放置虚拟像素，而是利用了来自之前最大池化操作的信息。该图显示了取消池化操作如何将非零像素放置在与最大池化操作之前产生最大值对应的位置上。实际上，取消池化操作通常不会直接在最大池化操作之后，在这两个操作之间还有多个其他操作。

反卷积与卷积的关系

在反卷积运算和数学反卷积运算之间除了命名混淆，我们的印象是，在反卷积层与卷积层之间的关系方面也存在一些混淆。反卷积层最早是由 Zeiler 和同事（2010）提出的，在随后的工作中（Zeiler and Furgus, 2014; Zeiler, Taylor, and Fergus, 2011），两位作者还引入了反池化操作，并建立了将两者结合的网络。在反转先前卷积和最大池化层影响的背景下，他们使用反池化和反卷积将图像网络中的特征映射回像素空间。也就是说，在网络中卷积 / 反卷积和最大池化 / 反池化之间存在一一对应关系。然而，Zeiler 和同事们并没有单独训练反卷积层的权重。相反，它们重复使用来自卷积层的权重，因为只是想反转操作。为了使每个权重影响适当的像素，需要对表示卷积核的矩阵进行转置，这是另一个名字转置卷积的由来，这个名字也许更好理解。在分别学习反卷积层权重的情况下，矩阵的转置点是没有意义的。我们如何设置矩阵的初始权重并不重要，因为它们都是用随机值初始化的。

将反池化和反卷积结合起来是混淆的来源。将反卷积描述为一种上采样操作，在这种操作中，首先分离像素，然后使用转置核进行卷积。一个合理的问题是，当我们把反池化和反卷积结合起来时，会发生什么。反池化操作会导致像素分离，因此通常不需要让反卷积层去进一步分离。这可以通过设置反卷积层步长为 1 来避免。步长参数控制了输入分开的程度，我们在所有示例中都隐式地假设步长为 2。将步长设置为 1 会导致输出与输入相同，就像对于步长为 1 的卷积层一样。

这与最大池化处理卷积的方式类似，我们通常要么使用步长为 1 的卷积和最大池化层的组合，要么使用大于 1 的步长并简单省略最大池化层。在前一种情况下，最大池化层进行下采样，在后一种情况下，下采样被融入卷积中。具体情况如图 B-12 所示。当使用步长为 1 时，卷积和反卷积都不会改变输入的维度。卷积 / 池化实现下采样，反池化 / 反卷积实现上采样。

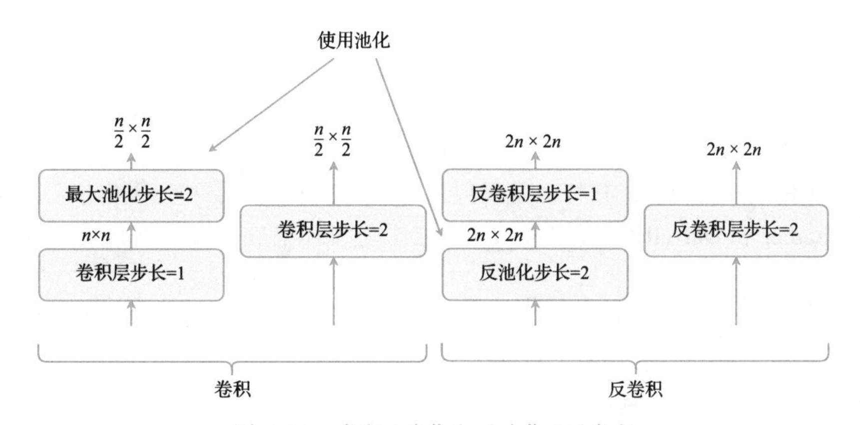

图 B-12 卷积 / 池化和反池化 / 反卷积

在处理反卷积层时，我们认为这是产生困惑的一个很大来源。反卷积层首先将输入分开，然后对权重矩阵的转置进行正常卷积。在步长为 1 的情况下，输入没有被分开。此外，如果学习了权重（正常用例），那么转置操作就没有实际的重要性。也就是说，反卷积层相当于卷积层。尽管如此，仍然可以看到使用反池化层和步长为 1 的反卷积层的实现，可能是为了表明整个网络是向上采样。

使用步长为 1 的反卷积层并学习权重似乎是实现卷积的一种非常复杂方式。

避免棋盘伪影

反卷积方法存在的一个问题是，它已被证明会导致棋盘伪影（Odena, Dumoulin, and Olah, 2016）。这种情况经常发生，不管是使用步长为 1 的反池化和反卷积，还是跳过反池化并在反卷积中有更大的步长。回到使用卷积实现双线性插值的例子，这并不奇怪，对一个输入图像进行卷积时，在一个非常规则的模式中有很多零。在双线性插值的情况下，根据我们对输入模式的了解，仔细选择了权重。如果没有这样做，那么输入中的网格 0 可以在输出中产生类似的模式也就不足为奇了。从技术上讲，卷积核能自由学习双线性插值，但为什么网络难以实现？简单地说，首先应用最近邻或双线性插值，然后再进行卷积不是更好吗？ Odena 和他的同事研究了这个问题，并得出结论，使用最近邻插值，然后进行正则卷积，可以得到最好的结果。

这些概念有许多变体。卷积核可以初始化进行双线性插值，然后通过训练过程进行调整（Long, Shelhamer, and Darrell, 2017）。这可以与首先进行反池化相结合，以利用前一个最大池化步骤中的信息（Badrinarayanan, Kendall, and Cipolla, 2017）。

在实践中，对于许多应用，简单地使用最近邻或双线性插值对图像进行上采样，然后进行正则卷积，这很容易实现并产生良好的结果。这似乎是在该领域将问题过度复杂化的一个示例。

在许多应用中，使用最近邻或双线性插值进行上采样，然后进行卷积，这可以产生良好的结果，我们也认为它比转置卷积（反卷积）层更容易理解。

现在我们知道了如何进行上采样，准备描述更高级的语义分割网络，它可以使用网络中间的较低分辨率层。我们描述了反卷积网络（Noh, Hong, and Han, 2015）和 U-Net（Ronneberger, Fischer, and Brox, 2015），这两者都是刚才描述的逻辑扩展。这两个网络都是全卷积网络（FCN）的例子，其特征是只包含卷积层、下采样层和上采样层，都是建立在 Long、Shelhamer 和 Darrell（2017）的工作之上，这些学者在此之前提出了使用 FCN 进行语义分割。

B.2.2　反卷积网络

考虑到刚才描述的上采样技术，Noh，Hong 和 Han（2015）提出的反卷积网络很简单，它是前面介绍的简易语义分割网络的扩展。不同之处在于，它使用池化层来减少网络中更深层的层维数，而不是保持不变。接下来是反池化层和反卷积层，以将输出层的宽度和高度恢复到与输入图像相同的维度。

该网络的第一部分是 VGGNet-16 网络，但没有最后的 Softmax 层。如果你还记得，VGGNet-16 以两个全连接层和一个 Softmax 层结束，两个全连接层没有像 Softmax 层那样被丢弃，这似乎有点奇怪。一个具有全连接层的网络如何产生一个全卷积网络？答案是，正如 Long、Shelhamer 和 Darrell（2017）指出的那样，一个包含 4 096 个神经元的全连接层可以视为宽度 =1、高度 =1 和 4 096 个通道的卷积层，网络的其余部分反映了卷积层和最大池化层，反池化层替代最大池化层，步长为 1 的反卷积层替代卷积层（见图 B-13）。

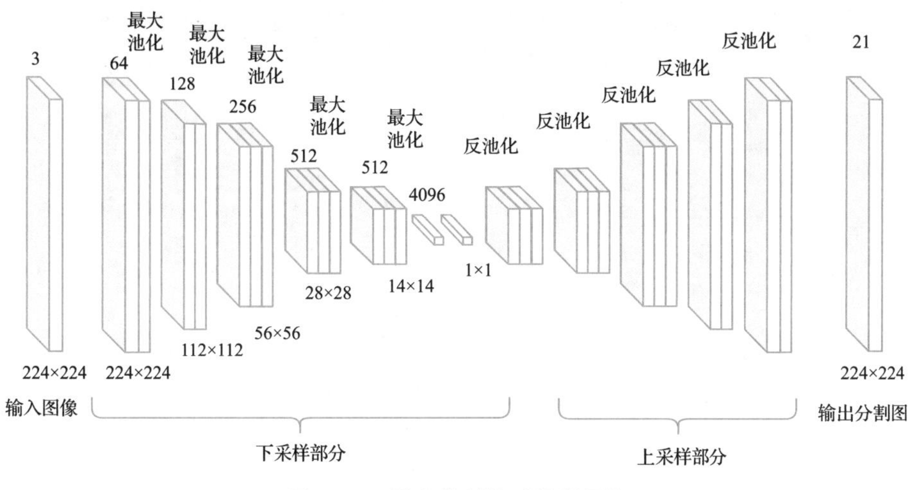

图 B-13 语义分割的反卷积网络

每一组切片代表一个 VGGNet 构建块，每个切片代表一个卷积层，每层的通道数量在顶部声明，并与 VGGNet-16 中使用的通道数量相匹配。降维是通过 2×2 最大池化完成的（在图中显示为文本，不是显式的层）。网络的上采样部分使用反池化和反卷积映射到下采样部分。

网络的输入是一个 224×224×3 的 RGB 图像，网络的输出是维度为 224×224×21 的分割映射。输入图像中的每个 224×224 像素在分割映射中都有一个对应的具有 21 个元素的向量，该向量用于区分像素是否对应于 20 种不同对象类型之一，或者根本不存在对应对象。

B.2.3 U-Net

看看图 B-13 中的反卷积网络，如何利用网络中最狭窄部分（4 096 个值）的数据以输入分辨率（50 000+ 像素）重新创建像素数据，这似乎很神奇。在前一节中，我们证明了使用这种低维中间表示是为了提高效率。意料之中的是，如果网络的反卷积部分能够访问更多数据，那么语义分割的结果就会得到改善。特别是，如果它能同时看到来自更接近网络输入的低维中间表示和高维表示，这是有益的。Ronneberger、Fischer 和 Brox（2015）提出的 U-Net，就是这样做的。

在网络的上采样部分，每一个上采样步骤中，输出与前一层（网络的下采样部分）的输出以可比较的分辨率连接。因此，网络可以利用接近输入的详细像素数据，以及来自网络深处的更粗粒度的分层表示。如图 B-14 所示。

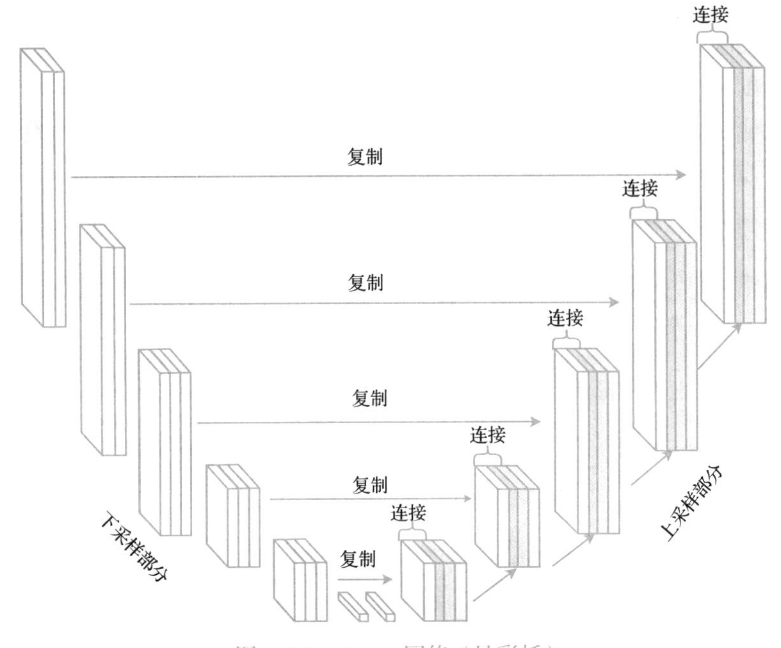

图 B-14　U-Net 网络（见彩插）

U-Net 的名字不言自明，但在实际中，该网络与前面所示的反卷积网络具有相同的水平沙漏形状。U-Net 的关键区别在于，从下采样的层复制输出到网络的上采样部分，并将它们与上采样的层连接起来。

看看网络的上采样部分，白色块表示从网络的下采样部分复制的卷积层输出。红色块表示卷积层，它对前一层的输出进行上采样。现在，白色和红色块被连接起来，并作为下一个卷积层（图中的蓝色块）的输入。图中省略了输入图像和输出分割图。

我们已经描述了几种不同的语义分割网络，现在将转向一个密切相关的主题：实例分割。

B.3　Mask R-CNN 实例分割

在语义分割问题中，某一对象类型的所有样本在输出图像中都会产生相同的颜色，一个相关的问题就是实例分割。它为不同样本分配不同颜色，即使它们是相同类型。也就是说，一个图像中的两个不同的猫应该会输出图像中的两种不同颜色。

这个问题是目标检测和语义分割的混合体。模型需要识别单个对象，然后为每个对象识别与该对象关联的像素。我们可以通过构建 Faster R-CNN 来解决这个问题，它已经解决了定位对象的问题。

Mask R-CNN 是一个 Faster R-CNN 模型的扩展，以实现实例分割任务（He et al.,

2017)。关键的使能器是网络的第三个分支，它与分类分支和边界框细化分支并行运行。第三个分支使用特性图作为输入并对其进行采样，它的输出是像素掩码，用于识别与被识别对象对应的像素。如果仔细想想，在特征图中添加一个上采样分支就会得到类似前面描述的反卷积网络结果。也就是说，这个输出层将为每个候选区域提供语义分割，这意味着所有可用信息都用来进行实例分割。分类分支告诉我们候选区域是否包含一个对象，如果包含，则该对象属于哪个类。分割分支为每个对象类提供一个通道，指示哪些像素属于哪个类。现在我们简单地使用分类分支的输出来从分割分支中选择感兴趣的通道，该通道表示与检测到的对象相关联的像素。如果需要的话，也可以使用边界框分支，这样就可以在对象周围绘制一个边界框。网络整体架构如图 B-15 所示。

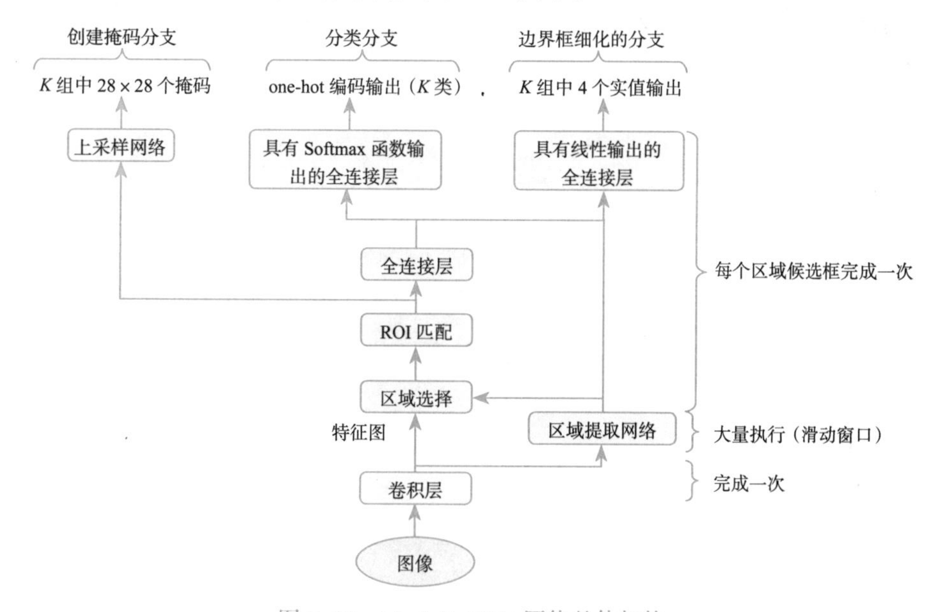

图 B-15 Mask R-CNN 网络整体架构

为了总结 Mask R-CNN 的描述，我们还注意到，除了分割分支，He 等人还引入了 ROI 对齐层来替代 ROI 最大池化层。ROI 对齐层包含了一些值之间的插值，而不是仅仅使用最大池化操作，这使得它能够更好地保持空间关系，以及分割分支能够更好地识别要突出显示的精确像素。

另一件需要注意的事情是，最终的掩码分辨率在论文中被限制为 28×28 像素（He et al.，2017）。对于超过该大小的对象，在训练前将按比例缩小掩码。在推理过程中，如果预测的边界框较大，则需要将网络预测的掩码放大到边界框的大小。我们怀疑这种设计选择是为了减少计算需求，或者是因为它减少了所需的训练迭代次数。

最后，所有 R-CNN、Fast R-CNN、Faster R-CNN 和 Mask R-CNN 的模型中都包含一个块，在某种程度上松散地指定为“卷积层”，也被称为这些网络的主干。检测和分割网络经过多年的发展，我们看到了卷积网络架构的快速进展，这一进展延伸到了检测和分割领域。随着时间的推移，网络的主干变得更加复杂。R-CNN 是基于 AlexNet，而 Fast 和 Faster R-CNN 使用 VGGNet。对 Mask R-CNN 使用了不同骨干进行评估，包括 ResNet 和 ResNeXt（Xie et al.，2017），具有不同的深度，以及 Lin、Doll 和同事（2017）提出的特征金字塔网络（FPN）。

在本附录中，我们不提供编程示例，而是鼓励读者尝试下载中提供的实现。本附录开头的分割示例图是使用 Mask R-CNN（Mask R-CNN for Object Detection and segmentation, 2019）的 TensorFlow 实现生成的。可以花费不到 15 分钟的时间下载、安装和试用演示应用程序，使用预训练的网络对自己的图像进行实例分割。

这就是对目标检测、语义分割和实例分割的介绍。现在应该清楚的是，深度学习在图像分类方面超越人类的能力并不意味着深度学习可以做所有事情，还有许多更复杂的任务需要解决。

APPENDIX C

附录C

Word2vec 和 GloVe 之外的词嵌入

本附录的内容与第 13 章相关。

在第 13 章中讨论的词嵌入有一些局限，最新的嵌入方案已经解决了这些限制。具体来说，所讨论的嵌入无法处理词汇表外的单词，即使新单词只是对已知单词的一个微小变化。例如，假设训练数据中包含单词 dog，但没有包含其复数版本 dogs，因此没有相应嵌入。如果有能处理这种情况的嵌入方案是很有用的。

另一个局限是，一个特定词只有一个对应嵌入，即使这个词在不同的环境中有不同含义。例如，句子"Can I have a can of soda？"中的 can 这个单词。第一个是情态动词，第二个是名词。如果同一个单词的这两个实例存在两种不同的嵌入，这将是很有用的。

在本附录中，我们描述了几种不同的方案，以解决这些局限性。首先描述 Wordpieces 和 FastText 嵌入，这两种方法都利用了一个词可以被划分为更小单元（子词）的事实，但这些方法仍然在比单个字符更粗的粒度上运行。这两种方案只解决了词汇表外的问题，而没有解决不同环境中含义不同的问题。然后，描述了对单个字符进行操作的方法，该方法也只能解决词汇表外的问题。然而，基于字符的方法也可用作更高级的方案 ELMo（来自语言模型的嵌入）的构建块，用于处理词汇表外的单词和与环境相关的嵌入。

C.1 Wordpieces

这种方法本身并不是一种嵌入方案，而是创建一种包含子单词而不是完整单词的词汇表的方法。然后，使用任何合适的方法来学习这些子词的嵌入，包括与使用它们的应用程序联合学习嵌入。该技术最初是为日语和韩语的语音搜索系统开发的（Schuster and Nakajima，2012），也用于自然语言翻译应用程序（Wu et al.，2016）。它也被一个称为 BERT 的模型所使用，附录 D 中对该模型进行了描述（Devlin et al.，2018）。

这些词是按照以下方式创建的。初始词汇表由在训练语料库中发现的单个字符组成。Wu 和他的同事（2016）将西方语言的字符数量限制在 500 个左右，以避免稀有字符干扰词汇表。其他的字符由一个特殊的词汇表外的符号替代。词汇表用于建立一个简单的语言模型（不是基于神经网络的）。下一步是通过合并两个现有符号向词汇表中添加新的符号。也就是说，在开始时，我们将两个字符组合成一个新的包括两个字符的符号，并将其添加到词汇表中。添加现有符号的所有可能组合显然是没有意义的，因为其中一些组合不会产生训练语料库中常见的甚至存在的字符序列。当每个符号包含更多字符时，这尤其适用于后面的过程。相反，选择候选符号是基于如果将该符号添加到词汇表中，语言模型将如何表现。也就是说，我们创建 K^2 候选符（假设词汇表中存在 K 个符号），评估 K^2 语言模型，并选择产生最佳语言模型的符号。重复进行这个过程，直到将用户定义的符号数量添加到词汇表中。这些符号现在是我们的词块，后面用它来创建词嵌入。

为了使它更具体，我们通过一个小示例详细说明。假设一个训练语料库是基于非常有限的字母 e、i、n 和 o。词汇表从这四个符号开始。为了识别要添加到词汇表中的下一个符号，我们创建了所有 16 种组合：ee、ii、nn、oo、ei、en、eo、ie、in、io 等。现在，我们想要确定添加到词汇表中的这 16 个新符号中，哪一个会产生最佳的语言模型。也就是说，创建一个语言模型，其中包含一个由符号 {e, i, n, o, ee} 组成的词汇表，将其与使用 {e, i, n, o, ii} 等符号的语言模型进行比较。一旦所有 16 个模型都得到了评估，选择一个最佳语言模型，在我们的例子中，恰好是 {e, i, n, o, no}。重复这个过程，这一次有 25 种可能的组合。词汇量逐渐增长，每次迭代都有一个新的符号：

{e, i, n, o, no}

{e, i, n, o, no, in}

{e, i, n, o, no, in, on}

{e, i, n, o, no, in, on, one}

{e, i, n, o, no, in, on, one, ni}

{e, i, n, o, no, in, on, one, ni, ne}

{e, i, n, o, no, in, on, one, ni, ne, nine}

生成的词汇表将包括所有单个字符和不同大小的 n-gram。Wu 和他的同事（2016）发现，8K 到 32K 之间的词汇量在他们的自然语言翻译任务中效果很好。我们描述的是一个简单实现。在实际中，有一些优化来降低计算复杂度。

现在可以使用这个词汇表将输入的句子分解成单词块。如果单词词汇表中存在一个单词，那么它将保持不变，否则将使用单词词汇表中的单词分成两个或多个部分。例如，在示例中生成的词汇表不包含单词 none，因此它将通过连接两个词块 n 和 one 来组成。由于词汇表包含单独的字符，因此总是可以通过组合词汇表中存在的部分来生成任何单词。

以单词开头的词块前加一个特殊字符（如下划线），这使得在将原始文本分解成单词之后，可以明确地重新创建原始文本。在原始论文（Schuster and Nakajima, 2012）中，如果一个词的结尾也加入了特殊符号，那么这个符号也会加入到一个词中，但在后续的论文中，该方案被简化了（Wu et al.，2016）。从我们的玩具例子出发，来看一下论文中的示例：

Word: *Jet makers feud over seat width with big orders at stake*

wordpieces: *_J et _makers _fe ud _over _seat _width _with _big _orders _at _stake*

在这个例子中，我们可以看到 Jet 和 feud 这两个词并不在词汇表中，因此被分成了两部分。对于 Jet，拆分结果是 _J 和 et，其中 J 前面的下划线符号表示它是单词的开头。现在，可以选择任意合适的方法使用单词块作为词汇表来学习词嵌入。

C.2 FastText

FastText（Bojanowski et al.，2017）是 Word2vec 连续跳字模型的直接扩展。其目的是创建可以处理词汇表外的词嵌入。如第 13 章所述，连续跳字模型的训练目标是，给定一个单词，预测句子中围绕该单词的单词。这是通过训练一个二元分类器来完成的，它对单词周围的单词输出 1，对其他随机选择的单词输出 0（称为负样本）。

FastText 修改了输入字的表示，以包含一些内部结构。对于输入数据集中的每个单词，除单词外，模型还为该单词形成了所有字符的 n-gram。我们之前已经研究了由 *n* 个连续单词组成的 n-gram，但可以将相同的概念应用到单词内部的字符。在本附录的其余部分中，n-gram 指的是 *n* 个连续的字符，而不是单词。FastText 将其限制为 n-gram，其中 *n* 大于或等于 3，小于或等于 6。单词中的第一个 n-gram 前加一个开始符号 <，单词中的最后一个 n-gram 后加一个结束符号 >。以 Bojanowski 及其同事的论文（2017）为例，该词得到如下 n-gram：

<wh, whe, her, ere, re>, <where>

这个例子只显示了大小为 3 的 n-gram，所以实际上，还会有更多的 n-gram。如上所示，开始和结束符号也被添加到原始单词本身，这意味着恰好与一个完整单词相同的 n-gram 仍将被视为一个独立单词。例如，n-gram her 将被视为一个与完整单词 <her> 不同的词。

在 FastText 模型中，每个单词和所有 n-gram 都有一个对应的向量。我们通过平均单词及其所有 n-gram 的向量来形成一个特定词的嵌入。从训练目标的角度来看，这导致我们训练模型不仅可以从给定单词中预测周围的单词，而且还可以从给定单词的内部 n-gram 中预测周围的单词。

当使用 FastText 时，词汇表外的单词将简单地由该单词的 n-gram 的平均值表示。不难想象，在词汇表外的单词只是现有单词一个微小变化的情况下，可以得到与现有词向量类似的向量。已经为许多语言创建了 FastText 嵌入，并且可以在线下载。

C.3 基于字符的方法

处理词汇表外单词的另一种方法是简单地处理字符而不是单词，并不在训练模型之前将单词分解成子单词。这可能看起来不直观，因为我们讨论的是词嵌入，但我们可以构建一个模型，使用字符而非单词或子单词作为输入来输出词嵌入。我们将在本节中描述这样一个模型，该模型的另一个重要方面是，它是用于产生与上下文相关的另一个词嵌入模型的基础，我们将在下一节中描述这个后续模型。

在第 11 章和第 12 章中，我们看到了在字符和单词上都适用的神经语言模型的例子。代码示例中的那些都是基于循环网络的，这些模型是自回归的，因为预测的输出符号在下一个时间步中作为输入反馈给网络。Kim 等人描述了一个类似的语言模型，但使用了一种混合方法（Kim et al.，2016）。该模型使用字符作为输入，但在输出中预测单词。此外，更复杂的是，它使用的字符嵌入是通过一个一维卷积网络运行的，然后是一个高速神经网络，从而产生词嵌入，然后将这些词嵌入输入循环层。我们首先描述这些对字符进行操作并产生词嵌入的初始层。

这个词嵌入方案的总体思想是，一个词可以用它所包含的 n-gram 来表示。为了深入了解该方案的作用，假设有一个向量，其中每项表示单词中是否存在特定的 n-gram。如果 n-gram 存在，则该项设置为 1，如果不存在，则设置为 0。也就是说，我们创建了一个 n-gram 字符包。这个向量现在可以用作嵌入。两个单词是一个单词的不同变体（例如，单数形式和复数形式），将得到相似的嵌入，只有后缀的 n-gram 不同。图 C-1 中显示了单词 supercalifragilisticexpialidocious 的一些例子，这是著名儿童电影 *Mary Poppins*(Sherman and Sherman, 1963) 中一首歌的名字。除非使用非常具体的训练语料库，否则很难在词汇表中找到完整的单词。然而，许多构建块（n-gram）通常出现在其他文本中。

输入单词						n-gram字符包									
						super	sub	cali	fragi	robust	expia	doc	spoon	ful	sug
super	cali	fragilistic	expiali	docious	→	1	0	1	1	0	1	1	0	0	0
sub	cali	fragilistic	expiali	docious	→	0	1	1	1	0	1	1	0	0	0
super	cali	robustic	expiali	docious	→	1	0	1	0	1	1	1	0	0	0

图 C-1　基于单词 supercalifragilisticexpialidocious 中一些 n-gram 的 n-gram 字符包及其两个变体

图 C-1 显示了我们如何从该词的连续字符（第一行）以及两个变体 subcalifragilisticexp-ialidocious 和 supercalirobusticexpialidocious 所形成的许多 n-gram 中创建一个 n-gram 词袋包。在该示例中，选择的 n-gram 表现很好。我们还包括了三个完全不相关的 n-gram（图中最右边），它们没有出现在单词中，以说明并不是所有已知的 n-gram 都会出现在输入单词中。这个例子说明了这三个相关的单词是如何得到彼此相似但不同于不相关单词的词向量的。

我们认识到，对于这种情况，“完全不相关的 n-gram”可能是一种比较强烈的表述。

本节讨论的基于字符的嵌入与此方案类似，但有两个重要的区别。首先，不是预先决定要查找哪个 n-gram，而是由模型学习 n-gram。其次，不是使用二进制数字来表示是否存在一个 n-gram，向量中的每项都是实数。该值的大小是衡量当前单词的 n-gram 与目标 n-gram 的相似程度，即使是训练集中不存在的 n-gram 也会影响输出，如图 C-2 所示。为了说明近似匹配，一些目标 n-gram 与上图中的略有不同。向量中每项现在都是实值的，并表明目标 n-gram 和在单词中发现的 n-gram 之间的相似性。

这两幅图中 n-gram 的排列顺序与我们所分析的单词中出现的顺序一致，但实际上，顺序是任意的，因为一个 n-gram 并不能捕捉到 n-gram 之间的顺序。特别是，并不是每个

n-gram 只在图中具有相同颜色单词的特定部分上得分。分数是基于单词中的所有 n-gram。例如，考虑 n-gram 的鲁棒性。对于包含 fragilistic 的单词，它得到了 0.1 而不是 0.0，这似乎有点奇怪，因为 fragilistic 与 robust 没有任何相似之处。然而，这个词的其他部分也有一些共同之处，例如，docious 包含字母 o、u 和 s，其顺序与 robust 相同。

输入字符

super	cali	fragilistic	expiali	docious
sub	cali	fragilistic	expiali	docious
super	cali	robustic	expiali	docious

n-gram字符包的近似值

super	sub	calista	fragile	robust	expiate	docent	spoon	ful	sug
1.0	0.2	0.7	0.9	0.1	0.9	0.8	0.1	0.1	0.2
0.3	1.0	0.7	0.9	0.1	0.9	0.8	0.05	0.1	0.1
1.0	0.2	0.7	0.1	1.0	0.9	0.8	0.1	0.05	0.2

图 C-2　n-gram 字符包的近似值

近似的 n-gram 字符包可以使用 1D 卷积来实现，如图 C-3 右侧所示。我们已经熟悉 2D 卷积（图的左侧部分），其中在图像上滑动 $K \times K$ 卷积核，该核计算在核中心的像素和周围像素的加权和。我们看到卷积核充当了一个特征标识符，从而创建了一个特征映射，以指示图像中某些特征的位置。我们可以应用相同的概念，但在一维空间中，一维核的宽度是 w，扫描一个单词中的所有字符，在给定的任意点，核将计算直接在核下的字符及其周围字符的加权和。当宽度为 w 时，它可以识别一个由 w 个字符组成的 n-gram。卷积的结果是一个 1D 特征映射，表示一个单词中某个特定 n-gram 存在的位置。

在前面的讨论中，我们忽略了单个字符是如何表示的。如图 C-3 所示，图像中的每个像素都由多个颜色通道组成，因此二维卷积是在三维空间中进行的。类似地，我们将每个字符编码为元素向量，因此一维卷积在二维空间中进行，如图所示。将字符编码为一维向量的一种明显方法是使用 one-hot 编码。另一种方法是学习密集字符嵌入，以减少向量中元素的数量，这就是 Kim 和他的同事们（2016）使用的方法。

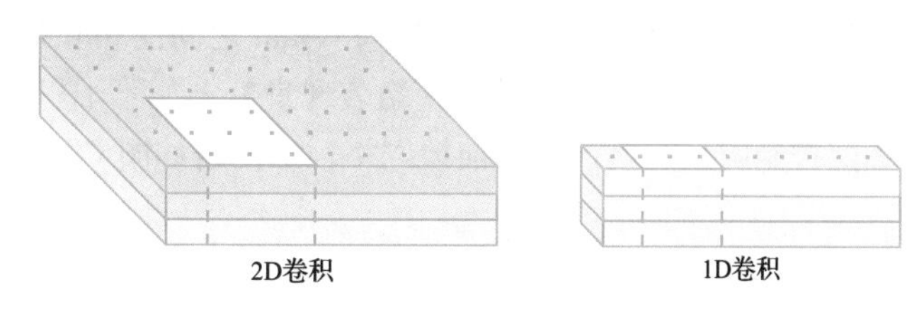

图 C-3　2D（左）和 1D（右）卷积的区别（见彩插）

现在，我们准备展示从字符串创建词嵌入的过程，如图 C-4 所示。

一个单词由 j 个字符组成，每个字符通过嵌入层转换为一个 d 维嵌入，将这组字符向量输入到一维卷积层中。此讨论仅限于单个内核，即单个输出通道，在图 C-4 中由单个水平轨道表示。宽度 w 的内核应用于单词的所有 j 个字符，并产生一个具有 $j-w+1$ 个元素的向量（而不是 j，因为没有使用填充），这个向量表示找到与核对应的 n-gram 的位置。但是，我们对 n-gram 的位置不感兴趣，而只关心它是否包含在单词中。因此，卷积层之后是一个具有单个输出的最大池化操作，这就产生了 m 维词嵌入中的一个元素。对每个输出通道重复一次此过程，如图中不同轨道所示。每个通道标识自己的 n-gram，所有通道的组合输出形成一个给定字符串的词嵌入。这意味着，即使是训练数据集中没有出现的单词，也会形成词嵌入。

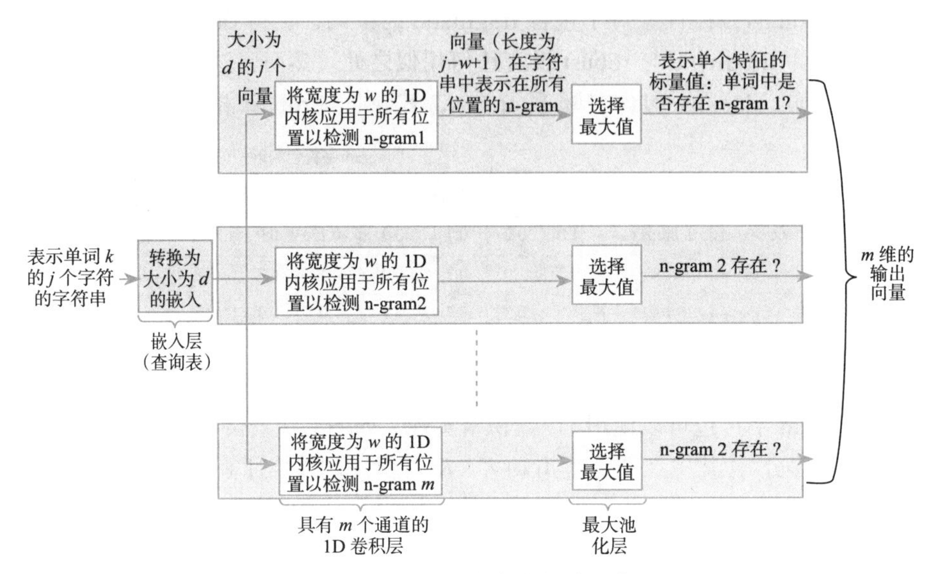

图 C-4　从一个字符串中创建词嵌入

这种嵌入的一个缺点是，它可能捕捉到的单词之间的唯一相似性是拼写上的相似性。Kim 和同事（2016）通过将嵌入通过多层网络来产生最终嵌入解决了这一缺点。他们的想法是，这个额外的网络可以捕获 n-gram 之间的相互作用。一项发现是，常规的全连接前馈网络表现不佳，但高速神经网络表现良好。如第 10 章中所述，高速神经网络是一种由可训练门控制的具有跳连接的前馈网络，全网络如图 C-5 所示。

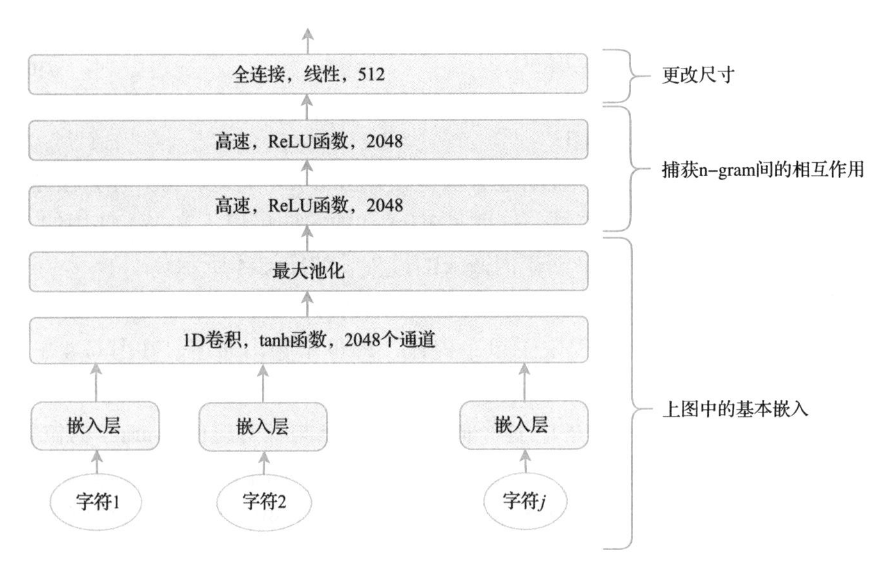

图 C-5　全网络生成基于字符的词嵌入

Kim 和他的同事们将这些基于字符的词嵌入作为语言模型的输入，该语言模型基于一个使用长短期记忆（LSTM）单元的循环层，然后是一个 Softmax 层来预测下一个单词。图 C-5 中的维度与作者使用的有些不同，而且在网络的末端还有一个额外的投影层（全连接，没有激活功能），这与下一节中描述的 ELMo 嵌入的基础网络相匹配。

C.4　ELMo

来自语言模型的嵌入，也称为 ELMo（Peters et al.，2018），是基于前面章节中字符嵌入的语言模型。Jozefowicz 及其同事（2016）首先研究了这种语言模型，并使用了两个基于双向 LSTM 的循环层，该研究比较了许多不同结构的层和大小。我们关注的是后来 Peters 和同事（2018）用于 ELMo 嵌入的特定配置。这些嵌入的一个关键属性是，它们依赖于上下文；也就是说，单个单词可以根据该单词使用的上下文具有不同的嵌入。这并不是 ELMo 与我们研究过的其他嵌入的唯一不同之处。与仅使用预训练的嵌入不同，这些嵌入具有特定参数，这些参数由最终应用程序进行相应调整。

显然，为了使词嵌入依赖上下文，不能仅通过查找单词本身来检索单词的嵌入。相反，周围的词（上下文）也是需要的。ELMo 通过使用一个双向语言模型生成嵌入来解决这个问题。之前已经看到了一些例子，说明语言模型如何在给出前一个单词的情况下预测下一个单词，双向语言模型可以访问它试图预测的单词的前面和后面的单词。

一个关键的观察结果是，输入语言模型的嵌入与上下文无关，但是语言模型的隐藏层和输出层中的表示包含了关于周围单词的累积信息。特别是，对于双向语言模型，这些表示将同时受到历史和未来词汇的影响，即，受到整个上下文的影响。ELMo 使用的语言模型如图 C-6 所示。

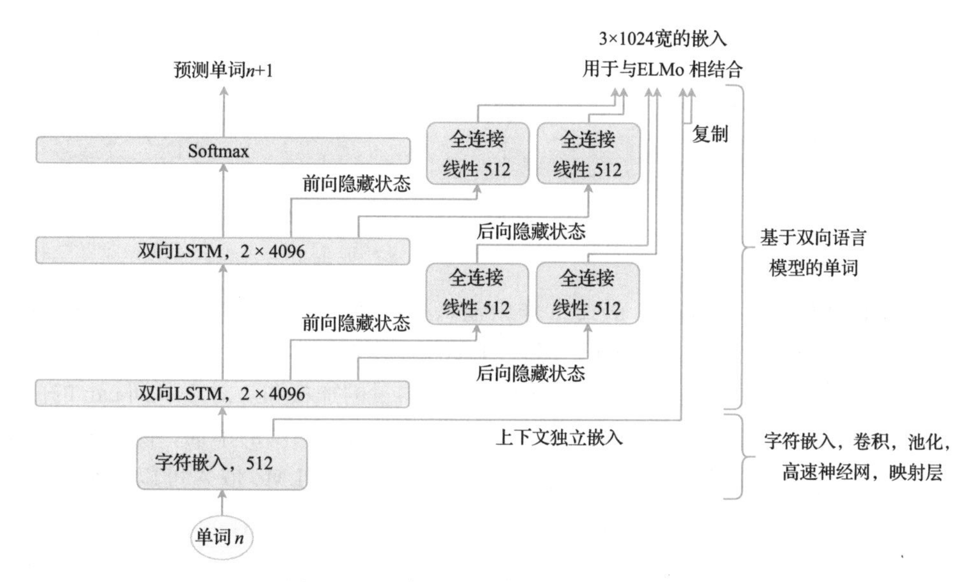

图 C-6　生成 ELMo 嵌入的双向语言模型

从底部开始，第一个模块使用上一节描述的基于字符的词嵌入方案生成与上下文无关的词嵌入，该模块由字符嵌入层、一维卷积、最大池化、高速神经网络和投影层组成。一维卷积使用 2 048 个不同大小的核[⊖]（它可以查找 2 048 个 n-gram），但投影层将词嵌入的维度降低到 512。所有这些都在图中所示的“字符嵌入模块”中。

双向语言模型基于两个双向 LSTM 层，每一层在每个方向上有 4 096 个单元。输出层是一个 Softmx 层，用于预测序列中丢失的单词。当训练模型时，这种预测是必要的，但是当使用模型生成与上下文相关的词嵌入时，这种预测可能会被丢弃。

每个 LSTM 层的隐藏状态通过投影层进行反馈，这个投影层可以将维度从 4 096 降低到 512。因为每个 LSTM 是双向的，所以在串联之后每一层会产生 1 024（2×512）个词目的向量。输入层只包含 512 个词目，但我们将其与自身串联起来，最终得到三组 1024 个词目的向量，如图右上方所示。

ELMo 嵌入是通过运行我们希望通过语言模型嵌入的文本而生成的，对于输入模型的每个单词，记录这三个向量。ELMo 嵌入是通过计算单个向量形成的，该向量是这三个向量的加权和。要使用的权重用于特定应用程序，并被最终用户模型学习。如图 C-7 所示。

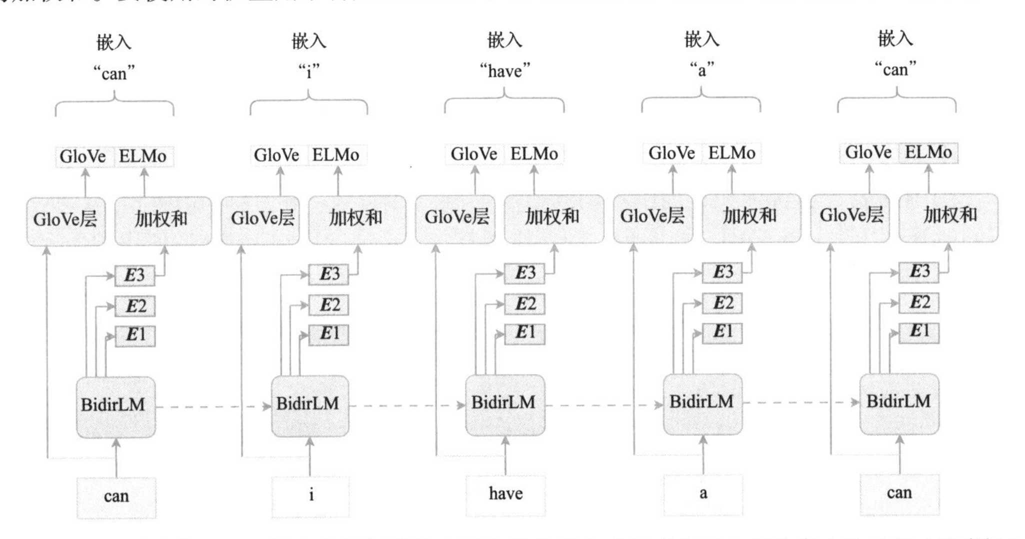

图 C-7　通过连接 ELMo 嵌入和任何其他上下文无关嵌入来形成上下文相关嵌入的过程（见彩插）

该图显示了以 can、i、have、a、can 作为输入按时间展开的语言模型。我们注意到第一个和最后一个单词（绿色）都是 can，但它们有不同含义。语言模型为每个时间序列输出三个向量（**E**1、**E**2 和 **E**3），并且 ELMo 嵌入是三个向量的加权和。对于单词 can 的两个实例，**E**1 将是相同的，因为它与上下文无关。**E**2 和 **E**3 取决于周围的单词，因此两个单词产生的 ELMo 嵌入是不同的（第二个实例用红色表示）。虽然 ELMo 嵌入可以单独使用，但

⊖　ELMo 中使用的 2 048 个内核寻找不同长度的 n-gram，内核的大小和数量为 [1，32]、[2，32]、[3，64]、[4，128]、[5，256]、[6，512]、[7，1024]，使用符号 [内核大小，内核数量]。例如，该模型有 64 个输出通道，表示大小为 3 的 n-gram（内核大小：3；内核计数：64）。

Peters 及其同事（2018）表明，将它们与另一种上下文无关的嵌入方案相结合是有益的。图 C-7 显示了如何使用预训练的 GloVe 向量作为上下文无关方案来实现这一点。

如前所述，用于组合三个向量的权重是与使用 ELMo 向量的模型一起进行训练的。这三个权重（s_1，s_2，s_3）是标准化的 Softmax 传输函数，因此它们加起来为 1。此外，还学习了一个应用于最终向量的单个缩放因子（γ）。也就是说，特定任务的 ELMo 嵌入由如下公式给定：

$$\text{ELMO}^{\text{task}} = \gamma^{\text{task}}(s_1^{\text{task}}\boldsymbol{E}1 + s_2^{\text{task}}\boldsymbol{E}2 + s_3^{\text{task}}\boldsymbol{E}3), \text{其中} s_1 + s_2 + s_3 = 1$$

C.5　相关工作

在 Kim 及其同事（2016 年）介绍的基于字符的嵌入的描述中，我们注意到卷积和最大池化运算如何产生一个近似的 n-gram 字符包（或者简称 n-gram 包）。 我们在第 12 章中描述了 n-gram 包的两种主要变体，可以表示每个 n-gram 包（二进制元素）的存在或每个 n-gram 包的数量。Wieting 及其同事（2016）在关于字符嵌入的工作中选择了后者，明确地创建了一个 n-gram 包，而不是使用卷积，并使用 ReLU 激活函数将生成的向量作为单个全连接层的输入。

Athiwaratkun、Wilson 和 Anandkumar（2018）引入了一种类似 FastText 的嵌入方案，且能够捕获多种词义和不确定性信息，这使得该方案能够处理罕见的、拼写错误的，甚至看不见的单词，他们将该方案命名为概率 FastText。

ELMo 并不是唯一一个现有的与上下文相关的嵌入方案，它是建立在语境化词向量（简称 CoVe；McCann et al.，2017）的基础上。在这项工作中，作者从机器翻译模型而不是语言模型中生成了与上下文相关的嵌入。与 ELMo 相比的另一个区别是，CoVe 仅使用模型顶层的表示，而 ELMo 在形成嵌入时使用多层的组合。

本附录描述了一些使词嵌入比第 13 章中描述的 Word2vec 和 GloVe 嵌入更通用的技术。另一种基于词嵌入的工作是文档或段落嵌入，目标是为整个短语而不是单个单词寻找嵌入。我们在这里举一些例子来供日后阅读参考。第一个是 doc2vec（Le and Mikolov，2014），其训练目标是预测段落中的下一个单词。也就是说，doc2vec 类似第 12 章和第 13 章中描述的基于语言模型的方法，但该技术被修改为生成一系列单词的嵌入，而不是单个单词的嵌入。跳跃思维模型（Kiros et al.，2015）模仿词嵌入的发展，它是 Word2vec 连续 skip-gram 模型的推广，其训练目标是预测给定输入句子的周围句子，结果是该输入句子的嵌入。最后，sent2vec（Pagliardini，Gupta，and Jaggi，2018）使用词嵌入和 n-gram 嵌入作为构建块来构建句子嵌入。

APPENDIX D

附录 D

GPT、BERT 和 RoBERTa

本附录的内容与第 15 章相关。

在第 15 章中，我们描述了 Transformer 体系结构以及如何将其用于自然语言翻译。Transformer 也被用作解决其他自然语言处理（NLP）问题的构建块，本附录描述了三个示例。

关键思想是如何在大型文本库上预训练基本模型。作为预训练的结果，模型会学习一般的语言结构。然后，该模型既可以直接用于解决不同类型的任务，也可以增加附加层进行扩展，并针对实际任务进行微调。也就是说，这类模型利用了迁移学习。我们在第 16 章中给出了如何对图像执行此操作的示例。在示例中，使用了一个在 ImageNet 数据集上预训练的 VGGNet 作为图像字幕网络的基础，该网络学习了如何在用于预训练的分类任务中提取有用的图像特征。在最后的任务中，添加了生成图像字幕的网络解码器部分，使用这些提取的特征作为输入。

同样地，本附录中讨论的模型将在预训练期间学习从文本数据中提取特征，这个过程也与第 12 章和第 13 章中词嵌入的学习方式有关。在这些章节中，我们对文本数据进行预训练，使模型的第一层（嵌入层）学习有用的单词表示，这个嵌入层可以在其他模型中反复使用。本附录中的模型继续深入这一概念，不再局限于仅反复使用嵌入层，而是在最终应用程序中反复使用预训练模型的多个层。

D.1 GPT

生成式预训练（GPT；Radford et al.，2018）模型是一种神经语言模型，类似第 12 章中所述，它给定了一系列输入单词，对模型进行训练以预测下一个单词。我们已经看到了如何使用这样的模型来完成文本自动补全。也就是说，预训练任务是生成文本，模型由此命名。

第 12 章中介绍的语言模型是基于长短期记忆（LSTM）层，而 GPT 是基于 Transformer 架构（在第 15 章中有描述）。为理解这一点，可以回想一下第 14 章中的自然语言翻译网络，它是一种基于 LSTM 的编 – 解码器体系结构，其中编码器生成中间表示，解码器网络生成目标语言的翻译。也就是说，解码器是使用中间表示作为起点的语言模型。从这个角度来看，Transformer 的解码器组件是一个基于自注意力层而不是 LSTM 层的语言模型。将解码器用作独立语言模型时的一个关键区别是，它不需要包含关注编码器生成中间表示的注意力层，这仅仅是因为不存在编码器。掩码的自注意力层依然存在，基本构造块如图 D-1a 所示。与在 Transformer 架构中一样，图 D-1b 显示了如何组合多个这样的构建块（在 GPT 模型中有 12 个）。

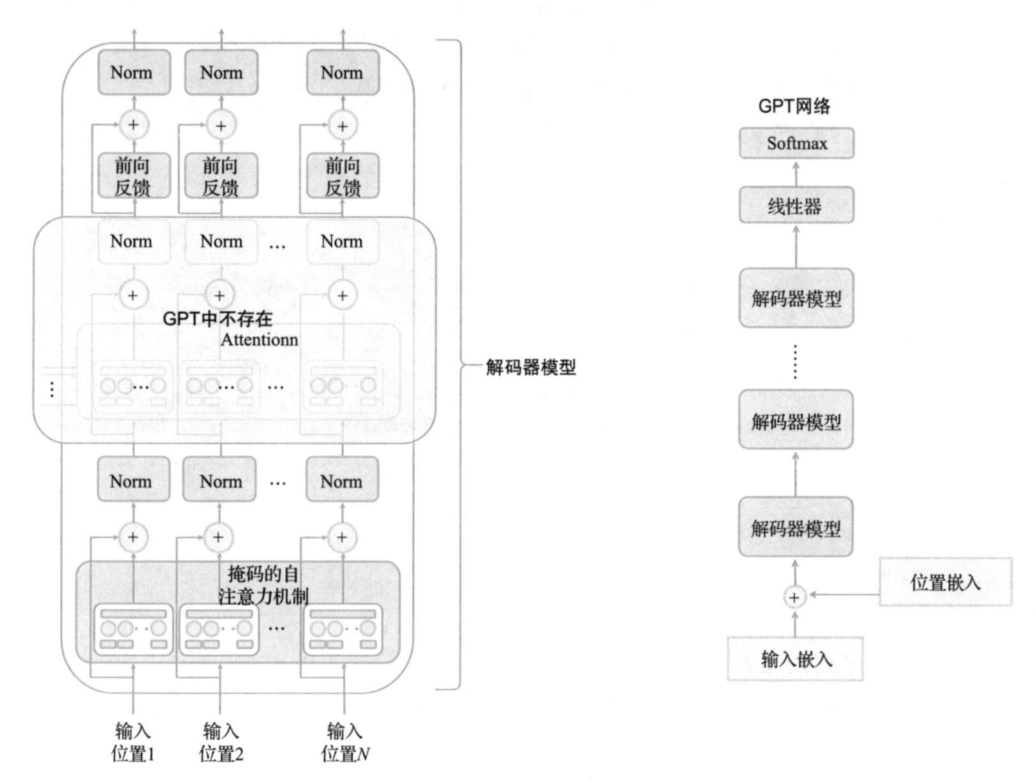

a）Transformer 解码器被修改为独立语言模型　　b）基于多个堆叠解码器模块的 GPT 网络

图　D-1

图 D-2 展示了模型的预训练过程，该模型的输入是任意一个句子。在图中，我们使用“GPT 在 lm 任务上进行预训练”作为示例，训练模型预测得到了只移动了一个单词的相同句子。也就是说，第一个输出单词对应句子中的第二个单词。掩码的自注意力机制通过观察输入句子的“未来序列”来防止模型作弊。

图中的每个红色框对应一个层，该层使用 Softmax 激活函数来提供词汇表中所有单词的概率，这是在未标记数据上进行的预训练，因此可对大量文本进行预训练。

预训练之后，使用标记的数据对特定任务进行微调。对模型的输入以及输出层进行轻微修改，以更好地适应所用模型的目标任务。图 D-3 通过相似性任务进行了说明，其中模型以两句话作为输入，目标是确定这两句话是否相似。要做到这一点，需要修改输入以能够表示两个句子，这是通过学习分隔符（DELIM）标记完成的。此外，输入句子需要在开始处增加一个开始标记，在结束处增加一个结束标记。

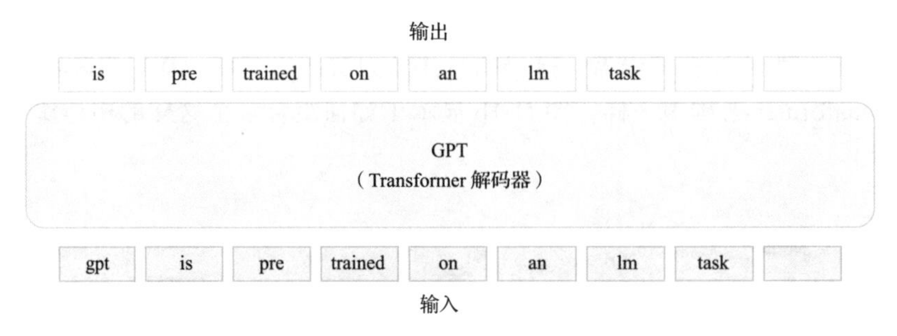

图 D-2　语言模型任务的 GPT 预训练（见彩插）

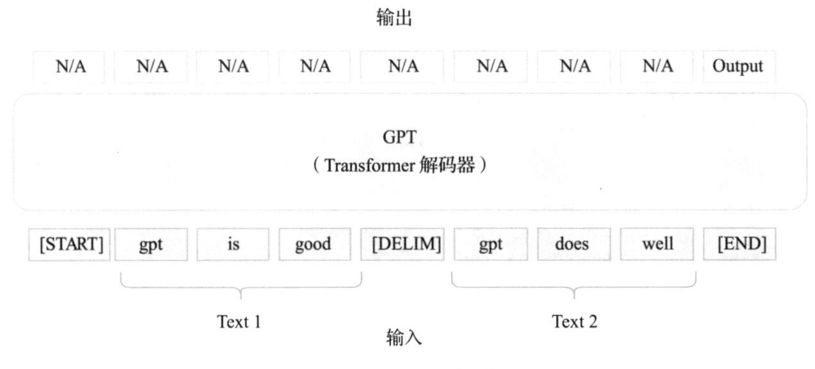

图 D-3　微调任务

除改变输入序列的格式外，还修改了输出层。GPT 论文（Radford et al.，2018）描述了如何对少数不同类型的任务进行修改。对于相似性任务的描述，两个句子之间没有自然顺序，因此建议对模型进行两次评估。对于第二次评估，交换两个句子的顺序，然后，将这两个评估中每个的结束标记对应的输出按元素添加。使用的是 Transformer 模块的原始输出，即 Softmax 层被丢弃，由这个加法得到的向量被用作线性分类器的输入，该分类器经过训练来指示这两个句子是否相似。

另一个用例是情绪分析，其输入仅为单个文本序列，因此不使用分隔符进行标记。此外，只需要对网络进行一次评估。与相似性任务一样，线性分类器使用与结束标记对应的输出作为输入进行简单训练。关于如何使用网络输出来解决其他类型任务的细节，请参见 GPT 原始论文。

还有一些细节值得一提，在原始的 Transformer 论文（Vaswan et al.，2017）中，如同第 15 章中所述，位置编码是使用公式计算得到的。GPT 模型处理该任务的不同之处在于，位置编码是学习得到的。图 D-4 说明了如何通过将词嵌入添加到相同维度的学习位置嵌入中来创建 Transformer 解码器的输入。

另一个细节是如何构造损失函数。与只训练线性分类器不同，在微调步骤中，训练模型作为语言模型也是有益的。因此，微调损失函数是语言模型损失函数和最终任务损失函数的加权和。最后，GPT 不使用完整单词的词汇表，而是使用一种被称为 byte-pair 编码的技术（Sennrich、Haddow，and Birch，2016）。这种技术基于子词，因此可以避免出现词汇表外单词的问题，类似附录 C 中已经描述的一些技术。

引入 GPT 后，在 12 项评估任务中，有 9 项比现有模型有了显著改进。我们还在 zero-shot 任务转移的背景下对 GPT 进行了研究。在设置中，预训练模型应用于不同的目标任务，但不微调该目标任务的模型。文中的一个例子是情绪分析任务，Sennrich、Haddow 和 Birch（2016）首先将句子与单词 very 连接起来，并将该文本序列输入模型中。然后，通过观察该模型分配给下一个预测单词指定“积极”和“消极”的概率来解释模型的输出。在情绪分析测试集上进行评估时，当句子表达积极情绪时，该模型在大多数情况下正确地给“积极”一词分配了较高概率，反之亦然。也就是说，即使模型没有在情绪分析任务上进行过明确训练，甚至没有接触过数据集的训练部分，也可以成功地使用无监督学习从不相关的文字中学习这项任务。在后来的研究中（Puri and Catanzaro，2019；Radford et al.，2019），对 GPT 架构的 zero-shot 任务转移进行了更详细的评估，该架构使用了 GPT 模型的升级版本 GPT-2。Brown 及其同事（2020）对 GPT 体系结构进行了进一步研究，并展示了一个更大的模型（GPT-3）如何通过有限的或不进行微调来解决迁移学习环境中的目标任务。

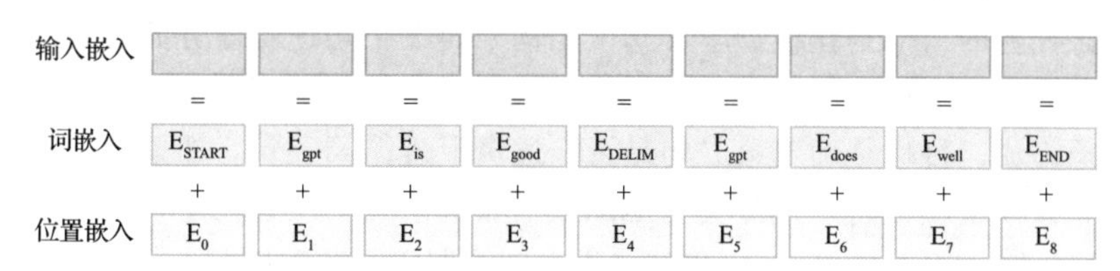

图 D-4　如何为 GPT 创建输入嵌入

D.2　BERT

Transformer 双向编码器表示的模型（BERT；Devlin et al.，2018 年）采用了与 GPT 稍有不同的方法。BERT 利用的是在一个句子中的单词之间既有向后相关性，也有向前相关性的观察。我们在第 11 章中的双向循环神经网络（RNN）中讨论了这一点。Transformer 解码器中掩码的自注意力层明确地阻止了网络考虑未来符号的相关性。另一方面，BERT 是基于 Transformer 架构的编码器部分，该部分并没有这个限制。

为了适应体系结构的双向特性，BERT 不使用传统的语言模型作为其预训练任务。相反，它是在两个任务上训练的，这两个任务称为掩码语言模型和下一句预测。模型同时在这两个任务上进行训练。下面将详细介绍这两个预训练任务。

D.2.1　掩码语言模型任务

如 GPT 中所述，语言模型预训练任务包括预测句子中的下一个单词。在 BERT 的掩码语言模型预训练任务中，目标是使用句子中的历史单词和未来单词来预测一些缺失（掩码）的单词。考虑输入句子“my dog is a hairy beast”，这是一个类似论文中所用的句子（Devlin et al.，2018）。我们使用这个句子，随机掩码一些单词，然后训练模型来预测缺失的单词。输入示例按下列方式组成：

- 输入句子中有百分之十五的单词被掩码（例如，单词 hairy）。
- 对于选定的 80% 的掩码单词，词嵌入被一个特殊的掩码嵌入所取代，因此最终得到“my dog is a [MASK] beast”。
- 对于选定的 10% 的掩码单词，词嵌入被随机选择的词嵌入所取代，因此可能会以“my dog is a apple beast”结束。
- 对于选定的剩下 10% 的掩码单词，不替换单词嵌入，而是使用正确的词嵌入，因此最终得到“my dog is a hairy beast”。这听起来好像这个词根本没有被掩码，但这个词和未被掩码词之间的区别在于，模型的评估仍然基于它是否能够预测这个词。

BERT 将尝试预测句子中的所有单词，包括那些没有被掩码的单词，但是从训练的角度来看，该模型是根据它在 15% 被掩码的单词上的表现来评分的。

D.2.2　下一句预测任务

掩码语言任务的目的是让模型学习句子结构，而下一句预测任务的目的是让模型学习两个句子之间的关系。这个任务是一个关于 IsNext 和 NotNext 两个类别的分类问题。该模型由两个句子组成，目标是确定第二句是否在逻辑上遵循第一句。如果第二句在逻辑上遵循第一句，那么模型应该将示例分类为 IsNext。如果第二句没有在逻辑上遵循第一句，那么模型应该将示例分类为 NotNext。也就是说，训练期间有两种情况：

- 在一种情况中，只需从文本语料库中给出两个连续的句子，并训练模型输出类别 IsNext。一个例子是“the man went to [MASK] store”，然后是“he bought a gallon [MASK] milk”。请注意，由于两个训练任务同时执行，因此某些单词被掩码。
- 在另一种情况中，从文本语料库中给出两个不相关（非连续）的句子，并训练模型输出类别NotNext。一个例子是“the man went to [MASK] store”，然后是“penguins [MASK] flight ##less birds”。

less 前面的两个哈希符号表示它是一个词条。BERT 使用词条作为标记，而不是完整的单词。词条在附录 C 中进行了描述，它具有更好地处理词汇表外单词的优点。简而言之，如果一个单词在训练词汇表中不存在，它将被一系列子单词替换。这些字块通过一个常规的嵌入层来创建嵌入。在这个例子中，flightless 不在词汇表中，因此被分成 flight 和 less 两部分。哈希符号表示法遵循 BERT 论文中的表示法（Devlin et al.,2018），与附录 C 中使用的下划线表示法不同。

尽管这些例子使用的是真实的句子，但实际上，BERT 预训练任务使用的是更广泛的定义，即句子只是语料库中连续单词的集合。因此，每个“句子”可能由多个实际句子组成，但限制条件是两个句子的单词总数不能超过模型宽度，典型的 BERT 模型宽度为 512 个单词。

D.2.3　BERT 的输入输出表示

为了能够处理刚才介绍的两个预训练任务，以及其他 NLP 任务，BERT 需要能够接受两个句子作为输入。它还需要能够输出一个类别预测（IsNext 或 NotNext），以及与输入句子中的每个单词对应的单词预测。BERT 使用特殊标记和段嵌入的组合来处理这个问题。图 D-5 显示了 BERT 的输入和输出标记的组织结构。输入包括分类标记 CLS，然后是第一句话的标记（例如，问答任务中的问题）。第一句以分隔符 SEP 结尾，它后面是可选的第二句（例如答案）的标记，该句同样以 SEP 标记结尾。

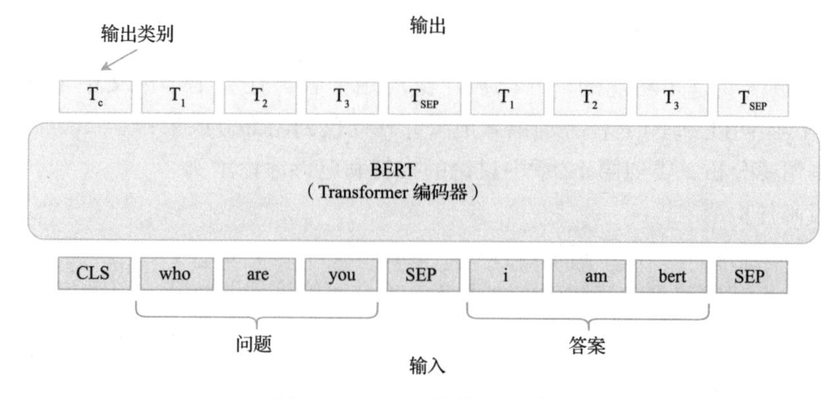

图 D-5　BERT 的输入和输出

对于只需要一个输入句子（例如情绪分析）的任务，输入包括一个 CLS 标记，后面是问题，最后是 SEP 标记。

BERT 的输出采用向量形式，并对应每个输入符号（单词）。输入中的 CLS 标记会产生相应输出，可用于需要聚合整个句子信息而不是单个单词信息的任务。分类任务就是这类任务的一个示例，为了使用这些输出位置进行分类，使用这些位置的输出向量作为输入来训练线性分类器，类似前面所述的 GPT。也就是说，用一个额外的全连接层扩展 BERT，该层具有与我们想要分类的类别数量相匹配的 Softmax 输出，这个全连接层使用 CLS 输出向量作为其输入。对于下一个句子的预训练任务，该 Softmax 层有两个输出 IsNext 和 NotNext（从技术上讲，它可以有一个 logistic sigmoid 神经元作为其输出，因为它只有两类）。

除了 CLS 和 SEP 标记，还有已经描述过的掩码标记 MASK。图 D-5 中未显示该标记，但对于掩码语言模型任务，该标记将替换一个或多个输入单词。

BERT 学习位置嵌入与 GPT 模型一样。有人可能会说，特殊标记和位置嵌入的组合应该足够了。然而，为进一步简化网络学习，BERT 还需要学习段嵌入。段嵌入 E_A 对应第一个句子，段嵌入 E_B 对应第二个句子。E_A 添加到第一句的每个词嵌入中，E_B 添加到第二句的每个词嵌入中，如图 D-6 所示。每个输入向量是三个嵌入的总和。第一个对应词嵌入，第二个是段嵌入（指示单词是否是问题或答案的一部分），第三个是位置嵌入。

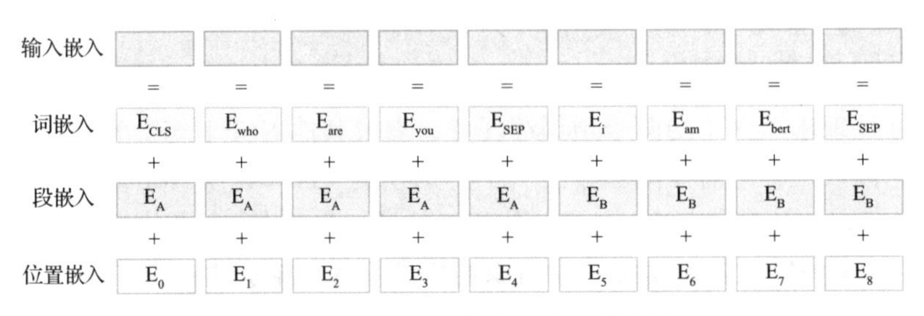

图 D-6　编码器网络输入向量的形成

D.2.4　BERT 在 NLP 任务中的应用

BERT 已被证明是多功能的，并已被广泛应用于各类任务中。论文中（Devlin et al., 2018）展示了至少 11 项 NLP 任务的最新成果，在此仅列出部分成果：

- 文本情感分析，类似第 12 章中讨论的推特和电影评论示例。
- 垃圾邮件检测。
- 确定第二句相对于第一句是包含句、矛盾句还是中性句。
- 给定一个问题和包含答案的文本段落，确定回答该问题的特定单词集。例如，如果问到“水滴在哪里与冰晶碰撞形成降水？”以及对应的段落“当较小的雨滴通过与云层中的其他雨滴或冰晶碰撞而聚结时形成降水”，该网络的目标是输出在云层中产生降水。

要解决这些任务，首先要在掩码语言模型和下一句预测任务上预训练一个 BERT 模型。然后，通过附加层来增强 BERT，这个附加层对手头的任务进行了微调。例如，对于前三个任务，添加一个全连接网络，然后添加一个 Softmax 输出以提供分类。对于第四个任务（识别答案），BERT 使用一种机制进行增强，该机制与单个单词输出一起训练，以指示答案句子中的起始和结束位置。这两个位置表示包含实际答案的特定单词序列。

正如 Transformer 一样，Alammar（2018a）写了一篇描述 BERT 的博客文章，包括可供下载的链接。

D.3　RoBERTa

BERT 架构催生了许多后续研究，将 BERT 应用于不同的 NLP 问题，其他研究对 BERT 体系结构进行了修改，以改进原始模型的结果。Liu、Ott 及其同事（2019）指出，比较不同的研究结果极具挑战性，因为它们通常使用不同的训练参数和数据集，而且其中一些数据集并不公开。因此，他们决定复制 BERT 研究，并探索训练参数和数据集大小的影响，而不是修改 BERT。研究发现，BERT 明显训练不足，通过修改训练方法并使用更大的数据集，设法使原始的 BERT 体系结构表现得更好。他们甚至发现它的性能比最近发表的扩展 BERT 架构更好。我们注意到，这些发现并非没有争议，这将在本附录后面的相关工作部分讨论。Liu、Ott 和同事将他们的工作命名为 RoBERTa，这是一种稳健优化的 BERT 预训练方法的简称。本节中总结了主要研究成果。

在最初的 BERT 论文（Devlin et al.,2018）中，掩码语言建模任务的训练方法是：首先静态掩码训练数据集中的单词，然后在每个训练阶段重复使用该数据集的掩码版本。RoBERTa 在训练期间动态掩码单词，而不是预先静态掩码数据集。因此，该模型将在不同训练时期看到不同的单词被掩码。

BERT 使用了掩码语言模型和下一句预测两种预训练任务。在最初的 BERT 论文中，Devin 和同事进行了一项消融研究，得出下一句预测任务是有用的结论，因为当仅使用掩码语言模型作为训练目标时，下游任务的模型准确性会降低。有趣的是，当 Liu、Ott 和他们的同事（2019 年）重现这项研究时，他们得出了不同结论。研究发现，当仅使用掩码语言模型作为预训练任务时，该模型表现更好。得出这两个不同结论的原因很微妙。在阅读 BERT 论文时以下几点需要注意。在对消融研究的描述中，Devin 及其同事（2018）表示，他们“使用了完全相同的预训练数据”。而我们的解释是，就像基线系统一样，50% 的训练示例将由两个不连续的句子组成。唯一区别是，该模型仅根据其预测掩码词的能力进行评分。

Liu、Ott 和他们的同事（2019）对 RoBERTa 采取了不同方法。在只使用掩码语言模型作为预训练任务的情况下，他们还确保了只使用连续的文本序列。当在下一句预测中得出相反的结论时，他们说，“原始的 BERT 实现可能只删除了损失项，而仍然保留了 SEGMENT-PAIR 输入格式。”研究发现，他们确实确定了这两个实验之间的差异是合理的，而且这似乎与 BERT 论文中的陈述一致。总的来说，当下一句预测不作为预训练任务时，该模型受益于包含连续文本块的所有训练样本，而不是 50% 的由两个不相关的文本块连接在一起的样本。与此相关的是，Lan 及其同事（2020）引入了 Lite-BERT（ALBERT），并表明，除了掩码语言模型预训练任务，使用一个称为句子顺序预测（SOP）的预训练任务也可以改善下一句预测预训练任务。

RoBERTa 引入的第三个更改是使用一个更大的小批量、更多的训练轮次和更大的训练数据集。Liu、Ott 和同事（2019）评估了从 256（用于 BERT）到 8K 的小批量。结论是，当计算总量保持不变时，2K 的小批量是最佳选择。然而，为了在数据集较大的情况下实现更多的并行性，他们在最大的实验中使用了 8K 的小批量。BERT 使用了一个由书籍和维基百科组成的数据集，总容量为 16GB。对于 RoBERTa，通过使用三个额外的文本语料库，数据集大小增加了 10 倍，达到了 160GB。最后，RoBERTa 的研究还将训练步骤 1 的数量增加了五倍。

总的来说，这些更改与之前报告的 BERT 相比产生了更好的结果。Liu 和同事明确指出，他们决定不再探索不同架构，但可以将其视为未来的工作。总之，本研究表明，不仅模型体系结构很重要，而且训练参数和训练数据也很重要。我们在本附录的最后再讨论这个话题。

D.4　GPT 和 BERT 的前期工作

GPT 和 BERT 都依赖于无监督的预训练，然后是有监督的特定任务微调。这称为半监督学习。GPT 并不是第一个在 NLP 领域使用半监督学习的模型。在第 13 章中，我们描述了如何以无监督的方式学习词嵌入，然后将其用于后续的有监督学习任务。在这种情况下，只有来自第一层（嵌入层）的权重被传输到模型中用于微调。

Dai 和 Le（2015）在文本分类（如情感分析）背景下的半监督序列学习工作中，将这一概念向前推进了一步。他们研究了两种不同的预训练任务，一种是语言模型任务，类似第 12 章中的描述，目标是从前面的一系列单词中预测下一个单词。另一种是自动编码器任务，模型首先使用一个输入单词序列并创建一个内部表示，目标是在它的输出上生成相同的单词序列。Dai 和 Le 表明，如果使用这两个任务中学习的权重初始化基于 LSTM 的文本分类 RNN，而不是仅使用随机初始化的权重，那么其性能会更好。

Dai 和 Le 在无监督的预训练中使用了特定领域的文本（如电影评论），Howard 和 Ruder（2018）表明，可以通过对大量文本进行预训练来提高模型性能，这些文本与目标任务没有直接关系。这一结论，再加上预训练任务是无监督的事实，是非常重要的。预训练任务不需要仔细选择和标记数据，可以使用所有在线有效的文本数据。Howard 和 Ruder 在多个文本分类任务中显示了令人印象深刻的结果。他们使用语言模型作为预训练任务，并将他们的工作命名为通用语言模型微调（ULMFiT）。

现在我们可以将 GPT 和 BERT 放到上下文中。GPT 与 ULMFiT 类似，但它是基于 Transformer 解码器块的模型，而不是基于 LSTM 的模型。GPT 和 ULMFiT 一样使用语言模型作为预训练任务。BERT 基于 Transformer 编码器块，然而，BERT 没有使用语言模型预训练任务，而是使用了 Dai 和 Le（2015）使用的自动编码器预训练任务。BERT 中使用的预训练任务被称为去噪自动编码器，因为该任务并不真正地复现与输入数据相同的输出。相反，BERT 的目标是在给定损坏版本的情况下重新创建一个句子（一些单词已被 MASK 标记替换）。GPT 和 BERT 之间的一个关键区别是，BERT 的预训练任务是双向的，这意味着，在预测输出时，BERT 可以在句子中同时使用历史词和未来词。

D.5　基于 Transformer 的其他模型

如第 15 章所述，Transformer 完全依靠注意力机制，不使用重复性。这样做的一个缺点是，严格限制了历史信息的长度。为了解决这一问题，Dai 及其同事（2019 年）通过将 Transformer 与循环连接相结合来扩展 Transformer，他们称之为 Transformer-XL，其中 XL 表示超长。为了使模型能够处理大小可变的输入，他们还修改了位置编码，使其基于相对位置而不是绝对位置。总之，Transformer-XL 可以识别比原始 Transformer 更长期的依赖关系。

知识集成增强表示（ERNIE）使用了与 BERT 相同的体系结构，但通过修改训练方式提高了其性能（Sun et al.，2019）。一种修改是掩码多个单词实体而不是单个单词。例如，如果输入的句子包含两个连续的单词 Harry Potter，它会将这两个单词视为一个实体，而不是两个单独的单词。也就是说，在预训练时，BERT 会将两个单词中的一个掩码起来，ERNIE 则将两个单词一起掩码。同样地，ERNIE 会将多个单词分组成短语。例如，一个系列的三个单词会被掩码在一起，因为它们形成了一个短语。ERNIE 2.0 为训练过程添加了额外的调整以及更多的预训练任务（Sun et al.，2020 年），它还添加了特定任务嵌入的概念，这取决于模型当前要解决的任务。除了图 D-6 中所示的位置嵌入和段嵌入，还使用了特定任务嵌入。ERNIE 2.0 在多个英语和汉语的 NLP 任务上的表现都优于 BERT。

ERNIE 在很大程度上保持了 BERT 体系结构不变（除了用于修改输入的任务嵌入），但 XLNet 对模型本身进行了更改（Yang et al.，2019）。首先，通过使用 Transformer-XL 而不是原来的 Transformer 来改进 Transformer 架构，即使用循环连接和相关更改对位置进行编码，另一个主要的变化有些微妙。Yang 和他的同事们注意到，虽然 BERT 的掩码语言模型预训练任务（前面提到的去噪自动编码器任务）功能强大，但它并不像模型在目标任务中看到的那样。GPT 使用的传统语言模型更符合实际。特别是，BERT 训练目标假设掩码词（占所有词的 15%）是独立的。但这是不正确的，因为它们出现在同一个句子中，并且同一个句子中的单词之间的依赖关系是预期的。XLNet 试图通过使用语言模型的方法，但使用输入句子词序的多种排列（包括未来词）来获得两全其美的效果。这使得模型能够从 BERT 的双向性中获益，同时避免了掩码词之间的依赖性问题。

Yang 及其同事（2019）表明，XLNet 的表现优于 BERT。RoBERTa 的研究（Liu，Ott，et al.，2019）表明，在解决训练不足问题时，BERT 体系结构优于 XLNet。然而，比较并没有到此为止。XLNet 论文的最新版本（Yang et al.，2019）尝试在 XLNet 和 RoBERTa 之间进行公平比较，并表明了 XLNet 仍然更好，特别是对于涉及更长上下文的任务。Yang 和他的同事们假设这是基于 Transformer-XL 架构的结果。

这种反复说明，很难确定架构与训练过程之间的关系。因此，在两种架构之间进行公平比较可能很困难。另一项巨大挑战是，训练模型需要大量的计算资源。为了说明这一点，考虑 RoBERTa 论文中的话："我们使用 1024 个 V100 GPU 预训练模型需要花费大约一天的时间"（Liu，OTT，et al.，2019）。另一个例子是，Shoeybi 及其同事（2019）在 Megatron-LM 的工作中使用 512 个 V100 GPU 在一个应用程序中维持每秒 15.1 千万亿次的浮点运算。类似地，Raffel 及其同事（2019）在关于文本到文本传输转换器（T5）的工作中，描述了训练模型需要大量的计算，并且他们使用了 TPU（张量处理器）pods 芯片。在进行这些研究时，V100 GPU 是用于 DL 训练的最高端 GPU，而 TPU 是一种专用芯片，用于加速张量运算。要长时间访问一个拥有 512 到 1024 个处理器的系统并不便宜。Bender 及其同事（2021 年）从不同角度进一步探讨了大型语言模型和训练数据量的主题，包括环境影响和道德规范。考虑到这些问题，如果随着时间的推移会出现更高效的语言模型架构，我们也不会感到惊讶。我们还希望，伦理问题能够得到认真对待，并希望行业和研究界能够想出创新的方法，确保在大型数据集上训练的语言模型不会有悖伦理。

APPENDIX E

附录 E

Newton-Raphson 法与梯度下降法

本附录的内容与第 2 章相关。

深度学习（DL）中，调整权重的普遍方法是梯度下降法，它是一种迭代方法，用于最小化函数的输出值。我们相信，许多读者已经熟悉了另外一种不同的迭代最小化方法，称为 Newton-Raphson。我们为那些好奇这两种方法如何相互关联的读者提供了这个附录。

我们在一维空间中描述了 Newton-Raphson，类似在第 2 章中引入梯度下降的方法，该方法既可用于求解方程（根），也可用于求解优化问题（求最小值）。我们从根查找方法开始。

E.1 Newton-Raphson 求根法

在第 2 章中，注意到，可以用数学方法表述学习问题，即尝试为给定的训练示例求解以下方程：

$$y - \hat{y} = 0$$

我们从未尝试用梯度下降法来解决这个特殊问题，而是引入了均方差（MSE）函数，并将问题转化为最小值问题。现在来看看如何使用 Newton-Raphson 求根法来求解这个方程。

在一维情况下，有函数 $y=f(x)$，采用该方法找到 $f(x)=0$ 时 x 的值。Newton-Raphson 法首先对解 x_0 进行初始猜测，然后迭代细化，直到找到与实际解足够接近的 x。图 E-1 从几何角度显示了 Newton-Raphson 法的工作原理。

我们从 $x_0=1.75$ 的初始猜测开始，将其代入 $f(x)$ 中，并得出结论，结果不是 0。从图中可以看到 $f(x_0)$ 约为 4.5（红色虚线的高度）。创建切线方程（图表中的橙色线），求解 $y=0$，并得出一个新的猜测：$x_1=1.28$。将该值代入 $f(x)$ 中，结果约为 1.0（紫色虚线的高度），这仍然不够接近 0。我们进行了一个新的尝试，计算第二次迭代的切线（绿线），并得出一个新的猜测：$x_2=1.06$。将该值代入 $f(x)$ 中，看到它接近于 0，得出结论 $x=1.06$ 是方程 $f(x)=0$ 的近似解。

通过图 E-1，可以根据给定的 x_n 推导出计算 x_{n+1} 精确值的公式，如下所示：

$$f'(x_n) = \frac{f(x_n)}{x_n - x_{n+1}}$$

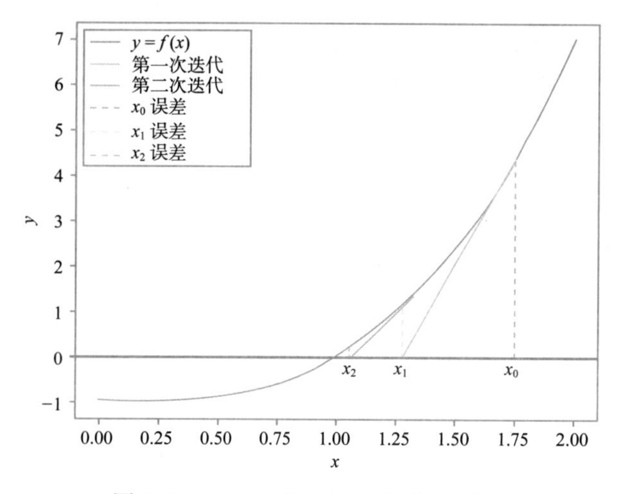

图 E-1 Newton-Raphson 法（见彩插）

为了理解这个等式，首先假设 n=0。导数（等式左侧）与橙色线的斜率相同，该斜率可计算为：$\frac{\Delta y}{\Delta x}$，其中 Δy 是红色虚线的高度，Δx 是 x_0 和 x_1 之间的距离。我们注意到，给定迭代次数 n，Δy 可以被计算为 $f(x_n)$，它就是所述等式右侧的分子。类似地，Δx 可计算为 (x_n-x_{n+1})，即分母，这就解释了为什么等式是正确的。求解 x_{n+1}，可以得到：

$$x_{n+1}=x_n-\frac{f(x_n)}{f'(x_n)}$$

这就是根据 Newton-Raphson 法迭代求解的方法。即使 x 的初始猜测的函数值为负值，该方法仍然有效，因为公式中的减法和负函数值将会导致 x_{n+1} 大于 x_n。

我们在第 2 章中指出，希望使用一个误差函数将多个训练示例的误差合并为一个度量指标，例如 MSE：

$$\frac{1}{m}\sum_{i=1}^{m}(y^{(i)}-\hat{y}^{(i)})^2 \quad (均方差)$$

在第 2 章还描述了这样做会导致一个问题，即误差函数为 0 时可能不存在结果。图 E-2 的上半部分说明了这一点，该图绘制了一个基于 MSE 的误差函数。初始猜测 x_0 非常接近误差的最小值，但由于 Newton-Raphson 法试图找到函数值为 0 的点，它向左走了一大步（橙色线），然后向右走了一大步（绿色线），并且永远不会收敛。显然，在没有根的方程上使用求根算法是毫无意义的。

相反，我们可以使用 Newton-Raphson 法的优化版本。就像梯度下降法一样，这个版本的目标是最小化函数，而不是求解零点。通过对原始函数的导数应用 Newton-Raphson 法来实现这一点，因为导数为零意味着一个极值点，比如局部极小值。如图 E-2 的下半部分所示，图 E-2 的上半部分绘制了已研究函数的导数。我们提供了一个初始猜测 x_0，该算法将一步（橙色线）移动到一个点 x_1，并超出了零点。然后再进行另一步（绿线几乎正好位于蓝色函数的顶部）到 x_2，这非常接近实际解。

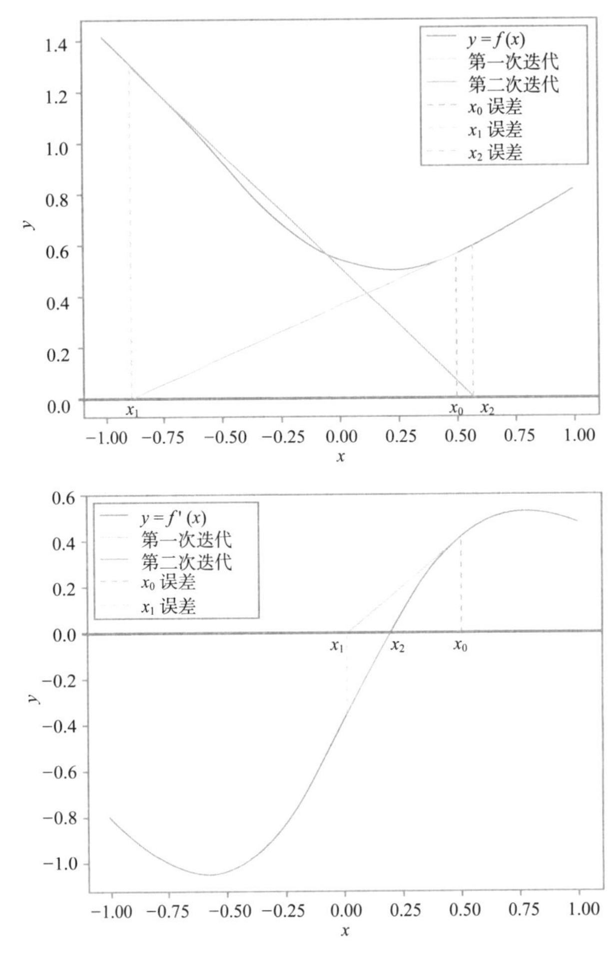

图 E-2　上图：用于初始函数 $f(x)$ 的 Newton-Raphson 法。由于函数没有 0 根，因此该算法不收敛。下图：用于导数 $f'(x)$ 的 Newton-Raphson 法。该算法找到导数为 0 的点，该点对应原始函数 $f(x)$ 的局部最小值。

E.2　Newton-Raphson 法与梯度下降法的关系

Newton-Raphson 法的优化版本的一个挑战是，需要计算误差函数的导数，以得到解为 0 的函数，然后每一步都需要计算新函数的导数，即计算误差函数的导数和二阶导数。更正式地说，Newton-Raphson 法的优化版本是一种二阶优化方法。另一方面，梯度下降法是一阶优化方法，因为它只需要一阶导数，这减少了所需的计算量和存储量，在优化包含数百万个参数的函数时非常重要。

APPENDIX F

附录 F

数字分类网络的矩阵实现

本附录的内容与第 4 章相关。

本附录包含了数字分类网络的另外两种实现。在第一个实现中，想法是将层中所有神经元的权重组织为一个矩阵，矩阵中的每一行代表一个神经元。通过将该矩阵乘以输入向量，可以计算整个神经元层的加权和。然后，我们将其扩展到处理小批量，将小批量的所有输入示例组织成一个矩阵。小批量中所有输入示例的整个神经元层的加权和可以通过这两个矩阵的一次乘法来计算。

F.1 单一矩阵

从没有小批量的实现开始，与第 4 章中的代码示例相比，唯一改变的函数是 forward_pass、backward_pass 和 adjust_weights，如代码段 F-1 所示。

代码段 F-1 forward_pass、backward_pass 和 adjust_weights 函数

```
def forward_pass(x):
    global hidden_layer_y
    global output_layer_y
    # 隐藏层的激活函数
    hidden_layer_z = np.matmul(hidden_layer_w, x)
    hidden_layer_y = np.tanh(hidden_layer_z)
    hidden_output_array = np.concatenate(
        (np.array([1.0]), hidden_layer_y))
    # 输出层的激活函数
    output_layer_z = np.matmul(output_layer_w,
        hidden_output_array)
    output_layer_y = 1.0 / (1.0 + np.exp(-output_layer_z))

def backward_pass(y_truth):
    global hidden_layer_error
    global output_layer_error
```

```
    # 每个输出神经元的反向传播误差
    error_prime = -(y_truth - output_layer_y)
    output_log_prime = output_layer_y * (
        1.0 - output_layer_y)
    output_layer_error = error_prime * output_log_prime
    # 每个隐藏神经元的反向传播误差
    hidden_tanh_prime = 1.0 - hidden_layer_y**2
    hidden_weighted_error = np.matmul(np.matrix.transpose(
        output_layer_w[:, 1:]), output_layer_error)
    hidden_layer_error = (
        hidden_tanh_prime * hidden_weighted_error)

def adjust_weights(x):
    global output_layer_w
    global hidden_layer_w
    delta_matrix = np.outer(
        hidden_layer_error, x) * LEARNING_RATE
    hidden_layer_w -= delta_matrix
    hidden_output_array = np.concatenate(
        (np.array([1.0]), hidden_layer_y))
    delta_matrix = np.outer(
        output_layer_error,
        hidden_output_array) * LEARNING_RATE
    output_layer_w -= delta_matrix
```

在这些函数中，我们不再在单个神经元上循环并进行点积，而是使用矩阵运算并行处理整个层。

`forward_pass` 函数非常简单。使用 NumPy `matmul` 函数将权重矩阵乘以输入向量，再将激活函数 tanh 应用于所得到的输出向量。然后，使用连接函数添加输出层所需的偏差，并对输出层进行矩阵乘法和激活函数。

`backward_pass` 函数并不复杂，计算误差函数和激活函数的导数，但注意所有这些计算都是在向量上进行的（即，所有神经元并行）。另一件需要注意的事情是，数学运算符 +、- 和 * 是基于元素的运算符，即 * 和 `matmul` 函数之间有很大区别。需要注意的一点是对 `np.matrix.transpose` 的调用和对 `output_layer_w[:,1:]` 所做的索引。为了使权重矩阵的维数和矩阵与误差向量相乘所需的维数相匹配，需进行转置操作。在计算隐藏神经元的误差项时，索引是为了消除偏差权重，因为该操作不需要来自输出层的偏差权重。总而言之，如果不精通矩阵代数，很难看到函数中发生了什么。让自己相信它做得对的一种方法是，用纸和笔展开向量和矩阵表达式来解决一个小问题（比如两个神经元），看看它做的事情是否与我们之前的实现相同。

`adjust_weights` 函数有点棘手。对于这两层中的每一层，都需要创建一个矩阵，该矩阵的维数与该层的权重矩阵相同，但元素表示为从权重中减去 delta。这个 delta 矩阵的元素是通过将输入权重的输入值乘以权重所连接的神经元的误差项，最后乘以学习率来获得的。我们已经在向量 hidden_layer_error 和 output_layer_error 中增加了误差项。类似地，我们在向量 $\boldsymbol{x}$ 和 hidden_layer_y 中排列了两层的输入值。对于每一层，使用计算两个向量外积的 np.outer 函数将输入向量与误差向量相结合，它产生一个矩阵，其中所有元素都是两个向量中元素的成对乘积，这正是我们想要的。将矩阵乘以学习率，然后将它从权重矩阵中减去。同样，让自己相信它做的事情是正确的最好方法是浏览一个小示例，可能是在 Python 解释器中，看看向量和矩阵是如何组合的。

当我们运行这个程序时，得到与非矩阵实现非常相似的输出，但是它运行得更快，因为使用了效率更高的矩阵向量乘法而不是循环。

F.2　小批量实现

现在，我们进一步讨论这个示例，并介绍小批量。将多个输入示例组织成一个矩阵，其中每列都是一个输入向量，列数与小批量大小相同。现在，我们可以通过将这两个矩阵相乘，来计算一个小批量中所有示例的一层中所有神经元的加权和。结果将产生一个新矩阵，包含该层中所有小批量中所有示例的加权和。对每一层进行相同计算，然后以类似的方式对整个小批量进行反向传播。最后，构造 N 个更新矩阵，其中 N 是小批量中的示例数。然后我们计算所有这些矩阵的元素平均值，这将产生一个最终矩阵，可以使用从小批量计算出的平均梯度，从权重矩阵中减去该矩阵来更新权重。初始化代码以及输出进度和函数没有改变，因此在本例中不再重复。

表示神经元和连接的代码如代码段 F-2 所示。之前是向量变量的变量现在已成为了矩阵，其中新维度是小批量大小。编程示例假定变量 BATCH_SIZE 已初始化为 32。

代码段 F-2　表示小批量实现的权重、输出和错误项矩阵

```
def layer_w(neuron_count, input_count):
    weights = np.zeros((neuron_count, input_count+1))
    for i in range(neuron_count):
        for j in range(1, (input_count+1)):
            weights[i][j] = np.random.uniform(-0.1, 0.1)
    return weights
# 声明代表神经元的矩阵和向量
hidden_layer_w = layer_w(25, 784)
hidden_layer_y = np.zeros((25, BATCH_SIZE))
hidden_layer_error = np.zeros((25, BATCH_SIZE))

output_layer_w = layer_w(10, 25)
output_layer_y = np.zeros((10, BATCH_SIZE))
output_layer_error = np.zeros((10, BATCH_SIZE))
```

代码段 F-3 显示了 forward_pass、backward_pass 和 adjust_weights 函数。forward_pass 函数很简单，唯一区别是，当创建输出层的输入时，现在需要用一个偏差

项向量来扩展它，而不仅仅是一个偏差项。它是一个向量，因为在小批量中，每个示例都需要一个偏差元素。另一个区别是，x 现在是一个表示一批训练示例的矩阵，而不是一个表示单个示例的向量。代码本身没有改变，但值得注意的是，matmul 的参数现在是两个矩阵，而不是一个矩阵和一个向量。

尽管输入 y_truth 现在是一个矩阵，但 backward_pass 函数保持不变。这同样适用于函数中使用的全局变量 hidden_layer_error 和 output_layer_error。在 adjust_weights 上，我们需要将偏差项向量（技术上，维度为 1 的矩阵）添加到隐藏层的输出，其中向量长度表示小批量大小。我们添加了一个 for 循环，该循环遍历小批量中的所有示例，将 delta_matrix 中的 delta 累加，然后除以小批量大小，这就是计算梯度平均值的方法。然后，只需像在以前的实现中一样进行权重更新，但现在使用此平均矩阵进行更新。

代码段 F-3　小批量实现的 forward_pass、backward_pass 和 adjust_weights 函数

```
def forward_pass(x):
    global hidden_layer_y
    global output_layer_y
    # 隐藏层的激活函数
    hidden_layer_z = np.matmul(hidden_layer_w, x)
    hidden_layer_y = np.tanh(hidden_layer_z)
    hidden_output_array = np.concatenate(
        (np.ones((1, BATCH_SIZE)), hidden_layer_y))
    # 输出层的激活函数
    output_layer_z = np.matmul(output_layer_w,
        hidden_output_array)
    output_layer_y = 1.0 / (1.0 + np.exp(-output_layer_z))

def backward_pass(y_truth):
    global hidden_layer_error
    global output_layer_error
    # 每个输出神经元的反向传播误差
    error_prime = -(y_truth  - output_layer_y)
    output_log_prime = output_layer_y * (
        1.0 - output_layer_y)
    output_layer_error = error_prime * output_log_prime
    # 每个隐藏神经元的反向传播误差
    hidden_tanh_prime = 1.0 - hidden_layer_y**2
    hidden_weighted_error = np.matmul(np.matrix.transpose(
        output_layer_w[:, 1:]), output_layer_error)
    hidden_layer_error = (
        hidden_tanh_prime * hidden_weighted_error)
```

```
def adjust_weights(x):
    global output_layer_w
    global hidden_layer_w
    delta_matrix = np.zeros((len(hidden_layer_error[:, 0]),
                             len(x[:, 0])))
    for i in range(BATCH_SIZE):
        delta_matrix += np.outer(hidden_layer_error[:, i],
                                 x[:, i]) * LEARNING_RATE
    delta_matrix /= BATCH_SIZE
    hidden_layer_w -= delta_matrix
    hidden_output_array = np.concatenate(
        (np.ones((1, BATCH_SIZE)), hidden_layer_y))
    delta_matrix = np.zeros(
        (len(output_layer_error[:, 0]),
        len(hidden_output_array[:, 0])))
    for i in range(BATCH_SIZE):
        delta_matrix += np.outer(
            output_layer_error[:, i],
            hidden_output_array[:, i]) * LEARNING_RATE
    delta_matrix /= BATCH_SIZE
    output_layer_w -= delta_matrix
```

最后，代码段 F-4 显示了小批量实现的训练循环。在训练和测试示例上循环的 for 循环现在更改为每次迭代处理一个小批量，这包括将大量训练示例收集到一个矩阵中，然后将矩阵传递给向前和向后传递函数。

如果训练集和测试集不能被小批量平均整除，那么在外部循环（索引 j）中就不能正确地处理它们的结尾，从而有点作弊。但不必担心如何部分填充矩阵，我们可以跳过最后几个训练和测试示例，这在整个应用中是不能接受的，但是这样做可以使得代码简单、易于理解。

代码段 F-4　小批量实现的训练循环

```
index_list = list(range(int(len(x_train)/BATCH_SIZE)))
# 网络训练循环
for i in range(EPOCHS): # 迭代训练
    np.random.shuffle(index_list) # 随机顺序
    correct_training_results = 0
    for j in index_list:
        j *= BATCH_SIZE
        x = np.ones((785, BATCH_SIZE))
        y = np.zeros((10, BATCH_SIZE))
        for k in range(BATCH_SIZE):
            x[1:, k] = x_train[j + k]
            y[:, k] = y_train[j + k]
```

```
        forward_pass(x)
        for k in range(BATCH_SIZE):
            if(output_layer_y[:, k].argmax()
                    == y[:, k].argmax()):
                correct_training_results += 1
        backward_pass(y)
        adjust_weights(x)

    correct_test_results = 0
    for j in range(0, (len(x_test) - BATCH_SIZE),
                   BATCH_SIZE): # 评估网络
        x = np.ones((785, BATCH_SIZE))
        y = np.zeros((10, BATCH_SIZE))
        for k in range(BATCH_SIZE):
            x[1:, k] = x_test[j + k]
            y[:, k] = y_test[j + k]
        forward_pass(x)
        for k in range(BATCH_SIZE):
            if(output_layer_y[:, k].argmax()
                    == y[:, k].argmax()):
                correct_test_results += 1
        # 显示进度
    show_learning(i, correct_training_results/len(x_train),
                  correct_test_results/len(x_test))
plot_learning() # 绘制图形
```

当运行这个实现时，将得到与以前实现不同的行为。使用小批量会导致使用不同的梯度进行更新，并且每次迭代的总权重更新也较少。因此，为新配置实验不同的参数值是有意义的。实验表明，对于大小为 32 的小批量实现，如果将学习率从 0.01 提高到 0.1，可以更好地学习。

APPENDIX G

附录 G

卷积层与数学卷积的关系

本附录的内容与第 7 章相关。

本附录的目的是简要描述卷积的数学定义，并将卷积网络的定义与应用连接起来。附录中的内容主要面向对卷积已经有一定了解的读者，如果读者以前不知道这个概念，可能首先需要自行查阅更多有关卷积的内容，通常可以在任何一本有关信号和系统的书籍中找到。其中一本是 Balmer（1997）写的。听起来虽然有些不可思议，但我们认为详细理解卷积会为卷积网络的基本理解提供很大帮助是值得怀疑的。

如果你之前接触过卷积，那它很可能是信号处理中的一维卷积[㊀]，并且很可能应用于连续信号。在这种情况下，一般是通过卷积建立音频滤波器[㊁]的脉冲响应，以确定滤波器的特性，即不同频率的信号被衰减多少。相比而言，在深度学习（DL）的图像分类背景下，通常使用的是应用于离散信号的二维卷积。卷积核用作模式 / 特征标识符。从实现的角度来看，一般采用的关联操作不是卷积，而是互相关，我们将在本附录的最后讨论这一点。

卷积是应用于两个函数 $f(t)$ 和 $g(t)$ 的运算，并产生一个新函数 $(f*g)(t)$。其中 * 是卷积算子。具体来说，卷积产生的函数定义为：

$$(f*g)(t)=\int_{-\infty}^{\infty} f(\tau)g(t-\tau)\mathrm{d}\tau$$

卷积是积分，卷积的值表示曲线下方的面积。积分的曲线是通过将 f 乘以 g 的镜像和时移后的函数获得的，变量 t 决定函数 g 的时移量。

具体来说[㊂]，以音频滤波器为例，f 表示音频信号，g 表示滤波器函数，详情请参见图 G-1。上方的两个图为函数 f 和 g，左下方的图显示了 g 是如何绕 y 轴进行镜像和时间偏移的。随着时间推移，将 g 的镜像版本从左向右滑动，g 的每个时移位置都会产生卷积函数值，该图显示了如何计算输入值为 2 的卷积。首先计算 f 和 g（镜像和时间偏移为 2）之间的乘积，从而得到图中的红色曲线，然后对这个函数进行积分，得到绿色曲线，即绿色曲线代表红

㊀ 我们把自己的经验论强加于你，可能错了。可能是卷积在我们这个时期被用于模拟音频，但现在人们将卷积用于数字图像处理。

㊁ 音频滤波器可用于控制音频系统中高音与低音的程度。

㊂ 如前所述，本文假设读者之前了解卷积。如果没有，这里可能比较难理解。

色曲线下方的面积。

右下方的图显示了所有输入值的全卷积函数，它在 3.0 处达到峰值，这是当 g 位于与 f 完全重叠的位置时红色曲线下方的面积。

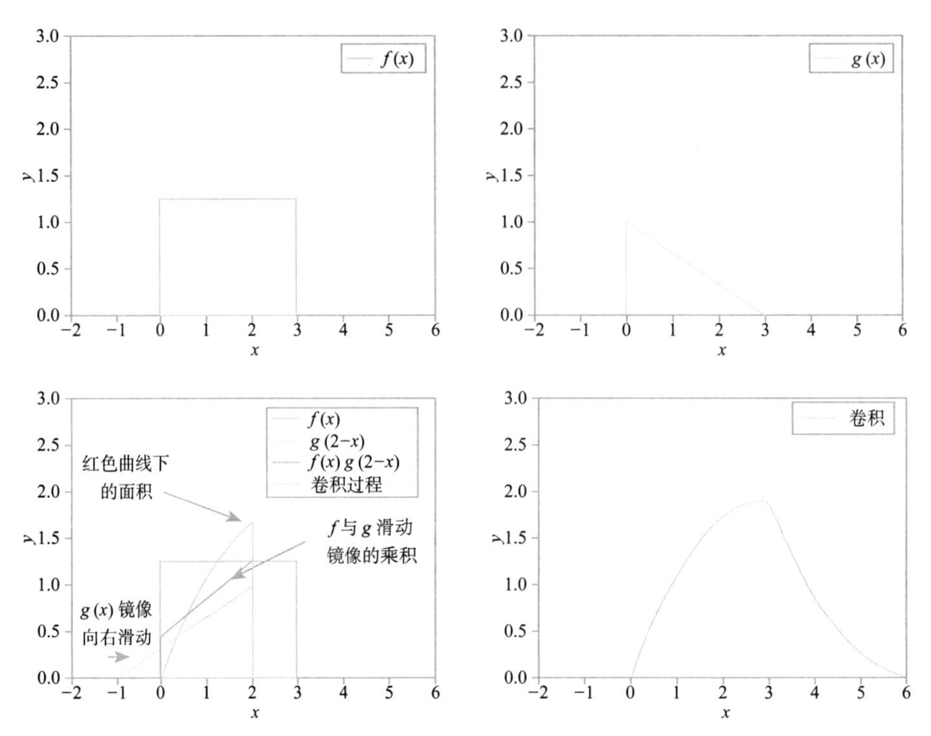

图 G-1 左上：函数 $f(x)$。右上：函数 $g(x)$。左下：卷积过程。$g(x)$ 的镜像版本从左向右滑动。红色曲线代表这两条曲线的乘积，卷积表示这条红色曲线下的面积（见彩插）

现在考虑将卷积应用于离散信号而不是连续信号的情况，例如，连续音频信号的离散样本，将积分替换为求和：

$$(f*g)(i)=\sum_{m=-\infty}^{\infty} f[m]g[i-m]$$

在许多情况下，处理无穷大是不方便且不切实际的，因此我们转到使用有限序列，将离散卷积变为：

$$(f*g)(i)=\sum_{m=-M}^{M} f[m]g[i-m]$$

图 G-2 为离散卷积的图形表示，使用了图 G-1 中的 f 和 g 离散后的图形。在左下角的图中，选择 g 的时移为 1 而不是 2，如前面的示例所示。这里省略了红色曲线，并在左下角的图表中添加了连接每个函数的数据点的虚线，以使其更易理解。

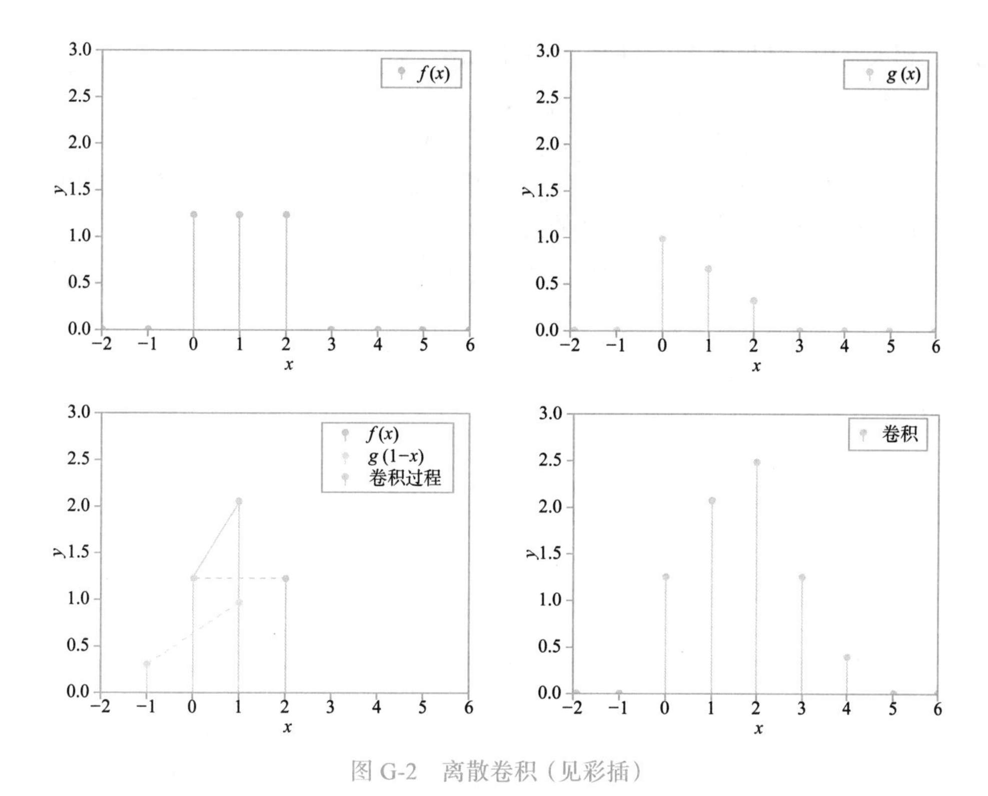

图 G-2 离散卷积（见彩插）

在音频信号的例子中，卷积是在自变量为时间 t 的时域中完成的。t 时刻的输出是 t，t-1，…，t-n 时刻输入的函数。另一个不同的是图像处理，其中卷积在二维的空间域中进行。图像滤波器不是根据一系列历史值来计算输出，而是通过使用像素区域作为输入值来计算像素值。这可用于模糊或锐化输入图像，也可用于执行边缘检测，这个例子与我们的卷积网络相关。

离散二维卷积方程如下所示：

$$(f*g)(i,j)=\sum_{m=-M}^{M}\sum_{n=-N}^{N}f[i,j]g[i-m,j-n]$$

仔细观察这个方程，假设 f 代表像素，g 代表神经元权重。两个变量 i 和 j 表示像素在接收域中心的位置，我们会发现它与将 $M\times N$ 灰度像素（单个颜色通道）作为神经元输入时使用的计算几乎相同。g 函数参数中的负号有些复杂。这些需要更改为正号，以匹配我们向神经元输入像素值的计算。

这就引出了互相关的概念。如果将 g 函数中的负号替换为正号，则方程就不再描述卷积运算了。相反，它描述了互相关这种相关操作。在神经网络的情况下，考虑到函数 g（由神经元权重定义）是在训练过程中自动学习的，几乎没有什么实际意义，所以这只是权重得到什么值的问题。从这个角度来看，神经网络的实际实现是否翻转了包含与 g 对应的权重矩阵，或者是否按照前面等式中描述的方式保持矩阵，这并不重要。无论实现的是卷积网络还是互相关网络，结果都是一样的。为避免混淆，给出二维互相关的数学公式：

$$(f*g)(i,j)=\sum_{m=-M}^{M}\sum_{n=-N}^{N}f[i,j]g[i+m,j+n]$$

请注意，卷积公式中的减号在互相关公式中被加号替换。这样就清楚了卷积操作与我们在卷积网络中使用的模式标识符之间的关系。

APPENDIX H

附录 H

门控循环单元

本附录的内容与第 10 章相关。

在第 10 章中，我们介绍了长短期记忆（LSTM），它是由 Hochreiter 和 Schmidhuber 在 1997 年提出的。2014 年，Cho 及其同事（2014b）提出了门控循环单元（GRU），被描述为"受 LSTM 单元启发，但计算和实现要简单得多。" LSTM 和 GRU 都经常用于现代循环神经网络（RNN）。为了帮助理解，我们从基于 LSTM 层的图 H-1 开始，这在之前第 10 章的图 10-6 中已经展示过。

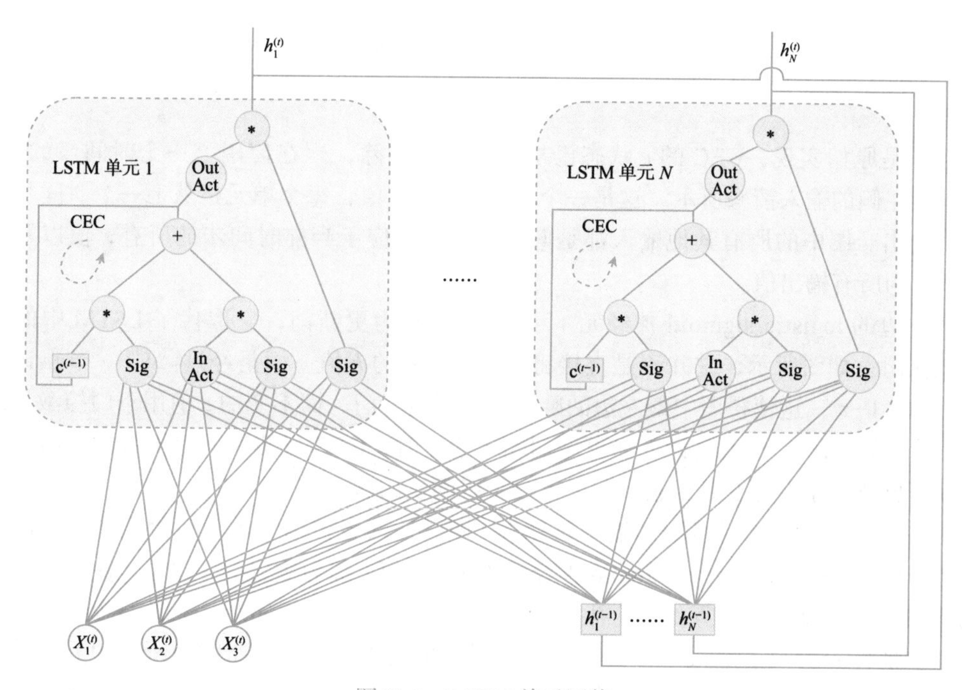

图 H-1　LSTM 单元网络

当观察 LSTM 单元网络时，一个有意思的问题是为什么我们需要两组不同的状态。似乎只需要一组状态就可以构建一个常量误差木马（CEC）。GRU 就是这样做的，并且移除了输出激活和输出门，它还将记忆门和遗忘门合并到一个更新门中。图 H-2 显示了 GRU 的两个不同版本。之所以有两个不同的版本，是因为提出 GRU 论文的原始版本包含一个实现（Cho et al.，2014a），但该实现在后来的版本中进行了修订（Cho et al.，2014b），我们将讨论这两种版本。

GRU 单元没有单独的内部状态，而是使用全局循环连接实现 CEC，它还将记忆门和遗忘门组合成一个更新门。

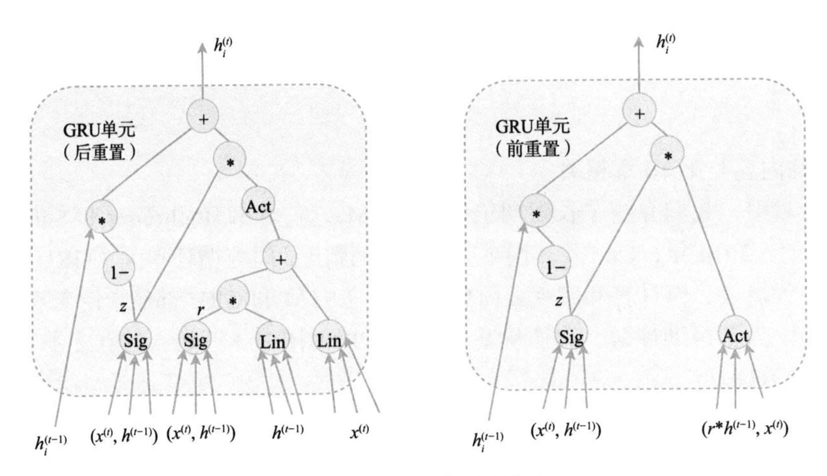

图 H-2　GRU 的两个版本

左侧是原始实现，CEC 的 c 状态已从单元格中删除，现在使用上一个时间步的输出，如图中最左侧的输入箭头所示。这是一个单一（标量）值，每个单元格从上一个时间步接收自己的输出。图中的所有其他输入都是向量输入，对应于当前时间步的所有 $\boldsymbol{x}$ 值以及前一个时间步的所有输出值。

最左边的 logistic sigmoid 神经元（计算 z 值）称为更新门，它取代了 LSTM 中的遗忘门和记忆门。如图所示，它并不是直接将 z 乘以传入的 h 值，而是经过“1” − 节点让我们首先计算（$1-z$），这使得图中最左边的乘法充当了遗忘门，而不变的 z 值用于门控激活函数的值（显示为 Act）。也就是说，当更新门输出为 1 时，CEC 将使用激活函数的输出进行更新，而当更新门输出为 0 时，它会记住上一个时间步的状态。

现在让我们看看激活函数的输入是什么（即，什么会被输入单元将要记住的新值中）。从左边开始的第二个 logistic sigmoid 神经元（计算 r 值）称为重置门，这个门决定了前一个时间步的状态将会对新计算的值产生多大影响。该计算首先计算上一个时间步输出的加权和，方法是将 h（t−1）输入一个没有线性激活函数的神经元中（如图中所示的 Lin），然后将两者相乘以形成一个值。之后将该值添加到当前时间步 x 输入（由最右边的 Lin 神经元完成）的加权和的输出中，接着将这两个值的总和输入激活函数中。总而言之，GRU 右上角节点的组合可以视为单个神经元，它接收经过 r 值缩放的输入 h（t−1）和尚未缩放的输入

x（t）。图中省略了偏差项。

总而言之，与 LSTM 单元相比，GRU 进行了许多简化。GRU 没有内部单元状态，但其仍有能力通过计算前一个时间步的输出状态（不是内部状态）和当前时间步的输入激活函数的加权和作为输出来记住多个时间步的状态。这两个权重与 LSTM 一样都是动态控制的，但它并不是使用两个单独的门（记忆和遗忘），而是使用一个更新门。最后，GRU 没有输出门或输出激活函数，它的输出是当前时间步的输入激活和前一个时间步的输出状态的简单加权和。

H.1　GRU 的替代实现

现在让我们看看图 H-2 右侧的替代实现。乍一看，它像是一个更简单的结构，但请注意，激活神经元（最右边的神经元 Act）的输入接收了一个向量 $\boldsymbol{r}*\boldsymbol{h}^{(t-1)}$。在这个表达式中，$\boldsymbol{r}$ 是一个向量，* 表示矩阵对应位置元素的乘积。也就是说，要使用这个版本的 GRU，首先需要在单元之外计算一个复位值向量。很快就会看到这方面的细节，我们首先考虑一下这个单元的作用。就像在 GRU 的先前版本中一样，单元记住的候选值是由激活神经元计算的，激活神经元接收按元素 r 值进行缩放的 $\boldsymbol{h}^{(t-1)}$ 和尚未缩放的输入 $\boldsymbol{x}^{(t)}$。换句话说，关键的区别在于，缩放是在 $\boldsymbol{h}^{(t-1)}$ 与权重矩阵相乘之前完成的，而在 GRU 的初始版本中，缩放是在矩阵相乘之后完成的。

H.2　基于 GRU 的网络

图 H-3 显示了一个由后重置 GRU 构建的 RNN 层（未按时间展开显示）。要学习的参数（权重）数量是简单 RNN 的三倍。与 LSTM 相比，网络中不再有两组状态，只有一个激活函数和两个门函数。

图 H-4 显示了一个由前重置 GRU 构建的 RNN 层（未按时间展开显示）。这里省略了许多连接，只关注激活神经元的输入。如前所述，现在需要为单元之外的 $\boldsymbol{h}^{(t-1)}$ 的每个元素计算一个 r 值，以便在将每个 $\boldsymbol{h}^{(t-1)}$ 值输入到单元之前先对其进行缩放。

GRU 有两个版本：前重置和后重置

第二个版本前重置是最常见的 GRU 版本（尽管 Keras 实现了这两个版本）。根据 Chung 和他的同事（2014）的研究，有限的实验表明，这两种选择在学习能力方面具有可比性（如研究中的一个脚注所述）。由于没有明显的学习优势，考虑到它使得网络拓扑复杂化，因此提出第二个版本的 GRU 似乎很奇怪。这种情况的解释可能是很多人不一定会孤立地考虑单元，而是将整个单元层视为一个构建块。图 H-5 显示了 GRU 层（底部）与 LSTM 层（顶部）的对比，使用的模式与理解 LSTM 网络（Olah，2015）文献中的相同。

正如图下半部分所示，在向量 $\boldsymbol{h}^{(t-1)}$ 输入 tanh 神经元之前，重置门（输出 r）被应用于向量 $\boldsymbol{h}^{(t-1)}$，也就是说，这是前重置的变化（本附录中研究的第二个版本）。显然，当将整个层视为一个实体时，这种变化看起来就不会像研究单个单元那么复杂了。

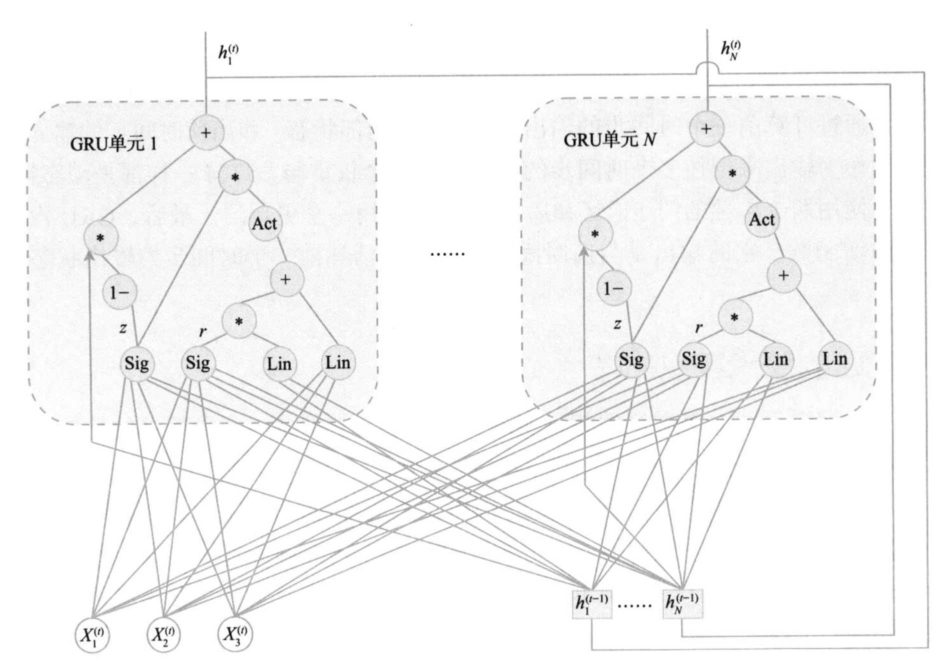

图 H-3　后重置 GRU 构建的循环神经网络层

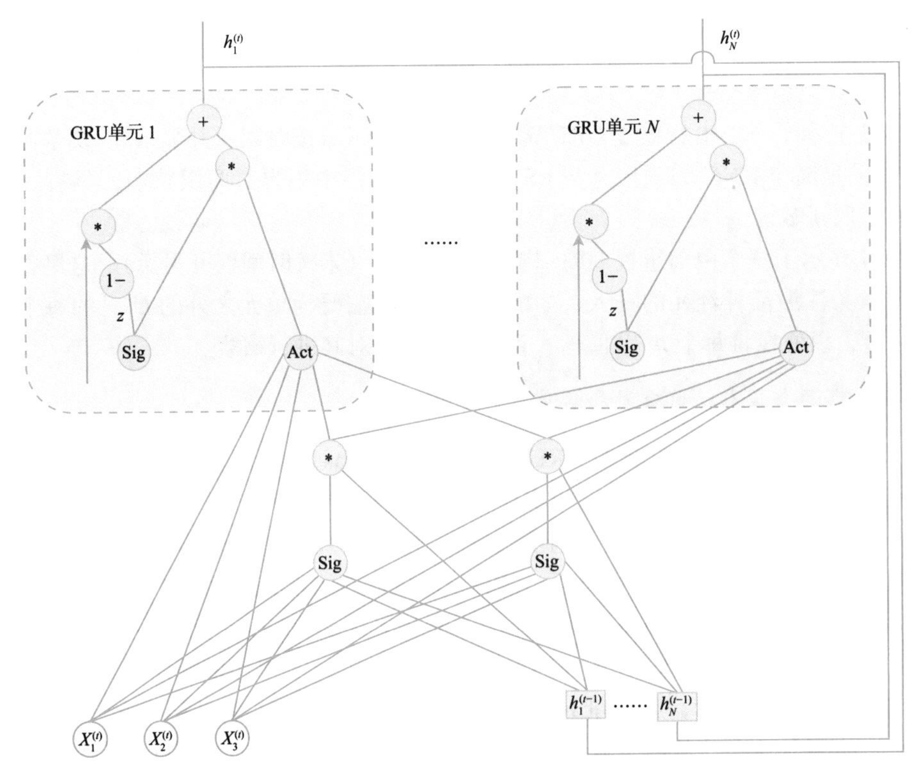

图 H-4　前重置 GRU 构建的循环神经网络层

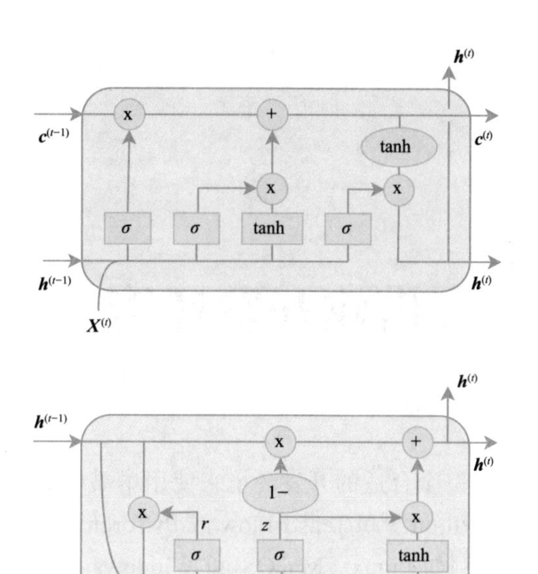

图 H-5 LSTM 层（顶部）和前重置 GRU 层（底部）[㊀]

式（H-1）用矩阵描述了 GRU 层，再次描述了前重置的变化，其中在与 $\boldsymbol{W}$ 进行矩阵乘法之前，将（3）中的 $\boldsymbol{h}^{(t-1)}$ 和 $\boldsymbol{r}^{(t)}$ 对应位置元素进行相乘。

$$
\begin{aligned}
&\boldsymbol{z}^{(t)}=\sigma(\boldsymbol{W}_z[\boldsymbol{h}^{(t-1)},\boldsymbol{x}^{(t)}]+\boldsymbol{b}_z) &(1)\\
&\boldsymbol{r}^{(t)}=\sigma(\boldsymbol{W}_r[\boldsymbol{h}^{(t-1)},\boldsymbol{x}^{(t)}]+\boldsymbol{b}_r) &(2)\\
&\tilde{\boldsymbol{h}}^{(t)}=\tanh(\boldsymbol{W}[\boldsymbol{r}^{(t)}*\boldsymbol{h}^{(t-1)},\boldsymbol{x}^{(t)}]+\boldsymbol{b}_{\tilde{h}}) &(3)\\
&\boldsymbol{h}^{(t)}=(1-\boldsymbol{z}^{(t)})*\boldsymbol{h}^{(t-1)}+\boldsymbol{z}^{(t)}*\tilde{\boldsymbol{h}}^{(t)} &(4)
\end{aligned}
\qquad \text{(H-1)}
$$

如果我们想描述后重置 GRU 层，只需将（3）替换为：

$$\tilde{\boldsymbol{h}}^{(t)}=\tanh(\boldsymbol{r}^{(t)}*\boldsymbol{W}[\boldsymbol{h}^{(t-1)},\boldsymbol{x}^{(t)}]+\boldsymbol{b}_{\tilde{h}})$$

当在这种抽象层面上工作时，这两种变体彼此相似。

事实证明，从实现的角度来看，在矩阵乘法之后进行重置是有益的（Keras Issue Request，2016）。

我们不能做到预先判断使用 LSTM 好还是使用 GRU 更好。有时 LSTM 可以比 GRU 表现得更好，因为它有更多的可调参数，不过，LSTM 也可能不如 GRU。所以对这两种单元进行尝试、比较和讨论并使用最适合问题的单元是很有必要的。

㊀ 来源：Adapted from olah, C., Understanding LSTM Networks, August 2015, https://colah.github.io/posts/2015-08-Understanding-LSTMs.

APPENDIX I

附录 I

搭建开发环境

本附录描述了如何搭建一个合适的开发环境来使用本书中提供的代码示例。代码示例应该可以在任何能够运行 Python 3 和 TensorFlow 或 PyTorch（取决于您喜欢使用哪个深度学习框架）的平台上工作，例如 Linux、MacOS 和 Windows。前几章中的示例可以在 CPU 平台上运行，但对于更高级的示例，如果能够访问 GPU 加速平台[⊖]，或者拥有自己的 GPU 或按分钟租用 Amazon Web Services（AWS）等云服务，体验将会更好。

同样，前四章中的编程示例不需要深度学习框架，可以仅使用 Python、一些基本库和修改后的国家标准与技术研究所（MNIST）数据集来运行。因此，如果希望马上开始，那么可以从本附录的前几节开始，然后在关于 MNIST 的部分结束。当你准备好开始阅读第 5 章后，再开始安装深度学习框架。

如果你想关注 PyTorch 版本的代码示例，可以阅读本附录的最后一部分，重点介绍了 PyTorch 和 TensorFlow 之间的一些关键区别。

I.1 Python

本书中的所有示例均基于 Python 3.x。如果你刚接触 Python，可能不知道 Python 3 是一种与 Python 2 不同的语言（尽管相似），因此 Python 版本至少为 3.0。确切的版本并不重要，只要它与使用的深度学习框架的版本兼容。很有可能系统上已经安装了 Python，可以通过在 shell/ 命令提示符中输入以下两个命令行之一来检查它是否已安装了正确的版本：

```
python --version
python3 --version
```

结果可能是 python 3.x 也可能是 python 2.x，因此请确保安装了正确的版本。如果没有安装 Python，那可以直接从 https://www.python.org/downloads 下载并安装它。

安装 Python 后，可以运行不需要深度学习框架的初始示例。运行示例应该很简单，只需把路径更改到包含要运行的 Python 文件的目录，然后启动 Python：

⊖ 在 CPU 上运行所有编程示例并没有问题，但会花费更长时间。

```
python3 my_example.py
```

你还需要 numpy、matplotlib、idx2numpy 和 pillow 这几个包，它们用于数值计算、绘图、读取 MNIST 数据集和图像，可以通过输入以下命令来检查它们是否已安装，该命令将打印输出所有已安装的软件包：

```
pip3 list
```

如果没有，需要安装它们。首先，确保将 pip3 升级到最新版本，然后安装软件包：

```
pip3 install pip3
pip3 install numpy
pip3 install matplotlib
pip3 install idx2numpy
pip3 install pillow
```

I.2 编程环境

尽管可以简单地将所有代码放在一个文本文件中，并在命令提示符中使用 Python 解释器运行它，但我们坚信更高级的编程环境可以提高调试能力和运行能力。并不是说我们提到的就是最好的或唯一的环境，但确实认为这是合理的。因此，如果你刚刚接触 Python，并且不想花太多时间研究最佳选择，建议选择我们的推荐。

I.2.1 Jupyter Notebook

Jupyter Notebook 是一种在 Web 浏览器中编写和运行程序的环境。如果你习惯使用更传统的编程环境，一开始可能会觉得很奇怪，但如果尝试一下，就会发现其中有一些不错的功能，比如可以运行、修改和重新运行程序的某些部分，而无须从头开始重新启动。声明的变量将保持它们的状态，可以一直尝试直到正确为止，并且可以通过添加新的 print 语句轻松地检查任何变量。如果你习惯使用更传统的编程环境，可能会说这也可以使用传统的调试器来完成。但是我们仍然强烈建议你尝试一下，因为我们相信，一旦掌握了 Jupyter Notebook 的使用，就会发现它的巨大好处。你还可以很好地混合和匹配代码和文档。除了提供传统的 Python 文件，我们还将本书中的所有编程示例作为 Jupyter Notebook 文件来提供给读者，有关如何安装 Jupyter Notebook 的更多信息，请访问 http://jupyter.org。

根据平台和环境，可能必须在文件顶部添加以下内容才能使用 Jupyter 正确绘图：

```
%matplotlib inline
```

这被称为一个内置的魔法命令，它告诉 Jupyter 如何绘图。

I.2.2 使用集成开发环境

尽管 Jupyter Notebook 非常适合原型设计，但我们认为，当你考虑构建更大的应用程序时，都应该使用适当的集成开发环境（IDE），在 IDE 中，你可以轻松地将程序分解并划分为多个文件。

IDE 的另一个好处是它通常带有一个调试器，允许在深度学习框架内部设置断点和单步执行函数，而不只是依赖错误消息和堆栈跟踪。

市面上有许多流行的 IDE，建议使用 PyCharm，可以浏览 http://www.jetbrains.com/pycharm 下载并使用。

另一种方案是使用由 PyDev 扩展补充的 Eclipse。如果你已经熟悉 Eclipse，那么此替代方案很适合用来入门。有关如何安装 Eclipse 和 PyDev 的信息可以在 http://www.eclipse.org/downloads 以及 http://www.pydev.org 上找到。

I.3 编程示例

所有编程示例均在 TensorFlow 2.4 和 PyTorch 1.8.0 上进行了测试。Python 文件和 Jupyter Notebook 可以从 https:// github.com/NvDLI/LDL/ 下载。

存储库的根目录包含四个上级目录：

- data 是数据集（见下一节）应该下载到的位置。
- stand_alone 包含不依赖于深度学习框架的代码示例。
- tf_framework 包含依赖于 TensorFlow 框架的代码示例。
- pt_framework 包含依赖于 PyTorch 框架的代码示例。
- tf_framework 和 pt_framework 两个目录中的代码示例之间是一一对应的。

每个代码示例的命名都遵循 cXeY_DESCRIPTION.py 模板，其中 X 表示章节编号，Y 表示该章节中的示例编号，DESCRIPTION 是示例执行操作的简要说明。

每个代码示例都应该在其所在的目录下运行，因为代码需要使用相对路径来访问数据集。也就是说，在运行位于该目录下的代码示例之前，首先需要切换至 stand_alone 目录。

由于深度学习算法的随机性，程序每次运行结果可能都不相同。也就是说，你的结果应该不会准确地重现书中所述的结果。

除了前面提到的上级目录，存储库的根目录还包含一个名为 network_example.xlsx 的电子表格。该电子表格提供了有关神经元基本工作原理和学习过程的更多见解。共有三个选项卡，每个选项卡都对应初始章节的一个特定部分：

- perceptron_learning 对应第 1 章中的“感知器学习算法”部分。
- backprop_learning 对应第 3 章中的“利用反向传播计算梯度”部分。
- xor_example 对应第 3 章中的“编程示例：学习 XOR 函数”部分。

I.4 数据集

对于本书中的大多数编程示例，需要访问各种数据集或其他资源。其中一些包含在代码示例或深度学习框架中，而另一些则需要下载到本地计算机中。我们列出了需要下载的内容，所有程序示例都假定下载的数据集放置在代码示例所在的根目录下名为 data 的文件夹中。

I.4.1 MNIST 数据集

MNIST 手写数字数据集可以从 http://yann.lecun.com/exdb/mnist 获得。

下载这些文件：

train-images-idx3-ubyte.gz

train-labels-idx1-ubyte.gz

t10k-images-idx3-ubyt.gz

t10k-labels-idx1-ubyte.gz

下载后，将它们解压到 data/mnist/ 文件夹。需要 Python 的 idx2numpy 包才能使用这个版本的 MNIST 数据集。此软件包并非在所有平台上都可用。有关替代解决方案，请参阅本书网站 http://ldlbook.com。

I.4.2 来自美国人口普查局的书店销售数据

选择 Monthly Retail Trade and Food Services，然后单击 Submit 按钮。这会提示进入需要指定五个不同步骤的页面，如图 I-1 所示。进行如图所示的相同选择，并确保选中 Monthly Retail Trade and Food Services 的复选框，然后单击 GET DATA 按钮。

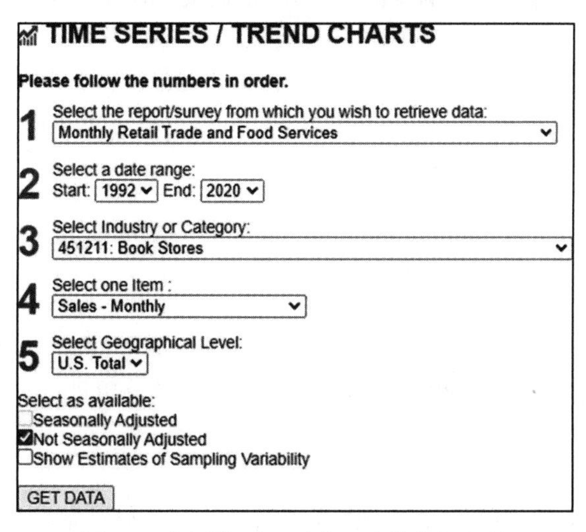

图 I-1 如图填写以下载正确的数据文件

此时应该会产生一个包含数据值的表。单击链接 TXT 将其下载到一个以逗号分隔值的（CSV）文件中。删除 CSV 文件的前几行，因此文件以包含标题“Period, value”的行开头，后面是每个月份的行数据。此外，删除文件末尾的非数值行，例如“NA”。将文件命名为 book_store_sales.csv 并复制到 data 文件夹。

I.4.3 古腾堡工程的 *FRANKENSTEIN* 文本

玛丽·雪莱的 *Frankenstein* 文本可以从 https://www.gutenberg.org/files/84/84-0.txt 下载。将该文件重命名为 frankenstein.txt，然后复制到 data 文件夹。

I.4.4 GloVe 词嵌入

GloVe 词嵌入文件的大小接近 1GB，可以在 http://nlp.stanford.edu/data/glove.6B.zip 下载。解压缩后将 glove.6B.100d.txt 复制到 data 文件夹。

I.4.5 ANKI 双语句子对

ANKI 双语句子对可以从 http://www.manythings.org/anki/fra-eng.zip 下载。

解压缩后将 fra.txt 复制到 data 文件夹。

I.4.6 COCO 数据集

在 data 文件夹内新建一个文件夹并命名为 coco。

下载下列文件：http://images.cocodataset.org/annotations/annotations_trainval2014.zip，解压后复制 captions_train2014.json 到 coco 文件夹中。

下载以下 13GB 文件：http://images.cocodataset.org/zips/train2014.zip，直接将它解压到 data/coco/ 文件夹中，这样解压后的文件路径为 data/coco/train2014/。

I.5 安装深度学习框架

有很多方法可以安装 TensorFlow 和 PyTorch，这主要取决于使用的平台。在本节中，我们将列举一些一般的情况。包含四种不同的方法：

- 系统安装。
- 虚拟环境安装。
- Docker 容器。
- 使用云服务。

本书的代码示例已经在 TensorFlow 2.4 和 PyTorch 1.8.0 中进行了测试。

I.5.1 系统安装

这里介绍安装框架最直接的方法，因为不需要使用任何机制将其与系统的其余部分隔离。可以直接在系统上安装框架以及它所依赖的任何包 / 库。如果你已经安装了其中一些库但是版本不对，可能会遇到一些问题。不过可以升级或降级到合适的版本，但这可能会破坏系统上依赖于特定安装版本的其他软件。如果你现在不想学习虚拟环境或 Docker 容器，你可以尝试一下。只需在 shell 中输入以下内容即可安装 TensorFlow：

```
pip3 install tensorflow
```

如果要安装一个特定版本，例如，开发代码示例的 TenserFlow 2.4，输入：

```
pip3 install tensorflow==2.4
```

同样，可以使用以下命令行安装 PyTorch：

```
pip3 install torch torchvision
```

如果要安装一个不是最新版本的特定版本，那么就需要找出 torch 和 torchvision 的哪些版本相互兼容，然后将正确版本一起安装。例如，对于 PyTorch 1.8.0，

```
pip install torch==1.8.0 torchvision==0.9.0
```

注意安装框架时出现的任何错误消息。错误消息可能表明缺少依赖的包或已安装的包版本有误。如果是后者，需要决定是否自愿调整有冲突的软件包的版本，或者更想把框架转移到虚拟环境。

I.5.2 虚拟环境安装

安装虚拟环境的过程类似安装系统，但首先要安装 virtualenv 工具。这个工具可以允许你在系统上创建一个或多个虚拟环境，它的好处是每个虚拟环境都可以安装各自的软件包版本。因此，如果你的系统上已经安装了一个版本的包，并且框架需要不同包，那么你不需要删除现有版本，只需要将框架及其依赖的所有包安装在新的虚拟环境中即可。有关如何安装 virtualenv 工具和创建虚拟环境的详细信息，请参见 https://virtualenv.pypa.io。

I.5.3 GPU 加速

如果要使用 GPU 加速，还需要一些其他步骤。你需要安装 CUDA 和 CuDNN。具体情况取决于正在运行的系统。

有关 TensorFlow 安装的详细信息，无论是否使用 GPU 加速，都请参阅 tensorflow.org/install。

有关 PyTorch 的信息可以在 https://pytorch.org/get-started/locally 中找到。

不过，前几个编程练习不需要 GPU 加速，因此可以从一个简单设置开始，之后再使用 GPU 加速。

I.5.4 Docker 容器

另一种选择是使用 Docker 容器，这是一种完全摆脱框架安装过程的方法。不过你首先需要在系统上安装 Docker 引擎，然后下载一个 Docker 镜像，该镜像上已经安装了你需要的一切（TensorFlow 或 PyTorch 以及它们依赖的所有库）。然后可以在 Docker 引擎中基于该镜像创建一个 Docker 容器，Docker 容器会将在其中运行的软件与其环境隔离开来，有点

像虚拟机但更轻量，因为它不包含操作系统本身。使用 Docker 容器是运行深度学习框架的一种流行方式，它可能也是配置它们以利用系统上 GPU 的最简单的方式。

I.5.5 使用云服务

最后，如果你不想在系统上安装任何东西，可以选择使用云服务。如果没有带有 GPU 的系统，但仍希望能够使用 GPU 加速，那么使用云服务也是一个不错的选择。

一种方案是 Google Colab，它免费提供机器访问，包括 GPU 加速。它已经安装了 TensorFlow 和 PyTorch。对于需要数据文件作为输入的代码示例，你需要了解如何对 Google Drive 账户的数据进行访问。

另一种选择是 AWS，可以按分钟租用机器。AWS 提供了准备好可以运行 TensorFlow 和 PyTorch 的预配置机器，但实际使用需要一个学习过程，包括设置账户、决定租用什么机器、如何租用在关闭机器时也不会被擦除永久存储，并配置安全组和网络访问。其好处是无须配置深度学习框架，因为它们已经由 AWS 设置好了。

I.6 TensorFlow 具体注意事项

因为本书中所有编程示例均使用 TensorFlow 作为框架，所以本书中有很多关于 TensorFlow 的信息。不过我们仍然认为在这里再次对 TensorFlow 进行说明依然是有必要的，尤其是在使用 GPU 时。如果想在运行程序时减少冗长，可以将环境变量 TF_CPP_MIN_LOG_LEVEL 设置为 2。如果使用 bash，可以使用以下命令行来完成：

```
export TF_CPP_MIN_LOG_LEVEL=2
```

或者，可以在每个程序的顶部添加以下代码段：

```
import os

os.environ['TF_CPP_MIN_LOG_LEVEL'] = '2'
```

I.7 PyTorch 与 TensorFlow 的关键区别

在本节中，我们会提到 PyTorch 和 TensorFlow 之间的一些关键区别，也尝试在每个 PyTorch 编程示例的文档中强调这些区别，但我们认为把它们汇总在一个地方会更有帮助。请注意，这里的大部分内容需要用到本书中的技能，因此建议你在阅读本书的过程中重新阅读本节，而不是提前阅读本节。

总体而言，在比较 PyTorch 与 TensorFlow（使用 Keras API）的编程体验时，我们认为区别分为主要区别和细微区别。主要区别在于 Keras API 处理的一些事情需要在 PyTorch 中显式处理。这使得初学者入门稍微困难一些，但从长远来看，当你想做一些偏离常规的事情时，PyTorch 可以提供更好的灵活性。细微区别是两个框架之间不同的一些小设计 /API 选择。

这两个框架都在迅速发展。因此，随着时间的推移，本部分可能会过时。我们建议你在使用过程中查阅使用框架的最新文档。

I.7.1 需要编写我们自己的拟合 / 训练函数

在我们看来，对于初学者而言，与 TensorFlow（使用 Keras API）相比，PyTorch 中更大的障碍之一是需要编写自己的函数来训练模型。在 TensorFlow 中，只要你定义了一个模型，就可以通过使用一组合适的参数调用函数 `fit()`，框架会自行处理很多细节，包括运行前向传递、后向传递和调整权重。此外，它还可以计算并输出一些有用的指标，例如训练集和测试集的损失和准确度。在 PyTorch 中，你必须自己处理这些细节。

虽然看起来很麻烦，但实际上，编写的代码并不多。此外，正如在代码示例中展示的那样，编写自己的库函数很简单，而且可以在许多模型中使用。这是一个很好的例子，我们认为 PyTorch 比 TensorFlow 会稍难入门一点。但另一方面，PyTorch 能够轻松修改一段代码的功能是非常强大的。自然语言翻译示例（第 14 章）和图像字幕示例（第 16 章）说明了这一点，其中 TensorFlow 训练循环的实现有些复杂。

作为编写自己的训练循环的一部分，你需要包括以下步骤：

- 在所选优化器上调用 `zero_grad()` 方法，将优化器所有梯度重置为零，因为默认设置是在多个步骤中累积梯度；
- 调用Module对象的一个实例[⊖]，这样就可以调用`forward()`方法以运行前向传递；
- 计算损失并调用 `backward()` 以运行后向传递；
- 调用选中的优化器的 `step()` 方法，根据当前梯度更新权重。

除了处理前向传递、损失计算、后向传递和权重调整，还需要实现将训练和测试数据分解为小批量的功能，这通常使用 DataLoader object 完成。当使用带有 Keras API 的 TensorFlow 时，所有这些功能都可以由 `fit()` 函数处理。

I.7.2 NumPy 和 PyTorch 之间的数据显式移动

TensorFlow 中的 Keras API 使用 NumPy 数组作为其张量的表示。例如，将张量传递给模型时，格式应为多维 NumPy 数组的形式。相反，在 PyTorch 中，你需要在 NumPy 数组和 PyTorch 张量之间显式转换数据。

PyTorch 跟踪信息以便能够使用反向传播对 PyTorch 张量进行自动微分。也就是说，只要你使用 PyTorch 张量，就可以在定义函数时使用该张量数据类型支持的任何计算，并且之后可以自动计算该函数的偏导数。张量之间的显式移动使 PyTorch 能够跟踪程序正在为哪些变量提供此功能。

有几个与此相关的函数：

⊖ 在 Python 3 中，可以使用对象的实例变量名称作为函数名称。当调用这个函数时，它会调用对象的 `__call__()` 方法。在 PyTorch 中，Module object 的 `__call__()` 方法将调用 `forward()` 方法。

- from_numpy() 从 NumPy 数组转换为 PyTorch 张量。
- numpy() 从 PyTorch 张量转换为 NumPy 数组。
- detach()创建一个与原始PyTorch张量共享存储但不支持自动微分的PyTorch张量。
- clone() 从一个 PyTorch 张量创建一个 PyTorch 张量，但两个张量之间不共享存储。
- item() 将 PyTorch 张量中的单个元素转换为 NumPy 值。
- 使用 torch.no_grad() 关闭构造范围内对自动微分的支持。

对于初学者来说，理解这些函数和构造之间的关系可能有些困难，尤其是在遇到诸如 detach().clone().numpy() 之类的组合表达式时。这可能需要一些时间来适应，但是一旦你理解了它，就没有那么复杂了。

I.7.3　CPU 和 GPU 之间的数据显式传输

除了在 NumPy 和 PyTorch 之间显式移动数据，你还必须在 CPU 和 GPU 之间显式移动数据（和模型）。它是使用以下两个函数完成的：

- to(DEVICE) 将数据移动到特定设备（通常是 GPU）。
- cpu() 将数据移动到 CPU。

虽然比较容易熟悉，但它仍然会在你刚接触的时候让你疑惑，尤其是与前面给出的机制结合使用时，可能会遇到类似 .cpu().detach().numpy() 这样的组合表达式。

I.7.4　明确区分训练和推理

某些类型的层，例如 Dropout 和 BatchNormalization，在训练期间与在推理期间的行为不同。在 TensorFlow 中，这是自动处理的，因为框架具有用于训练（拟合）和推理（预测）的显式函数。如前所述，在 PyTorch 中，你必须自己编写这些函数，因此，还必须明确告诉模型何时用于训练或推理。这是使用以下函数完成的：

- train() 将模型设置为训练模式。
- eval() 将模型设置为推理模式。

对于初学者来说，很容易混淆 eval() 和 no_grad() 的功能，两者都可以在推理过程中使用。区别在于 eval() 是获得正确行为所必要的，而 no_grad() 只是一种优化，它不会跟踪自微分所需的额外状态（推理期间不需要）。

I.7.5　顺序式 API 与函数式 API

我们现在讨论一下那些微小但值得了解的差异。大多数 TensorFlow 编程示例使用的都是 Keras 顺序式 API，PyTorch 在 nn.Sequential 类中有一个非常相似的概念。

不过对于更高级的编程示例，这点有一些不同。对于 TensorFlow，我们使用 Keras 函数式 API，其中声明层的过程与将它们连接在一起的过程是分开的。在 PyTorch 中，这是通过从 nn.Module 类继承并覆盖 forward() 函数来创建自定义模型实现的。

在我们看来，两种方法在使用支持层类型时复杂程度差不多，但在实现框架本身不支持的层时，PyTorch 方法可能会更简单一些。第 16 章中的编程示例就是一个例子，我们在 PyTorch 版本中实现了注意力层的功能。顺便说一句，这强调了另一个细微差别，TensorFlow 提供了注意力层，而 PyTorch 没有。

I.7.6 缺乏编译功能

在 TensorFlow 中，在调用 `fit()` 函数来训练模型之前，必须调用 `compile()` 函数来选择损失函数和优化器，这在 PyTorch 中是不需要的，因为在 PyTorch 中编写了自己的训练循环。作为该过程的一部分，需要显式地调用损失函数和优化器，因此不需要预先告诉框架要使用哪些函数。

I.7.7 循环层和状态处理

对于循环层（例如 LSTM），需要强调 TensorFlow 和 PyTorch 之间有两个关键区别。首先，在 PyTorch 中堆叠 LSTM 层可以通过简单地向 LSTM 层构造函数提供一个参数来完成，而不必声明多个实例。

其次，在使用循环层的编程示例中，我们展示了 TensorFlow 将循环层声明为有状态或无状态的功能，在构建自回归模型时会利用这一点。有状态概念在 PyTorch 中没有明确存在，但我们展示了如何在 PyTorch 版本的编程示例中模拟它。

I.7.8 交叉熵损失

与 TensorFlow 相比，PyTorch 中的交叉熵损失有两个关键区别。首先，在 PyTorch 中，交叉熵损失函数还隐式地对最后一个神经元的 logistic sigmoid 函数进行了建模，或者多分类问题情况下的 Softmax。也就是说，在定义网络时，应该使用线性输出单元，而不是同时定义激活函数。其次，在 PyTorch 中，交叉熵损失函数需要一个整数目标，而不是一个 one-hot 编码目标。也就是说，不需要对目标值进行 one-hot 编码。从内存使用的角度来看，这会让实现更加有效。

如果你使用的是 TensorFlow，则可以通过一些选项获得相同的效果，但需要明确指定它们，因为它们的默认行为有所不同。

I.7.9 view()/reshape()

NumPy 提供了一个函数 `reshape()` 可以用来改变 NumPy 数组的维度，TensorFlow 有相应的函数来改变张量的形状。PyTorch 使用名为 `view()` 的函数实现相同的功能。

APPENDIX J

附录 J

备忘清单

这些备忘清单的高清版本可以从 http://informit.com/title/9780137470358 下载。

$X_0 = 1$
（偏差项）
人工神经元
X_1 X_2 X_n
W_0 W_1 W_2 W_n
+
z
Activation
y

前馈网络

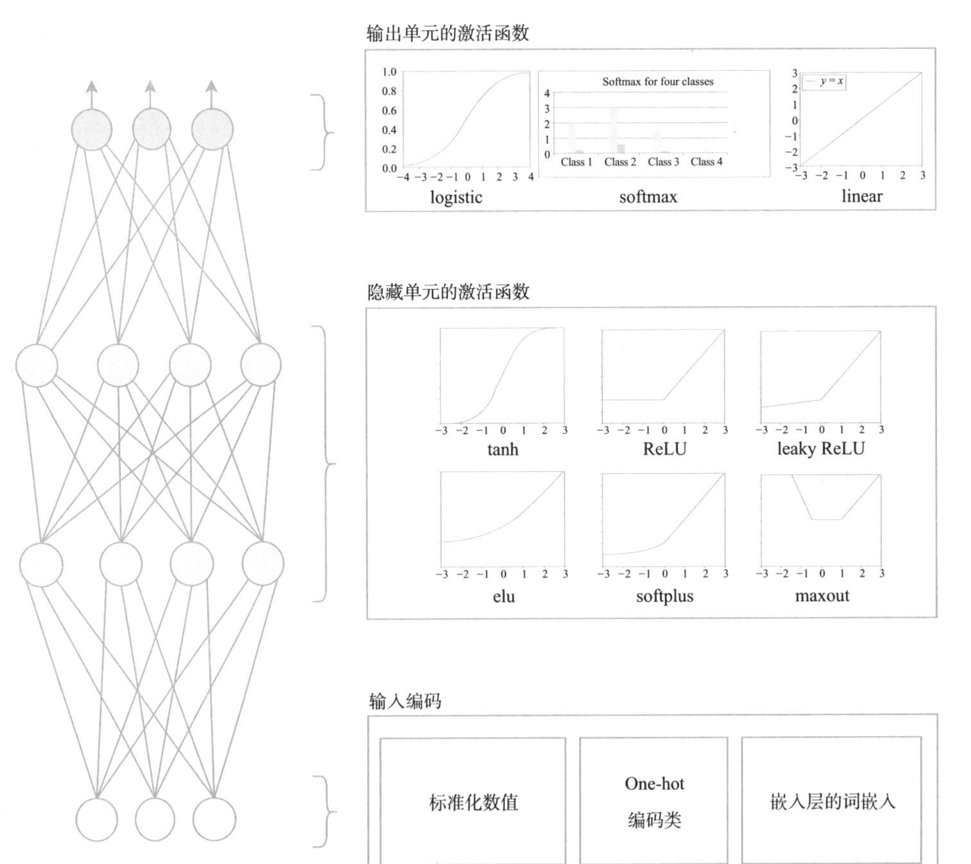

层类型

类型	描述	用例
全连接层	每个神经元连接到前一层的每个输出。如果不使用激活函数，也称为投影层	专用层不提供额外值的情况
卷积层	稀疏连接。使用权重共享。由多个通道组成。每个通道通常以二维方式排列	图像处理（2D卷积）和文本处理（1D卷积）
简单循环层	循环连接。上一个时间步的输出用作输入。时间步长之间的权重共享	可变长度的顺序数据，例如，文本处理
长短期记忆（LSTM）	具有更复杂单元的循环层。每个单元包含一个内部存储单元。门控制何时记住和忘记	长序列，例如文本处理
门控循环单元（GRU）	LSTM的简化版本。没有内部存储单元，但仍然有控制何时记住或忘记先前输出值的门	长序列，例如文本处理
嵌入层	将稀疏的One-hot编码数据转换为密集表示。实现为查找表	将文本输入数据转换为词嵌入
注意力层	输出向量是多个输入向量的加权和。权重是动态选择的，用来关注最重要的向量	从长文本序列或图像中提取信息

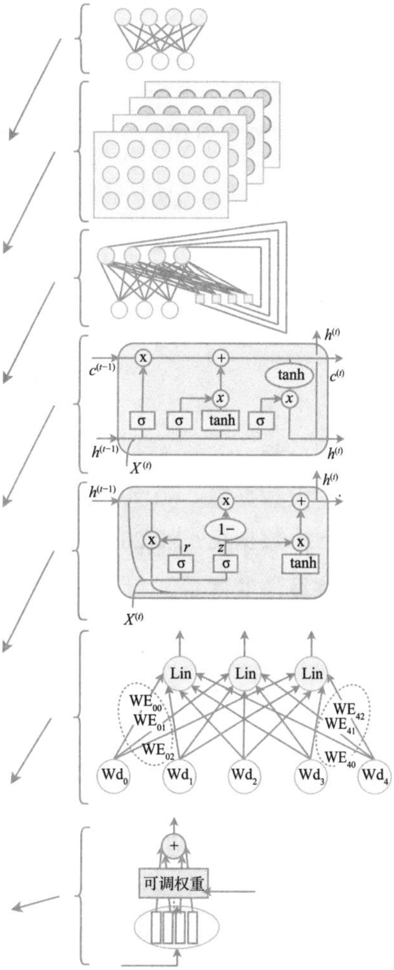

线性代数表示

单个神经元的加权和：$z = \boldsymbol{wx}$

全连接层的加权和：$z = \boldsymbol{Wx}$

小批量全连接层的加权和：$Z = \boldsymbol{WX}$

$$\text{循环层：} \boldsymbol{h}^{(t)} = \tanh(\boldsymbol{Wh}^{(t-1)} + \boldsymbol{Ux}^{(t)} + \boldsymbol{b})$$

注意：除了上述经常发生的情况外，偏差项在所有情况下都是隐含的。

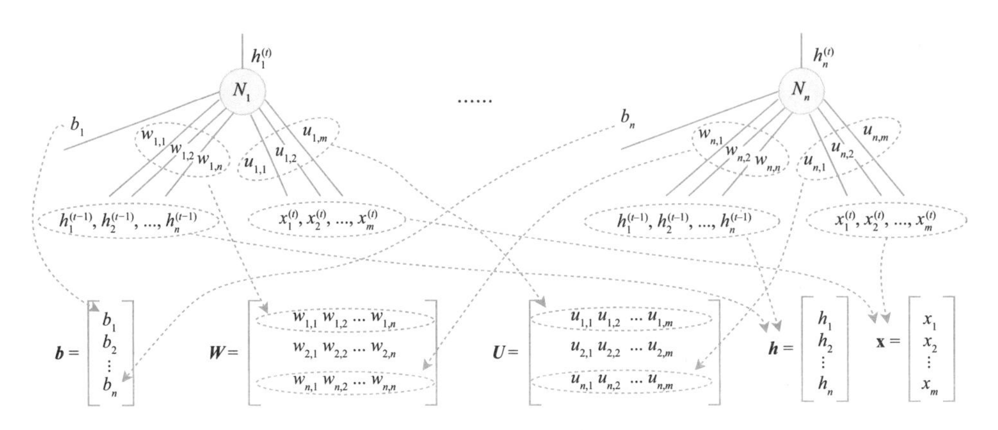

数据集

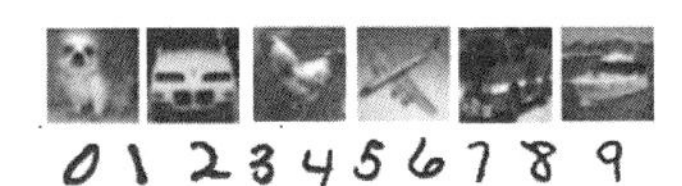

典型分割

大数据集：60/20/20（训练 / 验证 / 测试）

小数据集：80/20（训练 / 测试）和 k 折交叉验证

训练算法变体

算法	描述
随机梯度下降（SGD）	梯度是基于小批量训练示例计算的
Momentum	比 SGD 增加了权重调整，其调整取决于先前调整的梯度以及当前梯度
AdaGrad	SGD 的变体，在训练期间自适应地调整学习率
Adam	具有自适应学习率和动量的 SGD 变体
RMSProp	使用最近梯度的均方根（RMS）对梯度进行归一化的 SGD 变体

正则化技术

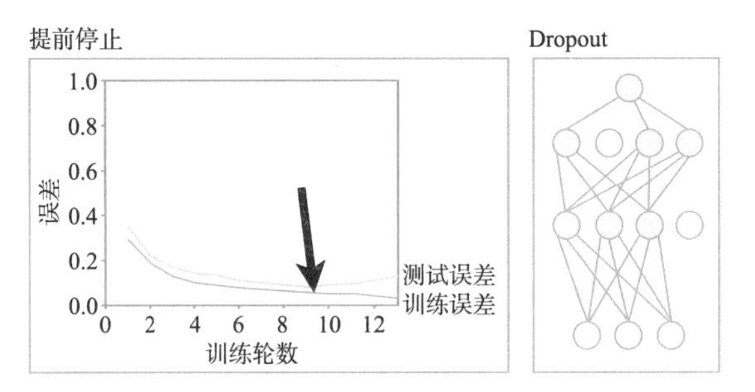

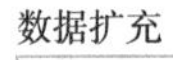

L1/L2正则化

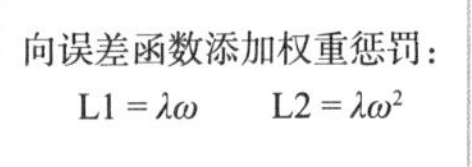

保持梯度稳健

技术	缓解梯度消失	缓解梯度爆炸
对 Glorot 或者 He 进行权重初始化	是	否
批归一化	是	否
不饱和神经元，如 ReLU	是	否
梯度裁剪	否	是
常误差旋转 / 传送	是	是
跳连接	是	否

问题类型

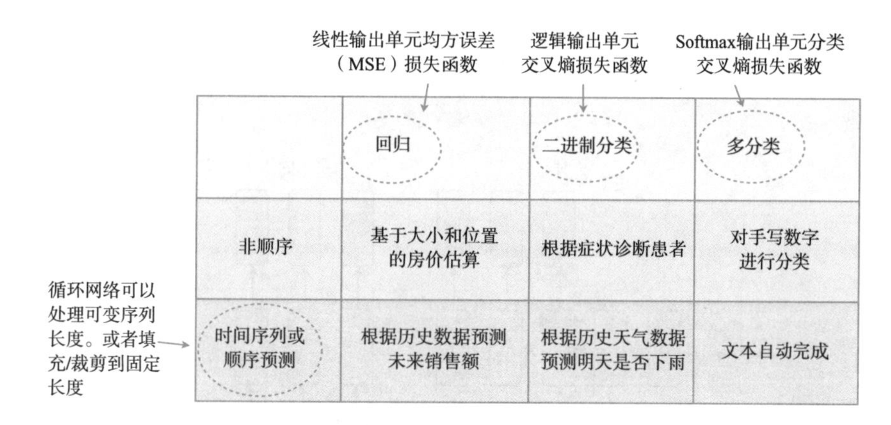

不同问题类型的网络架构示例

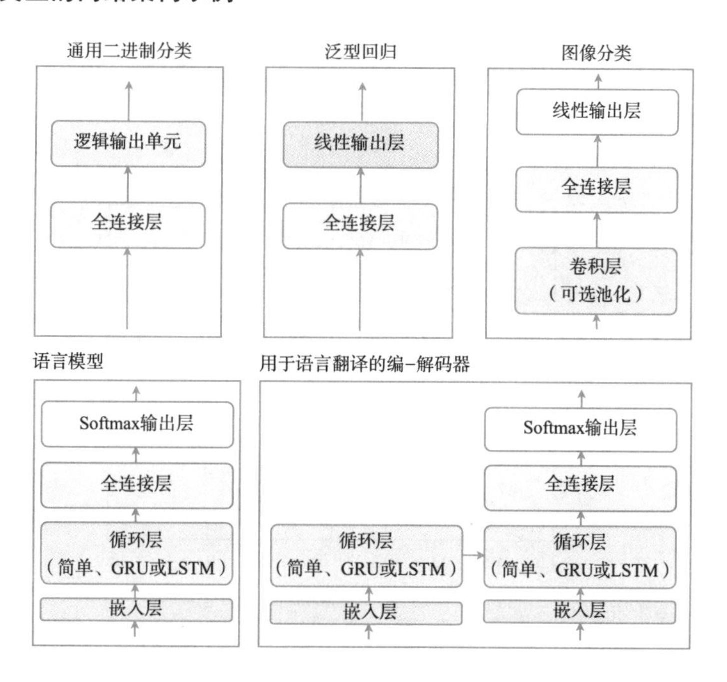

输入 / 输出数据关系

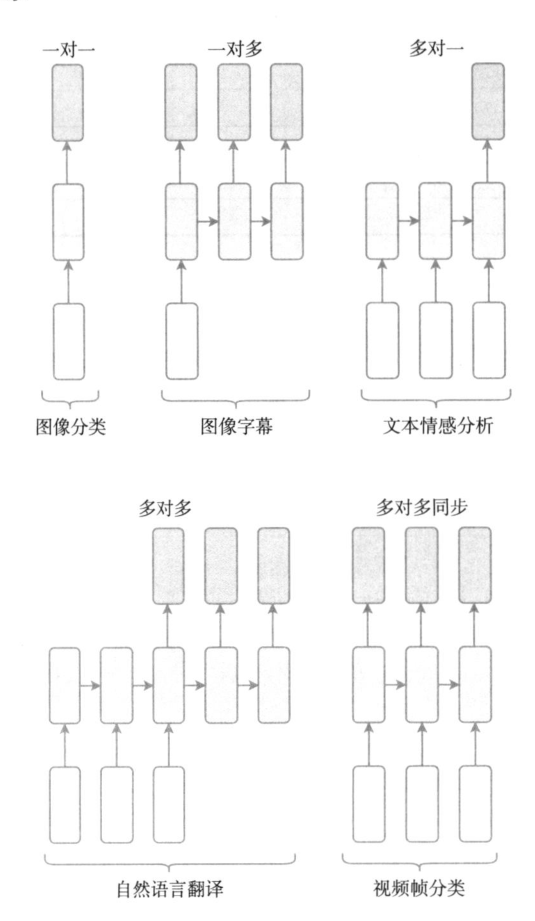

词嵌入

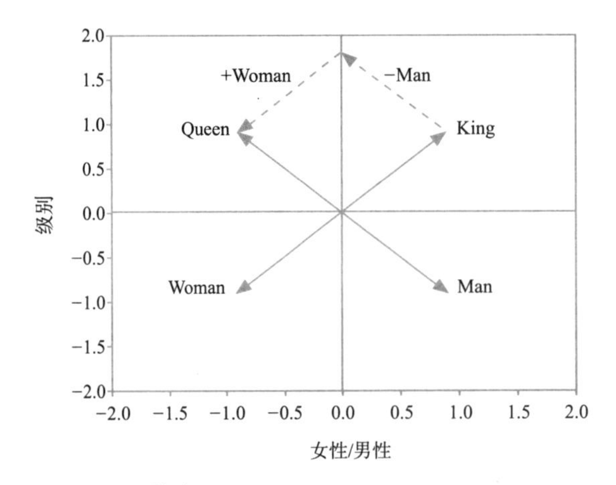

词向量算术：King – Man + Woman = Queen

词嵌入方案

嵌入方案	注释
Word2vec	使用启发式方法得出的“经典”
GloVe	数学推导
wordpieces	通过处理子词来处理词汇表外的词
FastText	扩展 Word2vec 以处理词汇表外的单词
ELMo	根据上下文，相同的词会产生不同的嵌入

基于 Transformer 的 NLP 架构

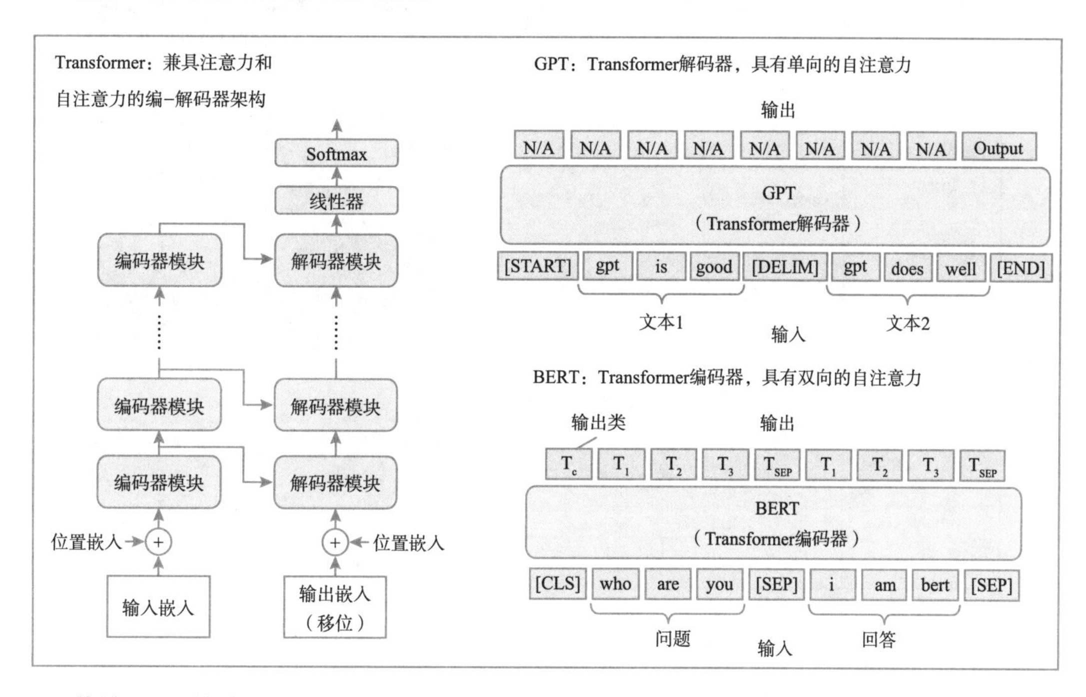

传统 NLP 技术

技术	描述	应用示例
n-gram	简单的统计语言模型。计算单词序列的概率	在语音识别中找到可能的候选句子。文本自动完成
skip-gram	*n*-gram 模型的扩展	同上
bag-of-words	无序文档总结技术	情感分析和文档比较中的构建块
bag-of-ngrams	用一些词序概念扩展词袋	同上
Character-based bag-of-ngrams	词袋，但在字符而不是单词上工作	确定单词之间的相似性

计算机视觉

网络	关键属性
LeNet, LeNet-5	深度学习繁荣之前的CNN
AlexNet	第一个基于深度学习的ImageNet获胜者
VGGNet	证明了深度的重要性
Inception	具有并行路径的复杂构建块。由GoogLeNet使用
ResNet	引入了跳连接。比以前的网络要深得多
EfficientNet	探索了多个维度之间的权衡，以实现更高效的架构
MobileNets, Exception	深度可分离卷积让实现更高效
Inception v2, v3, v4, Inception-ResNet, ResNeXt	深度混合架构

分类网络；在其他型号中也用作主干；

检测

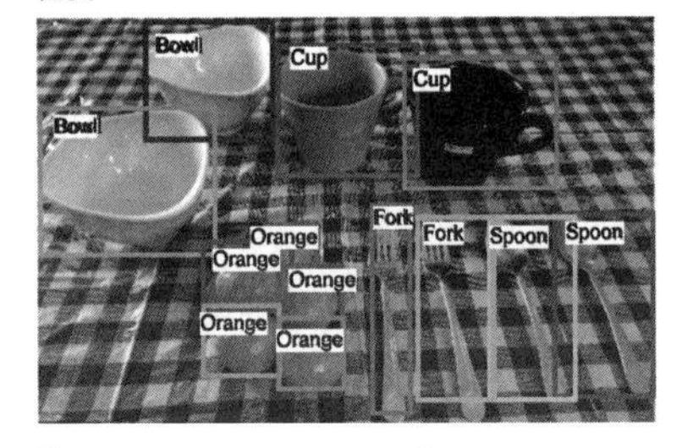

模型：R-CNN、Fast R-CNN和Faster R-CNN

语义分割

模型：反卷积网络、U-Net

实例分割

模型：Mask R-CNN

参考文献

Agarap, A. (2018). "A Neural Network Architecture Combining Gated Recurrent Unit (GRU) and Support Vector Machine (SVM) for Intrusion Detection in Network Traffic Data." In *Proceedings of the 2018 10th International Conference on Machine Learning and Computing*, 26–30. New York: Association for Computing Machinery.

Akenine-Möller, T., E. Haines, N. Hoffman, A. Pesce, M. Iwanicki, and S. Hillaire. (2018). *Real-Time Rendering*, 4th ed. Boca Raton, FL: AK Peters/CRC Press.

Alammar, J. (2018a). "The Illustrated BERT, ELMo, and Co (How NLP Cracked Transfer Learning)" (blog). http://jalammar.github.io/illustrated-bert/.

Alammar, J. (2018b). "The Illustrated Transformer" (blog). http://jalammar.github.io/illustrated-transformer/.

Alammar, J. (2019). "The Illustrated Word2vec" (blog). http://jalammar.github.io/illustrated-word2vec/.

Athiwaratkun, B., A. Wilson, and A. Anandkumar. (2018). "Probabilistic FastText for Multi-Sense Word Embeddings." *Proceedings of the 56th Annual Meeting of the Association for Computational Linguistics* (Volume 1: Long Papers), 1–11. Stroudsburg, PA: Association for Computational Linguistics.

Azulay, A., and Y. Weiss. (2019). "Why Do Deep Convolutional Networks Generalize So Poorly to Small Image Transformations?" *arXiv.org*. https://arxiv.org/pdf/1805.12177v2.

Ba, L., J. Kiros, and G. Hinton. (2016). "Layer Normalization." *arXiv.org*. https://arxiv.org/pdf/1607.06450v1.

Badrinarayanan, V., A. Kendall, and R. Cipolla. (2017). "SegNet: A Deep Convolutional Encoder-Decoder Architecture for Image Segmentation." *IEEE Transactions on Pattern Analysis and Machine Intelligence* 39(12): 2481–2495.

Baer, T. (2019). *Understand, Manage, and Prevent Algorithmic Bias: A Guide for Business Users and Data Scientists*. Berkeley, CA: Apress.

Bahdanau, D., B. Cho, and Y. Bengio. (2014). "Neural Machine Translation by Jointly Learning to Align and Translate." *arXiv.org*. https://arxiv.org/pdf/1607.06450v1.

Balmer, L. (1997). *Signals and Systems*. Hertfordshire, UK: Prentice Hall.

Baltrušaitis T., C. Ahuja, and L. Morency. (2017). "Multimodal Machine Learning: A Survey and Taxonomy." *arXiv.org*. https://arxiv.org/pdf/1705.09406.

Beliaev, S., Y. Rebryk, and B. Ginsburg. (2020). "TalkNet: Fully-Convolutional Non-Autoregressive Speech Synthesis Model." *arXiv.org.* https://arxiv.org/pdf/2005.05514.

Bender E., Gebru T., McMillan A., and Shmitchell S. (2021). "On the Dangers of Stochastic Parrots: Can Language Models Be Too Big?" In *Proceedings of the 2021 ACM Conference on Fairness, Accountability, and Transparency,* 610–623. New York: Association for Computing Machinery.

Bengio, J., R. Ducharme, P. Vincent, and C. Janvin. (2003). "A Neural Probabilistic Language Model." *Journal of Machine Learning Research* 3(6): 1137–1155.

Bengio, Y., P. Simard, and P. Frasconi. (1994). "Learning Long-Term Dependencies with Gradient Descent Is Difficult." *IEEE Transactions on Neural Networks* 5(2): 157–166.

Blum, A., and T. Mitchell. (1998). "Combining Labeled and Unlabeled Data with Co-training." In *Proceedings of the Eleventh Annual Conference on Computational Learning Theory (COLT'98),* 92–100. New York: Association for Computing Machinery.

Bojanowski, P., E. Grave, A. Joulin, and T. Mikolov. (2017). "Enriching Word Vectors with Subword Information." *Transactions of the Association for Computational Linguistics* 5: 135–146.

Bolukbasi, T., K. Chang, J. Zou, V. Saligrama, and A. Kalai. (2016). "Man Is to Computer Programmer as Woman Is to Homemaker? Debiasing Word Embeddings." *Advances in Neural Information Processing Systems* 29: 4349–4357.

Brown T., B. Mann, N. Ryder, M. Subbiah, J. Kaplan, P. Dhariwal, A. Neelakantan, et al. (2020). "Language Models Are Few-Shot Learners." *arXiv.org.* https://arxiv.org/pdf 2005.14165.

Cho, K., B. van Merrienboer, C. Gulcehre, D. Bahdanau, F. Bougares, H. Schwenk, and Y. Bengio. (2014a, June). "Learning Phrase Representations Using RNN Encoder-Decoder for Statistical Machine Translation" (v. 1). *arXiv.org.* https://arxiv.org/pdf/1406.1078v1.

Cho, K., B. van Merrienboer, C. Gulcehre, D. Bahdanau, F. Bougares, H. Schwenk, and Y. Bengio. (2014b, Sept.). "Learning Phrase Representations Using RNN Encoder-Decoder for Statistical Machine Translation" (v. 3). *arXiv.org.* https://arxiv.org/pdf/1406.1078v3.

Chollet, F. (2016). "Xception: Deep Learning with Depthwise Separable Convolutions." *arXiv.org.* https://arxiv.org/pdf/1610.02357.

Chollet, F. (2018). *Deep Learning with Python.* Shelter Island, NY: Manning Publications.

Chung, J., C. Gulcehre, K. Cho, and Y. Bengio. (2014). "Empirical Evaluation of Gated

Recurrent Neural Networks on Sequence Modeling." *arXiv.org.* https://arxiv.org/pdf/1602.03686.

Ciresan, D., U. Meier, J. Masci, L. Gambardella, and J. Schmidhuber. (2011). "Flexible, High Performance Convolutional Neural Networks for Image Classification." *Proceedings of the Twenty-Second International Joint Conference on Artificial Intelligence (IJCAI'11),* 1237–1242. Menlo Park, CA: AAAI Press/International Joint Conferences on Artificial Intelligence.

Collobert, R., and J. Weston. (2008)."A Unified Architecture for Natural Language Processing: Deep Neural Networks with Multitask Learning." In *ICML'08: 25th International Conference on Machine Learning,* 160–167. New York: Association for Computing Machinery.

Cordonnier, J., A. Loukas, and M. Jaggi. (2020). "On the Relationship between Self-Attention and Convolutional Layers." *International Conference on Learning Representations (ICLR 2020). arXiv.org.* https://arxiv.org/pdf/1911.03584.

Crawshaw, M. (2020). "Multi-Task Learning with Deep Neural Networks: A Survey." *arXiv.org.* https://arxiv.org/pdf/2009.09796.

Dai, A., and Q. Le. (2015). "Semi-Supervised Sequence Learning." In *Proceedings of the 28th International Conference on Neural Information Processing Systems (NIPS'15).* 3079–3087. Cambridge, MA: MIT Press.

Dai, B., S. Fidler, and D. Lin. (2018). "A Neural Compositional Paradigm for Image Captioning." *Advances in Neural Information Processing Systems* 31: 658–668.

Dai, Z., Z. Yang, Y. Yang, J. Carbonell, Q. Le, and R. Salakhutdinov. (2019). "Transformer-XL: Attentive Language Models Beyond a Fixed-Length Context." In *Proceedings of the 57th Annual Meeting of the Association for Computational Linguistics,* 2978–2988. Stroudsburg, PA: Association for Computational Linguistics.

De-Arteaga, M., A. Romanov, H. Wallach, J. Chayes, C. Borgs, A. Chouldechova, S. Geyik, K. Kenthapadi, and A. T. Kalai. (2019). "Bias in Bios: A Case Study of Semantic Representation Bias in a High-Stakes Setting." *Proceedings of the Conference on Fairness, Accountability, and Transparency.* 120–128. *arXiv.org.* https://arxiv.org/pdf/1901.09451.

Devlin, J., M. Chang, K. Lee, and K. Toutanova. (2018). "BERT: Pre-training of Deep Bidirectional Transformers for Language Understanding." *arXiv.org.* https://arxiv.org/pdf/1810.04805.

dos Santos, C., and M. Gatti. (2014). "Deep Convolutional Neural Networks for Sentiment Analysis of Short Texts." *Proceedings of the 25th International Conference on Computational Linguistics (COLING'14): Technical Papers,* Vol. 1, 69–78. Dublin, Ireland: Dublin City University and Association for Computational Linguistics.

Duchi, J., E. Hazan, and Y. Singer. (2011). "Adaptive Subgradient Methods for Online Learning and Stochastic Optimization." *Journal of Machine Learning Research* 12: 2121–2159.

Dugas, C., Y. Bengio, F. Bélisle, and C. Nadeau. (2001). "Incorporating Second-Order Functional Knowledge for Better Option Pricing." In *Advances in Neural Information Processing Systems 13 (NIPS'00)*, 472–478. Cambridge, MA: MIT Press.

Elsken, T., Metzen J., and Hutter F. (2019). "Neural Architecture Search: A Survey." *Journal of Machine Learning Research* 20: 1–21.

Fisher, R. (1936). "The Use of Multiple Measurements in Taxonomic Problems." *Annals Eugenics* 7(2): 179–188.

Frome, A., Corrado G., Shlens J., Bengio S., Dean J., Ranzato M., and Mikolov T. (2013). "DeViSE: A Deep Visual-Semantic Embedding Model." In *Proceedings of the 26th International Conference on Neural Information Processing Systems—Volume 2*, edited by C. J. C. Burges, L. Bottou, M. Welling, Z. Ghahramani, and K. Q. Weinberger, 2121–2129. Red Hook, NY: Curran Associates.

Fukushima, K. (1980). "Neocognitron: A Self-Organizing Neural Network Model for a Mechanism of Pattern Recognition Unaffected by Shift in Position." *Biological Cybernetics* 36(4): 193–202.

Gatys L., Ecker A., Bethge M. (2015). "A Neural Algorithm of Artistic Style." *arXiv.org*. https://arxiv.org/pdf/1508.06576.

Gebru, T., J. Morgenstern, B. Vecchione, J. Wortman Vaughan, H. Wallach, H. Daumé III, and K. Crawford. (2018). "Datasheets for Datasets." *arXiv.org*. https://arxiv.org/pdf/1803.09010.

Gehring, J., M. Auli, D. Granger, D. Yarats, and Y. Dauphin. (2017). "Convolutional Sequence to Sequence Learning." In *Proceedings of the 34th International Conference on Machine Learning (ICML'17)*, edited by D. Precup and Y. W. Teh, 1243–1252. JMLR.org.

Gers, F., J. Schmidhuber, and F. Cummins. (1999). "Learning to Forget: Continual Prediction with LSTM." *Ninth International Conference on Artificial Neural Networks (ICANN 99). IEEE Conference Publication* 2, (470): 850–855.

Gers, F., N. Schraudolph, and J. Schmidhuber. (2002). "Learning Precise Timing with LSTM Recurrent Networks." *Journal of Machine Learning Research* 3: 115–143.

Girshick, R. (2015). "Fast R-CNN." *Proceedings of the 2015 IEEE International Conference on Computer Vision (ICCV'15)*, 1440–1448. Washington, DC: IEEE Computer Society.

Girshick, R., J. Donahue, T. Darrell, and J. Malik. (2014). "Rich Feature Hierarchies for Accurate Object Detection and Semantic Segmentation." *Proceedings of the 2014 IEEE Conference on Computer Vision and Pattern Recognition (CVPR'14)*, 580–587. Washington, DC: IEEE Computer Society.

Glassner, A. (2018). *Deep Learning: From Basics to Practice.* Seattle, WA: The Imaginary Institute,

Glorot, X., A. Bordes, and Y. Bengio. (2011). "Deep Sparse Rectifier Neural Networks." Fourteenth International Conference on Artificial Intelligence and Statistics (AISTATS 2011). *Journal of Machine Learning Research* 15: 315–323.

Glorot, X., and Y. Bengio. (2010). "Understanding the Difficulty of Training Deep Feedforward Neural Networks." Thirteenth International Conference on Artificial Intelligence and Statistics (AISTATS). *Journal of Machine Learning Research* 9: 249–256.

Goodfellow, I., D. Warde-Farley, M. Mirza, A. Courville, and Y. Bengio. (2013). "Maxout Networks." In *Proceedings of the 30th International Conference on Machine Learning (ICML'13),* edited by S. Dasgupta and D. McAllester, III-1319–III-1327. JMLR.org.

Goodfellow, I., Y. Bengio, and A. Courville. (2016). *Deep Learning.* Cambridge, MA: MIT Press.

Goodfellow, I., Pouget-Abadie J., Mirza M., Xu B., Warde-Farley D., Ozair S., Courville A., and Bengio Y. (2014). "Generative Adversarial Nets." *arXiv.org.* https://arxiv.org/pdf/1406.2661.

Graves, A., M. Liwicki, S. Fernandez, R. Bertolami, H. Bunke, and J. Schmidhuber. (2009). "A Novel Connectionist System for Unconstrained Handwriting Recognition." *IEEE Transactions on Pattern Analysis and Machine Intelligence* 31(5): 855–868.

Harrison, D., and D. Rubinfeld. (1978). "Hedonic Housing Prices and the Demand for Clean Air." *Journal of Environmental Economics and Management* 5: 81–102.

Hastie, T., R. Tibshirani, and J. Friedman. (2009). *The Elements of Statistical Learning Data Mining, Inference, and Prediction.* New York: Springer.

He, K., G. Gkioxari, P. Dollár, and R. Girshick. (2017). "Mask R-CNN." 2017 IEEE International Conference on Computer Vision (ICCV). *IEEE Transactions on Pattern Analysis and Machine Intelligence* PP(99): 2980–2988.

He, K., X. Zhang, S. Ren, and J. Sun. (2015a.) "Deep Residual Learning for Image Recognition." *arXiv.org.* https://arxiv.org/pdf/1512.03385.

He, K., X. Zhang, S. Ren, and J. Sun. (2015b). "Delving Deep into Rectifiers: Surpassing Human-Level Performance on ImageNet Classification." In *Proceedings of the 2015 IEEE International Conference on Computer Vision (ICCV),* 1026–1034. Washington, DC: IEEE Computer Society.

He, K., X. Zhang, S. Ren, and J. Sun. (2016). "Identity Mappings in Deep Residual Networks." Computer Vision—ECCV 2016: 14th European Conference. *Lecture Notes in Computer Science* 9908: 630–645.

Heck, J., and F. Salem. (2017). "Simplified Minimal Gated Unit Variations for Recurrent Neural Networks." IEEE 60th International Midwest Symposium on Circuits and Systems (MWSCAS 2017). *arXiv.org*. https://arxiv.org/pdf/1701.03452.

Hinton, G. (n.d.). *Coursera Class Slides*. https://www.cs.toronto.edu/~tijmen/csc321/slides/lecture_slides_lec6.pdf.

Hinton, G., and R. Salakhutdinov. (2006). "Reducing the dimensionality of data with neural networks." *Science* 303(5786): 504–507.

Hinton, G., J. McClelland, and D. Rumelhart. (1986). *Distributed Representations*. Vol. 1, in *Parallel Distributed Processing: Explorations in the Microstructure of Cognition*, edited by D. Rumelhart and J. McClelland, 77–109. Cambridge, MA: MIT Press.

Hinton, G., S. Osindero, and Y. Teh. (2006). "A Fast Learning Algorithm for Deep Belief Nets." *Neural Computation* 18(7): 1527–1554.

Hochreiter, S., and J. Schmidhuber. (1997). "Long Short-Term Memory." *Neural Computation Archive* 9(8): 1735–1780.

Hodosh, M., P. Young, and J. Hockenmaier. (2013). "Framing Image Description as a Ranking Task: Data, Models and Evaluation Metrics." *Journal of Artificial Intelligence Research* 47: 853–899.

Hopfield, J. (1982). "Neural Networks and Physical Systems with Emergent Collective Computational Abilities." *Proceedings of the National Academy of Sciences of the United States of America* 79(8): 2554–2558.

Howard, A., M. Zhu, B. Chen, D. Kalenichenko, W. Wang, T. Weyand, M. Andreetto, and H. Adam. (2017). "MobileNets: Efficient Convolutional Neural Networks for Mobile Vision Applications." *arXiv.org*. https://arxiv.org/pdf/1704.04861.

Howard, J., and S. Gugger. (2020). *Deep Learning for Coders with fastai and PyTorch*. Sebastopol, CA: O'Reilly,

Howard, J., and S. Ruder. (2018). "Universal Language Model Fine-tuning for Text Classification." *Proceedings of the 56th Annual Meeting of the Association for Computational Linguistics*, 328–339. Stroudsburg, PA: Association for Computational Linguistics.

Howley, D. (2015, June 29). *Yahoo Tech*. https://finance.yahoo.com/news/google-photos-mislabels-two-black-americans-as-122793782784.html.

IMDb Datasets. (n.d.). https://www.imdb.com/interfaces/.

Ioffe, S., and C. Szegedy. (2015). "Batch Normalization: Accelerating Deep Network Training by Reducing Internal Covariate Shift." *arXiv.org*. https://arxiv.org/pdf/1502.03167.

Ivakhnenko, A., and V. Lapa. (1965). *Cybernetic Predicting Devices.* New York: CCM Information.

Jin H., Song Q., and Hu X. (2019). "Auto-Keras: An Efficient Neural Architecture Search System." *arXiv.org.* https://arxiv.org/pdf/1806.10282.

Jozefowicz, R., O. Vinyals, M. Schuster, N. Shazeer, and Y. Wu. (2016). "Exploring the Limits of Language Modeling." *arXiv.org.* https://arxiv.org/pdf/1609.02410.

Kärkkäinen, K., and J. Joo. (2019). "FairFace: Face Attribute Dataset for Balanced Race, Gender, and Age." *arXiv.org.* https://arxiv.org/pdf/1908.04913.

Kalchbrenner, N., L. Espehold, K. Simonyan, A. van den Oord, A. Graves, and K. Kavukcuoglu. (2016). "Neural Machine Translation in Linear Time." *arXiv.org.* https://arxiv.org/pdf/1610.10099.

Karpathy, A. (2015, May). *The Unreasonable Effectiveness of Recurrent Neural Networks.* http://karpathy.github.io/2015/05/21/rnn-effectiveness/.

Karpathy, A. (2019a, April). *A Recipe for Training Neural Networks.* April http://karpathy.github.io/2019/04/25/recipe/.

Karpathy, A. (2019b). "Tesla Autopilot and Multi-Task Learning for Perception and Prediction." *Lex Clips.* https://www.youtube.com/watch?v=IHH47nZ7FZU.

Karpathy, A., and F. Li. (2014). "Deep Visual-Semantic Alignments for Generating Image Descriptions." *arXiv.org.* https://arxiv.org/pdf/1412.2306.

Karras, T., S. Laine, and T. Aila. (2019). "A Style-Based Generator Architecture for Generative Adversarial Networks." In *Proceedings of the IEEE/CVF Conference on Computer Vision and Pattern Recognition (CVPR).* 4396–4405. Los Alamitos, CA : IEEE Computer Society.

Karras, T., T. Aila, L. Samuli, and J. Lehtinen. (2018). "Progressive Growing of GANs for Improved Quality, Stability, and Variation." *International Conference on Learning Representations. arXiv.org.* https://arxiv.org/pdf/1710.10196.

Keras Issue Request: Speedup GRU by Applying the Reset Gate Afterwards? (2016, Sept.). https://github.com/keras-team/keras/issues/3701.

Kim, Y., Y. Jernite, D. Sontag, and A. Rush. (2016). "Character-Aware Neural Language Models." In Proceedings of the *Thirtieth AAAI Conference on Artificial Intelligence (AAAI'16),* 2741–2749. Palo Alto, CA: AAAI Press.

Kingma, D., and J. Ba. (2015). "Adam: A Method for Stochastic Optimization." Proceedings of 3rd International Conference on Learning Representations (ICLR'15). *arXiv.org.* https://arxiv.org/pdf/1412.6980.

Kingma, D., Welling M. (2013). "Auto-Encoding Variational Bayes." *arXiv.org.* https://arxiv.org/pdf/1312.6114.

Kiros, R., Y. Zhu, R. R. Salakhutdinov, R. Zemel, R. Urtasun, A. Torralba, and S. Fidler. (2015). "Skip-Thought Vectors." *Advances in Neural Information Processing Systems* 28 (NIPS 2015): 3294–3302.

Krizhevsky, A. (2009). *Learning Multiple Layers of Features from Tiny Images.* Technical report. University of Toronto.

Krizhevsky, A., I. Sutskever, and G. Hinton. (2012). "ImageNet Classification with Deep Convolutional Neural Networks." *Advances in Neural Information Processing Systems* 25 (NIPS 2012): 1106–1114.

Lan, Z., M. Chen, S. Goodman, and K. Gimpel. (2020). "ALBERT: A Lite BERT for Self-supervised Learning of Language Representations." *Proceedings of International Conference on Learning Representations (ICLR 2020).*

Le, Q., and T. Mikolov. (2014). "Distributed Representations of Sentences and Documents." Proceedings of the 31st International Conference on International Conference on Machine Learning (ICML'14). *Journal of Machine Learning Research* 32: 1188–1196.

LeCun, Y., Boser, B. Denker, J. S. Henderson, D. Howard, R. E. Hubbard, W., and Jackel, L. D. (1990). "Handwritten Digit Recognition with a Back-Propagation Network." In *Advances in Neural Information Processing Systems 2,* 396–404. Denver, CO: Morgan Kaufmann.

LeCun, Y., L. Bottou, G. Orr, and K. Müller. (1998). "Efficient BackProp." In *Neural Networks, Tricks of the Trade,* edited by G. Orr, 9–50. London: Springer-Verlag.

LeCun, Y., L. Bottou, Y. Bengio, P. Haffner, and LeCun. (1998). "Gradient-Based Learning Applied to Document Recognition." *Proceedings of the IEEE* 86(11): 2278–2324.

Lenc, K., and A. Vedaldi. (2015). "R-CNN Minus R." In *Proceedings of the British Machine Vision Conference (BMVC),* 5.1–5.12. Norfolk, UK: BMVA Press.

Lieberman, H., A. Faaborg, W. Daher, and J. Espinosa. (2005). "How to Wreck a Nice Beach: You Sing Calm Incense." In *Proceedings of the 10th International Conference on Intelligent User Interfaces (IUI '05),* 278–280. New York: Association for Computing Machinery.

Lin, M., Q. Chen, and S. Yan. (2013). "Network In Network." *arXiv.org.* https://arxiv.org/pdf/1312.4400.

Lin, T., M. Maire, S. Belongie, L. Bourdev, R. Girshick, J. Hays, P. Perona, D. Ramanan, C. L. Zitnick, and P. Dollár. (2015). "Microsoft COCO: Common Objects in Context." *arXiv.org.* https://arxiv.org/pdf/1405.0312v3.

Lin, T., P. Doll, R. Girshick, K. He, B. Hariharan, and S. Belongie. (2017). "Feature Pyramid Networks for Object Detection." *2017 IEEE Conference on Computer Vision and Pattern Recognition (CVPR).* 936–944. Los Alamitos, CA: IEEE Computer Society.

Lin, Z., M. Feng, C. dos Santos, M. Yu, B. Xiang, and B. Zhou. (2017). "A Structured Self-Attentive Sentence Embedding." *arXiv.org.* https://arxiv.org/pdf/1703.03130.

Linnainmaa, S. (1970). "The Representation of the Cumulative Rounding Error of an Algorithm as aTaylor Expansion of the Local Rounding Errors." Master thesis, University of Helsinki.

Lipton, Z., J. Berkowitz, and C. Elkan. (2015). "A Critical Review of Recurrent Neural Networks for Sequence Learning." *arXiv.org.* https://arxiv.org/pdf/1506.00019v4.

Liu, A., M. Srikanth, N. Adams-Cohen, M. Alvarez, and A. Anandkumar. (2019). "Finding Social Media Trolls: Dynamic Keyword Selection Methods for Rapidly-Evolving Online Debates." *arXiv.org.* https://arxiv.org/pdf/1911.05332.

Liu, T., X. Ye, and B. Sun. (2018). "Combining Convolutional Neural Network and Support Vector Machine for Gait-based Gender Recognition." *2018 Chinese Automation Congress (CAC),* 3477–3481.

Liu, Y., M. Ott, N. Goyal, J. Du, M. Joshi, D. Chen, O. Levy, M. Lewis, L. Zettlemoyer, and V. Stoyanov. (2019). "RoBERTa: A Robustly Optimized BERT Pretraining Approach." *arXiv.org.* https://arxiv.org/pdf/1907.11692.

Liu, Z., P. Luo, X. Wang, and X. Tang. (2015). "Deep Learning Face Attributes in the Wild." In *Proceedings of International Conference on Computer Vision (ICCV),* 3730–3738.

Long, J., E. Shelhamer, and T. Darrell. (2017). "Fully Convolutional Networks for Semantic Segmentation." *IEEE Transactions on Pattern Analysis and Machine Intelligence* 39(4): 640–651.

Luong, M. (2016). "Neural Machine Translation." Doctoral dissertation, Stanford University.

Luong, T., H. Pham, and C. Manning. (2015). "Effective Approaches to Attention-based Neural Machine Translation." *Proceedings of the 2015 Conference on Empirical Methods in Natural Language Processing,* 1412–1421. Stroudsburg, PA: Association for Computational Linguistics.

Mao, J., W. Xu, Y. Yang, J. Wang, and A. Yuille. (2014). "Explain Images with Multimodal Recurrent Neural Networks." *arXiv.org.* https://arxiv.org/pdf/1410.1090.

Mask R-CNN for Object Detection and Segmentation. (2019). https://github.com/matterport/Mask_RCNN.

McCann, B., J. Bradbury, C. Xiong, and R. Socher. (2017). "Learned in Translation: Contextualized Word Vectors." *Advances in Neural Information Processing Systems 30 (NIPS 2017):* 6297–6308.

McCulloch, W., and W. Pitts. (1943). "A logical calculus of the ideas immanent in nervous activity." *Bulletin of Mathematical Biophysics* 5: 115–133.

Menon, S., A. Damian, N. Ravi, and C. Rudin. (2020). "PULSE: Self-Supervised Photo Upsampling via Latent Space Exploration of Generative Models." *arXiv.org.* https://arxiv.org/pdf/2003.03808.

Menon, S., A. Damian, S. Hu, N. Ravi, and C. Rudin. (2020). "PULSE: Self-Supervised Photo Upsampling via Latent Space Exploration of Generative Models." *arXiv.org.* https://arxiv.org/pdf/2003.03808v1.

Mikolov, T., I. Sutskever, K. Chen, G. Corrodo, and J. Dean. (2013). "Distributed Representations of Words and Phrases and their Compositionality." In *Proceedings of the 26th International Conference on Neural Information Processing Systems, Volume 2,* edited by C. J. C. Burges, L. Bottou, M. Welling, Z. Ghahramani, and K. Q. Weinberger, 3111–3119. Red Hook, NY: Curran Associates.

Mikolov, T., J. Kopecky, L. Burget, O. Glembek, and J. Cernocky. (2009). "Neural Network Based Language Models for Highly Inflective Languages." In *Proceedings of the 2009 IEEE International Conference on Acoustics, Speech and Signal Processing,* 4725–4728. Washington, DC: IEEE,

Mikolov, T., K. Chen, G. Corrado, and J. Dean. (2013). "Efficient Estimation of Word Representations in Vector Space." *arXiv.org.* https://arxiv.org/pdf/1301.3781.

Mikolov, T., M. Karafiat, L. Burget, J. Cernocky, and S. Khudanpur. (2010). "Recurrent neural network based language model." In *Proceedings of the 11th Annual Conference of the International Speech Communication Association (INTERSPEECH 2010),* 1045–1048. Red Hook, NY : Curran Associates.

Mikolov, T., W. Yih, and G. Zweig. (2013). "Linguistic Regularities in Continuous Space Word Representations." In *Proceedings of the 2013 Conference of the North American Chapter of the Association for Computational Linguistics: Human Language Technologies,* 746–751. Stroudsburg, PA: Association for Computational Linguistics.

Minsky, M., and S. Papert. (1969). *Perceptrons.* Cambridge, MA: MIT Press.

Mitchell, M., S. Wu, A. Zaldivar, P. Barnes, L. Vasserman, B. Hutchinson, E. Spitzer, I. D. Raji, and T. Gebru. (2018). "Model Cards for Model Reporting." *Proceedings of the Conference on Fairness, Accountability, and Transparency, in PMLR* 81: 220–229.

Mnih, V., Kavukcuoglu L., Silver D., Graves A., Antonoglou I., Wierstra D., Riedmiller M. (2013). "Playing Atari with Deep Reinforcement Learning." *arXiv.org.* https://arxiv.org/pdf/1312.5602.

Morin, F., and Y. Bengio. (2005). "Hierarchical Probabilistic Neural Network Language Model." *AISTATS,* 246–252.

Nassif, A., I. Shahin, I. Attili, M. Azzeh, and K. Shaalan. (2019). "Speech Recognition Using Deep Neural Networks: A Systematic Review." *IEEE Access* 7: 19143–19165.

Nesterov, Y. (1983). "A Method of Solving a Convex Programming Problem with Convergence Rate O(1/k^2)." *Soviet Mathematics Doklady* 27: 372–376.

Ng, A. Andrew Ng's Machine Learning Course | Learning Curves. https://www.youtube.com/watch?v=XPmLkz8aS6U.

Nielsen, M. (2015). *Neural Networks and Deep Learning* (ebook). Determination Press.

Nissim, M., R. Noord, and R. Goot. (2020). "Fair is Better than Sensational: Man is to Doctor as Woman is to Doctor." *Computational Linguistics* 03: 1–17.

Noh, H., S. Hong, and B. Han. (2015). "Learning Deconvolution Network for Semantic Segmentation." In *Proceedings of the 2015 IEEE International Conference on Computer Vision (ICCV'15)*, 1520–1528. Piscataway, NJ: IEEE.

Odena, A., V. Dumoulin, and C. Olah. (2016). "Deconvolution and Checkerboard Artifacts." *Distill* 1(10).

Olah, C. (2015). *Understanding LSTM Networks.* https://colah.github.io/posts/2015-08-Understanding-LSTMs.

Olazaran, M. (1996). "A Sociological Study of the Official History of the Perceptrons Controversy." *Social Studies of Science* 26(3): 611–659.

Pagliardini, M., P. Gupta, and M. Jaggi. (2018). "Unsupervised Learning of Sentence Embeddings Using Compositional n-Gram Features." In *Proceedings of the 2018 Conference of the North American Chapter of the Association for Computational Linguistics: Human Language Technologies*, 528–540. Stroudsburg, PA: Association for Computational Linguistics.

Papineni, K., S. Roukos, T. Ward, and W. Zhu. (2002). "BLEU: a Method for Automatic Evaluation of Machine Translation." *Proceedings of the 40th Annual Meeting of the Association for Computational Linguistics*, 311–318. Stroudsburg, PA: Association for Computational Linguistics.

Pennington, J., R. Socher, and C. Manning. (2014). "GloVe: Global Vectors for Word Representations." *2014 Conference on Empirical Methods in Natural Language Processing (EMNLP)*, 1532–1543. Stroudsburg, PA: Association for Computational Linguistics.

Peters, M., M. Neumann, M. Iyyer, M. Gardner, C. Clark, K. Lee, and L. Zettlemoyer. (2018). "Deep Contextualized Word Representations." *2018 Conference of the North American Chapter of the Association for Computational Linguistics: Human Language Technologies*, 2227–2237. Stroudsburg, PA: Association for Computational Linguistics.

Philipp, G., D. Song, and J. Carbonell. (2018). "The Exploding Gradient Problem Demystified—Definition, Prevalence, Impact, Origin, Tradeoffs, and Solutions." *arXiv.org.* https://arxiv.org/pdf/1712.05577v4.

Press, O., and L. Wolf. (2017). "Using the Output Embedding to Improve Language Models." *15th Conference of the European Chapter of the Association for Computational Linguistics.* Association for Computational Linguistics, 157–163.

Puri, R., and B. Catanzaro. (2019). "Zero-Shot Text Classification with Generative Language Models." Third Workshop on Meta-Learning at NeurIPS. *arXiv.org.* https://arxiv.org/pdf/1912.10165.

Radford, A., J. Wu, R. Child, D. Luan, D. Amodei, and I. Sutskever. (2019). *Language Models Are Unsupervised Multitask Learners.* Technical Report, San Francisco: OpenAI.

Radford, A., K. Narasimhan, T. Salimans, and I. Sutskever. (2018). *Improving Language Understanding by Generative Pre-Training.* Technical Report, San Francisco: OpenAI.

Raffel, C., N. Shazeer, A. Roberts, K. Lee, S. Narang, M. Matena, Y. Zhou, W. Li, and P. J. Liu. (2019). "Exploring the Limits of Transfer Learning with a Unified Text-to-Text Transformer." *arXiv.org.* https://arxiv.org/pdf/1910.10683.

Raji, D., and J. Buolamwini. (2019). "Actionable Auditing: Investigating the Impact of Publicly Naming Biased Performance Results of Commercial AI Products." In *Proceedings of the 2019 AAAI/ACM Conference on AI, Ethics, and Society,* 429–435. New York : Association for Computing Machinery.

Ren, P., Xiao Y., Chang X., Huang P., Li Z., Chen X., Wang X. (2020). "A Comprehensive Survey of Neural Architecture Search: Challenges and Solutions." *arXiv.org.* https://arxiv.org/pdf/2006.02903.

Ronneberger, O., P. Fischer, and T. Brox. (2015). "U-Net: Convolutional Networks for Biomedical Image Segmentation." *Medical Image Computing and Computer-Assisted Intervention (MICCAI 2015), Lecture Notes in Computer Science* 9351: 234–241.

Rosenblatt, Frank. (1958). "The Perceptron: A Probabilistic Model for Information Storage and Organization in the Brain." *Psychological Review* 65(6): 386–408.

Ruder S. (2017). "An Overview of Multi-Task Learning in Deep Neural Networks." *arXiv.org.* https://arxiv.org/pdf/1706.05098.

Rumelhart, D., G. Hinton, and R. Williams. (1986). *Learning Internal Representations by Error Propagation.* Vol. 1, in *Parallel distributed processing: explorations in the microstructure of cognition,* by D. Rumelhart and J. McClelland, 318–362. Cambridge, MA: MIT Press.

Russakovsky, O., J. Deng, H. Su, J. Krause, S. Satheesh, S. Ma, Z. Huang, et al. (2015). "ImageNet Large Scale Visual Recognition Challenge." *International Journal of Computer Vision* 115: 211–252. https://doi.org/10.1007/s11263-015-0816-y.

Salminen, J., S. Jung, S. Chowdhury, and B. Jansen. (2020). "Analyzing Demographic Bias in Artificially Generated Facial Pictures." *Extended Abstracts of the 2020 CHI Conference on Human Factors in Computing Systems,* 1–8.

Sample, I. (2020, January 13). "What Are Deepfakes—And How Can You Spot Them?" *The Guardian.* https://www.theguardian.com/technology/2020/jan/13/what-are-deepfakes-and-how-can-you-spot-them

Santurkar, S., D. Tsipras, A. Ilyas, and A. Mądry. (2018). "How Does Batch Normalization Help Optimization?" In *Proceedings of the 32nd International Conference on Neural Information Processing Systems (NIPS 18)*, 2488–2498. Red Hook, NY: Curran Associates.

Schmidhuber, J. (2015). "Deep Learning in Neural Networks: An Overview." *Neural Networks* 61: 85–117.

Schuster, M., and K. Nakajima. (2012). "Japanese and Korean Voice Search." *International Conference on Acoustics, Speech and Signal Processing*, 5149–5152. Piscataway, NJ: IEEE.

Schuster, M., and K. Paliwal. (1997). "Bidirectional Recurrent Neural Networks." *IEEE Transactions on Signal Processing* 45(11): 2673–2682.

Sennrich, R., B. Haddow, and A. Birch. (2016). "Neural Machine Translation of Rare Words with Subword Units." *Proceedings of the 54th Annual Meeting of the Association for Computational Linguistics (Volume 1: Long Papers)*. 1715–1725. Red Hook, NY: Curran Associates.

Shah, A., E. Kadam, H. Shah, S. Shinde, and S. Shingade. (2016). "Deep Residual Networks with Exponential Linear Unit." *Proceedings of the Third International Symposium on Computer Vision and the Internet (VisionNet'16)*, 59–65. New York: Association for Computing Machinery.

Shaoqing, R., K. He, R. Girshick, and J. Sun. (2015). "Faster R-CNN: Towards Real-time Object Detection with Region Proposal Networks." In *Proceedings of the 28th International Conference on Neural Information Processing Systems—Volume 1 (NIPS'15)*, 91–99. Cambridge, MA: MIT Press.

Sharma, P., N. Ding, S. Goodman, and R. Soricut. (2018). "Conceptual Captions: A Cleaned, Hypernymed, Image Alt-text Dataset for Automatic Image Captioning." In *Proceedings of the 56th Annual Meeting of the Association for Computational Linguistics*. Stroudsburg, PA: Association for Computational Linguistics, 2556–2565.

Shelley, M. (1818). *Frankenstein; or, The Modern Prometheus*. Lackington, Hughes, Harding, Mavor & Jones.

Shen, J., R. Pang, R. J. Weiss, M. Schuster, N. Jaitly, Z. Yang, Z. Chen, et al. (2018). "Natural TTS Synthesis by Conditioning Wavenet on MEL Spectrogram Predictions." *2018 IEEE International Conference on Acoustics, Speech and Signal Processing (ICASSP)*, 4779–4783. Piscataway, NJ: IEEE.

Sheng, E., K. Chang, P. Natarajan, and N. Peng. (2019). "The Woman Worked as a Babysitter: On Biases in Language Generation." In *Proceedings of the 2019 Conference on Empirical Methods in Natural Language Processing and the 9th International Joint Conference on Natural Language Processing*, 3405–3410. Stroudsburg, PA: Association for Computational Linguistics.

Sherman, Richard, and Robert Sherman. (1963). "Supercalifragilisticexpialidocious." From Walt Disney's *Mary Poppins.*

Shoeybi, M., M. Patwary, R. Puri, P. LeGresley, J. Casper, and B. Catanzaro. (2019). "Megatron-LM: Training Multi-Billion Parameter Language Models Using Model Parallelism." *arXiv.org.* https://arxiv.org/pdf/1909.08053.

Simonyan, K., and A. Zisserman. (2014). "Very Deep Convolutional Networks for Large-Scale Image Recognition." *arXiv.org.* https://arxiv.org/pdf/1409.1556.

Sorensen, J. (n.d.). *Grounded: Life on the No Fly List.* https://www.aclu.org/issues/national-security/grounded-life-no-fly-list.

Srivastava, N., G. Hinton, A. Krizhevsky, I. Sutskever, and R. Salakhutdinov. (2014). "Dropout: A Simple Way to Prevent Neural Networks from Overfitting." *Journal of Machine Learning Research* 15: 1929–1958.

Srivastava, R., K. Greff, and J. Schmidhuber. (2015). "Highway Networks." *arXiv.org.* https://arxiv.org/pdf/1505.00387.

Sun, Y., S. Wang, Y. Li, S. Feng, H. Tian, H. Wu, and H. Wang. (2020). "ERNIE 2.0: A Continual Pre-Training Framework for Language Understanding." *Thirty-Fourth AAAI Conference on Artificial Intelligence.* New York: Association for the Advancement of Artificial Intelligence.

Sun, Y., S. Wang, Y. Li, S. Feng, X. Chen, H. Zhang, X. Tian, D. Zhu, H. Tian, and H. Wu. (2019). "ERNIE: Enhanced Representation through Knowledge Integration." *arXiv.org.* https://arxiv.org/pdf/1904.09223.

Sun, Y., X. Wang, and X. Tang. (2013). "Hybrid Deep Learning for Face Verification." *Proceedings of International Conference on Computer Vision.*

Suresh, H., and J. Guttag. (2019). "A Framework for Understanding Unintended Consequences of Machine Learning." *arXiv.org.* https://arxiv.org/pdf/1901.10002.

Sutskever, I., O. Vinyals, and Q. Le. (2014). "Sequence to Sequence Learning with Neural Networks." In *Proceedings of the 27th International Conference on Neural Information Processing (NIPS'14).* Cambridge, MA: MIT Press, 3104–3112.

Szegedy, C., Liu, W., Jia, Y., Sermanet, P., Reed, S., Anguelov, D., Erhan, D., Vanhoucke, V., and Rabinovich, A. (2014). "Going Deeper with Convolutions." *28th IEEE Conference on Computer Vision and Pattern Recognition (CVPR),* 1–9. Piscataway, NJ: IEEE.

Szegedy, C., Zaremba, W., Sutskever, I., Bruna, J., Erhan, D., Goodfellow, I., and Fergus, R. (2014). "Intriguing Properties of Neural Networks." *International Conference on Learning Representations.*

Szegedy, C., S. Ioffe, V. Vanhoucke, and A. Alemi. (2017). "Inception-v4, Inception-ResNet and the Impact of Residual Connections on Learning." In *Proceedings of the Thirty-First AAAI Conference on Artificial Intelligence (AAAI-17),* 4278–4284. Palo Alto, CA: AAAI Press.

Szegedy, C., V. Vanhoucke, S. Ioffe, J. Shlens, and Z. Wojna. (2016). "Rethinking the Inception Architecture for Computer Vision." In *Proceedings of IEEE Conference on Computer Vision and Pattern Recognition.* Piscataway, NJ: IEEE.

Tan, M., and Q. Le. (2019). "EfficientNet: Rethinking Model Scaling for Convolutional Neural Networks." *36th International Conference on Machine Learning,* 6105–6114. Red Hook, NY: Curran Associates.

Tang, Y. (2013). "Deep Learning Using Linear Support Vector Machines." *Challenges in Representation Learning, Workshop in Conjunction with the 30th International Conference on Machine Learning (ICML 2013).*

TensorFlow. (n.d.). *Text Classification with Movie Reviews.* https://www.tensorflow.org/hub/tutorials/tf2_text_classification

Thomas, R. (2018). "An Opinionated Introduction to AutoML and Neural Architecture Search." *fast.ai.* https://www.fast.ai/2018/07/16/auto-ml2/.

Thomas, R. (2019). "Keynote at Open Data Science Conference West."

Thomas, R., J. Howard, and S. Gugger. (2020). "Data Ethics." In *Deep Learning for Coders with fastai and PyTorch,* edited by J. Howard and S. Gugger. Sebastopal, CA: O'Reilly Media.

Vahdat, A., Kautz J. (2020). "NVAE: A Deep Hierarchical Variational Autoencoder." *arXiv.org.* https://arxiv.org/pdf/2007.03898.

Valle, R., K. Shih, R. Prenger, and B. Catanzaro. (2020). "Flowtron: An Autoregressive Flow-Based Generative Network for Text-to-Speech Synthesis." *arXiv.org.* https://arxiv.org/pdf/2005.05957.

Vallor, S. (2018). "Ethics in Tech Practice: A Toolkit." Markkula Center for Applied Ethics, Santa Clara University.

Vaswani, A., N. Shazeer, L. Kaiser, I. Polosukhin, N. Parmar, J. Uszkoreit, L. Jones, and A. N. Gomez. (2017). "Attention Is All You Need." *Proceedings of the 31st International Conference on Neural Information Processing (NIPS'17),* edited by U. von Luxburg, I. Guyon, S. Bengio, H. Wallach, and R. Fergus, 6000–6010. Red Hook, NY: Curran Associates.

Vinyals, O., A. Toshev, S. Bengio, and D. Erhan. (2014). "Show and Tell: A Neural Image Caption Generator." *arXiv.org.* https://arxiv.org/pdf/1411.4555.

Wang, Y., R. J. Skerry-Ryan, D. Stanton, Y. Wu, R. J. Weiss, N. Jaitly, Z. Yang, et al. (2017). "Tacotron: Towards End-to-End Speech Synthesis." *INTERSPEECH 2017,* 4006–4010.

Werbos, P. (1981). "Applications of Advances in Nonlinear Sensitivity Analysis." *Proceedings of the 10th IFIP Conference,* 762–770. Berlin: Springer-Verlag.

Werbos, P. (1990). "Backpropagation Through Time: What It Does and How to Do It." *Proceedings of the IEEE* 78 (10): 1550–1560.

Wieting, J., M. Bansal, K. Gimpel, and K. Livescu. (2016). "Charagram: Embedding Words and Sentences via Character n-grams." *Proceedings of the 2016 Conference on Empirical Methods in Natural Language Processing,* 1504–1515. Stroudsburg, PA: Association for Computational Linguistics.

Wojcik, S., S. Messing, A. Smith, L. Rainie, and P. Hitlin. (2018). "Bots in the Twiitersphere." *Pew Research Center.* https://www.pewresearch.org/internet/2018/04/09/bots-in-the-twittersphere/

Wu, H., and X. Gu. (2015). "Towards Dropout Training for Convolutional Neural Networks." *Neural Networks* 71 (C): 1–10.

Wu, Y., Y. Wu, M. Schuster, Z. Chen, Q. V. Le, M. Norouzi, W. Macherey, et al. (2016). "Google's Neural Machine Translation System: Bridging the Gap between Human and Machine Translation." *arXiv.org.* https://arxiv.org/pdf/1609.08144.

Xiao, H., Rasul, K., and Vollgraf, R. (2017). "Fashion-MNIST: a Novel Image Dataset for Benchmarking Machine Learning Algorithms." *arXiv.org.* https://arxiv.org/pdf/1708.07747.

Xie, S., R. Girshick, P. Dollár, Z. Tu, and K. He. (2017). "Aggregated Residual Transformations for Deep Neural Networks." *2017 IEEE Conference on Computer Vision and Pattern Recognition (CVPR).* IEEE, 5987–5995.

Xu, B., N. Wang, T. Chen, and M. Li. (2015). "Empirical Evaluation of Rectified Activations in Convolutional Networks." *Deep Learning Workshop held in conjunction with International Conference on Machine Learning.*

Xu, K., J. Ba, R. Kiros, K. Cho, A. Courville, R. Salakhutdinov, R. Zemel, and Y. Bengio. (2015). "Show, Attend and Tell: Neural Image Caption Generation with Visual Attention." *Proceedings of the 32nd International Conference on International Conference on Machine Learning (ICML'15),* edited by F. Bach and D. Blei, 2048–2057. JMLR.org.

Yang, Z., Z. Dai, Y. Yang, J. Carbonell, R. Salakhutdinov, and Q. Le. (2019). "XLNet: Generalized Autoregressive Pretraining for Language Understanding." *Advances in Neural Information Processing Systems 32 (NIPS 2019),* 5753–5763. Red Hook, NY: Curran Associates.

Zaremba, W., I. Sutskever, and O. Vinyals. (2015). "Recurrent Neural Network Regularization." *arXiv.org.* https://arxiv.org/pdf/1409.2329v5.

Zeiler, M., and R. Fergus. (2014). "Visualizing and Understanding Convolutional Networks." *Computer Vision–ECCV 2014,* 818–833. Cham, Switzerland: Springer.

Zeiler, M., D. Krishnan, G. Taylor, and R. Fergus. (2010). "Deconvolutional Networks." *2010 IEEE Computer Society Conference on Computer Vision and Pattern (CVPR'10),* 2528–2535. Piscataway, NJ: IEEE.

Zeiler, M., G. Taylor, and R. Fergus. (2011). "Adaptive Deconvolutional Networks for Mid and High Level Feature Learning." *Proceedings of the 2011 International Conference on Computer Vision (ICCV'11)*, 2018–2025. Washington, DC: IEEE Computer Society.

Zhang, S., L. Yao, A. Sun, and Y. Tay. (2019). "Deep Learning Based Recommender System: A Survey and New Perspectives." *arXiv.org.* https://arxiv.org/pdf/1707.07435.

Zhuang F., Qi Z., Duan K., Xi D., Zhu Y., Zhu H., Xiong H., and He Q. (2020). "A Comprehensive Survey on Transfer Learning." *arXiv.org.* https://arxiv.org/pdf/1911.02685.

图 P-1　CIFAR-10 图像数据集的分类和示例（Krizhevsky, 2009）
（图片来源：https://www.cs.toronto.edu/ kriz/cifar.html）

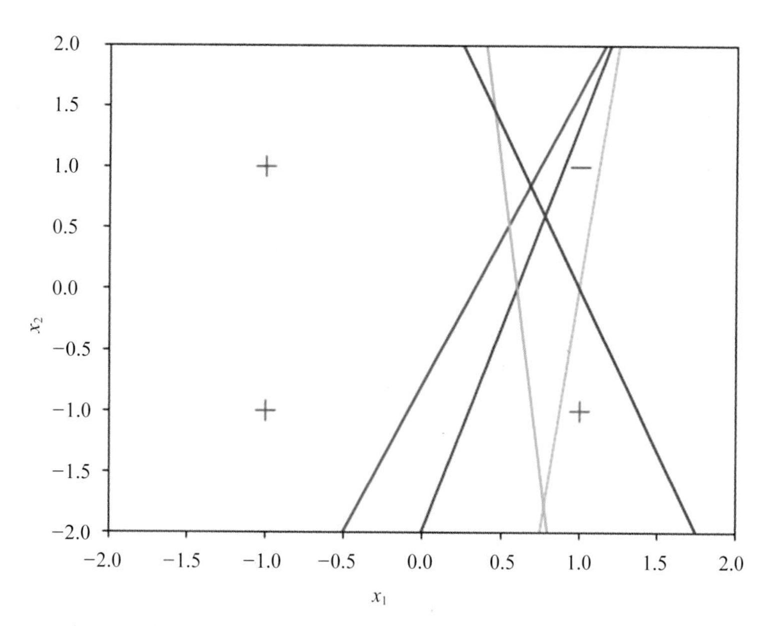

图 1-6　学习过程更新线的顺序：红色、洋红、黄色、青色、蓝色

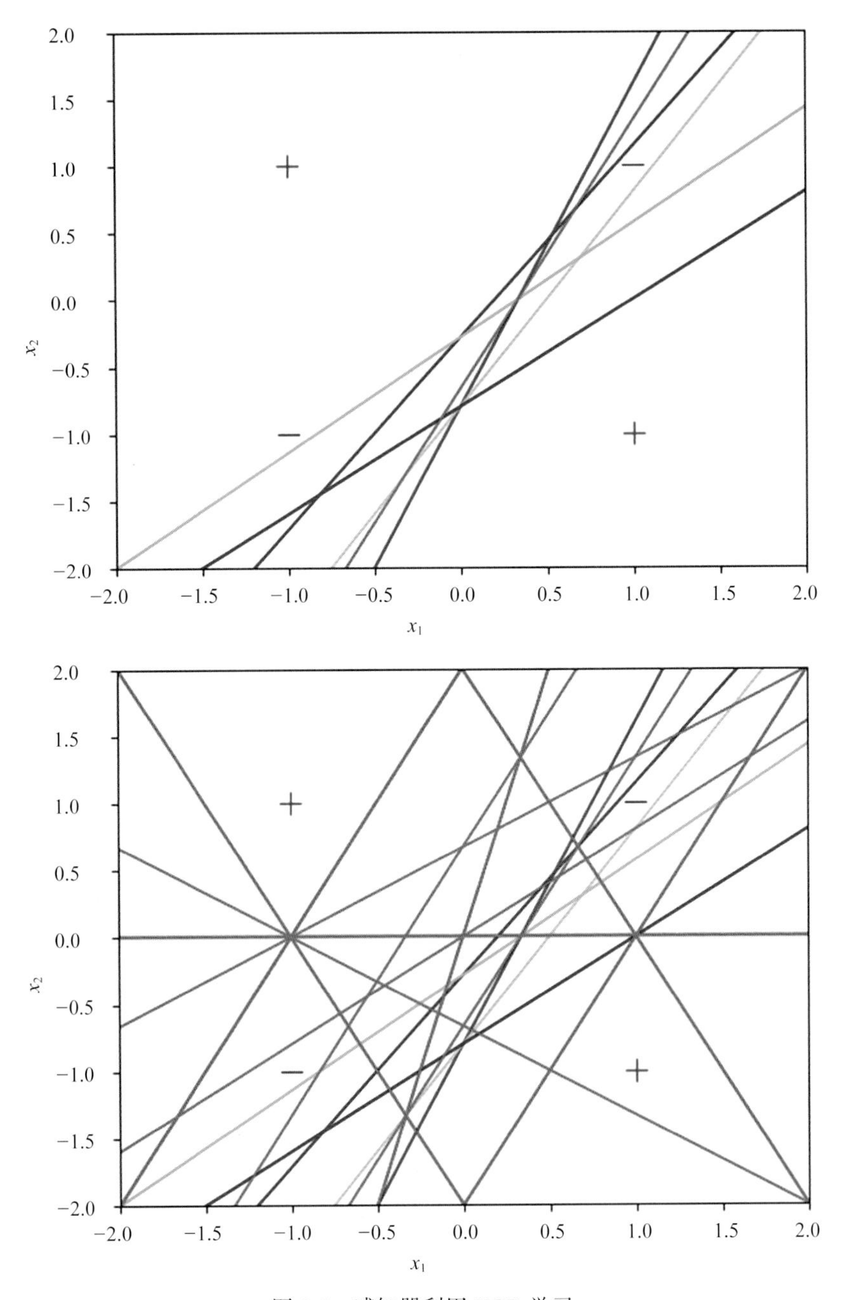

图 1-7　感知器利用 XOR 学习

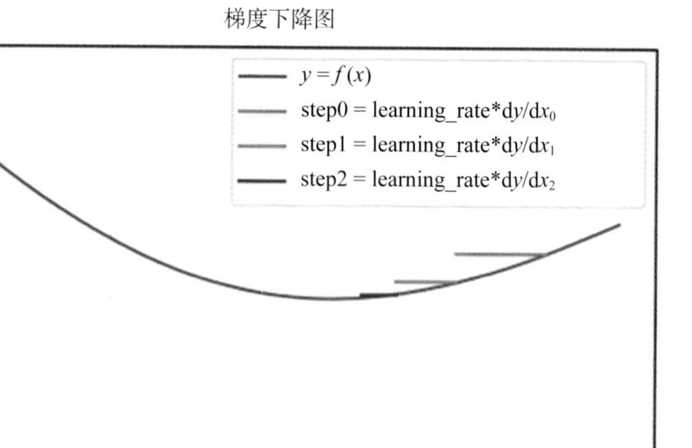
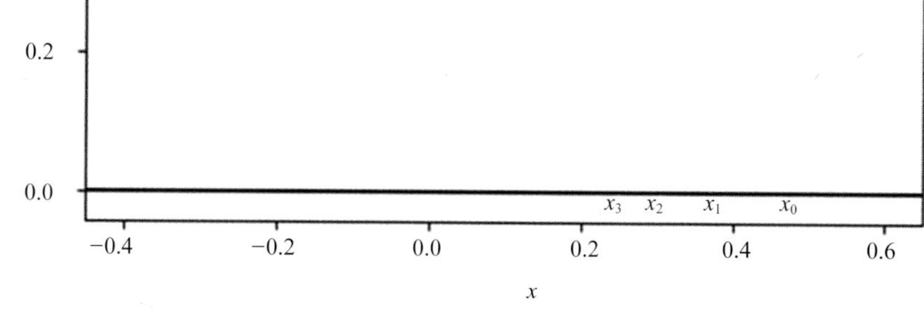

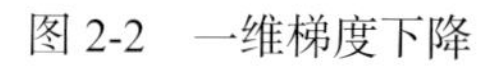

图 2-2　一维梯度下降

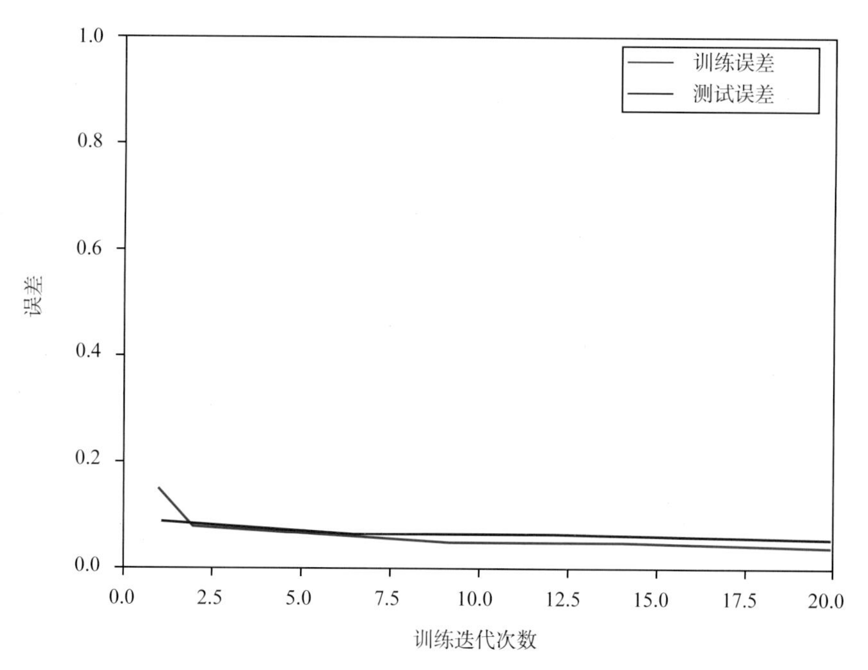

图 4-4　学习数字分类时的训练和测试误差

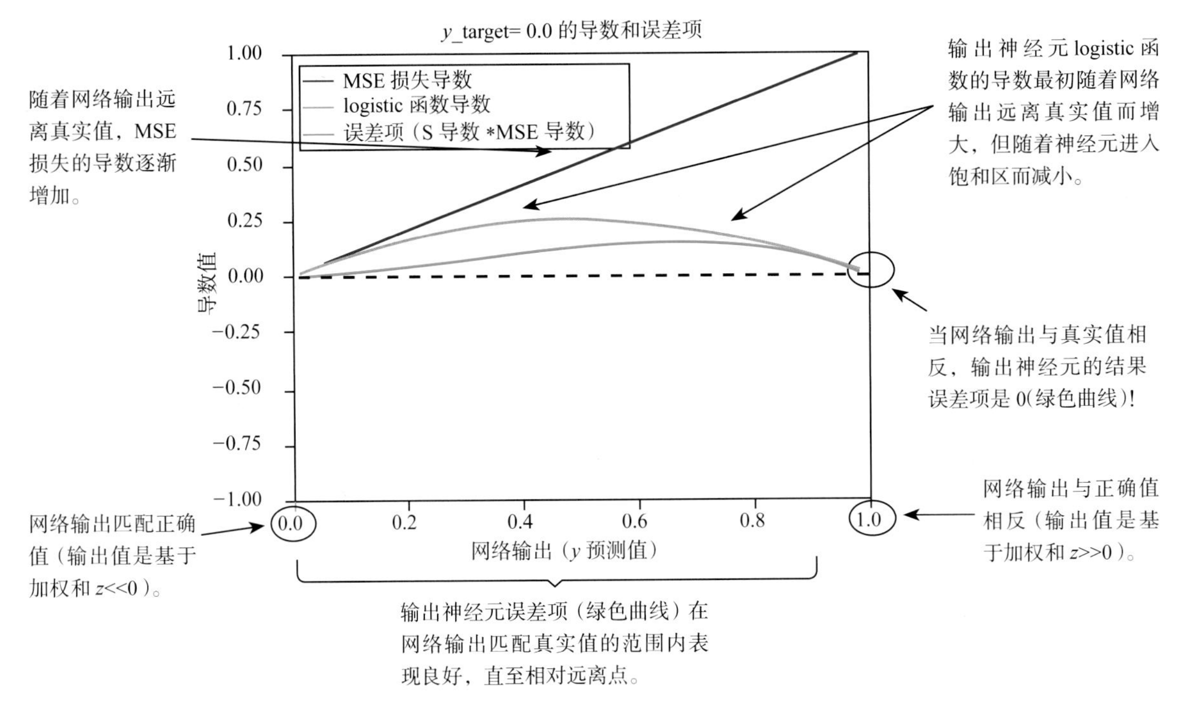

图 5-4　真实值 y（图中表示为 y_target）为 0 时，导数和误差项作为神经元输出的函数

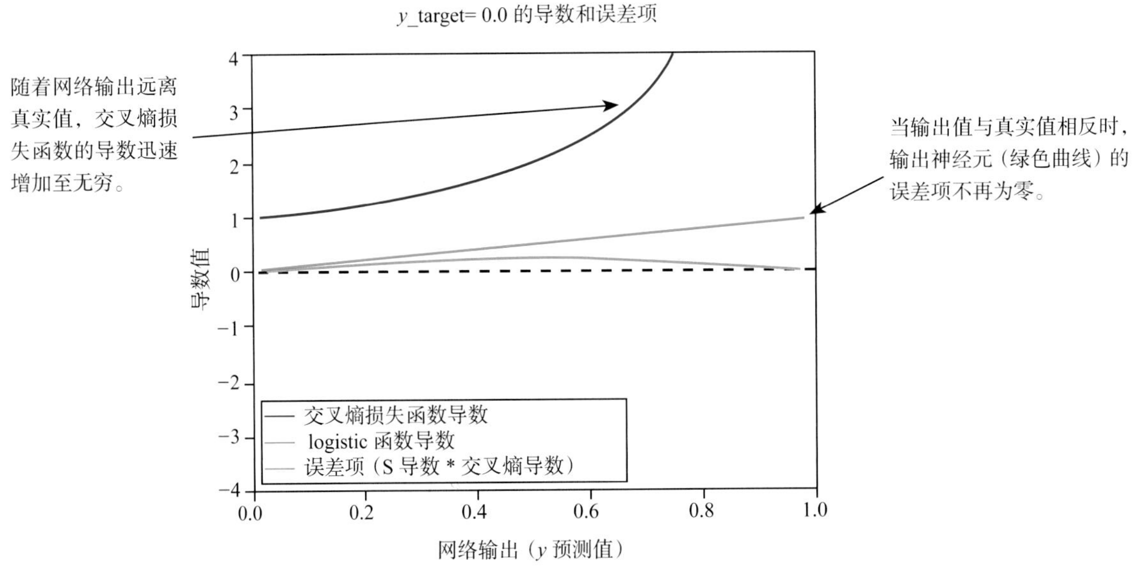

图 5-5　交叉熵损失函数的导数和误差项（如图 5-4 所示的真实值 y（图中为 y_target）为 0）

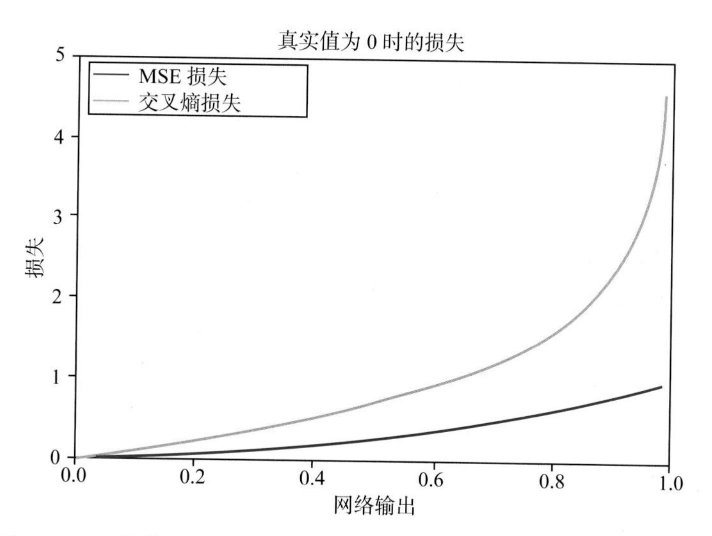

图 5-6　假设真实标注为 0，MSE 损失（蓝色）和交叉熵损失（橙色）的函数值随网络输出$\hat{y}$的变化（横轴）而变化

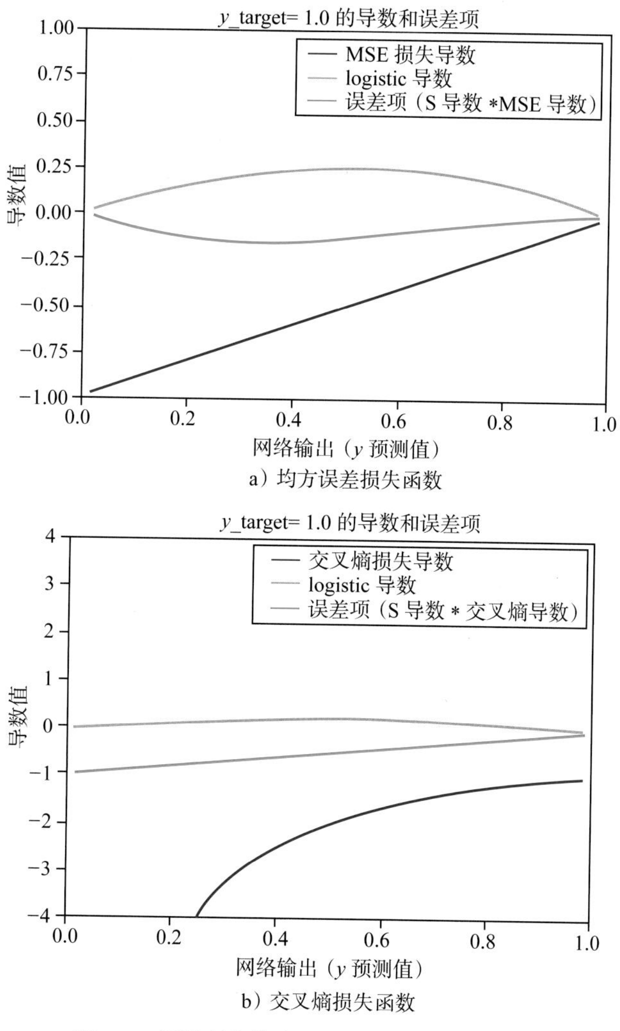

a）均方误差损失函数

b）交叉熵损失函数

图 5-7　假设真实值为 1 时，不同导数的表现

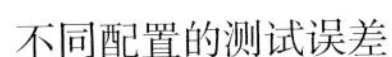

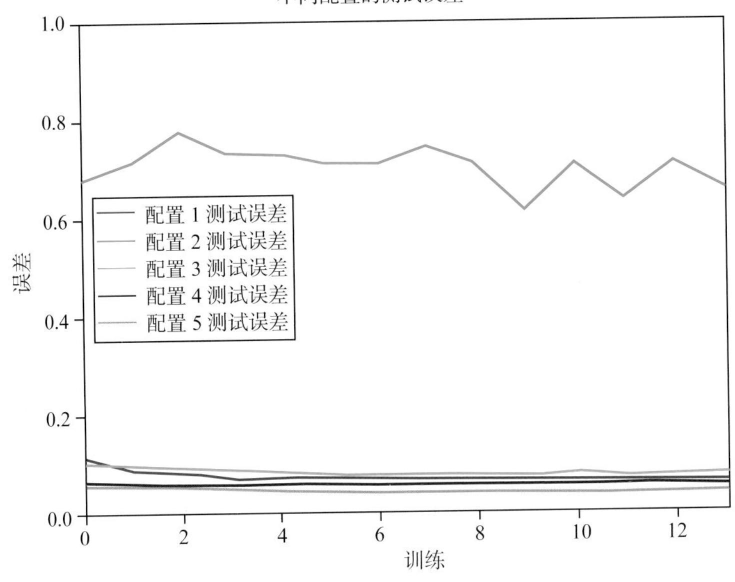

图 5-12　五种配置的测试误差

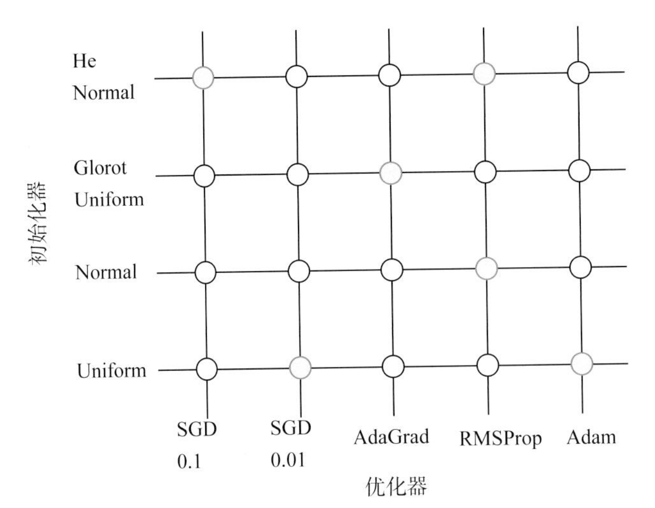

图 5-13　两个超参数网格搜索（穷举网格搜索将模拟所有的组合，而随机网格搜索可能只模拟用绿色突显的组合）

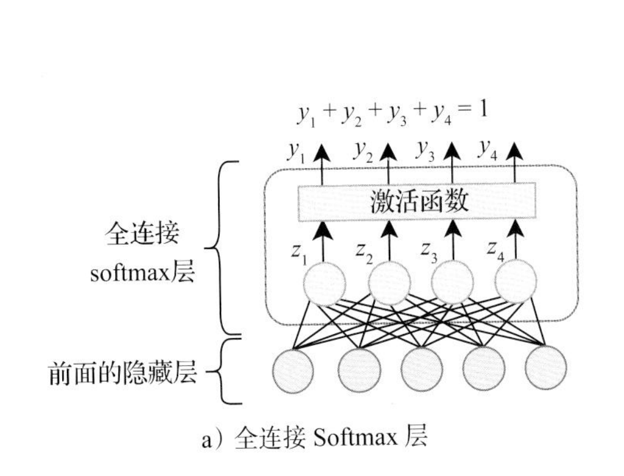

a）全连接 Softmax 层

4
3
2
1
0
z
Softmax（z）
类别 1
类别 2
类别 3
类别 4

b）z 与 Softmax（z）的关系

图　6-2

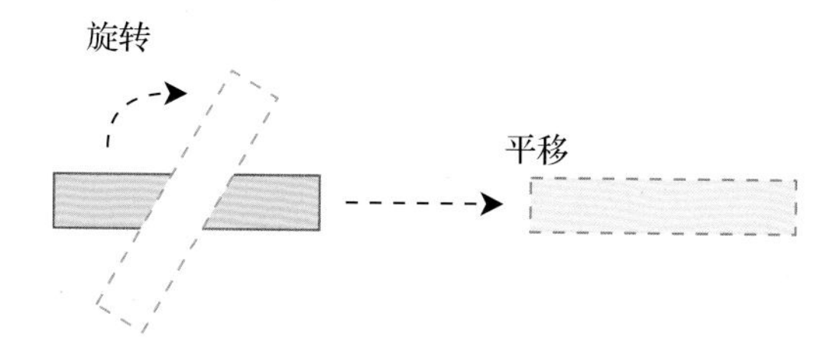

图 7-3　仿射变换的两个例子

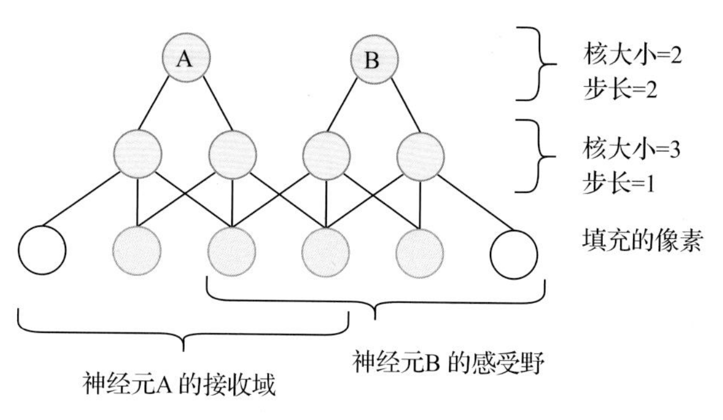

图 7-8　接收域如何深入神经网络

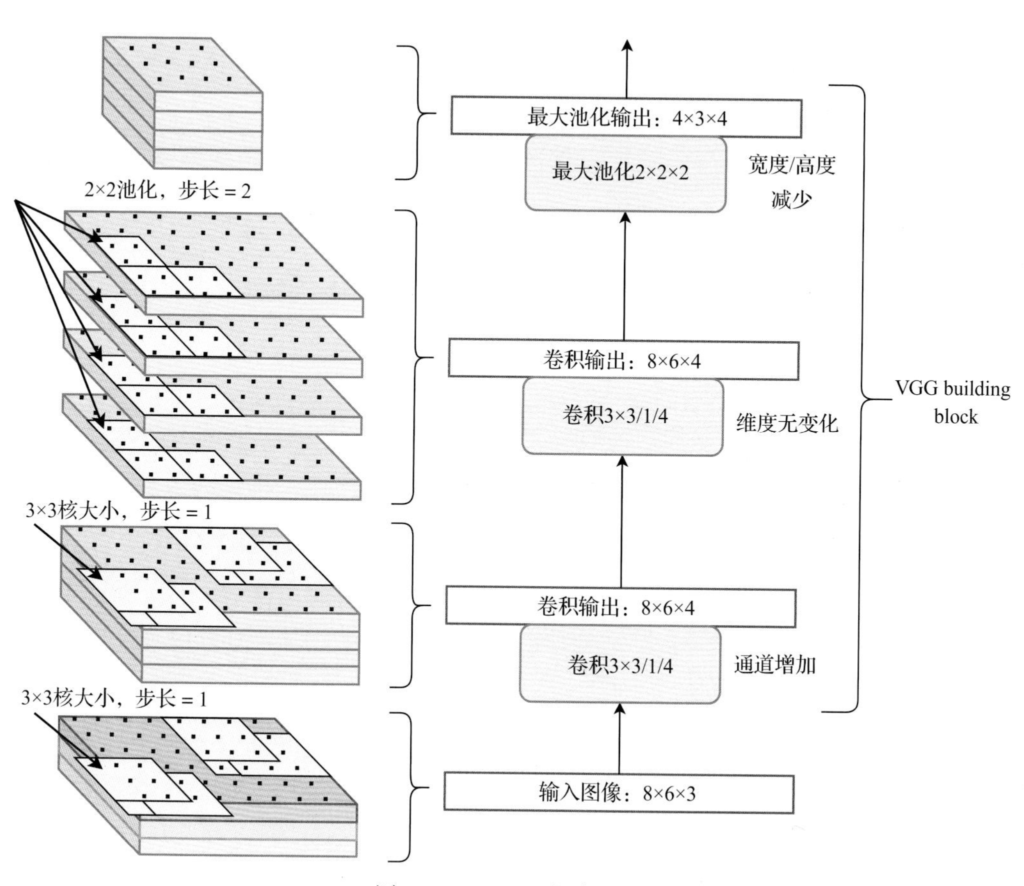

图 8-1　VGGNet 构建模块

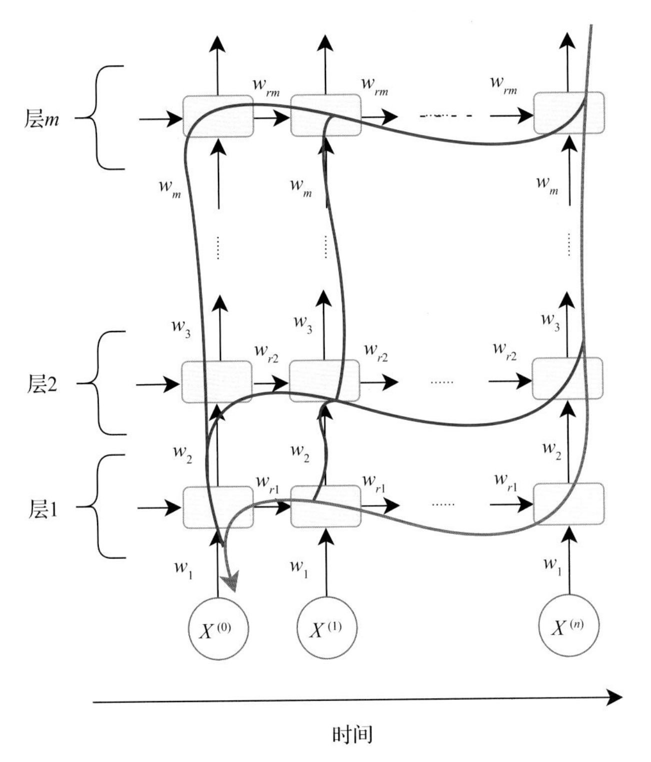

图 9-7　随时间反向传播的梯度流

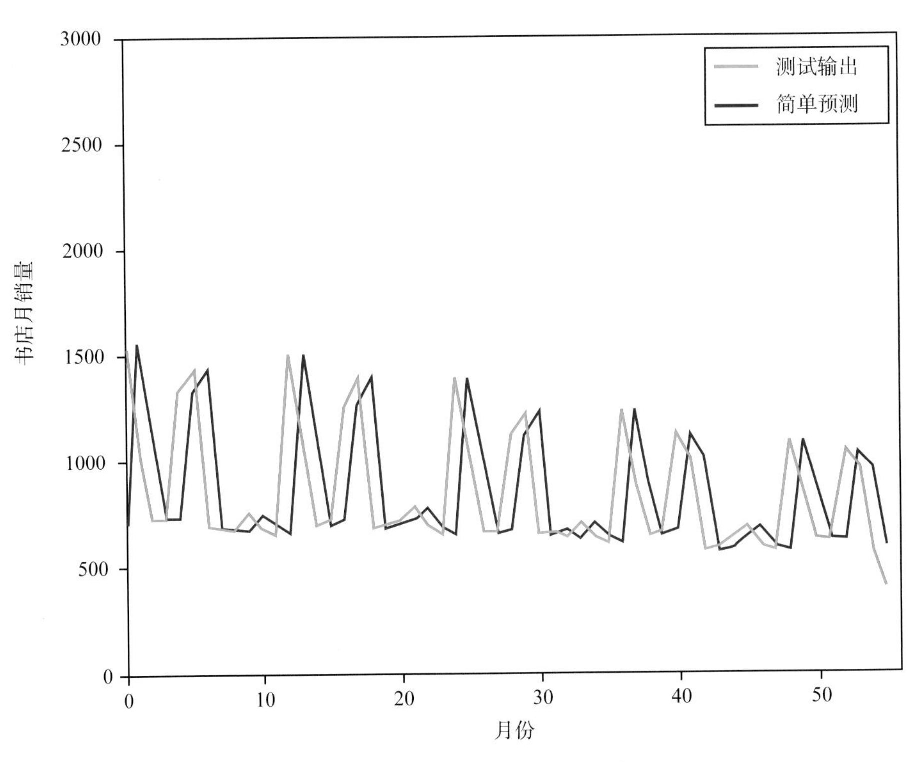

图 9-11　图书销量的简单预测图

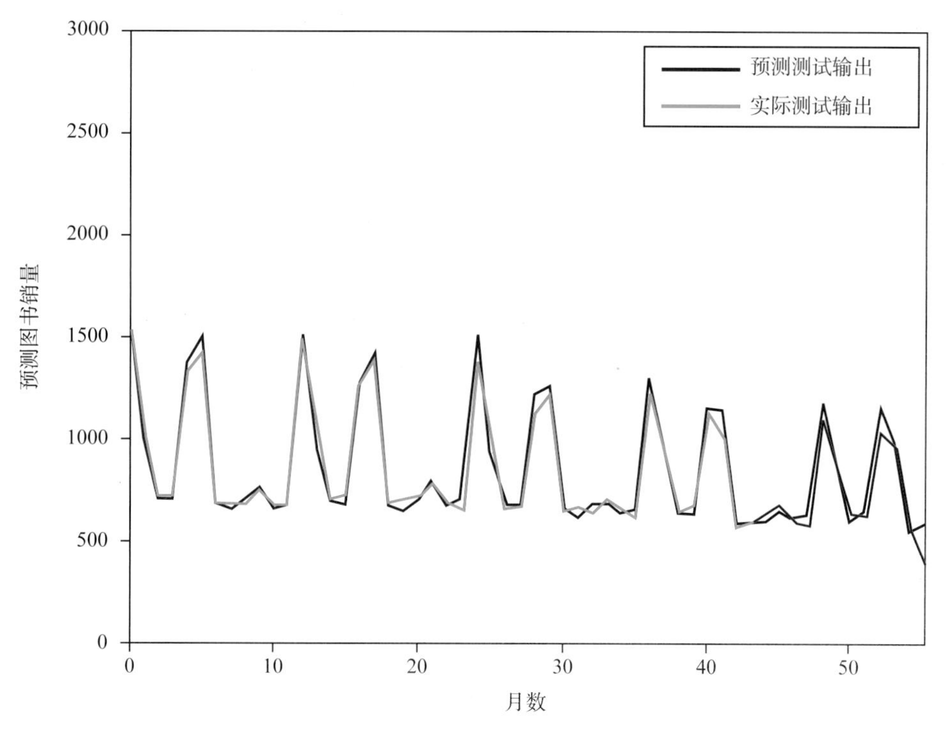

图 9-12　模型预测与实际测试输出的比较

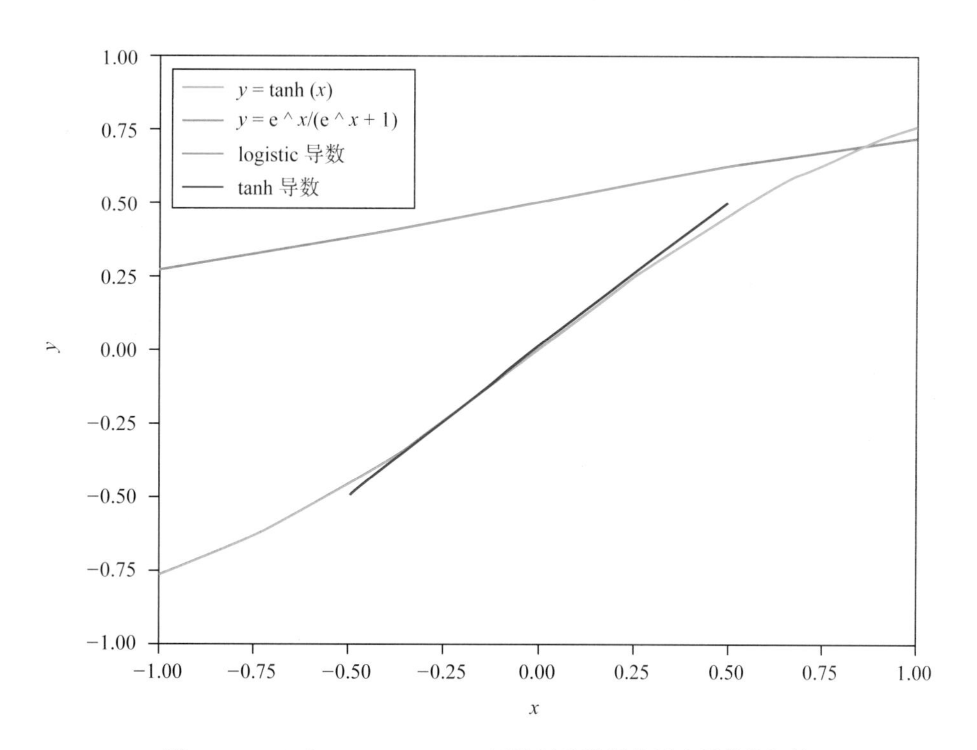

图 10-2　tanh 和 logistic sigmoid 函数以及说明其最大导数的切线

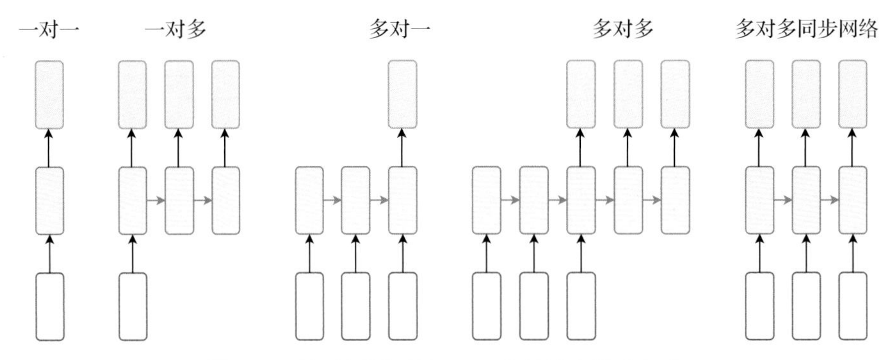

图 11-4　按时间展开的 RNN 中的输入输出组合

多对多网络

PAD PAD PAD I am a student STOP

Je suis étudiant START I am a student

时间步长

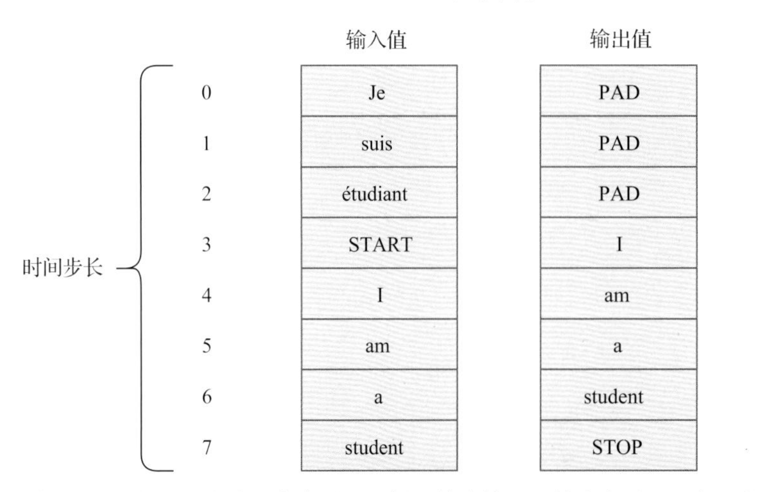

图 14-1　神经机器翻译（一个多对多序列的示例，其中输入和输出序列不一定具有相同长度）

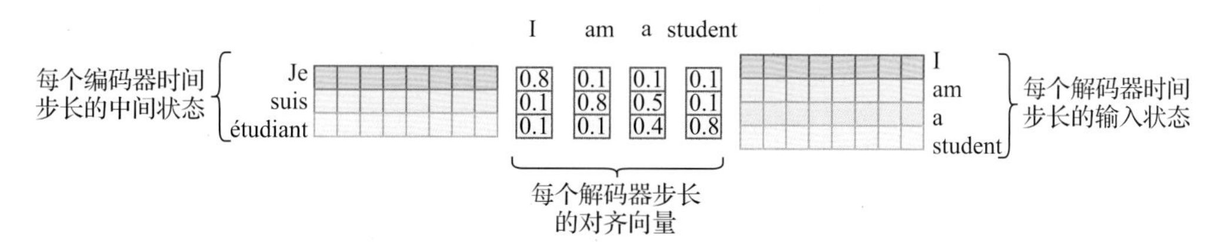

图 15-3　编码器输出状态如何与对齐向量相结合，以创建每个时间步的编码器输入状态

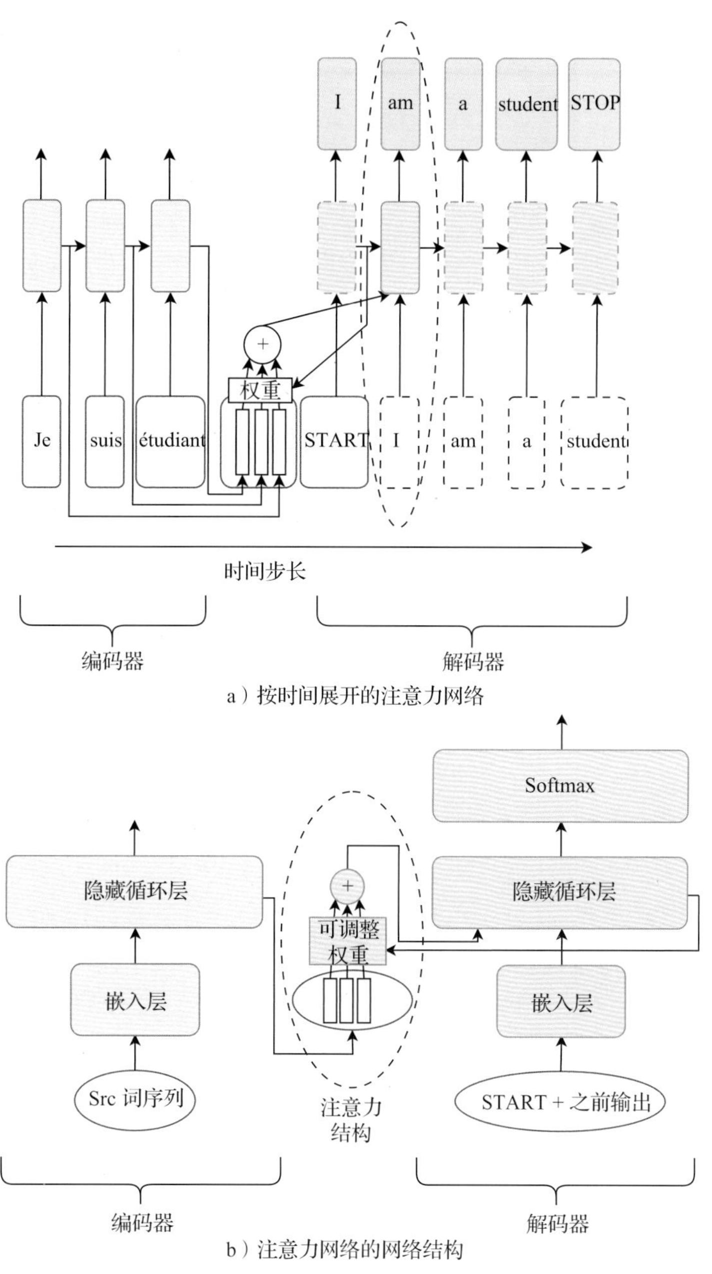

a）按时间展开的注意力网络

b）注意力网络的网络结构

图 15-4　带有注意力机制的编 – 解码器架构

图 16-6　用于评估图像字幕网络的四张图像。左上：停靠在克罗地亚斯普利特的几座建筑物前的一艘游艇。右上：在键盘和电脑显示器前的桌子上的一只猫。左下：一张桌子，上面放着盘子、餐具、瓶子和两个装有小龙虾的碗。右下：美国加利福尼亚州圣克鲁斯，在停泊的帆船前的一只海鸥

图 16-7　两个显示了关注区域的测试图像

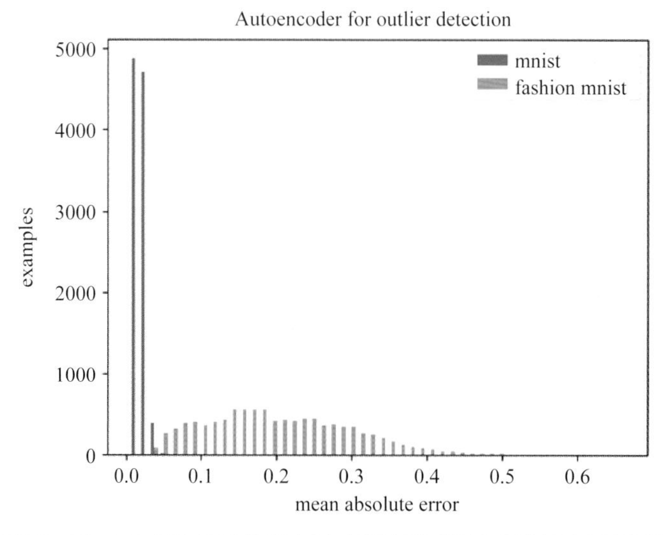

图 17-5　MNIST 和 Fashion MNIST 的误差直方图（错误值可用于确定给定示例是否代表手写数字）

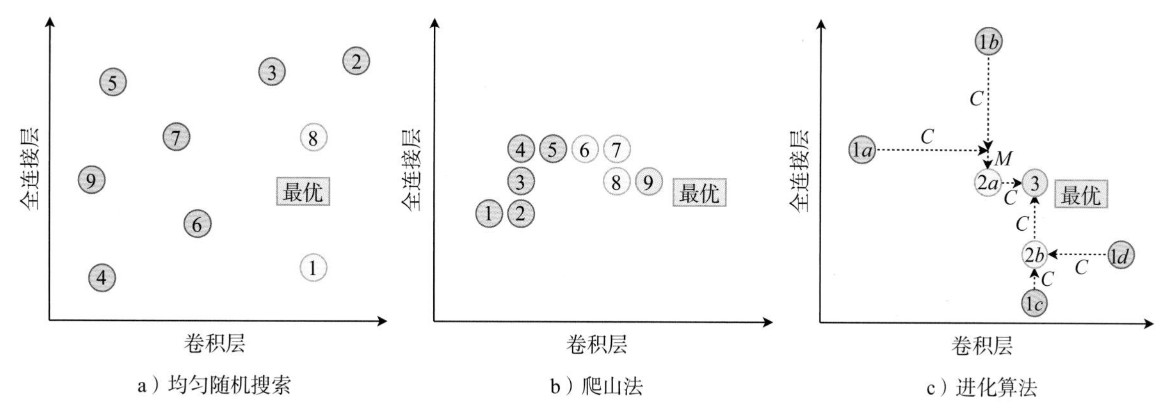

图 17-14　三种不同搜索算法

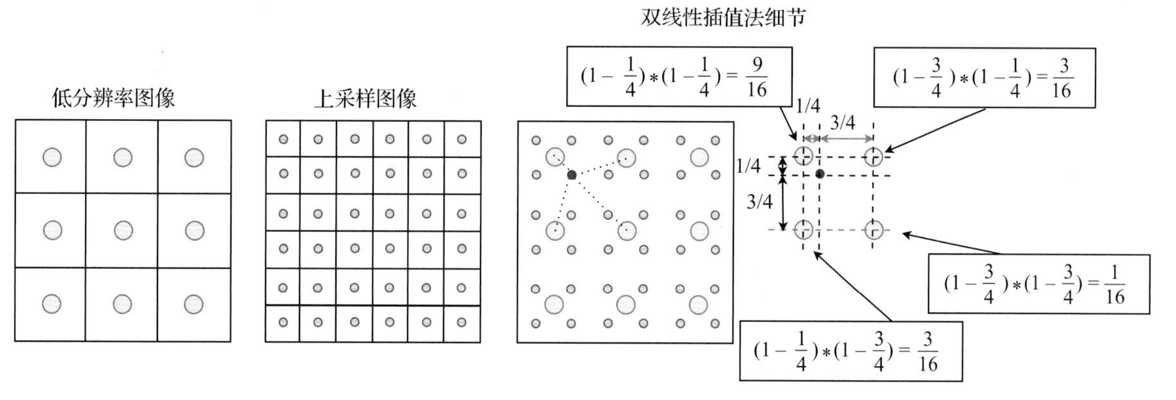

图 B-9　2 倍上采样

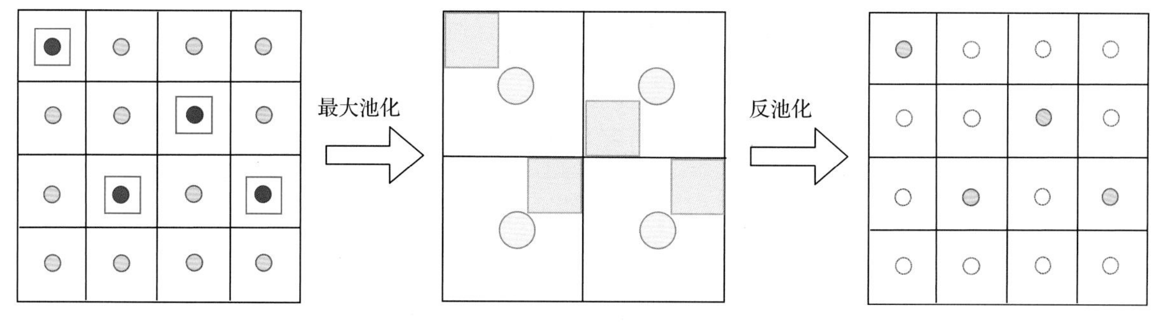

图 B-11　最大池化和反池化

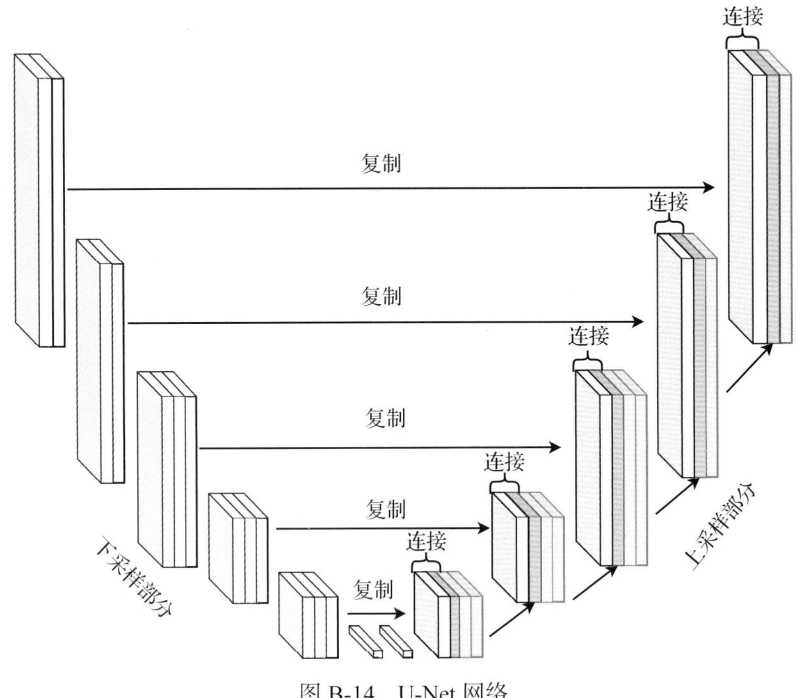

图 B-14　U-Net 网络

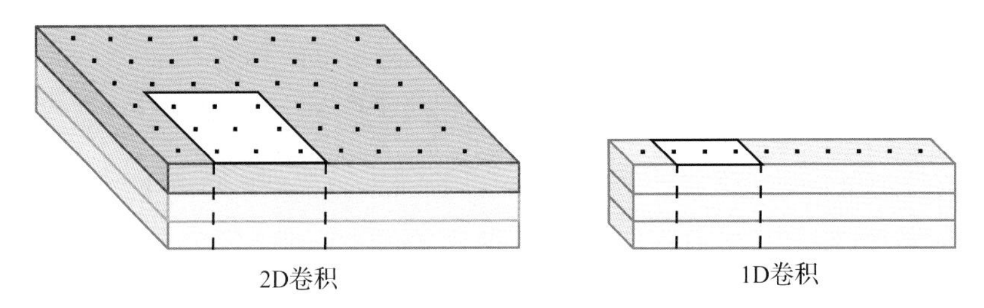

图 C-3　2D（左）和 1D（右）卷积的区别

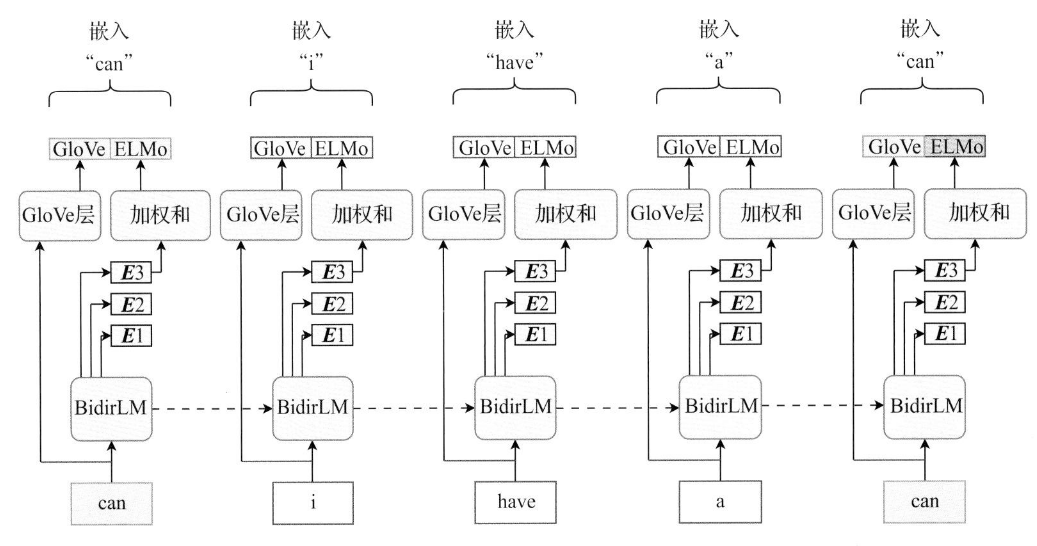

图 C-7　通过连接 ELMo 嵌入和任何其他上下文无关嵌入来形成上下文相关嵌入的过程

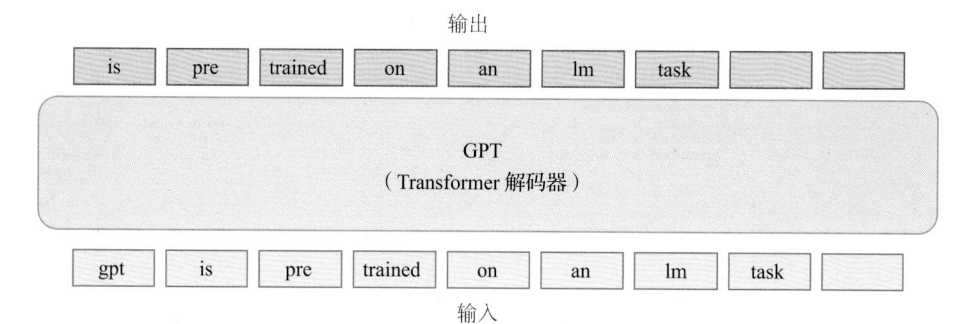

图 D-2　语言模型任务的 GPT 预训练

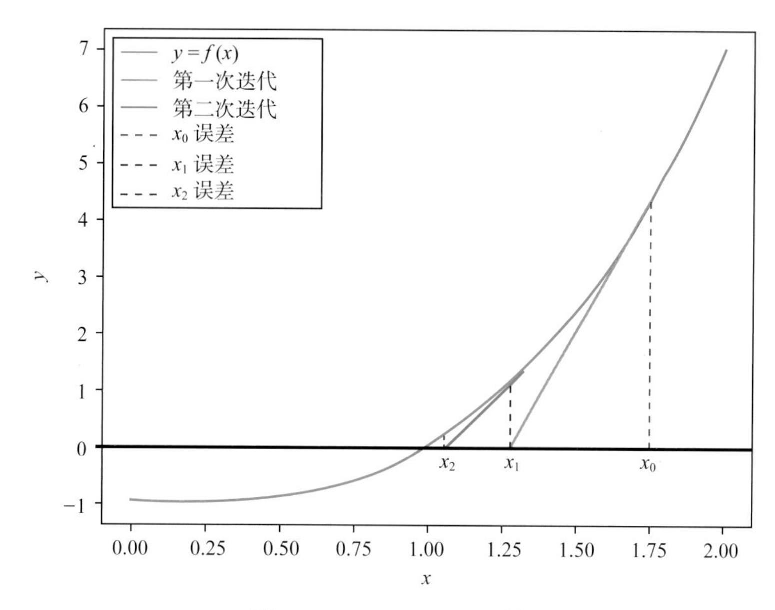

图 E-1　Newton-Raphson 法

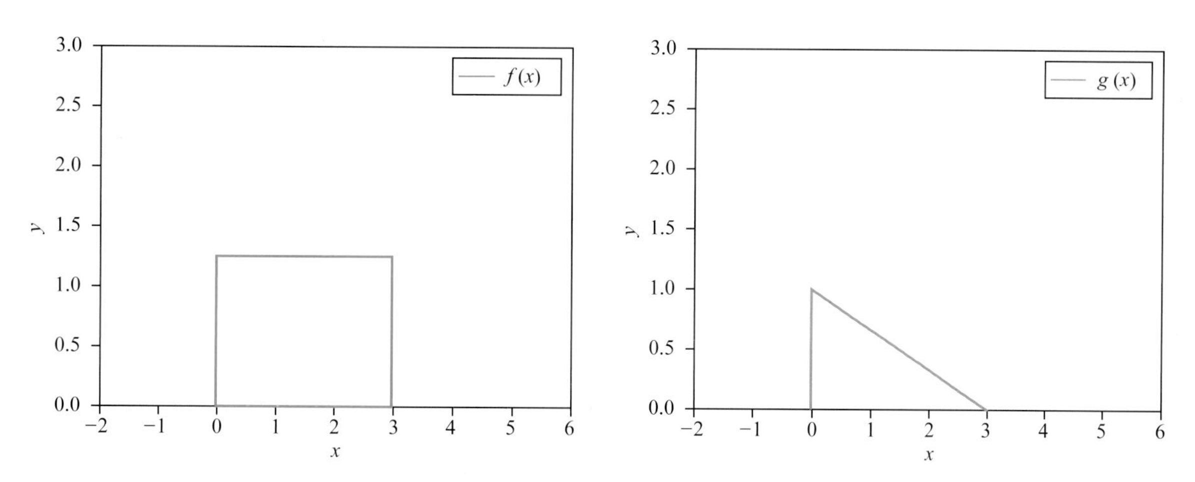

图 G-1　左上：函数 $f(x)$。右上：函数 $g(x)$。左下：卷积过程。$g(x)$ 的镜像版本从左向右滑动。红色曲线代表这两条曲线的乘积，卷积表示这条红色曲线下的面积

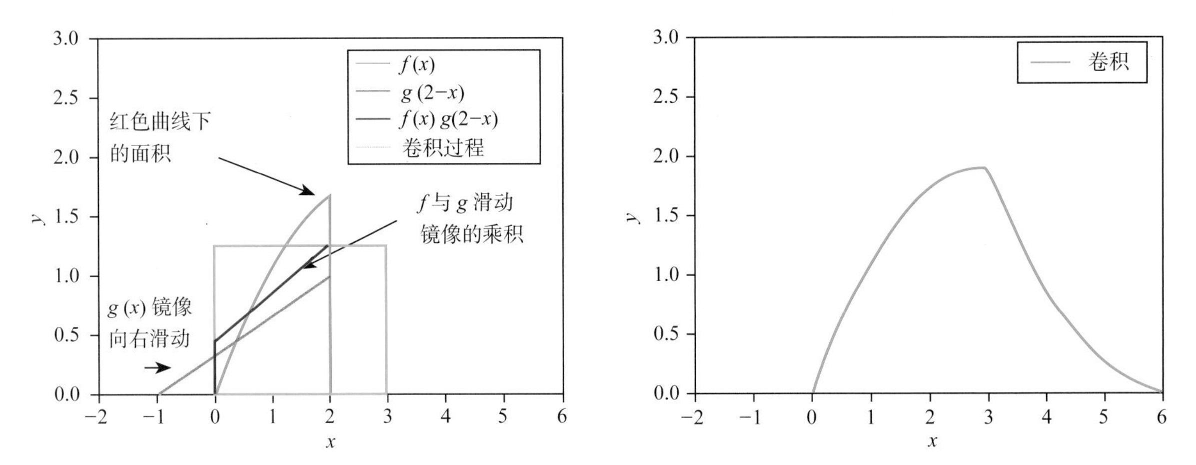

图 G-1　左上：函数 $f(x)$。右上：函数 $g(x)$。左下：卷积过程。$g(x)$ 的镜像版本从左向右滑动。红色曲线代表这两条曲线的乘积，卷积表示这条红色曲线下的面积（续）

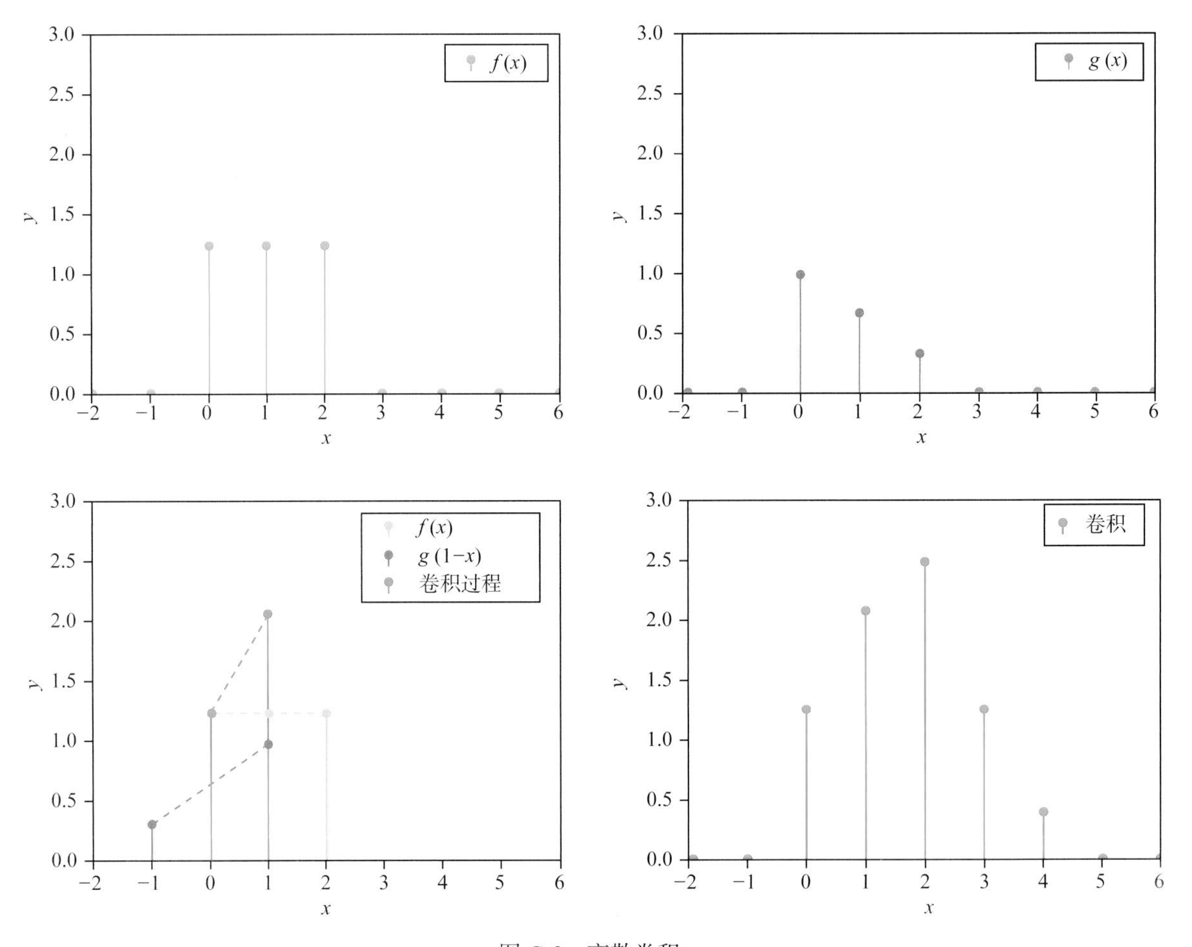

图 G-2　离散卷积